国家级精品课程教材

高等学校教学用书

工 程 材 料

（第 2 版）

（数字资源版）

主　编　朱　敏

副主编　胡仁宗

参　编　曾美琴　欧阳柳章　袁　斌　王　辉

　　　　叶建东　董国平　李红强

北　京

冶金工业出版社

2023

内 容 提 要

本教材简明介绍了工程材料科学基础，系统讲解了金属材料（黑色金属材料——钢铁、合金钢以及有色金属材料）、无机非金属材料（陶瓷材料、功能玻璃）、高分子材料这三大类工程材料的组织结构和性能、材料的成型工艺及其组织结构控制、材料制备技术与工程应用等内容。每章后都有习题；所有的基本概念都给出中英文索引，附于每章的最后，同时还给出参考文献。

本教材作为融媒体教材，增加了微课、网课等内容；同时，为帮助学生思考、复习、巩固所学知识，各章之后均附有学生自我练习题，即以二维码形式，学生线上自主答题、自动判卷的新形态教学模式。本书可作为高等院校机械工程及自动化、机械电子工程、材料成型及控制工程、车辆工程、能源与动力工程、过程装备与控制工程等专业教材使用，也可供从事工程材料等相关技术人员阅读。

图书在版编目(CIP)数据

工程材料：数字资源版/朱敏主编．—2版．—北京：冶金工业出版社，2021.8（2023.1重印）

高等学校教学用书

ISBN 978-7-5024-8889-5

Ⅰ．①工… Ⅱ．①朱… Ⅲ．①工程材料—高等学校—教材 Ⅳ．①TB3

中国版本图书馆 CIP 数据核字(2021)第 156846 号

工程材料（第2版）（数字资源版）

出版发行 冶金工业出版社		**电　话**	(010)64027926
地　址 北京市东城区嵩祝院北巷 39 号		**邮　编**	100009
网　址 www.mip1953.com		**电子信箱**	service@mip1953.com

策划编辑　张　卫　责任编辑　于昕蕾　张　丹　美术编辑　彭子赫
版式设计　禹　蕊　责任校对　李　娜　责任印制　窦　唯
三河市双峰印刷装订有限公司印刷
2018 年 2 月第 1 版，2021 年 8 月第 2 版，2023 年 1 月第 2 次印刷
787mm×1092mm　1/16；25.25 印张；610 千字；386 页
定价 49.00 元

投稿电话　(010)64027932　投稿信箱　tougao@cnmip.com.cn
营销中心电话　(010)64044283
冶金工业出版社天猫旗舰店　yjgycbs.tmall.com
（本书如有印装质量问题，本社营销中心负责退换）

第 2 版前言

《工程材料》教材自 2018 年 2 月出版以来，在部分高校使用，受到许多读者的欢迎。编者在华南理工大学使用本教材教学的过程中发现，原书存在少量疏漏和前后衔接的问题，局部结构和内容可以进一步优化，使用本教材的其他高校也给出了一些宝贵建议。2020 年 1 月 7 日，教育部正式公布《普通高等学校教材管理办法》，冶金工业出版社根据目前高校教学的发展，也对教材内容的调整提出了新要求，如适当增加我国工程材料发展的成就实例，补充课程思政内容与网上习题供学生在线练习，丰富网上电子资源等。为此，我们在第 1 版的基础上，对教材进行全面修订，形成《工程材料》（第 2 版）。在第 2 版中我们将工程材料发展概况的内容全部集中在绪论一章，其他章不再介绍此内容。第 2 版还补充了较多的我国工程材料发展的具体实例，以满足课程思政的教学要求。我们还调整了部分章节中的内容，以使内容更简洁顺畅。此外，增加了内容较全面、涵盖各知识点的线上习题，在教材每章后面的习题边有学生在线练习的二维码，学生扫码就可答题与提交答案，对原国家精品课程网站的内容进行更新与补充后作为教材电子资源的延伸。第 2 版仍由华南理工大学朱敏教授主编，增加华南理工大学胡仁宗教授为副主编，负责课程数字电子资源。绪论和第一章由朱敏教授撰写，第二章和第三章由欧阳柳章教授撰写，第四章和第五章由曾美琴副教授撰写，第六章由王辉教授撰写，第七章由袁斌教授撰写，第八章由叶建东教授撰写，第九章由董国平教授撰写，第十章由李红强副教授撰写。全书由朱敏教授修订统稿。电子习题由华南理工大学傅年庆副研究员、杜军教授、曾美琴副教授、胡仁宗教授整理。

作者对本教材第 1 版出版以来，关心和使用本教材的各位同行专家表示衷心的感谢。由于作者学识水平有限，书中一定还会存在这样或那样的不足和疏漏，我们恳请同行专家，特别是使用教材的教师给我们提出宝贵的意见和建议，以便我们今后进一步修改完善。

编　者

2021 年 5 月 18 日

于华南理工大学

第1版前言

材料是人类社会的重要物质基础，也是工程技术的基本支撑，机械、交通、化工、能源、信息、生命、航空航天等各个行业的产品均以材料为其关键技术和支撑。对于从事工程科技、工业生产和管理的科技人员、工程师、管理人员而言，掌握一定的工程材料相关基础理论和专业知识是十分必要的。

正因为如此，各高校的工程专业，如机械、化工、交通、电力、工业设计等，一般都开设材料类课程，过去大都以"机械工程材料"作为课程的名称。作者所在的教学团队在华南理工大学长期负责这门课程的教学，一直关注这门课程的发展，也积极探索课程的教学改革和综合实验改革。在长期的教学实践中，我们认识到随着时代的发展，材料科技的进步，以及材料应用领域的扩展，"工程材料"这门课程教学也呈现出几个重要发展趋势。首先，这门课程过去比较多的是以机械装备为材料应用对象，而从工程教育的时代发展要求看，只强调机械工程可能有一定的局限性，现在更应该强调大工程观，重视和关注更广泛工程领域中的材料应用，拓宽专业口径，增加适应性，这可能更有利于满足工程教育的现状和发展的要求。第二，这门课程过去比较注重教授金属材料的基础知识、结构与性能关系、工艺处理与应用等内容，而且，倾向于基本概念和结论性规律的阐述，同行曾把其俗称为"外专业金属学"。实际上，工程上无机非金属材料、高分子材料也大量应用，现在更应当强调从材料整体的视野去设计课程的内容，阐述材料的理论、工艺和应用，并对材料科学的基本原理有深入浅出的介绍，让读者不仅知其然，还要知其所以然。第三，过去的几十年间，材料科学与技术领域取得了许多重要的进展，比如纳米材料、非晶材料、超级钢、功能玻璃、生物陶瓷、形状记忆合金、先进制备技术等等，并且许多新材料和新技术已广泛应用，因此现在的课程教学中应当适当反映这些新进展，使学生对前沿科技的发展有所了解，并得到启迪。

基于上述几点考虑，我们组织编写了这本教材，并力求本教材在框架设计和内容安排上能较好地体现上述发展趋势。同时，本教材在讲述各类材料时还穿插介绍了该类材料发展的历史，交代了一些理论的原始出处，并标注了相应的参考文献，以便读者对材料和相关理论发展的知识脉络有所了解，以增加教材的知识性和启迪性；本教材按章给出了对基本概念和名词术语的中英文索引，附于每章之后，有利于学生快速查找并熟悉专业术语；本教材各章之后均附有习题，以便帮助学生思考、复习、巩固所学知识。其次，本教材尽量给出一些基本的材料数据和材料工程应用的实例，以使本教材也可以起到一定的参考工具的作用。另外，本教材还提供了丰富的数字资源，如课件、延伸阅读、彩图等增值内容，提高了教材的可读性，有利于学生课外学习和进行更深度的学习。本教材由华南理工大学朱敏教授主编，绪论和第一章由朱敏教授撰写，第二章和第三章由欧阳柳章教授撰写，第四章和第五章由曾美琴副教授撰写，第六章由王辉教授撰写，第七章由袁斌教授撰写，第八章由叶建东教授撰写，第九章由董国平教授撰写，第十章由李红强副教授撰写。全书由朱敏教授统稿。

　　在编写过程中，我们深深感受到要实现我们编写本教材的初衷实属不易，加之其他工作的安排，本教材编写历时近四载方才完成，远远超出了我们预计的时间。非常感谢冶金工业出版社张卫副社长对我们的大力支持，没有他和他的同事的不断鼓励和耐心帮助，我们不可能完成这个艰巨的工作；也十分感谢华南理工大学出版社卢家明社长对本书的关注和支持，他积极促成了两个出版社联合出版这本教材；也特别感谢曾美琴副教授、袁斌教授在书稿编辑过程中付出的辛勤劳动。华南理工大学材料科学与工程学院材料实验中心的朱伟恒、陈志领老师为本教材制作了许多金相照片，在此深表感谢。本教材的编写还参考了国内外出版的一些教材，谨向其作者表示衷心的感谢。

　　由于水平所限，本教材中疏漏和不足之处，恳请同行专家批评指正，以便今后我们进一步修改完善。

编　者
2017 年 11 月 8 日
于华南理工大学

力学性能名称和符号新旧标准对照表

新标准		旧标准	
性能名称	符号	性能名称	符号
断面收缩率	Z	断面收缩率	ψ
断后伸长率	A $A_{11.3}$ A_{xmm}	断后伸长率	δ_5 δ_{10} δ_{xmm}
断裂总延伸率	A_t	—	—
最大力总延伸率	A_{gt}	最大力下的总伸长率	δ_{gt}
最大力塑性延伸率	A_g	最大力下的非比例伸长率	δ_g
屈服点延伸率	A_e	屈服点伸长率	δ_s
屈服强度	—	屈服点	σ_s
上屈服强度	R_{eH}	上屈服点	σ_{sU}
下屈服强度	R_{eL}	下屈服点	σ_{sL}
规定塑性延伸强度	R_p （例如 $R_{p0.2}$）	规定非比例伸长应力	σ_p （例如 $\sigma_{p0.2}$）
规定总延伸强度	R_t （例如 $R_{t0.5}$）	规定总伸长应力	σ_t （例如 $\sigma_{t0.5}$）
规定残余延伸强度	R_r （例如 $R_{r0.2}$）	规定残余伸长应力	σ_r （例如 $\sigma_{r0.2}$）
抗拉强度	R_m	抗拉强度	σ_b
持久强度极限	σ_T^l	持久强度	σ_T
硬度	— HBW（压头为硬质合金球）	硬度	HBS（压头为钢球） HBW（压头为硬质合金球）
冲击韧性	—	冲击韧性	a_K
吸收能量	K KV（V 型缺口） KU（U 型缺口）	冲击吸收功	A_K（$a_K=A_K/S_0$） A_{KV}（V 型缺口） A_{KU}（U 型缺口）

目　　录

第一篇　工程材料科学基础

第二篇　金属材料

第三篇　无机非金属材料

第四篇　高分子材料

绪　论

课堂视频 0

材料是人类社会的物质基础，一切机器、建筑、交通工具、生活用品等无不是由材料制成的。因此，人类文明社会发展与材料的发展密切相关。也正是因为如此，历史上曾以人类使用的主要材料来划分文明进化的时代，即石器时代、青铜器时代和铁器时代。当今，支撑现代社会的信息、能源、生命等科学技术仍是与材料科学和技术的发展密不可分的。事实上，材料渗透在社会和经济活动的方方面面，满足各种各样的使用要求。也正是因为如此，一方面，随着应用要求的不断提高和拓展，人类对各种不同性能材料的需求也不断增加；另一方面，材料科学与技术的不断发展也催生了各种新材料，从而满足了使用的要求，或是导致新的相关技术和应用的兴起。因此，材料种类繁多，相应的理论基础、材料组成和结构、性能特点等各有不同。

本书以工程材料为对象，系统论述其相关的理论基础、材料制备与加工、材料种类和组织结构、性能特点和应用等。

第一节　工程材料的范畴与特点

一、工程材料的范畴

在自然界存在着大量的人类可利用的天然材料，人类在长期的生产活动中更是发现和创造了数不胜数的人造材料。由于材料种类的数量极其庞大，为方便起见，通常将材料进行分类，分类的方法因行业、习惯不同而不同。常用的分类方法有如下几种：

（1）按材料的物质属性分类：按这种方法材料被分为金属材料、陶瓷材料、高分子材料、复合材料四大类。其中，**复合材料**是将金属材料、陶瓷材料、高分子材料中的两种或两种以上复合在一起制成的材料。每大类材料又可进一步分为若干小类，例如，金属材料又可分为钢铁材料、有色金属材料等。每个小类还可进一步细分。

（2）按材料的用途分类：按这种方法材料被分为结构材料、**功能材料**两大类。结构材料又可细分为建筑材料、工业用钢等小类；功能材料又可分为光学材料、电子材料、能源材料、传感材料等小类。每个小类还可进一步细分。

（3）按材料的性质特点分类：按这种方法材料被分为半导体材料、导电材料、磁性材料、绝缘材料、耐热材料、高强度材料等。每个小类还可进一步细分。

材料还可按其他方法分类。此外，几种分类方法常常混合使用。

装备和工程中的各个零部件和构件是由各种材料加工制造的。例如，图 0-1 中的用钢铁制造的齿轮和用塑料制作的开关板。前者主要是利用材料的力学性能，后者主要是利用材料的绝缘性能。**工程材料**通常主要是指在装备和工程结构中发挥力学性能作用的材料。从这个意义上看，它也是结构材料。表 0-1 是工程材料的分类。

(a) (b) 图 0-1 彩

图 0-1 采用工程材料制造的零部件举例

(a) 调质钢制造的变速箱齿轮；(b) 聚碳酸酯塑料制作的电源开关

表 0-1 常见的工程材料种类

金属材料	钢铁材料	铸铁	球墨铸铁、可锻铸铁
		碳钢	低碳钢、中碳钢、高碳钢
		合金钢	不锈钢、高速钢、轴承钢
	有色合金	锌合金	—
		镁合金	—
		铝合金	—
		铜合金	紫铜（纯铜）、青铜、黄铜、白铜
		钛合金	—
无机非金属材料	玻璃	平板玻璃	—
		钢化玻璃	—
		磨砂玻璃	—
		喷砂玻璃	—
	陶瓷	日用陶瓷	—
		建筑陶瓷	—
		电瓷	—
	水泥	硅酸盐水泥	—
		铝酸盐水泥	—
		硫铝酸盐水泥	—
高分子材料	塑料	聚氯乙烯	—
		聚乙烯	—
		聚丙烯	—
		聚苯乙烯	—
		ABS 塑料	—
	树脂	酚醛树脂	—
		聚酯树脂	—
		聚酰胺树脂	—

续表 0-1

高分子材料	天然高分子材料	纤维素	—
		蛋白质	—
		蚕丝	—
		橡胶	—
		淀粉	—
复合材料	金属基复合材料	铝基复合材料	—
		镍基复合材料	—
		钛基复合材料	—
	树脂基复合材料	玻璃纤维增强树脂基复合材料	—
		陶瓷颗粒树脂基复合材料	—
		热塑性树脂基复合材料	—
		热固性树脂基复合材料	—
	碳基复合材料	碳纤维增强复合材料	—
		碳化硅增强复合材料	—

二、几类主要工程材料的基本特点

金属材料中的原子是金属键结合，由于这种结合键的特点，金属材料一般具有金属光泽，具有优良的导电性、导热性、高的强度、优良的塑性，这些性能使得金属可作为电工材料、导热材料、工程结构和机械装备用的材料。特别重要的是，金属材料一般兼具优良的强度和塑性，而且能在比较高的温度保持良好的强度和塑性，这是无机非金属材料和高分子材料所不具备的，这使得金属材料能较好的满足各种工程材料的使用要求。因此，金属目前仍是工程材料中使用最广泛、用量最大的材料。以钢铁为例，中国钢铁产量从 1996 年起超过 1 亿吨，成为世界第一产钢大国，并一直延续到今天。2020 年中国钢铁产量达 10.53 亿吨[1]。

无机非金属材料一般是离子键结合，这类材料主要是以氧化物为主的陶瓷、玻璃等。共价键结合的碳材料也是十分重要的一类无机非金属材料。水泥也是重要的无机非金属材料，一般主要作为建筑材料。陶瓷材料是人类最早懂得制造和应用的人工材料，早在新石器时代后期，人类就掌握了烧制陶器的工艺，并在生活中大量使用陶器。在很长的时间里，陶瓷主要用于生活，而非工程。将陶瓷大量应用于工程则是结构陶瓷技术在 20 世纪 50 年代取得突破之后。

由于离子键结合的特点，**陶瓷材料**通常具有比金属更高的硬度和强度，但其塑性差、脆性高；陶瓷材料主要是氧化物，其稳定性好，能够耐高温和腐蚀，它一般是绝缘体，导热性也差（碳材料具有高的导电性和导热性）。由于这样的性能特点，结构陶瓷广泛应用于阀门、轴套、刃具、电工绝缘子等。图 0-2（a）是用陶瓷材料制造的绝缘子。

高分子材料，又称聚合物，是由分子量超过 1 万的高分子构成的材料。高分子根据来源分为**合成高分子**与**天然高分子**，日常使用的塑料容器等都属于前者，蛋白质、多糖（淀

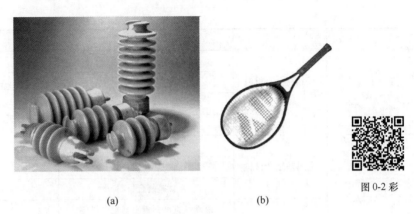

图 0-2 彩

图 0-2　采用不同材料制备出的产品举例
（a）陶瓷制造的电工绝缘子；（b）复合材料制作的网球拍

粉、纤维素等）和核酸（DNA、RNA）都属于后者。虽然合成高分子材料是较晚发展起来并应用的材料，但其发展非常迅速，如按体积计算，其产量已超过金属材料。2016 年我国聚乙烯（PE）、聚丙烯（PP）、聚氯乙烯（PVC）、聚苯乙烯（PS）等几种主要的高分子材料的产量分别达到 1522 万吨、1763 万吨、1669 万吨和 645 万吨[2]。最早使用的高分子材料是由天然橡胶发展而来。随着石油化工技术的发展，科学家发明了许多人工合成高分子材料，如塑料、尼龙、聚四氟乙烯等，并且不断提高高分子材料的性能，扩大其应用范围。在许多应用场合，高分子材料已取代了传统上使用的金属材料。

高分子材料中的分子链是共价键结合，高分子链之间通过范德华力、氢键等相互作用结合成聚集体，具有多层次的聚集态结构。这种结合键的性质使得高分子材料一般不导电，导热性也差，与金属和陶瓷相比，其强度和硬度较低，弹性和塑性较好。但高分子材料的耐热性较差，随温度升高其强度和硬度下降快。一般高分子材料的使用温度不超过 100℃。特殊的耐高温的高分子材料（例如聚四氟乙烯）的使用温度也只能达到 250℃。高分子材料大量应用于各种设备和用品的壳体、管线、涂料等。

复合材料是将上述三类材料的两种或两种以上按一定的设计复合在一起所得到的材料。复合的目的是希望材料兼具两种材料的优点。比如，图 0-2（b）网球拍就是由碳纤维和高分子材料的复合材料制作的，它具有重量轻、强度高、弹性好等优点。这类复合材料的发展极大地促进了体育运动水平的提高。复合材料广泛应用于航空、航天等工程领域。

第二节　工程材料的发展

在长期的生产和社会活动中，人类从利用天然材料逐步发展到制造人工材料。材料的发展过程是人类不断发明创造新材料的过程[3~5]。

一、金属材料发展简况

人类在寻找石器过程中认识了矿石，并在烧陶生产中发展了冶铜术，开创了冶金技术。有色金属是人类最早使用的金属材料，比碳钢和铸铁等黑色金属的使用历史还早。考古资料证实，远在一万年前，在西亚地区就用铜来制作装饰件。随着铜的生产以及在生活中的日益广泛应用，人类文明从石器时代步入青铜器时代。公元前 2500 年，我国夏和商代开始使用的青铜材质就是一种含铜和锡的有色金属，青铜祭祀器和青铜工具比纯铜的更为坚硬耐用，这就是有色合金材料，如著名的后母戊鼎和越王勾践剑都是采用青铜材质制造的。公元前 1200 年，人类开始使用铸铁，从而进入了铁器时代。随着技术的进步，又发展了钢的制造技术。18 世纪，钢铁工业的发展，成为产业革命的重要内容和物质基础。19 世纪中叶，现代平炉和转炉炼钢技术的出现，使人类真正进入了钢铁时代。与此同时，铜、铅、锌也得到大量应用，铝、镁、钛等金属相继问世并得到应用。直到 20 世纪中叶，金属材料在材料工业中一直占有主导地位。1850 年钢产量 6 万吨，1854 年发明转炉炼钢，1864 年发明平炉炼钢，1875 年钢产量增加到 190 万吨，1890 年钢产量高达 2800 万吨。1887 年发明了高锰钢，1900 年发明了 W18Cr4V 高速钢，1910 年前后硅钢、镍铬不锈钢相继问世。铝、铜、镁、钛等有色金属的工业化也是在那一时期开始的。例如，1886 年美国人霍尔和法国人埃鲁不约而同提出利用冰晶石-氧化铝熔融盐电解铝法；1886 年世界上第一家镁厂在德国建成。

材料的发现和发展，特别是高性能新材料的出现常常会给工业设计思想带来突破性的发展，并导致新技术和产业的兴起。这种事例不胜枚举，例如，埃菲尔（Eiffel）铁塔的设计就是一例（图 0-3（a））。当时人们已对钢铁的高强度等性质有较清楚的认识，钢铁工业也已步入大规模的工业化生产，能够提供充足的、价格合理的各种型材，设计师充分利用钢铁材料具有极高的强度这一性质，提出在当时是全新的一个设计理念，最终建造出迄今仍是巴黎地标性建筑的铁塔。该塔高达 324m，用钢材 7300t。如今，各类高塔型建筑、桥梁不断涌现。近年来，我国工程技术人员在高铁、桥梁、建筑等重大工程中取得了举世瞩目的突出成就。这其中，高性能工程材料的进步与应用发挥了巨大作用。图 0-3（b）是著名的位于湖南湘西吉首境内 2012 年投用的矮寨特大悬索桥，采用了大量的高强度钢索。反过来，工程技术和产业发展对材料的性能提出了更高的和新的要求，促使材料研究人员探索和发展新材料，有力地推动着材料的发展。例如，为提高工程构件的承载能力，研究人员设法提高普通钢（含 Fe 和 C）的强度，在其中加入适当的其他金属元素，发明了各种合金钢。

(a)　　　　　　　　　　　　　　　　(b)　　　　　　　　　图 0-3 彩

图 0-3　采用钢铁制造的建筑
（a）巴黎埃菲尔铁塔；（b）矮寨大桥

二、无机非金属材料发展简况

陶瓷是人类最早利用自然界所提供的原料制造的材料，早在公元前7000~5000年前，人类就掌握了陶器制作技术[1]。传统的"陶瓷"是陶器和瓷器的总称，是传统硅酸盐材料的一种。传统的陶瓷是以石英、长石、黏土等天然矿物为原料，经粉碎、混合、成型、干燥、烧成等工序制备而成，主要成分为硅酸盐。早期的陶瓷材料主要是用于生活陶瓷用品。随着生产技术的提高和使用范围的扩大，原料更加精选、组成不断优化、成型更加精细，烧结温度不断提高，使得陶瓷的种类和性能不断提高。20世纪50年代，合成化工原料和特殊制备工艺的发展，使陶瓷材料发生飞跃，出现了从传统陶瓷向先进陶瓷（亦称为特种陶瓷）的转变。它们是以氧化物、碳化物、氮化物、硼化物等高纯的人工合成化合物为主要原料，通过精密控制的成型和烧结工艺制成。高温陶瓷（如 Al_2O_3、SiC）、超硬陶瓷刀具（如 Si_3N_4、Al_2O_3+TiC）、介电陶瓷、压电陶瓷等各种特殊用途的陶瓷材料迅速发展。而通常又把使用上要求具有较好力学性能的陶瓷称为**结构陶瓷**，而具有光、电、传感等特性的陶瓷称为**功能陶瓷**。

玻璃制作也是一门极其古老的工艺，早在远古时代人类就创造了灿烂的艺术成就。大约从17世纪下半叶起，科学方法逐步被引入玻璃的制作。18世纪末，瑞士人Guinand发明了搅拌法，制备出高均匀高透光玻璃，为制备光学玻璃奠定了基础。19世纪末，德国人阿贝（Abbe）和肖特（Schott）对光学玻璃进行了大量系统的科学研究，显著推动了玻璃科学和工业的发展。同时，池窑和机械设备的使用，使玻璃生产工艺逐步步入机械化和大批量时代。进入20世纪以来，空前广泛的需求极大地推动了玻璃制品生产的技术进步，平板玻璃、器皿玻璃、灯泡玻璃实现自动化生产。20世纪50年代，英国皮尔金顿玻璃公司成功开发出浮法工艺生产平板玻璃，将熔融玻璃液流淌在金属锡液上，在重力和表面拉力作用下形成上下表面平整光滑的平板玻璃。但西方国家对我国实行技术封锁，直至1971年，我国自主研制出浮法玻璃的生产线，成为与英国皮尔金顿浮法、美国匹兹堡浮法并驾齐驱的世界三大浮法工艺之一。同时，出现了许多重要的新体系和新功能的玻璃。如，无机非氧化玻璃、硫族化合物玻璃、卤化物玻璃等。这些新体系成功应用于光通信、光致变色等重要领域[6,7]。

三、高分子材料发展简况

人类使用高分子的历史与人类自身的历史相近，人类很早就开始使用天然的高分子材料，如，蚕丝及织物、麻、棉、羊皮、羊毛等。自19世纪后半叶起，合成高分子材料的研究与应用开始兴起，但当时人们对高分子的概念还没有认识。当时是利用有机化学反应对天然高分子进行改性或合成的。如，1839年，Charles Goodyear发明了天然橡胶的硫化处理技术，1912年莫特在橡胶中掺入炭黑，显著提高了橡胶的强度和硬度，使得其广泛应用于制造轮胎等。1869年，英国出现了赛璐珞（硝基纤维素酯）等的应用；1907年法国出现了酚醛树脂的合成及电木的应用；这一时期出现的高分子材料还有人造丝、纤维素粘胶丝、清漆等。但高分子的概念直至20世纪初才确立。1920年Staudinger（德国）发表了"聚合反应"的论文，奠定了"高分子"及"聚合"的概念。随后大量的合成高分子材料不断涌现并得到应用。20 世纪 30 ~ 60 年代出现的高分子材料主要有：合成橡胶；尼龙、聚酯、聚丙烯腈等合成纤维；聚氯乙烯、聚乙烯、聚丙烯、聚苯乙烯、聚碳酸酯、聚酰亚胺、有机硅、有机氟、杂环等塑料和树脂。例如，1934 年美国人研究了缩聚反应并合成了聚酯、聚酰胺（尼龙）；1930 年出现了自由基链式聚合反应研究，在此前后分别出现了聚苯乙烯、聚醋酸乙烯酯、聚甲基丙烯酸甲酯、聚氯乙烯、聚乙烯等聚合物；1940 年出现阳离子聚合合成丁基橡胶的工作；20 世纪 50 年代，科学家在常压实现了聚丙烯的合成，后来又常压合成了聚 α-丁烯、聚苯乙烯；20 世纪 60 年代出现了聚甲醛、聚氯醚和聚砜。高分子材料的使用不断扩大普及、价格更为低廉、材料性能进一步提高，成为工业和生活中广泛使用的重要材料[8,9]。

第三节　工程材料的核心要素

一、核心要素及其主要内涵

工程材料的核心要素主要有材料的成分、制备与加工工艺、组织结构、性能等。**成分**是指构成材料的元素和它们的比例。一般而言，材料的成分是根据对性能的要求设计的。例如，在纯铁中加入适量的碳就可显著提高其强度，得到我们常用的钢。因此，材料的成分是决定材料性能的基础。但是，材料中不可避免地会含有一些在材料制造和处理过程中残留或带入的元素，这些通常称为杂质元素。在一些情况下杂质元素对性能有十分重要的影响。因此，在很多情况下，虽然不把杂质考虑在材料的成分里，但必须在材料制造过程中对杂质的含量进行控制，并根据杂质对性能的影响，制订材料中杂质含量的上限标准。

制备与加工工艺是指获得材料并将之制成成品的工艺过程和条件，既有**热加工**过程，又有**冷加工**过程。热加工过程，即在加工过程中材料处于较高的温度直至熔化状态（一般定义为在 $0.4T_{熔}$ 以上）；冷加工过程，即在加工过程中材料处于较低的温度状态（一般定义为在 $0.4T_{熔}$ 以下）。在工程材料课程中我们主要关注材料的热加工。热加工既能够控制和改变材料的微观组织结构，从而控制或改变材料的性能，又是材料成型加工的主要方法。铸造、焊接、锻造、热处理等都是典型的热加工方法。

材料性能是指其在外界作用下表现出的性质与能力，也是我们使用材料的依据。**力学性能**是指材料在工作中承受的力作用的能力。比如，钢绳能承受较大的拉力而不断裂，即钢有较好的抗拉强度。陶瓷刀具有很高的硬度，可以用来切割硬度比它低的材料。橡胶具有很好的弹性和摩擦性能，适于做轮胎、鞋底。在工程材料中我们主要关注材料的力学性能，包括弹性、塑性、强度、硬度等。此外，由于环境与时间作用导致材料性能发生变化，与环境相关的性能，如腐蚀、蠕变、疲劳等也是工程材料必须考虑的性能。

组织结构是指材料内部各种影响材料性能的微观要素的状态。一般而言，组织结构具有以下属性：其一，组织结构要素与材料的成分有关，并能够通过对材料进行加工和处理而引入并变化，因此，成分、电子结构等不是组织结构要素。其二，组织结构要素能够通过适当的微观分析技术进行表征。早期人们主要用光学显微镜来观察材料的组织结构，这种手段能够观察微米尺度的组织结构特征，所以习惯上经常也将组织结构称为**微观组织结构或显微结构（组织）**。随着人类不断的追求对更小尺度的世界的认识，发明了电子显微镜等分辨能力更强的工具，使得直接观察纳米乃至原子尺度的结构成为可能[10]。因此，现在经常使用纳米结构、微纳结构等术语。其三，组织结构对材料的性能有重要的影响。常见的组织结构要素有：相、晶粒、晶界、晶体缺陷等。我们表征材料的组织结构不仅要确定材料内部存在哪些组织结构要素，还要确定它们的形态、分布、数量等。因为，这些都会影响材料的性能。

二、核心要素之间相互关系

材料科学与工程是关于材料的制备与加工工艺、材料的组织结构、材料的性能和材料的使用及其相互间关系的一门学科。对于工程材料而言，其核心要素主要包括成分、材料的制备与热加工、材料的微观组织结构、材料的力学性能和材料在使用过程中的结构和性能变化。这几者之间的关系可用图 0-4 表示[11]。在组织结构方面主要是考虑相结构、晶粒尺寸、相组成和分布、晶体缺陷等，性能这方面主要是考虑力学性能。由于工程材料在使用过程中性能会发生变化，所以，材料在不同环境中的组织结构和性能变化也是工程材料的重要内容。这涉及材料的腐蚀、蠕变、疲劳等问题。这与其他一些材料有所不同，例如，对于一些功能材料，如半导体材料，需要从电子结构层次来考虑材料的微观结构设计，关心的性能是半导体中电子的输运性能。

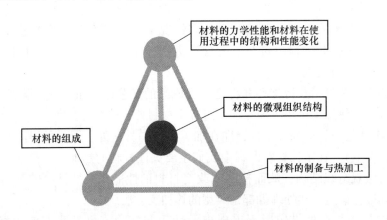

图 0-4　工程材料的核心要素之间关系图

材料的组成决定了材料的基本性质，比如，金属与陶瓷性质完全不同。铜与铁同属金属，但导电性和塑性不同。各种组成的原料需要通过制备与热加工过程方能成为可使用的材料。制备和热加工工艺不仅使材料完成制造和成型，还与材料的组成共同决定了材料的微观组织结构。制备和热加工工艺不同，相同的材料组成会具有不同的组织结构。组织结构对材料的性能有非常重要的影响，例如，金属的屈服强度与晶粒尺寸的 $-1/2$ 次方成正比。图 0-5 是不同晶粒尺寸的纯铜的拉伸应力-应变曲线[12]，当晶粒尺寸达到 23nm 时，其强度是晶粒尺寸为 80μm 时的 10 倍。正是因为纳米结构使得材料能够具有优异的性能，自 20 世纪 80 年代末提出纳米材料的概念以来，纳米材料受到高度的重视并逐步得到应用。

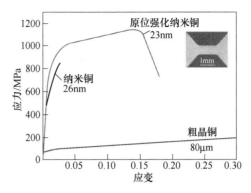

图 0-5　不同晶粒尺寸的纯铜的拉伸应力-应变曲线

　　获得所需的性能是生产材料的基本目的，这需要通过设计适当的材料成分，采取适当的加工工艺获得恰当微观组织结构，以获得所需的使用性能。还需要强调的是，应尽量保证材料性能在服役过程中保持不变，这样才能使制品的使用稳定性得到保证。在很多情况下这是安全生产的关键因素。保证材料在服役过程中性能的稳定实质上是要使材料的微观组织结构、表面状态等在服役的应力、温度、气氛、溶体乃至辐射等条件下保持稳定。应该指出的是，关于材料在服役条件下发生变化乃至破坏的分析研究已发展成一门重要的综合分析技术，即失效分析技术[13]。

　　总之，材料的各个核心要素密切相关，需要综合分析考虑。材料工作者和应用材料的工程师要认识了解这些要素之间的关系和变化规律，一方面，根据应用的要求合理地加工和使用材料，另一方面，根据需求研发新的更高性能更经济环保的材料。

参 考 文 献

[1] 中华人民共和国工业和信息化部. 国家统计局，2021 年 1 月 18 日.

[2] 杨桂英. 2016 年我国五大合成树脂市场回顾及 2017 年展望 [J]. 当代石油化工，2017，25：16~20.

[3] 涂铭旌. 材料发明创造学 [M]. 北京：化学工业出版社，2000.

[4] 卡恩. 物理金属学 [M]. 柯俊，等译. 北京：科学出版社，1984.

[5] Cahn R W. 走进材料科学（The Coming of Materials Science）[M]. 杨柯，等译. 北京：化学工业出版社，2008.

[6] 卡恩 R W，哈森 P，克雷默 E J. 材料科学与技术丛书（第 9 卷）——玻璃与非晶态材料 [M]. 北京：科学出版社，2001.

[7] 谭毅，李敬峰. 新材料概论 [M]. 北京：冶金工业出版社，2004.

[8] 梁晖，卢江. 高分子科学基础 [M]. 北京：化学工业出版社，2010.

[9] 黄丽，吕亚非，田明. 高分子材料 [M]. 北京：化学工业出版社，2010.

[10] 章效峰. 清晰的纳米世界 [M]. 北京：清华大学出版社，2005.

[11] Donald R A, Pradeep P P. Essentials of materials science and engineering [M]. 北京：清华大学出版社，2005.

[12] Dao M, Lu L, Asaro R J, et al. Toward a quantitative understanding of mechanical behavior of nanocrystalline metals [J]. Acta Materialia, 2007, 55：4041~4065.

[13] 刘瑞堂. 材料科学与工程系列教材·机械零件失效分析 [M]. 哈尔滨：哈尔滨工业大学出版社，2003.

名 词 索 引

本章自我练习题

（填空题、选择题、判断题）

扫码答题 0

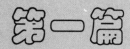

第一篇

工程材料科学基础

随着科学技术的快速发展，不同性能的新材料和新型制备、加工工艺不断涌现，原有工程材料的性能也不断地改善和提高，工程材料的种类日益增多，满足了不断增长的各种应用要求。无论是通过改进来提高已有的工程材料的性能水平，还是研发新的工程材料，都必须基于对材料基础科学理论的认识，只有从理论上阐明其本质，掌握其规律，才能指导实践。工程材料所涉及的种类繁多，包括金属材料、陶瓷材料、高分子材料和复合材料等。尽管不同类型的工程材料各有特点，追根溯源，它们却有许多共性和相通之处。材料的性能主要取决于其化学组成和组织结构，而制备和加工工艺对组织结构的形成和状态有决定性的影响。因此，本篇将概要性介绍工程材料科学基础的相关内容，材料成型的基本原理与工艺过程、组织结构与化学组成和成型加工工艺的关系、组织结构与性能关系的理论，乃至材料的组织结构和性能在服役中的变化规律及机理等。

第一章　材料的组织结构和基本性能

数字资源1

材料的组织结构属微观参量，材料的性能属宏观参量。材料的性能与材料的组织结构密切相关，认识材料的组织结构及其在各种制备加工条件的作用下发生的变化十分重要。构成材料的基本单元是原子，大量的原子构成具有不同结构特征的相，各种相以适当的比例、形态和分布构成材料的组织结构。掌握材料的组织结构及其对性能的影响，一方面应从不同微观尺度层次认识其组织特征，另一方面应认识材料在一定的微观组织结构状态下的宏观性能，进而建立组织结构与性能的关系。

第一节　材料的基本结构与性能

一、材料的原子结合键及对应材料的基本性能

材料是由大量的原子结合在一起形成的，这些原子可以是一种元素也可以是几种元素。例如，在忽略存在杂质的假定下，纯铁可以看作完全是由铁原子结合在一起的一种金属材料；聚乙烯可以看作是由碳和氢这两种元素结合在一起的一种高分子材料。元素的性质主要取决于原子的电子结构。图1-1是**元素周期表**，根据原子的电子结构，可以将

周期表中的元素分类为金属元素、非金属元素、半金属元素等。由于不同元素的电子结构不同，原子的结合方式是不同的。材料的基本性质取决于材料内部基本单元（原子或分子）的结合状态。一般用结合键来表示原子间结合的方式。材料中的结合键有以下四种。

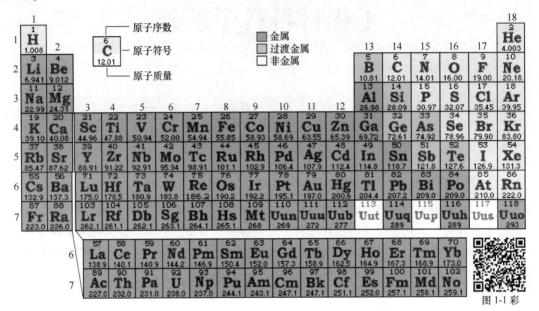

图1-1　元素周期表

（一）金属键

金属键是金属原子结合的基本方式。金属键结合是指所有原子的价电子都脱离原子核的束缚，成为自由电子，而原子则因失去电子成为正的离子实。自由电子在正离子实的点阵中自由运动，在正的离子实和自由电子之间库仑力的作用下，原子紧密结合在一起。由于点阵中这些自由电子的运动规律可近似用气体分子的运动方程来描述，故常将之称为自由电子气。以金属键结合为主的材料统称为**金属材料**，金属中的自由电子能够在外场的作用下产生相应的效应，并决定了金属材料的基本性质。例如：在电场的作用下，自由电子会沿电势的方向定向运动，从而产生电流；在光的照射下，电子发生跃迁，产生辐射。因此，金属材料通常具有良好的导电性、导热性、金属光泽、不透明等特点。另一方面，由于自由电子与正离子实之间有较强的结合力，而自由电子在正离子实的点阵中又可自由运动，因此，金属材料通常具有较高的强度、硬度和较好的可塑性变形的能力。

（二）离子键

离子键是金属原子与非金属原子结合的基本方式。在离子键结合中，金属原子失去价电子使最外层电子带为满带成为正离子，非金属原子获得金属原子失去的价电子使最外层电子带为满带成为负离子，正离子和负离子间的库仑力使他们结合在一起。由于金属原子失去价电子数须与非金属原子获得的电子数相等，正离子和负离子的数量有确定的比例，即金属原子与非金属原子的配比要严格满足正电荷与负电荷数相等，所以离子键结合的材料的组成有固定的化学式配比。**陶瓷**材料一般以离子键结合为主，例如：ZrO_2 陶瓷、TiN 陶瓷、Al_2O_3 陶瓷等都是典型的离子键型的化合物。基于离子键的特点，材料中无自由电子，因此，陶瓷材料一般是绝缘体，其导热性也较差；在光照射下，电子不发生跃迁和辐射，因此，陶瓷材料没有金属那样的光泽、有一定的透明性。由于离子键的键合很强，陶瓷材料的熔点很高、硬度很高、化学稳定性高。但其变形能力差，较难用一般的机械加工方法加工。

（三）共价键

共价键是非金属原子与非金属原子结合的基本方式。在共价键结合中，原子与相邻的原子通过共有电子使最外层电子带达到满带的电子数。两个原子共有的价电子对的作用使原子结合在一起。因此，共价键具有很强的键合力和方向性。例如，碳原子的三个 sp^3 杂化轨道（每个轨道有 $\frac{1}{4}s$ 态和 $\frac{3}{4}p$ 态）使之有 4 个价电子，因而可以通过一个碳原子与相邻的 4 个碳原子共有 4 个价电子，使最外层电子带达到满带的 8 个电子的要求，这就构成了金刚石结构。共价键既是许多陶瓷材料的结合键（如金刚石、ZnS、Si_3N_4 等都是典型的陶瓷材料），也是高分子材料的基本结合键。基于共价键的特点，材料中无自由电子，因此，高分子材料一般也是绝缘体，其导热性也较差；在光照射下，电子不发生跃迁和辐射，因此没有金属那样的光泽、有一定的透明性；化学性质稳定，可以耐酸、碱腐蚀。

（四）分子键

分子键又称为范德华力，是指以离子键或共价键结合的分子之间依靠偶极间的作用力相互结合。由于分子键很弱，故结合成的材料具有低熔点、低沸点、低硬度、易压缩等特性。**高分子材料**（又称聚合物）是指由大量的高分子组成的材料。高分子由碳、氮、氧、硅等原子基于共价键连接而成的主链，以及与主链原子通过共价键连接的氢、碳、氧、氮、卤素等原子组成的侧基构成。高分子链之间通过范德华力、氢键等相互作用结合成聚集体，其熔融焓低，熔融熵很大，高分子在熔体中运动的自由度大大增加，所以熔融温度低，一般在 140~280℃。

二、晶体与非晶体

大量的原子在结合键的作用下结合在一起，构成固体材料。在结合键的作用下，原子按一定的方式排列。原子在空间如何排布对材料的性能能有直接的影响。本章第六节将进一步阐明，原子间距受结合能控制，在一定的条件下，原子间距是固定的，即使变化，变化量也很小。同时，原子可看成是不可压缩的刚球。这样，我们可用刚球的堆垛来描述材料的原子排列结构，称为刚球模型。根据原子排列的方式，将材料分成晶体和非晶体两大类。

（一）晶体

晶体材料是指材料中的原子在三维空间周期排列，具有严格的对称性的结构。对于大多数晶体而言，原子的排列既满足点对称操作，又满足平移对称操作。所谓**点对称操作**是指晶体以通过晶体中某一点的轴旋转一定角度其结构完全重复，或晶体以其某个面为镜面对称。点对称操作在数学上用点群来描述。所谓**平移对称操作**是指原子在三维空间具有长周期排列，即在空间的任一原子，可以按照固定的周期，通过多次的平移达到与另一原子重合（参阅参考文献［2］）。图 1-2 示意给出原子在三维空间周期排列的情形。

　　还有一类晶体只有旋转对称而无平移对称，这类材料称为**准周期晶体材料**（简称准晶）。由于准晶不需要满足平移对称，准晶可以有五次和七次以上（包括七次）的旋转对称。这是准晶的一个非常重要的特点。准晶就是因为科学家在 1984 年观察到具有五次对称的结构而发现的[3]。

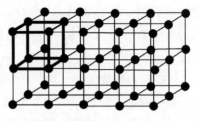

图 1-2　原子在三维空间周期排列示意图

　　由于晶体的长程有序排列的特点，原子在不同方向的间距会不同，不同的原子面的间距也会不同，以不同方向为轴的对称性会不同，如图 1-2 所示。由于晶体沿不同的方向具有结构特征的差异，其沿不同方向的性能会有差别，这称为**晶体的各向异性**。例如，单晶铜沿［001］和［111］方向的弹性模量分别是 67GPa 和 192GPa。

　　（二）非晶体

　　非晶体是指原子排列无长程有序，但存在局部短程有序结构的固体。通常的玻璃是典型的非晶结构材料。非晶结构中原子的排列可以看成与材料在液态或熔融态时类似。例如，在液态金属中原子是无序排列，当材料由液态凝固成固体时，在平衡状态下，原子趋于以晶体状态结合在一起。当凝固速度很快时，凝固过程中原子迁移受到限制，不能完全达到平衡状态，液态状态的原子排列状态被冻结到固态，这时材料中的原子不存在长程有序排列，而只有短程有序排列，这就是**非晶态合金**。由于日常见到的玻璃一般是非晶态结构，非晶态合金有时也称为**金属玻璃**。由于非晶材料中原子无长程有序排列，可以认为其成分和结构在内部各处都是均匀一致的。因此，它不像晶体那样存在各向异性，而是各向同性的。

　　常见纯金属和多数的合金一般都是晶体结构，一些特殊成分的合金具有准晶或非晶结构。陶瓷材料的情况较复杂，玻璃多数是非晶结构，但结晶玻璃（人造水晶）具有晶体结构。氧化物陶瓷通常是晶体结构。高分子材料大多是非晶结构，有的高分子材料是晶体结构的。图 1-3 给出了用透射电镜观察到的晶体、准晶、非晶三种结构的高分辨**点阵像**。

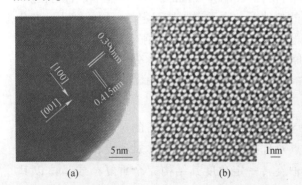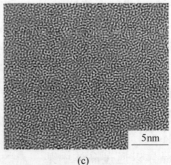

(a)　　　　　　　　(b)　　　　　　　　(c)　　　　　图 1-3 彩

图 1-3　晶体、准晶和非晶结构的高分辨点阵像

（a）PbTiO$_3$晶体[4]；（b）天然矿石 icosahedrite 中发现的准晶[5]；（c）ZrNiTiCu 非晶结构[6]

第二节　晶 体 结 构

绝大多数工程材料中的组成相具有晶体结构，随组成和形成条件的不同，这些相的晶体结构千差万别，晶体结构的变化对材料的性能有显著的影响。为对晶体结构进行分类和定量表征，建立了一套表述晶体结构的方法（参阅参考文献［2］）。

一、晶胞和空间点阵

（一）晶胞

由上节我们知道，晶体中的原子在三维空间周期排列，如果将原子抽象成一个几何点，得到一个**空间点阵**，晶体中的原子排列可用空间点阵来描述。我们在点阵中任意取出一个平行六面体（如图1-2中的粗实线所示），用这个平行六面体作为基本单元，将之在三维空间重复堆砌，即可复现原来的空间点阵。因此，可用这个基本单元代表晶体点阵，我们将这个基本单元称为**晶胞**，也称为单胞。为在几何上定量描述晶胞，我们可任取晶胞的一个阵点为原点（习惯上取后下方的阵点，以 O 表示），从原点出发取沿 x、y、z 三个方向的晶胞的边长为 a 轴、b 轴、c 轴，三个轴之间的夹角为 α、β、γ，如图1-4所示。现在只需知道这六个几何参量的值即可准确定义晶体点阵。为便于分类和表述，通常尽量选择晶胞中只有一个阵点的简单单胞（注意：位于单胞平行六面体顶角的阵点为与该阵点相连的八个单胞所有），也称为**原胞**。但为了便于反映点阵的对称性，在一些类型的点阵的单胞选取中，阵点数超过一个，这类单胞称为**复杂单胞**。

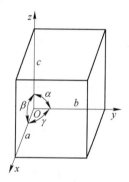

图1-4　单胞参数的
定义与选取

（二）晶系和布拉菲点阵

晶体点阵千差万别，但可根据点阵参数的基本数学关系将之分为七大类，称为七个**晶系**。表1-1列出了七个晶系的点阵参数的数学关系和单胞的示意图。例如，三斜晶系是 $a\neq b\neq c$，$\alpha\neq\beta\neq\gamma$。这两组不等式意味着只要是 a、b、c 三者不等和 α、β、γ 三者不等的点阵都属于三斜晶系。因此，一个晶系包含无数的不同的具体点阵。晶系的几何关系特点实质上反映了晶体对称性的特征。显然三斜晶系的对称性最低。立方晶系的点阵参数的数学关系式 $a=b=c$，$\alpha=\beta=\gamma=90°$，该晶系显然具有较高的对称性。

表1-1　七个晶系的点阵参数的数学关系

布拉菲点阵	晶系	棱边长度与夹角关系	对应图1-5中
简单立方 体心立方 面心立方	立方	$a=b=c$, $\alpha=\beta=\gamma=90°$	（1）（2）（3）
简单四方 体心四方	四方	$a=b\neq c$, $\alpha=\beta=\gamma=90°$	（4）（5）

布拉菲点阵	晶系	棱边长度与夹角关系	对应图 1-5 中
简单菱方	菱方	$a=b=c$, $\alpha=\beta=\gamma\neq90°$	(6)
简单六方	六方	$a=b$, $\alpha=\beta=90°$, $\gamma=120°$	(7)
简单正交 底心正交 体心正交 面心正交	正交	$a\neq b\neq c$, $\alpha=\beta=\gamma=90°$	(8)(9)(10)(11)
简单单斜 底心单斜	单斜	$a\neq b\neq c$, $\alpha=\beta=90°\neq\gamma$	(12)(13)
简单三斜	三斜	$a\neq b\neq c$, $\alpha\neq\beta\neq\gamma\neq90°$	(14)

　　为更好地反映对称性，又进一步将七个晶系细分为 14 个**布拉菲点阵**。图 1-5 给出了 14 个布拉菲点阵的示意图。分析它们与七个晶系的关系，可以看出，晶系只是考虑了原胞的情况，点阵则在此基础上进一步考虑了复杂单胞的情况，即单胞中可以有两个以上的原子。在复杂单胞中，在晶胞的面的中心或体的中心等特殊位置有阵点。这样处理的目的是更好的反映点阵的对称性。例如，$a=b=c$，$\alpha=\beta=\gamma=120°$ 的点阵如果按原胞选取单胞，是菱方晶系，但如果按复杂单胞选取可选为面心立方点阵。这里不再详细讨论，有兴趣的读者可参阅参考文献 [2]。因此，晶体材料的点阵结构都可归类于这 14 个布拉菲点阵。

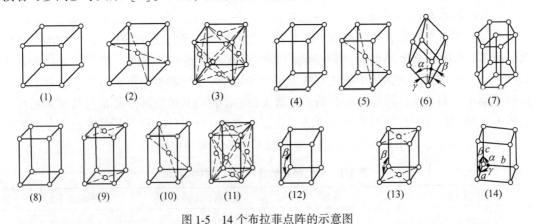

图 1-5　14 个布拉菲点阵的示意图

二、晶向指数与晶面指数

　　晶系和布拉菲点阵从结构上对晶体材料进行了描述。但在点阵内沿不同方向（称为**晶向**）上或在不同的平面（称为**晶面**）内阵点的排列是不同的。材料的性能与这种排列有关，研究材料的具体结构与性能的关系时，需要分析不同的点阵内特定晶向或特定晶面的原子分布等结构信息。这就需要对这些方向和平面进行标记，并进行表征。一般以**晶向指数**表征晶向、以**晶面指数**表征晶面。

（一）晶向指数

根据晶体具有周期性的特点，晶体中所有平行的方向都有相同的晶体学特征，可通过周期平移使它们互换，它们是完全等同的，因此互相平行的晶向具有相同的晶向指数。晶向指数用 $[uvw]$ 表示，对于每一个晶向都有对应的晶向指数。下面我们结合图 1-6（a）说明确定晶向指数 $[uvw]$ 的具体步骤：

（1）首先在点阵设立参考坐标系，以单胞的三个边为坐标基矢 $\boldsymbol{a}$、$\boldsymbol{b}$、$\boldsymbol{c}$；

（2）通过原点取平行于要确定的晶向 AB，将之延长到点阵中任一阵点 R，得到矢量 $\boldsymbol{OR}$；

（3）确定 R 的坐标 (x_0, y_0, z_0)，$\boldsymbol{OR}=x_0\boldsymbol{a}+y_0\boldsymbol{b}+z_0\boldsymbol{c}$；

（4）将 x_0，y_0，z_0 化简为三个互质的整数，这三个数即为 u、v、w 的值，若坐标中某一数值为负，则在相应的指数上加一个负号。

下面我们仍以图 1-6（b）的立方点阵为参照，举例来说明如何确定晶向指数。

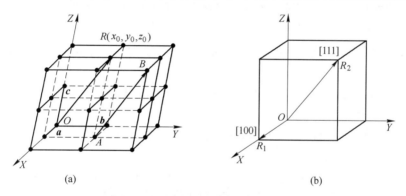

图 1-6　不同点阵中晶向指数的求解

（a）任意点阵中的晶向指数求解；（b）立方点阵中若干典型晶向的晶向指数求解

例 1：OR_1 晶向

（1）首先设立直角坐标系 XYZ，三个边的单位长度为 a，a，a（因为立方点阵三边相等）；

（2）通过原点取矢量 $\boldsymbol{OR}_1$；

（3）确定 R_1 的坐标为 $(1, 0, 0)$；

（4）将三个坐标化为三个互质的整数 1，0，0，则 OR_1 晶向为 $[100]$。

例 2：OR_2 晶向

（1）首先设立直角坐标系 XYZ，三个边的单位长度为 a，a，a（因为立方点阵三边相等）；

（2）通过原点取矢量 $\boldsymbol{OR}_2$；

（3）确定 R_2 的坐标为 $(1, 1, 1)$；

（4）将三个坐标化为三个互质的整数 1，1，1，则 OR_2 晶向为 $[111]$。

可以注意到，有些晶向的晶向指数中的三个数相同，只是排列顺序和正负号不同。例如，$[100]$、$[010]$、$[001]$、$[\bar{1}00]$、$[0\bar{1}0]$ 和 $[00\bar{1}]$。因为这些指数的晶向具有一定的共同性，特别是在高对称性的晶体中。因此把它们归于一个族，称为晶向族，用<uvw>来表示。

（二）晶面指数

与晶向同理，晶体中所有平行的晶面都有相同的晶体学特征，可通过周期平移使它们互换，它们是完全等同的。因此互相平行的晶面具有相同的晶面指数。晶面指数用（hkl）表示，对于每一个晶面都有对应的晶面指数。下面我们结合图1-7说明确定晶面指数（hkl）的具体步骤：

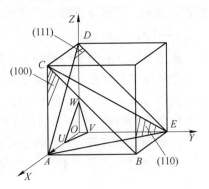

图1-7　立方点阵中若干典型
晶面的晶面指数求解

（1）首先在点阵设立参考坐标系，以单胞的三个边为坐标基矢 **a**、**b**、**c**；

（2）求出被标定晶面 UVW 与 X、Y、Z 三个坐标轴的截距，为避免截距为零，要避免取通过原点的晶面；

（3）取各截距的倒数，若某一晶面与某轴负方向相截，则在此轴上截距为负值。

（4）将得到的倒数乘以最小公倍数化为互质整数即为（hkl）。

下面仍以图1-7的立方点阵为参照，举例来说明如何确定晶面指数。

例1：ABC 晶面

（1）首先设立直角坐标系 XYZ，三个边的单位长度为 a，a，a（因为立方点阵三边相等）；

（2）晶面 ABC 与 X、Y、Z 三个坐标轴的截距分别为 1，∞，∞；

（3）各截距的倒数分别为 1，0，0；

（4）将得到的倒数乘以最小公倍数化为互质整数即为（100）。

例2：ADE 晶面

（1）首先设立直角坐标系 XYZ，三个边的单位长度为 a，a，a（因为立方点阵三边相等）；

（2）晶面 ADE 与 X、Y、Z 三个坐标轴的截距分别为 1，1，1；

（3）各截距的倒数分别为 1，1，1；

（4）将得到的倒数乘以最小公倍数化为互质整数即为（111）。

与晶向指数类似，有些晶面的晶面指数中的三个数相同，只是排列顺序不同。例如，（100）、（010）和（001）。因为这些指数的晶面也具有一定的共同性，特别是在高对称性的晶体中。因此把它们归于一个族，称为晶面族，用 {hkl} 来表示。

需要特别指出的是，六方晶系的晶向指数和晶面指数若用上述三轴坐标表示的话将不能反映其对称性，晶体学上等价的晶面和晶向，其指数却不相类同，往往看不出它们之间的等价关系。为此，通常采用四轴坐标表示，具体确定方法可参阅参考文献［7］。

三、材料的若干典型晶体结构

实际材料中的晶体结构随其成分、制备加工条件不同而千差万别，虽然它们都归类于14个布拉菲点阵，但其内部的原子种类、原子占位、点阵参数各不相同。这里我们只介绍实际材料中常见的几种简单晶体结构。

材料中基本的简单晶体结构有三种，即**体心立方**（body centered cubic，简称 b.c.c.

或 BCC)、**面心立方**(face centered cubic,简称 f. c. c. 或 FCC)和**密排六方**(close packed hexagonal,简称 h. c. p. 或 HCP)。α-Fe、Cr、V、Nb、β-Ti、W、β-Zr 等都具有体心立方点阵结构。Ag、Al、Au、α-Co、Cu、γ-Fe、Ni、Pb 等都具有面心立方点阵结构。Mg、ε-Co、α-Ti、Zn、α-Zr 等都具有密排六方结构。表 1-2 列出了常见的纯金属的晶体结构和相应的晶胞参数。下面我们对这三种结构再做进一步的分析。按照前述的原子刚球模型,刚球半径就是原子半径。图 1-8 给出了这三种结构的刚球模型。分析晶体结构,我们一般要确定晶体中原子密排方向、密排面、配位数、致密度等参量。下面先说明这几个概念:**密排方向**是指晶体中原子排列密度最大的晶向;**密排面**是晶体中具有原子面密度最大的晶面;**配位数**是指以晶体中任一原子为中心,与之最近邻且等距离的原子的数目;**致密度**是指晶胞中原子的总体积与单胞体积的比,反映了晶体中原子的填充密度。

表 1-2 常见的纯金属的晶体结构和相应的晶胞参数

金属	晶体结构	晶胞参数	金属	晶体结构	晶胞参数
α-Fe	b. c. c.	$a = 0.2863\text{nm}$	Au	f. c. c.	$a = 0.4079\text{nm}$
β-Ti	b. c. c.	$a = 0.3299\text{nm}$	Al	f. c. c.	$a = 0.4049\text{nm}$
W	b. c. c.	$a = 0.3165\text{nm}$	Ni	f. c. c.	$a = 0.345\text{nm}$
Mo	b. c. c.	$a = 0.3145\text{nm}$	Ag	f. c. c.	$a = 0.4085\text{nm}$
Zr	b. c. c.	$a = 0.3609\text{nm}$	α-Ti	h. c. p.	$a = 0.295\text{nm}$ $c = 0.4686\text{nm}$
Cr	b. c. c.	$a = 0.2884\text{nm}$	Mg	h. c. p.	$a = 0.3208\text{nm}$ $c = 0.5209\text{nm}$
γ-Fe	f. c. c.	$a = 0.3591\text{nm}$	Zn	h. c. p.	$a = 0.2665\text{nm}$ $c = 0.4947\text{nm}$
Cu	f. c. c.	$a = 0.3615\text{nm}$	Co	h. c. p.	$a = 0.2505\text{nm}$ $c = 0.4089\text{nm}$

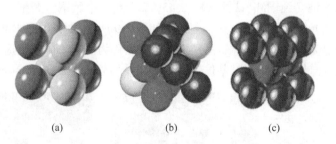

图 1-8 彩

图 1-8 体心立方、面心立方和密排六方晶体的刚球模型
(a)体心立方;(b)面心立方;(c)密排六方

我们首先看体心立方结构(见图 1-8(a)):该结构配位数为 8,单胞中有 2 个原子,原子最密排的方向是<111>,原子最密排的面是 {110}。在<111>方向有两个原子并且相接触,据此可根据点阵常数 a 求出原子半径 r 为 $\dfrac{\sqrt{3}}{4}a$,进一步可求出致密度为 0.68。

再看面心立方结构（见图 1-8 (b)）：该结构配位数为 12，单胞中有 4 个原子，原子最密排的方向是<110>，原子最密排的面是 ｛111｝。在<110>方向有两个原子并且相接触，据此可根据点阵常数 a 求出原子半径 r 为 $\frac{\sqrt{2}}{4}a$，进一步可求出致密度为 0.74。

再看密排六方结构（见图 1-8 (c)）：该结构配位数为 12，单胞中有 6 个原子，原子最密排的方向是<11$\bar{2}$0>，原子最密排的面是 ｛0001｝。在<11$\bar{2}$0>方向有两个原子并且相接触，据此可根据点阵常数 a、c（$c \approx 1.633a$）求出原子半径 r 为 $\frac{1}{2}a$，进一步可求出致密度为 0.74。

化合物中有两种以上元素的原子，在多数情况下其结构比较复杂。金属间化合物、陶瓷等一般是化合物。我们在后面第三节结合相结构做进一步介绍。

第三节　实际材料的微观结构

一、材料微观结构的一般特征

实际使用的材料包括天然材料和人造材料。天然材料有木材、皮革、石材、宝石等。工程中用的材料主要是人造材料，一般经熔炼、合成、烧结、成型、加工等一系列的制备和加工过程获得。由于组成、制备加工工艺的不同，不同的材料都有其特定的内部结构特征，而组成和组织结构特征决定了材料的性能。上节所述的晶体、非晶体等是构成材料的基本单元。实际材料一般是由多个基本结构单元构成。材料大多是以晶体结构为主要结构特征，如金属材料；也有的是以非晶体结构为主要结构特征，如玻璃。由于单晶体的形成要求较为苛刻的条件，难以大批量地制备大尺寸的单晶。这一点可从高克拉数的钻石极其昂贵得到直观的认识。所以实际晶体结构的材料通常都是**多晶体**。另一方面，一种材料一般由多种元素组成，并形成多个不同晶体结构的相，因此材料中常常不是完全由一种晶体组成，而是由若干个不同的晶体组成。更广义地说，材料常常由多个不同的相构成。

如果我们分别从紫铜（纯铜）、铁锤（Fe-0.45%C 合金，中碳钢）和聚乙烯高分子材料上切下一小块，将其在光学显微镜下观察，会得到如图 1-9 所示的显微组织特征。纯铜为单相多晶体组织，每个晶体称为一个晶粒，晶粒之间的界面称为晶界。中碳钢退火后的显微组织为两相组织，由两种晶体相构成。其基体为铁素体相，另外有一定量的渗碳体相。图中白

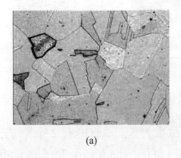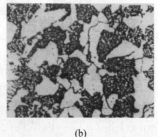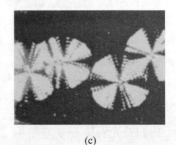

(a)	(b)	(c)

图 1-9　不同材料的显微组织
(a) 纯铜；(b) 中碳钢；(c) 聚乙烯

亮区域为铁素体，黑色区域为铁素体和渗碳体混合。**铁素体**是碳在 α-铁中的固溶体。**渗碳体**是 Fe 与 C 形成的金属间化合物，其化学式为 Fe_3C。该显微组织中除了铁素体晶粒与铁素体晶粒之间的晶界之外，还有铁素体与渗碳体之间的相界。聚乙烯的显微组织则是在非晶体基体上均匀分布着球形的晶体，也是两相组织，但由于基体为均匀的非晶，每个球晶是一个单晶，该组织中的界面主要是非晶相与球晶相之间的相界面。

二、实际材料中的基本组织结构单元

根据上述对结构的分析，一般可以认为，实际晶体材料的显微组织结构主要有以下五个基本单元，即：（1）相，（2）晶粒，（3）晶界，（4）相界，（5）晶体缺陷。这几个基本单元都有很丰富的内涵，比如，如前面所述，相有千变万化的组分和结构，可以是具有各种不同结构的晶体，亦可是非晶体。晶界和相界也有各种不同的结构特征。下面我们简要介绍上述组织结构单元的概念。

（一）相与相界面

相是指材料中结构与成分均匀一致且不同于材料中其他部分的组织单元。这里成分相同与结构一致是定义并将一个相与另一个相区别的两个必要条件。显然，成分不同，结构相同不是同一个相，比如，纯铜与纯铝显然不是相同的相。同样，成分相同，结构不同也不是同一个相。以纯铁为例，在 912℃ 以下它是体心立方结构，在 912~1394℃ 之间它是面心立方结构。因此，虽然它们都是纯铁，但它们是不同的相。前者称为 α 相，后者称为 γ 相。材料中相的种类不计其数，常见的相可归为几大类，主要有固溶体、金属间化合物、化合物等。另外，材料制造过程中有可能会引入一些有害杂质相（通常称为夹杂，多为化合物），将在本章后续内容详细介绍。

当材料中有两个或两个以上的相共存，这种材料称为多相材料。多相材料中不同相之间的界面称为**相界面**或称为**相界**。相界通常分为如图 1-10（a）~（c）所示的共格相界、半共格相界和非共格相界。**共格相界**是指相界面两侧的原子位置完全匹配、不存在错配的相界面；**非共格相界**是指相界面两侧的原子位置完全不匹配的相界面；**半共格相界**是指相界面两侧的原子不完全匹配、存在一定的错配的相界面。错配的大小用错配度（δ）来定量衡量。

$$\delta = \frac{a_1 - a_2}{a_1} \tag{1-1}$$

式中，a_1 和 a_2 的物理意义如图 1-10（a）所示。

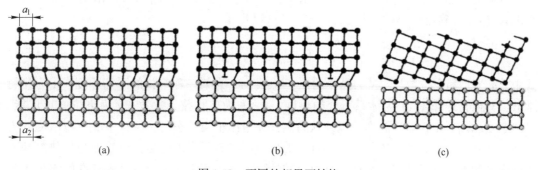

(a)　　　　　　　　(b)　　　　　　　　(c)

图 1-10　不同的相界面结构

（a）共格相界；（b）半共格相界；（c）非共格相界

（二）晶粒与晶界

当材料是由单一相构成的单相材料时，由于一般条件下很难获得由一个晶体构成的单晶材料。一般情况下单相材料是由无数个该相的小晶体组成，每个晶体的位向各不相同，这称为多晶材料，如图1-9（a）所示。材料中的小晶体称为**晶粒**。对于金属材料和陶瓷材料而言，晶粒的尺寸一般在微米量级。由于晶粒之间位向不同，相邻接触的晶粒之间必然存在界面，这称之为**晶界**。

晶界按其结构特征可分为大角度晶界，小角度晶界等类型。**大角度晶界**是指晶界两侧的晶粒的取向差相差较大的晶界；**小角度晶界**是指晶界两侧的晶粒的取向差相差较小的晶界。一般以15°的取向差为界。取向差大于15°为大角度晶界，取向差小于15°为小角度晶界。图1-11示出的是一个对称倾侧的小角度晶界。该晶界可看成是由一系列规则排列的刃位错构成，刃位错排列得越密，倾侧角就越大。

需要指出的是，大多数的工程材料是多相材料，而其中的相一般也是以多晶体的形式存在。因此，工程材料一般是多相多晶材料，如图1-9（b）所示。

（三）晶体缺陷

在日常生活中，人们常说像水晶般纯洁，像钻石般无瑕。似乎晶体应是完美无瑕的，这是理想的状态。实际的晶体并不是完美无瑕的。因为组分中常含杂质，并受生长条件、外界作用等的

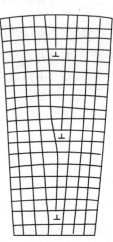

图 1-11　对称倾侧的
小角度晶界

影响。存在各种成分或结构偏离完美晶体的局部缺陷，这统称为晶体缺陷。根据缺陷的特征将之分为点缺陷、线缺陷和面缺陷三大类。

1. 点缺陷

所谓点缺陷是指缺陷的尺寸在三个维度都很小的晶体缺陷。点缺陷主要有空位和杂质原子两种。根据前面晶体的定义我们知道，理想的晶体中，原子在三维空间周期排列。但是实际晶体中，有些原子位置没有被原子占据，形成空位，这就是一种点缺陷，如图1-12（a）所示。空位的多少用空位浓度来表征，它用晶体中空位总数和原子总数的比值来度量。空位是一种热力学平衡缺陷。也就是说，在热力学平衡条件下，晶体中的空位缺陷是不可避免的，晶体中有一定的平衡空位浓度（参阅参考文献［7］）。其浓度与温度的关系由式（1-2）确定。

$$\frac{n_e}{N} = C_e = A\exp\left(-\frac{u}{kT}\right) \tag{1-2}$$

式中，n_e 为平衡空位数目；N 为晶体的原子总数；C_e 为某一种空位的平衡浓度；A 为材料常数，其值常取作1；T 为体系所处的温度，K；k 为玻耳兹曼常数；u 为空位的形成能。显然温度越高，空位浓度越高。以纯铁为例：在室温平衡状态下，纯铁中的空位浓度约为 5.1×10^{-19}；在800℃时，其空位浓度约为 7.6×10^{-6}。需要指出的是空位浓度与加热冷却条件也强烈相关。如果我们将晶体从高温以较快速度冷却下来，高温下平衡存在的空位来不及消失，不能降低到较低温度的平衡空位浓度。这样，高温态的较多空位就会被强制保留

在低温态的晶体中，得到具有过饱和空位浓度的晶体。

另一方面，要获得完全纯的晶体也是不可能的，所谓"金无足赤"。在纯组元的晶体中总会含微量的杂质，或是为了某种目的加入的其他组元。视上述异类原子（称为杂质元素或掺杂元素，合金元素等）尺寸与晶体的原子尺寸大小的差异，这些异类原子以两种方式存在于晶体中。当杂质原子的尺寸显著小于晶体组元的原子，半径比小于 0.59 时，杂质原子将占据晶体中间隙的位置，这称为间隙型原子，如图 1-12（a）所示。当杂质原子的尺寸与晶体组元的原子比较接近时，杂质原子将占据晶体的原子位置，换句话说，置换了晶体的原子，这称为置换型原子，如图 1-12（b）所示。

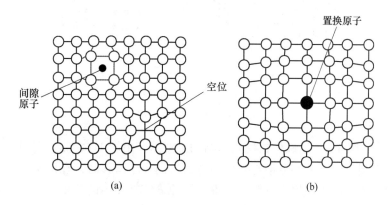

图 1-12　晶体中点缺陷的结构示意图
（a）空位和间隙原子；（b）置换原子

无论是空位还是异类原子，它们的存在都会使得其周围局部的原子偏离原来的晶格位置，即产生**晶格畸变**，如图 1-12 所示。这种晶格畸变对材料的性能有显著影响。对于异类原子而言，它不仅产生晶格畸变，由于其电子结构和化学性质与基体组元不同，还会因此对材料的性能产生进一步的影响。我们在后续的章节中还会分析这个问题。

2. 线缺陷

线缺陷是指缺陷的尺寸在两个维度都很小，一个维度较大的晶体缺陷。晶体中的线缺陷主要是指位错。所谓**位错**指在完整的晶体中沿一维方向存在局部原子不规则排列，这个不规则排列在另两个维度的尺寸很小（几个原子的范围）。位错主要分为刃型位错和螺型位错两种类型。位错也可以是兼具刃型和螺型位错的混合位错，实际晶体中存在的位错往往是混合型位错。位错在材料中的多少用**位错密度**表征。它是指单位体积中位错线的总长度，或穿过单位面积的位错线数目。完全退火的低碳钢的位错密度约为 $10^6/cm^2$，半导体级单晶硅中的位错密度约为 $300/cm^2$。

下面结合晶体滑移的位错模型，来说明刃位错和螺位错的结构。如果把位错看作晶体滑移变形造成的，位错可看成是晶体已滑移部分和未滑移部分的界限。需要指出的是，这并不意味着实际位错一定是这样产生的。图 1-13（a）和（b）是刃位错的几何结构示意图。由图 1-13（a）可见，当晶体的上半部分沿滑移面相对于下半部分沿切应力方向发生滑移时，在已滑移部分和未滑移部分的界线处晶体的原子位置出现错位，偏离了原来完整晶体的位置。这可以形象的看成是在已滑移晶体部分有一排额外的原子面，额外的原子面与原来晶体的交界就是位错线，如图 1-13（b）所示。额外的原子面的底部像个刃部，故称之为**刃型位错**（或**刃位错**）。需要指出的是，插入一层多余的原子，必然造成交界处附近有较大的畸变，使得交界处附近原子都发生局部的位置变化，即发生结构畸变。因此，位错也是一个结构畸变的局部区域。其他类型的位错也是如此。

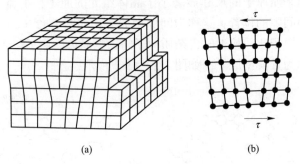

（a）　　　　　　　　　　　（b）

图 1-13　刃位错的几何结构示意图

（a）立体模型；（b）平面图

图 1-14（a）和（b）是螺位错的几何结构示意图。由图 1-14（a）可见，当晶体的上半部分沿滑移面相对于下半部分沿与切应力垂直方向发生滑移时，在已滑移部分和未滑移部分的界线处晶体的原子位置出现错位，偏离了原来完整晶体的位置。已滑移部分和未滑移部分的交界线就是位错线。如果从晶体的顶面向下看，得到如图 1-14（b）所示的几何结构投影图。可以看到沿位错线方向，位错附近的原子不同程度偏离晶格正常位置，呈螺旋状排列，故称之为**螺型位错**（或**螺位错**）。显然，对于螺位错而言，位错线附近也发生了结构畸变。

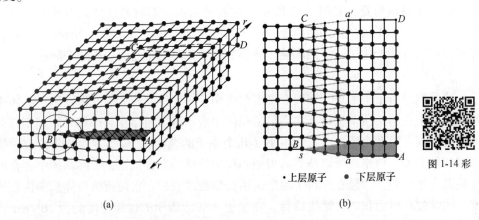

·上层原子　●下层原子

图 1-14 彩

（a）　　　　　　　　　　　（b）

图 1-14　螺位错的几何结构示意图

（a）立体图；（b）顶视图

当位错既不是纯刃位错也不是纯螺位错，而是具有部分螺位错和部分刃位错的特征，这种位错称为混合型位错。

无论是刃位错、螺位错还是混合型位错，都需要对它们进行标记。荷兰物理学家 Burgers 定义了一种用矢量标记位错的方法，这称为**柏氏矢量**（Burgers vector）。它的确定如下，将含有位错的实际晶体和理想的完整晶体相比较，在实际晶体中作一柏氏回路，在完整晶体中按其相同的路线和步伐作回路，自路线终点向起点的矢量，即"柏氏矢量"。柏氏矢量是描述位错性质的一个重要物理量，反映出柏氏回路包含的位错所引起点阵畸变的总积累。

　　晶体中的位错可以不同的方式产生。其一，在晶体生长的过程中，晶体不可能完全是完美无缺的生成。比如，大量的空位聚集在一起，形成空位片，空位片两侧的晶体会发生坍塌，形成一个位错环。又比如，晶体生长时，由于温度梯度、浓度梯度、机械振动等的影响，致使生长着的晶体偏转或弯曲引起相邻晶块之间有位向差，它们之间就会形成位错。其二，当晶体发生变形时，滑移使得晶格发生扭曲，出现应力集中现象，当此应力足够高就可能产生位错。其三，经剧烈塑性变形后的金属晶体，其原有位错通过一定形式的运动，自身不断产生新的位错或大幅度增加位错线长度导致位错增殖。其四，外力作用下变形时从晶界发射位错，分解产生晶格位错进入晶内（参阅参考文献［8］）。图 1-15（a）和（b）分别是用透射电子显微镜观察到的实际晶体中的位错的衍衬像[9]和原子结构像[10]。

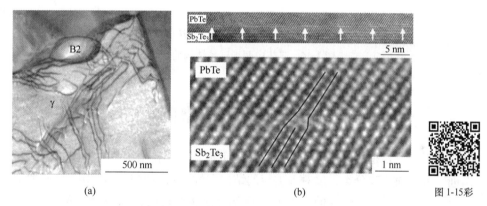

(a)　　　　　　　　　　　　(b)　　　　　　　　图 1-15彩

图 1-15　透射电子显微镜观察到的实际晶体中的位错结构

（a）Fe-Al-Mn-C 低密度钢中位错在透射电子显微镜下的衍衬像[9]；

（b）在高分辨透射电镜下观察到的 PbTe 和 Sb_2Te_3 界面的位错原子结构像[10]

　　位错是认识材料的性能，特别是力学性能的十分重要的微观结构组织。材料塑性变形的微观机制主要是用位错理论来诠释。在后面的章节中，还会在多处涉及位错的内容。

　　3. 面缺陷

　　所谓面缺陷是指缺陷的尺寸在一个维度很小，在另两个维度较大的晶体缺陷。晶体中的面缺陷主要是层错。根据晶体结构的特点，晶体可以看成是由晶面一层层堆垛起来，如图 1-16（a）所示。下面我们以由此结构中形成的两种层错结构为例对层错做简要的介绍。当我们在图 1-16（a）所示的完整晶体中局部抽出或插入一层原子，这时，抽出或插入原子面的晶体部分原子的堆垛与原来完整晶体部分相比发生了变化，这局部的抽出（或插入）的一层原子和相邻几层原子堆垛的位置偏离了完整晶体的正确位置，即出现错排，如图 1-16（b）所示。这种完整晶体中出现的局部原子错排的面缺陷称为**层错**。图 1-16（c）是另一种形式的层错。在密排六方结构的完整晶体中原子层沿 Z 方向的堆垛可看成是原子按顺序交替排列在 A 位置和 B 位置，如图 1-16（d）所示。这样就形成了 ABABABAB…的堆垛顺序，在这种结构中，实际上原子堆垛的位置有三个，即 A、B、C。如第一层是 A，则第二层可能是 B 也可能是 C，若第二层是 B，则第三层可能是 A 也可能是 C，以此类推。当然，作为一个完整晶体其堆垛应满足长周期排列，按固定顺序排列，比如图 1-16 (a) 所示的 ABABABAB…。但偶然会出现错排，比如某层应排 B 位置的错排到 C 位置，形成 ABABACABAB…，这样就出现一个层错，如图 1-16 (c) 所示。显然，这个层错与前面抽出或插入型的结构是不同的。需要指出的是，层错与位错有密切的关系，它们不是截然分开的。这里我们不再详细讨论，有兴趣了解的读者可参阅参考文献 [8]。

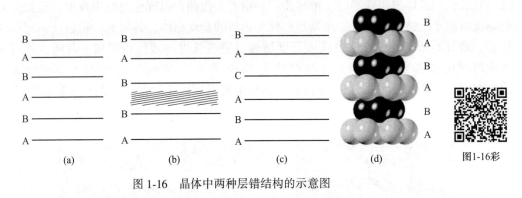

图 1-16 晶体中两种层错结构的示意图

第四节 材料中常见的相

如前所述，相是构成材料的基本单元，而相的组成和结构千差万别。因此，我们需对相作进一步的描述和分类，以对各类相的结构和性能特点有基本认识。我们知道，以纯组元来做材料的情况是比较少的。为了达到改变性能的目的，总是会加入一些其他的组元。在金属中这些加入的组元称为合金元素。相应的添加了合金元素的金属材料称为合金。陶瓷材料一般也不是以单一的化合物构成，而是包含多种化合物，许多时候也要进行掺杂。材料中的相主要有两大类，一种是形成固溶体，另一种是形成化合物。下面我们分别介绍。

一、固溶体

（一）固溶体的结构与分类

所谓**固溶体**是指在一种组元（溶剂）的点阵中溶入部分另一种组元（溶质），并保持溶剂的点阵结构类型的相。根据溶质原子溶入溶剂点阵中的方式，固溶体分为置换型固溶体和间隙型固溶体两类。当溶剂和溶质原子直径相差不大，一般在 30% 以内时，易于形成置换固溶体。**置换型固溶体**（也常称为替代型固溶体）指溶质原子进入溶剂原子点阵并替代点阵中溶剂原子形成的固溶体。当溶质原子与溶剂原子直径之比小于 0.59 时，易于形成**间隙型固溶体**，它是指溶质原子进入溶剂原子点阵的间隙形成的固溶体。例如，18K 金是银、铁、铜等溶入金形成的置换型固溶体，铁素体是 C 原子溶入 α 纯铁的体心立方晶格的间隙中形成的间隙固溶体。图 1-17 示意给出了置换型固溶体和间隙型固溶体的结构。

类似的，如果在 ZrO 中掺杂少量 CeO_2，Ce 可替代 Zr，这也可看成是固溶体。但是在离子化合物中，必须保持化学价的平衡。

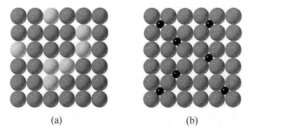

(a)   (b)   图 1-17 彩

图 1-17　置换型固溶体和间隙型固溶体的结构示意图
（a）置换型固溶体；（b）间隙型固溶体

溶剂晶格点阵中能够固溶的溶质原子的最大浓度称为固溶度。固溶度受溶剂与溶质原子尺寸差别、晶体点阵、电负性等因素的影响。当溶质原子可连续完全替代溶剂原子，我们说固溶度无限，这种固溶体也称为无限固溶体。形成无限固溶体一般应满足以下条件：（1）溶质原子（离子）与溶剂原子（离子）半径差小于15%；（2）溶质和溶剂的点阵一致；（3）溶质原子（离子）与溶剂原子（离子）的电负性差别不大（电价一致）。例如，铜镍二元合金形成置换型无限固溶体，镍原子可在铜晶格的任意位置替代铜原子；MgO 与 NiO 的晶体类型相同、电价相同、Ni^{2+} 与 Mg^{2+} 的离子半径分别是 0.070nm 和 0.072nm，二者形成无限固溶体。而固溶度有限的固溶体称为有限固溶体。显然，间隙型固溶体也只能是有限固溶体。

（二）固溶体的性能特点

与纯组元相比，固溶体有两个最基本的变化。其一是晶格点阵发生畸变，其二是溶质原子附近局域的化学环境不同于纯组元的化学环境。这必然会对其性能产生影响。固溶体的性能变化比较复杂，在不同的体系中和对于不同的性能常会有不同的表现。这里我们只是给出一些典型的例子使读者有些感性认识。在金属中，晶格畸变使得晶体发生滑移变形更加困难，这导致其硬度和强度升高。因此，形成固溶体是金属材料的一个基本的重要强化方法，即**固溶强化**。例如，纯铁是很软的，添加少量的碳，形成间隙固溶体后，其硬度就提高了很多。又如，纯金是很软的，加入一定量的银或者镍，形成了置换型固溶体，得到称为 K 金的材料，硬度提高了很多，就可以镶嵌宝石等。晶格畸变也使得电子迁移受到影响，特别是异类原子的存在，导致电子散射增强，这就使得电子的迁移变得困难。因此，固溶体合金的导电性会比纯金属的差，相应的其导热性也变差。还有形成固溶体后电极电位也会发生变化，如 Cr 固溶于 α-Fe 中，当 Cr 的原子分数达到 12.5% 时，Fe 的电极电位由 -0.6V 陡然上升到 +0.2V，这使其抗腐蚀能力得到极大提高。在 Si_3N_4 陶瓷中，部分 Si 和 N 可以同时被 Al 和 O 替代并保持电中性，形成 Si_3N_4 中固溶部分 Al_2O_3 的固溶体。这种固溶体被称为 Sialon（赛龙）陶瓷，是介于 Si_3N_4 和 Al_2O_3 间的一种陶瓷材料。其强度、硬度略低于 Si_3N_4，但韧性比 Si_3N_4 好。又如，Al_2O_3 很难烧结，可添加与之形成固溶体的 TiO_2、Cr_2O_3、Fe_2O_3 等，这些添加物导致 Al_2O_3 内部产生晶体缺陷，促进了 Al_2O_3 的烧结。

二、金属间化合物

（一）金属间化合物的结构特点与类型

当元素间化学亲和力较大时，它们更倾向于形成有化合物特征的相，而非固溶体。**金属间化合物**是指由两个及以上的金属元素或金属元素与非金属元素形成一个相，该相的点阵结构与形成它的纯组元的点阵结构均不相同，组元配比有较严格的化学式。金属间化合物中的原子键合仍属金属键。金属间化合物虽然有比较严格的化学式，但由于是金属键结合，其成分在其化学式配比附近可有一定的偏离范围。换句话说，金属间化合物也有一定的固溶度。有时把这种有固溶度变化的金属间化合物称为第二类固溶体。按其组成和结构特点，可将金属间化合物分成如下四类。

一是正常价化合物。**正常价化合物**通常由金属元素与周期表中电负性较强的ⅣA、ⅤA、ⅥA族的一些元素按化学上的原子价规律所形成。例如 Mg_2Sn、Mg_2Si、SiC、MnS 等，其中 Mg_2Si 是镁合金中常见的强化相，MnS 是钢材中常见的夹杂物。

二是电子化合物。所谓**电子化合物**是指其结构稳定性主要取决于电子浓度，或说特定结构的金属间化合物在一定的电子浓度范围内存在。这类化合物最早由 Hume 和 Rothery 定义，也常被称为休姆相。电子浓度是指晶胞内的价电子数和原子数之比。典型的电子化合物的电子浓度有 3/2、21/13、21/12。体心立方结构的 $FeAl$、Cu_3Al、$NiAl$、Ni_3Ti、$TiAl$ 等都是电子浓度为 3/2 的电子化合物。图 1-18（a）是金属间化合物 $FeAl$ 的结构示意图，它代表一类这种结构的化合物，例如 $FeAl$、$\alpha\text{-}Fe_3Si$ 和 $\beta\text{-}Cu_3Sb$。该结构共有 16 个原子，可简单将其看作 8 个体心立方晶胞堆在一起，Al 原子占据其中 8 个单胞的体心，Fe 原子占据所有其他剩余的位置。图 1-18（b）为 $NiAl$ 金属间化合物的晶体结构示意图。

三是间隙相（**间隙化合物**）。当金属原子与原子半径较小的非金属元素结合时，若原子半径小的原子浓度很低时，会形成间隙固溶体。若间隙原子超过固溶度极限，它们之间可形成新结构的化合物相。在这种化合物的结构中，原子半径小的非金属原子进入金属原子构成的点阵的间隙，故称为间隙相（间隙化合物）。例如，Fe_3C、TiC、TiN 等碳化物或氮化物。图 1-18（c）是 Fe_3C 相（常称为渗碳体）的晶体结构示意图。

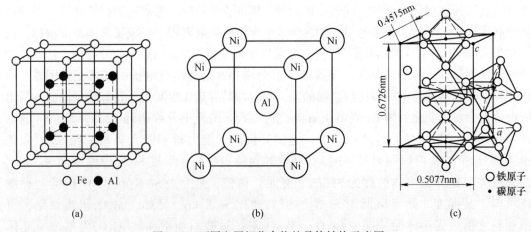

图 1-18   不同金属间化合物的晶体结构示意图
(a) FeAl；(b) NiAl；(c) Fe_3C

四是**拓扑密堆相**。我们前面介绍过，纯金属点阵中存在一定的空隙，由于所有原子尺寸相同，无论如何密堆，总有较大间隙。如果用大小不同的原子搭配进行堆垛，可以进一步减小间隙。这种堆垛结构在数学上可以采用拓扑结构来描述。因此，这种相称为拓扑密堆相（或拓扑密堆结构相）。常见的拓扑密堆相有 Laves 相、σ 相等。它们一般都是硬脆的相，是对材料性能不利的相。拓扑密堆相的晶体结构比较复杂，这里不再介绍（可参阅参考文献［11］）。另外，上述例子中给出的金属间化合物都是二元成分。实际上也有很多三元和更多元金属间化合物，例如 $(Fe, Cr)_3C$、$(Fe, Mn)_3C$ 和 $(Cr, Fe, Mo, W)_{23}C_6$ 等。

（二）金属间化合物的性能特点

金属间化合物虽仍属金属键性质，但结构比一般的纯金属和固溶体复杂，其结合键键合强。因此，与纯金属和固溶体相比，金属间化合物大都具有高的熔点、硬度，但塑性差，它们在较高的温度仍能保持比较高的强度和硬度，其导电性和导热性则比一般纯金属和固溶体差。由于这样的性能特点，金属间化合物在工程材料中的主要用途有：作为金属材料中的第二相起提高材料的强度、硬度、耐磨性等作用。例如，钢中的碳化物，利用其高硬度和较高温下保持硬度的特点，以其为主要组成相，作为工具（如车刀、钻头）材料。例如，成分为 WC-10%Co 的硬质合金就是一类重要的工具材料；利用其有较好的高温强度，使用于在高温下需要较高强度的零部件。如，NiAl 金属间化合物应用在航空发动机的关键零件上。

应该指出的是，由于金属间化合物种类非常多，其结构和性能千差万别。因此，这是一个探索新材料的丰富宝库。

三、陶瓷相

（一）陶瓷相的结构特点与类型

陶瓷材料中的相比较复杂，主要有离子型晶体、共价型晶体、硅酸盐晶体和玻璃相[12]。离子晶体按其化学成分可分为二元化合物和多元化合物。其中二元化合物可分为 MX 型、MX_2 型、M_2X 型、M_2X_3 型和 MX_3 型化合物；多元化合物可分为 ABO_3 型和 AB_2O_4 型。离子晶体的结构一般服从泡利规则。按此规则，在离子晶体中一般遵从以下规律：（1）异性离子接触结合；（2）正离子位于负离子构成的多面体的间隙位置的中间；（3）负离子的化合价等于与之邻结的正离子的静电键强度总和；（4）多面体的结合中，角-角结合最容易，其次是棱-棱结合，最难是面-面结合。典型的离子晶体陶瓷相的结构有 NaCl 型结构、ZnS 型结构（闪锌矿）、萤石型结构（GaF_2）、尖晶石（$MgAl_2O_4$）、钙钛矿（$GaTiO_3$）等。图 1-19（a）是 NaCl 的结构，它可看成是分别由 Na^+ 离子和 Cl^- 离子构成的两个相同的面心立方点阵穿插在一起构成的。属于这种结构的化合物还有 GaO、MgO、MnO、TiN、TiC、SiN、CrN、ZrN 等。图 1-19（b）给出了以多面体结合方式表达的 SnO_2 离子晶体的结构图。共价型晶体是指相邻的原子依靠共价键结合的晶体。典型的共价晶体纯组元有碳、硅、锗等，化合物有 SiC、BN、Si_3N_4、AlN、GaAs、B_4C 等。图 1-19（c）所示的金刚石结构是一种常见的共价化合物结构。硅酸盐晶体也是陶瓷材料中常见的组成相，硅酸盐晶体主要来自地壳中的矿物，它们是制造陶瓷、玻璃、水泥、耐火材料等的重要原料。图 1-19（d）给出镁橄榄石（$Mg_2[SiO_4]$）晶体结构。

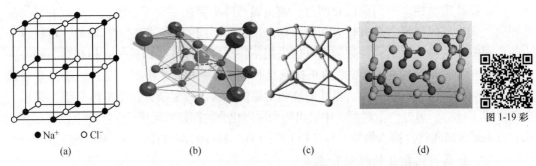

●Na⁺ ○Cl⁻

(a)　　　　　　(b)　　　　　　(c)　　　　　　(d)

图 1-19 彩

图 1-19　NaCl（a）、SnO₂（b）、金刚石（c）和镁橄榄石（d）的晶体结构

（二）陶瓷相的性能特点

陶瓷相的键合特点决定了其基本性能，由于离子键和共价键的饱和性和固定的键间夹角，陶瓷相大多具有很高的熔点、高的硬度、高的化学稳定性、较低的热膨胀系数等特点。它的高熔点决定了其具有很好的耐热性，因此可作为耐热材料使用。其高的硬度决定了其良好的耐磨能力，因此常用于耐磨用途。其高的化学稳定性决定了其具有良好的耐腐蚀能力。例如，用 SiC 材料做石化工业中高温、研磨环境下使用的喷嘴，熔炼用的坩埚等。但陶瓷材料很脆，裂纹敏感性强，几乎没有塑性。这是它的一个致命弱点。因此，提高陶瓷材料的韧性是十分重要的科学问题。

四、聚合物

（一）聚合物的结构特点

高分子链之间通过范德华力、氢键等相互作用结合成聚集体，具有多层次的聚集态结构。根据主链原子的种类还可以分为有机高分子和无机高分子。由一种单体组成的合成高分子称为均聚物，由两种或两种以上单体组成的合成高分子称为共聚物。高分子链主要呈线形，也有支化、交联等形式。高分子有结晶高分子和无定形高分子之分，因为分子链的对称性低，链间相互作用弱，所以结晶的完整性差，结晶高分子以正交和单斜晶系为主（60%左右），没有立方晶系。由于结晶的显著不完整性，聚合物中一般不用位错这种概念。高分子链通过折叠形成厚度约 10nm 的片晶，片晶从晶核向外辐射生长形成直径几十至数百微米的球晶；高分子链还可以在外力作用下形成串晶。结晶高分子中晶相与非晶相共存，非晶相部分位于晶片之间、球晶之间。因此，结晶高分子的熔点随结晶度、微晶尺寸变化，是一个范围。高分子链受外力作用会沿外力方向优先取向，形成取向结构，大大提高取向方向的力学强度，也导致力学性能出现各向异性。第十章将较详细介绍聚合物的结构。

（二）聚合物的性能特点

由于高分子链是由成千上万个原子组成的线形长链结构，伸直长度可达上千纳米，高分子链与高分子链之间在空间上不能互相跨越，发生拓扑缠结，使得分子链的迁移受阻。分子链间相互移动耗时较长，所以高分子熔体和高分子溶液的黏度很高，天然高分子的水溶液常常作为增黏剂用于食品工业。高分子链间的相互作用弱，又有侧基、链段、高分子链等不同尺度的结构单元以不同速率运动，形成很宽的松弛时间谱。存在应力时更容易变形，表现出蠕变、应力松弛，大大降低了高分子的尺寸稳定性以及对氧气、水等小分子的阻隔性。高分子的运动单元尺度随温度升高而增大，呈现不同的力学状态。温度较低时高分子链段的运动被冻结，高分子处于玻璃态，杨氏模量可达 $3 \times 10^9 Pa$。升高温度使得链段可以运动，高分子进入高弹态（或称橡胶态），杨氏模量约为 $2 \times 10^6 Pa$。由于化学交联或拓扑缠结，在高弹态高分子链整体的移动难以实现，外力拉伸导致链段伸直，构象减少，移去外力后链段恢复无规线团构象，表现出弹性形变。橡胶弹性是熵弹性，是通过构象熵的变化储存弹性能。高分子从高弹态变成玻璃态的温度称为玻璃化转变温度，是高分子材料使用的重要参数。进一步升高温度，分子间没有化学交联的高分子链发生相互移动，进入黏流态。由于在高弹态的形变也会伴随少量的高分子链移动，发生永久变形，所以称之为黏弹性。

第五节　非平衡态结构材料

如果材料的制备过程是在热力学平衡条件下或接近热力学平衡条件下完成的，所得到的材料的组织结构达到或接近热力学平衡状态，将材料的这种状态称为平衡态。但在实际工业生产中要达到平衡态结构并不容易，也不一定对性能有利。以凝固为例，若想达到平衡态，需要凝固过程非常缓慢，这在实际过程中是很难实现的。尽管实际生产工艺过程得到的组织结构并不是平衡态，在多数情况下，它们与平衡态的组织结构相差不是特别大，我们仍近似用平衡态结构来处理。但当材料制备与加工过程远远偏离平衡过程，这时得到的材料的组织结构远离平衡态，我们不能用平衡结构来处理，而需要用非平衡态结构材料的有关理论来处理。在非平衡态材料中，非晶材料和纳米晶材料是最重要的两个材料。

一、非晶态材料

原子在液态中的排列是无序的，当材料从熔融液态在平衡条件和接近平衡条件下凝固时，原子在结合键作用下形成长程有序排列，得到晶体。但当结晶过程因结构复杂使得原子有序排列过程缓慢，或是凝固速度非常快时，液态中原子无序排列的状态在很大程度上被冷却过程冻结下来，就获得非晶相。前者的典型例子就是我们常见的玻璃，基于同样的原因，许多高分子材料也是非晶态的。金属玻璃（或称非晶态金属）是后者的典型例子。由于金属结晶速度很快，用常规凝固方法无法得到非晶态金属。20 世纪 60 年代初美国加州理工学院的 Duwez 教授等首次用快速凝固方法获得非晶态合金，开创了材料研究与应用的一个新领域[13]。他们将熔融合金喷射在高速旋转的水冷铜辊上，在这种条件下液态金属冷却速度高达 $10^5 \sim 10^6 K/s$，使得液态金属的无序原子结构来不及结晶被冻结下来，获得非晶态合金。这一方法称为**快淬凝固法**（rapid quenching），也称为熔体旋淬法（melt spinning）。图 1-20 是熔体旋淬法的原理图。同理，将合金蒸发后使其蒸汽在特定的基板上沉积，也能获得极高的冷却速度，制备出非晶态合金。但是，由于要求极高的冷却速度，获得的非晶态合金的尺寸必然受限。通常是薄带（快速

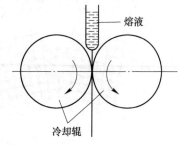

图 1-20　金属快速凝固的熔体旋淬法的原理图

凝固）和薄膜（蒸发沉积）。上述材料的凝固过程都远远偏离了平衡态。所以，这种非晶态合金是非平衡态材料。

事实上，通过限制原子的迁移，以使之不能形成长程有序排列，可以使获得非晶过程并不一定需要快速凝固。当材料的成分和结构比较复杂特殊时，原子迁移比较困难，结晶不易实现。这时，即使是比较缓慢的冷却速度也能获得非晶态结构，这样就有可能获得大尺寸的非晶态材料。我们常见的玻璃就是典型的非晶态材料。但是金属原子迁移速率高，不易获得非晶状态。20世纪末，研究人员发展出了一系列的特殊成分的合金材料，实现了在较缓慢的冷却速度下获得金属非晶。这类材料一般称为**大块非晶**（bulk metallic glass）[14]。比较有代表性的合金有 **Zr-Ni-Cu** 体系和 **Mg-Ni-Nd** 体系。

非晶态材料中原子的排列无序，可看成在各处和各个方位都是一致的。因此它的性能是均匀一致，不存在各向异性。这导致它有很好的耐腐蚀性能、表面光滑，有些高档手机用非晶合金做外壳。非晶中也不存在晶界和位错这类晶体缺陷，其力学性能上一般表现出比较高的弹性模量，硬度和强度较高，但塑性较差，我们从玻璃的特点可直观感受到。利用金属玻璃高弹性模量的特点可以制造高尔夫球杆的球头。非晶态材料不像晶体材料那样存在固定的熔点，而是随温度升高黏滞性逐步降低，直至成为液体。因此，在一定的温度下非晶材料有很好的超塑性成型能力，玻璃吹制就是这个能力的体现。值得一提的是铁基非晶态合金有很好的软磁性能，已广泛应用于变压器铁芯等方面。非晶态材料目前仍是十分活跃和重要的材料研究和应用领域。

二、纳米晶材料

如前所述，多晶材料中既有晶粒，也有晶界，而原子在晶体中和晶界的排列是不同的，如图1-21（a）所示。晶界的原子排列较为混乱，具有较大的自由体积。因此，晶界与晶体部分对性能有不同的作用。一般多晶材料的晶粒尺寸在微米量级，在这种情况下，晶界在材料中占的比例很小，材料的性能主要取决于晶体部分。随晶粒尺寸减小，晶界数量增加，特别是当晶粒尺寸减小到纳米量级，晶界在材料中占的总体积分数显著增加。图1-21（b）示意给出了材料的晶界体积分数与晶粒尺寸的关系。由图可见当晶粒尺寸为

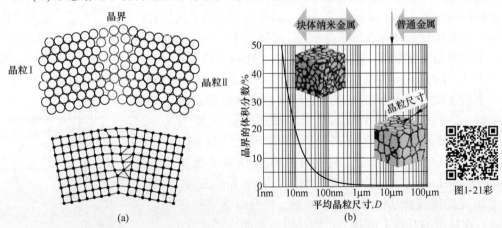

图1-21　材料中晶界的结构及体积分数变化

（a）晶体和晶界的原子排列结构示意图；（b）材料中晶界部分所占体积分数与晶粒尺寸关系示意图

1μm 时，晶界体积分数仅为 1%，晶粒尺寸为 100nm 时，晶界体积分数为 3%，而晶粒尺寸为 10nm 时，晶界体积分数高达 20% 左右。当晶界体积分数较高时，晶界对材料性能的作用很大。另外，晶粒尺寸小还会带来小尺寸效应。这时材料的性能会表现出与一般常规多晶材料不同的独特性能，把这种由于纳米晶粒尺寸导致的具有独特性能的材料称为**纳米晶材料**。一般也可把晶粒尺寸小于 100nm 的材料定义为纳米晶材料。

在常规的材料制备工艺条件下，晶粒尺寸很难细小到纳米量级。因此，纳米晶材料的制备一般也是在远离平衡态的条件下。德国的 Gleiter 教授等人最早提出了纳米材料的概念。他们设计了一个如图 1-22 所示的蒸发冷凝装置制备纳米晶 Fe[15]。该装置在一高真空室中，真空室设一加热源用于加热蒸发金属，真空室中间有一通水冷却的冷凝棒。制备过程如下：将纯金属加热蒸发；蒸发的金属蒸汽冷凝在冷凝棒上，结晶出尺寸为几至几十纳米的纳米颗粒；将冷凝棒上的纳米金属颗粒刮下收集在收集器中。然后，重复这个过程。当收集到的纳米颗粒达到一定数量后，在真空室内将纳米金属粉末压制成块体，并进行适当的烧结。这样就制备出纳米晶块体材料。显然这种方法的效率很低，成本很高。随后，研究人员发现了许多其他的纳米晶金属

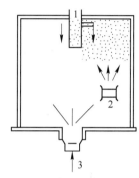

图 1-22　蒸发冷凝法制备纳米晶
金属块体材料的装置示意图
1—液氮冷凝器；2—蒸发源；
3—样品收集及后处理

材料的制备方法。比如，我国学者卢柯发明的非晶晶化法，俄罗斯学者和美国学者发明的剧烈塑性变形法，机械合金化法等[16]。

需要指出的是纳米晶材料是纳米材料家族中的一个成员。纳米材料有更为丰富的内容。一般而言，我们将纳米材料分为两大类。一类是材料是宏观尺度但其内部具有纳米结构，如前述的纳米晶材料；另一类是材料三维尺度上至少有一个维度是纳米尺度，例如纳米颗粒、纳米薄膜、纳米线。后一类材料多为功能材料。

纳米晶材料与普通晶粒尺寸材料的性能有显著的不同。一般而言，纳米晶金属的强度和硬度远高于普通晶粒尺寸的金属，但其塑性较差。而纳米陶瓷材料则比普通晶粒尺寸的陶瓷韧性显著提高。在纳米材料中，由于晶界的比例很高，晶界滑移较易进行，因此，纳米材料有较好的超塑性。纳米材料的许多物性都与晶粒尺寸有敏感的依赖关系，表现出奇异的小尺寸效应或量子效应。纳米材料的光学、光发射、光吸收、电导、导热性、催化、敏感特性等都表现出明显不同于同类传统材料的特性。如，纳米半导体 Si，Ge 的可见光发光现象；铁磁性材料的超顺磁转变，抗磁性物质的顺磁性及非磁性或顺磁性物质的铁磁性转变；电的良导体向绝缘体的转变；优良电磁屏蔽效应；纳米材料中的扩散系数比普通材料中的扩散系数高 2~4 个数量级。

需要指出的是，由于非平衡态材料远离平衡态，其非平衡组织结构有很大的向平衡组织结构转变的驱动力。因此，非平衡态材料的组织结构稳定性不高，在外界条件的作用下容易发生组织结构变化。比如，在加热时，纳米晶材料的晶粒尺寸会显著长大。非晶态合金在加热到一定温度以上会发生晶化，转变成晶态材料。因此，如何保持组织结构的稳定性是非平衡态材料的一个重要问题。

第六节　工程材料的基本性能

我们在前面介绍材料的结合键和组织结构时，已经适时指出了一些它们与性能的关系或对性能的影响。本节我们进一步阐述工程材料的基本性能与其结合键和组织结构的关系。按性能与结合键和组织结构的关联性，我们可将材料的性能分为组织结构不敏感与敏感两大类。所谓组织结构不敏感的性能是指该性能主要取决于结合键，而与组织特征（如晶粒大小、晶体缺陷）关系不大，这类性能有熔点、膨胀、弹性等。另一类性能受组织特征影响很大，如强度、塑性、耐蚀性等。限于篇幅和本书内容安排，我们在这里做概要性介绍，在后续的章节中还会结合相关内容做进一步阐述。

一、原子间结合力与结合能

原子间结合键的强弱对材料的基本性能有直接的影响。为定量描述结合键的强弱，通常是计算原子间的结合能和结合力。下面以离子键为例简要介绍如何计算原子间的结合能和结合力。在离子键结合中，正离子和负离子之间的库仑力使两者相互吸引，库仑力（F_c）由式（1-3）求得[1]：

$$F_c = - k_0(Z_1 q)(Z_2 q)/a^2 \tag{1-3}$$

式中，k_0 为常数；Z_1 为正离子的价数；Z_2 为负离子的价数；q 为电子的电量（$q = 1.6 \times 10^{-19}$ 库仑）；a 为正离子和负离子之间的间距。

但是，当正离子和负离子相距过近时，电子云的场发生相互排斥，使两离子相互排斥。该排斥力（F_r）由式（1-4）求得：

$$F_r = - bn/a^{n+1} \tag{1-4}$$

式中，b、n 为经验常数，对于离子键化合物，$n=9$。

两离子间的作用力（F）与其间距的关系为 F_c 与 F_r 之和，即：

$$F = - k_0(Z_1 q)(Z_2 q)/a^2 + (- bn/a^{n+1}) \tag{1-5}$$

将力对作用距离积分，即得到正离子和负离子间的相互作用能（E），如式（1-6）所示：

$$E = \int_a^\infty F \mathrm{d}a \tag{1-6}$$

图 1-23 和图 1-24 分别示意给出了由式（1-5）和式（1-6）得出两离子间的作用力和作用能与离子间距的关系。对于金属键和共价键，上述关系式会有所变化，但基本的规律是一致的。因此，图 1-23 和图 1-24 可作为描述材料内部离子间结合力和结合能的基本图像。

由图 1-23 和图 1-24 可见，两个离子的距离为 a_0 时，吸引力和排斥力相等；如果离子相距更近，排斥力增加，将离子推开；如果离子相距更远，吸引力增加，将离子拉近。因此，a_0 为两离子的平衡距离。此时，相互作用能处于最小值，即体系处于能量最小的状态，这是最稳定的状态，也是平衡的状态。离子间距大于或小于这个间距都会导致能量升高，使之处于不稳定状态。材料的许多性质受结合能控制，材料的结合能不同，其性质也不同。

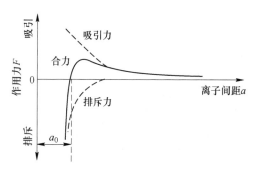

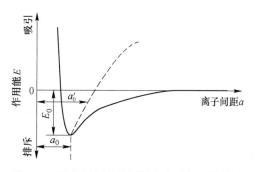

图 1-23 两离子间的作用力与离子间距的关系   图 1-24 两离子间的作用能与离子间距的关系

二、原子的结合能与材料性能的关系

只有在绝对零度时，原子才会处于绝对静止的状态，原子间距才为 a_0。当温度由 0K 开始升高，原子发生热振动，原子以 a_0 为中心发生振动左右移动，当向左移动，使原子间距变得小于 a_0；当向右移动，使原子间距变得大于 a_0（见图 1-24）。但是要注意到，图 1-24 中的峰谷是不对称的。原子间距减小时能量增加快，而原子间距增加时能量增加较慢，但原子热振动的振幅是固定的，即原子振动时，原子间距变大和变小的幅度相同。同时，原子还必须满足在最大原子间距和最小原子间距处的结合能相等。在这种条件下只有使原子的中心位置移动到 a_0'。因此，随温度的升高，原子间距沿图 1-24 中虚线向右移动，即原子间距增大，也就是说，随温度的升高，原子间距增大，这就是物质有**热膨胀**现象的原因。材料的熔化、升华是原子（或分子）的结合键被破坏而失去键合作用的过程。显然，结合键越强，破坏结合键所需的能量越大。结合键越强的材料，其熔点、沸点都越高。因此，在物质的熔点与结合能相关的性能之间可以建立关系[17,18]。

我们首先看膨胀系数和熔点的关系。结合键强的材料的结合能（见图 1-24）峰谷深、窄，随温度的升高，其原子间距变化较小，即热膨胀较小。相反，结合键弱的材料的结合能峰谷浅、宽，随温度的升高，其原子间距变化较大，即热膨胀较大。熔化金属的线膨胀系数 α_λ 与金属熔点 T_m 有如下经验关系：

$$\alpha_\lambda T_m = b \tag{1-7}$$

式中，b 为常数，对于大多数金属 b 取 $0.06 \sim 0.076$。

材料的弹性模量也与结合能相关。当材料受力发生弹性变形时，原子间距变大（受拉力）或缩小（受压缩），使原子间距发生变化就要克服这种变化带来的能量增加。此时，就需外界施力。结合键弱的材料的结合能峰谷浅、宽，只需较小的力就能达到使原子间距变化较大的能量，即弹性变形容易，材料的弹性模量小。相反结合键强的材料的结合能峰谷深、窄，要达到同样的原子间距变化，需较大的力才能达到克服原子间距变化所需的能量，即弹性变形难，材料的弹性模量大。另外，材料的塑性变形也与结合能有关。虽然塑性变形不像弹性变形那样有原子间距的变化，但其变形所需的位错运动阻力与结合能有关。同样的，结合键强不易变形，结合键弱易变形。**弹性模量** E 与熔点 T_m 之间有如下关系：

$$E = \frac{100kT_m}{V_a} \tag{1-8}$$

式中，k 为玻耳兹曼常数；V_a 为原子体积或分子体积。

三、材料的性能与组织结构的关系

材料的许多性能受组织结构的影响很大，后面相关章节还会做进一步阐述。这里先简要介绍力学性能与组织结构关系的一般原则。英国学者 Ashby 曾系统总结了不同材料的屈服强度和断裂韧性之间的关系，给出了著名的 Ashby 图[19,20]，如图 1-25 所示。当然，这只是对不同材料的性能的高度概括。实际材料的性能受到多方面因素的影响，材料性能与组织结构的关系非常复杂。如前所述相结构、晶粒和相尺寸、晶体缺陷是材料的三个主要组织结构因素。下面我们概要地论述这三个因素对材料力学性能的影响。

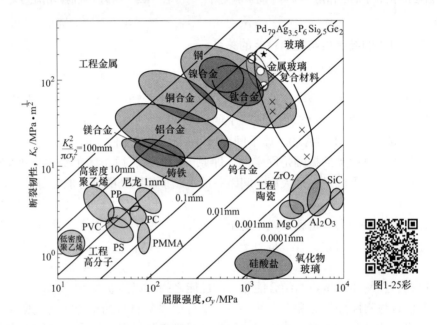

图 1-25　不同材料的屈服强度和断裂韧性之间关系图[19,20]

（一）相的影响

前面已介绍过，相的不同组成和结构对性能有很大的影响。不同组成的相的结合键不同，性能自然不同。当加工处理工艺不同时，相同化学组成的材料可以有不同的相结构。例如，低碳钢从高温奥氏体相快速冷却转变成马氏体，而缓慢冷却就转变成铁素体+碳化物两相组织；当合金以极高的冷却速度从液态凝固到固态时，其结晶有可能被完全抑制，形成非晶态的合金；高分子材料结晶一般是不完全的，结晶度增加使得塑料变脆，但使橡胶的抗张强度提高。由于相结构发生了变化，虽然成分相同，材料的性能也随之改变。例如：钢由奥氏体转变成马氏体，硬度会显著提高。概略地讲，相的性能取决于相的组成和结构因素，诸如化学成分、结合键、固溶度等。对于由多个相构成的材料而言，必须掌握具体的每个相的性能，才能进一步掌握由若干相构成的材料的性能。但在许多情况下，多相材料的性能与其相结构之间的关系十分复杂，难以用一个明确的方程来描述。当材料中各个相的体积分数接近时，材料的部分性能，如硬度、强度、饱和磁感应强度、热容等可以由组成相的性能简单的近似用**混合律**计算，即：

$$P_t = \sum_{i=1}^{n} P_1 V_1\% + P_2 V_2\% + \cdots + P_n V_n\% \qquad (1\text{-}9)$$

式中，P_t 为材料的性能；P_1、P_2、$\cdots$、P_n 分别是组成相 1、2、$\cdots$、n 的性能；V_1、V_2、$\cdots$、V_n 分别是组成相 1、2、$\cdots$、n 的体积分数。

当材料中一个相为基体，另一个相占体积分数较小，且十分细小弥散地分布在该基体上，弥散相能对基体起到很好的强化效果，这称为**弥散强化**。弥散强化的效果与弥散相的尺寸、间距等有关。弥散强化的效应可近似用式（1-10）计算[7]：

$$\tau_k = \frac{Gb}{\lambda} \qquad (1\text{-}10)$$

式中，τ_k 为临界切应力；b 为柏氏矢量；λ 为第二相两粒子之间距离；G 为材料的剪切模量。强化效果与第二相粒子间距 λ 成反比，即粒子间距越小，强化效果越明显。因此，减小粒子尺寸（在同样的体积分数时，粒子越小，则粒子间距越小）或提高第二相的体积分数都会引起合金强度的提高。

（二）晶粒尺寸的影响

晶粒和相的尺寸对材料的性能有十分重要的影响，对于单相多晶材料而言，只需考虑晶粒尺寸变化的影响。通常材料的强度越高，其塑性越差。但在一定的晶粒尺寸范围内，随晶粒尺寸的减小，材料的强度提高，塑性也有所增加。这是因为当晶粒很粗大时，材料发生变形时，各个晶粒的变形不能协调均匀一致，这会导致应力集中，使得材料发生破坏。随晶粒的细化，材料内部变形易于协调，各处变形均匀一致，这样材料的塑性会比粗晶有显著改善。晶粒细化一直是材料强化最重要的手段之一。当晶粒尺寸很小时，材料的强度很高。这就是为什么纳米材料具有很高的强度。在金属材料中，晶粒尺寸对强度的影响可以用 Hall-Petch 方程来描述，在第二章中，我们将进一步讨论。

（三）缺陷的影响

相同化学成分与结构的材料，其内部晶体缺陷的密度会因制备加工工艺的不同而不同，例如，退火得到的纯铁中的位错密度约为 $10^8 \, cm^{-2}$，而经过冷变形后其密度可高达 $10^{12} \, cm^{-2}$。缺陷的存在对材料性能的影响是十分显著的。在工程材料中我们特别关心缺陷对材料力学性能的影响。从微观上看，晶体缺陷附近的原子排列处于畸变的状态，由于晶体缺陷周围有严重的畸变场，材料的晶格发生严重的扭曲，使得位错滑移困难，而材料的塑性变形是依靠位错的运动来进行的。这样材料变形困难，强度和硬度升高。特别是当大量的位错缠结在一起时，位错的运动就变得很困难，所以随位错密度的提高材料的强度显著提高。当金属材料经受冷加工变形时，随变形量的增加，其内部的位错密度也不断增加，材料随着变形量增加而变得更难变形，即材料变硬。这就是**加工硬化**现象。图 1-26 给出了随变形量增加，材料强度上升的规律。

缺陷处的畸变状态会改变该处原子的电子结构，因此会影响与电子运动有关的各种物理性能。如导电率、磁性、发光性能等。以金属的导电性为例，当有缺陷存在时，电子运动遇到缺陷时散射增大，其导电率就下降。缺陷越多，导电率就越小。图 1-27 所示为纯铜的导电率与冷加工变形量的关系，可见，冷加工量越大，导电率越低。这是因为冷加工量越大，缺陷密度越高。另一方面，材料中的杂质原子等易于在缺陷处偏聚，缺陷与这些偏聚的原子之间的相互作用也对材料的性能产生显著影响。例如，在半导体中要掺入较少

38

量的杂质，以形成 p 型或 n 型载流子，由于其数量很少，如果缺陷密度高，这些载流子就大多被缺陷钉扎，严重影响半导体的性能。因此，半导体材料中的缺陷密度必须严格控制在一个低的水平。现在工业化生产的单晶硅中的位错密度可控制到接近于 0 的水平，GaAs 中的位错密度可控制到 $10^4 \mathrm{cm}^{-2}$ 的水平。

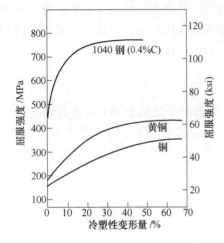

图 1-26　金属材料的强度与变形量的关系

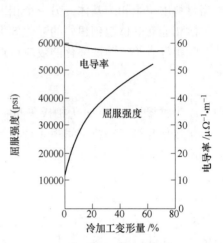

图 1-27　纯铜的导电率和屈服强度随冷加工变形量的变化

参 考 文 献

［1］黄昆. 固体物理学［M］. 韩汝琪, 改编. 北京：高等教育出版社，1988.

［2］本斯，格莱泽. 固体科学中的空间群［M］. 俞文海，周贵恩，译. 北京：高等教育出版社，1981.

［3］Levine D, Steinhardt P J. Quasicrystals：a new class of ordered structures［J］. Phys. Rev. Lett.，1984，53：2477~2480.

［4］Xu G, Zhang Y Y, He W B, et al. Single-crystal lead titanateperovskite dendrites derived from single-crystal lead titanatepyrochlore dendrites by phase transition at elevated temperature［J］. Journal of Crystal Growth，2012，346：101~105.

［5］Bindi L, Steinhardt P J, Yao N, et al. Natural Quasicrystals［J］. Science，2009，324：1306~1309.

［6］Dutkiewicz J, Lityńska L, Maziarz W, et al. HRTEM and TEM studies of amorphous structures in ZrNiTiCu base alloys obtained by rapid solidification or ball milling［J］. Micron，2009，40：1~5.

［7］胡赓祥，蔡珣，戎咏华. 材料科学基础［M］. 上海：上海交通大学出版社，2010.

［8］陈进化. 位错基础［M］. 上海：上海科学技术出版社，1984.

［9］Kim S H, Kim H, Kim N J. Brittle intermetallic compound makes ultrastrong low-density steel with large ductility［J］. Nature，2015，518：77~79.

［10］Ikeda T, Collins L, Ravi V A, et al. Self-Assembled nanometer lamellae of thermoelectric PbTe and Sb_2Te_3 with epitaxy-like interfaces［J］. Chemistry of Materials，2007，19（4）：763~767.

［11］毛卫民. 晶体材料的结构［M］. 北京：冶金工业出版社，1998.

［12］周玉. 陶瓷材料学［M］. 北京：科学出版社，2004.

［13］Klement W, Willens R H, Duwez P O L. Non-crystalline structure in solidified gold-silicon alloys［J］. Nature，1960，187：869~870.

［14］Suryanarayana C, Inoue A. Bulk metallic glasses［M］. Boca Raton：CRC Press，2010.

［15］Gleiter H. Nanocrystalline materials［J］. Progress in Materials Science，1989，33：223~315.

［16］Zehetbauer M J, Zhu Y T. Bulk nanostructured materials ［M］. Weinheim：Wiley-VCH Verlag GmbH & Co. KGaA, 2010.

［17］田莳. 材料物理性能 ［M］. 北京：北京航空航天大学出版社, 2004.

［18］赵新兵, 凌国平, 钱国栋. 材料的性能 ［M］. 北京：高等教育出版社, 2006.

［19］Ashby M F. Materials selection in mechanical design ［M］. 5th Edition. Oxford：Butterworth-Heinemann, 2016.

［20］Demetriou M D, Launey M E, Garretd G, et al. A damage tolerant glass ［J］. Nature Materials, 2011, 10：123~128.

名 词 索 引

习　题

1-1　常见的金属晶体结构有哪几种？试画出晶胞简图，并说明其晶格常数特点。

1-2　α-Fe、γ-Fe、Cu 的晶格常数分别是 2.066Å、3.64Å、3.6074Å，求：

（1）α-Fe 与 γ-Fe 的原子半径及致密度；

（2）$1mm^3$ Cu 的原子数。

1-3　画出下列立方晶系的晶面及晶向。

（1）（100）、（110）、（111）及 [100]、[110]、[111]。

（2）（101）、（123）及 [101]、[123]。

1-4　在立方晶体结构中，一平面通过 $y=\frac{1}{2}$、$z=3$ 并平行于 x 轴，它的晶面指数是多少？试绘图表示。

1-5　体心立方晶格中的 {110} 晶面族，包括几个原子排列相同而空间位向不同的晶面？试绘图表示。

1-6　已知立方晶胞中三点 A、B、C，如图 1-28 所示，A、B 是晶胞角顶，C 是棱边中点，求：

（1）ABC 面晶面指数；

（2）ABC 面的法向指数；

（3）晶向 $\overrightarrow{AB}$、$\overrightarrow{BC}$、$\overrightarrow{CA}$ 的晶向指数。

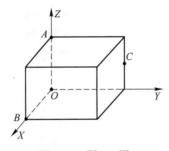

图 1-28　题 1-6 图

1-7　何为晶向及晶面的原子密度？体心立方晶格中，哪个晶面及晶向的原子密度最大？

1-8　为何单晶体具有各向异性，而多晶体在一般情况下不显示出各向异性？

1-9　何为晶体缺陷？金属中存在哪些晶体缺陷？

1-10　实际晶体与理想晶体有何区别？

1-11　位错的定义是什么？了解三种基本位错的模型及其特点。

1-12　怎样确定位错的柏氏矢量？柏氏矢量的物理意义是什么？

本章自我练习题

（填空题、选择题、判断题）

扫码答题 1

第二章　材料成型的基本原理

课堂视频 2

材料**成型**的方法包括凝固成型、焊接成型、**塑性成型**、粉末成型和聚合物成型等。无论采用何种成型方法，其成型过程及组织控制将决定材料的性能，以及通过形变或者热处理等后续加工过程对性能进行进一步的调控处理。因此，深入认识材料成型及后续加工过程中的组织结构变化规律及其控制方法十分重要。一般条件下，玻璃和高分子等冷却凝固形成非晶，其成型原理与方法将在玻璃和高分子相关章节中详细介绍，本章主要介绍金属铸件成型和**塑性变形**的基本原理。

第一节　结　晶

凝固是指物质由液态向固态的转变，是铸件成型的基本过程。径向分布函数测定表明，液体中原子的**配位数**通常在 8~11 的范围内，比配位数 12 的**密排结构**晶体的配位数小。因此，密排结构的晶体如 Al、Cu、Mg、Au 等熔化时体积略为增加；但对于非密排结构的晶体，如 Sb、Bi、Ga、Ge 等，其液态时配位数反而大于固态，熔化时体积略为**收缩**。液态结构最重要的特征是原子排列的长程无序和短程有序，且短程有序结构的原子集团不固定，此消彼长、瞬息万变，尺寸也不稳定，一般称之为**结构起伏**或**相起伏**。

由液态转变为具有晶体结构的固态的凝固过程称为**结晶**。结晶过程决定了凝固形成的晶态相的晶粒形状、大小和分布，是提高材料力学性能和工艺性能的重要手段。凝固也可以是由液态转变为非晶态固体的过程，对于玻璃和高分子材料冷却凝固过程一般是由高温熔融转变为非晶态固体。金属冷却凝固一般形成晶体，在特定条件下，金属也可以凝固成非晶态固体，也称为"**液态金属**"或者"**金属玻璃**"[1]。

一、晶体凝固的热力学条件

图 2-1 是材料凝固时体积和内能随温度的变化，其中 T_e 和 T_g 为玻璃化转变温度，而 T_m 为熔点。由此可知，在熔化过程中晶体的比体积在熔化前后发生突变，而非晶体尽管在液态和固态的比体积并不相同但比体积变化却是连续的，这也是非晶和晶体材料的判据之一[2]。因此，分析凝固过程首先应了解凝固的条件、液态和固态的结构。

晶体的凝固通常在恒定压力（例如常压）下进行，从相律（参见第四章）可知，纯晶体凝固过程中，自由度为零，因此在凝固结晶过程中温度恒定。

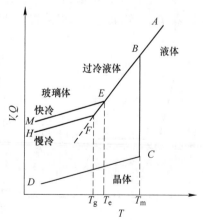

图 2-1　材料凝固时体积和内能随温度的变化

热力学第二定律表明在等温、等压下，物质系统总是自发地从自由能较高的状态向自由能较低的状态转变，即过程自发进行的方向是体系自由能降低的方向。自由能 G 可用式（2-1）表示：

$$G = H - TS \tag{2-1}$$

式中，G 为**自由能**；H 为**焓**；T 为绝对温度；S 为**熵**。为得到液相和固相自由能随温度变化的关系，根据式（2-1）可推导得：

$$dG = Vdp - SdT \tag{2-2}$$

式中，V 为体积；p 为压力。由于结晶过程在等压条件下进行时，$dp=0$，则式（2-2）简化为：

$$dG = -SdT \quad 即 \quad \frac{dG}{dT} = -S \tag{2-3}$$

由于熵 S 恒为正值，所以自由能-温度曲线的斜率为负，即自由能随温度升高而减小。又因为 $S_{液态} > S_{固态}$，所以液态金属 G-T 曲线下降趋势大于固态，液相和固相自由能随温度变化如图 2-2 所示，液相自由能随温度增高而下降的速率较固相更快，两条斜率不同的曲线必然相交于一点，交点处液、固两相的温度和自由能相等，也就是说在特定温度下液、固两相自由能相等，故两相处于平衡而共存，该温度即为理论**凝固温度**和晶体的**熔点**（T_m）。同时也说明了纯相凝固过程中液固共存时温度保持恒定。

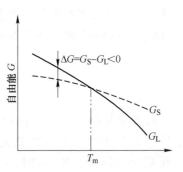

图 2-2　液相和固相自由能随温度变化示意图

在一定温度下，从一相转变为另一相的自由能变化为：

$$\Delta G_V = -\frac{L_m \Delta T}{T_m} \tag{2-4}$$

式中，L_m 为熔化热，即固相转变为液相时体系向环境吸热，定义为正值；ΔT 为熔点 T_m 与实际凝固温度 T_a 之差。因此，要使 $\Delta G_V < 0$，必须使 $\Delta T > 0$，即 $T_a < T_m$。也就是说晶体凝固的实际凝固温度（T_a）应低于熔点（T_m），即过冷是结晶的必要条件，这种现象叫做**过冷**，过冷也是金属结晶的重要宏观特征。同样，晶体熔化的实际凝固温度一般应高于熔点 T_m。实际上在两相共存温度既不能完全结晶，也不能完全熔化。要发生熔化则体系温度一般高于 T_m，这种现象叫做**过热**。发生结晶时理论结晶温度和实际结晶温度的差值叫做**过冷度**（ΔT），即 $\Delta T = T_m - T_a$。纯金属的过冷度取决于金属的性质、纯度和冷却速度。对同种纯金属熔液，冷却速度越大，结晶所需要的过冷度也越大。

图 2-3 是纯金属的冷却曲线示意图，可将其分为三个阶段，首先是液态金属缓慢均匀冷却过程，温度降至熔点以下某一温度时开始结晶，这个温度是金属的 T_a，纯金属在凝固过程中出现了过冷；然后当凝固过程中大量液体转变为固体所释放的**结晶潜热**（L_m）多于金属向

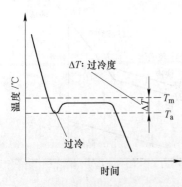

图 2-3　纯金属的冷却曲线示意图

外界散失的热量时，温度迅速回升至接近熔点，出现恒温结晶阶段，此时凝固速度取决于金属外界散失热量的快慢并与凝固释放的结晶潜热达成平衡，即曲线上出现"平台"；最后，结晶终止，固态金属温度随冷却进行继续均匀下降。

二、形核

液态材料在一定过冷度下，由于结构和浓度起伏导致一些原子团形成具有晶体特征的结构，当这些原子团达到临界尺寸时，周围原子的堆砌将使其自由能降低，把这些原子团自发长大而形成稳定固态原子团的过程叫做**形核**，这是结晶的初始阶段。1878 年，Gibbs 在不同体系的相平衡中，建立了形核和长大的基本原理和概念，1926 年提出了 Volmer-Weber 经典形核理论[3]，1935 年提出了 Becker-Döring 形核理论[4]，指出了超临界微粒也有可能溶解。此后，Avrrami 认为在成核和生长过程中有成核中心的重复碰撞和相互交叠，并在 Johnson-Mehl 提出的结晶动力学方程的基础上导出了结晶动力学的普适方程，即提出 Avrrami 方程，在金属、陶瓷和高分子的结晶动力学研究中被证明是正确的、普适的[5]。

图 2-4 为结晶的基本过程示意图：首先，当液态冷却到熔点以下某个温度，出现局部有序排列的原子集团但并不立即开始结晶（图 2-4（a）），即出现过冷；然后是形核，即经过一段孕育期后才在液体中形成一些极微小的晶体（图 2-4（b））；接着，晶核形成后由于周围原子的堆砌便不断长大（图 2-4（c）），同时还有新的晶核形成和长大，液态材料中形核和晶体长大不断进行（图 2-4（d））；最后各个长大的晶体彼此接触并形成晶界或者相界（图 2-4（e）），液态材料完全转变成晶体，结晶过程完成（图 2-4（f））。结晶过程是形核与长大的过程，而且两者交错重叠进

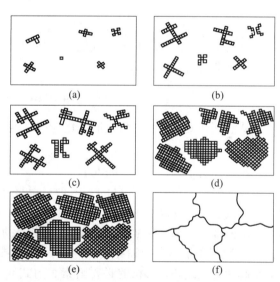

图 2-4　结晶的基本过程示意图

行，这是结晶过程遵循的基本规律。由于各个晶核随机生成，其位向也就各不相同，长大后形成了许多不同位向的晶粒或者相构成，所以结晶所获得的多晶粒组织中各个晶粒取向不同，最后获得多晶体材料。如果通过控制结晶过程，只让一颗晶核长大，而不出现第二颗晶核则得到单晶体材料。对于多元体系来说形核过程还需要浓度起伏，亦称为"成分起伏"，即在均匀的多元材料液体中存在的短程的、时起时伏的成分不均匀现象。

根据形核方式，金属凝固可以分为两类：一种是均匀形核，又称均质形核或自发形核；另一种是非均匀形核，又称异质形核、非均质形核或非自发形核。**均匀形核**是指新相晶核由液相中的某些原子集团在母相中均匀随机地形成，晶核的形成不受杂质粒子或凝固器具表面（例如型腔表面）的影响；**非均匀形核**是指新相优先在液相中存在的异质表面形核，即依附于杂质或凝固器具表面形成晶核。由于实际金属熔液中不可避免地存在杂质并

和凝固器具表面相接触，其凝固主要是非均匀形核。非均质形核的基本原理建立在均匀形核的基础上。下面先介绍均匀形核的理论，然后在此基础上讨论非均匀形核。由于液体中原子热运动较为强烈，存在结构起伏，当温度降至熔点以下时，这些局部有序排列的原子集团在此消彼长的过程中，长大的部分可能成为均匀形核的晶胚。晶胚中的原子呈现晶态的规则排列，而其外层原子与液体中不规则排列的原子相接触而构成固液界面。当过冷液体中出现晶胚时，由于晶胚区域中原子由液态的无序聚集状态转变为晶态的有序排列状态，体系的自由能降低（$\Delta G_V < 0$），为结晶提供了驱动力。但是，晶胚与液相构成新的固液界面引起表面自由能的增加，构成了结晶的阻力。那么结晶能否进行的判据就是结晶的驱动力是否大于阻力，即由体系总的自由能变化是否小于 0 所决定。为了计算晶胚的稳定性，假定晶胚为相对表面积最小的球形（单位体积下表面能最小，由此而导致的相变阻力最小），半径为 r，当过冷液中出现一个晶胚时，由于凝固过程中晶胚处于高温和无约束状态，体积应变能在液相中完全释放掉，故不考虑应变能阻力。那么体系的结晶的自由能变化由式（2-5）表示：

$$\Delta G = \frac{4}{3}\pi r^3 \Delta G_V + 4\pi r^2 \sigma \tag{2-5}$$

式中，σ 为比表面能，可用表面张力表示。

在一定温度下，ΔG_V 和 σ 是确定值，所以 ΔG 是 r 的函数，当式（2-6）成立时，ΔG 在该半径有最大值，以 r^* 表示。

$$\frac{\mathrm{d}\Delta G}{\mathrm{d}r} = 4\pi r^2 \Delta G_V + 8\pi r\sigma = 0 \tag{2-6}$$

将从液相转变为晶相的自由能变化与结晶潜热的关系式（2-4）代入式（2-6），得：

$$r^* = \frac{2\sigma \cdot T_\mathrm{m}}{L_\mathrm{m} \cdot \Delta T} \quad \text{和} \quad \Delta G^* = \frac{16\pi\sigma^3}{3}\frac{T_\mathrm{m}^2}{L^2 \Delta T^2} \tag{2-7}$$

由式（2-5）可知，当晶胚的 $r<r^*$ 时，晶胚半径增加，即晶胚长大将导致体系自由能的增加，故这种尺寸晶胚不稳定，难以长大，最终熔化而消失。当 $r>r^*$ 时，晶胚的长大使体系自由能降低，那么尺寸大于临界形核半径的晶胚可以作为自发形核的稳定晶核。因此，半径为 r^* 的晶核称为**临界晶核**，而 r^* 为**临界晶核半径**，液体中客观存在的结构起伏和能量起伏是促成均匀形核的必要因素。由式（2-7）临界半径 r^* 与过冷度的关系可知，临界半径 r^* 由过冷度 ΔT 决定，过冷度越大，临界半径 r^* 越小，则形核的概率增大，晶核的数目增多。反之，过冷度越小，临界半径 r^* 越大，则形核的概率减少，而且液相必须处于一定的过冷条件才能结晶（$\Delta T>0$）。

形核速率的快慢通常用**形核率**表示，即单位时间单位体积液相中形成的晶核数目，用 N 表示，单位是 $\mathrm{cm}^{-3}/\mathrm{s}$。形核率高意味着单位时间、单位体积内的晶核数目多，凝固后可以获得细小晶粒的材料。细晶粒材料不但强度高，塑性、韧性也好。均匀形核的形核率主要取决于实际过冷度，其关系如图 2-5 的山形曲线所示。过冷度接近零时，临界半径 r^* 为无限大，则形核率为零；随着过冷度增加，临界半径 r^* 减少，形核率增大，但在一定的过冷度时达到最大值；当过冷度再进一步增大时，形核率又逐渐减小；当过冷度很大时，形核率又趋于零，即形成玻璃态或者非晶。这是由于过冷度对形核率的影响归因于结晶过程中两个互为矛盾的因素：形核的驱动力和原子的扩散能力。形核的驱动力来源于固相与液相的自由能差（ΔG），其形核率以 N_2 表示；而液相中原子迁移能力或扩散能力决定的

形核率以 N_1 表示。在过冷度较小时，原子的扩散系数较大，但作为结晶驱动力的自由能较小，所以形核率较小；过冷较大时，作为驱动力的自由能差很大，但原子的扩散相当困难，也很难成核；只有在中等过冷度情况下，形核率达到最大值。

应当指出，形核率与温度的山形曲线关系是对一般晶体而言的。对于金属材料而言，均匀形核率与过冷度的关系如图 2-6 所示。在达到某一过冷度前，液态金属中形核率极低，当温度降至某一过冷度时，形核率骤然增加，该过冷度即有效过冷度 ΔT_p。由于金属的凝固倾向极大，在达到很大过冷度前，液态金属已经凝固完毕，因此很难存在曲线中形核率的下降部分，所以非晶金属的形成比较困难。

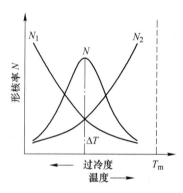

图 2-5　形核率与温度的关系

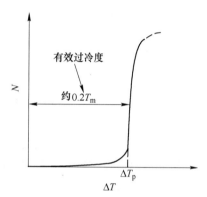

图 2-6　金属的形核率与过冷度的关系

液态金属均匀形核所需的过冷度很大，例如，纯铝约为 130℃，纯铁约为 295℃。而金属凝固过程晶核依附于固体杂质或模壁表面上形成，可以降低表面能，减少形核阻力，促进了形核，使得形核过冷度变小。也就是说金属凝固过程的非均匀形核使得其过冷度远远低于均匀形核的过冷度，即实际生产中过冷度一般不超过 20℃（关于非均匀形核的理论推导见延伸阅读 2-1）。

延伸阅读 2-1

工业生产中往往在**浇铸**前加入"形核剂"以促进非均质形核，即提高非均匀形核的形核率来达到细化晶粒的目的[6]。非均匀形核的形核率除受过冷度影响外，还受到"形核剂"的数量、结构、表面形貌以及**熔炼**时液态金属的过热度的影响。高温熔体中两个固相间的润湿角尚无法确定，通常采用理论点阵匹配原则的"**界面共格对应**"进行讨论，即结晶相和衬底物质的两侧原子间显现出有规律性的联系，从而组成一个能量最低的界面。当这种界面共格对应的点阵畸变 $\delta \leqslant 5\%$ 时，可以实现两个固相界面两侧原子之间的一一对应，这种**完全共格界面**的界面能较低，衬底促进非均质形核的能力很强。当点阵畸变 $5\% < \delta < 25\%$ 时，可以实现界面两侧原子之间的部分共格对应，其界面能稍大，衬底具有一定的促进非均质形核的能力。衬底促进非均质形核的能力随点阵畸变的增大而逐渐减弱，直至完全失去促进形核的作用。值得注意的是，理论点阵匹配原则的"界面共格对应"也有例外，原因尚不清楚。

三、晶体长大

过冷液相中晶核形成后，便进入长大阶段。晶体长大受到诸多因素的影响，长大后所形成的形状也各不相同，以下分别从晶体长大条件、晶体长大速度和晶体长大方式（界面形态）三方面来讨论。

晶体长大的条件是液态金属原子具有足够的扩散能力，既保证液相足够高的温度，同时还要满足晶体长大时体积自由能的降低应大于晶体表面能的增加，即晶体长大必须在过冷液相中进行。晶体的长大过程从宏观上看，是晶体固液界面向液相逐步推移的过程；而从微观上看，是原子逐个由液相中扩散到晶体表面上，并按晶体点阵中原子排列规律的要求占据适当位置而与晶体稳定牢靠结合的过程。

晶体长大速度受固液相自由能差（过冷度决定的结晶驱动力）和原子扩散系数（D）两个相反因素共同作用的结果，其大小可用长大线速度（G）表示，即单位时间内晶体表面沿其法线方向推进的距离，单位是 mm/s。理论长大速度与过冷度的关系也为山形曲线，具有极大值，其机理解释可参照形核率与过冷度的关系。由于金属结晶过冷能力小，其长大速度一般都不超过极大值，即只有长大山形曲线的前半部分。

晶体长大方式受固液界面前沿液相的温度梯度的影响很大。温度梯度分为正温度梯度和负温度梯度两种，如图 2-7 所示。**正温度梯度**是指液相中的温度随离开界面距离的增加而升高的温度分布状态，其结晶前沿液体中的过冷度随离开界面距离的增加而减小。结晶时放出的结晶潜热通过型壁传导散出，因此靠近铸壁处的液体温度最低，而越接近熔液中心处的温度越高。**负温度梯度**是指液相中的温度随离开界面距离的增加而降低的温度分布状况，结晶前沿液相过冷度随至界面距离的增加而增大。此时所产生的结晶潜热既可通过已结晶的固相和型壁散失，也可通过尚未结晶的液相散出。

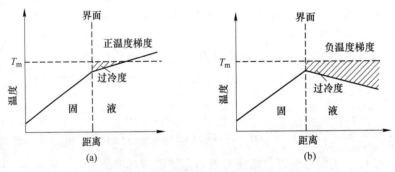

图 2-7　固-液界面前沿液相的温度梯度

(a) 正温度梯度；(b) 负温度梯度

在正的温度梯度条件下，当界面上局部微小区域有偶然突出而伸入到过冷度较小甚至熔点 T_m 以上的液体中去，它的长大速度就会减慢甚至被熔化，周围的部分就会赶上来，所以液固界面始终可以近似地保持平面的稳定状态（见图 2-8），把这种液固界面始终保持平直的表面向液相中长大的方式叫做平面状长大。晶体以平面方式长大时，晶体各表面的长大速度遵守表面能最小法则，即晶体生长的规则形状应使总的表面能趋于最小。因此，晶体各表面的长大速度应当与各表面的比表面能成正比。也就是说越是密排的晶面，其比表面能越小，法向长大速度也越小，而长大快的非密排面逐渐相对变小，甚至消失，结果是长大慢的密排面不断扩大，如图 2-8 所示。最后，晶体就长成主要以密排面为外表面的规则形状。因此许多天然晶体具有规则的外形，图 2-9 所示分别为 NaCl 和 SiO_2 晶体。其实，合金中析出的微小金属化合物，例如 Mg_2Si、TiB_2 和 $CuAl_2$ 等往往也具有规则的结晶形态，有兴趣的读者可以参阅沉淀相析出的界面形态分析[7]。

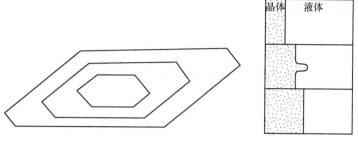

图 2-8　晶体平面状长大示意图

(a)　　　　　　　　　　　(b)　　　　　图 2-9 彩

图 2-9　晶体平面状长大形成的晶体

（a）NaCl 晶体；（b）SiO_2 晶体

　　在负的温度梯度条件下，如果晶体表面有局部凸出，那么这个凸出的局部由于伸到过冷度较大的液相中，其长大速度增大，将比周围晶体更快地长大，甚至在凸出的部分产生二次凸出导致分枝。这种局部的凸出形成具有一定位向的一次晶轴，在一次轴长大的同时由于过冷度增加而长大，在一次晶轴的侧面产生的凸出不断地长出分枝而成为二次轴。以此类推，在二次轴上又会长出三次轴……如此分枝长大下去，就形成了树枝状晶体，如图 2-10（a）所示。由一个晶核发展起来的树枝晶，各次晶轴具有相同的晶体位向，所以每一个树枝晶轴都是一个单晶体，是一个晶粒。对纯金属来说，由于晶轴和轴间金属的成分完全一样，所以，晶粒内部看不出枝晶的样子。在结晶过程中，将形成了部分金属晶体的液体金属倒掉就可以看到正在长大的金属晶体呈树枝状。当金属锭表面最后结晶终了时，由于枝晶间缺乏液态金属填充或者产生了成分的差别，其剖面图也会留下树枝晶的花纹。图 2-10（b）所示为树枝星状雪花，直径通常可达到 2~4mm。

　　金属结晶一般以树枝状方式长大，而对于合金来说，由于"成分过冷"的原因[5]，即使在正的温度梯度下也可能按树枝状方式长大。结晶时冷却速度越大，则过冷度越大，体积自由能变化越大，越可以补偿按树枝状长大的表面能增加，晶体越呈树枝状长大，且分枝越细密。

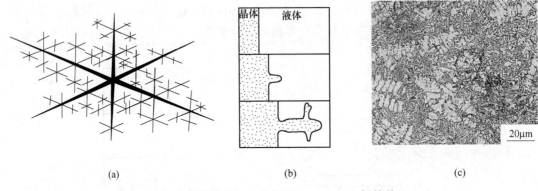

图 2-10　晶体树枝晶长大示意图（a）（b）和树枝晶（c）

四、晶粒大小的控制

常用的金属材料都是由无数晶粒组成多晶体。金属晶粒的直径一般为 10^{-1} ~ 10^{-3}mm，经特殊处理后，也可变得更小或更大。晶粒的大小通常用显微镜下晶粒的平均面积或平均直径来表示。为方便生产，常用**晶粒度**的概念对晶粒的大小进行分级，并制定了相应的标准。根据中华人民共和国国家标准《金属平均晶粒度测定方法》（GB/T 6394—2002），在 100 倍下每平方英寸（645.16mm²）面积内包含的晶粒个数 n 与晶粒度 N 有如下关系：

$$n = 2^{N-1} \tag{2-8}$$

标准晶粒度共分八级，一级晶粒度最粗大，八级晶粒度最细小。为方便工业生产中应用，大都采用比较法，即把样品在放大 100 倍的金相显微镜下的组织与标准晶粒等级图进行比较评级。反之，根据晶粒度等级 N，也可计算出单位面积内晶粒数 n。

金属的晶粒大小对金属的性能有很大影响。在常温下工作的金属材料，晶粒较细则力学性能较好，而在高温下工作的金属材料取决于晶界强度，希望得到适中的晶粒度。在某些情况下，则希望晶粒越粗越好。例如，制造电机和变压器的硅钢片，晶粒越粗大，其磁滞损耗越小，效率越高；发动机叶片甚至采用单晶制造。

金属晶粒的大小取决于形核率和长大速度的相对大小。形核率越大，单位体积中的晶核数目越多，每个晶核的长大空间越小，因而长成的晶粒越细小。同时，晶粒度取决于形核率 N 与长大速度 G 之比，比值 N/G 越大，晶粒越细小。计算得出，单位体积中的晶粒数目（Z_V）为：

$$Z_V = 0.9(N/G)^{3/4} \tag{2-9}$$

而单位面积中的晶粒数目（Z_S）为：

$$Z_S = 1.1(N/G)^{1/2} \tag{2-10}$$

因此，凡能促进形核、抑制长大的因素，都能细化晶粒。反之，凡能抑制形核，促进长大因素，都使晶粒粗化。在工业生产中，为了细化铸态组织的晶粒度，通常采用控制过冷度、变质处理、进行振动或搅拌，有时还采用特殊的凝固方法。

形核率和长大速度都取决于过冷度，两者的变化关系类似于图 2-5 所示的山形曲线。随着过冷度的增大，比值 N/G 增大，由式（2-9）和式（2-10）可知晶粒越细小。增大过冷度的方法主要是提高液态金属的冷却速度，例如，采用金属型或石墨型替代砂型以提高导热系数，增加金属型厚度、降低金属型的温度以提高热容，局部加冷铁以及采用水冷铸型提高传热速度等。

　　增大过冷度的方法对小型或薄壁铸件有效，而对厚大铸件并不适用。对于大型铸件，工业上广泛采用变质处理的方法，又称孕育处理，即在浇铸前向液态金属中加入形核剂（又称变质剂），促进形成大量的非均质晶核来细化晶粒。其实早在第一次世界大战时，欧洲就用硅和铁屑作为添加剂或将烧焦的棍棒加入铁水中，提供足够的形核条件以防止铸铁凝固时过度过冷，使铁水镇静和改善铸铁的加工性能。1922 年 Meehan 申请了一种制造灰铸铁新方法的专利，即在出铁水时将硅钙或硅镁孕育剂加入铁水包中，得到均匀的高强度铸铁件。此后美国也致力于发展复合石墨化孕育剂，并将 1948 年球墨铸铁诞生后研究的孕育剂称为"后孕育剂"。例如，浇铸灰口铸铁时加入镁/石墨粉，浇铸高锰钢时加入锰铁粉，浇铸铝合金时加入钛和锆等。通过孕育处理可以改善铸件截面较大时由于凝固时间相对较长，心部冷却速度很慢所造成的铸件呈现表面晶粒细小而内部粗大的现象，使整个铸件都获得细小均匀的晶粒。

　　进行振动或搅动的方法可以有效增强形核，即通过输入能量促进形核或者使长大中的枝晶破碎成为新的晶核，从而增加晶核数目达到细化铸态组织的目的。例如，采用机械的方法使铸型振动、使金属液体流经浇铸槽、超声波处理。也可以用旋转磁场促使晶体与液体的相对运动，或者利用焊枪上安装电磁线圈达到电磁搅拌效果以细化焊缝组织等。

　　定向凝固方法就是让凝固沿着某一特定方向进行并形成柱状晶，当其排列方向和受力方向一致时，铸件具有高强度。例如，涡轮叶片等要求沿某一方向具有优越性能的铸件，采用定向凝固方法使铸件全部由同一方向的柱状晶组成。还可以通过外加籽晶法和尖端形核法制备单晶晶体，例如单晶硅的生长。

第二节　非晶凝固

　　非晶材料是亚稳材料中的一个重要分支，包括非晶树脂、橡胶、玻璃和金属玻璃等。非晶态材料具有悠久的使用历史，早在两千多年以前，我们的祖先就开始使用玻璃和陶釉。1947 年 Brenner 等[8]用电解和化学沉积方法获得 Ni-P、Co-P 等非晶态薄膜用作金属保护层。1960 年 Duwez 等首次采用液态骤冷的方法获得金-硅非晶态合金，开创了非晶态合金研究的新纪元[9]。此后一系列"金属玻璃"被开发出来，几乎同时也发展了非晶态理论模型，Mott-CFO 理论模型的奠基者 1977 年获得诺贝尔物理学奖[10]。

　　同样，用图 2-1 来说明液态金属最后成为固态的途径。在降温过程中，气态原子在沸腾温度凝结为液态，在冷却过程中液体的体积以连续的方式减小，光滑的 $V(T)$ 曲线的斜率为液体的热膨胀系数。当温度低到熔点 T_m 时，发生液体到固体的转变（液态氦除外），固体的特征之一为斜率较小的 $V(T)$ 曲线，液体到晶体的转变可由晶体体积的突然收缩和 $V(T)$ 曲线上的不连续性来标明。但是如果冷却速率足够快，使液体一直保持到较低的玻璃转变温度 T_g 或 T_e，出现了第二种固化现象，由液体直接转变成非晶体，此时体积呈连续变化。大量实验证明，玻璃化转变温度与冷却速率有关，一般情况下冷却速率改变一个数量级大小能引起玻璃化转变温度几度的变化。当冷却过程较长时，玻璃化转变温度移向较低温度，这是由于原子弛豫时间和温度有关。只要冷却速率足够快和冷却温度足够低，几乎所有的材料都能够制备成非晶态固体，这是凝聚态物质的普遍性质。

一、非晶凝固的热力学

热力学条件是某个体系能否形成非晶的必要条件。处在高能态的液态物质，随着温度降低或压力升高，会趋向低能量的稳定平衡晶态。如图 2-11 所示，在高温区（$T>T_m$），平衡的液态相自由能 G 最低。当 $T<T_\alpha$，过冷的液相或者非晶相其自由能高于晶态相 α 和 β，这时液相或者非晶相就是亚稳相。

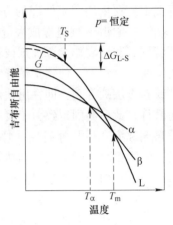

图 2-11　等压条件下不同物态的自由能随温度变化图

从热力学的观点来看，非晶相的获得是体系内能（U）和熵（S）竞争的结果。体系粒子间的相互作用会导致 U 降低，倾向于有序化；T 和 S 使得体系无序化。也就是说如果 U 足够大，即粒子间关联足够强，系统长程有序，得到晶态相，而如果 U 较小，关联作用只限于近邻粒子，则系统只短程有序，形成长程无序的非晶相。根据自由能图，可以预判非晶形成的成分区域、非晶形成能力、非晶形成驱动力及各相之间竞争受到自由能高低的影响。

在凝固过程中的过冷液体的自由能与非晶相相差不大，以其近似替代非晶，其和结晶相之间的吉布斯自由能差（$\Delta G_{L-S}(T)$）决定了体系是否能够形成非晶态，并由式（2-11）确定。

$$\Delta G_{L-S}(T) = \Delta H_f - \Delta S_f - \int_T^{T_0} \Delta C_P^{L-S}(T)\,dT \tag{2-11}$$

式中，ΔH_f 和 ΔS_f 分别为熔化焓变和熔化熵变；T_0 为液体和晶体处于平衡状态时的温度。二元相图上 T_0 线是液相摩尔自由能（G_L）和固相摩尔自由能（G_S）相等时的轨迹线，即 $\Delta G = 0$，在相图上 T_0 线一定是在液相线和固相线之间。Baker 和 Cahn[11]指出热力学 T_0 线对分析非晶体系的形成有重要意义，T_0 线标志着无扩散凝固时液相组成和温度的最高极限。快速凝固时，T_0 线也保持和固相线、液相线一样延伸。

由于式（2-11）中过冷液体的比热容很难测量，Thompson 提出了简化的公式：

$$\Delta G_{L-S}(T) = \Delta S_f \Delta T \frac{2T}{T_m + T} \tag{2-12}$$

式中，$\Delta T = T_m - T$ 为过冷度。结晶驱动力和过冷度密切相关，过冷度大，结晶的驱动力也大。因此需要降低结晶驱动力并获得较低的 $\Delta G_{L-S}(T)$ 以便非晶的形成。小的 $\Delta G_{L-S}(T)$ 意味着小的熔化焓变或者是大的熔化熵变，即内能和熵的竞争中熵占优势。

由式（2-12）可知，相比远离共晶成分的合金而言，在共晶成分附近的合金，特别是**深共晶体系**具有大的非晶形成能力。也就是说从相图来看，体系中是否存在深共晶点和其非晶形成能力密切相关。如图 2-12 所示，Au-Si 合金系具有很深的共晶点，在其共晶点附近合金的熔点从 1000℃ 降到

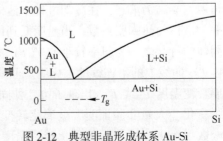

图 2-12　典型非晶形成体系 Au-Si 的平衡相图

400℃以下，合金的 T_g/T_m 值高，即非晶形成能力高。

二、非晶凝固的动力学与非晶形成能力

非晶的形成和结晶凝固是相互竞争的过程，如果结晶凝固被阻止或者抑制，将有利于非晶的形成。对于单组元体系来说，其结晶过程也没有成分变化，原子只需要在近程调整位置即可晶化，所以晶化过程几乎不可以抑制而很难得到非晶。对于共晶成分附近的二元共晶体系来说，其结晶相和液相成分差别大，又有多相竞争生成，晶化的形核和生长需要原子做长程运动，因此晶化过程容易被抑制，有利于非晶的生成。

非晶形成能力可以用约化玻璃转变温度、临界冷却速度、**最大非晶尺寸**来衡量。Turnbull 等人[12]根据经典形核理论提出了著名的非晶形成能力的判据，即用约化玻璃转变温度 $T_{rg}=T_g/T_m$ 来衡量液体的非晶形成能力。对于 $T_{rg}>2/3$ 的液体，如果凝固过程不存在非均匀形核，则容易形成非晶。

临界冷却速度可从图 2-13 所示的非晶形成和晶化的时间–温度–转变（time-temperature-transition）图来理解。一般定义体系中晶体的体积分数小于 10^{-6} 时，该体系为非晶体。图中显示，在等温的条件下液态金属的结晶存在孕育时间。结晶的开始线形状如一个鼻尖，在鼻尖处孕育时间最短，最容易发生形核与长大。如果在此温度范围，冷却速度足够大，就可以避免形核与长大，形成非晶相。从理论上说，只要冷却速度足够快，任何一种金属或二元体系的熔体都能形成非晶态。在 TTT 曲线前端即鼻尖对应析出体积分数的晶体所需时间是最少的，即和 TTT 曲线鼻尖相切的直线对应一个体系形成非晶的临界冷却速度（见图 2-13）。**临界冷却速度 R_c** $=dT/dt(K/s)$，临界冷却速度越低，该体系的非晶形成能力越强。为避免析出晶体，所需的临界冷却速度可近似为：$(dT/t)_c \approx \Delta T/\tau_n$，其中，$\Delta T=T_m-T_g$，$\tau_n$ 为凝固时间。计算

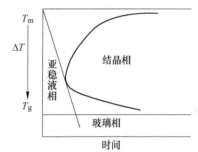

图 2-13　非晶形成的 TTT 曲线示意图

表明，当温度冷却速度大于 $10^{12}K/s$ 时，固/液界面可偏离稳定平衡或亚稳平衡状态，发生无扩散、无溶质分离的凝固而成为非晶态。但实际上，要达到 $10^7K/s$ 以上的冷却速度是非常困难的。

最大非晶尺寸是指在相同的冷却凝固条件下，合金体系能够得到非晶块体材料的最大尺寸，尺寸越大则非晶形成能力越强。通常可用棒状材料的直径来衡量。

不同体系形成非晶的能力相差甚远，如，S 和 Se 在一定的冷却速度下可形成非晶，一些典型的纯金属则需要大于 $10^{10}K/s$ 的冷却速度下才能抑制成核，形成非晶。对二元体系来说在共晶附近成分范围内的二元体系易形成非晶。根据大量的实验总结形成非晶的原则有三条：后过渡族金属和贵金属为基的二元体系，并含有原子数分数约20%的半金属（如 B、C、Si、P 等），易形成非晶，如 $Fe_{80}B_{20}$、$Au_{75}Si_{25}$、$Pd_{80}Si_{20}$ 等；周期表右侧的 Fe、Co、Ni、Pd 等后过渡族金属以及 Cu 和周期表左侧的 Ti、Zr、Nb、Ta 等前过渡族金属组成的合金易形成非晶，如 $Ni_{50}Nb_{50}$、$Cu_{60}Zr_{40}$ 等；由周期表 ⅡA 族碱土金属（Mg、Ca、Sr）和 B 副族溶质原子（Al、Zn、Ga）等组成的合金容易形成非晶合金，如 $Mg_{70}Zn_{30}$、$Ca_{35}Al_{65}$ 等。单质金属和很多二元体系难以甚至不能形成非晶，合适的多元体系在冷却速度小于 $10^6K/s$

就能形成非晶。例如，$Pd_{77.5}Cu_6Si_{16.5}$、$Pd_{60}Cu_{20}P_{20}$ 和 $Pd_{56}Ni_{24}P_{20}$ 三元体系，冷却速度低到 10^2 K/s 就能形成毫米级的大块非晶；而锆基非晶体系可以在冷速小于 1K/s 的条件下形成，因此可制备出公斤级的大块非晶合金。这类大块非晶合金具有重要的工程应用价值。汪卫华等针对非晶形成机理的难题及非晶新材料探索的挑战，提出用弹性模量为参量来调控非晶结构和性能的思想，建立了弹性模量判据，实现了非晶合金组成和性能的半定量预测和调控。

三、非晶的制备方法

非晶制备方法分为两类：一类方法是使晶体的能量升高，例如，高压导致了高能亚稳新晶相的形成，其能量比非晶相还高，同时熔体黏度随压力的增加却比固体要快得多，在低于其相应的非晶晶化温度向非晶自发转变；另一类方法便是设法把无序状态的液态凝固下来，如气相沉积、熔体急冷等，即，使原子来不及移动从而不能长程扩散，达到了把熔体状态结构保持下来形成非晶的目的。该方法要使原子来不及移动，必须有很高的冷却速度，这便决定了熔体急冷、气相沉积不能得到大块非晶。

制备非晶材料的方法有下列几类：（1）液态快冷，包括熔液急冷法、雾化法和激光熔凝法；（2）纯熔液大过冷，包括乳化液滴法、熔剂法和落管法；（3）物理和化学气相沉积，包括蒸发法、溅射法、激光化学气相沉积法和等离子体激发化学气相沉积法；（4）辐照，包括离子轰击法、电子轰击法、中子辐照法、离子注入法和离子混合法；（5）化学方法，包括氢化法、电沉积法和化学镀法；（6）机械力法，包括高能球磨法或者机械合金化法；（7）反应法，包括固态反应法和固溶体分解法；（8）高压辅助合成法。

第三节　塑性变形的基本理论

铸态组织常存在晶粒粗大、组织不均匀、成分偏析及组织疏松等缺陷，作为型材加工的首道工序，压力加工（塑性变形）能改变工件的形状和尺寸，并引起铸锭内部组织结构的变化，从而对其力学性能产生影响。例如，经冷轧或冷拔加工后，铸锭的强度、硬度升高，但塑性下降，而经热轧或锻造后其塑性、韧性较铸态大为改善，这些性能的变化是变形带来的组织结构变化导致的。此外，变形后形成的组织在后续加热过程中会发生变化——发生回复、再结晶等组织转变，这对于通过控制材料的组织来改善其性能也非常重要[10]。需要指出的是，材料的变形与材料本身的力学性能和其受力状态都密切相关，材料的力学性能指标就是表征材料在不同受力条件下的性能特点。关于材料的基本力学性能，读者可参阅补充材料和材料力学的教材，本书不再介绍。本节先介绍单晶体塑性变形的基本原理，在此基础上进而阐述多晶体和非晶的塑性变形过程。

一、单晶体的塑性变形

工业用的金属材料通常都是多晶体，多晶体的塑性变形比较复杂。为了说明多晶体的塑性变形，首先让我们了解单晶体塑性变形的一些特点。单晶体塑性变形的基本方式有两种，即滑移与孪生。

（一）滑移

滑移是指在外力作用下当应力超过晶体的弹性极限后，晶体的一部分相对于另一部分沿某个晶面和晶向发生相对位移。如图 2-14 所示，滑移通常发生在某些特定的晶面上，而滑移带或滑移线之间的晶体层片则未产生变形，只是彼此之间做相对位移。滑移是金属塑性变形的主要方式，层片间滑动的大量累积，构成晶体的宏观塑性变形。对滑移线进行观察发现，其分布是不均匀的，这表明了晶体塑性变形的不均匀性，这主要是由滑移的特点所决定的。单晶体滑移有两个主要特点：一是，滑移只能在切应力作用下发生。即当对单晶体进行拉伸时（见图 2-14），可将作用在晶内一定晶面上的外力（F）分解为两个分应力，一个是平行于该晶面的切应力（τ），一个是垂直于该晶面的正应力（σ）。正应力引起晶格的弹性伸长，或进一步把晶体拉断（正断）。而切应力使晶格发生弹性歪扭，或进一步造成滑移（屈服）。二是，滑移通常沿晶体中最密排的晶面和晶向发生。这是由于给定材料的单位体积内原子个数相等，所以最密排晶面之间的面间距最大，因而最密排晶面之间结合力最弱，点阵阻力最小，引起它们之间相对滑动所需的切应力最小；同样，最密排方向上的原子间距最短，即位错的柏氏矢量（b）最小，滑动的距离最小，所需的切应力也最小。滑移是通过位错的运动实现的。关于位错的概念已在第一章论述，这里不再赘述。

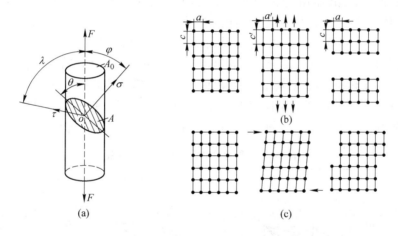

图 2-14 外力作用下晶体的塑性变形方式和滑移变形示意图
（a）应力分布；（b）在正应力 σ_a 作用下的变形；（c）在切应力 τ 作用下的变形

把塑性变形时位错运动所沿着的特定晶面和晶向分别称为"**滑移面**"和"**滑移方向**"。通常把某个滑移面和其上的某个滑移方向组成一个**滑移系**。滑移系表示金属晶体在产生滑移时，滑移动作的可能**空间位向**。晶体的滑移动作可能有多个空间位向，将晶体内可能滑移的滑移面数和滑移方向数组合所得的独立滑移系的数量叫做该晶体的**滑移系数目**。滑移系数目越大，金属晶体滑移动作选择的可能空间位向就越多，滑移的可能性就越大，塑性就越好。滑移系数目主要与晶体结构有关，常见金属晶体的主要滑移面和滑移方向见表 2-1。

α-Fe、Cr、W 都是体心立方晶体，原子密度最大的晶面族是 {1 1 0}，在晶格中共有 6 个不同的（110）晶面，而 {1 1 0} 晶面族上原子密度最大的是 〈1 1 1〉 晶向族，共有 2 个不同的晶向，故其滑移系数为 6×2＝12。Mg、Zn、Cd 属于密排六方晶体，只有一个滑

表 2-1　常见金属晶体的主要滑移面和滑移方向

金　属	晶体结构	滑移面	滑移方向	滑移系数目
Cu，Al，Ni，Ag，Au	面心立方	{111}	⟨110⟩	12
α-Fe，W，Mo		{110}		12
α-Fe，W	体心立方	{112}	⟨111⟩	12
α-Fe，K		{123}		24
Cd，Zn，Mg，α-Ti，Be		(0001)		3
α-Ti，Mg，Zr	密排六方	(10$\bar{1}$0)	⟨11$\bar{2}$0⟩	3
α-Ti，Mg		(10$\bar{1}$1)		6

移面（0001），即密排六方晶格的底面（基面），在此面上有 3 个滑移方向，故其滑移系数为 1×3＝3，这种晶格结构的塑性都很差。Cu、Al、Ag、Au 等属面心立方晶体，原子密度最大的晶面是 {111}，在晶格中共有 4 个（111）晶面，而 {111} 面上原子密度最大的晶向是 ⟨110⟩ 方向，共有 3 个不同的晶向，故其滑移系数为 4×3＝12。

　　三种常见的金属晶体的滑移系见表 2-2，体心立方和面心立方晶体的滑移系数都等于 12，如仅从滑移系数目来看其塑性应该相同，但是面心立方的 Cu、Al、Ag、Au 的塑性比体心立方的 α-Fe、Cr、W 好得多，原因是滑移方向对塑性变形的作用比滑移面要大，当滑移系数相同时，滑移方向多的金属更容易滑移。此外，体心立方结构没有真正意义上的最密排面，滑移面容易出现在其他低指数晶面上且不具有确定性，密排六方结构也有类似情况（见表 2-2），与面心立方结构相比则滑移阻力大。因此，面心立方晶格的材料比体心立方晶格的塑性高。而密排六方的 Mg、Zn、Cd 的滑移系仅 3 个，塑性都很差。

表 2-2　三种常见的金属晶体的滑移系

晶体结构	体心立方结构	面心立方结构	密排六方结构
滑移面	{110}	{111}	{0001}
滑移方向	⟨111⟩	⟨110⟩	⟨11$\bar{2}$0⟩
滑移系数目	6×2＝12	4×3＝12	1×3＝3

　　晶体滑移是由滑移面上位错的运动造成的，而位错中心存在畸变，当位错扫过晶体时，晶体中原子发生重新排列，需克服晶体点阵的能垒或者晶格阻力，即**派纳力**［Peierls-Nabarro（P-N）stress］。因此，位错的运动需要一定的应力才能进行，通常把位错开动所需的切应力称为临界分切应力（τ_k）。**滑移线**是位错运动到晶体表面所产生的台阶，如图 2-15 所示。当一条位错线移动到晶体表面时，便会在晶体表面上留下一个原子间距的滑移台阶，同一滑移面上若有大量的位错线不断地移出，则滑移台阶就不断增大，直至在晶体表面形成了显微镜下可观察到的滑移线，多根滑移线构成一条**滑移带**（也叫**吕德斯带**），

也就是说滑移带是由更细的滑移线所组成，即滑移线的集合构成滑移带。在单晶试样拉伸时，滑移带是很狭窄的，观察到的是呈线状的滑移带。吕德斯带在宏观上表现为变形部件局部表面产生条带状皱褶的一种现象。对冲压件来说，吕德斯带的出现会使工件表面质量降低。

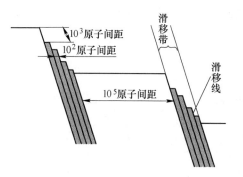

图 2-15 滑移带与滑移线的关系示意图与吕德斯带

在施力变形过程中，随着外力 F 增加（见图 2-14），某一滑移系上的分切应力逐渐增加，当达到临界分切应力（τ_k）时开启位错的滑移，位错滑移就会在该滑移系上进行，材料开始屈服。此时的应力即为屈服极限（σ_s）：$\sigma_s = F/A$。设有一圆柱形单晶体受到轴向拉力 F 的作用，晶体的横截面积为 A，F 与滑移方向的夹角为 λ，与滑移面法线的夹角为 φ，那么，滑移面的面积为 $A/\cos\varphi$，F 在滑移方向上的分力为 $F\cos\lambda$，则外力 F 在滑移方向上的分切应力 τ 为：

$$\tau = \frac{F\cos\lambda}{A/\cos\varphi} = \frac{F}{A}\cos\varphi\cos\lambda \tag{2-13}$$

而

$$\tau_k = \sigma_s \cos\varphi\cos\lambda \tag{2-14}$$

或

$$\sigma_s = \frac{\tau_k}{\cos\varphi\cos\lambda} \tag{2-15}$$

式（2-15）称为"**施密特（Schmid）定律**"，由奥地利学者施密特于 1924 年提出，因其计算简单和表述方便的优点，在金属塑性变形机制中得到广泛应用。$\cos\varphi\cos\lambda$ 称为取向因子，也叫做"**施密特因子**"，在有些书中也取其倒数，可以定性分析各种位错滑移机制中的启动趋势。

显然，当滑移面的法线、滑移方向和外力轴三者处于同一平面，且滑移的倾斜角为 45°时，取向因子有最大值 0.5，此时的分切应力最大，所以它是最有利于滑移的取向的，称为软位向。当外力与滑移面平行（$\varphi = 90°$）或与滑移方向垂直（$\lambda = 90°$）时，$\sigma_s = \infty$，滑移系无法启动，这种取向称为硬位向。

外力作用在单晶体上，所分解在晶面上的切应力使晶体发生滑移，而正应力则作用在晶粒上组成力偶，使晶体滑移面向外力方向转动，滑移方向则向着最大切应力方向转动。因此，滑移的同时伴随有晶体的转动，但是滑移前后晶体点阵类型不变，变形部分晶体位向也不变。那么，原来位于软位向的滑移系（即滑移面法线与外力轴夹角接近 45°）在拉伸时随着晶体的转动，滑移面法向与外力轴的夹角会越来越远离 45°，从而使分切应力变小而滑移越来越困难，这种现象称为"**几何硬化**"。

对于具有多组滑移系的晶体，滑移首先在取向最有利的滑移系（分切应力最大的滑移系）进行，变形时晶面转动的结果有可能促使另一组滑移面上的分切应力增加到发生滑移的临界切应力值以上，于是晶体有两组或几组滑移面同时转到有利位向，滑移就可能在两组或更多的滑移面上同时进行或交替进行，形成"**双滑移**"或"**多滑移**"。图 2-16 给出了**交滑移**的一种形式，它是指两个或多个滑移面共同沿着一个滑移方向的滑移。交滑移的实质是螺型位错在不改变滑移方向的情况下，从一个滑移面滑到交线处，转到另一个滑移面的过程。

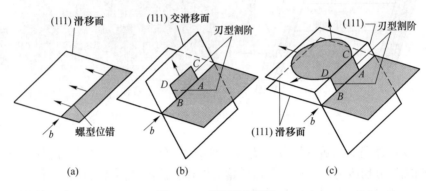

图 2-16　交滑移示意图

（二）孪生

孪生是塑性变形的另一种方式，当滑移系较少，变形温度较低，变形速率较快时，滑移不易进行，此时容易出现孪生。当晶体在切应力作用下发生孪生变形时，晶体的一部分沿一定的晶面（孪晶面或孪生面）和一定的晶向（孪生方向）相对于另一部分晶体做均匀切变，在切变区域内，与孪晶面平行的每层原子的切变量与它距孪晶面的距离成正比，并且不是原子间距的整数倍。这种切变不改变晶体的点阵类型，但可使变形部分的晶体位向发生变化，并与未变形部分的晶体以孪晶面为镜面构成对称的关系。通常把对称的两部分晶体称为孪晶，而将形成孪晶的过程称为孪生。图 2-17 为面心立方晶体孪生变形示意图。当面心立方晶体在切应力作用下发生孪生变形时，晶体内局部地区的各个（111）晶面沿着 $[11\bar{2}]$ 方向（见图 2-17 的 AB'），产生彼此相对移动距离为 $\dfrac{a}{b}[11\bar{2}]$ 的均匀切变，结果使均匀切变区中的晶体取向发生变更，变为与未切变区晶体呈镜面对称的取向。变形与未变形两部分晶体的界面，或者说均匀切变区与未切变区的分界面（即两者的镜面对称面）即孪晶界，发生均匀切变的孪晶面为（111）面；孪生面的移动方向即 $[11\bar{2}]$ 方向。

孪生对塑性变形的直接贡献很小。但是，由于孪生后变形部分的晶体位向发生改变，可使原来处于不利取向的滑移系转变为有利取向，这样可以促使晶体启动新的滑移系，间接起到提高塑性变形能力的作用。一般说来，孪生的临界分切应力要比滑移的临界分切应力大得多，只有在滑移很难进行的条件下，才进行孪生变形。面心立方金属变形一般不发生孪生。体心立方金属（如 α-Fe）多以滑移方式塑变，仅在低温或变形速度较快（如冲击）时，才发生孪生变形。对称性低、滑移系少的密排六方金属，如 Cd、Zn、Mg 等往往

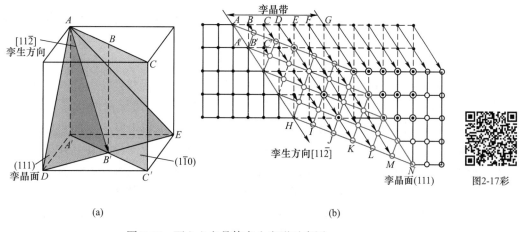

图2-17　面心立方晶体孪生变形示意图

（a）孪晶面和孪生方向；（b）孪生变形时原子的移动

容易出现孪生变形。

在晶体中还可以其他方式形成孪晶：其一为"**生长孪晶**"，它包括晶体自气态（如气相沉积）、液态（液相凝固）或固体（热处理）中长大时形成的孪晶；其二是变形金属在退火时发生孪生形成退火孪晶。再结晶退火过程中形成的孪晶，也称为"**退火孪晶**"，它往往以相互平行的孪晶面为界横贯整个晶粒，是在再结晶过程中通过堆垛层错的生长形成的。退火孪晶实际上也应属于生长孪晶，是在固体中生长形成的。

由于孪晶中变形部分的位向与未变形部分不同，经磨光、抛光和浸蚀后，在显微镜下形态为条带状，有时呈透镜状。图2-18（a）所示的 Cu-26.4Zn-4.8Al 合金中的 18R 形变孪晶，图2-18（b）是 InGaAs 中的退火孪晶，这些孪晶由于位向不同在透射电镜衍衬像下呈现明暗相间的条带，对应的电子衍射花样也是镜面对称，如有兴趣可参阅参考文献［14］。

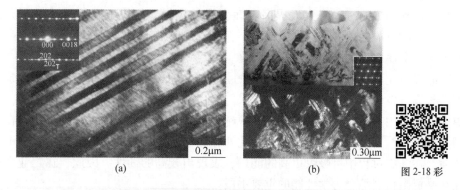

图2-18　晶体形变孪晶和退火孪晶

（a）Cu-26.4Zn-4.8Al 合金中的 18R 形变孪晶；（b）InGaAs 中的退火孪晶

二、多晶体的塑性变形

实际使用的材料通常是多晶体，即由许多大小、位向和形状不同的晶粒（小单晶体）

组成。多晶体的塑性变形是通过多晶体中各个晶粒的滑移和孪生方式进行的,由于晶界和相邻晶粒的影响,要求各晶粒的变形相互协调与配合,因此多晶体的塑性变形有其本身的特点和行为。

(一) 多晶体塑性变形的三个特点

(1) 各晶粒变形的不同时性。在多晶体中,由于各个晶粒晶格的位向和滑移系的取向不同,在外应力作用下,只有那些取向有利的晶粒和取向因子较大的滑移系首先开始滑移,而取向因子较小的滑移系并未启动,其周围位向不利的晶粒未发生塑性变形。当大量位错在晶界处堆积,当应力集中累积到足以使邻近晶粒滑移面上的位错发生移动时,那些原来不能滑移的晶粒产生滑移。此外,晶粒在滑移过程中的转动也将开启新的晶粒发生塑性变形。也就是说晶粒逐批、逐次滑移,有先有后,而不是同时滑移的。

(2) 各晶粒变形的相互协调性。多晶体中由于各晶粒都处于其他晶粒的包围之中,为保持晶粒之间的连续性,避免产生孔隙并导致材料的破裂,其变形需与邻近晶粒相互协调配合,不是孤立的和任意的。为了与先变形晶粒相协调,相邻晶粒不会只在取向最有利的滑移系上启动滑移,几个滑移系(包括取向并非有利的滑移系)将同时进行协调滑移以确保晶粒之间的紧密结合。同时,先启动的晶粒在经过前期的变形后也必将在几个滑移系(包括取向并非有利的滑移系)上同时进行滑移。因此多晶体在最易滑移取向的变形抗力比单晶体高。

(3) 多晶体塑性变形的不均匀性。由于各晶粒变形的相互协调,不同晶粒的变形量也不同,有的晶粒变形量大,有的晶粒变形量小。而对某一个晶粒来说,变形也不均匀,晶粒中心区域变形量大,晶界及其附近区域的变形量小。多晶体塑性变形的不均匀性是造成内应力的主要原因。

(二) 晶粒大小对塑性变形的影响

在多晶体中,晶界上原子排列不规则、点阵畸变严重,而且晶界两侧的晶粒取向也不同、滑移方向和滑移面彼此不一致,因此,在室温下滑移要从一个晶粒直接延续到下一个晶粒是极其困难的,这将大大提高塑性变形的抗力,使得金属材料的强度大大提高。显然,在室温下晶界越多,即晶粒越细小,其强化效果越显著。这种通过细化晶粒、增加晶界来提高金属强度的方法称为**晶界强化**。

晶界强化是金属材料的一种重要的强化方法。同时细化晶粒也是同时提高材料的强度,改善材料的塑性和韧性的重要方法。因为晶粒越细,在同样的变形量下,变形分散在更多的晶粒内进行,变形的不均匀性便越小,引起的应力集中也越小,可以在断裂前承受较大的变形量,表现出较高的塑性。此外,晶粒越细,晶界的曲折越多,更不利于裂纹的传播,在断裂过程中可吸收更高的能量,表现出较高的韧性。因此,在工业生产中,细化晶粒是提高材料综合力学性能的重要手段。

E. O. Hall 和 N. J. Petch 建立了屈服强度 σ_s 与晶粒平均直径 d 的关系[15,16],这就是著名的霍尔-佩奇(Hall-Petch)公式,即:

$$\sigma_s = \sigma_0 + Kd^{-\frac{1}{2}} \tag{2-16}$$

式中,σ_0 反映晶内对变形的阻力,相当于单晶的屈服强度;K 反映晶界对变形的影响系数,与晶界结构有关。这一关系与后来从位错理论推导的结果完全一致。

需要指出的是，在一般晶粒尺寸范围内，材料的强度随晶粒尺寸的变化是符合 Hall-Petch 关系的。20 世纪 80 年代以来，随着纳米晶材料出现，人们发现在纳米晶材料中出现了偏离甚至反 Hall-Petch 关系的现象。Gleiter 等人[17]发现，纳米晶材料呈负的 Hall-Petch 关系，硬度与晶粒尺寸的关系曲线具有负的斜率。卢柯等人[18]研究了纳米孪晶结构、梯度纳米结构等多晶纳米金属材料的结构–性能关系及使役行为，发现在尺寸较小的 Ni-P 纳米晶中，也呈负的 Hall-Petch 关系。大体来说，屈服强度与晶粒尺寸的关系存在一个约 10nm 的临界尺寸：当晶粒尺寸大于该临界尺寸时，为正的 Hall-Petch 关系；当晶粒尺寸小于该临界尺寸时，为负的 Hall-Petch 关系。也就是说，Hall-Petch 关系的使用具有一定的局限性。这主要是因为 Hall-Petch 公式是根据位错塞积的强化作用推导出的，当晶粒尺寸下降到纳米级时，晶粒中可存在的位错极少。此时，塑性变形也不能完全用位错滑移和塞积理论来解释，而是必须考虑晶界自身的转动和晶粒之间的移动等机制。此外纳米晶具有极高的扩散系数，在应力作用下，也能以类似扩散蠕变这种机制变形。

一般而言，多晶金属材料在室温使用时均具有较高的强度、硬度，而且也具有良好的塑性和韧性，即具有良好的综合力学性能。但是，当变形温度高于 $0.5T_m$（T_m 为熔点，用单位 K 来换算）时，由于原子活动能力的增大，原子沿晶界的扩散速率加快，使高温下的晶界具有一定黏滞性的特点。因此，晶界对变形的阻力大为减弱，即使施加很小的应力，只要作用时间足够长，也会发生晶粒沿晶界的相对滑动，成为多晶材料在高温时一种重要的变形方式。此外，在高温时，多晶体特别是细晶粒的多晶体还可能出现另一种称为扩散性蠕变的变形机制，这个过程与空位的扩散有关。维持恒定变形的材料中应力随时间增加而减小的现象为应力松弛，可看作是广义的蠕变。金属材料的蠕变理论包括老化理论、强化理论和蠕变后效理论。

晶界强度和晶内强度与温度的关系可用图 2-19 定性表示。在 T_e 温度，多晶体材料中两者相等，该温度称为"等强温度"；低于 T_e 时，晶界强度高于晶粒内部；而高于 T_e 时则得到相反的结果。

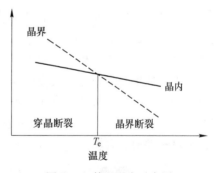

图 2-19 等温强度示意图

（三）冷塑性变形对组织和性能的影响

多晶体金属冷塑性变形不但可以改变材料的外形和尺寸，而且能够使材料的内部组织和各种性能发生变化，即在变形的同时，其组织与性能也伴随着变化。例如，随塑性变形程度的增加，金属的强度、硬度提高，而塑性、韧性下降，这种现象也叫做**形变强化**或者**加工硬化**。形变强化可以提高金属的强度，是强化金属的重要手段。形变强化可以使金属具有抗偶然超载能力，一定程度上提高了构件在使用中的安全性。形变强化是工件能用塑性变形方法成型的必要条件。材料塑性的降低，给材料进一步冷塑性变形带来困难，须进行中间热处理以消除应力。塑性变形也会使金属某些物理化学性能发生变化。以下分别从显微组织的变化、加工硬化、变形织构和应力的产生四个部分来讨论。

晶粒在外力作用下经冷塑性变形后，除了每个晶粒内部出现大量的滑移带或孪晶带外，随着变形程度的增加，原来的等轴晶粒将逐渐沿其变形方向伸长、压扁，金属材料的显微组织发生明显的改变，性能趋于各向异性。当晶粒沿变形方向拉长变形量很大时，在光学显微镜下晶界变得模糊不清，晶粒已难以分辨而呈现出一片如纤维状的条纹，称为**纤维组织**。纤维的分布方向即是材料流变伸展的方向。此时，金属的性能也将会具有明显的方向性，如纵向的强度和塑性远大于横向的。如图 2-20 所示，当金属中有杂质存在时，杂质也会沿变形方向拉长为细带状（塑性杂质）或粉碎成链状（脆性杂质）。

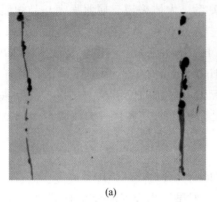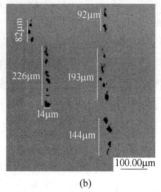

(a)　　　　　　　　　　　　(b)　　　　　　图 2-20 彩

图 2-20　金属中变形的富含硫化物（a）和氧化物（b）杂质

　　经一定量的塑性变形后，晶体中的位错线通过运动与交互作用，开始呈现位错塞积、交割，并形成位错缠结，图 2-21（a）为位错在晶界塞积的组织。进一步增加变形度时，大量位错发生聚集，此时，变形晶粒是由许多这种**胞状亚结构**组成，各胞之间存在微小的位向差。这种形变亚结构的边界是晶格畸变区，堆积大量的位错，呈缠结状，而亚结构内部的晶格则相对比较完整，如图 2-21（b）所示。随着变形度的增大，变形胞的数量增多、尺寸减小。如果经强烈冷轧或冷拉等变形，则伴随纤维组织的出现，其亚结构也将由大量细长状变形胞组成。塑性变形前，铸态金属的晶粒尺寸约为 10^{-2} cm，冷塑性变形后，亚结构直径将细化至 $10^{-4} \sim 10^{-6}$ cm。变形越大，晶粒的碎细程度便越大，形变亚结构数量便越大，位错密度便显著增大。

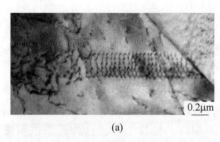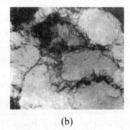

(a)　　　　　　　　　　　　(b)　　　　　　图 2-21 彩

图 2-21　金属形变造成的位错塞积和亚晶胞组织

　　晶体的塑性变形是借助位错在应力作用下运动和不断增殖来完成的。随着变形度的增大，晶体中的位错密度迅速提高，经严重冷变形后，位错密度可从原先退火态的 $10^{6} \sim 10^{7}$ cm^{-2} 增至 $10^{11} \sim 10^{12}$ cm^{-2}。随着塑性变形程度的增加，金属的强度、硬度增加，而塑性、韧性下降，对应于前述的"加工硬化"现象。产生加工硬化的原因，与位错的运动和交互作用有关。随着塑性变形的进行，位错运动和互相交割，产生塞积、割阶、固定位错、缠结网等，阻碍位错进一步运动，即提高了进一步变形的抗力。"加工硬化"会给金属的进一步加工带来困难，例如，在冷轧钢板的过程中会越轧越硬，以致轧制不动。当然，通过中间退火的工序可以消除加工硬化现象并恢复其进行变形的能力。加工硬化也是工业上常用的提高金属强度、硬度和耐磨性的重要手段之一，也是冷拉、冷冲等成型工艺得以进行的关键因素。特别是对那些不能以热处理方法强化的纯金属和某些合金尤为重要，如冷拉高强度钢丝和冷卷弹簧等主要就是利用**冷加工**变形来提高它们的强度和弹性极限。塑性好但强度低的铝、铜及某些不锈钢，在生产上往往制成冷拔棒材或冷压板材供应用户。

随着金属塑性变形程度的增加，各个晶粒的滑移面和滑移方向都向主形变方向转动，并逐渐使多晶材料中原来取向互不相同的各个晶粒在空间取向上呈现一定程度的一致性，即出现了择优取向，该组织状态则称为**形变织构**。随变形方式和变形程度的不同，织构的性质和强弱程度也不同，拉拔丝时形成的织构，称**丝织构**，其特征是各个晶粒的某一晶向与拉拔方向平行或接近平行。**轧制**形成的织构，称**板织构**，其特征是各个晶粒的某一晶面平行于轧制平面而某一晶向平行于轧制方向。由于织构造成了各向异性，所以它的存在对金属材料的加工成型性和使用性能都有很大的影响。例如，当用有织构的板材冲压杯状工件时，将会因板材各方面变形性能的不均匀性，而使冲出来的工件产生波浪形的耳子，通常叫做"**制耳**"。织构的存在也有有利的一面，如，制作变压器铁芯的体心立方晶格硅钢片，沿 [１００] 晶向最易磁化，而采用具有 [１００] 织构的硅钢片制作，并在制作中使 [１００] 晶向平行于磁场，便可使变压器铁芯的磁导率显著增大，磁滞损耗大为减小，大大提高变压器的效率。

金属塑性变形时，外力所做的功大部分转化为热能，还有少量（小于10%）以残余内应力（弹性应变）和点阵畸变的形式保留在金属内部，称为储存能。残余内应力又可分为宏观和微观内应力等。**宏观内应力**（第一类内应力）是由物体各部分的宏观变形不均匀性所引起的。宏观内应力会使工件变形，或造成应力腐蚀，一般不希望金属件内部存在宏观内应力，但有时利用零件表面残留的压应力来提高疲劳寿命。这类残余应力所对应的畸变能一般不大，仅占总储存能的0.1%左右。**微观内应力**（第二类内应力）是由于在塑性变形时，各晶粒或亚晶粒内或之间变形不均匀而产生的。其作用范围与晶粒尺寸相当，即在晶粒或亚晶粒之间保持平衡。这种内应力所占比例一般不大，但有时可达到很大的数值，甚至可能造成显微裂纹并导致工件断裂。**点阵畸变**（第三类内应力）占变形金属总储存能的绝大部分（80%~90%）。塑性变形使金属内部产生大量的点阵缺陷（如空位、间隙原子、位错等），使点阵中一部分原子偏离其平衡位置，造成点阵畸变，并使金属的强度、硬度增大，其作用范围是几十至几百纳米。由于点阵畸变的增加，材料物理性能和化学性能也发生一定的变化。如，塑性变形通常可使金属的电阻率增加，增加的程度与形变量成正比。另外，塑性变形后，金属的电阻温度系数下降，磁导率下降，热导率也有所降低，铁磁材料的磁滞损耗及矫顽力增大。由于塑性变形使得金属中的结构缺陷增多，自由焓升高，因而导致金属中的扩散过程加速，金属的化学活性增大，腐蚀速度加快。

三、非晶的塑性变形

非晶原子呈无序性排列的结构特点使它具有明显不同于晶体材料的变形特性。例如，

62

与传统金属材料相比，非晶金属具有强度高、催化活性好及耐腐蚀等性能；非晶的原子长程无序排列，使之不存在晶体材料中的位错和晶界等缺陷。因此，其塑性变形机制与晶体完全不同。图 2-22 是 $Cu_{60}Zr_{30}Ti_{10}$ 和 $Cu_{60}Hf_{25}Ti_{15}$ 大块非晶合金的拉伸（a）和压缩（b）应力-应变曲线，其拉伸强度约为 2000MPa，与 Cu 晶须强度相当[19]。

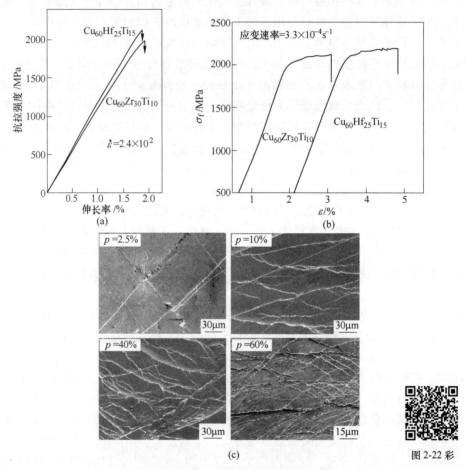

(a)

(b)

(c)

图 2-22 彩

图 2-22　$Cu_{60}Zr_{30}Ti_{10}$ 和 $Cu_{60}Hf_{25}Ti_{15}$ 大块非晶合金塑性变形的拉伸（a）、压缩（b）
应力-应变曲线和剪切带（c）

（一）非晶塑性变形的特点

非晶在低于玻璃化转变温度和高应力的条件下发生非均匀变形；而在玻璃化转变温度附近及低应力作用下，非晶将发生均匀变形。

非均匀变形包括剪切局域化和剪切软化，也是非晶合金室温变形的两个典型特征。所谓剪切局域化，是指在合金变形时，几乎所有的应变都高度集中在厚度只有几十纳米左右的剪切带内。同时，剪切带由于承受极大的应变，内部温度升高，并且在剪切力的作用下还会发生膨胀效应，从而使剪切带迅速扩展，即所谓的剪切软化。剪切带的不稳定扩展会形成裂纹，造成非晶的断裂，这也是造成非晶脆性大的原因之一。但有时多重剪切带的产生和相互作用，如，网络状分布的多重剪切带，可以起到耗散能量、分散应力的作用，在一定程度上有利于非晶合金的塑性。剪切带作为塑性变形过程的一个承载体，在变形过程中起到举足轻重的作用。剪切带数量随着变形量增多，其分布并不均匀，剪切带图案比较复杂[20]。

均匀变形表现为一种黏滞性塑性流变，具有比较高的塑性变形能力，也是非晶在高温变形时的特征。非晶均匀塑性变形时，内部每一个体积单元对塑性变形都有相同的贡献，即塑性变形分布在每一个体积单元。在应力作用下，应变速率会随着应力的增大而增大；在高应力作用下，部分非晶的应变速率随应力变化遵从双曲正弦曲线，直到材料的某一处截面发生颈缩，最终断裂。

（二）非晶塑性变形的影响因素

非晶块体在**过冷液相区**的塑性变形行为主要取决于温度和应变速率，可分为高温、低应变速率下的牛顿黏性流变和低温、高应变速率下的非牛顿黏性流变。非晶合金的塑性对温度的变化非常敏感，在特定的温度范围内有可能表现出**超塑性**，而高于或低于该范围都可能会发生断裂。在超塑性温度范围内，如果适当提高温度，将更利于非晶合金的塑性变形。非晶合金的超塑性通常都是发生在其过冷液相区内，在该温度范围内，非晶常常发生牛顿型流变；在玻璃转变温度 T_g 以下及晶化温度 T_x 以上进行变形时，均呈现非牛顿流体状态。公元前 1000 年，古埃及人就掌握了玻璃吹制的工艺，利用玻璃在一定的温度范围内具有可塑性的特点，吹制出多种形状的玻璃产品。超塑性变形行为对应变速率也有极强的敏感性，因此为了保持良好的塑性变形，形变时对温度和应变速率需严格控制。

（三）非晶塑性变形的组织和性能

非晶合金在发生塑性变形时，受到应力作用后内部微观结构发生变化，有剪切带出现，其力学、物理和化学性能均发生明显的变化。随轧制变形量的增加，非晶合金内部自由体积含量发生改变，自由体积为原子的运动提供了空间，减小了原子跃迁的阻力，非晶的强度和硬度也发生变化。对于非晶合金来说通常硬度会降低，且规律的压痕剪切带对应的硬度就高，而形貌混乱的剪切带对应的非晶合金硬度低。

非晶合金在塑性变形过程中，甚至伴有晶化现象，可能是热致晶化和塑性变形导致晶化。由于非晶合金在塑性变形过程中可能存在热效应，材料的黏性/塑性流动也可能导致原子的快速重组，从而引发非晶的晶化，这就决定了塑性变形诱导非晶合金晶化微观机制的复杂性。

第四节　回复和再结晶

金属材料经塑性变形后，由于储存能的存在，自由能升高，在热力学上处于亚稳定状态，它具有自发回复到变形前低自由能状态的趋势，但在常温下，原子的活动能力很小，这个过程难以实现。当对冷变形金属加热时，其原子活动能力提高，那么，形变金属就能由亚稳状态向稳定转变，发生回复、再结晶和晶粒长大等过程，图 2-23 为这三个过程的示意图。了解这些过程的发生和发展规律，对于改善和控制金属材料的组织和性能具有重要的意义。

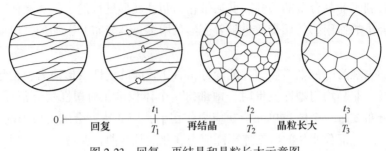

图 2-23　回复、再结晶和晶粒长大示意图

一、回复

回复是指新的无畸变晶粒出现之前所产生的亚结构和性能变化的阶段。回复加热温度不高，原子的活动能力不大，故光学显微组织无明显变化，冷变形金属的晶粒外形（拉长、压扁或纤维状）仍存在，力学性能（强度、硬度）变化不大，但电阻率显著减小，微观内应力显著降低。**回复退火**在工程上称为**去应力退火**，使冷加工的金属件在基本上保持加工硬化状态的条件下降低内应力，降低电阻，改善塑性和韧性。例如，用冷拉钢丝卷制弹簧，在卷成之后，要在 250~300℃进行回复退火，以降低应力并使之定形，而硬度和强度则基本保持不变。对精密零件，如机床丝杠，在每次车削加工之后，都要进行消除内应力的退火处理，防止变形和翘曲，保持尺寸精度。

回复可分为低温回复、中温回复和高温回复。低温回复只有空位和间隙原子等点缺陷的运动，它们可以转移至晶界或位错处消失，或相互复合而消失，使缺陷密度大大减少，由于电阻率对点缺陷比较敏感，所以它的数值显著下降，而力学性能对点缺陷的变化不敏感。中温回复不仅原子有很大的活动能力，而且位错也开始运动：异号位错可以互相吸引并复合而抵消，缠结中的位错进行重新组合，此时，回复的机制主要与位错的滑移有关。高温回复的温度通常在约 $0.3T_m$，刃型位错已可获得足够能量并产生攀移。通过位错的滑移和攀移使同号刃型位错沿垂直于滑移面的方向排列成小角度的亚晶界，形成回复后的亚晶结构，这一过程叫**多边形化**。其实质是位错从高能量的混乱排列变为低能量的规则排列。晶体多边形化以后，过量空位和弹性畸变大为减小，内应力和电阻率也大大下降。但是由于位错密度下降不多，亚晶还较细小，故强度变化不大，而塑性略有升高。

回复是冷变形金属在退火时发生组织性能变化的早期阶段，是典型的热激活过程，可由式（2-17）表示：

$$\ln t = A + \frac{Q}{RT} \tag{2-17}$$

式中，t 为恒温下的加热时间；Q 为激活能；R 为气体常数；T 为绝对温度；A 为常数。作 $\ln t$-$1/T$ 图，可由直线斜率求得回复过程的激活能。

二、再结晶

再结晶是冷变形金属或合金加热到更高的温度后，由于原子获得更大的活动能力，在变形金属或合金的显微组织中，产生无应变的新晶粒——再结晶核心，并不断长大，直至在原来的变形组织中重新产生了新的等轴晶粒，原来的变形组织完全消失的过程。其性能也发生显著变化，加工硬化现象消除，力学性能和物理性能恢复变形前的水平。强度要求不高、塑性好的冷成型件的退火和多道拉拔加工之间安排的中间退火都采用再结晶退火。

再结晶的驱动力与回复一样，也是冷变形所产生的储存能（相当于变形总储能的90%）。同时新的无畸变的等轴晶粒的形成及长大，使热力学上更为稳定。值得注意的是再结晶前后晶体结构不变，成分不变，而**重结晶**（即同素异构转变）则发生了晶格类型的变化。再结晶动力学取决于形核率和长大速率的大小。

再结晶温度是指开始进行再结晶的最低温度，它可用金相法或硬度法测定，即以显微镜中出现第一颗新晶粒时的温度或以硬度下降50%所对应的温度，定为再结晶温度。应当指出，再结晶不是一个恒温过程，而是自某一温度开始，随着温度的升高而进行形核长大的过程。再结晶温度与金属或合金的变形度、微量杂质或合金元素、原始组织及历史热处理规范等因素有关。

变形度越大，产生位错等晶格缺陷便越多，储能也增多，再结晶的驱动力就越大，组织的不稳定性便越高，因此再结晶温度越低。但是，当变形度达到一定值后，再结晶温度便趋于一定值，称为"最低再结晶的温度"。纯金属经强烈冷变形后的最低再结晶温度与其熔点大致有以下经验关系：

$$T_{再} \approx (0.35 \sim 0.4)T_{熔} \tag{2-18}$$

式中，温度取值应按绝对温度。

金属中的微量杂质或合金元素，特别是那些高熔点的元素，通常会阻碍原子扩散，且杂质或合金元素原子倾向于偏聚在位错及晶界处，对位错滑移、攀移和晶界移动起阻碍作用，从而不利于再结晶的形核和长大，阻碍了再结晶过程，提高了再结晶温度。例如，纯铁的最低再结晶温度约为450℃，加入少量的碳便成为钢，其最低再结晶温度便会提高至500～650℃，在钢中再加入少量的W、Mo、V等合金元素，还会更进一步提高其再结晶温度。

在其他条件相同的情况下，金属的原始晶粒越细小，则变形的抗力越大，冷变形后储存的能量较高，再结晶温度则较低。视情况不同，第二相粒子的存在既可能促进基体金属的再结晶，也可能阻碍再结晶。加热速度、加热温度与保温时间等退火工艺参数，对变形金属的再结晶有着不同程度的影响。若加热速度过于缓慢时，再结晶温度上升。当变形程度和退火保温时间一定时，退火温度越高，再结晶速度越快。

实际生产的再结晶退火温度通常要比其最低再结晶温度高出100～200℃。常见金属材料的再结晶退火温度和去应力退火温度见表2-3。

表2-3　常见金属材料的再结晶退火温度和去应力退火温度

金属材料		去应力退火温度/℃	再结晶退火温度/℃
钢	碳及合金结构钢	500～650	680～720
	碳素弹簧钢	280～300	
铝及铝合金	工业纯铝	约100	350～420
	普通硬铝合金	约100	350～370
铜及铜合金（黄铜）		270～300	600～700

变形金属经再结晶退火后，获得新的等轴晶粒，但这并不意味着晶粒大小和力学性能与变形前的金属完全相同，因此如何控制再结晶后的晶粒大小在生产中具有重要的实际意义。

影响再结晶后晶粒大小的因素较多。退火温度对刚完成再结晶时晶粒尺寸的影响比较弱，提高退火温度可使再结晶的速度显著加快，临界变形度数值变小。当变形度一定时，材料的原始晶粒越细越均匀，则再结晶后的晶粒也越细，原因是晶界往往是再结晶形核的有利位置。合金元素及杂质一方面增加变形金属的储存能，另一方面阻碍晶界的运动，一般起细化晶粒的作用。变形度对再结晶后晶粒大小的影响较为复杂，当变形度很小时，畸变能很小，造成的储存能不足以引起再结晶，因此其晶粒保持原来的状态。当达到某一变形度（如，纯铁为 2%~10%）时，此时的畸变能已足以引起再结晶，但由于变形程度不大，形核率很低，因此再结晶后的晶粒特别粗大，这个变形量称为**临界变形度**。在临界变形度下，只有部分晶粒破碎，而另一部分晶粒则不变形，此时晶粒不均匀长大，最适合大晶粒吞并小晶粒，所以晶粒粗化的倾向最大。当变形量超过临界变形量后，随着变形的增加，晶粒破碎的均匀程度越来越大，再结晶后的晶粒越来越细。变形量达到一定程度后，再结晶晶粒度基本不变。某些金属变形量达到相当大时，再结晶后的晶粒度又出现重新粗化的现象，这与变形织构有关。压力加工时，应避免在临界变形度范围内进行加工，以免再结晶后产生粗晶。图 2-24 为纯铝通过不同变形量后经 550℃ 退火的组织，其临界变形量约为 3%，再结晶后的晶粒粗大；随着变形量增加到 9% 时，其再结晶后的晶粒又变小。

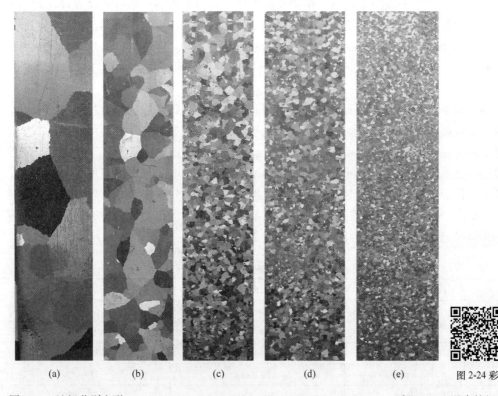

(a)　　　(b)　　　(c)　　　(d)　　　(e)　　　图 2-24 彩

图 2-24　纯铝分别变形 3%（a）、6%（b）、9%（c）、12%（d）、15%（e）后经 550℃ 退火的组织

　　将加热温度和变形量对再结晶晶粒度的影响合并为一图，以三维坐标（变形量、温度、晶粒度）表示，称为**再结晶全图**。它对全面掌握压力加工与再结晶退火工艺有重要意义，图 2-25（a）是纯铝的再结晶全图。

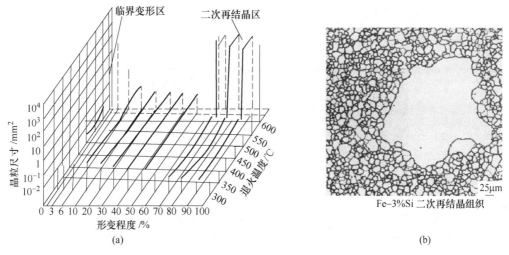

图 2-25　纯铝的再结晶全图（a）和晶粒异常长大（b）

　　再结晶织构指的是具有变形织构的金属经再结晶后的新晶粒若仍具有择优取向，与原变形织构之间可存在以下三种情况：与原有的织构相一致、原有织构消失而代之以新的织构或者是原有织构消失不再形成新的织构。某些面心立方金属和合金，如铜及铜合金、镍及镍合金和奥氏体不锈钢等冷变形后经再结晶退火，其晶粒中会出现**退火孪晶**。退火孪晶有三种典型的形态：晶界交角处的退火孪晶、贯穿晶粒的完整退火孪晶和一端终止于晶内的不完整退火孪晶。孪晶带两侧互相平行的孪晶界属于共格的孪晶界，由（111）组成；孪晶带在晶粒内终止处的孪晶界，以及共格孪晶界的台阶处均属于非共格的孪晶界。一般认为退火孪晶是在晶粒生长过程中形成的。当晶粒通过晶界移动而生长时，原子层在晶界角处（111）面上的堆垛顺序偶然错堆，就会出现一共格的孪晶界并随之而在晶界角处形成退火孪晶。

三、晶粒长大

　　晶粒长大是指再结晶结束之后晶粒的继续长大。由再结晶后得到的细的无畸变等轴晶粒，在温度继续升高或保温时，会相互吞并长大。这个过程是总界面能减小的过程，故也是自发过程。晶粒的长大，实质是晶粒的边界从一个晶粒向另一个晶粒中迁移，并将另一个晶粒中原子排列的位向变成与这个晶粒相同，另一个晶粒似乎被这个晶粒"吞并"为一个大晶粒。晶粒长大按其特点可分为两类：正常晶粒长大与异常晶粒长大（二次再结晶），前者表现为大多数晶粒几乎同时逐渐均匀长大，而后者则为少数晶粒突发性的不均匀长大。图 2-25（b）是 Fe-3%Si 二次再结晶中个别晶粒的异常长大。

　　图 2-26 为形变金属回复、再结晶和晶粒长大过程。冷变形金属产生无应变的新晶粒，即再结晶核心不断形成并长大，直至原来的变形组织完全消失的过程，在原来的变形组织中重新产生了新的等轴晶粒。这些无畸变等轴晶粒相互吞并长大，形变产生的流线特征也慢慢消失，最后全部形成了等轴晶粒。

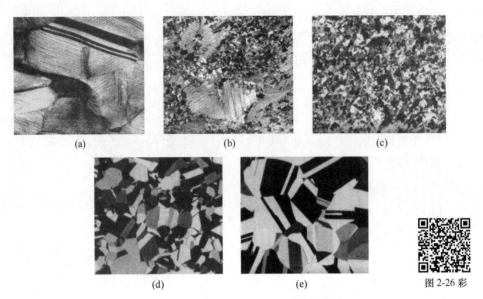

(a)　　　　　　　　(b)　　　　　　　　(c)

(d)　　　　　　　　(e)　　　　　　　图 2-26 彩

图 2-26　黄铜的回复、再结晶和晶粒长大过程（冷变形量为 38% 的初始组织）

（a）初始组织；（b）580℃保温 4s；（c）580℃保温 8s；（d）580℃保温 15min；（e）700℃保温 10min

图 2-27 所示为加热温度对冷塑性变形金属组织和性能的影响。回复过程中内应力大大下降而强度和塑性基本保持不变，组织形态保持不变；再结晶后位错密度下降，内应力基本消失，金属的强度、硬度显著下降而塑性则显著上升，使变形金属的组织和性能基本上恢复到冷塑性变形前的状态；金属的晶粒长大则导致晶粒粗大和力学性能显著下降，即强度和塑性变坏，冲击韧性大大下降。因此，在生产上应特别注意控制再结晶后的晶粒度。

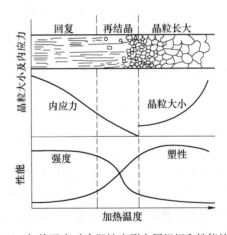

图 2-27　加热温度对冷塑性变形金属组织和性能的影响

参 考 文 献

［1］冯端，师昌绪，刘治国．材料科学导论［M］．北京：化学工业出版社，2004．

［2］汪卫华，王文魁．新型多组元大块非晶合金材料的发现与研究进展［J］．物理，1998，27（7）：398～403．

［3］Volmer M，Weber A Z. Keimbildung in Übersättigten Gebilden［J］. J. Phys. Chem.，1926，119：277.

［4］Becker R，Döring W. Kinetische Behandlung der Keimbildung in Übersättigten Dämpfen［J］. Ann. Phys.，1935，24：719.

［5］余永宁．材料科学基础［M］．北京：高等教育出版社，2006．

［6］Skaland T，Grong O，Grong T. A Model for the Graphite Formation in Ductile Cast-Iron：Part 1：Inoculation Mechanisms［J］. Metallurgical Transactions A，1993，24（10）：2321～2345.

［7］Amirkhanlou S，Ji S X，Zhang Y J，et al. High modulus Al-Si-Mg-Cu/Mg$_2$Si-TiB$_2$ hybrid nanocomposite：Microstructural characteristics and micromechanics-based analysis［J］. Journal of Alloys and Compounds，

2017，694：313～324.

[8] Brenner A. Cobalt plating by chemical reduction：US2532284［P］. 1947-05-05.

[9] Garrett P A. Non-Crysyalline Alloys［J］. Nature，1960，187：869.

[10] Economou E N, Cohen M H, Anderson S. Theory of localization and mott-cfo model［J］. Materials Research Bulletin，1970，5（8）：577～590.

[11] Baker J C, Gahn J W. Solute trapping by rapid solidification fremdst off-trapping durch schnelles erstarren［J］. Acta Metallurgica，1969，17（5）：575～578.

[12] Marcus M, Turnbull D. Correlation between glass-forming tendency and liquidus temperature in metallic alloys［J］. Materials Science and Engineering，1976，23（2～3）：211～214.

[13] 潘金生，全健民，田民波. 材料科学基础［M］. 北京：清华大学出版社，2000.

[14] Zhu M, Chen F X, Yang D Z. Microstructures of 18R martensite induced by deformation and thermomechanical cycles in CuZnAl shape memory alloy［J］. Journal of Materials Science，1991，26：5527～5533.

[15] Hall O E. The deformation and ageing of mild steel［J］. Proc Phys Soc London，1951（B64）：747.

[16] Petch N J. The cleavage strength of polycrystals［J］. J Iron Steel Inst，1953，174：25.

[17] Gleiter H. Nanocrystalline materials［J］. Progress in Materials Science，1989，33（4）：223～315.

[18] 卢柯，刘学东，胡壮麒. 纳米晶体材料的 Hall-Petch 关系［J］. 材料研究学报，1994，8（5）：385～391.

[19] Inoue A, Zhang W, Zhang T, et al. High-strength Cu-based bulk glassy alloys in Cu-Zr-Ti and Cu-Hf-Ti ternary systems［J］. Acta Mater.，2001，49：2645～2652.

[20] Sun B A, Wang W H. Fracture nature of multiple shear bands in severely deformed metallic glass［J］. Appl. Phys Lett.，2011，98：201902.

名 词 索 引

习　题

2-1　简述凝固的热力学条件和结晶潜热。

2-2　说明均质形核和非均质形核的区别以及临界形核半径变化的原因。

2-3　什么是过冷度、细晶强化、枝晶偏析、变质处理？

2-4　为什么细晶粒的金属材料的强度、塑性均比粗晶粒金属的好？

2-5　为什么滑移面是原子密度最大的晶面，滑移方向是原子密度最大的方向？

2-6　Zn、α-Fe、Cu 的塑性不同，为什么？在 Al 和 Mg 的晶面、晶向中，哪些是滑移面，哪些是滑移方向？如何构成滑移系？

2-7　什么是非晶形成能力？主要和哪些因素有关？

2-8　什么是霍尔-佩奇关系，使用的局限性和原因？

2-9　简述形变金属由亚稳状态向稳定状态转变的过程及各个阶段的特征。

2-10　低碳钢和纯铝试样在受到静拉力作用直至拉断时经过怎样的变形过程？

2-11　什么是加工硬化？试举例说明加工硬化现象在生产中的利弊。

本章自我练习题

（填空题、选择题、判断题）

扫码答题 2

第三章 材料成型工艺与
组织结构控制

材料成型通常指工程材料坯件及机器零件的成型。材料成型方法主要包括液态成型、固态成型和半固态成型等。成型过程对材料的组织结构和性能有重要影响。本章主要对前两种成型方法进行介绍。对于材料成型，一方面应从如何获得不同的相组成和相分布、晶粒尺寸和如何控制材料内部的缺陷入手；另一方面要着重认识材料在铸造和塑性变形过程中其微观组织结构变化及其机理，进而建立成型过程组织结构变化与性能的关系，为指导材料的成型工艺及性能调控奠定理论基础。

第一节 金属材料的液态成型

在金属、陶瓷和高分子三大材料中，只有金属可以用液态成型方法。金属液态成型方法主要是指**铸造**成型工艺，即将液态金属通过自身重力或者借助外力充填到型腔中，使其凝固冷却而获得所需形状和尺寸的毛坯或零件的工艺。本节主要介绍液态成型的分类方法及其各自的特点。

一、金属材料的液态成型及其基本特点

铸造成型技术的历史悠久，早在 5000 多年前就能铸造红铜（即纯铜，又名紫铜）和青铜制品，"模范""陶冶""熔铸"和"就范"等习语皆沿用了铸造业的术语，说明了铸造具有广泛的社会影响，在古代就已经拥有突出的地位[1]。

铸造是应用最广泛的金属成型方法之一，在机器设备的零部件生产中所占比例很大，达 60%~70%。铸造具有如下优点：成型非常方便，可制造出内腔、外形很复杂的毛坯。广泛应用于各种箱体、机床床身、汽缸体和缸盖等。工艺灵活性大，适应性广。工业上凡能熔化成液态的金属材料均可使用液态成型，而且铸件的质量和壁厚变化范围广。对于塑性很差的铸铁，液态成型是毛坯或零件生产的唯一方法。铸造生产的设备费用较低、投资小、成本低，生产周期短，加工余量相对较小，节约材料。原材料可直接利用废料、废机件和切屑等。

但是，金属液态成型的工序多，工艺较为复杂，且难以精确控制，使得铸件质量不够稳定。与同种材料的锻件相比，铸件外部易产生粘砂、夹砂和砂眼等缺陷，而且铸件内部易产生缩孔、缩松和气孔等缺陷，导致力学性能较低。传统铸造过程劳动强度大，条件差，图 3-1（a）是传统铸造的场景图。因此，铸造成型技术一直在以下几个方向持续改进：提高尺寸精度和表面质量；发展先进的造型技术及自动化生产线；使铸造过程高效、节能，减少污染；有效降低成本并改善劳动条件。随着液态成型新技术、新工艺、新设备和新材料的不断采用，液态成型件的质量、尺寸精度和力学性能有了很大提高。图 3-1

（b）是成功组织 590t 钢水，浇铸了横梁铸件的现代铸造场景图。

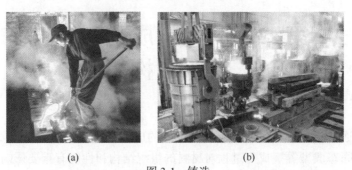

（a）　　　　　　　　　　　　（b）　　　　　　　图 3-1 彩

图 3-1　铸造
（a）传统铸造的场景图；（b）现代铸造的场景图

二、铸锭三晶区的形成

液态金属在铸锭模中凝固得到铸锭，而在铸型中凝固则得到铸件。铸锭和铸件的结晶过程均遵循结晶的普遍规律，组织结构形成与控制原理基本相同，但是铸锭或铸件本身成分和冷却条件的复杂性导致铸态组织不尽相同，这对铸锭和铸件的性能产生很大的影响，因此在铸造过程中控制好铸锭和铸件的组织十分关键。本书中仅简要介绍铸锭的组织结构及控制，而铸件的组织控制原理是一致的。

图 3-2 为纯金属铸锭及宏观组织示意图。纯金属铸锭的典型宏观组织通常由三个晶区组成。铸锭外侧细颗粒状的组织称为表层的**细晶区**，中间的长条形的组织为柱状晶区，铸锭中心较粗大的颗粒组织称为**等轴晶区**。

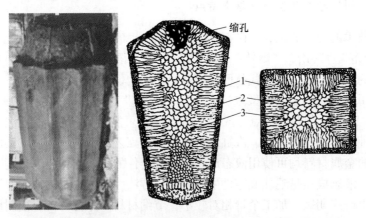

图 3-2　纯金属铸锭及纵截面和横截面的宏观组织示意图
1—细晶粒区；2—柱状晶区；3—等轴晶区

表层细晶区形成的原因是当高温金属液倒入铸模后，结晶首先从模壁处开始，由于温度较低的模壁有强烈的吸热和散热作用，靠近模壁的薄层液体产生较大的过冷，形核率高。此外，模壁作为非均匀形核的基底在此薄层液体中立即产生大量晶核。最终形成一层很薄的细等轴晶区。其晶粒十分细小，组织致密，力学性能好，但细晶区的厚度很薄，对铸锭的整体性能影响较小，实际意义不大。

　　柱状晶区是紧接着细晶区的一层由相当粗大的柱状晶粒所组成的区域。柱状晶区的形成是由于固相和液相金属的收缩，使细晶区和型壁脱离而形成一个空气层（气隙），使熔液散热变得困难，加上细晶区结晶潜热的释放使熔液的冷却速度迅速下降，导致了结晶区前沿液相的过冷度迅速减小，形核率也迅速下降，甚至不再形核，而在细晶区内靠近液相的某些小晶粒仍可继续长大。这些长大的方向与垂直于模壁的散热方向一致的小晶粒其生长速度最快，而那些斜生的晶粒则逐渐被湮没，最后只剩下背向散热方向平行向液相中择优生长的晶粒，形成了柱状晶区。

　　随着柱状晶发展到一定程度，通过已结晶的柱状晶层和模壁向外散热的速度越来越慢，剩余在锭模中部的液体温差也越来越细小，散热方向性也不明显，而趋于均匀冷却的状态，加上液态金属中杂质推至铸锭中心，或柱状晶的枝晶分枝被冲断，飘移至铸锭中心，它们都可成为剩余液体的晶核。这些晶核由于在不同方向上的长大速度相同，因而形成较粗大的等轴晶区。

　　铸锭的宏观组织常有三个晶区，但并不是说所有铸锭的宏观组织均由三个晶区所组成。由于凝固条件的复杂性，在某些条件下纯金属的铸锭只有柱状晶区或者等轴晶区，而合金的铸锭一般都具有明显的三个晶区，通过控制浇注条件可以实现三个晶区所占比例的有效调控。对于铸件来说，由于形状复杂导致冷却条件的复杂性，情况会更复杂。

　　由于不同的晶区具有不同的性能，因此必须设法控制结晶条件，使性能好的晶区所占比例尽可能大，而使不希望的晶区尽可能小。铸锭作为坯料一般要进行轧制等各种加工，而柱状晶由于方向性过于明显且晶间常聚集易熔杂质和非金属夹杂物，相对平行的柱状晶接触面及相邻垂直的柱状晶区交界较为脆弱，所以铸锭进行轧制等热加工时容易在柱状晶处开裂，因此要尽量减少或避免形成明显的柱状晶区。中心等轴晶区尽管包含较多气孔和疏松，但是等轴晶无择优取向，晶粒彼此咬合，没有脆弱界面，裂纹不易扩展，所以生产上常希望获得发达的等轴晶区。尽管柱状晶区存在以上缺点，但是柱状晶的偏析比等轴晶要少，结构要更致密，对于塑性良好的铝、铜合金希望得到尽可能多的致密的柱状晶。

　　根据不同的材料成分来改变浇注条件和冷却速度等可以改变三晶区的相对厚度和晶粒大小。由于柱状晶区的形成与温度梯度的方向性有直接关系，破坏熔液中温度梯度的稳定性及柱状晶的稳定生长可以有效减少柱状晶区，例如降低浇注温度、降低模具的散热条件、增加液体流动或震动以及变质处理等。通常来说，铸锭模及刚结晶的固相的导热能力越大，越有利于形成柱状晶。生产上经常采用导热性能好与热容量大的铸锭模材料，增大铸锭模的厚度及降低铸锭模温度等来促进柱状晶形成。但是铸模的冷却能力足够大，例如，采用水冷结晶器进行连续铸锭时，整个熔液都在很大的过冷度下结晶，柱状晶区的生长反而受到抑制并促进等轴晶的形成（形核率增大），可以获得全部由细小的等轴晶粒组成的铸件。

三、铸造性能和铸造成型方法与基本特点

　　铸造生产的第一步就是要通过熔炼获得液态金属。熔炼是将多种金属炉料（废钢、生铁、回炉料、铁合金、中间合金或者有色金属等原材料）按比例搭配装入相应的熔炉中加

热熔化，通过冶金反应，转变成具有一定化学成分和温度的符合铸造成型要求的液态金属的过程。按金属的种类可将熔炼分为铸铁熔炼、铸钢熔炼和有色金属熔炼。按熔炼设备（熔炉）可将熔炼分为冲天炉熔炼、电弧炉熔炼、感应电炉熔炼和坩埚炉熔炼。熔炼是决定铸件品质、生产成本、产量、能源消耗以及环境保护等的重要因素之一。

　　金属熔化后，将液态金属通过注入铸型型腔的通道（也称**浇铸系统**）充填铸型型腔的过程称为浇铸过程。根据浇铸压力可以分为高压（2~15MPa）、低压（0.01~0.15MPa）和重力（常压）铸造三种。所谓浇注压力就是使合金液在型腔中流动的压力，可利用合金液本身的重力、压缩空气或者通过活塞压缩来实现。高压铸造可以满足品质要求高或者薄截面铸件，低压铸造可以提高充型能力满足金属型铸件的要求，而重力铸造适用于普通铸件浇铸，并通常用砂型来实现铸造成型。浇铸系统示意图如图3-3（a）所示，分别由浇口杯、直浇道、横浇道、内浇道组成。浇口杯可以缓解金属液冲蚀，阻挡熔渣；直浇道保留一定锥度以保证流速并排出空气；而横浇道的功能是将直浇道的金属液分配至内浇道，通过内浇道将金属液引入型腔。而实际浇铸铸件则如图3-3（b）所示，可以看到明显的浇口和冒口，其中冒口下部尺寸设计得较小，便于去除[2]。

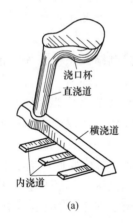

浇口杯
直浇道
横浇道
内浇道

(a)　　　　　　　　　　　(b)　　　　　　图3-3 彩

图3-3　浇铸
(a) 浇铸系统；(b) 实际浇铸铸件

液态合金在铸造生产过程中所表现出来的工艺性能，常称为**铸造性能**。它是表示合金铸造成型获得优质铸件的能力，通常用流动性和收缩性等来衡量。**流动性**是指液态合金充满型腔，形成轮廓清晰、形状完整的优质铸件的能力，也叫"充型能力"。流动性越好的液态合金，越易铸造出轮廓清晰、薄壁而形状复杂的铸件。同时流动性好的液态合金在铸型中收缩时易得到补充，有利于液态合金中气体及非金属夹杂物上浮与排出，易于得到致密和纯净的铸件。反之，则易使铸件产生浇不足（砂型没有全部充满）、**冷隔**（在金属液的交接处融合不好，而且在铸件中产生穿透的或不穿透的缝隙）、气孔、夹渣和缩松等缺陷。

　　液态合金流动性好坏的衡量见延伸阅读3-1。

　　影响流动性的因素很多，一方面是金属液体本身的特性，另一方面是铸造工艺条件。其中主要的因素是合金的化学成分、浇铸温度和铸型（金属型　延伸阅读3-1

或者砂型等）的填充条件等[3]。一般来说，纯金属和共晶成分的合金具有固定的熔点，铸件在恒温下进行结晶，凝固的顺序由其断面的表层向中心逐层凝固，结晶固体层与剩余液体的界面比较清晰、平滑，对中心未凝固的液态金属的流动阻力小，因而流动性最好。而其他成分的合金具有一定的结晶温度范围，凝固过程需经过液、固两相共存区。两相共存区中液相与固相界面不平直，先形成固相树枝晶，其对液态合金流动的阻力大，因而流动性差。由此可知，液固两相共存的区域越宽，则合金的结晶温度范围越宽，液态合金的流动阻力越大，流动性也就越差。因此，合金成分越接近共晶成分或者纯金属，流动性越好。例如，亚共晶铸铁随含碳量的增加或者过共晶铸铁随含碳量的减少，结晶温度范围减小，流动性提高。

铸型材料的导热速度影响合金液的流动性。金属比砂导热速度快，因此，液态合金流动性在金属型中比在砂型中差。同时，液态合金的流动阻力也会降低合金的流动性。在实际铸件中，由于壁厚过小、形状复杂等原因将导致液态合金的流动性变差。因此铸件的设计力求形状简单且壁厚大于规定的最小允许壁厚值[4]。液态合金浇铸温度高时黏度小、保持合金液态（不发生凝固）的时间长，有利于提高其流动性。提高浇铸温度是有效解决薄壁铸件浇不足、冷隔等缺陷的重要方法。

铸件的收缩是合金从浇铸、凝固直至冷却到室温的过程中，其体积或尺寸缩减的现象。铸件的收缩包括液态收缩、凝固收缩和固态收缩三个阶段：液态收缩指液态合金从浇铸温度冷却到液相线温度时的收缩。液相的热膨胀系数大，温度下降导致液相体积减小。凝固收缩指液态合金从液相线温度冷却到固相线温度并完全凝固时的收缩。它是由密度相对较小的液相转变为密度相对较大的固相造成的体积变化。固态收缩，指完全凝固的合金从固相线温度冷却到室温时的收缩，简单来说就是固相的热胀冷缩。

铸件的总体积收缩为上述三个阶段收缩之和，与其化学成分、浇注温度、铸件结构和铸型条件有关。液态收缩和凝固收缩是铸件产生缩孔和缩松的基本原因，会引起型腔内液面的下降，表现为合金总体积的收缩。固态收缩是铸件产生内应力、变形和裂纹的基本原因，表现为铸件外形尺寸的减少，常用线收缩率表示。因此，浇注温度过高，铸件易于产生缩松、缩孔、气孔、粘砂和粗晶等缺陷，因此在保证铸件薄壁部分能充满的前提下，浇铸温度应尽量低。

铸造成型方法可分为砂型铸造和特种铸造。砂型铸造是应用最普遍的一种铸造方法，一般不受零件形状、大小及复杂程度的限制，故传统上常把铸造称为翻砂。特种铸造方法，例如，熔模铸造、离心铸造、壳型铸造、压力铸造、低压铸造、定向凝固、快速冷却和金属型铸造等常用于极薄壁件和管件等。以下分别对砂型铸造和特种铸造方法进行简单介绍[5]：

（一）砂型铸造

砂型铸造是以型（芯）砂为主要造型材料制备铸型的方法，常见的砂型结构有：砂芯、砂垛、外型芯等。根据完成造型工具的方法不同可以分为手工造型和机器造型，而根据砂箱的特征可以分为整模造型、两箱造型（图 3-4）、三箱造型（图 3-5）、活块造型、刮板造型和挖砂造型等。常见的典型铸件有床身铸件、三通铸件和支架类铸件等。其缺点是铸造尺寸精度低、表面粗糙度高、铸件内部质量较差、机械化程度低和工作环境差等缺点。

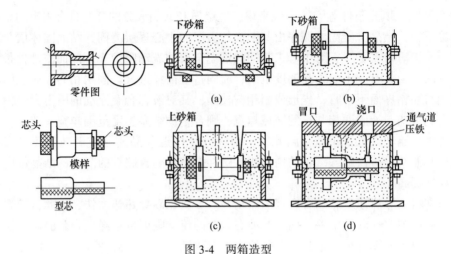

图 3-4　两箱造型

（a）造下型；（b）翻转下型合模样；（c）造上型；（d）模型装配图

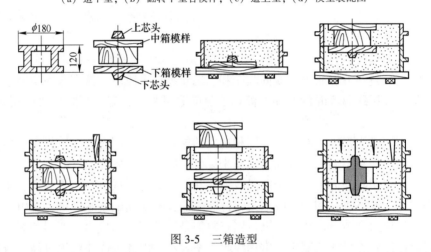

图 3-5　三箱造型

（二）精密铸造

精密铸造又称为熔模铸造和失蜡铸造。精密铸造是首先将具有低熔点、易熔的蜡制成模样（如有需要还可以做成蜡模组），然后在蜡模（组）表面涂上耐火材料，待其硬化干燥后将其中的蜡模熔失，蜡模表面的耐火材料则制成了无分型面的铸型型壳，接着经过焙烧，最后进行浇铸，清埋掉型壳后即获得铸件的一种成型工艺方法。其生产过程如图 3-6所示。精密铸造具有以下优点：铸件尺寸精度高、表面质量好。由于没有分型面，型腔表面极光洁，铸件的公差等级可达 IT11~IT13，表面粗糙度 Ra 值达 $1.6~12.5\mu m$。合金种类不受限制，适用于高熔点及难加工的高合金钢。由于型壳是由耐火材料制成，耐高温能力强，可以适应耐热合金、不锈钢和磁钢（铝镍钴合金）等各种合金的生产。生产批量不受限制，单件、成批和大量生产均可适用。适合于形状复杂的薄壁铸件。由于铸型在热态浇注，流动性得到增强，铸件上宽度大于 3mm 的凹槽、直径大于 2mm 的小孔均可直接铸出。

精密铸造的主要缺点是原材料价格贵，铸件成本高；工序多，工艺过程较复杂，生产周期长；铸件不能太大、太长，否则熔模易变形，丧失原有精度，因而不宜生产大件等。精密铸造尤其适合 25kg（以铸铁质量来估算）以下的高熔点、难以切削加工的合金铸件的成批大量生产，广泛应用于电器仪表、刀具和航空等制造部门。汽轮机和涡轮发动机的叶片和汽车、拖拉机上的小型零件等通过精密铸造来实现近净成型，由于切削加工量少而成为最重要的成型工艺方法。

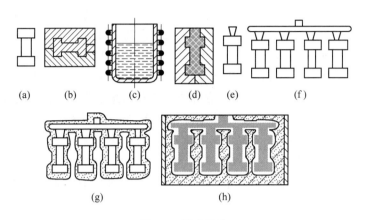

图 3-6 精密铸造

（a）母模；（b）压型；（c）熔蜡；（d）制造蜡模；（e）蜡模；（f）蜡模组；
（g）结壳、熔去蜡模；（h）造型、浇铸

（三）金属型铸造

金属型铸造又称硬模铸造和永久型铸造，其铸型通常采用铸铁、碳钢或低合金钢，可以反复使用，可使金属液精确地复制型腔的形状，提高铸件的精密度，主要适用于有色合金铸件的大批量生产。金属型的结构有水平分型式、垂直分型式和复合分型式等，图 3-7 是活塞的金属型铸造形式。金属型铸造具有以下优点：可多次浇铸，便于实现自动化生产，提高了生产率；铸件尺寸精度和表面质量与精密铸造相当，尺寸精度达 IT12～IT14；金属型铸件冷却速度快，结晶组织致密，铸件力学性能高；铸造工艺简单，铸型不用砂，改善了劳动条件，降低了造型的劳动强度。

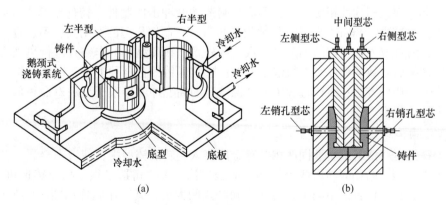

图 3-7 金属型铸造形式

（a）铰链开合式金属型；（b）组合式金属型

但是金属型铸造也存在制造成本高、周期长，金属型不透气、无退让性、铸件冷却速度快导致气孔、应力、裂纹、浇不到、冷隔、白口（即莱氏体）等铸造缺陷等缺点。此外，金属型铸造工艺要求严格，铸件形状和尺寸受到限制。

（四）压力铸造

压力铸造简称压铸，是将液态或者半液态金属在高压作用下以较高的速度充填压铸型腔，并在压力作用下结晶凝固，从而获得铸件的方法。压力铸造是近代金属加工工艺中发展较快的一种近净成型方法，常用的生产设备有热压铸机和卧式压铸机等，热压铸机工作过程如图 3-8 所示。它具有以下优点：铸件的尺寸精度和表面质量最高。公差等级一般为IT11~IT13 级，Ra 为 $0.8~3.2\mu m$；压铸型精密，在高压下浇铸，极大地提高了合金充型能力。可压铸出形状复杂的极薄件、镶嵌件或者小孔和螺纹等；铸件的冷却速度快，且在高压下结晶凝固，提高了铸件密度并细化了晶粒组织。铸件的强度和硬度均较高，抗拉强度可比砂型铸造提高 25%~30%，但伸长率有所下降；压铸的生产率高。国产压铸机生产能力通常为 50~150 次/h，最高可达 500 次/h，较易实现生产过程的自动化，生产率高。压力铸造已在汽车、仪表和兵工等行业的有色薄壁小件的大批量生产中得到广泛应用。

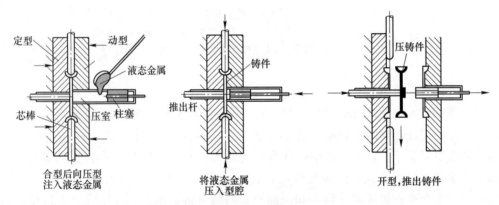

图 3-8　热压铸机工作过程

由于压铸速度高，型内气体难以及时排除，压铸件内部易存在缩孔和缩松，表皮下存在许多气孔，塑性和韧性相对较差，不适宜制造承受冲击的制件，铸件壁厚以 3~4mm 为宜，最大壁厚应小于 8mm。此外，压铸设备投资大，制造压型的费用高，不适宜单件和小批量生产；铸件较大余量切削加工可导致孔洞外露，在高温下工作或者进行热处理加热时铸件内气体膨胀导致的铸件表面鼓泡或变形；适宜压铸的合金种类少，铸铁和钢等高熔点合金都不适宜用该方法；压铸过程中，高温液流的高速冲刷导致压型的寿命很低，压型耐高温能力有待提高。

（五）离心铸造

离心铸造是将液态或者液固两相共存金属浇入旋转的铸型中，使液态金属在离心力的作用下充填铸型，结晶凝固而获得铸件的成型方法。离心铸造必须在离心铸造机上进行，根据铸型旋转空间位置的不同可分为立式和卧式两大类，其工作原理如图 3-9 所示。立式离心铸造机铸型绕垂直轴旋转，主要用来生产高度小于直径的圆环铸件。铸件的壁厚在重力作用下上薄下厚，其内表面呈抛物线状，并可根据浇入的金属量来调节。卧式离心铸造机铸型绕水平轴旋转，主要用来生产长度大于直径的套类和管类铸件。卧式离心铸造生产的铸件各部分冷却条件相近，铸件壁厚均匀。离心铸造具有以下优点：铸件组织致密，无缩孔、缩松、气孔和夹渣等缺陷，力学性能好。在离心力作用下，铸件由外向内定向凝固可以得到很好的补缩，气体和熔渣因密度较金属小而向铸件内腔移动可后续机加工去除；离心铸造生产过程简单，利用自由表面生产圆筒形或环形铸件时不需型芯和浇铸系统降低了铸件成本，省工、省料；可浇铸流动性较差的合金铸件和薄壁铸件。在离心力作用下金属液的充型能力得到提高，可浇铸涡轮和叶轮等；便于铸造双金属和梯度等复合铸件，结合面牢固、耐磨，可节约贵重合金。离心铸造适合于钢套镶铜轴承和陶瓷颗粒增强的金属基复合材料等的铸造。

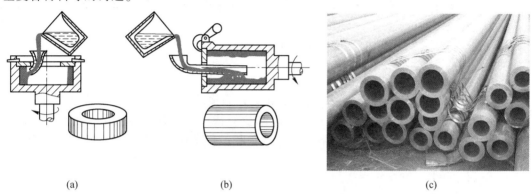

(a)　　　　　　　　　　　　　　(b)　　　　　　　　　　　　　(c)

图 3-9　离心铸造离心机的工作原理图

（a）立式；（b）卧式；（c）铸管

　　离心铸造存在铸件易产生偏析，依靠自由表面所形成的内孔尺寸偏差大、内表面粗糙，切削加工量大。同时离心铸造需要专用设备的投资，不适于单件和小批量生产，也不适于密度偏析大的合金及轻合金铸件。

　　（六）低压铸造

　　低压铸造是在约 0.5 大气压（atm❶）的低压下将金属液注入型腔以获得铸件的方法。低压铸造工作原理如图 3-10 所示，型腔保持与外界的有效连通并处于 1atm 下，通过压缩空气来提供 0.5atm 的正压将金属液注入型腔来成型，其压力的选择取决于升液管高度和铸造液体的种类。低压铸造主要用来生产质量要求高的铝、镁合金铸件，如气缸、缸盖、活塞、叶轮和纺织机零件等，也可用于球墨铸铁和铜合金等浇铸较大的铸件，如球铁曲轴和铜合金螺旋桨等。低压铸造具有以下优点：底注充型、易于控制，铸件气孔、夹渣等缺陷较少。浇铸压力、速度和结晶压力便于调节，适用于各种铸型（如砂型或金属型等）和各种合金的铸造成型；铸件的组织致密，轮廓清晰，便于实现顺序凝固，力学性能高；省去了补缩冒口，同时浇道短，金属的利用率提高到 90%～98%；劳动条件较砂型铸造有所改善，易于实现自动化控制和生产。

　　（七）液态模锻

　　液态模锻是铸造和锻造技术的复合，也可将其归属到塑性成型方法中。图 3-11 为液态模锻成型示意图，即将定量的熔化金属液倒入凹模型腔内，在金属液即将凝固或半凝固

---

❶　1atm＝101325Pa。

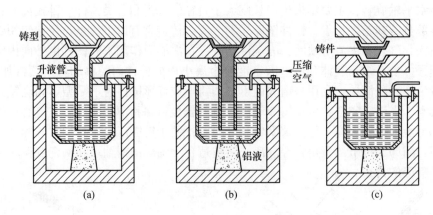

图 3-10　低压铸造工作原理

（a）合型；（b）压缩；（c）取出铸件

状态下用冲头加压，使其凝固成型的加工方法。液态模锻方法利用金属铸造时液态易流动成型的特点，具有所需成型压力小和材料缺陷少的特点，兼有质轻耐用和价格低廉的优点。同时已凝固的金属在压力作用下进行塑性变形，有效消除了金属液态收缩、凝固收缩所形成的缩孔和缩松。

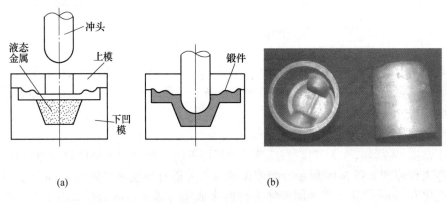

图 3-11　液态模锻

（a）准备；（b）成型示意图和液态模锻活塞

各种铸造方法都有其优、缺点和适用范围。因此，铸造方法的正确选择应从技术、经济、生产条件三个方面，根据具体情况对合金的种类、生产批量、铸件的形状和大小、质量要求及设备等进行综合分析。表 3-1 列出了几种铸造方法的综合比较。

表 3-1　几种铸造方法比较（表中质量以铸铁密度来估算）

比较项目	砂型铸造	熔模铸造	金属型铸造	压力铸造	低压铸造	离心铸造
适用合金范围	各种合金	钢、有色金属	有色合金	有色合金	有色合金	铸钢、铸铁、铜合金
铸件范围	不受限制	一般<25kg	中、小铸件	中、小铸件	范围较广	不受限制

续表 3-1

比较项目	砂型铸造	熔模铸造	金属型铸造	压力铸造	低压铸造	离心铸造
铸件最小壁厚 /mm	合金铝 > 3，铸铁>3~4，铸钢>5	0.5 ~ 0.7，孔 ϕ1.5 ~ 2.0	铸铝 > 3，铸铁>5	铝合金 0.5，锌合金 0.3，铜合金 2	2	优于同类铸型的常压铸造
表面粗糙度 Ra/μm	50 ~ 12.5	12.5 ~ 1.6	12.5 ~ 6.3	3.2 ~ 0.8	12.5 ~ 3.2	取决于铸型材料
铸件尺寸公差 /mm	100±1.0	100±0.3	100±0.4	100±0.3	100±0.4	取决于铸型材料
金属收得率/%	30 ~ 50	60	40 ~ 50	60	50 ~ 60	85 ~ 95
毛坯利用率/%	70	90	70	95	80	70 ~ 90
投产的最小批量 /kg	单件	1000	700 ~ 1000	1000	1000	100 ~ 1000
生产率	低中	低中	中高	最高	中	中高
应用举例	机床床身、支座，轴承盖，汽缸体，水轮机转子等	刀具、叶片、自行车零件、机床零件、刀杆、风动工具等	铝活塞、水暖器材、水轮机叶片、一般有包合金铸件等	汽车化油器、缸体、仪表和照相机壳及支架等	发动机缸体、缸盖、壳体、箱体、船用螺旋桨等	各种铸铁管、套筒、环、辊、叶轮、滑动轴承等

注：金属收得率 = $\dfrac{\text{铸件质量}}{\text{铸件质量+浇冒口质量}}$ × 100%；毛坯利用率 = $\dfrac{\text{零件质量}}{\text{铸件质量}}$ × 100%。

四、铸件缺陷及变形开裂

常见的缺陷有孔洞类、夹杂类、化学成分偏析、表面及形状和铸造应力等。

孔洞类缺陷主要有缩孔和缩松。缩孔常产生在铸件的厚大部位或上部最后凝固部位，呈倒锥状，内表面粗糙。缩松是由于铸件最后凝固区域得不到补充而形成的，包括宏观缩松和显微缩松两种。

夹杂类缺陷也是铸件中最常见的缺陷之一，根据其来源可分为外来夹杂物和内生夹杂物两类。

化学成分不均匀的现象称为偏析，包括微观偏析和宏观偏析。可以对铸件进行均匀化退火来减少偏析带来的成分不均匀，但由于宏观偏析中偏析元素均匀化需经长距离的扩散，故采用均匀化扩散退火也很难消除，应以预防为主，热处理消除为辅。

表面缺陷主要指由砂型膨胀引起的夹砂类缺陷、粘砂类缺陷、皱皮和缩陷等。形状类缺陷指的是铸件的尺寸、形状和质量与图样或技术条件的规定不符。

铸造应力指的是铸件固态收缩受到阻碍而引起的内应力，按阻碍形成的原因分为热阻碍和机械阻碍。铸件各部分由于冷却速度不同、收缩量不同而引起的阻碍称为热阻碍；铸型、型芯对铸件收缩的阻碍，称为机械阻碍。由热阻碍引起的应力称为热应力，由机械阻碍引起的应力称为机械应力（收缩应力）。铸造应力能随引起应力的原因消除而消失，则称为临时应力；反之，如果应力依然存在则称为残余应力。

热应力使铸件的厚壁或心部受拉伸，薄壁或表面受压缩。铸件的壁厚差别越大，热应力越大。机械应力在铸型中可与热应力共同起作用，增大了某些部位的拉伸应力，增加了铸件的开裂倾向。

残余内应力使铸件不同部位被拉伸或压缩，处于一种不稳定的状态，有自发通过铸件变形来缓解其应力，以回到稳定的平衡状态。为防止铸件产生变形，在铸件设计时尽可能使铸件的壁厚均匀、形状对称。对于长而易变形的铸件，还可采用"反变形"工艺。反变形法是在统计铸件变形规律的基础上，在模样上预先作出相当于铸件变形量的反变形量，以抵消铸件的变形。对于不允许发生变形的重要机件必须进行时效处理。时效处理宜在粗加工之后进行，以便将粗加工所产生的内应力一并消除。

当应力过大时，铸件在冷却过程中可能会发生开裂。根据裂纹形成的温度范围可将其分为冷裂和热裂两种。冷裂是在较低温度下形成的，冷裂时铸件处于弹性状态，铸造应力超过铸件在该温度下的强度极限而产生的，往往出现在铸件受拉应力的部位，特别是应力集中之处，如尖角处以及缩孔、气孔和渣眼附近。复杂的铸件以及灰铸铁、白口铸铁和高锰钢等塑性差的材料易产生这类缺陷。防止冷裂的方法主要是减少铸造应力，提高铸件的力学性能。钢和铸铁中的磷会使合金的冲击韧性下降，脆性增加，增大冷裂倾向。钢液脱氧不良和非金属夹杂物也会增加冷裂倾向。热裂是铸件在凝固过程中，处于固相线温度附近形成的。此时结晶骨架已经形成，但晶粒间还有少量液体，结晶骨架强度很低，其收缩时受到铸型、型芯等的阻碍而产生热裂。铸钢件（特别是合金钢件）、可锻铸铁件和某些铝合金铸件容易产生这类裂纹。防止热裂的方法也是减少铸造应力，例如合理设计铸件结构、提高砂型（芯）的退让性、合理设计浇道和冒口系统、严格控制铸钢和铸铁中的含硫量或者在易产生热裂处设防裂筋等。

第二节　金属的塑性成型方法和基本特点

固态成型的主要方式是塑性成型，塑性成型方法是利用模具及相关设备对工件施加外力，使工件通过塑性变形的方式成型为设计的形状，以获得具有一定形状、尺寸和力学性能的型材、板材、管材或线材，以及零件毛坯或零件的方法。塑性成型方法既是大部分原材料被进一步制造成零件或产品的重要起始步骤，也是加工机械及设备的零件、手工具、螺丝、金属容器和钣金成型件的重要手段[6]。塑性成型方法具有以下显著优点：不会改变工件的质量和材料的成分；塑性变形的负荷及应力可以消除部分铸造缺陷，例如焊合缩松，提高零件材料的力学性能；零件加工所需的时间短，生产效率高，能耗低；所得零件的形状和尺寸精度高，属于精密加工的领域。塑性成型方法的机器及工模具一般较大、较重且较贵，故制造的产品数量必须达到一定的规模才能产生经济效益。塑性成型方法主要用于飞机、火车、汽车和武器的主轴、曲轴、连杆、齿轮、叶轮等力学性能要求高的重要零部件，也是钢轨、汽车面板、钢管等工程构件的主要成型方法，已成为先进制造技术的重要发展方向，是金属成型的重要加工方法。

一、塑性成型方法

塑性成型方法按照加工变形方式分为压缩加工、拉伸加工、弯曲加工、剪切加工和高速成型等。按照成型加工温度可以分为热加工和冷加工成型。按照加工的产品类型分为原材料成型、整体成型和薄板成型。原材料成型是通过塑性加工以提供金属制造业生产零件所需的板材、型材、棒材、管材或线材等原材料。整体成型指对固态的工件材料施加作用力，通过锻造、滚轧、挤制和抽拉等方法达到终态或近终态的零部件或产品。薄板成型指对工件材料施加作用力以改变工件形状为主要目的的加工方法，包括冲剪、压印、旋压成型、引伸成型、伸展成型和弯曲加工等。以下分别从锻造、冲压、轧制、挤压和拉拔等方面来介绍塑性成型方法。

（一）锻造

锻造包括自由锻和模锻。**自由锻**是指将金属坯料受到锻造设备上、下砧铁之间的冲击力或压力而产生自由变形，并形成所需形状的加工方法，如图 3-12 所示。坯料在锻造过程中，仅与上下砧铁或其他辅助工具相接触，其自由表面的变形所受限制较少，因此叫自由锻，它包括基本工序、辅助工序和精整工序等。自由锻的锻件质量靠锻工的技术来保证，形状比较简单和尺寸精度较低，其常用设备有锻锤和压力机。不需要造价昂贵的模具，可锻造各种质量的锻件，对大型锻件自由锻是唯一方法。主要用于单件、小批量生产。自由锻变形金属的流动阻力小，每次锻击坯料只产生局部变形，锻造同质量的锻件，采用自由锻所需的设备比模锻吨位小。

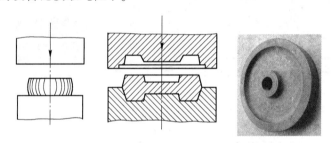

图 3-12　自由锻和模锻示意图及模锻件

模锻是将加热到给定温度的坯料放在锻模模膛内，在开合模压力的作用下坯料变形而获得锻件的加工方法。坯料锻压变形过程中，金属的流动受到模膛的引导和限制，可以获得与模膛形状一致的锻件。模锻按使用设备不同可分为：锤上模锻、胎模锻、曲柄压力机上模锻、摩擦压力机上模锻和平锻机上模锻等。模锻是整体成型，摩擦阻力大，设备吨位大，设备费用较高。但是模锻操作简单、生产率较高、易于实现机械化，而且锻件表面光洁、尺寸精度高，节约材料和切削加工工时。模锻成型的内部锻造流线比较完整，力学性能高、使用寿命长，不仅适用于中小型锻件的成批或大批生产，还可以生产形状比较复杂的锻件，而且生产批量越大成本越低。

（二）板料冲压

板料冲压按变形性质可分为分离和变形两大类的基本工序。分离工序就是使坯料的一部分与另一部分分离的工序。变形工序是使坯料的一部分相对于另一部分产生相对位移而不破裂的工序，包括拉深、弯曲、翻边、成型。

分离工序主要有：冲孔和落料（冲裁）、修整、切断、精密冲裁和切口等。冲孔是在板料上冲出孔洞，而冲裁是得到与模具同样形状的板料。修整是利用修整模除去塌角、剪裂带和毛刺，即沿冲裁件的外缘或内孔切去一薄层金属以提高尺寸精度和降低表面粗糙度。切断指用剪刃或冲模将板料沿不封闭轮廓进行分离的工序。剪刃安装在剪床上，把大板料剪成条料或平板零件。精密冲裁是用压边圈使板料冲裁区处于静压作用下，通过抑制裂纹的发生实现塑性变形分离的冲裁方法。切口是将材料沿不封闭的曲线部分地分离开，其分离部分的材料发生弯曲的冲压方法。

　　变形工序主要包括拉深、弯曲、翻边、成型。**拉深**是使平面板料变为开口的中空形状零件的冲压工序，又称拉延。拉深件大体可分为旋转件、矩形件和复杂件。图 3-13 为拉深过程及变形示意图，压边圈固定板料；处于凸模底部的板料在凸模压力作用下被压入凹模，形成筒底，在拉深过程中基本不变形，受径向和切向拉应力；拉深零件的侧壁由底部以外的环形部分变形后形成，受轴向拉应力；尚未进入凹模的环形区存在径向拉应力和切向压应力。

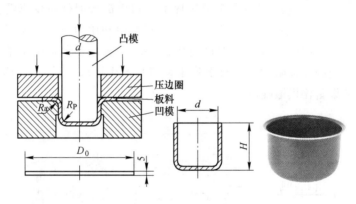

图 3-13　拉深过程及变形

　　弯曲是将平直板料弯成一定角度和圆弧的工序。图 3-14 为弯曲过程中金属变形示意图，变形区的外层金属受切向拉应力作用发生伸长变形，内层金属受切向压应力作用产生压缩变形，而在板料的中心部位是不产生应力和应变的中性层，实现拉、压应力-应变区的反转。**翻边**是使平板坯料上的孔或外圆获得内、外凸缘的变形工序。成型是利用局部变形使坯料或半成品改变形状的工序，如压肋、收口、胀形等。

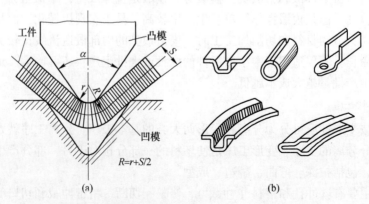

图 3-14　弯曲过程中金属变形简图（a）和弯曲产品（b）

（三）轧制成型

轧制也叫压延，是金属坯料通过一对旋转轧辊之间的间隙而使坯料受挤压产生横截面减少、长度增加的塑性变形过程，如图 3-15（a）所示。轧制生产效率高、产品质量好、成本低、节约金属，是生产型材、板材和管材的主要方法。也可以将同一轧件在两架以上串列配置的轧机上**连续轧制**，也叫连轧，如图 3-15（b）所示。

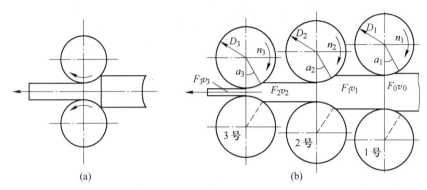

图 3-15　轧制（a）和连续轧制（b）示意图

按轧辊的形状、轴线配置等的不同，轧制可分为辊锻、辗环、横轧、斜轧。**辊锻**是用圆弧形模块的轧辊将坯料辗压而变形的加工方法，适用于制造扳手、钻头、连杆等。**辗环**是通过扩大环形坯料的内、外径来获得环形零件的工艺方法，适用于加工火车轮箍、轴承座圈、齿轮及凸缘等。**横轧**是轧辊轴线与坯料轴线平行并做相对转动的轧制方法。**斜轧**是轧辊相互倾斜配置，以相同方向旋转，坯料在轧辊的作用下反方向旋转，同时做轴向运动的轧制方法。

按照工件轧制的温度可分为冷轧与热轧。热轧可以破坏铸锭的铸造组织，细化其晶粒，并消除显微组织的缺陷，焊合浇铸时形成的气泡、裂纹和疏松，从而使钢件组织密实，力学性能得到改善。但热轧产品由于热胀冷缩，尺寸精确度不高。冷轧以热轧件为原料，除去氧化皮后进行冷连轧，其成品为轧硬卷。由于轧硬卷没有经过退火处理，其硬度很高，机械加工性能较差，一般是用来做无须折弯、拉伸的产品。冷轧板卷产品尺寸精确，厚度均匀，可获得热轧无法生产的极薄带材；冷轧产品表面质量好，不存在热轧板卷常常出现的麻点、压入氧化铁皮等缺陷；冷轧板表面的残余压应力还可提高抗疲劳强度等。

（四）挤压成型

挤压成型是坯料在凸模作用下，使模具内的金属坯料产生定向塑性变形，并通过模具上的孔型，而获得具有一定形状和尺寸的管材、型材或零件的加工方法，如图 3-16 所示。挤压成型变形阻力大，需较大的锻压设备，模具易磨损。但是挤压成型生产率和材料利用率高，成型零件的尺寸精度和力学性能高。同样，根据成型时温度的不同，挤压成型可分为热挤压、温挤压和冷挤压。根据金属的流动方向和凸模运动方向的关系可分为正挤压、反挤压、复合挤压和径向挤压等（有关的详细内容见延伸阅读 3-2)。

延伸阅读 3-2

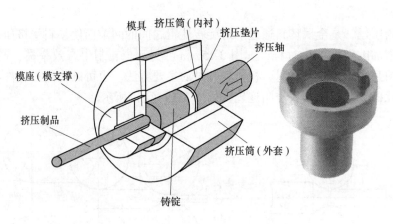

模具　挤压筒（内衬）

挤压垫片

挤压轴

模座（模支撑）

挤压制品

挤压筒（外套）

铸锭

图 3-16　金属挤压方法示意图和挤压件

（五）拉拔成型

金属**拉拔成型**是指加工材料通过带有一定锥度孔的模具来减小其截面
积、增加其长度的一种塑性加工成型方法，如图 3-17 所示。通过冷拔成型可形成各种
几何截面的型材，是制备线材和管材的重要方法。所用生产工具与设备简单、维护方
便，有利于金属晶粒细化而提高力学性能，产品形状尺寸精度高、表面质量好，材料利
用率高。影响金属塑性拉拔成型的因素包括材料特性、变形速度、温度、摩擦条件、坯
料形状及尺寸和模具形状等。实心拉拔常用于拔制金属丝、型材和线材等，而空心拉拔
则常用于拔制管材和空心型材等。拉拔成型可分为无模具拉拔和有模具拉拔，通常所指
的拉拔成型为有模具拉拔。

（六）超塑性成型

超塑性是指材料在特定条件下，呈现出异常低的流变抗力、异常高的流变性能的现
象。**超塑性成型**是指利用超塑性的大延伸率、无缩颈、小应力和易成型的特点进行材料成
型的方法，具有变形抗力低、充模性能好、工件尺寸精确和力学性能好等优点。图 3-18
为超塑性成型示意图，首先将超塑性板料放在模具中，模具上部和下部分别形成密封的腔
体，然后把板料和模具都加热到预定的温度，接着向模具上部吹入压缩空气，同时将模具
下部的空气抽出形成负压，使板料贴紧在模具上，就获得了所需形状的工件。铝、镁、
钛、碳钢、不锈钢和高温合金等通过超塑性成型在航天、汽车和车厢制造等部门中得到广
泛采用。

（七）摆动辗压

摆动辗压是指上模轴线相对坯料轴线倾斜一个角度，上模一边绕轴线旋转，一边对坯
料进行压缩的加工方法。适用于加工回转体类和盘类零件，如汽车半轴、齿轮等。摆动碾
压是局部变形，无冲击，噪声振动小，生产率高。图 3-19（a）为摆动辗压原理图，在
摆动辗压时，锥形上模（图 3-19（b））的轴线 OZ 与机器主轴中心线 OM 相交成 α 角
（摆角）。当主轴旋转时，OZ 轴绕 OM 轴旋转，于是上模产生摆动。与此同时，滑块在油
缸作用下上升，并对毛坯施压。上模母线在毛坯表面上迅速滚动，最后达到整体成型的目
的。上模母线可设计为直线或者曲线，则辗压后的锻件上表面为平面或者曲面。

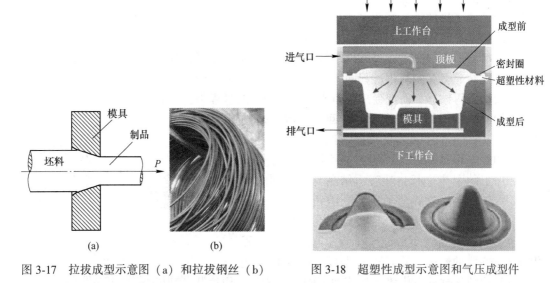

图 3-17　拉拔成型示意图（a）和拉拔钢丝（b）　　　图 3-18　超塑性成型示意图和气压成型件

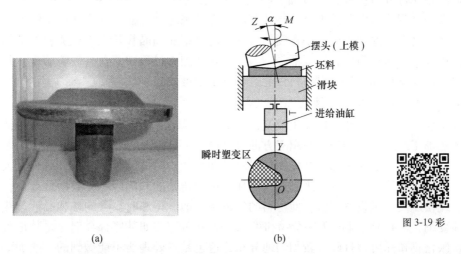

延伸阅读 3-3

(a)　　　　　　　　　　(b)

图 3-19　摆动辗压件和原理图（包括上模（摆头）、毛坯、滑块和油缸四部分）

高速高能成型概念请见延伸阅读 3-3。

二、塑性成型对材料组织结构的影响

在前述的塑性成型工艺中，成型可在不同的温度下进行，温度的不同对于塑性成型后材料的组织与性能有显著的影响。

（一）材料的热加工与冷加工

在工业生产中，热加工通常是指将金属材料加热至高温进行锻造或者热轧等压力加工过程，例如钢材的热锻和热轧是典型的热加工，广义的**热加工**通常指铸造、锻造、焊接和热处理等需通过加热而使材料成型和处理的工艺。低碳钢的冷轧、冷拔或者冷冲等是典型的冷加工。但是，热加工和冷加工不是根据变形时是否加热来区分的，而是根据变形时的温度与再结晶温度的关系来划分的。热加工是指在再结晶温度以上的加工过程，冷加工是指在再结晶温度以下的加工过程。例如铅、锡的再结晶温度低于室温，因此，在室温下对铅进行加工属于热加工。而钨的再结晶温度约为 1200℃，因此，即使在 1000℃ 拉制钨丝也属于冷加工。热加工温度通常高于再结晶温度，而比熔点低 100~200℃[7]。

　　由于材料的热加工是在高于再结晶温度以上的塑性变形过程，塑性变形引起的硬化过程和回复再结晶引起的软化过程同时存在。把伴随着加工硬化而发生的回复再结晶称为**动态回复**和**动态再结晶**，而把变形中断或终止后的保温过程中，或者是在随后的冷却过程中所发生的回复与再结晶，称为**静态回复**和**静态再结晶**。图 3-20 为热加工过程的动态再结晶示意图。静态回复和静态再结晶前面讨论过，不同的地方是利用了热加工的余热进行，动态再结晶与之不同的是不需要重新加热。材料热加工后的组织与性能受到热加工时的硬化过程和动态回复再结晶的软化过程的同时影响，还受到变形温度、应变速率、变形程度和材料特性的影响。在低变形温度进行大程度变

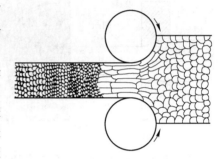

图 3-20　热加工过程的动态再结晶示意图

形时引起的硬化过程占优势，随着加工硬化的积累，材料的强度和硬度提高而塑性下降，导致变形阻力越来越大，甚至因为塑性不够而使材料断裂。反之，高变形温度进行较小程度材料变形时再结晶和晶粒长大占优势，材料的晶粒会越来越粗大，使材料强度和硬度下降。因此，在热加工过程中，材料性能的变化是双向的，可以通过控制热加工过程对材料性能进行一定程度的控制。

　　（二）热加工后的组织与性能

　　热加工使材料的组织和性能发生改变，以下分别从消除铸件的部分缺陷以改善铸锭组织、形成热加工纤维组织和带状组织三方面来讨论。

　　热加工可持续大变形量加工并提高材料质量和性能。因此，受力复杂、载荷较大的重要工件，一般都采用热加工方法来制造。热加工可使铸锭的缺陷组织得到明显改善，如气孔焊合、疏松压实、微裂纹焊合，使材料的致密度增加。铸态时粗大的柱状晶通过热加工一般都能变细，热加工还能改善夹杂物和第二相的分布等，如某些合金钢，尤其是刃具钢中的大块碳化物初晶可被打碎并较均匀地分布，这也是热处理所不能做到的。热加工能打碎铸态材料中的粗大树枝晶和柱状晶，使偏析改善并缩短均匀化退火时间。这些变化都会使材料的性能明显提高。同时热加工后通过采用低的变形终止温度、大的最终变形量、大的冷却速度可获得细小晶粒，从而使材料的力学性能全面提高。

　　在热加工过程中，铸锭中残存的枝晶偏析、杂质、可变形夹杂物和第二相等沿着变形方向被延伸拉长，例如一些脆性杂质如氧化物、碳化物、氮化物等破碎成链状，塑性的夹杂物如 MnS 等则变成条状、线状或片层状，形成彼此平行的宏观条纹组织，即热加工纤维组织（流线）。纤维组织中沿着流线方向的性能优于垂直于流线方面的性能，塑性和韧性的差别更为明显，使材料的力学性能呈各向异性。为此，必须合理地控制流线的分布状态，尽量使流线与应力方向一致。如图 3-21（a）所示的曲轴锻坯，其流线沿曲轴轮廓分布，它在工作时的拉应力将会与其流线平行，而冲击应力与其流线垂直，于是曲轴便不易发生断裂。反之，如图 3-21（b）所示，曲轴因是从锻钢切削加工而成，其流线分布不当，从而使曲轴在工作中极易沿其轴肩处发生断裂。

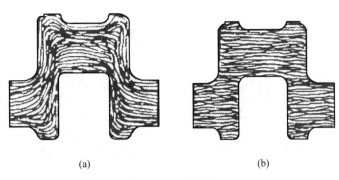

(a) (b)

图 3-21 曲轴锻坯

（a）曲轴锻坯；（b）从锻钢切削加工而成的曲轴

多相合金中的各个相，在热加工时沿着变形方向呈带状或层状分布的显微组织称为**带状组织**。在经过压延的材料中经常出现这种组织。不同材料产生带状组织的原因不完全相同。一种是压延时为单相，但在铸锭中存着偏析和夹杂物，压延时偏析区和夹杂物沿变形方向伸长成条带状分布，冷却时即成带状组织。例如，在含磷偏高的亚共析钢内，铸态时树枝晶间富磷贫碳，它们沿着变形方向被延伸拉长，当奥氏体冷却到析出先共析铁素体的温度，先共析铁素体就在这种富磷贫碳地带形核并长大，形成铁素体带，而铁带体两侧的富碳地带则随后转变成珠光体带。若夹杂物被加工拉成带状，先共析铁素体通常依附于它们之上而析出，也会形成带状组织。图 3-22 为 20CrMo 钢热轧前后的组织，热轧后为铁素体和珠光体的带状组织，其中白色区域为铁素体，黑色区域为珠光体。

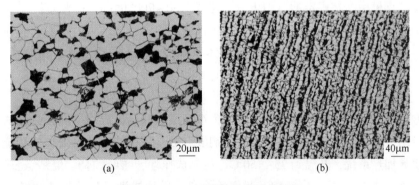

20μm 40μm

(a) (b)

图 3-22 20CrMo 钢热轧前后的组织

（a）热轧前组织；（b）热轧后为铁素体和珠光体的带状组织

形成带状组织的另一种原因，是材料在压延时呈两相组织或多相组织，在双相或多相组织中，材料在压延时呈两相或多相组织的交替排列而形成带状组织。例如 1Cr13 钢，在热加工时由于奥氏体和碳化物都延长成带，奥氏体经共析转变后形成珠光体，最后形成珠光体和碳化物的带状组织。又如 Cr12MoV 钢，在热加工时由奥氏体和碳化物组成，压延后碳化物即呈带状组织（图 3-23），其中白色区域为碳化物，黑色区域为珠光体。

带状组织使材料的力学性能产生方向性，特别是横向塑性和韧性明显降低，并使材料的切削性能恶化。因此要尽量避免在两相区变形、减少夹杂元素含量。采用高温扩散退火或正火可以消除带状组织。

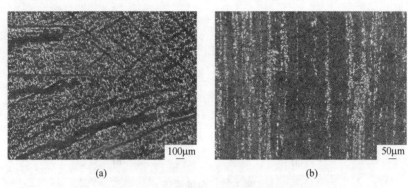

(a)　　　　　　　　　　　　(b)

图 3-23　Cr12MoV 钢热轧前后的组织

（a）热轧前组织；（b）热轧后组织

第三节　粉 末 冶 金

粉末冶金成型是将松散的粉末体加工成具有一定尺寸、形状、密度和强度的压坯，然后进行烧结的工艺过程，它减少了材料的消耗和机加工，具有近净成型的特点。粉末冶金成型能生产出铸造、机加工等难以成型的金属制品，能降低成分偏析和便于弥散相在基体相中的均匀分布。

粉末冶金成型可分为普通模压成型和非模压成型两大类。**模压成型**是指粉料在常温下、在封闭的钢模中、在规定的压力下（一般为 150～700MPa）、在普通机械式压力机或自动液压机上将粉料制成压坯的方法。当对压模中的粉末施加压力后，粉末颗粒间将发生相对移动，粉末颗粒将填充孔隙，使体系的体积减小，粉末颗粒迅速达到最紧密的堆积，并可进一步发生塑性变形。非模压成型主要有等静压成型、连续轧制成型、喷射成型、注射成型等。

按成型温度的高低，粉末冶金成型又分为温压成型和热压成型。**温压成型**的基本工艺过程是将专用金属或合金粉末与聚合物润滑剂混合后，采用特制的粉末加热系统、粉末输送系统和模具加热系统，升温到 75～150℃，压制成压坯，再经预烧、烧结、整形等工序，可获得密度高至 $7.2～7.5g/cm^3$ 的铁基粉末冶金件。**热压成型**又称为加热烧结，是把粉末装在模腔内，在加压的同时，使粉末加热到正常烧结温度或更低一些，经过较短的烧结时间，获得致密而均匀的制品。热压可将压制和烧结两个工序一并完成，可在较低压力下迅速获得冷压烧结所达不到的密度，适用于制造全致密难熔金属及其化合物等材料。热压成型的最大优点是可以大大降低成型压力和缩短烧结时间，制得密度较高和晶粒较细的材料或制品。**轧制成型**是将金属粉末通过一个特制的漏斗喂入转动的轧辊缝中，可轧出具有一定厚度的、长度连续的且强度适宜的板带坯料。这些坯料经预烧结、烧结，又经轧制加工和热处理等工序，可制成有一定孔隙率的或致密的粉末冶金板带材。

近年来，将现代塑料注射成型技术引入粉末冶金领域形成了一门新型粉末冶金近净成型技术，即**金属粉末注射成型技术**（metal powder injection molding，简称 MIM）。其基本工艺过程是：首先将固体粉末与有机黏结剂均匀混炼，经制粒后在加热塑化状态下（约150℃）用注射成型机注入模腔内固化成型，然后用化学或热分解的方法将成型坯中的黏结剂脱除，最后经烧结致密化得到最终产品。金属粉末注射成型技术利用模具可注射成型坯件，并通过烧结快速制造高密度、高精度、三维复杂形状的结构零件，能够快速准确地将设计物化为具有一定结构、功能特性的制品，并可直接批量生产出零件，特别适合于大批量生产小型、复杂以及具有特殊要求的金属零件。该工艺技术不仅具有常规粉末冶金工艺工序少、无切削或少切削、经济效益高、组织均匀等优点，而且克服了传统粉末冶金工艺制品材质不均匀、力学性能低、不易成型薄壁、复杂结构件的缺点，其产品广泛应用于电子信息工程、生物医疗器械、办公设备、汽车、机械、五金、体育器械、钟表业、兵器及航空航天等工业领域。

　　需要强调的是粉末冶金成型过程中粉末被加工成压坯后并非冶金结合，在随后加工过程中需要进行烧结。烧结的工艺决定了成型制品的尺寸和微观结构，进而决定其性能。对粉末冶金有兴趣的读者可以进一步参阅其他文献[8]。

　　值得一提的是19世纪末起源于美国的"**3D打印**"，在20世纪80年代得以快速发展和推广。1995年，麻省理工创造了"三维打印"一词。3D打印是增材制造技术的一种形式，又叫做"三维立体打印"或"快速成型"，具有速度快、成型精确、性能好、易用性高等优点[9]。3D打印技术，是以计算机三维设计模型为蓝本，通过软件将三维实体变为若干个二维平面和数控成型系统，利用立体光固化成型法（stereo lithography appearance，SLA）、熔融层积成型技术（fused deposition modeling，FDM）和选择性激光烧结（selective laser sintering，SLS）等方式将金属粉末、陶瓷粉末、塑料、细胞组织等特殊材料进行逐层堆积黏结，最终叠加成型，制造出实体产品。而3D打印机是可以"打印"出真实的3D物体的一种设备。3D打印技术是CAD/CAM技术的集成，是并行工程中进行复杂原型或者零件制造的有效手段，应用行业领域和材料种类广，能使产品设计和模具生产同步进行，从而提高产品研发效率，缩短产品设计周期，极大地降低了新品开发的成本及风险，具有制造快的优点。3D打印技术从产品设计到模具设计与制造基本上形成了一套体系，在生产应用方面存在着巨大的潜力，并在材料工程、医学研究、珠宝首饰、工业设计、建筑、汽车、航天、医学高领域和巧克力甜品等生活领域得到了广泛的应用。

参 考 文 献

[1] Davies G J. Solidification and casting [M]. London：Applied Science Publishers Ltd.，1973.

[2] Minkoff. Solidification and cast structure [M]. Chichester：Wiley，1986.

[3] （日）大野笃美. 金属凝固学 [M]. 唐彦斌，张正德，译. 北京：机械工业出版社，1983.

[4] 周尧和，胡壮麒，介万奇. 凝固技术 [M]. 北京：机械工业出版社，1998.

[5] Kurz W，Fisher D J，Rockport M A. Fundamentals of solidification [M]. Zurich：Trans Tech Pub.，1986.

[6] 湛峰，王波. 工程材料与热加工工艺 [M]. 西安：西北大学出版社，2008.

[7] 胡传炘，材料工程丛书　热加工手册 [M]. 北京：北京工业大学出版社，2002.

[8] 陈振华，陈鼎. 现代粉末冶金原理 [M]. 北京：化学工业出版社，2013.

[9] Berman B. 3-D printing：The new industrial revolution [J]. Business Horizons，2012，55：155~162.

名 词 索 引

习 题

3-1　流动性和哪些因素有关，对铸件性能有何影响？

3-2　铸件的收缩包括液态收缩、凝固收缩和固态收缩三个阶段，说明各个阶段对铸件性能的影响。

3-3　简要说明金属液态成型的主要方法。

3-4　纯金属铸锭的宏观组织通常由三个晶区组成，简要说明各个晶区的特征和性能。

3-5　在铸锭或铸件中，经常存在一些缺陷，缺陷的存在导致材料性能的下降。简要说明缺陷的种类和预防办法。

3-6　铸造应力指的是铸件固态收缩受到阻碍而引起的内应力，试说明其种类和特征。

3-7　简要说明锻造、冲压、轧制、挤压和拉拔等塑性成型方法的特点和用途。

3-8　用冷拔紫铜管进行冷弯，加工成输油管，为避免冷弯时开裂，应采用什么措施？为什么？

3-9　已知 W、Fe、Cu 的熔点（见教材），说明钨在 1000℃、铁在 800℃、铜在 600℃时的加工变形是处于什么加工状态？

3-10　分别用厚钢板切出圆饼再加工成齿轮，用粗钢棒切下圆饼再加工成齿轮和由圆棒锻成圆饼再加工成齿轮这三种方法，哪种方法较为理想？为什么？

3-11　钢中硫化物和氧化物经轧制变形后有什么不同？

3-12 简述加热温度对低碳钢的冷塑性变形的组织和性能的影响。

3-13 试述固溶强化、加工硬化和弥散强化的强化原理，并说明三者的区别。

本章自我练习题

（填空题、选择题、判断题）

扫码答题 3

第四章　二　元　相　图

课堂视频 4

相是构成材料组织结构的基本单元，也是决定材料性能的基本单元。因此，我们必须掌握材料中相的形成规律、相状态与成分和温度的关系、相与相之间的关系等，并将之以直观方便的形式表达出来。相图就是解决上述问题的一个重要工具。材料工作者在长期的研究中不断丰富和积累材料相图基础数据，利用已知的相图和数据库可以确定材料在什么成分和温度条件下出现什么相、相的数量等。还能了解材料在加热和冷却过程中各个相的形成、转变及其组织形成的规律。因此，相图是研究和使用材料、制定材料生产和加工工艺的重要依据和工具。

第一节　相图基本原理

一、相图的基本概念

耶鲁大学 J. W. Gibbs 在 1873~1879 年间发表了一系列文章，建立了多相系统在平衡条件下相的组成、各相的含量与相成分的关系，奠定了相图理论的基础[1]。一般而言，**相图**是指在热力学平衡状态下体系中的相状态及其相互关系与成分、温度和压力等关系的图形，又称平衡相图或平衡状态图（equilibrium phase diagram）。所谓平衡，是指在一定条件下系统中参与相变过程的各相的成分和相对质量不再变化所达到的一种状态。此时系统的状态稳定，不随时间而改变。实际上要达到完全的平衡状态是比较困难的，需要很长的时间，因此在实际过程中，一般是将非常接近平衡的状态视为平衡状态。例如，材料在极其缓慢冷却条件下的结晶过程，一般可以认为是平衡的结晶过程。钢铁退火（随炉缓慢冷却）获得的组织也可近似视为平衡组织。虽然在实际的工业生产过程中，由于效率和工艺的要求，一般很少采用接近平衡过程的工艺，但仍可依据平衡相图较好地指导对材料组织结构的控制。需要指出的是，随着材料科学与技术的发展，材料制备越来越多地应用先进技术，例如，快速凝固、机械合金化、物理气相沉积、化学气相沉积、喷涂、3D 打印等。在这些过程中材料组织的形成过程是远离平衡过程的，这时不能用平衡相图来分析材料的组织，而是需要用非平衡相图来进行分析。

材料一般在常压下制备、加工和服役，因此一般不考虑压力的影响，只分析合金的相状态与温度和成分的关系。对于二元体系，可用温度-成分坐标系的平面图形来表示**二元相图**。通常以横坐标作为合金成分轴，纵坐标为温度轴。对于三元体系，成分就必须用两个坐标轴构成的平面坐标确定，因此**三元相图**是一个立体图形。如果超过三个组元，已无法用图形直观的表达。以图 4-1 所示 Al-Si 二元合金相图来说明相图的表述方法，在图 4-1 中，横坐标左端端点表示纯 Al，右端端点表示纯 Si，如 C 点表示成分为 20%Si+80%Al 的 Al-Si 合金。二元相图中的成分一般用质量分数 $w(B)$ 表示，也可用摩尔分数 $x(B)$ 表示，也有不少相图同时给出质量分数和摩尔（原子数）分数。如果没有特别说明，通常是指质量分数。相图中被线围起来的区间叫**相区**，如果相区中只有一个相就称为单相区，有两个相就称为两相区。相区间的分界线叫**相线**。通常把液相开始结晶形成固相的相线称为**液相线**（如图中 *AE* 线），把液相结晶完毕完全形成固相的相线称为**固相线**（如图中 *AM* 线）。图中的 *E* 点是三相共存平衡点。由后边介绍的相律可知，在二元相图中，一个相区中最多只能有两个相，相线上是两相共存，三个相只能在一个点上平衡共存。在温度–成分坐标系中的任意一点称为表象点，该点代表某一成分合金在某一温度下所处的相状态，例如，*D* 点表示成分为 5%Si+95%Al 的 Al-Si 合金在 600℃时处于液相 L+固相 α 的两相状态；*P* 点表示 30%Si+70%Al 的 Al-Si 合金在 1100℃时处于单一液相 L 状态。

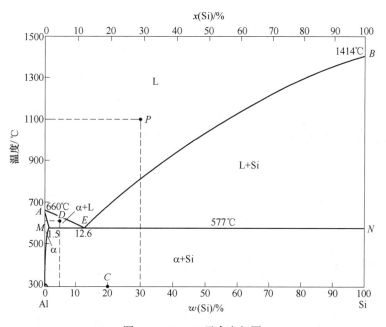

图 4-1　Al-Si 二元合金相图

二、相图的测定方法

过去相图主要靠实验测定方法建立。在用实验方法建立相图的领域，德国哥廷根大学的 Gustav Tammann 教授做出了巨大贡献。在相图刚开始建立的初期，他领导的实验室用热分析和显微组织分析方法测定了大量合金相图[2]。但实验测定相图工作量很大，而且，随着体系变得复杂，完全依靠实验来测定相图变得更加困难。科学家逐步发展了相图计算方法（computer calculation of phase diagram，CALPHAD）。**计算相图**是在严格的热力学理论框架下，利用各种方法获得的准确的热力学数据，计算得到相图。相图计算至少具有以下几个重要作用：其一，可以大量地节省实验测定相图所需的繁杂工作，特别是对于三元以上的复杂体系；其二，可对于使用不同方法和不同研究人员实验测定的相图进行理论判断；其三，可以定量计算材料在一定条件下的热力学参数，如焓变、熵变、临界点；其四，可以计算非平衡态的相图。随着电子计算机技术的发展，计算相图发展非常迅速，已成为相图研究和应用的重要方法，有兴趣的读者可参阅有关著作[3]，这里不再论述。通过实验测定和相图计算，现已积累了大量的相图数据，编辑成相图手册和数据库供人们查阅使用[4,5]。

实验测定相图是通过测定合金随成分、温度变化出现的临界点而完成的。当物质从一个相转变为另一个相时，其磁、电、热、热容和相结构等基本物理化学性质发生变化，临界点就是性质发生变化的转折点，也是从一个相到另一个相转变的开始点或结束点。把这些点标在温度-成分坐标图上，将相同意义的临界点连接成线就得到相线和由相线围成的相区。将各相区所存在相的名称标出，即获得相图。基于所测定的物理化学性质，相图的测量方法有磁性法、电阻法、膨胀法、热分析法、金相法、X 射线结构分析法等多种方法。这里以 Cu-Ni 二元合金为例介绍如何利用热容变化的热分析法来测量相图，其他方法的原理基本一致。具体步骤如下：

（1）配制几组成分不同的 Cu-Ni 合金。

（2）测出上述各合金的冷却曲线（温度-时间关系曲线）。由于合金凝固时发生热容的变化，冷却曲线上会出现转折点（即临界点），确定各成分的合金冷却曲线的临界点（实际上对应于结晶开始和结晶终了温度）的位置，如图 4-2（a）所示。

（3）将各临界点表示在温度-成分坐标系中的相应位置上，并分别把凝固开始点和凝固终了点连接起来，即得到图 4-2（b）所示的 Cu-Ni 合金相图。

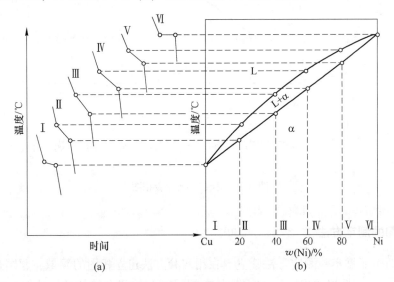

图 4-2　Cu-Ni 二元相图制作

（a）不同成分的 Cu-Ni 合金冷却曲线临界点的确定；（b）将凝固开始点和凝固终了点连接起来的 Cu-Ni 二元相图

由图 4-2（b）所示，Cu-Ni 合金相图是比较简单的，上面一条曲线为结晶开始温度的连接线，称为液相线；下面一条曲线为结晶终了温度的连接线，称为固相线。这两条曲线把整个相图分成 3 个相区，在液相线以上为液相区，在固相线以下为固相区，在两线之间为液固两相区，Cu 和 Ni 在液相和固相都完全互溶。Cu-Ni 合金通过凝固过程由单一液相转变为单一固相，这种转变叫匀晶转变，对应的相图叫匀晶相图。根据相图中相转变特征的不同，将相图分为匀晶、共晶、包晶、共析等类型。后面将结合具体的相图类型进行详细介绍。

三、相律

根据 Gibbs 推导的相平衡关系，平衡条件下，系统的自由度数 F、组元数 C 和平衡相数 P 之间的关系遵循 **Gibbs 相律**，一般简称相律。其数学表达式如下：

$$F = C - P + 2 \tag{4-1}$$

当系统的压力为常数时，则为：

$$F = C - P + 1 \tag{4-2}$$

对于通常的材料制备和加工处理过程而言，系统的压力一般为常压，故常用式（4-2）。

所谓自由度数是指在保持体系平衡相数不变的条件下，系统中可以独立改变的影响体系状态的内部及外部因素的数目。影响体系状态的因素有材料的成分、温度和压力，当压力不变时，则体系的状态由成分和温度两个因素确定。对单元系，如纯金属而言，成分固定不变，只有温度可以独立改变，所以纯金属的自由度数最多只有一个。对二元系来说，成分的独立变量只有一个，再加上温度，自由度数最多为两个。对三元系，成分的独立变量为两个，加上温度，自由度数最多为三个。自由度数不可能为负数，所以自由度数最小值为零。下面以单元系和二元系为例说明如何应用相律分析相图。

对单元系，组元数 $C=1$，由于 F 不可能为负，所以当 $F=0$ 时，由相律公式（4-2），同时共存的平衡相数即得：

$$P = 1 - 0 + 1 = 2$$

因此，纯金属结晶时，存在液、固两相，$P=2$，自由度为 0 说明纯金属在结晶时温度不能改变，只能在恒温下进行。

对于二元系，$C=2$，当 $F=0$ 时，$P=2-0+1=3$，说明二元系中同时共存的平衡相数最多为 3 个。由于此时自由度为 0，三相平衡在相图上只能存在于一个点上，即三相平衡点。例如，图 4-1 上的 E 点。当二元系中两相共存时，自由度为 1，因此，两个相平衡的成分和温度由两相平衡线决定，如图 4-2（b）所示的液相线、固相线。对于二元系中出现单相时，自由度为 2，单相在一个成分和温度区域内都平衡存在。而二元合金结晶时，$P=2$，$C=2$，所以 $F=2-2+1=1$，即合金凝固时体系中有一个自由度，也就是说，凝固的温度随相的成分而变化，二元合金的凝固是在一定温度范围内进行的。我们在接下来的杠杆定律中还会讨论到这个问题。

四、杠杆定律

由相律可知，在合金的凝固过程中，液相和固相的成分随温度的变化而变化。同时，随凝固的进行，固相的量增加、液相的量减少。对于两相区这些变化，可根据由相平衡关系推导得出的**杠杆定律**定量分析。下面我们结合如何确定两平衡相的成分和相对质量来说明杠杆定律。

我们以图 4-3 所示 Ge-Si 相图为例。当含 Si 为 $C\%$的合金 I 冷却到 t_1 温度时，它处于液固两相平衡状态，即位于 L+α 两相区。根据相平衡关系，此时液相和固相的成分分别落在该温度对应的液相线和固相线上。因此，只需通过 t_1 作一水平线 arb，即可确定液相 L

和固相 α 的成分（即 Si 在液相、固相中的质量分数），它与液相线的交点 a 对应的成分 C_L 即为此时液相的成分；它与固相线的交点 b 对应的成分 C_α 即为已结晶的固相的成分。

合金 I 在 t_1 温度时液相和固相这两个平衡相的相对质量可简单采用如下方法求得，这个计算方法是根据相平衡关系推导而得的，这里不介绍推导过程直接介绍如何计算，有兴趣的读者可参阅有关文献[6]。

设合金 I 的总质量为 1，液相的质量为 $w(L)$，固相的质量为 $w(\alpha)$，则有：

$$w(L) + w(\alpha) = 1$$

此外，合金 I 中所含 Si 的质量应等于液相中 Si 的质量与固相中 Si 的质量之和，即：

$$w(L)C_L + w(\alpha)C_\alpha = 1 \cdot C$$

由以上两式可以得出：

$$\frac{w(L)}{w(\alpha)} = \frac{C_\alpha - C}{C - C_L} = \frac{rb}{ar} \tag{4-3}$$

如果将合金 I 成分 C 的 r 点看作支点，将 $w(L)$、$w(\alpha)$ 看成作用于 a 点和 b 点的力，则按力学的杠杆原理就可得出式（4-3），如图 4-4 所示。因此将上式称为杠杆定律。

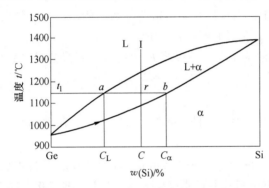

图 4-3　以 Ge-Si 相图为例说明杠杆定律

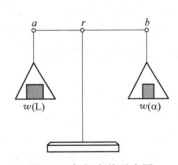

图 4-4　杠杆定律示意图

式（4-3）也可以写成下列形式：

$$w(L) = \frac{rb}{ab} \times 100\%$$

$$w(\alpha) = \frac{ar}{ab} \times 100\%$$

以上两式可以直接用来求出两相的相对质量。

需要强调的是杠杆定律是根据两相区内的相平衡关系得到的，只适用于两相区。杠杆定律确定的是两相区中相的成分和相对含量，但相与组织相关，在一些情况下可以根据组织与相的关系得到组织的相对量，这点在后面的 Fe-C 相图分析中还将详细介绍。

第二节　匀晶相图

描述由单相液相中结晶出单相固溶体的相转变过程的相图称为**匀晶相图**。匀晶相图中，两组元在液态和固态均无限互溶。具有这类相图的二元合金系主要有：Cu-Ni、Ag-Au、Cr-Mo、Cd-Mg、Fe-Ni、Mo-W 等。有些二元陶瓷，如 NiO-MgO、NiO-CoO、Al_2O_3-Cr_2O_3 等也具有此类特征。另外，几乎所有的二元相图都包含有匀晶转变部分。现以 Cu-Ni 相图为例进行分析。

一、相图分析

图 4-5 是 Cu-Ni 合金匀晶相图。其中，A 点为 Cu 的熔点，B 点为 Ni 的熔点，上面的一条曲线为液相线，下面的一条曲线为固相线。两条相线将相图划分为三个相区：液相线以上为单相液相区 L，固相线以下为单相固相区 α，两者之间为液、固两相共存区 L+α。

二、平衡结晶过程分析

平衡结晶过程是指在极其缓慢冷却过程中，每个阶段都能达到平衡的结晶过程。在此条件下得到的组织称为平衡组织。下面以含 Ni 20% 的 Cu-Ni 合金为例，选取三个特征点进行分析。

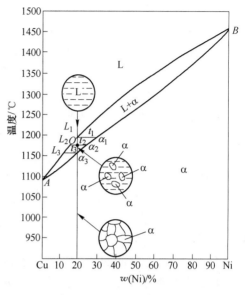

图 4-5   Cu-Ni 二元匀晶相图

（1）当合金从液态缓慢冷却（图 4-5），温度降到 t_1 时（与液相线相交的温度）。此时，开始从液相中结晶出 α 固溶体。按杠杆定律，这时液相的成分为 L_1，固相的成分为 $α_1$，利用杠杆定律计算，此时 $w(α) = 0\%$，而 $w(L) = 100\%$，这时凝固转变处于临界状态，只有冷却到液相线以下，才会真正开始结晶。事实上，如第二章所述，凝固需低于临界温度，有一定程度的过冷度才能发生。

（2）继续冷却到 t_2 温度时。随着温度的继续下降，从液相不断结晶出固溶体，液相成分沿液相线变化，固相成分则沿固相线变化，当温度 $t = t_2$ 时，液相的成分为 L_2，固相的成分为 $α_2$，此时两相的相对质量可用杠杆定律求得：

$$w(α) = \frac{L_2 O}{L_2 α_2} \times 100\%$$

$$w(L) = \frac{α_2 O}{L_2 α_2} \times 100\%$$

（3）当温度下降到 t_3 时，到达固相线，液相消失，结晶完毕，最后得到与合金成分相同的固溶体。可见，该合金的室温组织和组成相都是 α 固溶体。

从以上结晶过程可以看出，固溶体结晶是在一个温度范围内完成的，在每一温度下，结晶出的固相与共存液相的成分不同。而前述的纯金属结晶是在恒温下完成的，且在结晶过程中固相与液相的成分始终是相同的。

这里需要指出的是，虽然上述相图分析结果是针对平衡冷却过程得到的，但对于平衡加热过程的分析也是如此，完全可看作冷却过程的逆过程。只是在冷却转变时必须"过冷"，而加热转变中不一定会出现类似的"过热"现象[7]。

三、不平衡结晶过程分析

在实际生产条件下，合金液体浇入铸型后，冷却速度一般都不是很缓慢的，因此合金不可能完全按上述的平衡过程进行结晶。由于冷却速度快，原子的扩散过程落后于结晶过程，合金成分的均匀化来不及进行，因此，每一温度下的固相平均成分将会偏离相图上固相线所示的平衡成分。这种偏离平衡条件的结晶，称为**不平衡结晶**。不平衡结晶所得到的组织，称为不平衡组织。

如图 4-6 所示，由于冷却速度快和凝固过冷的特性，合金 C_0 在冷至与液相线相交的温度时，并不开始结晶，而是要冷却到比临界温度低的某一温度 t_1 时才开始结晶，结晶出来的固溶体的成分为 α_1。当进一步冷却到 t_2 温度时，固相的平衡成分应为 α_2，如果是平衡结晶，原先已经结晶出来的成分为 α_1 的固溶体，应该通过原子扩散，使其成分改变为 α_2。但是，不平衡结晶时，扩散过程来不及充分进行，即成分为 α_1 的固溶体来不及将其成分改变为 α_2，而在温度为 t_2 时结晶出来的成分为 α_2 的固溶体已经在其周围结晶，因此，晶体先结晶的心部与后结晶的外部的成分不同，先结晶部分高熔点元素含量较高，其平均成分为介于 α_1 与 α_2 之间的 α'_2。同理，在温度 t_3 时，固溶体的平均成分为 α'_3。当冷却到温度 t_4 时，如按照平衡结晶，固溶体的成分应为 α_4，即合金的成分，结晶应该完成。但在快冷条件下，在温度 t_4 时，晶体的平均成分为 α'_4，说明结晶仍未结束。只有继续冷却到 t_5 时，固溶体的平均成分 α'_5 才与合金成分 C_0 相同，此时结晶过程才完成。

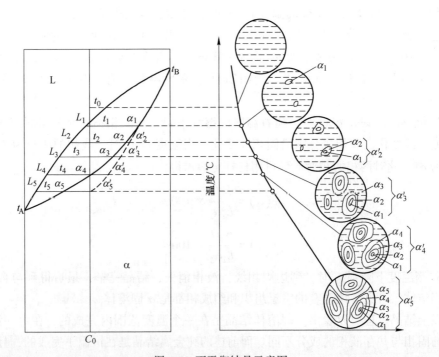

图 4-6 不平衡结晶示意图

若把每一温度下的固相平均成分点连接起来，就得到图 4-6 中虚线所示的 $\alpha_1\alpha'_2\alpha'_3\alpha'_4\alpha'_5$ 固相平均成分线。该固相平均成分线的位置与冷却速度有关，冷却速度越快，则偏离固相线的程度越大。当冷却速度极为缓慢时，则与固相线重合。但是对于液相线而言，在非平衡凝固中，如果冷却速度不是特别快，液相线相对于平衡相图不会发生显著的偏离。这是因为液相中对流和扩散十分迅速，使得成分均匀化过程受冷却速度影响较小。

固溶体合金不平衡结晶导致晶粒内部的成分不均匀，先结晶的晶粒心部与后结晶的晶粒外部的成分不同，由于它是在一个晶粒内的成分不均匀现象，所以称之为**晶内偏析**。由第二章的内容可知，固溶体结晶通常是以树枝状方式长大的。在快冷条件下，先结晶出来的树枝状晶轴，其高熔点组元的含量较多，而后结晶的分枝及枝间空隙则含低熔点组元较多，这种树枝状晶体中的成分不均匀现象，称为**枝晶偏析**。枝晶偏析实际上也是晶内偏析。图 4-7 是 Cu-Ni 合金铸造组织的枝晶偏析，含镍量高的主干，不易被腐蚀，呈白亮色；后结晶枝间，含铜量较高，易被腐蚀，呈暗黑色。

枝晶偏析会使晶粒内部的性能不一致，导致合金的力学性能降低，特别会使塑性和韧性降低，甚至使合金不易进行压力加工。因此，生产上总要设法消除或改善枝晶偏析。为了消除枝晶偏析，一般是将铸件加热到低于固相线以下 100~200℃ 的温度进行较长时间保温，使偏析元素充分扩散，以达到成分均匀化的目的，这种方法称之为**扩散退火**或均匀化退火。图 4-8 为经均匀化退火后的 Cu-Ni 合金组织。

图 4-7　Cu-Ni 合金铸造组织的枝晶偏析

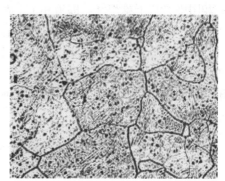

图 4-8　经均匀化退火后的 Cu-Ni 合金组织

第三节　共晶相图

所谓**共晶转变**，就是在一定温度下，由一定成分的液相同时结晶出两个成分一定的固相的转变，又称共晶反应。共晶转变得到的两个固相混合物的产物称为**共晶组织**。表述共晶转变的相图称为共晶相图，最简单的典型共晶相图是两组元在液态无限互溶、固态有限溶解，并发生共晶转变的相图，如图 4-9 所示。具有共晶相图的二元合金系有 Pb-Sn、Pb-Sb、Ag-Cu、Al-Si 等。有些二元陶瓷，如 MgO-CaO 等也具有共晶相图。此外，在许多相图中都包含有共晶转变部分，例如 Mg-Al、Fe-Fe₃C、Al₂O₃-SiO₂ 相图等。下面以 Pb-Sn 相图为例，对共晶相图进行分析。

一、相图分析

图 4-9 为 Pb-Sn 二元共晶相图，图中 *AE*、*BE* 为液相线，*AMENB* 为固相线，*MF* 为 Sn

在 Pb 中的溶解度曲线，*NG* 为 Pb 在 Sn 中的溶解度曲线。**溶解度曲线**是固溶体相中溶质原子固溶度最大值随温度变化的曲线，超出这个界限，固溶体中就会析出第二相，进入两相区。相图水平线 *MEN* 线称为共晶线，共晶反应在这条线上发生。

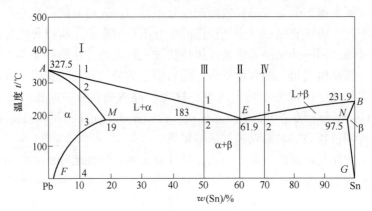

图 4-9　Pb-Sn 二元共晶相图

相图中有三个单相区：即液相 L、固溶体 α 相和固溶体 β 相。α 相是 Sn 在 Pb 中的有限固溶体，β 相是 Pb 在 Sn 中的有限固溶体。相图中有 3 个两相区：L+α、L+β、α+β，前两个两相区可看成是匀晶相图。在水平线 *MEN* 线上发生共晶转变，L+α+β 三相共存。由相律可知，三相共存时自由度为 0，即温度和三个相的成分都固定，即在水平线所对应的恒定温度发生共晶转变，由 *E* 点成分的液相同时结晶出成分分别对应于 *M* 点和 *N* 点的 α 和 β 两个固溶体，即：

$$L_E \overset{t_E}{\rightleftharpoons} (\alpha_M + \beta_N)$$

转变的产物（α+β）称为共晶体。*E* 点称为共晶点，*E* 点对应的温度 t_E 称为共晶温度。

按前面匀晶相图的分析方法，我们知道凡是成分位于 *M ~ N* 之间的合金，当冷却凝固温度降至 *MEN* 线时，其剩余液相的成分均会变为 *E* 点的成分 L_E，L_E 成分的液相在 t_E 温度发生共晶转变。成分对应于共晶点 *E* 的合金称为共晶合金，成分位于 *M ~ E* 之间低于共晶成分的合金称为亚共晶合金，成分位于 *E ~ N* 之间高于共晶成分的合金称为过共晶合金。

二、典型合金的平衡结晶过程

下面在图 4-9 所示的 Pb-Sn 合金相图中，选取图中所示的 Ⅰ、Ⅱ、Ⅲ 3 个典型成分的合金，对其平衡结晶过程进行分析。

（一）含锡量 $w(Sn)$ ≤19% 的合金（合金 Ⅰ）

合金 Ⅰ 的凝固过程可以代表含锡量 $w(Sn)$≤19% 的合金的凝固过程，在 Ⅰ 这条成分线的合金从高温冷却，其凝固过程如下：在 1 点以上为单相液相，冷到 1 点时开始由液相中结晶出 α 固溶体。随着温度的降低，α 的数量不断增加，其成分沿 *AM* 线变化，而液相的数量不断减少，其成分沿 *AE* 线变化。当温度降低到 2 点时，液相消失，全部结晶为 α 固溶体，这与匀晶相图类似。在 2~3 点之间，合金状态不发生变化，为单相 α 固溶体的冷却过程。冷却到 3 点时，合金成分线与 Sn 在 Pb 中的溶解度线相交，在该点合金达到固溶度极限，处于饱和固溶状态。温度进一步下降，固溶度沿溶解度曲线下降，过剩的溶质原子 Sn 以 β 固溶体相的形式从 α 固溶体中析出，合金进入两相区。随 β 的析出，α 相的成分沿 MF 线变化，β 的成分沿 NG 线变化。最后合金得到的是 α+β 两相组织。上述过程可用图 4-10 表示。从室温组织加热直到熔化成完全液相的过程是冷却的逆过程，这里不再赘述。Sn 含量大于 N 点的合金的冷却过程与合金 I 类似，只不过这个成分范围里是先凝固出 β 相，然后从 β 相中析出 α 相。

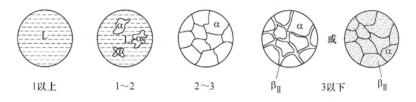

1以上　　　1～2　　　2～3　　　β_II　　3以下　　　β_II

图 4-10　含锡量 $w(\mathrm{Sn}) \leqslant 19\%$ 的合金的凝固过程示意图

从液体中直接结晶出来的 α（或 β）相与从固溶体中析出的 α（或 β）相是相同的相，但由于形成的条件不同，它们的形态和分布不同。从合金显微组织的角度看，它们是不同的。通常把从液相形成的 α（或 β）相称为初生相 α（或 β）相，它们是粗大的枝晶形态。把由固溶体中析出 α（或 β）相的过程称为脱溶或称为二次析出，得到的 α（或 β）相称为次生相或二次相。次生的 α（或 β）相用 α_II（或 β_II）表示，以示区别。二次相优先从初生相的晶界析出，其次从晶粒内的缺陷部位析出，细小均匀。运用杠杆定律可以计算初生相、二次相的相对含量，后面结合其他的相图分析再介绍如何用相图计算组织的相对量。

（二）共晶合金（合金 II）

合金 II 的含 Sn 量为 61.9%，该成分恰好是相图中共晶点的成分，故称为共晶合金。其冷却的过程可分析如下。由相图可知该合金在 E 点以上为单相液体，当温度降至 t_E 时发生共晶转变，由 E 点成分的液相生成 M 点成分的 α 相和 N 点成分的 β 相，即：

$$\mathrm{L}_E \xrightleftharpoons{t_E} (\alpha_M + \beta_N)$$

结果得到 α 与 β 相组成的共晶组织。由于共晶的两个固相的形核长大受结晶前沿的成分控制，这两个相一般交替形成，得到如图 4-11 所示的组织。共晶反应结束时的 α_M 和 β_N 的相对量可由杠杆定律求得：

$$w(\alpha) = \frac{EN}{MN} \times 100\% = \frac{97.5 - 61.9}{97.5 - 19} \times 100\%$$
$$\approx 45.4\%$$

$$w(\beta) = \frac{ME}{MN} \times 100\% = \frac{61.9 - 19}{97.5 - 19} \times 100\%$$
$$\approx 54.6\%$$

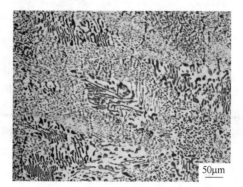

50μm

图 4-11　室温组织全部为（α+β）共晶体组织

这里要注意，杠杆定律只能在两相区使用，并不能在三相水平线上计算 α_M 和 β_N 的相对量。我们是在 $\alpha+\beta$ 两相区无限靠近三相水平线的位置使用杠杆定律计算。

完成共晶转变后继续冷却，共晶组织中的 α 和 β 相的成分各自沿 MF、NG 线变化，分别析出次生相 β_{II} 和 α_{II}，由于这些析出的次生相数量较少，常与共晶组织中的同类相混在一起，在光学显微镜下难以分辨，共晶体的基本形态不发生改变，可忽略不计。因此，合金的室温组织全部为 $(\alpha+\beta)$ 共晶体（图 4-11），其中 α 和 β 两相呈层片状交替分布。图 4-12 为共晶合金平衡结晶过程的示意图。

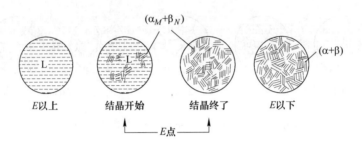

图 4-12　共晶合金平衡结晶过程的示意图

（三）亚共晶合金（合金Ⅲ）

上述的合金Ⅰ完全不发生共晶转变，合金Ⅱ只发生共晶转变。当合金成分在 M 点和 E 点之间，结晶的情况介于合金Ⅰ和合金Ⅱ之间，合金先发生匀晶转变，然后发生共晶转变。因其成分中溶质含量小于共晶成分，称这类成分的合金为亚共晶合金。下面以含 Sn 量为 50% 的合金Ⅲ为例，分析亚共晶合金的平衡结晶过程。

当合金Ⅲ冷却至 1 点时，开始结晶出 α 固溶体，因该 α 固溶体在共晶转变前形成，故称为初晶或先共晶相。至 2 点临近 t_E 温度时，α 相和剩余液相的成分分别达到 M 点和 E 点，由杠杆定律求得两相的相对含量分别为：

$$w(\alpha) = \frac{E2}{ME} \times 100\% = \frac{61.9 - 50}{61.9 - 19} \times 100\% \approx 27.8\%$$

$$w(\mathrm{L}) = \frac{M2}{ME} \times 100\% = \frac{50 - 19}{61.9 - 19} \times 100\% \approx 72.2\%$$

在 t_E 温度下，成分为 E 点的剩余液相发生共晶转变：

$$\mathrm{L}_E \xrightleftharpoons{t_E} (\alpha_M + \beta_N)$$

剩余液相全部形成共晶组织。亚共晶合金在共晶转变刚刚结束之后的组织是由先共晶 α 相和共晶组织 $(\alpha+\beta)$ 所组成，其中共晶组织的量即为温度 t_E 时液相的量。这里实际上是利用杠杆定律计算相的量来获得组织的量。其关键是确定这部分组织是由哪个相得出的，由杠杆定律算出那个相的量，即获得了对应的组织的量。

在 2 点以下继续冷却时，因溶解度的变化，将从 α 相（包括先共晶 α 相和共晶组织中的 α 相）和 β 相分别析出次生相 β_{II} 和 α_{II}。在光学显微镜下，从先共晶 α 中析出的 β_{II} 可能被观察到。共晶组织中的 α_{II} 和 β_{II} 一般难以分辨，与共晶合金一样，忽略这个组织，即共晶组织的基本形态不发生改变。所以该合金的室温组织应为 $\alpha+\beta_{\mathrm{II}}+(\alpha+\beta)$，如图 4-13

所示。图中暗黑色树枝状是初晶 α 固溶体，α 枝晶内隐约可见的白色颗粒为 β_{II}，黑白相间分布的是 (α+β) 共晶体。

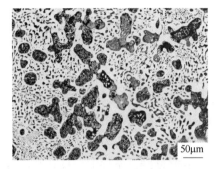

图 4-13 室温组织为亚共晶组织

上述的亚共晶合金的平衡结晶过程示意图如图 4-14 所示。所有成分位于 *M ~ E* 点之间的合金，其平衡结晶过程都与上述相类似，显微组织均为 α+ β_{II}+(α+β)，只是不同的合金，它们各自的相对量不同罢了。

过共晶合金（合金 IV）结晶过程的相图分析与亚共晶类似，这里不再叙述。有兴趣的读者可参阅延伸阅读 4-1 的内容。

延伸阅读 4-1

上述的 3 种合金组织中，α、β、α_{II}、β_{II} 及 (α+β) 在光学显微镜下均具有一定的形态特征并能清楚地区分开来，是组成显微组织的独立部分，称之为组织组成物。组织组成物可以是单相或两相混合物。尽管上述合金结晶后的显微组织有所不同，但均由 α 和 β 两个基本相组成，所以把 α、β 称为相组成物。为了方便分析研究组织，常常把合金的组织组成物标注在相图上，称为组织组成物标注法，如图 4-15 所示。这样，相图上所表示的组织与显微镜下所观察到的显微组织能互相对应，便于了解合金系中任一成分的合金在任一温度下的组织状态，以及该合金在结晶过程中的组织变化。

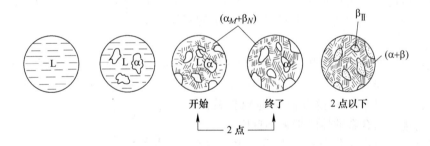

图 4-14 亚共晶合金的平衡结晶过程示意图

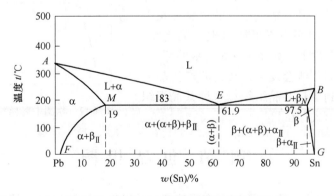

图 4-15 Pb-Sn 二元相图组织组成物标注

三、不平衡结晶及其组织

同样，实际生产中材料的结晶转变一般是冷却较快的非平衡过程。这时组织形成不完全遵循平衡相图的规律，但仍然可以结合非平衡转变的特点，依据平衡相图对材料的相转变过程和组织特征进行分析。匀晶部分的非平衡结晶前面已介绍，这里介绍非平衡共晶，典型的非平衡共晶组织有如下几种。

（一）伪共晶

在平衡结晶条件下，只有共晶成分的合金才能获得 100% 的共晶组织。从图 4-16 可以看出，在不平衡结晶条件下，由于冷却速度大，将会产生较大过冷，也就是说液相冷却到图 4-16 中的平衡结晶温度时不能结晶，两条液相线将向下延伸，形成一个如图中阴影线所示的区域。这个区域中的液相对于 α 相和 β 相都是过饱和的，当达到结晶所需临界过冷度时的温度时（例如 t_1 温度），液相同时结晶出 α 和 β，形成了共晶组织。以在 t_1 温度结晶为例，合金成分落在 C_1 点到 C_2 点之间的液相合金都

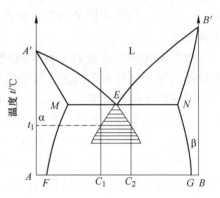

图 4-16 相图中容易出现伪共晶的区域

会结晶成共晶组织。由于这种非平衡结晶形成的共晶组织的成分偏离平衡共晶组织的成分，因此称为**伪共晶**。显然伪共晶的成分范围与过冷度相关，通常将形成全部共晶组织的成分和温度范围称为伪共晶区，如图中的阴影区所示。由于伪共晶组织在实际生产中时常出现，并有较高的力学性能，研究它具有一定的实际意义。

（二）离异共晶

在先共晶相数量较多而共晶组织甚少的情况下，有时共晶组织中与先共晶相相同的那一相，会依附于先共晶相上生长，剩下的另一相则单独存在于晶界处，从而使共晶组织的特征消失，这种两相分离的共晶称为**离异共晶**。离异共晶可能会给合金的性能带来不良影响。

离异共晶可以在平衡条件下获得，也可以在不平衡条件下获得。如图 4-17 所示，成分靠近 M 点（或 N 点）的合金（如合金 Ⅰ）在平衡条件下有可能产生离异共晶。M 点左方的合金 Ⅱ 在平衡冷却时，结晶的组织中不可能出现共晶组织，但在不平衡结晶条件下，如在图 4-6 所示的那样，与平衡相图相比固相线会发生偏离，并产生晶内偏析，这时可得到少量共晶组织，这种共晶组织常以离异共晶的形式存在。

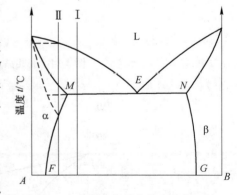

图 4-17 相图中离异共晶出现的区域

第四节 包 晶 相 图

两组元在液态无限溶解，固态下有限溶解，并发生包晶转变的二元系相图，称为包晶

相图。所谓**包晶转变**，是指在一定温度下，由一定成分的固相与一定成分的液相反应，生成另一个一定成分的固相的转变。具有包晶转变的二元合金系有 Pt-Ag、Sn-Sb、Cu-Sn、Cu-Zn 等。Fe-Fe$_3$C、ZrO$_2$-CaO 等相图中也有包晶转变部分。下面以 Pt-Ag 合金相图为例进行分析。

一、相图分析

图 4-18 是 Pt-Ag 相图，图中 *ACB* 为液相线，*APDB* 为固相线，*PE* 是 Ag 在 Pt 中的溶解度曲线，*DF* 是 Pt 在 Ag 中的溶解度曲线。相图中有 L、α 和 β 三个单相区，α 相是 Ag 在 Pt 中的固溶体，β 相是 Pt 在 Ag 中的固溶体。单相区之间有 L+α，L+β，α+β 三个两相区。两相区之间存在一条 L+α+β 三相共存水平线，即 *PDC* 线。这个相图中的匀晶转变、固溶体脱溶与前面的相图分析中已经介绍过的类似，这里着重分析包晶转变。

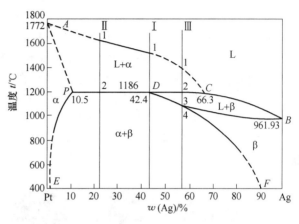

图 4-18　Pt-Ag 二元相图

PDC 水平线为包晶转变线，凡成分在 *P~C* 之间的合金，当温度降至 t_D 时均要发生包晶转变，即：

$$L_C + \alpha_P \xrightleftharpoons{t_D} \beta_D$$

D 点为包晶点，*D* 点成分的合金在包晶转变温度下，液、固两相全部发生包晶转变，形成单相 β 固溶体。而水平线上其他成分的合金，包晶转变不完全，除生成 β 相外，*D* 点以左合金有 α 相过剩，*D* 点以右合金有 L 相过剩。

二、典型合金的平衡结晶过程

在图 4-18 的 Pt-Ag 合金相图中，选取图示的两个典型成分，对其平衡结晶过程进行分析。

（一）合金 I （含 Ag 量为 42.4% 的包晶点成分的 Pt-Ag 合金）

合金 I 在 1 点以上为液相，冷至 1 点，开始从液相中结晶出 α 相，到 t_D 温度时，α 相的成分到达 *P* 点，液相的成分到达 *C* 点，在 t_D 温度下，α_P 与 L_C 发生包晶转变，三相平衡共存：

$$L_C + \alpha_P \xrightleftharpoons{t_D} \beta_D$$

转变过程中，β 固溶体包围着 α 固溶体，不断地消耗液相及 α 而进行，故称为包晶转变。这一转变，直到 α 和 L 刚好全部消耗完毕，全部转变为 β 相为止。这个量的关系可以通过杠杆定律计算得到证明。随温度的继续下降，由于 Pt 在 β 中的溶解度随温度的下降而减少，β 不断析出 α_{II}，所以合金 I 的室温组织为 β+α_{II}，而其组成相为 α+β。该合金的平衡结晶过程如图 4-19 所示。

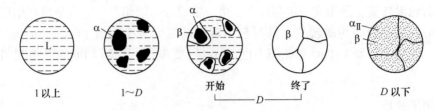

图 4-19　合金 I 的平衡结晶过程示意图

（二）合金 II（含 Ag 量为 10.5%~42.4% 的 Pt-Ag 合金）

当液态合金冷却到 1 点时，开始结晶出 α 相，继续冷却到 2 点（t_D）温度时，α 相和剩余的液相的成分分别为 P 点与 C 点，这两相在 t_D 温度发生包晶转变，生成 β 固溶体。与合金 I 不同，根据杠杆定律计算，α 相的相对量超出包晶转变所需比例，包晶转变结束后仍剩余有部分 α 相，得到 β 与 α 两相。当温度从 2 点继续下降时，固溶体中的溶解度随温度的下降而改变，因此将从 β 中析出 $α_{II}$，从 α 中析出 $β_{II}$，所以合金 II 在室温时的组织为 $α+β+α_{II}+β_{II}$，其平衡结晶过程如图 4-20 所示。图中黑色 α 中的小白点就是 $β_{II}$。

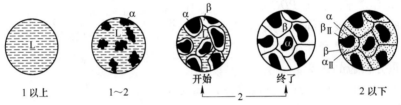

图 4-20　合金 II 的平衡结晶过程示意图

含 Ag 量更高的成分的合金（合金 III）结晶过程分析可参阅本章延伸阅读 4-2 的内容。

延伸阅读 4-2

第五节　形成稳定化合物的相图

在有些二元系中，组元间可能形成化合物，这些化合物可能是稳定的，也可能是不稳定的。其中**稳定化合物**具有固定的熔点和一定的化学成分，而且在熔点以下都能保持其本身结构而不发生分解。具有稳定化合物的相图很多，尤其是在陶瓷系相图中更为常见，如 MgO-SiO_2 相图。而在二元合金系 Mg-Si 相图中，Mg_2Si 也是稳定化合物，如图 4-21 所示。

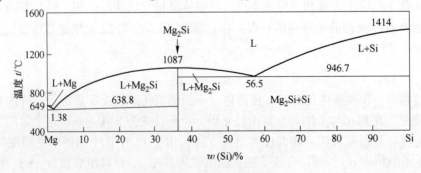

图 4-21　Mg-Si 合金相图

这类相图的主要特点是在相图中有一条代表稳定化合物的垂直线，垂线的垂足代表化合物的成分，顶点代表它的熔点。十分明显，若把稳定化合物 Mg_2Si 视为一个组元，即可认为这个相图是由左、右两个简单的共晶相图（Mg-Mg_2Si 和 Mg_2Si-Si）组成，可以分别进行分析。按此，有关相区及合金结晶过程与前述的共晶相图相同，故不再重述。

以上介绍了 4 种基本相图，即匀晶相图、共晶相图、包晶相图、形成稳定化合物的相图，在上述相图中都是分析从液相结晶为固相的过程。类似地，当固相处于适当温度和成分条件时，它们的相状态同样会发生变化。其相图分析与前面涉及液相结晶过程的相图是完全类似的。例如，由一个固定成分的固相同时析出另外两个固定成分的固相的反应，这个反应的相平衡关系与共晶转变是完全一样的，称之为**共析反应**，以表示是由一个固相同时析出两个固相。由两个固定成分的固相转变成另一个固定成分的固相的反应则称为**包析反应**。实际使用的二元相图大多数都比较复杂，既有包含液相结晶的部分，又有固相转变的部分。但任何复杂的相图都是上述的基本相图的不同组合，只要掌握了这些基本相图的特点和转变规律，就能化繁为简地进行分析，一般可遵循以下步骤分析二元相图：

（1）首先看相图中是否存在稳定化合物，如存在的话，则以稳定化合物作为独立组元，把相图分成几个部分进行分析。

（2）根据"相区接触法则"确定各相区中的相。所谓**相区接触法则**，是指在二元相图中，相邻相区的相数相差一个（点接触情况除外），即两个单相区之间必定有一个由这两个相所组成的两相区，两个两相区之间必须以单相区或三相共存水平线隔开。

（3）找出三相共存水平线，分析该水平线所代表的恒温转变的类型。二元相图的三相区是一条水平线，这条水平线必定与三个单相区以点接触，3 个点分别代表 3 个平衡相的成分。三相平衡必然也两两平衡，故三相平衡水平线必定与 3 个两相区以线接触。

第六节　实际相图分析

钢铁是现代工业、交通、建筑等行业和日常生活中使用最为广泛的金属材料，钢铁包含碳钢和铸铁两大类，它们都是在铁中加入碳形成的**铁碳合金**，只是碳含量不同使其生产加工工艺和性能呈两种不同的类别。铁碳合金相图是研究铁碳合金的重要工具，对于钢铁材料的研究和使用，热加工工艺的制订等都具有重要的指导意义。此外，在铁碳合金中加入进一步提高钢铁性能的元素就得到合金钢。因此，铁碳合金也是合金钢的基础。现以 Fe-C 相图作为实例进行分析。

一、铁碳合金的组元及基本相

（一）铁碳合金的组元

铁碳合金中的基本组元就是 Fe 和 C。Fe 的密度为 7.87g/cm^3，熔点为 1538℃。Fe 具有 3 种同素异构体，分别为具有体心立方晶格的 δ-Fe、面心立方晶格的 γ-Fe、体心立方晶格的 α-Fe。图 4-22 是铁的冷却曲线，由图可以看出，纯铁在 1538℃结晶为 δ-Fe；当温度降至 1394℃时，δ-Fe 转变为 γ-Fe；当温度继续降至 912℃时，γ-Fe 又转变为 α-Fe；在912℃以下，铁的结构不再发生变化，其过程为：

$$\delta\text{-Fe} \underset{1394℃}{\rightleftharpoons} \gamma\text{-Fe} \underset{912℃}{\rightleftharpoons} \alpha\text{-Fe}$$

碳具有两种同素异构体，分别为六方结构的石墨和金刚石结构的金刚石。此外，还可形成富勒烯 C_{60}、碳纳米管、石墨烯等特殊结构。碳原子在钢铁中可以溶入铁中形成固溶体相，也可与铁反应生成 Fe_3C 化合物相，也可以石墨的形式存在。石墨的密度为 $2.26g/cm^3$，熔点为 3820℃，原子呈层状排列（图 4-23）。同一层晶面上碳原子间距为 0.142nm，层与层之间的距离为 0.34nm。由于石墨层间的结合力弱，易滑移，故石墨的强度、塑性和韧性极低，几乎为零，硬度仅为 3HBW。

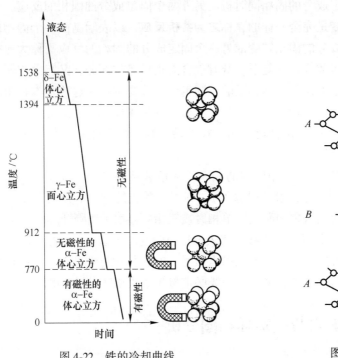

图 4-22　铁的冷却曲线

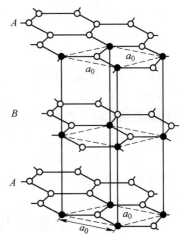

图 4-23　石墨晶体结构

碳钢和铸铁由于铁的**同素异构转变**，加上碳在不同晶体结构的铁中溶解能力有差别，且能形成 Fe_3C 相，使得不同成分的 Fe-C 合金性能各异，并且可以通过热处理改变其组织与性能。

（二）铁碳合金的基本相

铁和碳相互作用形成的基本相有铁素体、奥氏体、渗碳体、石墨。

（1）**铁素体**：铁素体是碳溶于 α-Fe 中形成的间隙固溶体，常用符号"α"或"F"表示，具有体心立方结构。由于在 α-Fe 的体心立方晶格中，最大间隙半径只有 0.031nm，比碳原子半径 0.077nm 小得多，碳原子只能处于位错、空位、晶界等晶体缺陷处或个别八面体间隙中，所以铁素体的含碳量极小。铁素体在 727℃时最大溶碳量为 0.0218%，室温下的溶碳量仅为 0.0008%。碳溶于体心立方晶格 δ-Fe 中的间隙固溶体，称为 δ 铁素体，以"δ"表示，其最大溶解度于 1495℃时为 0.09%。α 铁素体的室温组织与纯铁组织没有明显区别，在显微镜下观察退火铁素体组织为均匀明亮的多边形晶粒，如图 4-24 所示。铁素体的性能也近似于纯铁，强度和硬度低，而塑性和韧性好。另外，铁素体在 770℃以上具有顺磁性，在 770℃ 以下呈铁磁性。

（2）**奥氏体**：奥氏体是碳溶于 γ-Fe 中形成的间隙固溶体，用"γ"或"A"表示。奥氏体中的碳原子是处于面心立方 γ-Fe 的八面体间隙中心，八面体间隙半径为 0.053nm，略小于碳原子半径，但比体心立方晶格的间隙大，并且 γ-Fe 的存在温度高，因此 γ-Fe 的溶碳能力高于 α-Fe，在 1148℃ 时可达 2.11%。在铁碳合金中，奥氏体的存在温度范围为 727~1495℃。奥氏体的退火组织如图 4-25 所示，晶粒呈多边形，时常可观察到退火孪晶。其力学性能与其含碳量和晶粒度有关，硬度为 170~220HBW，伸长率为 40%~50%。可见奥氏体也是一个强度、硬度较低而塑性、韧性较高的相，但它与铁素体不同，只有顺磁性，而不呈现铁磁性。

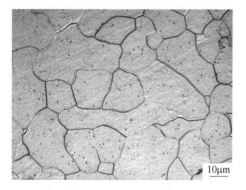

图 4-24 铁素体的显微组织　　　　图 4-25 奥氏体的显微组织

（3）**渗碳体**：渗碳体 Fe_3C 是铁与碳形成的间隙化合物，含碳量为 6.69%，常用符号"C_m"表示。渗碳体属正交晶系，晶体结构复杂。渗碳体的熔点为 1227℃，硬度很高，约为 800HBW，但脆性大，塑性差，延伸率接近于零。由于碳在 α-Fe 中的溶解度很小，所以在常温下碳在铁碳合金中主要是以渗碳体的形式存在。渗碳体作为钢中的强化相，它的形态、大小、数量及分布对钢的性能有很大的影响。

（4）**石墨**：石墨的结构和特点前面已说明，这里不再赘述。当冷却缓慢或加入了有利于石墨形成的元素时，铸铁中会形成石墨，这对铸铁的性能有显著影响。渗碳体在高温下可以分解形成石墨状的自由碳，即：

$$Fe_3C \xrightarrow{\text{高温}} 3Fe + C(\text{石墨})$$

二、Fe-Fe₃C 相图分析

Fe-C 合金中，C 一般情况下会与 Fe 发生反应形成稳定化合物 Fe_3C 相，该相的碳含量为 6.69%。当合金的碳含量超过 6.69% 时，铁和碳几乎全部化合成 Fe_3C，脆性极大，在工业上没有使用价值，所以具有实用意义并被深入研究的只是以稳定化合物 Fe_3C 为右边界的 Fe-Fe₃C 部分，通常称其为 Fe-Fe₃C 相图，也常被简称为 Fe-C 相图。图 4-26 是以相组成物表示的相图，由图可以看出，Fe-Fe₃C 相图中存在 5 种相，即液相 L、δ 相、α 相、γ 相和 Fe_3C 相。相图中存在 3 个三相恒温转变，即：

在 1495℃ 发生包晶转变：$L_B + \delta_H \overset{1495℃}{\rightleftharpoons} \gamma_J$，转变产物是奥氏体。相图中 *HJB* 线为包

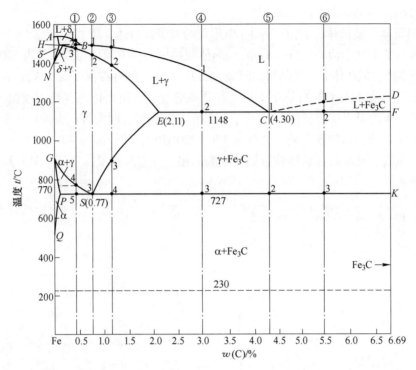

图 4-26　以相组成表示的 Fe-Fe₃C 相图

晶转变线，J 点为包晶点。

在 1148℃发生共晶转变：$L_C \xrightleftharpoons{1148℃} (\gamma_E + Fe_3C)$，转变产物是奥氏体和渗碳体的混合物，称为**莱氏体**，以符号 L_d 表示。在莱氏体中，渗碳体是连续分布的相，奥氏体呈短棒状分布在渗碳体的基底上。由于渗碳体很脆，所以莱氏体是塑性很差的组织。相图中 *ECF* 线为共晶转变线，*C* 点为共晶点。

在 727℃发生共析转变：$\gamma_S \xrightleftharpoons{727℃} (\alpha_P + Fe_3C)$，转变产物是铁素体与渗碳体的混合物，因其断面呈珍珠般光泽称为**珠光体**，用符号 P 表示。在显微镜下珠光体的形态呈层片状，在放大倍数较高时，可清楚看到相间分布的渗碳体片（窄条）与铁素体片（宽条），如图 4-27 所示。珠光体中铁素体和渗碳体的含量可以用杠杆定律进行计算：

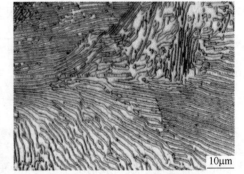

图 4-27　珠光体组织特征

$$w(F) = \frac{SK}{PK} = \frac{6.69 - 0.77}{6.69 - 0.0218} \times 100\% = 88.8\%$$

$$w(Fe_3C) = 100\% - w(F) = 11.2\%$$

相图中 *PSK* 线为共析转变线，其对应的温度常标为 A_1 温度，*S* 点为共析转变点。

此外，Fe-Fe₃C 相图中还有 3 条重要的固态转变线：

（1）*GS* 线——合金冷却时自奥氏体中开始析出铁素体或加热时铁素体全部溶入奥氏

体的转变线，常称此温度为 A_3 温度。

（2）ES 线——碳在奥氏体中的溶解度曲线，通常称为 A_{cm} 线。当温度低于此曲线时，就要从奥氏体中析出次生渗碳体，通常称之为二次渗碳体，用 Fe_3C_{II} 表示，以区别于从液体中经 CD 线结晶出的一次渗碳体 Fe_3C_I。因此，该曲线又是二次渗碳体的开始析出线。由相图可以看出，E 点表示奥氏体的最大溶碳量，即奥氏体的溶碳量在 1148℃ 时为 2.11%。

（3）PQ 线——碳在铁素体中的溶解度曲线。在 727℃ 时，铁素体中的最大溶碳量为 0.0218%，随着温度的降低，铁素体中的溶碳量逐渐减少。因此，铁素体从 727℃ 冷却时也会析出少量的渗碳体，称之为三次渗碳体 Fe_3C_{III}，以区别上述两种情况产生的渗碳体。

此外，相图中的 CD 线是从液相结晶出 Fe_3C 的液相线，从液相结晶出的 Fe_3C 称为一次渗碳体。相图中还有两条磁性转变线：770℃ 虚线为铁素体的磁性转变线，230℃ 虚线为渗碳体的磁性转变线。

在 Fe-C 相图中，含碳量 $w(C)$ 为 0.0218% 的 P 点和 2.11% 的 E 点的合金具有重要意义，前者是平衡条件下工业纯铁与碳钢的成分分界点，后者是平衡条件下碳钢与铸铁的成分分界点。先看 P 点，在 P 点左侧是工业纯铁，右侧是碳钢。前者渗碳体很少，无珠光体、强度、硬度低，塑性、韧性好。后者有珠光体，强度、硬度好，塑性、韧性下降。

我们再看 E 点，其左侧是碳钢，右侧是铸铁。这两者间有以下重要的不同特点：第一，从凝固过程看，铸铁的凝固温度远低于钢的凝固温度，尤其是在共晶点附近，这使得铸铁的冶炼生产比碳钢容易很多。此外，由于有共晶反应的存在，铸造流动性好，易于成型。而碳钢的铸造成型比较困难，一般需进行锻造和切削成型。第二，从组织上看，铸铁中存在莱氏体，而碳钢中存在珠光体。第三，从性能上看，铸铁的塑性和韧性差，而碳钢在保持较高的强度和硬度的同时，塑性和韧性较好。上述差别的关键因素是铸铁的含碳量远高于碳钢。古代冶炼技术从炼铁发展到炼钢就是从提高冶炼温度，降低铸铁中的碳含量等方面不断努力。所谓"百炼成钢"就是对这种工艺技术的形象比喻[8]。

三、典型成分的铁碳合金的平衡组织

如上所述，铁碳合金通常可按含碳量及其室温平衡组织分为工业纯铁、碳钢和铸铁三大类。下面从每种类型中选择一种合金来分析其组织特征和形成过程。所选取的合金成分在相图上的位置如图 4-26 所示。

（一）工业纯铁

含碳量 $w(C) < 0.0218\%$（相图上 P 点以左）的合金定义为工业纯铁，其室温平衡组织为铁素体加少量可忽略的三次渗碳体。由于合金中高硬度 Fe_3C 相的量很少，其强度和硬度很低。在实际生产中把碳含量和杂质含量控制到很低水平是比较困难的。实际的工业纯铁的含铁量一般为 99.89% ~ 99.9%，含有 0.1% ~ 0.2% 的杂质，其中的碳含量不超过 0.04%。工业纯铁的力学性能大致如表 4-1 所列。由于工业纯铁的塑性、韧性很好，但其强度、硬度很低，很少用作结构材料。纯铁的主要用途是利用它的铁磁性。纯铁具有高的磁导率，可用于要求软磁性的场合，例如各种仪器仪表的铁心等（图 4-28）。

表 4-1　工业纯铁的力学性能

抗拉强度 R_m /MPa	屈服强度 $R_{p0.2}$ /MPa	延伸率 $A/\%$	断面收缩率 $Z/\%$	吸收能量 K /J	硬度 (HBW)
180~280	100~170	30~50	70~80	18~25	50~80

（二）碳钢

含碳量 $w(C)$ 介于 0.0218%~2.11% 范围内的铁碳合金定义为碳钢，其室温平衡组织中有铁素体、珠光体、二次渗碳体存在，因含较多的 Fe_3C 相，与工业纯铁相比，钢的强度和硬度显著提高，但塑性下降。按钢的成分位于相图中亚共析区、共析点、过共析区，将钢分为三类，它们的成分和平衡组织如下：

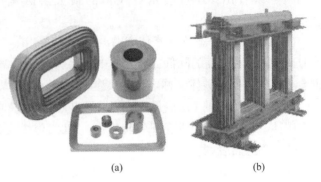

(a)　　　　　　　　(b)

图 4-28　各种仪器仪表的铁心

（a）卷绕式铁心；（b）叠片式铁心

亚共析钢：含碳量小于共析成分（$w(C)$ 介于 0.0218%~0.77%），其室温平衡组织为铁素体加珠光体，如图 4-29（a）所示。亚共析钢（图 4-26 中合金①）的平衡结晶过程示意图如图 4-30（a）所示。

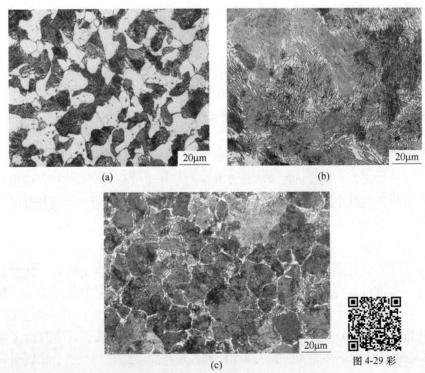

(a)　　　　　　　(b)

(c)　　　　　　图 4-29 彩

图 4-29　铁碳合金中钢的平衡组织

（a）$w(C)$ 为 0.4% 亚共析钢：铁素体（白）+珠光体（暗）；（b）$w(C)$ 为 0.77% 共析钢：珠光体；

（c）$w(C)$ 为 1.2% 过共析钢：网状二次渗碳体（白）+珠光体（暗）

共析钢：含碳量为共析成分（$w(C)$ 为 0.77%），其室温平衡组织完全为珠光体，如图 4-29（b）所示。共析钢（图 4-26 中合金②）的平衡结晶过程示意图如图 4-30（b）所示。

过共析钢：含碳量大于共析成分小于出现共晶反应的成分 E 点（$w(C)$ 介于 0.77% ~ 2.11%），其室温平衡组织为珠光体加二次渗碳体，如图 4-29（c）所示。过共析钢（图 4-26 中合金③）的平衡结晶过程示意图如图 4-30（c）所示。

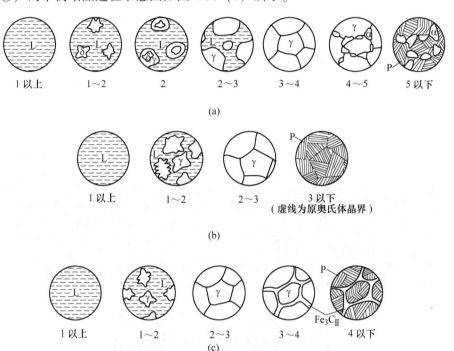

图 4-30 铁碳合金中钢的平衡结晶过程示意图

（a）$w(C)$ 为 0.4%的亚共析钢；（b）$w(C)$ 为 0.77%的共析钢；（c）$w(C)$ 为 1.2%的过共析钢

分析图 4-30 的冷却过程可知，尽管经历的冷却过程有所不同，含碳量介于 0.0218% ~ 2.11%范围的铁碳合金都在某个温度区间转变成单相奥氏体。钢从液相凝固的温度较高，而且没有共晶转变，因此，钢不适于用铸造方法成型。但是奥氏体是面心立方结构，易于变形，因此，钢适于在奥氏体温区用压力加工的方法成型。

应该注意，Fe-Fe₃C 相图中所有亚共析钢的室温组织都是由铁素体和珠光体组成，其差别仅在于珠光体和铁素体的相对量不同。钢中碳的含量越高，则组织中的珠光体量越多。以 $w(C)$ 为 0.60%的碳钢为例，利用杠杆定律可以分别计算出钢中的组织组成物——先共析铁素体和珠光体的含量：

$$w(\alpha) = \frac{0.77 - 0.60}{0.77 - 0.0218} \times 100\% = 22.7\%$$

$$w(P) = 1 - 22.7\% = 77.3\%$$

同样，也可以算出相组成的含量：

$$w(\alpha) = \frac{6.69 - 0.60}{6.69 - 0.0218} \times 100\% = 91.3\%$$

$$w(\mathrm{Fe_3C}) = 1 - 91.3\% = 8.7\%$$

因此，根据亚共析钢的平衡组织，可近似地估计其含碳量：$w(\mathrm{C}) \approx P \times 0.8\%$，其中 P 为珠光体在显微组织中所占面积的百分比，0.8% 是珠光体的碳质量分数 0.77% 的近似值。

（三）铸铁

含碳量 $w(\mathrm{C})$ 介于 2.11%~6.69% 范围内的 Fe-C 合金定义为铸铁，在该成分范围内的 Fe-C 合金会发生共晶反应。按 Fe-Fe$_3$C 系结晶的铸铁，碳都以 Fe$_3$C 形式存在，此种铸铁极脆，断口呈亮白色，习惯上把它们称为白口铸铁。按铸铁的成分位于相图中亚共晶区、共晶点、过共晶区，将铸铁分为三类，它们的成分和平衡组织如下：

亚共晶白口铸铁：含碳量小于共晶成分（$w(\mathrm{C})$ 介于 2.11%~4.3%），室温平衡组织为珠光体加二次渗碳体加莱氏体，如图 4-31（a）所示。亚共晶白口铸铁（图 4-26 中合金 ④）的平衡结晶过程示意图如图 4-32（a）所示。

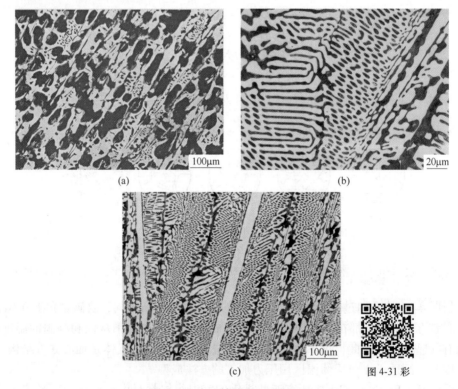

100μm

(a)

20μm

(b)

100μm

(c)

图 4-31 彩

图 4-31 白口铸铁室温平衡组织

（a）亚共晶白口铸铁：珠光体（大块黑色）+二次渗碳体+莱氏体；（b）共晶白口铸铁：莱氏体；

（c）过共晶白口铸铁：一次渗碳体（白色长条状）+莱氏体

共晶白口铸铁：含碳量为共晶成分（$w(\mathrm{C})$ 为 4.3%），室温平衡组织为完全莱氏体，如图 4-31（b）所示。共晶白口铸铁（图 4-26 中合金 ⑤）的平衡结晶过程示意图如图 4-32（b）所示。

过共晶白口铸铁：含碳量为过共晶成分（$w(\mathrm{C})$ 介于 4.3%~6.69%），室温平衡组织为一次渗碳体加莱氏体，如图 4-31（c）所示。过共晶白口铸铁（图 4-26 中合金⑥）的平衡结晶过程示意图如图 4-32（c）所示。

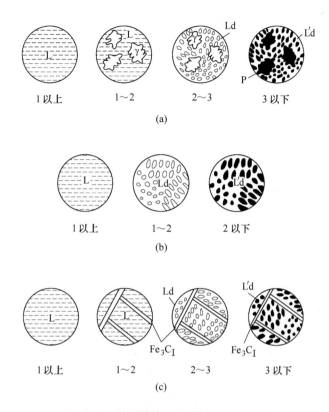

图 4-32 白口铸铁平衡结晶过程示意图

(a) $w(C)$ 为 3.0% 亚共晶白口铸铁；(b) $w(C)$ 为 4.3% 共晶白口铸铁；

(c) $w(C)$ 为 5.5% 过共晶白口铸铁

需要注意的是，在 1148℃ 发生共晶转变生成的莱氏体（由奥氏体+共晶渗碳体组成），冷却至共析温度以下时变成珠光体+共晶渗碳体（由共晶奥氏体中析出的二次渗碳体，由于它依附在共晶渗碳体上析出并长大，所以难以分辨），但其形态仍保持共晶转变产物的特征，故称为低温莱氏体或变态莱氏体，用符号 L'd 表示，组成相仍为铁素体+渗碳体。

由上面的分析可知，尽管经历的冷却过程有所不同，含碳量大于 2.11% 的铁碳合金，都会经历共晶转变。铸铁中由于渗碳体含量很高，合金较脆，不适于用压力加工的方法成型。但铸铁在凝固过程中都存在共晶转变，不但最终凝固温度（共晶温度）较低，而且该共晶凝固过程在一个恒定温度完成，金属液体在铸造成型过程中流动性好。因此，铸铁适于铸造成型。

根据以上对各类铁碳合金平衡结晶过程的分析，可将 Fe-Fe₃C 相图中的各相区按组织组成物加以标注，如图 4-33 所示。

四、含碳量对铁碳合金平衡组织与性能的影响

按照 Fe-Fe₃C 相图，铁碳合金在室温下的平衡组织皆由铁素体和渗碳体两相所组成，两相的相对量可由杠杆定律确定。当含碳量为零时，合金由 100% 的铁素体组成，随着含碳量的增加，铁素体的含量呈直线下降，直到 $w(C) = 6.69\%$ 时降低到零。与此相反，渗

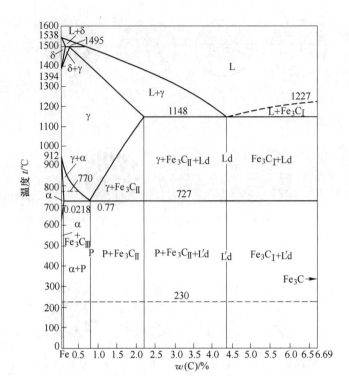

图 4-33　按组织分区的 Fe-Fe$_3$C 相图

碳体的含量则由零增至 100%。从组织组成来看，随着含碳量的增加，合金室温组织变化如下：

$$\underset{(工业纯铁)}{\alpha+Fe_3C_{III}} \longrightarrow \underset{(亚共析钢)}{\alpha+P} \longrightarrow \underset{(共析钢)}{P} \longrightarrow \underset{(过共析钢)}{P+Fe_3C_{II}} \longrightarrow \underset{(亚共晶白口铁)}{P+Fe_3C_{II}+L'd} \longrightarrow$$

$$\underset{(共晶白口铁)}{L'd} \longrightarrow \underset{(过共晶白口铁)}{L'd+Fe_3C_I}$$

随着含碳量增加，铁素体与渗碳体的存在形态和分布也在变化。例如渗碳体，当含碳量很低时（$w(C)<0.0218\%$）三次渗碳体从铁素体中析出，沿晶界呈小片状分布。在共析钢中，共析渗碳体与铁素体呈交替层片状，而过共析钢中，Fe$_3$C$_{II}$ 以网络状分布于奥氏体的晶界。在莱氏体中，共晶渗碳体已作为连续的基体，比较粗大。在过共晶白口铁中，Fe$_3$C$_I$ 呈规则的长条块。正是由于铁碳合金中铁素体和渗碳体的数量、形态、分布不同，导致它们具有不同的性能。

铁素体是个软韧相，Fe$_3$C 是个硬脆相，如果合金的基体是铁素体，那么渗碳体作为强化相，它的量越多，分布越均匀，材料的强度就越高。但是如果 Fe$_3$C 分布在晶界上，特别是作为基体（如白口铸铁中）时，材料的强度，尤其是塑性韧性将大大下降。图 4-34 是含碳量对退火碳钢力学性能的影响。由图可知，随着含碳量的增加，强度、硬度增加，塑性、韧性降低。当含碳量高于 1% 时，由于出现网状二次渗碳体，钢的强度下降。为了保证工业用钢具有适当的塑性和韧性，其碳的质量分数一般不超过 1.3%。

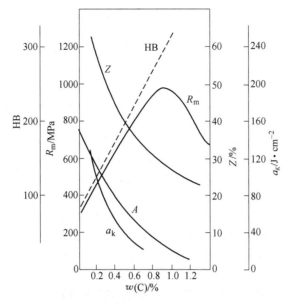

图 4-34　含碳量对平衡状态下碳钢力学性能的影响

Fe-Fe$_3$C 相图的实际应用可参阅本章延伸阅读 4-3 的内容。

延伸阅读 4-3

参 考 文 献

[1] 西泽泰二. 微观组织热力学 [M]. 郝士明, 译. 北京：化学工业出版社, 2006.

[2] CAHN R W. 走进材料科学 [M]. 杨柯, 等译. 北京：化学工业出版社, 2008.

[3] 郝士明. 材料设计的热力学解析 [M]. 北京：化学工业出版社, 2011.

[4] 梁基谢夫 Н П. 金属二元系相图手册 [M]. 郭青蔚, 译. 北京：化学工业出版社, 2009.

[5] MASSALSKI T B. Binary alloy phase diagram [M]. Almere：ASM International, 1996.

[6] 史密斯. 材料科学与工程基础 (Foudations of materials science and engineering) [M]. 4 版. 北京：机械工业出版社, 2005.

[7] JIN Z H, GUMBSCH P, LU K. et al. Melting Mechanisms at the limit of superheating [J]. Physical Review Letters, 2001, 87 (5)：55703~55706.

[8] 杨宽. 中国古代冶铁技术发展史 [M]. 上海：上海人民出版社, 2004.

名 词 索 引

习　题

4-1　何为共晶、共析、包晶、包析反应？分别画出其图形特征、写出反应式，并比较其异同点。

4-2　有两个尺寸、形状均相同的铜镍合金铸件，其中一个含 Ni 90%，另一个含 Ni 50%，铸后自然冷却，问凝固后哪个铸件的偏析较严重？为什么？可采用什么措施消除？

4-3　什么叫离异共晶？说明产生离异共晶的条件。

4-4　何谓同素异构转变？说明铁的同素异构转变，并简述纯铁的力学性能。

4-5　指出铁素体、奥氏体、渗碳体、珠光体、莱氏体的符号、定义及性能特点。

4-6　默画出 Fe-Fe$_3$C 相图，标出各点温度及含碳量，并：
（1）以相组成物及组织组成物填写相图。
（2）说明下列点、线的意义：*S*、*P*、*C*、*E*、*ES*、*GS*、*PQ*、*HJB*、*ECF*、*PSK*。
（3）分析 0.6%C、0.77%C、1.2%C、3.0%C、4.3%C、5.0%C 合金的平衡结晶过程，画出室温组织示意图并计算室温组织组成物相对量。

4-7　如何从成分、组织和性能上区分钢和白口铸铁？

4-8　根据 Fe-Fe$_3$C 相图计算：
（1）二次渗碳体及三次渗碳体的最大含量。
（2）莱氏体中的共晶渗碳体及珠光体中的共析渗碳体的含量。

4-9　根据 Fe-Fe$_3$C 相图，说明产生下列现象的原因：
（1）含碳 0.5% 的钢比含碳 1.2% 的钢硬度低。
（2）含碳 0.8% 的钢比含碳 1.2% 的钢强度高。
（3）变态莱氏体的塑性比珠光体的塑性差。
（4）一般要把钢材加热到高温（1000~1250℃）下进行热轧或锻造。

4-10　随着含碳量的增加，钢的组织和力学性能如何变化？

4-11　含碳 2.0% 的铁碳合金试样，其室温组织中观察到少量的不平衡莱氏体，试分析其原因。

本章自我练习题
（填空题、选择题、判断题）

扫码答题 4

第二篇

金属材料

在各种工程应用和机械设备中，金属及其合金仍然是目前应用最广、使用最多的材料。这是由于金属材料具有从低温到高温较宽的温度范围内同时保持较高的强度和塑性的能力。因此，它是以强调力学性能为主的工程结构使用的主要材料（常称为结构材料）。此外，金属材料也具有导电、磁性、形状记忆、储氢等功能特色（常称为功能材料）。在工业生产中，金属材料通常又分为黑色金属和有色金属两大类。通常把铁、锰、铬及其合金称为**黑色金属**，而把铁、锰、铬之外的金属及其合金统称为**有色金属**，这其中主要包括铝、铜、镁、钛、镍等。本篇将介绍金属材料的组织结构与性能关系，重点介绍作为结构材料使用的金属材料的组成、加工工艺、组织结构、性能等，也适当介绍形状记忆合金等功能材料。

课堂视频 5

第五章 钢铁材料与热处理

碳钢和铸铁是人类使用历史悠久的材料，也是工程上应用最广泛的金属材料，它们成分简单，是由储量丰富的 Fe 和 C 两个元素构成的铁碳合金，如果添加了其他元素，就获得合金钢和合金铸铁。通常将这些材料统称为钢铁材料。在钢铁材料中主要成分是 Fe，所以它又被称为黑色金属。第四章介绍了平衡状态下铁碳合金的组织和性能特点，实际使用的铁碳合金与纯铁碳合金不同。首先，实际的碳钢和铸铁的成分中含有一定的杂质元素；另外，其形成条件一般是偏离平衡条件，甚至远离平衡条件的，因此，其组织和性能与平衡相图描述的纯铁碳合金也不尽相同。在生产实践中人们还注意到，改变钢铁的加热和冷却过程，其组织会发生变化并带来性能变化。因此，古代的工匠逐步掌握了控制加热和冷却的条件及过程以提高碳钢和铸铁力学性能的技术，这种工艺技术就是所谓的热处理。对我国湖北荆州出土的 2000 多年前制造的宝剑的组织分析证明，我国古代劳动人民那时就掌握了高超的热处理技术[1]。本章论述工业中常用碳钢和铸铁的成分和性能特点，并在此基础上以碳钢为例介绍热处理的基本原理和重要热处理工艺。第四章介绍的 Fe-C 相图是钢铁热处理的重要基础。

第一节　铁碳合金

一、碳钢

钢材是通过对铁矿进行冶炼、加工等一系列过程生产得到的，常见钢材的规格有板材、棒材、型材、管材及线材等。由于碳钢价格低廉，容易获得与加工，具有较好的力学性能，因此得到了广泛的应用。实际的碳钢除 Fe 和 C 两个元素外，由于原材料中含有杂质，生产过程中也不可避免会引入一些杂质，成分中会含有一定量的杂质元素。生产实践表明，钢铁材料的组织和性能除与其成分、加工工艺及热处理有关外，还与它的冶金质量密切相关。钢的冶金质量是指钢在冶炼、浇注及压力加工后的质量，主要包括钢中所含的杂质元素及非金属夹杂物、钢锭的宏观组织及压力加工后的组织与缺陷，它们均是衡量钢材冶金质量的重要标志。因此，在讨论碳钢的分类和性能时，杂质含量和冶金工艺是重要因素。需要指出的是，钢的组织与热处理关系密切，我们将结合热处理部分详细介绍。

（一）钢中常存杂质元素及其影响

碳钢中除 Fe 和 C 两个基本组元外，还含有少量的 Mn、Si、S、P、O、H、N 等元素。它们是从矿石和在冶炼过程中进入钢中的，它们的存在会影响钢的性能。

1. 锰和硅

锰和硅是在炼钢时作为脱氧剂加入钢中的，Mn 和 Si 都能溶入铁素体，有固溶强化作用，可提高钢的强度。Mn 还能与钢中的 S 形成 MnS，降低 S 的有害作用。在合理含量范围内，Mn 和 Si 是有益元素。

2. 硫

硫是在炼钢时由矿石和燃料带到钢中的杂质，是钢中的有害杂质。S 不溶于 Fe，而与 Fe 形成化合物 FeS。FeS 常与 γ-Fe 形成低熔点（985℃）的共晶体（γ-Fe + FeS），分布在奥氏体晶界上。由于共晶体的熔点低于钢材热加工的开始温度（1150～1200℃），在压力加工时，钢中的共晶体已经熔化，使钢材变脆，沿奥氏体晶界开裂，这种现象称为**热脆性**。

在钢中加入 Mn 会减弱 S 的有害作用，因为 S 和 Mn 比和 Fe 有更大的亲和力，会发生如下反应：

$$FeS + Mn \longrightarrow MnS + Fe$$

反应产物 MnS 大部分进入炉渣，少部分残留于钢中，成为非金属夹杂物。MnS 的熔点为 1620℃，高于钢的热加工开始温度，并有一定塑性，因而可以消除热脆性，并可以改善钢的切削加工性。

3. 磷

一般说来，磷是有害杂质元素，它是在炼钢时由原材料矿石和生铁带入的。P 在铁中有较大的溶解度，室温下 P 在 α-Fe 中的溶解度达 1.2%，所以钢中的 P 一般都溶于铁中。虽然 P 具有较强的固溶强化作用，但它剧烈地降低钢的韧性，尤其是低温韧性，使钢在低温下变脆，这种现象称为**冷脆**。

在一定条件下 P 也具有一定的有益作用。例如，由于它降低铁素体的韧性，可以用来提高钢的切削加工性。它与铜共存时，可以显著提高钢的抗大气腐蚀能力。

（二）钢的分类

从 1991 年起，我国颁布实施了新的钢分类方法《钢分类》（GB/T 13304—1991）[2]，它是参照国际标准制定的，主要分为"按化学成分分类""按主要质量等级分类"及"按主要性能及使用特性分类" 3 种方法，下面分别介绍这 3 种分类方法，并重点介绍碳钢的分类。合金钢的分类在下一章介绍。

1. 按化学成分分类

按钢的化学成分，可分为非合金钢、低合金钢、合金钢 3 类。非合金钢就是通常所说的碳素钢（碳钢）。这里先只给出碳钢、低合金钢和合金钢中合金元素含量的基本界限，如表 5-1 所示。

表 5-1 非合金钢、低合金钢和合金钢合金元素规定含量界限值

合金元素	合金元素规定含量界限值/%		
	非合金钢	低合金钢	合金钢
Al	<0.10	—	≥0.10
B	<0.0005	—	≥0.0005
Bi	<0.10	—	≥0.10
Cr	<0.30	0.3~<0.5	≥0.50
Co	<0.10	—	≥0.10
Cu	<0.10	0.10~<0.50	≥0.50
Mn	<1.00	1.00~<1.40	≥1.40
Mo	<0.05	0.05~<0.10	≥0.10
Ni	<0.30	0.03~<0.50	≥0.50
Nb	<0.02	0.02~<0.06	≥0.06
Pb	<0.40	—	≥0.40
Se	<0.10	—	≥0.10
Si	<0.50	0.05~<0.90	≥0.90
Te	<0.10	—	≥0.10
Ti	<0.05	0.05~<0.13	≥0.13
W	<0.10	—	≥0.10
V	<0.04	0.04~<0.12	≥0.12
Zr	<0.05	0.05~<0.12	≥0.12
RE	<0.02	0.02~<0.05	≥0.05
其他规定元素（S、P、C、N 除外）	<0.05	—	≥0.05

2. 按主要质量等级分类

非合金钢按主要质量等级分为普通质量非合金钢、优质非合金钢、特殊质量非合金钢 3 类。

（1）**普通质量非合金钢**：是指不规定生产过程中需要特别控制质量要求的并应同时满足下列 4 种条件的所有钢种。1）钢为非合金化的；2）不规定热处理；3）硫含量不大于 0.050%，磷含量不大于 0.045%；4）未规定其他质量要求。

这类钢主要包括：1）一般用途碳素结构钢，如《碳素结构钢》（GB/T 700—2006）规定的 A、B 级钢；2）碳素钢筋钢，如《碳素结构钢》（GB/T 700—2006）规定的 Q235 钢；3）铁道用一般碳素钢；4）一般钢板桩型钢。这类钢材多用于建筑、道路等工程。

（2）**优质非合金钢**：是指在生产过程中需要特别控制质量（例如，控制晶粒度，降低硫、磷含量，改善表面质量或增加工艺控制等），以达到比普通质量非合金钢特殊的质量要求，但这种钢的生产控制不如特殊质量非合金钢严格（例如，不控制淬透性）。这类钢的硫、磷含量通常不大于 0.035%。

这类钢主要包括：1）机械结构用优质碳素钢，如《优质碳素结构钢》（GB/T 699—2015）规定的条钢，包括 08~65、15Mn~60Mn 各牌号；2）工程结构用碳素钢，如《碳素结构钢》（GB/T 700—2006）标准中规定的 C、D 级钢；3）冲压薄板用低碳结构钢；4）镀层板、带用碳素钢；5）锅炉和压力容器用碳素钢；6）铁道用碳素钢；7）焊条用碳素钢等。这类钢材多用于机械、装备和要求高的工程结构中。

（3）**特殊质量非合金钢**：是指在生产过程中需要特殊严格控制质量和性能（例如，控制淬透性和纯净度）的非合金钢。这类钢特别是在化学成分上有特别严格的要求；对夹杂物规定严格地限制，比优质钢更纯净；对性能规定特殊要求，比优质钢更严更高；其硫、磷含量通常不大于 0.025%。

这类钢主要包括：1）碳素工具钢，如《碳素工具钢》（GB/T 1298—2008）标准中的 T7~T13 钢；2）碳素弹簧钢，如《弹簧钢》（GB/T 1222—2016）标准中的非合金钢和《优质碳素结构钢》（GB/T 699—2015）标准中的 70~85、65Mn、70Mn 钢；3）保证淬透性非合金钢，如《保证淬透性结构钢》（GB/T 5216—2014）标准中的 45H；4）其他，如航空、兵器用非合金钢，特殊焊条用非合金钢以及电磁纯铁、原料纯铁等。这类钢材主要用于工具、电工、航空、兵器等特殊用途。

3. 按主要性能及使用特性分类

按主要性能及使用特性，非合金钢主要分为以下 5 种：

（1）以规定最高强度（或硬度）为主要特性的非合金钢，例如冷成型用钢，因为需要冷成型加工，因此需限制其最高强度以保证成型加工。

（2）以规定最低强度为主要特性的非合金钢，例如压力容器用钢，因为这类工程结构需要保证足够的强度，因此非合金钢需保证足够的强度。

（3）以限制碳含量为主要特性的非合金钢，例如弹簧钢、调质钢，这类材料通常需要热处理，因此需要保证含碳量的准确性。

（4）以保证高硬度为要求的非合金工具钢，例如 T7~T13A 钢，这类材料含碳量高，为共析或过共析成分，通过热处理可以获得高硬度。

（5）其他，例如非合金易切削钢、电磁纯铁、原料纯铁等。这些材料主要满足一些特殊的工艺或使用性能要求。

值得一提的是，在过去的钢产品标准和实际生产中，常按碳的含量，将碳钢分为低碳钢、中碳钢和高碳钢。大致划分是：低碳钢 $w(C) < 0.25\%$，中碳钢 $w(C) = 0.25\% \sim$

0.60%，高碳钢 $w(C) > 0.60\%$。此外，还按用途将钢分为碳素结构钢及碳素工具钢，碳素结构钢用于制造工程构件（桥梁、船舶、建筑构件等）及机器零件（齿轮、轴、连杆等），碳素工具钢则用于制造各种刃具、模具等，一般为高碳钢。在生产实际中这些术语也还经常使用。

（三）非合金钢的牌号和用途

为规范和方便实际生产应用，需制定标准对材料进行分类，并规定质量、性能、成分等要求。生产者生产材料须达到标准要求，使用者根据牌号即可选择适合的材料来满足使用要求。需要指出的是各个国家有不同的牌号和标准，有些甚至是用企业的标准。这些牌号和标准不尽相同，在使用中要注意互相之间的比较。下面介绍我国的非合金钢的各种牌号，各国牌号间的比较可参考有关的手册[3]。

1. 碳素结构钢

碳素结构钢原称普通碳素结构钢。根据国家标准《碳素结构钢》（GB/T 700—2006）的规定，**碳素结构钢**的牌号由代表屈服强度的字母、屈服强度的数值、钢材质量等级符号、冶炼脱氧方法符号等 4 个部分按顺序组成，以 Q235—A · F 为例具体说明，其中：

Q——钢材屈服强度"屈"字汉语拼音首位字母，235 表示屈服强度为 235MPa；

A——质量等级，共有 A、B、C、D 四个质量等级，含 S、P 的量依次降低，钢材质量依次提高；

F——脱氧方法，"F"表示沸腾钢，"Z"表示镇静钢，"TZ"表示特殊镇静钢。但在牌号组成表示方法中，"Z"与"TZ"符号可以省略。

碳素结构钢的成分控制不是很严（其碳的成分范围相对较宽一些），碳的质量分数较低，焊接性能好，塑性、韧性好，价格低，常热轧成钢板、钢带、型钢、棒钢，用于桥梁、建筑等工程构件和要求不高的机器零件。该类钢通常在热轧供应状态下直接使用，很少再进行热处理。

表 5-2 列出了碳素结构钢的牌号和化学成分。

表 5-2 碳素结构钢的牌号和化学成分（GB/T 700—2006）

牌号	等级	化学成分 w/%					脱氧方法
		C	Mn	Si	S	P	
Q195	—	≤0.12	≤0.50	≤0.30	≤0.040	≤0.035	F、Z
Q215	A	≤0.15	≤1.20	≤0.35	≤0.050	≤0.045	F、Z
	B				≤0.045		
Q235	A	≤0.22	≤1.40	≤0.35	≤0.050	≤0.045	F、Z
	B	≤0.20			≤0.045		
	C	≤0.17			≤0.040	≤0.040	Z
	D				≤0.035	≤0.035	TZ
Q275	A	≤0.24	≤1.50	≤0.35	≤0.050	≤0.045	F、Z
	B	≤0.22			≤0.045	≤0.045	Z
	C	≤0.20			≤0.040	≤0.040	Z
	D				≤0.035	≤0.035	TZ

2. 优质碳素结构钢

根据国家标准《优质碳素结构钢》（GB/T 699—1999）的规定，**优质碳素结构钢**是指硫、磷含量不大于 0.035% 的钢。其牌号用两位数字标出钢中平均含碳量，这两位数字表示钢中平均碳含量（质量分数）的万分之几，钢号中也标出脱氧方法。对于含锰量较高（一般为 0.7%~1.0%）的优质碳素结构钢，在数字后标出锰元素符号。例如，08F 表示平均碳含量为 0.08% 的优质沸腾钢；45 钢表示钢中平均碳含量为 0.45%；50Mn 表示平均碳含量为 0.50%，锰含量为 0.70%~1.00% 的钢。而新标准《优质碳素结构钢》（GB/T 699—2015）中则取消了沸腾钢和半镇静钢。

优质碳素结构钢具有优良的性能，价格便宜，应用广泛，特别是通过各种热处理能够不同程度地提高优质碳素结构钢不同的性能指标，因此一般都经过热处理后使用。含碳较低的 08、10 钢，塑性及韧性好，具有优良的冷成型性能和焊接性能，常冷轧成薄板，用于制作冷冲压件，如汽车车身、仪表外壳等；15、20、25 钢通过渗碳、淬火等热处理后可获得表硬心韧的性能特点，用于制作要求表面耐磨而心部韧性高的零件，如轴套、链条的滚子以及不重要的齿轮、链轮等；40、45、50 钢经调质处理（淬火加高温回火）后具有良好的综合力学性能，用于制作轴类零件，如曲轴、连杆、车床主轴、车床齿轮等；55、60、65 钢经淬火加中温回火的热处理后具有高的弹性极限，用于制作负荷不大的弹簧等。

优质碳素结构钢的牌号、化学成分和力学性能列于表 5-3。

表 5-3 优质碳素结构钢的牌号、化学成分和力学性能（GB/T 699—2015）

牌号	化学成分 w/%					力学性能（正火态）		交货状态硬度（HBW）	
	C	Si	Mn	P	S	R_m/MPa	A/%	未热处理	退火钢
08	0.05~0.11	0.17~0.37	0.35~0.65	≤0.035	≤0.035	≥325	≥33	≤131	
10	0.07~0.13	0.17~0.37	0.35~0.65	≤0.035	≤0.035	≥335	≥31	≤137	
15	0.12~0.18	0.17~0.37	0.35~0.65	≤0.035	≤0.035	≥375	≥27	≤143	
20	0.17~0.23	0.17~0.37	0.35~0.65	≤0.035	≤0.035	≥410	≥25	≤156	
25	0.22~0.29	0.17~0.37	0.50~0.80	≤0.035	≤0.035	≥450	≥23	≤170	
30	0.27~0.34	0.17~0.37	0.50~0.80	≤0.035	≤0.035	≥490	≥21	≤179	
35	0.32~0.39	0.17~0.37	0.50~0.80	≤0.035	≤0.035	≥530	≥20	≤197	
40	0.37~0.44	0.17~0.37	0.50~0.80	≤0.035	≤0.035	≥570	≥19	≤217	≤187
45	0.42~0.50	0.17~0.37	0.50~0.80	≤0.035	≤0.035	≥600	≥16	≤229	≤197
50	0.47~0.55	0.17~0.37	0.50~0.80	≤0.035	≤0.035	≥630	≥14	≤241	≤207
55	0.52~0.60	0.17~0.37	0.50~0.80	≤0.035	≤0.035	≥645	≥13	≤255	≤217
60	0.57~0.65	0.17~0.37	0.50~0.80	≤0.035	≤0.035	≥675	≥12	≤255	≤229
65	0.62~0.70	0.17~0.37	0.50~0.80	≤0.035	≤0.035	≥695	≥10	≤255	≤229
70	0.67~0.75	0.17~0.37	0.50~0.80	≤0.035	≤0.035	≥715	≥9	≤269	≤229
50Mn	0.48~0.56	0.17~0.37	0.70~1.00	≤0.035	≤0.035	≥645	≥13	≤255	≤217
65Mn	0.62~0.70	0.17~0.37	0.90~0.12	≤0.035	≤0.035	≥735	≥9	≤285	≤229
70Mn	0.67~0.75	0.17~0.37	0.90~1.20	≤0.035	≤0.035	≥785	≥8	≤285	≤229

3. 碳素工具钢

根据国家标准《碳素工具钢》（GB/T 1298—2008）的规定，这类钢的编号方法是在"T"（碳汉语拼音的首字母）的后面加数字来表示，数字表示钢中平均碳含量的千分之几。例如，T8 表示平均碳含量为千分之八，即 0.8% 的**碳素工具钢**。对于锰含量较高（一般为 0.40%~0.60%）的碳素工具钢，在钢号的数字后标出"Mn"，如 T8Mn。若为特殊质量碳素工具钢，则在钢号最后附以"A"字，如 T12A 等，特殊质量是指对硫、磷含量有更严格的控制，硫含量不大于 0.02%，磷含量不大于 0.03%。

碳素工具钢的碳含量较高，经淬火加低温回火的工艺热处理后具有高硬度，随钢中碳含量的增加，钢的耐磨性增加，但韧性下降。因此，应根据它们的性能特点在不同的适用场合使用。这类材料主要用于制作尺寸较小，形状简单，工作温度不高的量具、刃具、模具等。表 5-4 列出了常用碳素工具钢的牌号、化学成分、力学性能和用途。图 5-1 是碳素工具钢应用的实例。

表 5-4　常用碳素工具钢的牌号、化学成分、力学性能和用途（GB/T 1298—2008）

钢号	化学成分 w/%					硬度		应用举例
	C	Mn	Si	S	P	退火状态（HBW）	淬火状态（HRC）	
T7	0.65~0.74	≤0.40	≤0.35	≤0.030	≤0.035	≤187	≥62	要求适当硬度、能承受冲击载荷并具有较好韧性的工具，如凿子、各种锤子、木工工具等
T8	0.75~0.84							要求较高硬度、承受冲击载荷并具有足够韧性的工具，如冲头、简单模子、剪切金属用剪刀、木工工具、煤矿用凿等
T8Mn	0.80~0.90	0.40~0.60						
T9	0.85~0.94	≤0.40				≤192		要求耐磨、刃口锋利且稍有韧性的工具，如刨刀、冲模、丝锥、板牙、手锯锯条等
T10	0.95~1.04					≤197		
T11	1.05~1.14					≤207		
T12	1.15~1.24					≤207		制作不受冲击载荷、要求高硬度的工具，如钻头、丝锥、锉刀、刮刀等
T13	1.25~1.35					≤217		

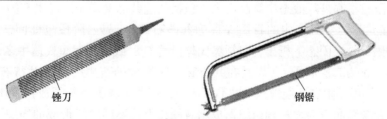

锉刀　　　　　　　　　钢锯

图 5-1　碳素工具钢应用的实例

二、铸铁

铸铁是含碳量大于 2.11% 的铁碳合金。由于铸铁一般用高炉熔炼，冶炼控制不像钢那么严格，原料和冶炼过程带入的杂质元素较多，这些元素在一定范围内是允许的元素，有些还对改善铸造性能和力学性能有利。实际铸铁是以铁、碳（一般为 2.50%~4.00%）、硅为主要组成元素并比碳钢含有较多的锰、硫、磷等杂质的多元合金。

与钢相比，铸铁的力学性能如抗拉强度、塑性、韧性等均较低，但却具有优良的铸造性能、切削加工性、减摩性及减震性，而且所需要的生产设备和制造工艺简单、价格低廉。因此，铸铁被广泛应用于机械制造、冶金、矿山、交通运输等各方面。在各类机械中，铸铁件占机器质量的 40%~70%，在机床和重型机械中，则可达 80%~90%。特别是自 20 世纪 40 年代末起开始发展球墨铸铁，大幅度提高了铸铁的性能，不少过去是使用碳钢和合金钢制造的零件，如今已成功地用球墨铸铁来代用，从而使铸铁的应用范围更为广泛，更进一步打破了钢与铸铁的使用界限[4]。为了提高铸铁的力学、物理、化学性能以满足一些更高或特殊的使用要求，还可以在普通的铸铁中加入一定量的合金元素，得到合金铸铁。

（一）铸铁的基本组织

铸铁可以看成是由两部分组织构成：一部分是如同第四章所述的钢的基体，可以是铁素体基体（类似工业纯铁），也可以是亚共析和共析组织；另一部分是由合金中的碳生成的渗碳体（Fe_3C）或游离态的石墨（G）两种形式的相。钢铁中形成石墨的过程称为石墨化，显然，石墨化进行的程度对铸铁的组织有很大的影响。

1. 石墨化过程

在 Fe-C 系中，石墨是比 Fe_3C 更稳定的相，在适宜的条件下 Fe-C 合金在冷却过程中可以从液体中直接析出石墨，已形成的 Fe_3C 在一定条件下也可以分解为铁和石墨，即 $Fe_3C \rightarrow 3Fe+C(G)$。由于铸铁的碳含量高并有较高含量的有利于石墨形成的硅、磷，加之铸造的凝固冷却速度较低，凝固时常形成石墨。按形成石墨的凝固过程的组织结构转变可得到 Fe-G 相图。为了便于比较和应用，习惯上把 $Fe-Fe_3C$ 相图和 Fe-G 相图合画在一起，称为铁-碳双重相图，如图 5-2 所示。图中实线表示 $Fe-Fe_3C$ 相图，虚线表示 Fe-G 相图。凡虚线与实线重合的线条都用实线表示，这说明那些线与渗碳体或石墨的存在状态无关。由图 5-2 可见，虚线均位于实线的上方，这也表明 Fe-G 系较 $Fe-Fe_3C$ 系更为稳定。

现以过共晶（$w(C)=5.0\%$）的 Fe-C 合金为例，按形成石墨的特点来说明铸铁的组织形成过程。根据石墨形成的特征可将凝固过程分为两个阶段：第一阶段即液态阶段石墨化，在这阶段石墨都是从液态中结晶出来，包括从过共晶液态中结晶出石墨（称为**一次石墨**），以及在共晶转变时形成的石墨（称为**共晶石墨**）；第二阶段也即固态阶段石墨化，在这阶段石墨都是在固态下析出，包括奥氏体沿着 $E'S'$ 线冷却时奥氏体中多余的碳从中析出形成石墨（称为**二次石墨**），以及在共析转变时形成的石墨（称为**共析石墨**）。通常二次石墨和共析石墨贴附在已经形成的共晶石墨上，而奥氏体最终转变成铁素体基体。图 5-2 表示过共晶合金结晶石墨化过程组织形成示意图，上述不同阶段形成的组织也标注在该示意图中。

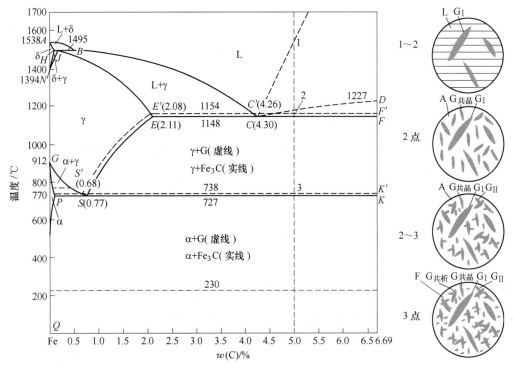

图 5-2 铁–碳双重相图及过共晶合金结晶石墨化过程组织形成示意图

铸铁的组织与石墨化过程及其进行的程度密切相关。如果第一阶段和第二阶段石墨化过程都能够充分进行，那么得到的基体组织完全是铁素体基体，铸铁组织为铁素体基体上分布片状石墨；如果第一阶段石墨化和奥氏体沿 $E'S'$ 线析出二次石墨均能充分进行，而共析石墨化进行得不完全，则得到的基体组织是珠光体+铁素体基体，铸铁组织为铁素体基体上分布珠光体和片状石墨；如果共析石墨化完全被抑制，则得到的基体组织是完全的珠光体，铸铁组织为珠光体上分布着片状石墨；如果液、固两个阶段石墨化由于冷却速度快而完全被抑制，则基体为珠光体，其上分布着网状的二次渗碳体、粗大的共晶渗碳体，对于过共晶成分还有粗大的一次渗碳体。渗碳体十分硬脆，粗大的渗碳体更是十分不利于力学性能。这种碳完全以渗碳体形式存在的铸铁极脆，很少作为材料使用。

另外，石墨的形态主要由第一阶段石墨化所控制。如果不做特别的工艺处理，铸铁由液态结晶的石墨多为粗片状。通过调整工艺和成分可以改变石墨的形态和分布，从而优化性能，这将在后面论述。

2. 影响石墨化的因素

铸铁石墨化是一个复杂的过程，决定着石墨的形成与形态等，对铸铁的性能有关键影响。这里先不考虑石墨形态控制，仅讨论凝固过程中影响石墨形成的两个主要因素，即化学成分和冷却条件。

（1）化学成分的影响。铸铁中的碳和硅是强烈促进石墨化元素，它们的含量越高，石墨化程度越充分。这是因为随着含碳量增加，铁液中石墨晶核数增加，所以能促进石墨化。硅与铁原子的结合力较强，硅溶于铁素体中不仅会削弱铁、碳原子间的结合，而且还会使共晶点的含碳量降低，共晶转变温度提高，这就有利于石墨的析出。经验表明，铸铁中每增加1%的硅，共晶点的含碳量相应降低0.33%。为了综合考虑碳和硅的影响，通常把含硅量折合成相当的含碳量，并把这个相当于碳的总量称为碳当量C_E，即：

$$C_E = w(C) + \frac{1}{3}w(Si)$$

调整铸铁的碳当量，是控制其组织与性能的基本措施之一。为获得最佳的铸造性能，生产中一般将碳当量控制在接近共晶成分（4%）。

硫是铸铁中一个有害元素，它强烈阻碍石墨化，恶化铸铁力学性能及铸造性能，因此应该严格控制铸铁中的硫含量，一般应少于0.15%。锰是阻碍石墨化的元素，但锰与硫能形成硫化锰，减弱了硫对石墨化的阻碍作用，结果又间接地起着促进石墨化的作用。磷对石墨化影响不大，但会增加铸铁的脆性，所以铸铁中含磷量也应严格控制，一般限制在0.3%以下。因此，C、Si、Mn为调节组织元素，P是控制使用元素，S属于限制使用元素。

（2）冷却速度的影响。在相同化学成分的情况下，铸铁结晶时的冷却速度对其石墨化程度影响很大。冷却速度慢有利于石墨化过程；冷却速度快不利于石墨化过程。根据铁碳双重相图可以解释冷却速度对石墨化程度的影响。由于Fe-G相图的液-固相线较Fe-Fe$_3$C相图更高，成分相同的铁液冷却时先与Fe-G相图的液-固相线相交，冷却速度越缓慢，按Fe-G相图结晶并析出稳定相石墨的可能性就越大；反之，冷却速度越快，按Fe-Fe$_3$C相图结晶并析出介稳定的渗碳体的可能性就越大。

（二）铸铁的基本性能特点

铸铁的组织可看成由钢基体和石墨组成，因此，铸铁的性能取决于基体的性能和石墨的性质及其数量、大小、形状和分布。

石墨十分松软脆弱，抗拉强度在20MPa以下，硬度仅为HBW3，塑性和韧性几乎为零。因此，钢基体中的石墨就像孔洞和裂缝，一般可以把含有石墨的铸铁看成是含有大量孔洞和裂缝的钢。石墨一方面破坏了基体金属的连续性，减少了铸铁的实际承载面积，另一方面片状石墨边缘好似尖锐的缺口或裂纹，在外力作用下会导致应力集中，形成断裂源。因此，石墨的形状显著影响铸铁性能。片状石墨对基体的割裂程度和应力集中程度最大，且石墨片的尺寸越大、越尖，分布越不均匀，铸铁的抗拉强度与塑性则越低。当石墨从片状变为团絮状或球状时，对基体的割裂作用显著降低，铸铁的强度增大，塑性明显提高，可以和中碳钢的强度相当。因此，改善石墨形状是提高铸铁性能的一条最重要的途径。虽然石墨的存在不利于力学性能，但石墨具有良好的润滑性，类似孔洞的石墨能够吸收振动，因此铸铁的切削加工性、减摩性和减振性能都很好。

另外，如果石墨是粗片状，对基体的割裂作用强烈，即使改变其基体组织也不能显著提高其力学性能。当石墨的形态和分布较好，特别是石墨呈球状时，基体组织对铸铁力学性能也起着重要作用。对于同一类铸铁来说，在其他条件相同的情况下，铸铁基体中铁素体越多，铸铁塑性越好；而基体中珠光体数量越多，则铸铁的拉伸强度和硬度越高。在这种情况下，可以通过热处理改变其基体组织来获得不同的性能。

（三）铸铁的分类

铸铁的分类归结起来主要包括下列几种方法。

一是根据铸铁的断口特征和碳存在的形式分类，据此，生产上将铸铁分为灰口铸铁、白口铸铁和麻口铸铁3类。

（1）**灰口铸铁**：碳大部分或全部以游离石墨的形式存在，因断裂时断口呈灰暗色，由此得名，现称为灰铸铁。灰铸铁是目前应用最广泛的一类铸铁。

（2）**白口铸铁**：碳全部或大部分以渗碳体形式存在，因断裂时断口呈银白色，故称白口铸铁。Fe-Fe$_3$C相图中的亚共晶、共晶、过共晶合金即属这类铸铁。这类铸铁组织中都存在着共晶莱氏体，使性能硬而脆，很难切削加工，所以很少直接用来制造各种零件。但有时也利用它硬而耐磨的特性，铸造出表面有一定深度的白口层、中心为灰组织的铸件，称为冷硬铸铁件。白口铸铁主要用作炼钢原料和生产可锻铸铁的毛坯。

（3）**麻口铸铁**：碳部分以渗碳体形式存在，部分以游离石墨的形式存在，断口上黑白相间构成麻点，由此得名。由于麻口铸铁也具有很大的脆性，工业上很少使用。

二是根据是否在铸铁中加入合金元素进行分类。不加入合金元素的称为普通铸铁，加入一定量的合金元素称**合金铸铁**，又称为**特殊性能铸铁**。根据加入合金元素获得的特定性能，合金铸铁又可细分为耐磨铸铁、耐热铸铁、耐蚀铸铁等。

三是根据铸铁中石墨的形态不同进行分类。按这种方法铸铁分为石墨呈片状的灰铸铁，石墨呈团絮状的可锻铸铁，石墨呈球状的球墨铸铁，石墨呈蠕虫状的蠕墨铸铁。由于石墨的形态与铸造工艺、铸铁成分密切相关，也对性能有重要影响。根据这种分类易于明确铸铁的加工工艺、性能、用途。国家也制定了相应的牌号的国家标准。下面按照这种分类方法详细介绍各类普通铸铁的牌号、特点和用途。

（四）各类铸铁的特点及应用

1. 灰铸铁

普通灰铸铁，习惯上称**灰铸铁**。灰铸铁是价格便宜、应用最广泛的铸铁材料。按《灰铸铁件》（GB/T 9439—2010）规定，灰铸铁共有8个牌号。表5-5给出其中5个灰铸铁的牌号、最小抗拉强度及用途。灰铸铁牌号由"灰铁"两字汉语拼音字首"HT"和其后的3位数字组成。数字表示最低抗拉强度R_m。例如灰铸铁HT200，表示最低抗拉强度为200MPa。

表5-5　灰铸铁的牌号、力学性能及用途（GB/T 9439—2010）

牌号	铸铁类别	铸件壁厚/mm		最小抗拉强度 R_m/MPa		组织	应用举例
				单铸试棒	附铸试棒或试块		
HT100	灰铸铁	>5	≤40	100	—	铁素体+片状石墨	低载荷和不重要零件，如盖、外罩、支架、重锤等
HT150	灰铸铁	>5	≤10	150	—	铁素体+珠光体+片状石墨	承受中等应力（抗弯应力小于100MPa）的零件，如支柱、底座、齿轮箱、工作台、刀架、阀体、管路附件等
		>10	≤20		—		
		>20	≤40		120		
		>40	≤80		110		
		>80	≤150		100		
		>150	≤300		90		

续表 5-5

牌号	铸铁类别	铸件壁厚 /mm		最小抗拉强度 R_m/MPa		组织	应用举例
				单铸试棒	附铸试棒或试块		
HT200	灰铸铁	>5	≤10	200	—	珠光体+片状石墨	承受较大应力（抗弯应力小于300MPa）和较重要零件，如汽缸体、齿轮、机座、飞轮、床身、缸套、活塞、刹车轮、齿轮箱、轴承座、油缸等
		>10	≤20		—		
		>20	≤40		170		
		>40	≤80		150		
		>80	≤150		140		
		>150	≤300		130		
HT250	灰铸铁	>5	≤10	250	—		
		>10	≤20		—		
		>20	≤40		210		
		>40	≤80		190		
		>80	≤150		170		
		>150	≤300		160		
HT350	孕育铸铁	>10	≤20	350	—	珠光体+细小片状石墨	承受高弯曲应力（小于500MPa）及抗拉应力的重要零件，如齿轮、凸轮、车床卡盘、压力机床身、高压油缸等
		>20	≤40		290		
		>40	≤80		260		
		>80	≤150		230		
		>150	≤300		210		

灰铸铁的化学成分一般范围是：$w(C) = 2.5\% \sim 4.0\%$，$w(Si) = 1.0\% \sim 3.0\%$，$w(Mn) = 0.5\% \sim 1.3\%$，$w(P) \leq 0.3\%$，$w(S) \leq 0.15\%$。

灰铸铁的组织由片状石墨和金属基体组成。基体组织取决于第二阶段的石墨化程度。由于第二阶段石墨化程度的不同，可得到铁素体、珠光体以及铁素体+珠光体 3 种不同基体的灰铸铁，其显微组织如图 5-3 所示。

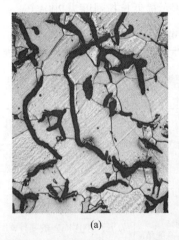 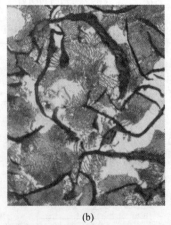 

(a)　　　　　　　　　　(b)　　　　　　　　　　(c)

图 5-3　灰铸铁的显微组织

（a）铁素体基体；（b）铁素体+珠光体基体；（c）珠光体基体

灰铸铁具有高的抗压强度、优良的耐磨性和减振性（在所有铸铁中是最好的）、低的缺口敏感性。但由于片状石墨的存在，灰铸铁的抗拉强度与塑性远比钢低。因此，灰铸铁主要用于制造汽车、拖拉机中的气缸、气缸套，机床的床身等承受压力及振动的零件。若在浇注前向铁液中加入少量硅铁或硅钙铁合金等孕育剂，进行孕育处理，可得到细片状石墨的灰铸铁，这种铸铁称为**孕育铸铁**或变质铸铁。孕育铸铁的强度、硬度都比变质前高，可用于制造压力机的机身、重负荷机床的床身、高压液压筒等机件。图 5-4 是灰铸铁应用的实例。

(a) (b) 图 5-4 彩

图 5-4　灰铸铁应用的实例

（a）车床床身；（b）气缸套

2. 可锻铸铁

可锻铸铁是将白口铸铁进行石墨化退火，使其中的渗碳体在固态下分解形成团絮状的石墨而获得的一种铸铁。由于铸铁中石墨呈团絮状分布，对基体破坏作用减弱，因而与灰铸铁相比具有较高的力学性能，尤其是具有较高的塑性和韧性，故此被称为可锻铸铁，但这只是一种形容，实际上可锻铸铁并不能锻造。

根据石墨化退火工艺不同，可以形成铁素体基体及珠光体基体的两类可锻铸铁，如图 5-5 所示。铁素体基体可锻铸铁是将白口的铸件加热至 900~980℃，并经 15h 左右的长时间保温，使渗碳体发生分解，得到奥氏体与团絮状石墨的组织。随后在缓慢冷却的过程中，从奥氏体中不断析出二次石墨，二次石墨依附在原先已有的石墨上，使石墨继续长大。当冷却到 720~740℃的共析转变温度区间时，若以极缓慢的速度冷却（或保温十几小时），奥氏体将分解为铁素体与石墨，最终得到铁素体基体加团絮状石墨组织。由于这类石墨化退火多不加特别气氛保护，直接暴露在空气中，表层发生氧化而部分脱碳。在这种

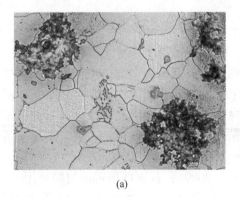
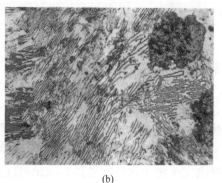

(a) (b)

图 5-5　可锻铸铁的显微组织

（a）铁素体基体；（b）珠光体基体

情况下其断口有如下特征：断口中心因存在大量石墨而呈灰暗色，表层因退火时脱碳，石墨数量少而呈灰白色，故称为"黑心可锻铸铁"。若通过共析转变温度区间时的冷却速度较快，则奥氏体将直接转变为珠光体，得到珠光体基体加团絮状石墨组织的可锻铸铁。

如将白口铸铁密封在氧化性介质中进行石墨化退火，则其表层几乎完全脱碳，为完全铁素体组织，而中心残留着少量珠光体和团絮状的石墨，其断口中心呈白色，故称为"白心可锻铸铁"。由于白心可锻铸铁生产工艺较复杂，其性能又和黑心可锻铸铁相近，故应用较少。

铁素体可锻铸铁具有较高的塑性和韧性，且比钢的铸造性能好，所以生产中应用较多，通常可用于铸造形状复杂、要求承受冲击载荷的薄壁零件，如汽车、拖拉机的前后轮壳、减速器壳、转向节壳等。珠光体可锻铸铁的强度和耐磨性比铁素体可锻铸铁高，可用来制造强度和耐磨性要求较高的零件，如曲轴、连杆、齿轮等。但由于可锻铸铁的生产周期长，工艺复杂，成本高，不少可锻铸铁零件已逐渐被球墨铸铁所替代。

可锻铸铁的牌号、性能及用途见表 5-6。牌号中"KT"为"可铁"两个字汉语拼音首字母，"H"表示"黑心"（即铁素体基体），"Z"表示基体为珠光体。牌号后面的两组数字分别代表最低抗拉强度和最低伸长率。

表 5-6　可锻铸铁的牌号、性能及用途（GB/T 9440—2010）

牌　号	R_m/MPa	$R_{p0.2}$/MPa	A/%	组织	应用举例
KTH300-06	≥300	—	≥6	铁素体+ 团絮状石墨	有一定强度和韧性，用于承受低动载荷、要求气密性好的零件，如管道配件、中低压阀门等
KTH330-08	≥330	—	≥8		用于承受中等动载荷和静载荷的零件，如犁刀、犁柱、机床用扳手及钢丝绳扎头等
KTH350-10	≥350	≥200	≥10		有较高强度和韧性，用于承受较大冲击、振动及扭转载荷零件，如汽车、拖拉机后轮壳、转向节壳、制动器壳等
KTH370-12	≥370	—	≥12		
KTZ450-06	≥450	≥270	≥6	珠光体+ 团絮状石墨	强度、硬度及耐磨性好，用于承受较高应力与耐磨的零件，如曲轴、连杆、凸轮轴、活塞环、齿轮、轴套、万向接头、传动链条等
KTZ550-04	≥550	≥340	≥4		
KTZ650-02	≥650	≥430	≥2		
KTZ700-02	≥700	≥530	≥2		

3. 球墨铸铁

球墨铸铁是石墨呈球状的灰口铸铁，简称球铁。球墨铸铁的组织由钢基体和球状石墨组成。由于球墨铸铁中的石墨呈球状，对基体的割裂作用大为减小，使得基体的塑性和韧性在相当大的程度上得以发挥，因此，球铁的强度、塑性和韧性远高于普通灰铸铁及可锻铸铁，同时保留着普通灰铸铁耐磨、消振、易切削、好铸造、缺口不敏感等一系列优点。

根据国家标准《球墨铸铁件》（GB/T 1348—2009），我国球墨铸铁的牌号用"球铁"两个字的汉语拼音首字母"QT"和其后两组数字表示。第一组数字表示最低抗拉强度，第二组数字表示最低伸长率。表 5-7 列出球墨铸铁的具体牌号、性能及用途。

表 5-7　球墨铸铁的牌号、性能及用途（GB/T 1348—2009）

牌　号	R_m/MPa	$R_{p0.2}$/MPa	A/%	基体组织	应　用　举　例
QT400-18	≥400	≥250	≥18	铁素体	汽车、拖拉机的牵引框、轮毂、离合器及减速器的壳体，阀门的阀体和阀盖、高低压气缸，铁路垫板等
QT400-15	≥400	≥250	≥15		
QT450-10	≥450	≥310	≥10		
QT500-7	≥500	≥320	≥7	铁素体+珠光体	机油泵齿轮、轴瓦、机器底座、支架、传动轴、链轮、飞轮、电动机机架等
QT600-3	≥600	≥370	≥3	铁素体+珠光体	连杆、曲轴、齿轮、凸轮轴、气缸体、轻载荷齿轮、部分机床主轴、球磨机齿轴、矿车轮、小型水轮机主轴、缸套等
QT700-2	≥700	≥420	≥2	珠光体	
QT800-2	≥800	≥480	≥2	珠光体或索氏体	
QT900-2	≥900	≥600	≥2	回火马氏体或屈氏体+索氏体	汽车螺旋锥齿轮、减速器齿轮、凸轮轴、传动轴、转向节等

　　获得球形石墨是球墨铸铁石墨化的关键所在，为了获得球形石墨需进行变质处理，即在浇注前需向铸铁熔体中加入一定量的变质剂（又称球化剂）进行变质处理（又称球化处理），常用的球化剂有纯镁、稀土镁合金等。加入球化剂使得石墨形核长大得到控制，形成球形，详细的机理可参阅有关著作[5]。同时，为了促进石墨化，在球化处理时还要加入少量的硅铁或硅钙合金进行孕育处理。经球化和孕育处理后石墨球的数量增多，球径减小，形状圆整，分布均匀，减少了铸件的缩松等，这样就可以有效发挥基体的力学性能。就基体而言，常用的组织有珠光体、珠光体+铁素体和铁素体 3 种，如图 5-6 所示。经过第三节所述的热处理，还可以获得贝氏体、马氏体、屈氏体、索氏体等基体组织，在很大的范围内进一步调控其性能。基于上述的组织特点，同其他铸铁相比，球墨铸铁不仅抗拉强度高，而且屈服极限也很高，屈强比达到 0.7~0.8，甚至比一些钢还高。球墨铸铁的疲劳强度亦可和钢相媲美。一般而言，在球墨铸铁中，以铁素体为基的球墨铸铁塑性最好，以珠光体为基的球墨铸铁强度较高，以马氏体为基的球墨铸铁具有高的硬度和强度，以等温淬火获得的下贝氏体为基的球墨铸铁具有优良的综合力学性能。

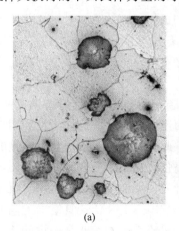 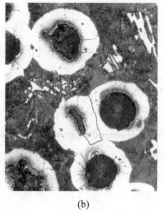 

(a)　　　　　　　　　　　(b)　　　　　　　　　　　(c)

图 5-6　球墨铸铁的显微组织

（a）铁素体基体；（b）珠光体+铁素体基体；（c）珠光体基体

总之，球墨铸铁具有优异的力学性能，可用于制造负荷较大、受力复杂的零件。例如，珠光体球墨铸铁常用于制造汽车、拖拉机或柴油机中的曲轴、连杆、齿轮、凸轮轴，机床主轴，蜗轮蜗杆，水压机气缸、缸套、活塞等。铁素体球墨铸铁多用于制造受压阀门、机器机座、汽车后桥壳等。球墨铸铁应用的实例如图5-7所示。

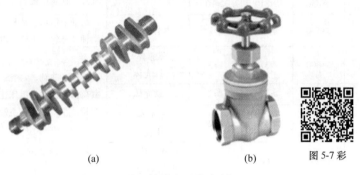

(a)   (b)   图 5-7 彩

图 5-7 球墨铸铁应用的实例

(a) 曲轴；(b) 阀门

4. 蠕墨铸铁

蠕墨铸铁中的石墨介于片状石墨和球状石墨之间，呈蠕虫状。蠕虫状石墨在光学显微镜下的形状呈短而厚的片状，头部较钝、较圆，形似蠕虫状，故有蠕墨铸铁之称。图5-8为蠕墨铸铁的显微组织。由于蠕墨铸铁的石墨形态大部分呈蠕虫状，间有少量球状，使它兼备灰铸铁和球墨铸铁的某些优点，日益引起人们的重视。

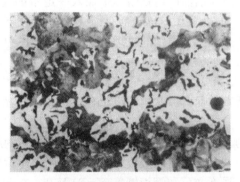

图 5-8 蠕墨铸铁的显微组织

（铁素体+珠光体基体）[6]

蠕墨铸铁的化学成分要求与球墨铸铁相似，一般成分范围如下：$w(C) = 3.5\% \sim 3.9\%$，$w(Si) = 2.1\% \sim 2.8\%$，$w(Mn) = 0.4\% \sim 0.8\%$，$w(S) < 0.1\%$，$w(P) < 0.1\%$，碳当量为$4.3\% \sim 4.6\%$。蠕虫状石墨的形成是通过加入一定量的蠕化剂进行蠕化处理实现的。与球墨铸铁类似，蠕化处理要配合孕育处理，以获得良好的蠕化效果。我国目前采用的蠕化剂主要有稀土镁钛合金、稀土镁、硅铁或硅钙合金。

在成分和基体组织相同的前提下，蠕墨铸铁的力学性能介于灰铸铁和球墨铸铁之间。蠕墨铸铁的强度和韧性比灰铸铁高。由于蠕虫状石墨是互相连接的，蠕墨铸铁塑性和韧性比球墨铸铁低，但其铸造性能和减震能力都优于球墨铸铁。此外，蠕墨铸铁还具有优良的抗热疲劳性能。因此，蠕墨铸铁可以在一些场合用来代替高强度铸铁、合金铸铁、黑心可锻铸铁及铁素体球墨铸铁。蠕墨铸铁广泛用来制造电动机外壳、柴油机缸盖、机座、机床床身、钢锭模、飞轮、排气管、阀体等机器零件。蠕墨铸铁是国际上公认最具潜力的高端发动机材料。中国制造要走向高端，体现在发动机行业，蠕墨铸铁技术是非常关键的技术之一。在央视纪录片《大国重器（第二季）》第二集"发动中国"中介绍，为给中国装备装上一颗强劲的"中国心"，潍柴动力股份有限公司率先在行业内掌握了蠕墨铸铁制造发动机的技术（图5-9）。

图 5-9　央视报道：潍柴生产的蠕墨铸铁发动机缸体

蠕墨铸铁的牌号、性能及用途列于表5-8。牌号中"RuT"为"蠕铁"二字的汉语拼音首字母，后面一组数字表示最低抗拉强度。

表 5-8　蠕墨铸铁的牌号、性能及用途（GB/T 26655—2011）

牌号	R_m/MPa	$R_{p0.2}$/MPa	A/%	硬度HBW	基体组织	应用举例
RuT300	≥300	≥210	≥2.0	140~210	铁素体	排气管、变速箱体、汽缸盖、液压件、纺织机零件等
RuT350	≥350	≥245	≥1.5	160~220	珠光体+铁素体	龙门铣横梁、飞轮、起重机卷筒、液压阀体等
RuT400	≥400	≥280	≥1.0	180~240		
RuT450	≥450	≥315	≥1.0	200~250	珠光体	活塞环、汽缸套、刹车鼓、制动盘、玻璃模具、泵体等
RuT500	≥500	≥350	≥0.5	220~260		

第二节　钢的热处理原理

热处理是调控金属材料性能的一种基本方法。钢的**热处理**是指在固态下通过加热、保温和冷却工序改变钢的内部组织结构，从而获得预期性能的一种工艺。其基本工艺过程如图5-10所示。加热、保温、冷却是热处理需要控制的3个基本工艺要素。此外，因性能调控和工艺需要，工件的热处理有时在特定的环境介质中进行。

热处理之所以能改变钢的性能，是由于热处理的加热和冷却使钢会发生一系列的固态相变，改变了钢的组织结构。当然热处理不仅仅是只对于钢铁材料，

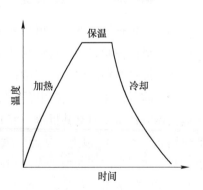

图 5-10　热处理工艺曲线示意图

其他金属材料同样可以通过热处理改变性能。需要强调指出的是，热处理加热和冷却通

常是有意偏离平衡状态的，使得钢发生各种平衡态条件下不出现的相变过程和组织结构变化。然而，平衡相图仍是分析热处理的重要工具。只有那些在相图上存在随温度变化会发生溶解度变化、同素异构转变等的合金，才有可能在热处理过程中发生组织结构变化。

热处理主要有两个目的：其一，为工件的冷加工和热加工做准备，使工件具有较好的工艺性能。例如，降低或提高硬度以利于切削、消除应力有利于后续的淬火等，这种热处理也称为预先热处理。其二，赋予工件所需的最终使用性能。例如，工具钢最后通过热处理获得高硬度，满足用以切削其他金属的性能要求，这种热处理也称为最终热处理。

热处理主要是依据加热、冷却等工艺特点来分类，大致上可以分为如下几种。

（1）普通热处理：一般指对工件整体进行热处理，并且不利用特殊的介质对工件表面的成分进行控制。根据加热、保温、冷却工艺的不同，普通热处理主要有退火、正火、淬火、回火、时效、冷处理等具体工艺。

（2）表面热处理：一般指仅对工件表层进行热处理的工艺。表面热处理一般以实现表面强化为目的，因此，一般是表面淬火。根据表面加热方式的不同，表面淬火主要有感应加热表面淬火、火焰加热表面淬火、激光加热表面淬火等。为更好地进行表面强化，在表面热处理中还可采取一些方法改变表面的成分，即所谓的化学热处理。主要的方法有渗碳、渗氮、碳氮共渗等，通过这些方法提高工件表面的碳、氮含量，再进行淬火处理，从而获得高表层硬度。

（3）特殊热处理：一般指为达到特殊的质量要求而在热处理过程采取特殊方法。例如，为避免氧化获得优良的表面质量，在真空条件下进行热处理、在可控气氛中进行热处理；为同时获得高的强度和韧性，采用某种特殊工艺获得板条状马氏体、超细晶组织或复合组织的强韧化热处理等。

下面首先阐述钢在加热和冷却过程中内部组织结构转变的基本规律，然后根据这些规律阐明各种主要热处理工艺中加热、保温及冷却 3 个要素的基本工艺设计。

一、钢在加热时的组织转变

加热是各种热处理必不可少的第一道工序。加热的目的主要有两种：一是使钢部分或完全处于奥氏体状态，使后续的冷却能发生由奥氏体到其他组织的转变，实现性能调控；二是通过加热对钢的组织进行调控，从而调整性能。

对于前者，按 $Fe\text{-}Fe_3C$ 相图可知，碳钢应至少加热到 A_1 温度以上时，珠光体才会发生向奥氏体的转变。但是共析钢、亚共析钢和过共析钢要完全转变为单相奥氏体，则需分别加热到 A_1、A_3、A_{cm} 以上。然而，铁碳平衡相图中这些固态组织转变的临界点 A_1、A_3、A_{cm} 等，与在实际生产中的加热或冷却速度较快条件下的临界点相比，总有滞后现象。即：加热时的实际转变温度总是高于平衡临界点，反之，冷却时的实际转变温度总是低于平衡临界点。随着加热或冷却速度的增加，滞后现象将越加严重。通常把加热时的实际临界点标以字母"c"，如 Ac_1、Ac_3、Ac_{cm}；把冷却时的实际临界点标以字母"r"，如 Ar_1、Ar_3、

Ar_{cm}。图5-11示意标出以上各临界点在 Fe-Fe_3C 相图中的位置。

对于第二个目的，加热不是为了让钢在冷却时发生组织转变，而是通过加热消除一些加工过程带来的缺陷或应力。例如，成分和组织均匀化、碳化物球化、消除应力等。这时，不需要进行奥氏体冷却过程的组织转变，因此，一般不需要加热到奥氏体相区。

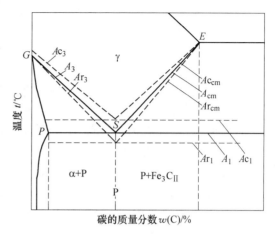

（一）奥氏体的形成过程

根据 Fe-Fe_3C 相图，钢在常温下的平衡组织是由铁素体和渗碳体两相构成，加热到奥氏体相区，铁素体和渗碳体两相构成的组织转变为奥氏体，这个过程称为**奥氏体化**。现以共析钢为例，说明奥氏体的形成过程。根据相图，共析钢室温组织为

图 5-11　钢在加热和冷却时临界点的变动示意图

珠光体，当把共析钢加热到 Ac_1 以上时，便发生逆共析转变：

$$P[\alpha(0.0218\%C) + Fe_3C(6.69\%C)] \xrightarrow{> Ac_1} \gamma(0.77\%C)$$

显然，奥氏体无论是成分还是晶体结构都与铁素体和渗碳体相差很大，需要通过形核和长大过程在原来的组织中形成，在这过程中铁原子需重新排列形成新结构，碳原子须通过长程扩散重新分布，因此，珠光体向奥氏体的转变过程属于扩散型相变。相变完成后形成新的相和组织，通常将这种由相变导致的组织转变过程称为"相变**重结晶**"。

具体看，共析钢的奥氏体化可看成由奥氏体形核、奥氏体晶核长大、剩余渗碳体的溶解及奥氏体成分均匀化4个基本过程组成，如图5-12所示。

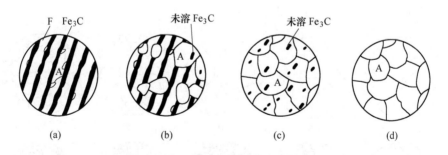

图 5-12　共析钢中奥氏体形成示意图

（a）A形核；（b）A长大；（c）残余 Fe_3C 溶解；（d）A均匀化

（1）奥氏体形核：奥氏体的晶核优先在铁素体与渗碳体的相界面处形成，这是由于界面处碳浓度不均匀，原子排列也不规则，处于能量较高状态，为形核提供了有利条件。

（2）奥氏体晶核长大：奥氏体晶核形成后，向铁素体和渗碳体两侧长大，长大受铁、碳原子的扩散控制，随铁原子的重新排列铁素体不断向奥氏体转变，渗碳体不断溶解，渗碳体附近碳处于高浓度，铁素体附近碳处于低浓度，碳通过长程扩散达到在奥氏体中的成分。

（3）残余渗碳体的溶解：由于渗碳体无论是晶体结构还是含碳量，与奥氏体的差别都比铁素体的差别要大，因此奥氏体向两侧的长大速度是不同的，铁素体向奥氏体的转变速度比渗碳体的溶解速度快得多，所以铁素体比渗碳体消失得早。当铁素体全部转变为奥氏体后，还有一部分渗碳体尚未溶解。随着加热保温时间的延长，这些残余渗碳体不断溶入奥氏体中去，直至全部消失。

（4）奥氏体成分的均匀化：残余渗碳体全部溶解后，奥氏体内部的成分分布仍然是不均匀的，原渗碳体处含碳量较高，原铁素体处含碳量较低，需继续延长保温时间，通过碳原子的扩散，才能使奥氏体的成分逐渐趋于均匀。

亚共析钢和过共析钢奥氏体的形成过程，基本上与共析钢相同。但亚共析钢和过共析钢中分别存在先共析铁素体和先共析二次渗碳体，根据相图，按上述共析钢加热到 Ac_1 之上完成珠光体向奥氏体的转变之后，先共析铁素体和先共析二次渗碳体还留存，必须加热到 Ac_3 和 Ac_{cm} 以上的温度，才能完成先共析铁素体和先共析二次渗碳体向奥氏体的转变，最后得到全部的奥氏体。

（二）奥氏体晶粒大小及其控制

钢加热完成奥氏体转变后得到奥氏体多晶体，最终得到的奥氏体晶粒大小对后续冷却转变的组织和对应的性能有着显著的影响。奥氏体晶粒细小，则转变产物也细小，其强度和韧性相应都较高。为了获得所期望的合适的奥氏体晶粒尺寸，需掌握加热形成奥氏体时影响其晶粒大小的因素以及控制奥氏体晶粒大小的方法。

1. 奥氏体晶粒大小的表征方法

为控制生产质量的方便，用奥氏体晶粒度的方法来表征奥氏体晶粒大小，并建立了国家标准（参见第二章）。图 5-13 为国家标准晶粒度等级图，表示在放大 100 倍时钢的奥氏体晶粒的大小，定义 1~4 级为粗晶粒，5~8 级为细晶粒，9 级以上为超细晶粒。在实际生产中，只需将钢试样在金相显微镜下放大 100 倍，全面观察并将之与标准晶粒度等级图进行比较，即可确定其晶粒大小的级别。

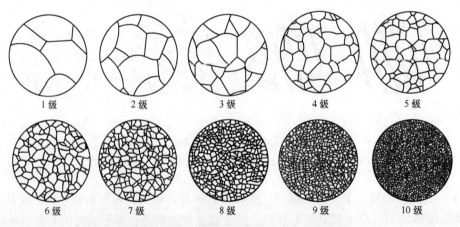

图 5-13　标准晶粒度等级示意图（数字为晶粒度等级）

在具体的加热条件下完成奥氏体转变后最终得到的晶粒度称为**实际晶粒度**，它决定了冷却转变后得到的组织和性能，这是生产中需要控制的。奥氏体加热转变完成后得到的实际晶粒大小与其起始的晶粒大小和晶粒长大倾向直接相关。起始晶粒大小可由起始晶粒度表征，晶粒长大倾向可由本质晶粒度表征。

起始晶粒度：是指加热过程中，奥氏体化刚完成时的晶粒大小。一般来说奥氏体的起始晶粒大小与加热速度、原始组织等有关。但这种晶粒不稳定，将随加热温度升高或保温时间延长而长大。

本质晶粒度：是指在规定条件下得到的奥氏体的晶粒度。具体条件是把钢加热到（930±10）℃，保温 3~8h。在此条件下得到晶粒度为 1~4 级的钢称为本质粗晶粒钢，晶粒度为 5 级以上的钢称为本质细晶粒钢。显然，本质晶粒度并不反映钢实际晶粒的大小，只表示在一定温度范围内（930℃以下）奥氏体晶粒长大的倾向性。本质细晶粒钢在 930℃以下加热时晶粒长大缓慢，适于进行热处理，所以需经热处理的零件，一般尽量选用本质细晶粒钢。本质晶粒度主要受化学成分控制，工业上应用的优质碳素钢和合金钢大都是本质细晶粒钢。

2. 奥氏体晶粒大小的控制

钢在加热时所形成的奥氏体晶粒大小，主要受以下因素控制。

（1）加热温度和保温时间：加热温度越高，原子扩散速度就越快，保温时间越长，长大的时间越长，奥氏体晶粒长大也越明显。为获得一定尺寸的奥氏体晶粒，可同时控制加热温度和保温时间，相比之下，加热温度作用更大，因此必须要严格控制。

（2）加热速度：加热速度越快，过热度越大，形核率越高，奥氏体起始晶粒度越细小。因此，在实际生产采用的连续加热过程中，可采用快速加热、短时保温的方法来细化奥氏体晶粒。

（3）化学成分：钢中的含碳量和合金元素都会显著影响奥氏体晶粒的长大。在一定范围内，奥氏体晶粒长大倾向随含碳量增加而增大。这是因为随含碳量增加，碳在奥氏体中的扩散速度也随之增加的缘故。但当含碳量超过一定限度后，就会形成过剩的二次渗碳体，阻碍晶粒的长大。至于钢中的合金元素，总的来说，除 Mn 和 P 外，都不同程度地阻碍奥氏体晶粒长大。在钢中加入合金元素 Ti、V、Nb、Zr、W、Mo、Cr、Al 等，当其形成碳化物和氮化物弥散分布在晶界上时，能阻碍晶界的迁移，从而阻碍奥氏体晶粒的长大。

二、钢在冷却时的组织转变

钢的奥氏体在非平衡冷却过程中会发生一系列的相变，这些相变过程受冷却温度和速度控制，通过选择恰当的冷却方式使奥氏体转变为预期的组织，从而得到所需的性能。因此，冷却是钢的热处理中非常关键的工序，了解钢在冷却时的组织转变规律十分重要。但这时 Fe-Fe$_3$C 平衡相图的转变规律已不适用，需建立钢中奥氏体在非平衡冷却中相变的规律。

根据冷却方法的不同，奥氏体的冷却转变可分为两种，一种是等温冷却转变，另一种是连续冷却转变，如图 5-14 所示。因此，对奥氏体冷却过程中转变规律的认识也基于这两种冷却方式，并通过实验测定过冷奥氏体等温转变曲线和连续转变曲线来分析。由

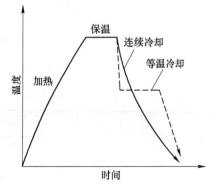

图 5-14 奥氏体不同冷却方式示意图

于等温转变是在恒温下进行的，便于分析奥氏体在冷却过程中组织变化的全过程，获得温度、时间与奥氏体转变过程及其产物之间的相互关系。因此，下面先以共析钢为例说明奥氏体在等温条件下的转变，然后再分析在实际生产中应用较多的连续冷却条件下的转变。

（一）过冷奥氏体等温转变曲线

奥氏体在温度高于 A_1 的奥氏体相区是其热力学平衡稳定状态，将之冷却到 A_1 温度以下，奥氏体在热力学上处于不稳定状态，会发生分解转变。但在奥氏体中形成新相的晶核需要克服一定的形核能垒[7]，其长大需原子长程扩散。因此，奥氏体可能在 A_1 以下的一定温度和时间范围存在，这种存在状态是亚稳定的，随时间和温度的变化它将转变为其他相。将这种在 A_1 温度以下存在的亚稳态奥氏体称为**过冷奥氏体**。

过冷奥氏体的等温转变，就是将钢加热到奥氏体状态后，迅速冷却到低于 A_1 的某一温度，并保温足够时间，使奥氏体在该温度下完成其组织转变过程。用过冷奥氏体等温转变的温度、时间和转变量三者之间关系的曲线图可以清晰地描述**过冷奥氏体等温转变**，这种关系图称为 TTT（temperature-time-transformation）曲线，因其形状与字母"C"相似，故又称 C 曲线，如图5-15所示。C 曲线的测定方法与相图测定方法类似，有兴趣的读者可参阅本章延伸阅读5-1 的内容。

延伸阅读 5-1

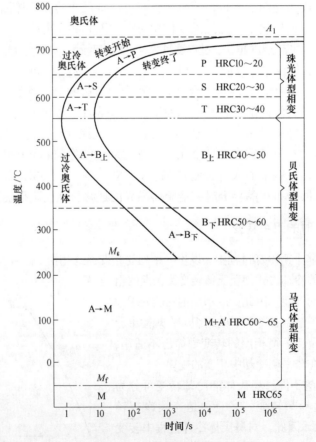

图 5-15 共析钢的 C 曲线

从图 5-15 所示 C 曲线可见，$A_1 \sim M_s$ 之间转变开始线以左的区域为过冷奥氏体区；转变

终了线以右及 M_f 点以下为转变产物区；而转变开始线与转变终了线之间为转变过渡区（即过冷奥氏体与转变产物共存的区域）。C 曲线下部还有两条水平线，分别表示奥氏体向马氏体转变的开始温度 M_s 和终了温度 M_f。显然，当过冷奥氏体快速冷却至不同的温度区间进行等温转变时，得到不同的产物及组织。根据转变过程与产物的不同，共析钢 C 曲线由上至下可分为三个区域：$A_1 \sim 550℃$ 之间为高温转变区（珠光体转变区）；$550℃ \sim M_s$ 之间为中温转变区（贝氏体转变区）；$M_s \sim M_f$ 之间为低温转变区（马氏体转变区）。

过冷奥氏体在 M_s 以上各个温度下等温并非一开始就转变，而是历经一定时间后才开始转变，这段时间称为孕育期。孕育期越长，过冷奥氏体越稳定，反之则越不稳定。孕育期最短处，奥氏体最不稳定，转变最快，这里称为 C 曲线的"鼻尖"，对于碳钢来说，"鼻尖"处的温度一般为 550℃。在 C 曲线的"鼻尖"以上，孕育期随温度的降低而缩短；在"鼻尖"以下，孕育期则随温度的降低而延长。在 M_s 以上的转变需要孕育期是因为过冷奥氏体在该温度区间发生的珠光体相变是扩散型相变，贝氏体相变与扩散有关。而在 M_s 以下的转变不需要孕育期，是因为发生的马氏体相变是非扩散型的相变，只要过冷奥氏体达到这个温度即开始转变过程，转变速度极快，与时间基本无关。钢热处理后的组织与性能取决于珠光体相变、贝氏体相变和马氏体相变这 3 个相变进行的状况。下面简要介绍这三个相变。

（二）过冷奥氏体在冷却中的相变

1. 珠光体转变

珠光体转变在 $A_1 \sim 550℃$ 温度范围内进行。由于转变温度较高，奥氏体能通过铁、碳原子的充分扩散分解为成分、结构都与之相差很大的渗碳体和铁素体。所以，奥氏体向珠光体的转变属于扩散型相变。奥氏体转变为珠光体的过程是渗碳体和铁素体形核和长大的过程。如图 5-16 所示，当奥氏体过冷到 A_1 以下时，首先在奥氏体晶界处形成晶核，是先形成渗碳体还是铁素体晶核并无定论，两种情况都可能出现，这里以先形成渗碳体为例。通过扩散，渗碳体依靠其周围的奥氏体不断供应碳原子而长大，因而引起渗碳体周围的奥氏体含碳量不断降低，从而为铁素体形核创造了条件，使这部分奥氏体转变为铁素体。由于铁素体的溶碳能力低（$w(C)<0.0218\%$），长大时必然要向侧面的奥氏体中排出多余的碳，使相邻的奥氏体含碳量增高，这又为产生新的渗碳体创造了条件。如此交替进行下去，奥氏体就转变成交替排列的铁素体和渗碳体。珠光体形成时，为了使新形成的渗碳体和铁素体与奥氏体的原子在界面上能够较好地匹配，以降低界面能，同时，要尽量降低应变能，因此，新相与母相之间会保持一定的晶体学位向关系，并形成片层状渗碳体与铁素体晶核。在渗碳体两侧形成铁素体晶核以后，已经形成的渗碳体片就不易再向两侧长大，而是随着碳原子的扩散往奥氏体晶粒纵深长大，从而形成片状，最终得到片层相间的珠光体型组织。各个不同位向长大的晶

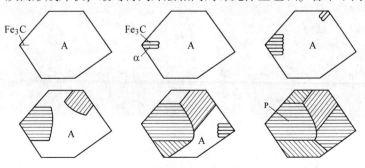

图 5-16　片状珠光体形成示意图

核成长为珠光体团，一直长大到各个珠光体团相碰，转变便告结束。

随珠光体转变温度的下降，相变的过冷度增加，导致形核率增加，而长大速度变慢，因此，珠光体的片层变薄。转变温度越低，珠光体组织的片层越薄，相界面越多，强度和硬度越高，塑性及韧性也略有改善。习惯上，将珠光体型组织按片层间距的大小分为 3 种类型：在 A_1~650℃较高温度范围内形成的片层较粗的珠光体，称为**珠光体**，以符号"P"表示；在 650~600℃范围内形成的片层较细的珠光体，称为**索氏体**，以符号"S"表示；在 600~550℃范围内形成的片层极细的珠光体，称为**托氏体**（也称为**屈氏体**），以符号"T"表示。3 种组织的形态如图 5-17 所示。显然，珠光体、索氏体、托氏体都是铁素体和渗碳体片层相间的混合物，三者之间并无本质区别，它们的形成温度也无严格界限，只是习惯上对片层厚度不同的珠光体的一种称谓。

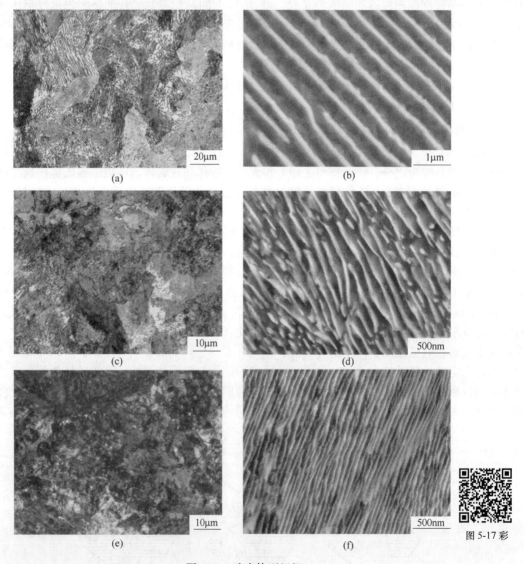

图 5-17　珠光体型组织

（a）珠光体金相照片；（b）珠光体扫描电镜照片；（c）索氏体金相照片；
（d）索氏体扫描电镜照片；（e）托氏体金相照片；（f）托氏体扫描电镜照片

2. 马氏体转变

当奥氏体快速过冷到 M_s 点（对于共析钢约为230℃）以下时，快速冷却抑制了原子的长程扩散，使得过冷奥氏体不能转变为珠光体、贝氏体，而是以切变的机制形成亚稳态的马氏体相，这种转变就是著名的马氏体相变（martensitic transformation）。马氏体相变是一类重要的固态相变并为纪念德国金相学家 Martens 而命名。这种切变型相变不仅存在于钢中，也存在于有色合金和陶瓷材料中。钢中的马氏体相变是强化钢铁材料的重要途径之一，一些有色合金中的马氏体相变是其形状记忆效应的基础[8]，利用马氏体相变能够实现陶瓷的增韧[9]。马氏体相变是材料科学中的一个重要领域，得到广泛的研究和重视[10]。徐祖耀院士（1921~2017 年）是我国马氏体相变研究的先驱，他揭示了无扩散的马氏体相变中存在间隙原子的扩散，由此重新定义了马氏体相变，修正了经典动力学方程。

钢的马氏体转变是在较低温下发生 γ-Fe→α-Fe 的相变，此时铁、碳原子均不能扩散，转变时只有晶格重构，而无成分的变化，即固溶在奥氏体中的碳，全部被强制性地保留在 α-Fe 晶格中，这显然远远超过了 α-Fe 平衡含碳量。因此，**马氏体**是碳在 α-Fe 中的过饱和固溶体，用符号"M"表示。碳的过饱和必然导致严重晶格畸变，使 α-Fe 晶格无法保持平衡态铁素体的体心立方结构，因此，钢中马氏体的晶格为体心四方晶格，如图 5-18 所示。正方晶格单胞的 c/a 称为马氏体的正方度，显然，马氏体的含碳量越高，

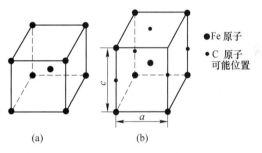

图 5-18　马氏体的晶体结构
（a）体心立方；（b）体心四方

正方度越大，晶格畸变也越严重，马氏体越不稳定。马氏体相变一般具有以下主要特点：

（1）非扩散性。马氏体转变的过冷度很大，转变温度低，铁、碳原子的扩散都极其困难，因此是非扩散型相变，转变过程中没有成分变化，马氏体的含碳量与母相奥氏体的含碳量相同。马氏体相以切变方式从奥氏体相中析出，两相之间保持一定位相关系。

（2）变温形成。马氏体转变有其开始转变温度（M_s点）和转变终了温度（M_f点）。当过冷奥氏体冷到 M_s点，便发生马氏体转变，转变量随温度的下降而不断增加，一旦冷却中断，转变便很快停止。随后继续冷却，马氏体可继续形成。马氏体形成的量主要取决于冷却所到达的温度，而与时间关系不大，这也是非扩散造成的。

（3）形成速度快。马氏体转变没有孕育期，形成速度极快，瞬间形成，瞬间长大，这也是因为相变是非扩散型的，且相变驱动力很大。马氏体转变量的增加，不是靠原马氏体片的长大，而是靠新的马氏体片的不断形成。由于马氏体的形成速度极快，一片马氏体形成时可能会撞击已形成的马氏体并产生微裂纹。

（4）转变的不完全性。一般认为，奥氏体向马氏体的转变是不完全的，即使冷却到 M_f点，也难以获得100%的马氏体，有部分奥氏体未能转变而残留下来，这部分奥氏体称为**残余奥氏体**，用符号"A′"表示。这是因为马氏体形成的畸变很大，在未转变的奥氏体中积累了越来越高的应力和应变，使剩余奥氏体的转变变得越来越困难。钢的 M_s点越低意味着相变开始所需的驱动力越大，即畸变更高，因此，M_s点越低残余奥氏体量越多。显

然，奥氏体的含碳量高，其畸变大，残余奥氏体的量多。图 5-19 表示了碳钢中奥氏体含碳量对马氏体转变点与残余奥氏体量的关系。

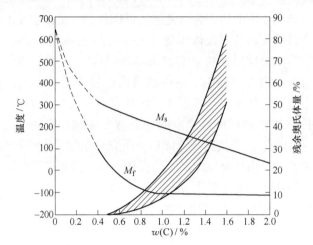

图 5-19　奥氏体含碳量对马氏体转变点及淬火后残余奥氏体转变量的影响

　　按组织形态，钢中马氏体可分为板条状和片状两大类，这主要取决于奥氏体中的含碳量。当碳的质量分数低于约 0.2% 时，基本上形成**板条状马氏体**（也称低碳马氏体，lath martensite），其显微组织是由许多成束的、相互平行排列的板条组成，如图 5-20（a）所示。在高倍透射电子显微镜下可以看到板条马氏体内有高密度的位错缠结的亚结构，故又称为位错马氏体，如图 5-20（b）所示。当碳的质量分数高于约 1.0% 时，则几乎全部是**片状马氏体**（又称为高碳马氏体、透镜状马氏体，plate martensite），其显微组织呈针状或竹叶状，如图 5-21（a）所示。在透射电子显微镜下观察表明，其亚结构主要是孪晶，故又称为孪晶马氏体，如图 5-21（b）所示。片状马氏体比较粗大，在一个奥氏体晶粒内，先形成的马氏体片可横贯整个晶粒，但不能穿越晶界和孪晶界，后形成的马氏体片不能穿越先形成的马氏体片，所以越是后形成的马氏体片就越小（图 5-22）。显然，奥氏体晶粒越细，转变后最大马氏体片的尺寸也越小。当马氏体片细小到在光学显微镜下都无法分辨时，这种在光学显微镜下难以分辨的组织称为**隐针马氏体**，如图 5-23 所示。当碳的质量分数介于 0.2%~1.0% 之间时，为板条状和片状马氏体的混合组织。

(a)　　　　　　　　　　　　　　(b)　　　　　　　　图 5-20 彩

图 5-20　板条马氏体的组织形态

（a）光学显微照片；（b）透射电镜照片

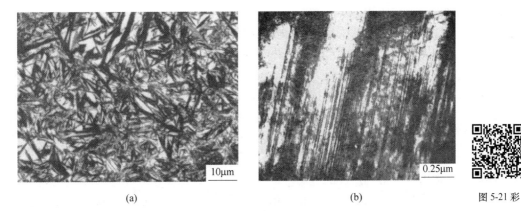

(a)　　　　　　　　　　　　　　　　(b)　　　　　　　　　图 5-21 彩

图 5-21　片状马氏体的组织形态

（a）光学显微照片；（b）透射电镜照片[11]

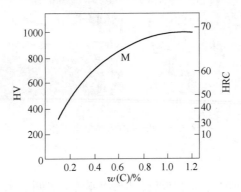

图 5-22　片状马氏体示意图　　　图 5-23　隐针马氏体的组织形态

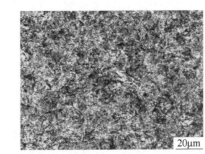

图 5-23 彩

　　马氏体主要有高硬度的力学性能特点，这是由于过饱和碳引起的晶格畸变所致的强烈固溶强化。因此，马氏体的硬度主要受其含碳量的影响，如图 5-24 所示，随含碳量增加，马氏体的硬度也随之增高。在含碳量较低时，马氏体硬度随含碳量增加而升高比较明显，当碳的质量分数超过 0.6% 以后，硬度的增加趋于平缓。合金元素的存在，对马氏体的硬度影响不大。此外，马氏体转变时造成的大量晶体缺陷（如位错、孪晶等）和组织细化等

图 5-24　含碳量对马氏体硬度的影响

对马氏体的强化也起重要作用。

马氏体的塑性和韧性主要取决于其内部亚结构的形式和碳的过饱和度。高碳片状马氏体由于碳的过饱和度大，晶格畸变严重，晶内存在大量孪晶，且形成时相互接触撞击而易于产生微裂纹等，硬度虽高，但脆性大，塑性、韧性均差。低碳板条状马氏体的亚结构是高密度位错，含碳量低，相对而言，韧性好些，特别是由于其形成温度较高，马氏体中过饱和的碳在这样的温度条件下会以形成细小弥散的碳化物的形式析出，即所谓的"自回火"现象（回火的问题后面还将详细阐述）。这种碳化物的弥散均匀析出，不仅改善了马氏体的塑性和韧性，也有利于增加强度。因此，这种组织在具有高强度的同时还具有良好的塑性和韧性，在生产中得到广泛的应用。

一般的淬火操作都是冷却到室温为止，但碳的质量分数大于 0.5% 的碳钢，M_f 点已在 0℃以下，淬火后必然有较多的残余奥氏体。高碳高合金钢的 M_f 点更低，残余奥氏体更多。残余奥氏体的存在，一方面降低淬火钢的硬度，另一方面它是一种亚稳定组织，在时间延长或条件适合时，会继续转变为马氏体，使得材料性能发生变化。此外，由于转变时伴有比容的变化，产生体积效应，因此会影响工件尺寸的长期稳定性。所以，对于某些精密零件（如量具、精密轴承等），常将之冷却到−80℃左右进行冷处理，或在液氮（低于−130℃）中进行**深冷处理**，尽量消除残余奥氏体。

3. 贝氏体转变

过冷奥氏体在 550℃ ~ M_s 温度范围内等温处理，生成贝氏体。**贝氏体**是碳化物分布在碳过饱和的铁素体基体上的两相混合物，通常用符号 B 表示。等温温度不同，获得的贝氏体的组织形态也不同。在 550~350℃ 范围内，贝氏体呈羽毛状，它是由许多互相平行的碳过饱和的铁素体片和分布在片间的不连续的短杆状的渗碳体组成的混合物，称之为**上贝氏体**，用 $B_上$ 表示，其显微组织如图 5-25 所示。在 350℃ ~ M_s 范围内，贝氏体呈针状，它是由针叶状的过饱和铁素体和分布在其中的极细小的渗碳体粒子组成，称之为**下贝氏体**，用 $B_下$ 表示，其显微组织如图 5-26 所示，与片状马氏体形态相似。不过，由于碳化物与铁素体间界面易腐蚀，下贝氏体腐蚀后在光学显微镜下观察呈深暗色，而马氏体针则为白亮色。

 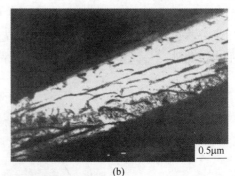

10μm

0.5μm

(a)　　　　　　　　　　　　　(b)

图 5-25　上贝氏体的显微组织

（a）光学显微照片；（b）电子显微照片[12]

贝氏体转变的温度范围介于珠光体转变和马氏体转变之间。相应地，贝氏体相变的机制既不同于珠光体转变，也异于马氏体转变。上贝氏体转变和下贝氏体转变过程如图 5-27 所

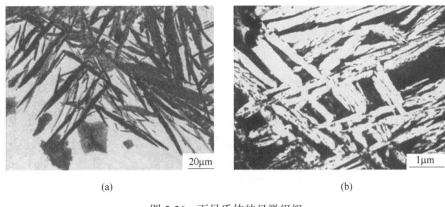

(a)　　　　　　　　　　　　　　　(b)

图 5-26　下贝氏体的显微组织

（a）光学显微照片；（b）电子显微照片

示。贝氏体相变可看成是铁素体片和渗碳体形成的过程，但关键在于这两个相是如何形成的，这导致了学术界关于贝氏体相变机制的长期争论，形成了"切变"和"扩散"两派。"切变"派认为，相变时先按与马氏体相变相同的切变机制形成碳过饱和的铁素体片，随后过饱和碳从其中析出形成碳化物。"扩散"派认为，铁素体从过冷奥氏体中以扩散机制形核长大，渗碳体在铁素体长大过程中在奥氏体与铁素体的界面间析出。两派都用大量详实的理论和实验结果来支持自己的观点，这曾是钢铁相变研究的一个十分重要的话题[13]。

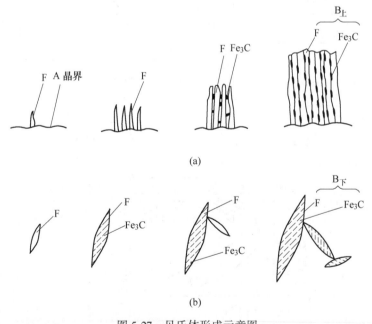

(a)

(b)

图 5-27　贝氏体形成示意图

（a）上贝氏体；（b）下贝氏体

　　上贝氏体中铁素体片较宽，碳化物较粗且不均匀地分布在铁素体条间，所以它的脆性较大，强度较低，基本上无实用价值。下贝氏体中的针状铁素体有较高的过饱和度，其亚结构是高密度位错，同时细小的碳化物均匀地、高度弥散地分布在铁素体片内，因此它除有较高的强度和硬度外，还具有良好的塑性和韧性，即具有较优良的综合力学性能，是实际生产中常用的组织，获得下贝氏体组织是强化钢材的有效途径之一。

（三）影响 C 曲线的因素

C 曲线的形状和位置反映了过冷奥氏体的稳定性和转变速度，其主要受奥氏体的成分和奥氏体化条件的影响。

（1）含碳量的影响：在正常加热条件下，亚共析钢的 C 曲线随含碳量的增加逐渐向右移，而过共析钢的 C 曲线随含碳量的增加逐渐向左移。因此，在碳钢中，共析钢的 C 曲线最靠右，其过冷奥氏体最为稳定。含碳量对 C 曲线位置（实际就是孕育期）影响的内在原因，都可归结为过冷奥氏体转变新相形核长大的难易。以珠光体为例，对于亚共析钢，含碳量越低越有利于从奥氏体中形成铁素体，对于过共析钢，含碳量越高越有利于从奥氏体中析出渗碳体，所以共析钢过冷奥氏体转变的孕育期最长。

另外，对于亚共析钢和过共析钢，在过冷奥氏体转变为珠光体之前，它们分别要先析出铁素体和渗碳体。因此，与共析钢的 C 曲线相比，亚共析钢和过共析钢的 C 曲线上部，各多一条先共析相的析出线，如图 5-28 所示。此外，前面已指出，随含碳量的增加，M_s 和 M_f 点都降低。

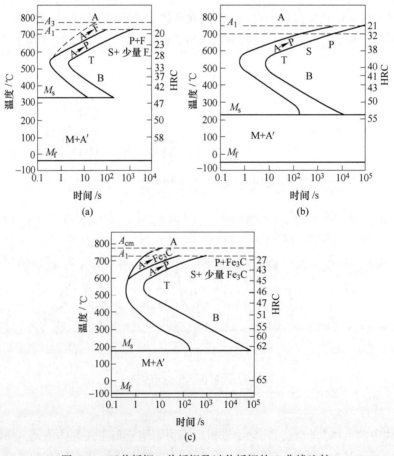

图 5-28 亚共析钢、共析钢及过共析钢的 C 曲线比较

(a) 亚共析钢；(b) 共析钢；(c) 过共析钢

（2）合金元素的影响：除钴以外，所有溶于奥氏体的合金元素都会不同程度地提高奥氏体的稳定性，使 C 曲线右移，延长过冷奥氏体转变的孕育期。

当加入的碳化物形成元素较多时，将对 C 曲线的位置和形状产生双重影响，C 曲线不但右移，还甚至在"鼻尖"处分开，形成上下两个 C 曲线，图 5-29 表示了不同含量的铬对 C 曲线的影响。但是，应当指出，当合金元素未溶入奥氏体中，而以碳化物的形式存在时，它们将降低过冷奥氏体的稳定性。

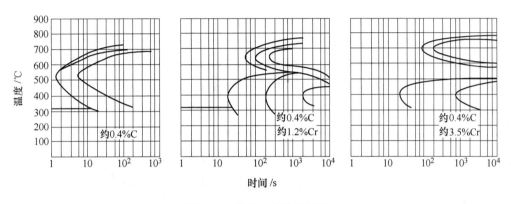

图 5-29　铬对 C 曲线的影响

（3）加热温度和保温时间的影响：加热至 Ac_1 以上温度时，随着奥氏体化温度的提高和保温时间的延长，奥氏体的成分更加趋于均匀、未溶碳化物减少、晶粒长大而使晶界面积减少。这使得过冷奥氏体在冷却转变时的形核率降低，过冷奥氏体的稳定性增加，导致 C 曲线右移。加热温度和保温时间对 M_s 的影响较为复杂，加热温度和保温时间的增加有利于碳和合金元素进一步溶入奥氏体中，会使 M_s 点下降；但是随温度升高，又会引起奥氏体晶粒长大，并使其中的晶体缺陷减少，这样马氏体形成时的切变阻力将会减小，而使 M_s 点升高。如果排除了化学成分的变化，即在完全奥氏体化的条件下，加热温度的提高和保温时间的延长将使 M_s 点有所提高。因此，对于同一种钢，奥氏体化的条件不同，测出的 C 曲线可能有很大差别。在使用 C 曲线时，必须注意奥氏体化条件的影响。

（四）过冷奥氏体连续转变曲线

在实际生产中，过冷奥氏体的转变大多是在连续冷却过程中进行。因此，掌握冷却速度与过冷奥氏体转变产物及其转变量之间的关系，对于确定钢的热处理工艺更具实际意义。**连续冷却转变曲线**（又称 CCT 曲线，continuous-cooling-transformation）就是为此目的而建立的，它是通过测定不同冷却速度下过冷奥氏体的转变产物和转变量而得到的。

1. CCT 曲线的分析

为便于比较，仍以共析钢为例。图 5-30 是共析钢的 CCT 曲线，图中虚线是共析钢的 TTT 曲

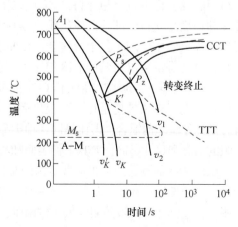

图 5-30　共析钢 CCT 曲线与 TTT 曲线比较图

线，CCT 曲线中 P_s 和 P_z 分别为奥氏体转变为珠光体的开始线和终了线。亚共析钢的 CCT 曲线如图 5-31 所示，该曲线有贝氏体转变区，同时多一条奥氏体向先共析铁素体转变的开始线。由于铁素体的析出，使奥氏体中的含碳量升高，因而 M_s 线的右端下降。过共析钢的 CCT 曲线如图 5-32 所示，该曲线无贝氏体转变区，多一条奥氏体中析出先共析渗碳体的开始线。由于渗碳体的析出，使奥氏体中的含碳量下降，因而 M_s' 线的右端升高。

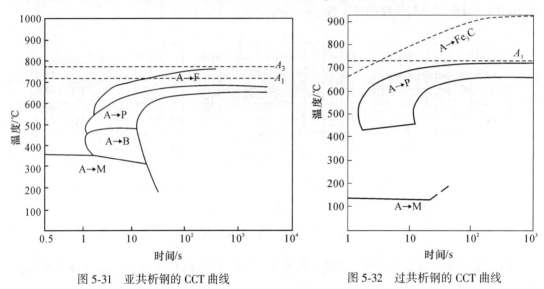

图 5-31　亚共析钢的 CCT 曲线　　　　图 5-32　过共析钢的 CCT 曲线

以共析钢为例，CCT 曲线与 TTT 曲线相比有如下特点：（1）CCT 曲线稍偏右下方。这说明过冷奥氏体连续转变温度低于等温转变温度，孕育期也长一些。（2）在 CCT 曲线中无贝氏体转变区。这可从 TTT 曲线中得到理解，按 TTT 曲线，贝氏体转变基本在"鼻尖"温度以下发生，且孕育期比"鼻尖"处的长。如此，如果冷却速度慢，过冷奥氏体先进入珠光体转变区，形成珠光体，而冷却速度快又不在"鼻尖"以下的贝氏体转变区等温，过冷奥氏体将达不到贝氏体形成所需的孕育期，而是转变为马氏体。（3）珠光体转变区下部多一条珠光体转变终止线 K'，这与无贝氏体转变的理由类似，当过冷奥氏体在连续冷却的珠光体转变过程中，冷却曲线碰到 K' 线时，剩余的过冷奥氏体就终止向珠光体型组织转变，而一直亚稳保持到 M_s 点以下后转变为马氏体。（4）临界冷却速度较小。**临界冷却速度**是获得全部马氏体组织（实际还含有小量残余奥氏体）的最小冷却速度，它对于确定淬火时的冷却工艺十分重要。C 曲线越靠右的钢，其奥氏体越稳定，临界冷却速度越小，也就是说可以用较慢的冷却速度，即在冷却能力较小的冷却介质中淬火获得马氏体组织。v_K' 和 v_K 分别为 TTT 曲线和 CCT 曲线的临界冷却速度，显然 $v_K < v_K'$。（5）转变产物不均匀。由于连续转变是在一个温度范围内进行的，得到的转变产物类型可能不止一种，有时是几种组织的混合；即使是同一种类型的组织，也由于先后转变产物形成温度不同而使组织的形态和尺寸不同，尤其工件表面和心部因冷却速度不同而造成组织和性能上的差异。

CCT 曲线的测定比 TTT 曲线更为困难，首先要创造不同的冷却条件并确定冷却曲线，然后确定过冷奥氏体在该冷却条件下得到的组织，将冷却曲线和对应的组织标在温度和时间坐标图中。连续冷却曲线的测定虽比较困难，但对制订热处理工艺的指导更直接，有一些手册收集了前人积累的不同钢铁材料的 CCT 曲线[14]。

2. TTT 曲线在连续冷却中的应用

由于过冷奥氏体连续冷却转变曲线测定较困难，许多钢种的 CCT 曲线尚还缺乏。基于过冷奥氏体连续冷却转变规律与等温转变有相似之处，目前生产上常用 TTT 曲线代替 CCT 曲线定性地、近似地分析过冷奥氏体的连续冷却转变。方法是把冷却曲线叠加在 TTT 曲线上，把它们与 TTT 曲线的交点定性看作奥氏体的转变开始点和终了点，从而大致估计不同冷速下转变产物的组织与性能，如图 5-33 所示。共析钢的过冷奥氏体按图中 4 个冷却曲线得到的组织、硬度和相对应的热处理工艺如表 5-9 所示。

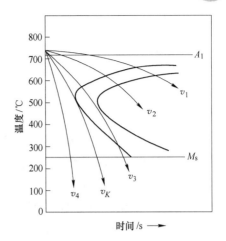

图 5-33 共析钢 TTT 曲线在连续冷却时的应用示意图

表 5-9 过冷奥氏体按图 5-33 中四个冷却曲线得到的组织、硬度和相对应的热处理工艺

冷却速度	相当的热处理工艺	获得的组织	硬度（HRC）
v_1	退火（炉冷）	P	15
v_2	正火（空冷）	S	30
v_3	油中淬火（油冷）	T+M+A′	55～59
v_4	水中淬火（水冷）	M+A′	60～64

第三节 钢的普通热处理

退火、正火、淬火和回火是基本的 4 种普通热处理工艺，是钢制零件制造过程中不可缺少的工序。一般机械零件的加工工艺路线是：毛坯（铸、锻）→预先热处理→切削加工→最终热处理→磨削加工→成品。退火和正火通常作为预先热处理，而淬火和回火作为最终热处理。但是，当对工件要求不高时，退火和正火也可作为最终热处理。

一、钢的退火

退火是将钢加热到一定温度，保温后缓慢冷却，获得以珠光体为主的组织的热处理工艺。退火目的主要有：（1）消除前道工序（铸、锻、焊）所造成的组织缺陷，细化晶粒，提高力学性能。（2）调整硬度以利于切削加工。经铸、锻、焊制造的毛坯，常出现硬度偏高、偏低或不均匀现象，可用退火将硬度调整到 HB170～230，从而改善切削加工性能。（3）消除残余内应力，防止工件变形。（4）为最终热处理（淬火、回火）作好组织上的准备。退火的工艺方法有完全退火、等温退火、球化退火、均匀化退火、去应力退火、再结晶退火等。前 4 种的加热温度在临界点以上，后两种在临界点以下，如图 5-34 所示。

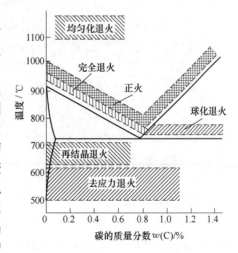

图 5-34 各种退火和正火的加热温度范围

（一）完全退火

完全退火又称重结晶退火，具体工艺是把钢件加热到 Ac_3+（30~50）℃，保温后随炉缓冷到500℃以下出炉空冷。完全退火主要用于亚共析钢铸、锻件及热轧型材，以改善组织，细化晶粒，降低硬度，消除内应力。退火后组织为珠光体+铁素体。

（二）球化退火

球化退火是使钢中片状渗碳体转变为球状渗碳体的热处理。主要用于共析钢和过共析钢的预先热处理，以降低硬度，改善切削加工性能，并为淬火作组织准备。球化退火工艺是把钢件加热到 Ac_1+（30~50）℃，充分保温使二次渗碳体球化，然后随炉缓冷通过 Ar_1 温度，或在略低于 Ar_1 温度等温，使那些细小的二次渗碳体颗粒成为珠光体相变的结晶核心而形成球化组织，之后再出炉空冷。球化退火加热未到达完全奥氏体化的温度，因此它实际上是一种不完全退火。

球化退火后得到的组织是在铁素体基体上弥散分布着颗粒状渗碳体，称为**球状珠光体**，如图 5-35 所示。球化退火也可应用于亚共析钢，使其得到最佳的塑性和较低的硬度，从而大大有利于冷挤、冷拉、冷冲压成型加工。对于有严重网状二次渗碳体存在的过共析钢，在球化退火前，应先进行正火处理，以消除网状，便于球化。

（三）等温退火

等温退火是将钢件加热到 Ac_3+（30~50）℃（亚共析钢）或 Ac_1+（30~50）℃（过共析钢），保温后冷到 Ar_1 以下某一温度，并在此温度下停留，待相变完成后出炉空冷，如图 5-36所示。等温退火由于让奥氏体向珠光体的转变在恒温下完成，而等温处理的前后都可较快地冷却，因此可使工件在炉内停留时间大大缩短而节省工时。等温退火实际上是完全退火和球化退火的一种特殊冷却方式。

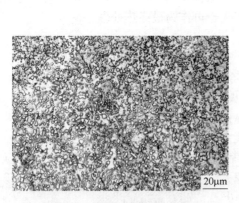

图 5-35　T12 钢球化退火组织

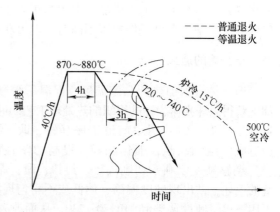

图 5-36　高速钢等温退火与普通退火的比较

（四）均匀化退火

均匀化退火是将钢加热到略低于固相线的温度（1050~1150℃），长时间保温（10~20h），然后缓慢冷却，以消除成分偏析，主要用于高合金钢的钢锭和铸件。均匀化退火因为加热温度高，造成晶粒粗大，所以随后往往要经一次完全退火来细化晶粒。

（五）去应力退火

去应力退火是将工件随炉加热到 Ac_1 以下某一温度（一般是 $500\sim650℃$），保温后缓冷至 $200\sim300℃$ 以下出炉空冷。由于加热温度低于 Ac_1，钢在去应力退火过程中不发生组织变化。其主要目的是消除工件在铸、锻、焊和切削加工过程中产生的内应力，稳定尺寸，减少变形。

二、钢的正火

正火是将钢加热到 Ac_3（亚共析钢）或 Ac_{cm}（过共析钢）以上 $30\sim50℃$，保温后在空气中冷却，得到以索氏体为主的组织的热处理工艺。正火后的组织，通常为索氏体，对于含碳量小于 0.6% 的碳钢还有部分铁素体，而含碳量高的过共析碳钢则会析出一定量的碳化物。其主要目的与退火相同，但是正火与退火相比，其冷却速度较快，获得的珠光体型组织较细，因而钢的强度、硬度也较高。除与退火相同的作用外，正火还可用来消除过共析钢的网状二次渗碳体，为球化退火作组织准备。

退火和正火目的有一定相似，在实际生产中在它们之间进行选择时，一般可以从下面几个方面加以考虑：

（1）切削加工性。一般来说，钢的硬度为 HB170~230，组织中无大块铁素体时，切削加工性较好。因此，对低、中碳钢宜用正火；高碳结构钢和工具钢，以及含合金元素较多的中碳合金钢，则以退火为好。

（2）使用性能。对于性能要求不高，随后拟不再淬火回火的普通结构件，往往可用正火来提高力学性能。但若形状比较复杂的零件或大型铸件，采用正火有变形和开裂的危险时，则用退火，如从减少淬火变形和开裂倾向考虑，正火不如退火。

（3）经济性。正火比退火的生产周期短，设备利用率高，节能省时，操作简便，故在可能的情况下，优先采用正火。

三、钢的淬火

淬火是将钢加热到临界点，保温后快速冷却，获得以马氏体或下贝氏体为主的组织的热处理工艺。淬火的目的就是获得马氏体或下贝氏体。淬火及随后的回火是许多机器零件必不可少的最终热处理，是发挥钢铁材料性能潜力的重要手段之一。例如，高碳工具钢淬火后低温回火可得到高硬度、高耐磨性等性能；中碳结构钢淬火后高温回火（又称为调质处理）可得到强度、塑性、韧性良好配合的综合力学性能，等等。

（一）淬火温度的选择

碳钢的淬火温度可利用 $Fe\text{-}Fe_3C$ 状态图来选定，如图 5-37 所示。亚共析钢的淬火温度为 $Ac_3+(30\sim50)℃$。高于 Ac_3 是为

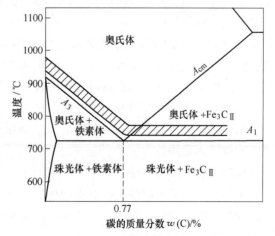

图 5-37　碳钢的淬火加热温度范围

了保证加热后得到完全的奥氏体，若淬火温度过低，比如在 $Ac_1 \sim Ac_3$ 之间加热，则淬火组织中将出现未溶的自由铁素体，降低钢的强度和硬度；但淬火温度过高，导致奥氏体晶粒粗大，淬火得到的马氏体就会粗大，并增加工件变形和开裂倾向。对于过共析钢，淬火温度为 $Ac_1+(30\sim50)℃$，该温度下钢未完全奥氏体化，是奥氏体基体中均匀分布粒状渗碳体，这时的淬火组织为细马氏体+均匀分布的粒状渗碳体+少量残余奥氏体。粒状渗碳体的存在可提高钢的硬度和耐磨性，粒状渗碳体的获得要依靠淬火前的预备热处理，前面已作了介绍。如果过共析钢也加热到完全奥氏体化的温度 Ac_{cm} 以上，使渗碳体完全溶解消失，一方面会引起奥氏体晶粒长大，必然使淬火后的马氏体变得粗大；另一方面奥氏体的含碳量高导致 M_s 点降低，残余奥氏体量增多。这不但降低了钢的硬度和耐磨性，还会使脆性增加，氧化脱碳和变形开裂的倾向也变得严重。

合金钢的淬火温度也是根据其相图上临界点来选定的，但具体淬火温度与普通碳钢有所不同。首先添加合金元素可能会引起钢的临界点发生变化，第二大多数合金元素都阻碍碳的扩散，它们本身的扩散也较困难，为了使合金元素充分溶解和均匀化，淬火温度高出临界点比碳钢更多。不过合金元素在奥氏体化时都有阻碍奥氏体晶粒长大的作用，因此，淬火温度高一些也不会导致奥氏体粗化。合金钢的淬火温度一般为临界点以上 $50\sim100℃$，某些高合金钢会更高一些。关于钢中合金元素的作用在第六章详细介绍。

（二）淬火介质

冷却是影响淬火工艺的重要因素之一。为了获得马氏体组织，淬火速度必须大于钢的临界冷却速度 v_K，但是，冷却过程会产生热应力，组织转变的体积变化也会产生应力，冷却过快会使内应力变化剧烈且巨大，往往会引起工件的变形和开裂。要想既得到马氏体又尽量避免变形和开裂，理想的淬火冷却曲线应如图 5-38 所示，即在 C 曲线鼻尖附近（$650\sim550℃$）快冷，使冷却速度大于 v_K，而在 M_s 点附近（$300\sim200℃$）慢冷，以减少马氏体转变时产生的内应力，但实际的淬火介质很难达到理想的要求。

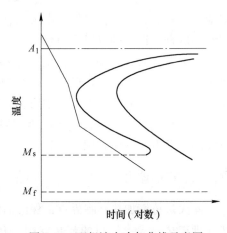

图 5-38　理想淬火冷却曲线示意图

生产上最常用的淬火介质是水、盐水和油。水在高温区的冷却能力较强，盐水则更强，但是在低温区冷却速度太快，不利于减少变形和开裂，因此仅适用于形状简单、截面尺寸较大的碳钢工件。油在低温区有比较理想的冷却能力，但在高温区的冷却能力则嫌不足，因此只适用于合金钢或小尺寸的碳钢工件。

用作淬火介质的还有盐浴和碱浴（如熔融的 $NaNO_3+KNO_3$、$KOH+NaOH$），供等温淬火、分级淬火之用。

（三）常用淬火方法

单靠淬火介质不能使工件获得理想的淬火冷却速度，为了使工件既淬成马氏体又防止变形开裂，除选择合适的淬火介质外，还必须采取正确的淬火方法。最常用的淬火方法有 4 种，如图 5-39 所示。

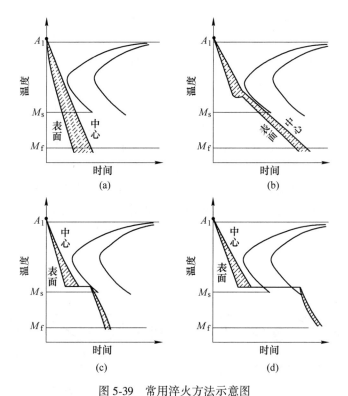

图 5-39　常用淬火方法示意图

（a）单介质淬火；（b）双介质淬火；（c）分级淬火；（d）等温淬火

（1）单介质淬火。单介质淬火是将加热好的工件直接放入一种淬火介质中冷却，如图 5-39（a）所示，如碳钢用水淬、合金钢用油淬等。这种淬火方法操作简便，易实现机械化与自动化，但水淬容易产生变形和开裂，油淬容易产生硬度不足或硬度不均匀等现象。为此，为减少淬火应力，可采用"延时淬火"方法，即先在空气中冷却一下，再置于淬火介质中冷却。

（2）双介质淬火。双介质淬火是将加热好的工件先在一种冷却能力较强的介质中冷却，避免珠光体转变，然后转入另一种冷却能力较弱的介质中发生马氏体转变的方法，如图 5-39（b）所示。常用的有水淬油冷或油淬空冷。这种方法利用了两种介质的优点，淬火条件较理想，可减少内应力、变形和开裂，但操作复杂，在第一种介质中停留的时间不易掌握，需要有实践经验。

（3）分级淬火。**分级淬火**是将加热好的工件放入温度稍高（或稍低）于 M_s 点的硝盐浴或碱浴中，停留一段时间待工件表面和心部温度基本一致，在奥氏体开始转变之前取出，在空气中冷却进行马氏体转变，如图 5-39（c）所示。因为组织转变几乎同时进行，因此减少了内应力，显著降低了变形和开裂的倾向，但由于硝盐浴或碱浴冷却能力不够大，因此适用于小尺寸工件。

（4）等温淬火。**等温淬火**是将加热好的工件淬入温度稍高于 M_s 点的硝盐浴或碱浴中冷却并保持足够时间，使过冷奥氏体转变为下贝氏体组织，然后再取出在空气中冷却的淬火方法，如图 5-39（d）所示。等温淬火处理的工件强度高，韧性和塑性好，即具有良好的综合力学性能，同时淬火应力小，变形小，多用于形状复杂和要求高的小零件。

（四）钢的淬透性

钢淬火的目的是为了获得马氏体组织，但并非任何钢种、任何尺寸的钢件在淬火时都能在整个截面上得到马氏体，这是由于热传导的效应使得淬火冷却时表面与心部冷却速度有差异所致。显然，工件表面冷却速度快，心部冷却速度慢，工件尺寸越大，表面与心部的差异也越大。钢种不同热传导特性也有差别。更重要的是不同钢种的 C 曲线位置不同，导致临界冷却速度不同，而只有材料的冷却速度大于临界冷却速度 v_K 的部分才能转变成马氏体，如图 5-40 所示。因此，在相同的淬火条件和工件尺寸下，不同的钢淬火时从其表面到心部的深度方向上形成马氏体的能力会不同。用钢的**淬透性**来表征这个内禀特性，并定义淬透性为钢在淬火时获得的有效淬硬深度（也称淬透层深度）的能力。有效淬硬深度越深，表明其淬透性越好。通常规定由工件表面到半马氏体区（即马氏体和珠光体型组织各占 50%的区域）的深度作为有效淬硬深度。

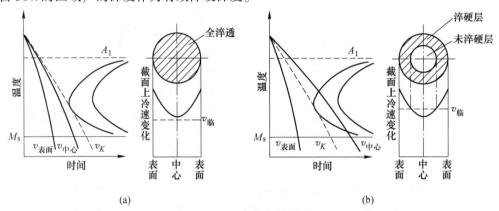

图 5-40 零件淬透情况与截面上冷却速度的关系示意图
（a）淬透；（b）未淬透

这里需要强调的是钢的淬透性与具体淬火条件下的有效淬硬深度是有区别的。淬透性是钢的内禀特性之一，主要受本身内在因素的影响，而有效淬硬深度除与钢的淬透性有关外，还受外界条件的影响。只有在其他条件（如工件尺寸、淬火介质）相同时，淬透性越好的钢，有效淬硬深度才越深，如果其他条件不同，则有效淬硬深度就不止取决于淬透性。例如，用淬透性差的钢制造的小尺寸工件，淬火时由于心部冷却速度大，可能得到比用淬透性好的钢制造的大尺寸工件更深的有效淬硬深度。

还必须注意，淬透性与淬硬性是两个不同的概念，所谓**淬硬性**是指钢在正常淬火条件下其马氏体所能达到的最高硬度。它主要取决于钢的含碳量（更确切地说，是指加热时固溶于奥氏体中的含碳量），含碳量越高，淬硬性越好。因此，淬透性与淬硬性没有必然的联系，因为淬硬层深的钢，其淬硬层的硬度未必高。

钢的淬透性取决于临界冷却速度 v_K 的大小，C 曲线越右，v_K 越小的钢淬透性越好。因此，凡影响 C 曲线的因素都影响钢的淬透性，前面已阐述过这里不再赘述。

淬透性的测定及其表示方法和淬透性的应用见本章延伸阅读 5-2。

延伸阅读 5-2

四、钢的回火

回火是钢淬火后再加热到 Ac_1 以下的某一温度保温后进行冷却的热处理工艺。回火紧接着淬火后进行，除等温淬火外，其他淬火零件都必须及时回火。钢淬火后回火的目的主要有三点：一是减少或消除内应力，防止工件变形或开裂。淬火后的工件有较大的内应力，如不及时消除会引起工件变形，有些大尺寸工件甚至会开裂，通过回火消除，降低脆性。二是获得工件所要求的力学性能。淬火钢件硬度高、脆性大，为满足各种工件不同的性能要求，可以通过适当回火来调整硬度，获得所需的塑性和韧性。三是稳定工件尺寸。淬火马氏体和残余奥氏体都是不稳定组织，会自发发生转变而引起工件尺寸和形状的变化。通过回火可以使组织趋于稳定，以保证工件在使用过程中不再发生变形。

（一）淬火钢回火时组织和性能变化

一般情况下，淬火钢的室温组织是马氏体和残余奥氏体，它们都处于不稳定的状态，这种不稳定的淬火组织有自发向稳定组织转变的倾向。淬火钢的回火正是促使这种转变较快地进行。在回火过程中，随着组织的变化，钢的性能也发生相应的变化。

1. 回火时的组织转变

随回火温度的升高，淬火钢的组织大致发生下述 4 个阶段的变化。

（1）马氏体分解。回火温度小于100℃，钢的组织基本无变化。马氏体分解主要发生在100~200℃，此时马氏体中的过饱和碳以 ε 碳化物（Fe_xC）的形式析出，使马氏体的过饱和度降低。析出的碳化物以极细片状分布在马氏体基体上，这种组织称为**回火马氏体**，用符号"$M_回$"表示，如图5-41所示。在显微镜下观察，回火马氏体呈黑色，残余奥氏体呈白色。马氏体分解一直进行到350℃，此时，α 相中的含碳量接近平衡成分，但仍保留马氏体的形态。马氏体的含碳量越高，析出的碳化物也越多。

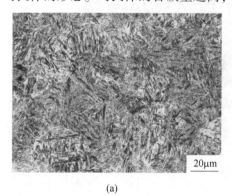
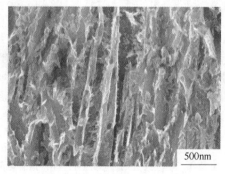

(a)　　　　　　　　　　　(b)　　　　　图5-41彩

图 5-41　40Cr 钢回火马氏体的组织形态
（a）金相照片；（b）扫描电镜照片

（2）残余奥氏体的分解。残余奥氏体的分解主要发生在200~300℃。由于马氏体的分解，碳从过饱和的马氏体中脱溶析出，马氏体正方度下降，减轻了对残余奥氏体的压应力，因而残余奥氏体分解为 ε 碳化物和过饱和 α 相，其组织与同温度下马氏体回火产物一样。

（3）ε 碳化物转变为 Fe_3C。回火温度在300~400℃时，亚稳定的 ε 碳化物转变成稳定

的渗碳体（Fe_3C），同时，马氏体中的过饱和碳也以渗碳体的形式继续析出。到350℃左右，马氏体中的含碳量已基本上降到铁素体的平衡成分，同时内应力大量消除。此时回火马氏体转变为在保持马氏体形态的铁素体基体上分布着细粒状渗碳体的组织，称为**回火托氏体**（也称为**回火屈氏体**），用符号"$T_回$"表示，如图5-42所示。

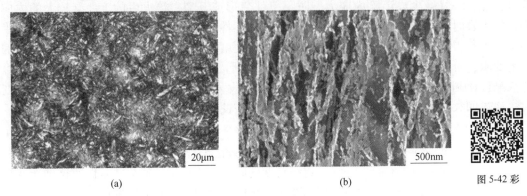

（a）　　　　　　　　　　　　　　　　（b）　　　　　　　图5-42 彩

图5-42　60Si2Mn钢回火托氏体的组织形态
（a）金相照片；（b）扫描电镜照片

（4）渗碳体的聚集长大及 α 相的再结晶。这一阶段的变化主要发生在400℃以上，铁素体开始发生再结晶，由针片状转变为多边形。这种由颗粒状渗碳体与多边形铁素体组成的组织称为**回火索氏体**，用符号"$S_回$"表示，如图5-43所示。

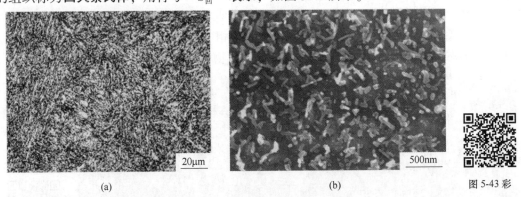

（a）　　　　　　　　　　　　　　　　（b）　　　　　　　图5-43 彩

图5-43　45钢回火索氏体的组织形态
（a）金相照片；（b）扫描电镜照片

2. 回火过程中的性能变化

淬火钢在回火过程中组织发生变化，其力学性能也相应变化，总的变化趋势是随回火温度的升高，硬度和强度降低，塑性和韧性上升。

对于普通碳钢而言，在200℃以下，由于马氏体中析出大量ε碳化物产生弥散强化作用，钢的硬度并不下降，对于高碳钢，甚至略有升高。在200~300℃，高碳钢由于有较多的残余奥氏体转变为马氏体，硬度会再次提高，而低、中碳钢由于残余奥氏体量很少，硬度则缓慢下降。300℃以上，由于渗碳体粗化及马氏体转变为铁素体，钢的硬度呈直线下降。

可以注意到，过冷奥氏体直接转变的托氏体和索氏体中的渗碳体是片状，而回火托氏体和回火索氏体组织中的渗碳体呈粒状。显然，片状组织中的片状渗碳体受力时，其尖端会引起应力集中，形成微裂纹，导致工件破坏，而粒状渗碳体不易造成应力集中。因此，在硬度相同时，由钢淬火后回火得到的回火组织的塑性和韧性比正火组织好得多。这就是为什么重要零件都要求进行淬火加回火处理的原因。

（二）回火的种类及应用

钢淬火再回火后的组织和性能取决于回火温度，根据钢的回火温度范围，把回火分为以下 3 类。生产中根据对工件性能的不同要求，选择回火类别。

（1）低温回火。回火温度为 150~250℃，回火后的组织为回火马氏体。低温回火的目的是降低淬火内应力和脆性的同时保持钢在淬火后的高硬度（一般达 HRC58~64）和高耐磨性。它广泛用于处理各种切削刀具、冷作模具、量具、滚动轴承、渗碳件和表面淬火件等。

（2）中温回火。回火温度为 350~500℃，回火后组织为回火托氏体，具有较高屈服强度和弹性极限，以及一定的韧性，硬度一般为 HRC35~45，主要用于各种弹簧和热作模具的处理。

（3）高温回火。回火温度为 500~650℃，回火后组织为回火索氏体，硬度为 HRC25~35。这种组织具有良好的综合力学性能，即在保持较高强度的同时，具有良好的塑性和韧性。习惯上把淬火+高温回火的热处理工艺称作 **"调质处理"**，简称 "调质"，广泛用于处理各种重要的结构零件，如连杆、螺栓、齿轮、轴类等，同时，也常用作要求较高的精密零件、量具等的预先热处理。

（三）回火脆性

淬火后回火的钢的韧性并不总是随回火温度的升高而提高，在某些温度范围内回火时，可能出现冲击韧性显著下降的现象，这称为 **"回火脆性"**。回火脆性有第一类回火脆性（也称为低温回火脆性）和第二类回火脆性（也称为高温回火脆性）两种，如图 5-44 所示。

（1）第一类回火脆性。钢淬火后在 250~350℃回火时出现的脆性称为第一类回火脆性。几乎淬火后形成马氏体的钢在此温度回火，都程度不同地产生这种脆性，这与在这一温度范围沿马氏体的边界析出碳化物的薄

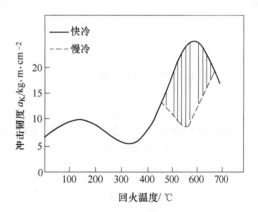

图 5-44　Ni-Cr 钢（0.3%C、1.47%Cr、3.4%Ni）的冲击韧度与回火温度的关系

片有关。目前，尚无有效办法完全消除这类回火脆性，所以一般不在 250~350℃温度范围回火。

（2）第二类回火脆性。钢淬火后在 500~650℃范围内回火出现的脆性称为第二类回火脆性。第二类回火脆性主要发生在含 Cr、Ni、Si、Mn 等合金元素的合金钢中，这类钢淬火后在 500~650℃长时间保温或以缓慢速度冷却时，便产生明显的脆化现象，但如果回火

后快速冷却，脆化现象便消失或受抑制。因此这种回火脆性可以通过再次高温回火并快冷的方法消除，但是若将已消除脆性的钢件重新高温回火并随后缓冷时，脆化现象又再次出现，所以这类回火脆性是"可逆"的。第二类回火脆性产生的原因，一般认为与 Sb、Sn、P 等杂质元素在原奥氏体晶界偏聚有关。Cr、Ni、Si、Mn 等会促进这种偏聚，因而增加了这类回火脆性的倾向。

除回火后快冷可以防止第二类回火脆性外，在钢中加入 W（约 1%）、Mo（约 0.5%）等合金元素也可有效地抑制这类回火脆性的产生。

五、铸铁的热处理

对灰铸铁来说，热处理只能改变其基体组织，改变不了石墨形态，因此热处理不能明显改善灰铸铁的力学性能，并且灰铸铁的低塑性又使快速冷却的热处理方法难以实施，所以灰铸铁的热处理受到一定的局限性。灰铸铁常用的热处理方法有时效退火、石墨化退火和表面淬火等（具体可参阅本章延伸阅读 5-3 的内容）。

延伸阅读 5-3

由于球墨铸铁基体性能利用率的提高，使得对球墨铸铁进行热处理具有较大的实际意义。根据热处理目的的不同，球墨铸铁常用的热处理方法有退火、正火、等温淬火和调质处理（具体可参阅本章延伸阅读 5-3 的内容），其原理与钢的热处理相同。退火的目的是为了获得铁素体基体球墨铸铁，改善铸件的加工性，同时消除铸造应力。正火的目的是为了增加基体中珠光体的数量，细化组织，提高强度和耐磨性。等温淬火得到下贝氏体+少量残余奥氏体+球状石墨，适用于形状复杂易变形，同时要求综合力学性能高的球墨铸铁件。调质处理的目的是使基体组织获得回火索氏体，主要应用于球墨铸铁的一些受力复杂、截面较大、综合力学性能要求高的重要零件，例如连杆、曲轴等。

此外，为了获得表面耐磨及抗蚀性能，近年来铸铁零件也尝试进行其他表面强化处理，如渗氮、渗硼等。

六、其他热处理工艺简介

（一）可控气氛热处理

钢件热处理时，如果炉内存在氧化性气体，便会引起氧化和脱碳，严重降低表面质量，并对高强度钢的断裂韧性产生很大的影响。所以对零件采用可控气氛加热，不但可以防止氧化，得到光洁或光亮表面，而且可以完全避免脱碳，提高零件的力学性能。此外，应用可控气氛渗碳还可以控制零件表面碳浓度，提高渗碳件的质量。

1. 氧化和脱碳

如果钢件加热时的介质中有氧化性气氛（如空气炉中的 O_2、CO_2、H_2O 等）或氧化性物质（如盐浴炉中的 SO_3^{2-}、CO_3^{2-} 及氧化皮等），则钢中的铁和碳在高温下就要和它们发生化学作用而氧化，形成铁和碳的氧化物。钢在高温下被氧化的同时，钢中的碳也会被氧化生成气体自钢内逸出，因而降低了钢表面的含碳量，这过程称为脱碳。

2. 控制气氛的基本原理

钢件加热时，若发生氧化和脱碳，将产生反应产物 CO、H_2 及 CH_4 等，因此，可以通

过控制介质中 CO_2/CO、H_2O/H_2 及 CH_4/H_2 的相对量，即把气氛控制在一定的碳势下作为钢件加热时的介质，来控制钢在高温下的氧化、脱碳过程。所谓碳势，是指在一定温度下，一定成分的炉气和钢中碳的反应达到平衡（即气氛在加热时脱碳作用和渗碳作用保持平衡）时，以该钢的含碳量来定义炉气的碳势。例如一种控制气氛在一定温度下如果具有 0.4% 的碳势，则在此气氛中加热，碳的质量分数 $w(C) = 0.4\%$ 的钢就不会氧化和脱碳，但 $w(C) < 0.4\%$ 的钢将会增碳到 $w(C) = 0.4\%$，而 $w(C) > 0.4\%$ 的钢将会脱碳到 $w(C) = 0.4\%$。因此，根据钢的含碳量控制碳势，就能起到保护作用，获得光亮表面；或根据需要控制碳势，用于渗碳。

因为气氛中 CO_2、CO、H_2O、H_2 的含量之间存在一定的平衡关系，且 H_2O 及 CO_2 之间有一定的对应关系，所以，只要控制两者之一，即可控制气氛成分，达到控制碳势的目的。如何控制 H_2O 和 CO_2 可参阅本章延伸阅读 5-4 的内容。

延伸阅读 5-4

生产中使用的可控气氛，有放热式可控气氛、吸热式可控气氛和滴注式可控气氛。此外，还可以往炉中通入氨分解气、高纯度惰性气体（氮和氩等），以及对工件采用涂料保护等方法，使零件获得光亮表面。

（二）真空热处理

真空热处理是在 $1.33 \sim 0.0133Pa$ 真空度的真空介质中加热工件，它实质上也是一种可控气氛热处理。实验证明，在 $0.0133Pa$ 的真空度下，真空介质的作用相当于 99.999% 的纯氩保护气氛，而在工业上要获得这样纯的氩气很困难，但要获得这样的真空度却不难。因此，真空热处理目前已得到广泛的应用。

真空热处理后，零件表面无氧化、不脱碳、表面光洁；这种处理能使钢脱氧和净化，且变形小，可显著提高耐磨性和疲劳极限。此外，真空热处理的作业条件好，有利于机械化和自动化。真空热处理目前发展较快，我国已经有各种型号的真空热处理设备，不但能在气体、水、油中进行淬火，而且广泛用到化学热处理中，如真空渗碳、真空渗铬等，以缩短渗入时间，提高渗层质量。

（三）形变热处理

形变热处理是一种把塑性变形与热处理有机结合起来的工艺，同时收到形变强化和相变强化的综合效果，因而能有效提高钢的力学性能。形变热处理的方法，通常是在奥氏体状态塑性变形，然后立即进行冷却使其发生相变。典型的形变热处理工艺，可分为高温和低温两种。

高温形变热处理是在奥氏体稳定区进行塑性变形，然后立即淬火，如图 5-45（a）所示。这种热处理对钢的强度增加较少，只达 10% ~ 30%，但能大大提高韧性，减小回火脆性，降低缺口敏感性，大幅度提高抗脆性能力。这种工艺多用于调质钢及加工量不大的锻件或轧材，如连杆、曲轴、弹簧、叶片等。共析碳钢在 860 ~ 950℃ 加热并变形后，以 65 ~ 85℃/s 速度冷却，可获得很细密的珠光体组织，除了能提高强度和塑性外，还能改善抗磨性和疲劳强度。此外，利用锻、轧余热进行淬火，还可以简化工序、节约工时、降低成本。

低温形变热处理是在过冷奥氏体孕育期最长的温度 500 ~ 600℃ 之间进行大量塑性变形

（70%~90%），然后淬火（图5-45（b）），最后中温或低温回火。这种热处理可在保持塑性、韧性不降低的条件下，大幅度提高钢的强度和抗磨损能力，主要用于要求强度很高的零件，如高速钢刀具、弹簧、飞机起落架等。

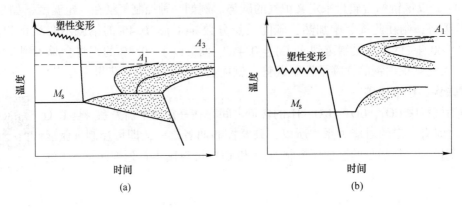

图 5-45　形变热处理工艺示意图
（a）高温形变热处理；（b）低温形变热处理

　　另外，有一种预形变热处理，应用也很普遍。它与高温和低温形变热处理不同，是使具有铁素体+碳化物组织的钢预先冷变形，随后的热处理应使加工硬化引起的组织变化在一定程度保存下来。图5-46为预形变热处理的工艺曲线。这种形变热处理的强化效应是冷加工硬化所产生的缺陷在中

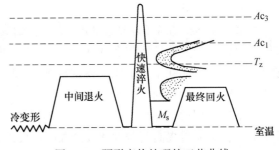

图 5-46　预形变热处理的工艺曲线

间退火、淬火及最终回火后保留下来，因回火稳定性比普通淬火后的钢高，回火后便可获得高的硬度和强度。

　　形变热处理的强韧化效果主要是由形变热处理时钢的显微组织和精细结构特点所决定的。首先，形变热处理细化了奥氏体晶粒，从而获得了细小马氏体组织；其次，变形时奥氏体形成了大量位错，这些位错在随后马氏体转变时，不但保留下来，并且成为转变核心，促使马氏体转变量的增多并细化；此外，形变热处理中这些高密度的位错，又为碳化物的析出提供了大量的有利场所，因此碳化物具有很高的弥散度，弥散强化效果显著。

　　形变热处理能使钢件在保持一定的塑性、韧性条件下明显地提高强度，所以广泛地应用在工业生产上。例如，在轧钢生产中控制轧制和控制冷却已成为轧钢技术改造和发展的方向之一，在许多大、中型钢铁厂应用，取得了很好的效益；钢材热轧后接着进行淬火（穿水冷却等）并回火（利用余热），能有效地提高板、管、带、线材的综合性能；有些高淬透性合金钢，在高速塑性变形并空冷后接着进行回火，可以提高综合力学性能；还有些锻件在高温奥氏体区锻造后立即淬火回火，不仅改善其综合性能，还避免了重新加热及其所带来的缺陷。

第四节 表面热处理和材料表面工程

材料常见的失效形式，如疲劳、磨损、腐蚀都与材料的表面性能直接相关。对于承受弯曲、扭转、冲击等动载荷，同时又承受强烈摩擦的零件，如齿轮、曲轴、凸轮轴、精密机床主轴等，一般要求表面具有高的强度、硬度、耐磨性和疲劳强度，而心部则应在保证一定的强度、硬度的条件下，具有足够的塑性和韧性，即要求工件"表硬心韧"。这种要求，用上述普通热处理方法难以实现，而通过表面热处理（如表面淬火）可满足这种要求。

通过改变钢表面的化学成分，还可以进一步改变其性能。例如，提高碳、氮等的含量可提高工件表层硬度、耐磨性及疲劳强度，提高氮、硅等的含量可提高工件表层的耐腐蚀性，提高铝等的含量可提高工件表层的抗氧化性。**化学热处理**是将工件置于一定的介质中加热和保温，使介质中的活性原子渗入工件表面层，从而通过改变表面层的化学成分和组织来获得所需性能的一种热处理工艺，也称表面合金化。与表面淬火相比，它不仅改变表层的组织，而且还改变其成分。常见的化学热处理有渗碳、渗氮、碳氮共渗等。此外，某些铸铁件为了提高表面耐磨性或抗蚀性，也可进行表面热处理。

随科学技术的发展，材料表面处理发展十分迅速，已形成材料表面工程这样一个十分重要的领域[15]。除了上述的化学热处理方法，表面喷涂、激光表面处理，离子镀、离子注入等也广泛应用于改变材料表面的成分和组织以达到提高性能的目的。下面介绍几种常用的表面热处理和材料表面工程方法。

一、表面淬火

钢的**表面淬火**是在不改变钢件的化学成分和心部组织的情况下，采用快速加热将表面层奥氏体化后进行淬火获得马氏体，以达到强化工件表面的热处理方法。当然，一般情况下，淬火后还要进行适当的回火。

表面淬火用钢一般为碳的质量分数 0.4% ~ 0.5% 的中碳钢或中碳合金钢，如 45、40Cr、42Mn 等。含碳量过高，虽可提高表面硬度和耐磨性，但会降低心部塑性和韧性；反之，若含碳量过低，会使表面硬度和耐磨性不足。不过在某些情况下，表面淬火也用于低合金工具钢和铸铁制造的工件。

钢的表面淬火最常用的是感应加热表面淬火。此外，还有火焰加热表面淬火、接触电加热表面淬火及激光热处理等，此处主要介绍感应加热表面淬火。

感应加热表面淬火是利用工件表层在交变磁场中所产生的感应电流的趋肤效应，将工件表层加热到淬火温度，然后快速淬火冷却的一种热处理技术方法。

感应加热表面淬火的装置如图 5-47 所示，主要由电源、感应器及淬火用喷水器组成。当感应器中通过一定频率的交变电流时，所产生的交变磁场使放入感应器内的工件感生很大的涡流。感应电流在工件的表

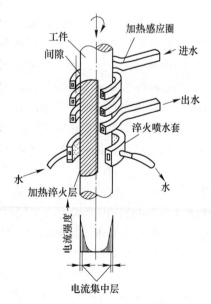

图 5-47 感应加热表面淬火示意图

面密度最大，越往心部越小，而心部的电流密度几乎为零，电流频率越高，涡流集中的表面越薄，这种现象称为"集肤效应"[16]。由于钢件本身具有电阻，因而集中于表层的电流可使表层迅速加热，几秒钟内温度便可升至 800~1000℃，而心部几乎未被加热。在随即喷水冷却时，工件表层即被淬硬。

根据"集肤效应"，感应加热深度，即电流渗入深度主要取决于电流频率。根据电流频率不同，感应加热可分为：高频感应加热，常用电流频率范围为 250~350kHz，一般有效淬硬深度为 0.5~2.0mm，适用于 45、40Cr、40MnVB 等钢制造的中小模数齿轮、中小尺寸的轴类零件等；中频感应加热，常用电流频率范围为 1~10kHz，一般有效淬硬深度为 2~10mm，适用于 45、40Cr、9Mn2V、球墨铸铁等制造的中等模数齿轮、大模数齿轮的单齿淬火、凸轮轴、曲轴等；工频感应加热，电流频率为 50Hz，有效淬硬深度可达 10~20mm，还可以更深，适用于大直径零件，如火车车轮、9Cr2W 钢制造的冷轧辊等的表面淬火，也可用于较大直径零件的穿透加热淬火。与普通淬火比较，感应加热表面淬火有如下主要特点：

（1）加热速度极快，保温时间极短，过热度大，奥氏体形核多，又不易长大，因而淬火后表层可获得细小隐晶马氏体，硬度比普通淬火高 HRC2~3，且脆性较低。

（2）由于马氏体转变产生体积膨胀使工件表面存在残余压应力，因而具有较高的疲劳强度。

（3）由于加热速度快，基本无保温时间，因此，工件一般不产生氧化脱碳，表面质量好；同时由于内部未被加热，淬火变形小。

（4）生产率高，易实现机械化与自动化，有效淬硬深度也易于控制。

上述特点使感应加热表面淬火在工业生产中获得了广泛的应用。该方法缺点是设备较复杂昂贵，形状复杂的感应器制造比较困难。

必须注意，工件在感应加热表面淬火之后，还需进行低温回火，回火温度一般不高于 200℃，其目的是为了减少残余内应力和降低脆性，同时尽量保持表面的高硬度和高耐磨性。为保持表面淬火的硬化效果，不能再进行需较高温度的热处理。因此，表面处理前一般需进行预先热处理，以先获得所需的最终的心部组织，同时也为表面淬火作组织准备。对于结构钢零件来说，预先热处理有调质和正火，调质处理的力学性能比正火的好。因此，当心部性能要求不高时，可采用正火，但是，重要零件应采用调质作预先热处理。工件经感应加热表面淬火及低温回火后，表层组织为回火马氏体，心部组织为预先热处理时获得的组织，即回火索氏体（调质）或索氏体+铁素体（正火）。

对于中小模数齿轮，经高频感应加热表面淬火后，要得到沿齿廓分布的淬硬层是不可能的，往往将整个齿全部淬硬（图 5-48），因而齿的心部韧性差，不能承受大的冲击。机床齿轮主要用于传递动力、进给和分度机构中，大

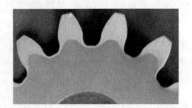

图 5-48　整个齿全部淬硬

多要求一般的精度和耐磨性，与汽车、拖拉机齿轮相比，其工作平稳，负荷不大，无强烈冲击，对齿轮心部强度和韧性的要求也不高，故一般选用调质钢，经高频感应加热表面处理后使用。这样，生产效率高，适合成批生产，而且高频淬火变形小。感应加热表面淬火

零件的加工工艺路线为：锻造→正火或退火→粗机加工→调质→精机加工→感应加热表面淬火→低温回火→精磨。

火焰加热表面淬火方法请见本章延伸阅读 5-5 的内容。

延伸阅读 5-5

二、化学热处理

（一）钢的渗碳

渗碳是向低碳钢或低碳合金钢表层渗入碳原子的过程。其主要目的是提高钢件表层含碳量，使其热处理后表层具有高的硬度和耐磨性，而心部保持一定的强度和较高的韧性。因此，渗碳广泛用于在磨损情况下工作并承受冲击载荷、交变载荷的工件，如汽车、拖拉机的传动齿轮，内燃机的活塞销等。

现在渗碳一般采用气体渗碳方法，该方法生产效率高，渗层质量好，劳动强度低，便于直接淬火。近些年来，为进一步提高渗碳效率和质量，还发展了真空渗碳技术[17]，这里不作进一步介绍。

气体渗碳法是将工件放入密封的渗碳炉炉罐内，使工件在 900～950℃的一定碳势渗碳气氛中进行渗碳，如图 5-49 所示。炉内的渗碳气氛通过富碳介质（渗剂）的分解形成。常用介质有两类，一种是富碳的气体，如煤气、液化石油气等；另一种是富碳的易分解的有机物液体，如煤油、苯、丙酮、甲醇等。将气体通入炉内或将液体滴入炉内，使其在高温下裂解成渗碳气氛。例如，甲烷在高温有如下分解反应：

$$CH_4 \longrightarrow 2H_2 + [C]$$

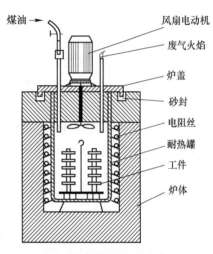

图 5-49　气体渗碳法示意图

渗碳气氛在高温下分解产生的活性碳原子被钢件表面吸收并向内部扩散，向固溶体溶解或与钢中的某些元素形成化合物而形成渗碳层。渗入元素的浓度在工件表面最高，在基体中最低，渗入元素在渗层与基体间形成浓度梯度，随渗碳时间的增加该元素原子由钢件表面向内部迁移，形成一定厚度的扩散层。表面和内部的浓度差越大，温度越高，扩散越快，渗层也越厚。在一定温度下，保温时间越长，渗层也越厚。表 5-10 为 20CrMnTi 钢在井式气体渗碳炉中于 920℃渗碳，渗碳剂为煤油、甲醇时，渗层厚度与保温时间的关系。

表 5-10　20CrMnTi 钢 920℃渗碳层厚度与保温时间的关系

渗碳时间/h	2	3	4	5
渗碳层厚度/mm	0.62～0.66	0.84～0.92	0.96～1.04	1.10～1.20

一般渗碳工件的表面碳浓度控制在 0.85%～1.05% 为好，心部则保持原始成分。低碳钢工件渗碳后缓冷，从表向里依次为过共析、共析、亚共析组织，如图 5-50 所示。表层组织为珠光体+网状二次渗碳体，心部为钢的原始组织铁素体+珠光体，中间为过渡层。一般规定，从表面到过渡层一半处为渗碳层厚度。渗碳层厚度应根据工件尺寸及工作条件来

确定，渗层太薄，易引起表层压陷和疲劳剥落，渗层太厚则会降低工件抗冲击载荷的能力。对于机器零件，渗碳层厚度通常为 0.5~2mm。某些类型零件选择渗碳层的经验公式可参阅本章延伸阅读 5-6 的内容。

延伸阅读 5-6

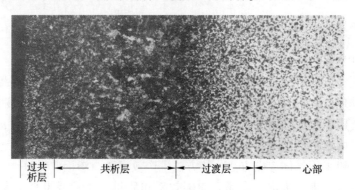

| 过共析层 | 共析层 | 过渡层 | 心部 |

图 5-50 20Cr 钢 930℃渗碳缓冷后的金相组织

工件渗碳后必须经过淬火和低温回火，才能达到性能要求。根据工件材料和性能要求的不同，其淬火方法有 3 种。

（1）直接淬火法：工件渗碳后出炉，自渗碳温度预冷却到略高于心部 Ar_3 的温度后立即淬火。这种方法不需重新加热淬火，因而减少了热处理变形，节省了时间和费用。但由于渗碳温度高，加热时间长，因而奥氏体晶粒易粗大，淬火后残余奥氏体量较多。所以该方法只适用于本质细晶粒钢和性能要求不高的工件。

（2）一次淬火法：一次淬火法是将工件渗碳后缓冷，然后再重新加热进行淬火。淬火温度的选择应兼顾表层和心部，使表层不过热而心部得到充分的强化。有时也偏重于心部或强化表层，如强化心部则加热到 Ac_3 以上完全淬火，如要强化表层则应加热到 Ac_1 以上不完全淬火。

（3）二次淬火法：二次淬火法是将工件渗碳缓冷后再进行两次淬火或正火加一次淬火。第一次淬火或正火是为了细化心部晶粒和消除渗碳层中的网状渗碳体，加热温度应高于心部 Ac_3 温度。第二次淬火选在表层 Ac_1 以上加热，这样可细化表层组织，对于心部影响不大。二次淬火法工艺复杂，周期长，成本高，且工件变形、氧化脱碳倾向增大，应尽量少用。

为了保证工件心部具有较高的韧性，渗碳用钢是碳的质量分数为 0.15%~0.25% 的低碳钢和低碳合金钢，如 15、20、20Cr、20CrMnTi、20CrNi、18Cr2Ni4W 等。渗碳件经淬火后需在 170~200℃进行低温回火，最后得到表层组织为回火马氏体+粒状碳化物+少量残余奥氏体，硬度可达 HRC58~64。心部组织淬透时为低碳回火马氏体，未淬透时为索氏体+铁素体。

图 5-51 渗碳层按齿廓分布的渗碳齿轮

渗碳层一般按工件轮廓均匀分布（图 5-51），经淬火后，可发现其淬硬层的分布也是均匀的。实践证明，均匀的淬硬层有利于提高渗碳齿轮的力学性能，并且延长其使用寿命。汽车、拖拉机齿轮的工作条件比机床齿轮繁重得多，受力较大，超载与起动、制动和变速时受冲击频繁，对表面耐磨性、心部强度和冲击韧性等的要求均较高，故应选用渗碳钢，采用渗碳淬火处理。

渗碳零件的一般工艺路线为：锻造→正火→机械加工→渗碳→淬火→低温回火→精磨。对不需渗碳的部位，可镀铜防渗，或渗碳后用机加工去除该部分渗碳层再淬火。

（二）钢的渗氮

渗氮是将氮原子渗入工件表层，使工件表面形成氮化物层的热处理工艺，其目的是提高工件表面的硬度和耐磨性，并可提高疲劳强度和耐腐蚀性。渗氮的方法较多，根据处理目的及工艺过程的不同，可分为气体渗氮、抗蚀渗氮、离子渗氮等，这里仅介绍工业中应用最广泛的气体渗氮。

通常气体渗氮的目的是获得高的表面硬度和耐磨性，故有时又称为抗磨渗氮、强化渗氮或"硬氮化"等。它是利用氨气加热时发生如下反应：

$$2NH_3 \longrightarrow 3H_2 + 2[N]$$

分解出的活性氮原子被工件表面吸收后，逐渐向内部扩散而形成氮化层。氮除了溶于 α-Fe 外，还与铁和合金元素形成合金氮化物，如 $Fe_{2~3}N(\varepsilon)$、$Fe_4N(\gamma')$、AlN、CrN 等。氮化层的最外层含氮浓度最高，形成一层不易腐蚀的白亮层（ε 相），往里是含氮铁素体和合金氮化物，再往心部氮浓度逐渐降低，过渡到工件的原始组织。38CrMoAlA 钢的渗氮层组织如图 5-52 所示。白亮层硬而脆，易剥落，对于抗磨渗氮来说，希望白亮层越薄越好，或用磨削加工去除；但对抗蚀渗氮，则希望得到均匀致密的白亮层。通常把工件表面到过渡区终止处的深度作为渗氮层深度，一般为 $0.15 \sim 0.75mm$。

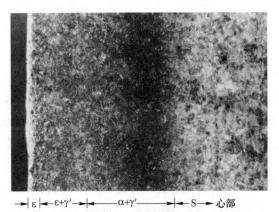

→|ε|←ε+γ′→|←────α+γ′────→|←─S─→|心部

图 5-52　38CrMoAlA 钢的渗氮层组织

为了获得理想的硬度和耐磨性，需采用专门的氮化钢。通常渗氮用钢是含有 Cr、Mo、Al 等合金元素的钢，因为这些合金元素很容易与氮形成颗粒细小、分布均匀、硬度很高且非常稳定的各种氮化物，可使工件表层获得高的硬度和耐磨性。最典型的渗氮钢是 38CrMoAlA。渗氮处理温度较低，一般为 $500 \sim 570℃$，但渗氮所用的时间很长，这是它的最大缺点。例如，为了获得 0.5mm 左右的氮化层，便需要渗 $40 \sim 60h$。气体渗氮可在专用设备或井式渗碳炉内进行。工件在渗氮前一般进行调质的预先热处理，以保证心部力学性能和提高渗氮层质量。渗氮后不需再进行淬火便可达到高的表面硬度和耐磨性。

与渗碳相比，渗氮的特点有：

（1）具有更高的表面硬度（HV1000～1200），耐磨性好，并具有良好的热硬性（600～650℃仍有较高的硬度）。

（2）由于渗氮后表层比容量大，产生较大的残余表面压应力所致，疲劳强度显著提高。

（3）因处理温度低，且不需随后热处理，所以零件变形很小。

（4）渗氮层具有较高的抗腐蚀能力。

渗氮虽有以上优点，但工艺周期长、生产率低、成本高、渗氮层薄。因此，它主要用于耐磨性及精度均要求很高的传动件，或要求耐热、耐磨及耐腐蚀的零件，如高精度机床丝杠、镗床及磨床主轴、精密传动齿轮和轴、汽轮机阀门及阀杆、发动机汽缸和排气阀等。

零件进行气体渗氮的典型工艺路线为：锻造→退火→粗加工→调质→精加工→去应力退火→粗磨→渗氮→精磨→时效→研磨。

（三）钢的碳氮共渗

碳氮共渗是将碳和氮同时渗入钢件表层的化学热处理工艺。因早期是采用含氰根（CN）的盐浴作渗剂来产生活性碳、氮原子，故又有"氰化"之称。

碳氮共渗按处理温度可分为高温碳氮共渗、中温碳氮共渗和低温氮碳共渗。共渗层的碳、氮含量主要取决于共渗温度，共渗温度低时，以氮为主，随着共渗温度的升高，共渗层的含氮量减少，而含碳量增加。高温碳氮共渗与渗碳接近，应用较少。目前，以中温气体碳氮共渗和低温气体氮碳共渗应用较广泛。其中，中温气体碳氮共渗的主要目的是提高钢件的硬度、耐磨性和疲劳强度；低温气体氮碳共渗则以提高钢件的耐磨性和抗咬合性为主。

中温气体碳氮共渗的工艺与渗碳相似。最常用的方法是在井式气体渗碳炉内滴入煤油，并通入氨气。在共渗温度下，活性碳、氮原子被工件表面吸收并向内扩散形成共渗层。由于氮能扩大 γ 相区，降低钢的临界点，并能增加碳的扩散速度，故共渗温度比单纯渗碳低，渗速也较快。一般共渗温度为 820～860℃，保温时间则取决于要求的共渗层深度。

工件经共渗处理后，需进行淬火和低温回火，才能提高表面硬度和心部强度。由于共渗温度不高，钢的晶粒不会长大，故一般都采用直接淬火。碳氮共渗件淬火并低温回火后，渗层组织为含碳、氮的回火马氏体+少量的碳氮化合物+少量残余奥氏体，心部组织为低碳或中碳回火马氏体，淬透性差的钢也可能出现极细珠光体和铁素体。

与渗碳相比，共渗层的硬度与渗碳层接近或略高，耐磨性和疲劳强度则优于渗碳层，且具有处理温度低、变形小、生产周期短等优点。目前，碳氮共渗常用于处理形状较复杂、要求热处理变形小的小型零件，如缝纫机、纺织机零件及各种轻载齿轮等。

低温气体氮碳共渗也称"气体软氮化"。常用氨气和渗碳气体的混合气、尿素等作共渗剂。共渗温度为 520～570℃，由于处理温度低，实质上以渗氮为主，但因为有活性碳原子与活性氮原子同时存在，渗氮速度大为提高。一般保温时间为 1～3h，渗层深度为

0.01~0.02mm。

工件经氮碳共渗后，其共渗层的硬度比纯气体氮化低，但仍具有较高的硬度、耐磨性和高的疲劳强度。渗层韧性好而不易剥落，并有减摩的特点，在润滑不良和高磨损条件下，有抗咬合、抗擦伤的优点，耐磨性也有明显提高。由于处理温度低，时间短，所以零件变形小。气体氮碳共渗不受钢种限制，适于碳钢、合金钢和铸铁等材料，可用于处理各种工模具以及其他耐磨件。

三、材料现代表面工程技术简介

材料现代表面工程技术是通过非传统的新工艺手段赋予材料表面具有不同于基体材料的成分和组织结构，因而获得不同于基体材料的性能。经过表面处理的材料，既能发挥基体材料的力学性能，又能使材料表面获得所需要的耐磨、耐腐蚀、耐高温、超导性能及润滑、绝缘等各种特殊性能。因此，表面工程技术的应用大幅度地扩展了材料的应用领域，充分发挥了材料的潜力。

随着现代高新技术的迅猛发展，材料表面工程拓展了更多更新的技术手段。近 20 多年来，激光束、喷涂、离子束、电子束、气相沉积等新技术已被广泛地应用于材料表面工程，在国民经济各个领域收到日益明显的经济效益和社会效益。材料现代表面工程技术种类很多，本节仅简要介绍有关激光热处理、表面喷涂、离子镀方面的基本知识。

（一）激光热处理

激光热处理始于 20 世纪 70 年代，是一种多功能工艺方法，它利用激光的高功率和激光束照射的精准性来进行表面淬火，选择性局部硬化和局部合金化等。但激光器相对比较昂贵，也不适宜处理形状复杂的零件。激光热处理的主要特点是：

（1）能量密度高，加热速度快，淬火靠自激冷却。可得到较细小的硬化层组织，硬度一般高于常规淬火硬度。

（2）可以在零件上任意选定的表面上进行局部淬火。

（3）应力及变形极小，表面光亮，不需再进行表面精加工。特别适合于中小零件复杂表面的局部硬化。

（4）可以进行局部表面合金化处理。用激光照射涂层或镀层表面，可以得到不同性能的合金化表层，并可在同一零件的不同部位实现不同的表面合金化。

（二）热喷涂技术

热喷涂是一种采用专用设备把某些固体材料加热熔化，用高速气流将其吹成微小颗粒并加速喷射到工件表面上，形成特制覆盖层，以提高工件的耐蚀、耐磨、耐高温等性能的材料表面工程技术。如等离子体喷涂技术制备的热障涂层用于航空发动机及地面燃气轮机，可降低燃烧室、涡轮叶片、火焰喷管等高温部件基材的温度，提高燃气温度和发动机效率，同时大幅度提高部件的使用寿命。热喷涂是一项应用较早的技术，随着现代科学技术的发展，热喷涂技术不断发展和完善，特别是 20 世纪 70 年代以来，新的喷涂方法和工艺、设备及新的喷涂材料和涂层不断涌现。

延伸阅读 5-7

根据所用热源不同，热喷涂方法分为火焰喷涂、电弧喷涂、等离子喷涂、爆炸喷涂、超声速喷涂和高频感应喷涂等。喷涂材料在热源中被加热过程和颗粒与基材表面结合过程是热喷涂过程中的关键环节。尽管热喷涂有不同的方法且各具特点，但本质上，其喷涂过程、涂层形成原理和涂层结构基本相同。热喷涂过程、涂层形成原理和涂层结构可参阅本章延伸阅读 5-7 的内容。

热喷涂技术具有如下特点：

（1）可喷涂材料极为广泛。几乎所有的金属、陶瓷、塑料等固体材料都可以用作喷涂材料。

（2）基材不受限制。金属、陶瓷、玻璃、塑料、石膏、木材等几乎所有固体材料上都可以进行热喷涂。

（3）可使基材保持较低温度。一般基材温度可控制在 30~200℃ 之间，从而保证基体不变形、不软化。

（4）涂层厚度可控制。涂层厚度可以从几十微米到几毫米。

（5）工艺简便并且不受工件尺寸限制。既可以对大型构件表面进行大面积喷涂，也可实现局部表面喷涂和小尺寸构件的表面喷涂，工艺简便，工效高。

（6）可赋予普通材料特殊的表面性能。可使材料满足耐磨、耐蚀、耐高温、隔热、密封、耐辐射、导电、绝缘等性能要求，节约贵重材料，提高产品质量。

（三）离子镀

离子镀于 20 世纪 70 年代开始在生产上应用。它把辉光放电、等离子体技术和真空蒸发镀膜技术结合在一起。离子镀的基本原理是借助于惰性气体的辉光放电使金属或合金蒸气离子化，离子经电场加速而沉积到带负电的基片上。图 5-53 是离子镀原理示意图。首先将真空室抽真空至 6.65×10^{-3} Pa 以上，而后通入惰性气体（通常为氩气），使真空度在 $0.133 \sim 1.33$ Pa 之间。接通高压电源后，在蒸发源和基片间建立起一个低压气体放电的低温等离子区。基片（工件）电极上所接的是高达 5kV 的直流负电压，它是辉光放电的阴极。根据气体放电的规律，在负辉光区附近产生的惰性气体离子进入阴极区被电

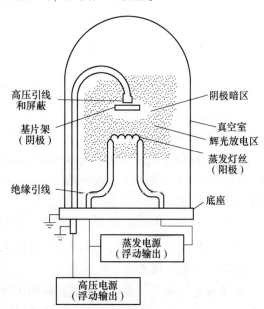

图 5-53　离子镀原理示意图

场加速并轰击工件表面，对工件进行溅射清洗。当离子清洗溅射到一定时间后，就可以开始离子镀膜的过程。镀料首先被气体蒸发，汽化后的镀料原子进入等离子区，与离化的或被激发的惰性气体原子及电子发生碰撞，引起蒸发原子离子化，但只有一部分蒸发原子离子化，大部分原子达不到离子化的能量而处于激发状态，从而发出特定颜色的辉

光。被电离的镀料离子与气体离子一起受到电场的加速，以较高的能量轰击工件和镀层表面，形成离子镀层。

镀料的气化方式有电阻加热、电子束加热、等离子电子束加热、多弧加热、高频感应加热等，气化的分子或原子的离子化和激发方式有辉光放电型、电子束型、热电子型、等离子电子束型以及各类的离子源等，不同的蒸发源与不同的电离、激发方式可以有多种不同的组合，由此形成了多种类型的离子镀。常见的离子镀类型有：直流二级型离子镀、空心阴极离子镀、多弧离子镀、电弧放电型高真空离子镀等，其中多弧离子镀应用最为广泛。

利用离子镀技术可以在金属、塑料、陶瓷、玻璃等基体材料上涂覆具有不同性能的单一镀层、化合物镀层、合金镀层及各种复合镀层，被镀基体材料和镀层材料可广泛搭配；采用不同的镀料，不同的放电气体及不同的工艺参数，就能获得表面强化的耐磨镀层、表面致密的耐蚀镀层、润滑镀层、各种颜色的装饰镀层以及电子学、光学、能源科学所需的特殊功能镀层。镀层附着性能好，质量高，且清洗过程简单，绕镀能力强，非常适合于镀覆零件上的内孔、凹槽和窄缝。

（四）表面纳米化

近年来，由于纳米技术的兴起，将表面改性技术与纳米技术结合，实现在块体粗晶材料表层获得纳米结构层，可以将纳米材料的优异性能赋予传统钢铁材料。目前，发展了两种主要的表面纳米化技术：（1）表面镀膜，即利用各类物理气相沉积（PVD）、化学气相沉积（CVD）工艺在材料表面获得 TiN、CrN、类金刚石等装饰性薄膜或耐蚀、耐磨、减摩的功能性薄膜。如，磁控溅射作为代表性的绿色镀膜技术在薄膜结构控制、薄膜与基材结合强度等方面具有显著优势[18]，正在取代对水环境有严重污染的电镀铬技术。如，刀具表面涂层技术已经成为提升刀具性能的主要方法。刀具表面涂层包括 TiN（金黄色）、TiCN（棕灰色）、TiAlN（紫蓝色）、CrN（银灰色）、类金刚石（diamond-like coating，DLC，黑灰色），如图 5-54 所示。这些涂层可大幅度提高刀具表面硬度，热稳定性，降低摩擦系数，从而提升切削速度、进给速度、切削效率，并大幅提升刀具寿命。（2）表面自身纳米化，即通过外加载荷的反复作用，使材料表面的粗晶组织通过不同方向的局部剧烈塑性变形而逐渐细化至纳米量级，这种方法首次由我国科学家卢柯院士提出[19]。采用超声喷丸技术在材料自身表面形成具有纳米结构的表面层。表面纳米晶层的深度可达几十微米，纳米晶层的硬度较基材有显著提高，并随着深度增加而减少。表面纳米晶结构不仅能显著提高材料的耐摩擦磨损性能，也有利于降低工件表面化学热处理（如渗氮）的温度和时间，同时对材料的整体性能也会产生有利的影响。如，当 15mm 厚度的低碳钢板材双面经过机械加工处理获得表面纳米层后，钢材屈服强度提高 35%，延伸率只下降 4%。在此基础上，卢柯院士团队通过表面塑性摩擦技术首次制得了梯度铜[20]，如图 5-55 所示，其显微结构为中心部位的粗晶层，越往表层晶粒越细，在距表面深度为 150 mm 范围内存在纳米梯度层。梯度铜具有 10 倍于粗晶铜的强度，其塑性由于创新的变形机理基本保持不变。

图 5-54　刀具及刀具涂层

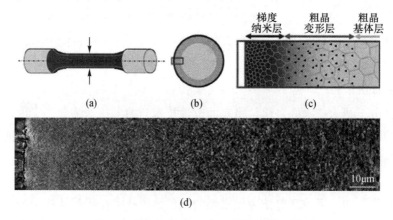

图 5-55　梯度纳米 Cu 材料的微观组织[20]

（a）拉伸试样的示意图；（b）（c）拉伸实验的横截面部分；（d）横截面的 SEM 照片

参 考 文 献

[1] 郑建斌. 解密传世国宝［M］. 北京：现代出版社，2008.

[2] 张丝雨. 最新金属材料牌号、性能、用途及中外牌号对照速用速查实用手册［M］. 北京：中国科技
文化出版社，2005.

[3] 林慧国，瞿志豪，茅益明. 钢材牌号对比的手册：袖珍世界钢号手册［M］. 4 版. 北京：机械工业出
版社，2009.

[4] 吴德海. 球墨铸铁［M］. 北京：中国水利水电出版社，2006.

[5] （日）原田昭治，小林俊郎. 球墨铸铁的强度评价［M］. 于春田，王磊，刘春明，译. 沈阳：东北
大学出版社，2002.

[6] 任松赞，等. 钢铁金相图谱［M］. 上海：上海科学技术文献出版社，2003.

[7] 孟庆平，戎咏华，徐祖耀. 马氏体相变的形核问题［J］. 金属学报，2004，40（4）：337~341.

[8] 朱敏. 功能材料［M］. 北京：机械工业出版社，2002.

[9] 熊炳昆，林振汉，等. 二氧化锆制备工艺与应用［M］. 北京：冶金工业出版社，2008.

[10] 徐祖耀. 马氏体相变与马氏体［M］. 北京：科学出版社，1999.

［11］黄孝瑛，侯耀永，李理．电子衍衬分析原理与图谱［M］．山东：山东科技出版社，2000.

［12］Bhadeshia H K D H, Edmonds D V. The bainite transformation in a silicon steel［J］. Metallurgical Transcations A, 1979, 10：907.

［13］邓永瑞，许洋，赵青．固态相变［M］.北京：冶金工业出版社，1996.

［14］徐光，等．金属材料 CCT 曲线测定及绘制［M］.北京：化学工业出版社，2009.

［15］王兆华，张鹏，林修洲，等．材料表面工程［M］.北京：化学工业出版社，2011.

［16］徐游．电磁学［M］.北京：科学出版社，2004.

［17］潘邻．表面改性热处理技术与应用［M］.北京：机械工业出版社，2006.

［18］徐滨士．纳米表面工程［M］.北京：化学工业出版社，2004.

［19］Liu G, Wang S, Lou X F, et al. Low carbon steel with nanostructured surface layer induced by high-energy shot peening［J］. Scripta Materilia, 2001, 44（8~9）：1791~1795.

［20］Fang T H, Li W L, Tao N R, et al. Revealing extraordinary intrinsic tensile plasticity in gradient nono-grained copper［J］. Science, 2011, 331（6024）：1587~1590.

名 词 索 引

习　题

5-1　钢中常存杂质有哪些，对钢的性能有何影响？

5-2　指出下列各种钢的类别、含碳量及用途：

(1) Q235；(2) 08；(3) 45；(4) 40Mn；(5) T10；(6) T12A。

5-3　根据铸铁中碳的存在形式及石墨形态，可将铸铁分成几类？各类铸铁的组织有什么特点？

5-4　何谓铸铁的石墨化？影响石墨化的因素有哪些？分析在石墨化的两个阶段中，若分别进行完全石墨化、部分石墨化、未石墨化，将分别得到何种组织。

5-5　为什么一般机器的支承座、壳体、机床身等零部件常用灰口铸铁制造？

5-6　可锻铸铁在石墨化退火前要求铸成什么组织，应采取哪些措施使之保证获得该种组织？与灰口铸铁比较，可锻铸铁有何优缺点？可锻铸铁可否锻造？

5-7　相同基体的灰口铸铁、可锻铸铁与球墨铸铁比较，为什么球墨铸铁的强度、塑性等力学性能均较好？

5-8　有一凸轮轴，选用 QT900-2 铸铁制造，要求获得下贝氏体 + 石墨组织，试选择合适的热处理工艺方法。

5-9　指出 Ac_1、Ac_3、Ac_{cm}、Ar_1、Ar_3、Ar_{cm} 各临界点的意义。

5-10　以共析钢为例，简述在加热过程中奥氏体形成的基本过程。

5-11　珠光体、贝氏体、马氏体组织各有哪几种基本类型？它们在形成条件、组织形态和性能方面有何特点？

5-12　试述影响 C 曲线形状和位置的主要因素。

5-13　何谓淬火临界冷却速度 v_K？v_K 的大小受什么因素影响？它与钢的淬透性有何关系？

5-14　在 T8 钢的 TTT 曲线图上定性画出下列组织的冷却曲线，并指出其分别属于何种热处理工艺。

(1) P；(2) S；(3) T+M；(4) $B_下$；(5) M+A′。

5-15　共析钢的 CCT 曲线与 TTT 曲线相比，有哪些主要区别？

5-16 试确定下列钢件应采取何种正火或退火工艺，目的如何？

(1) 经冷轧制的 15 钢钢板在下一道冷轧前；

(2) 20 钢切削以前；

(3) 60 钢锻坯；

(4) 具有片状渗碳体的 T12 钢锻坯；

(5) 具有网状渗碳体的 T12 钢锻坯；

(6) 冷成型弹簧。

5-17 亚共析钢与过共析钢淬火温度应如何选择？为什么？

5-18 $\phi 10mm$ 的 45 钢试样经 700℃、760℃、840℃、950℃加热保温并水冷所获得的室温组织是什么？你认为哪个温度是合适的淬火温度？为什么？（45 钢 $Ac_1 = 730℃$，$Ac_3 = 780℃$）

5-19 有两个 T12 钢薄试样，分别加热到 780℃和 860℃并保温相同时间，使之达到平衡状态，然后以大于 v_K 冷却速度冷至室温。试问（T12 钢 $Ac_1 = 730℃$，$Ac_{cm} = 820℃$）：

(1) 哪个温度加热淬火后马氏体晶粒较粗大？

(2) 哪个温度加热淬火后马氏体含碳量较多？

(3) 哪个温度加热淬火后残余奥氏体较多？

(4) 哪个温度加热淬火后未溶碳化物较少？

(5) 你认为哪个温度淬火合适？为什么？

5-20 何谓钢的淬透性？影响淬透性的因素有哪些？

5-21 试述随回火温度升高，淬火钢在回火过程中的组织转变过程与性能变化趋势。

5-22 试分析上贝氏体和下贝氏体的形成机理、组织特征及性能特点。

5-23 从形成条件、组织形态和力学性能等方面区分马氏体与回火马氏体、托氏体与回火托氏体、索氏体与回火索氏体。

5-24 甲、乙两厂生产同一批零件，材料均选用 45 钢，硬度要求 HB220~250。甲厂采用正火，乙厂采用调质，都达到硬度要求。试分析甲、乙两厂产品的组织和性能的差别。

5-25 表面淬火的目的是什么？有哪些常用方法？一般应进行什么预先热处理？

5-26 何谓化学热处理？化学热处理包括哪几个基本过程？渗碳缓冷后由表面到心部是由什么组织组成的？

5-27 以 15 钢制作一要求耐磨的小轴（直径 20mm），其加工工艺路线为：

下料→锻造→正火→机加工→渗碳→淬火+低温回火→磨加工

试分析各热处理工序的作用及所获得的组织。

5-28 什么是第一类回火脆性？什么是第二类回火脆性？它们产生的原因是什么？如何消除或避免？

本章自我练习题

（填空题、选择题、判断题）

扫码答题 5

第六章 合金钢

课堂视频 6

　　碳钢的性能有很大的局限性，如淬透性差，大型工件淬火容易变形和开裂；强度偏低，拉伸强度很难超过 700MPa；耐腐蚀、抗高温氧化和热强性能差。为了改善碳钢的力学性能、工艺性能和化学性能，冶炼时，人们特意往碳钢中添加一定量的一种或数种合金元素，这类钢就称为**合金钢**。几乎所有重要的机器零件、大型工程构件、工模具、高低温及腐蚀和磨损环境下使用的物件都是合金钢材。如图 6-1 所示，国家体育场的主体钢结构大量使用国产 Q460E/Z35 低碳低合金高强度结构钢。该合金钢的微合金元素成分设计赋予钢高的强度、良好的抗震性、抗低温性、可焊性，撑起了"鸟巢"的钢筋铁骨。1996 年中国粗钢年产量首次突破 1 亿吨，跃居世界第一，之后一直雄踞全球首位。开发高性能合金钢是实现我国钢铁工业和制造业升级的重要基础。

图 6-1 彩

图 6-1　国家体育场

第一节　钢中合金元素的作用

　　钢中的常用**合金元素**包括 Cr、Mn、Ni、Ti、Nb、W、Co、Cu、V、Si、Al、B 等。这些合金元素或固溶于铁素体形成**合金铁素体**，或形成**合金渗碳体**、**碳化物**、**金属间化合物**，或形成非金属夹杂物（氧化物、氮化物等），或以游离态形式存在。合金元素的存在形式取决于其与铁、碳的相互作用，并将不同程度地影响钢的相变过程及热处理组织，最终影响钢的性能。合金元素对钢的作用十分复杂，这里仅简要概述一些基本作用，有兴趣的读者可参阅相关著作[1~3]。

一、合金元素对铁碳相图的影响

　　当钢中合金元素含量较高时，钢的基本相结构和相组成发生显著变化，影响到平衡相变过程和 Fe-Fe₃C 相图的形状。合金元素对 Fe-Fe₃C 相图的影响，大致有两种情况：Ni、Mn、Co、C、N、Cu 等元素与铁作用能**扩大奥氏体相区**，而 Cr、V、Mo、W、Ti、Al、Si、B、Nb、Ta、Zr 等元素与铁相互作用会**缩小奥氏体相区**。这是因为 FCC 结构的合金元素 Ni、Mn 等与相同晶体结构的奥氏体混合形成置换固溶体时，将阻止其在低温下转变为铁素体,即起到在低温条件下稳定奥氏体的作用。同理,具有 BCC 结构的合金元素 Cr、Mo、V 则能提高相同晶体结构的铁素体在高温条件下的稳定性。

图 6-2 为 Mn 对 Fe-Fe$_3$C 相图的影响,随着 Mn 含量的增加,A_4(NJ 线)临界转变温度上升,A_3(GS 线)临界转变温度下降,从而使奥氏体区扩大。这一规律也适用于其他奥氏体区扩大元素,但 Co 元素例外,Co 使 A_3 和 A_4 临界转变温度都升高。当钢中所含扩大奥氏体区元素达到一定量时,在室温平衡状态下将得到单相奥氏体组织。如,Mn 质量分数为 13% 的 ZGMn13 耐磨钢及 Ni 的质量分数为 9% 的 1Cr18Ni9Ti 不锈钢,它们在室温下的组织是奥氏体。

对于缩小奥氏体区的这类元素,随着元素含量的增加,将会使 A_4 温度下降,A_3 温度上升,但 Cr 稍有例外,图 6-3 为 Cr 对 Fe-Fe$_3$C 相图的影响。当 Cr 质量分数小于 7% 时,使 A_3 温度下降,大于 7% 时,使 A_3 温度上升,从而使 Fe-Fe$_3$C 相图的奥氏体区缩小。当钢中含缩小奥氏体区的元素达到一定量时,在室温平衡状态下将获得单相铁素体组织。例如,Cr 的质量分数为 17%~28% 的 Cr17、Cr25 等不锈钢的室温组织是铁素体。

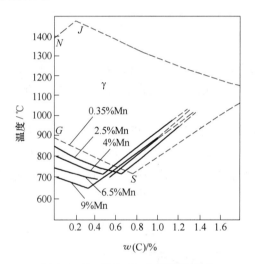

图 6-2 Mn 对 Fe-Fe$_3$C 相图的影响

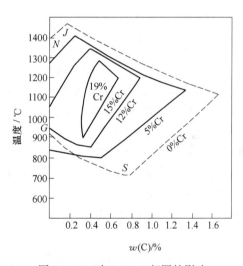

图 6-3 Cr 对 Fe-Fe$_3$C 相图的影响

钢中合金元素含量的增加均使 Fe-Fe$_3$C 相图的 S 点和 E 点向左移。S 点左移意味着合金钢中共析组织的碳含量小于 0.77%,如热作模具钢 3CrW8V,其平均碳含量仅为 0.3%,但其平衡组织具有过共析钢的组织特征,即由珠光体和渗碳体组成;E 点左移意味着碳在奥氏体中的最大溶解度将小于 2.11%,导致合金钢的平衡结晶过程会得到共晶组织,如高速钢 W18Cr4V 的碳含量只有 0.7%~0.8%,但其铸态组织中会出现莱氏体。

二、合金元素对热处理过程的影响

(一)对奥氏体化过程的影响

钢加热到 A_1 以上温度时将发生奥氏体化过程,即合金铁素体和合金碳化物等形成奥氏体的过程。合金铁素体及合金碳化物的稳定性、碳在合金奥氏体中的扩散速度都将直接影响奥氏体的形成过程和速度。强碳化物形成元素如 Ti、Zr、V、Nb 等所形成的稳定碳化物需在较高的温度才开始溶解，并升高碳在奥氏体中的扩散激活能，减慢碳的扩散，因而，对奥氏体化过程有一定的减缓作用。而非碳化物形成元素 Ni、Co 等使碳在奥氏体中的扩散激活能降低，加速碳的扩散，对奥氏体化过程有一定的促进作用。

合金元素的存在亦会直接影响奥氏体晶粒的长大。Al、Ti、V、Nb、Zr 等元素能强烈阻碍奥氏体晶粒长大，这是由于 Al 易形成难溶于奥氏体的氧化物及氮化物，Ti、V、Nb、Zr 等则形成极其稳定的碳化物，它们在加热过程中难以分解，分布在奥氏体晶界上，阻碍奥氏体晶粒的长大，其中 Ti 的作用最突出。C 和 Mn 则促进奥氏体晶粒长大，一般认为 C 加速奥氏体晶粒长大的主要原因是碳降低了铁原子之间的结合力，使铁的自扩散系数增大，Mn 的添加进一步加强了碳的这种作用。因此，含锰的高碳钢具有较高的过热敏感性，其奥氏体晶粒容易发生粗化。因此，此类钢在进行热处理时，应严格控制加热温度，以避免因奥氏体晶粒粗化而降低钢的性能。

(二) 对过冷奥氏体转变的影响

1. 合金元素对 C 曲线的影响

除 Co 以外，几乎所有合金元素若溶于奥氏体，都会不同程度地提高奥氏体的稳定性，使 C 曲线右移，延长过冷奥氏体转变的孕育期，从而增加钢的淬透性。Mo、Mn、Cr、Ni 等合金元素提高淬透性的效果更为显著。

当加入形成碳化物的合金元素 Cr、Mo、W、Ti 等较多时，由于它们对珠光体转变和贝氏体转变的推迟程度不同，同时升高珠光体最大转变速度的温度，降低贝氏体最大转变速度的温度，导致出现各自独立的珠光体转变 C 曲线和贝氏体转变 C 曲线。图 6-4 表示 H13 钢 （4Cr5MoSiV1） 的两组 C 曲线，反映珠光体转变的 C 曲线与反映贝氏体转变的 C 曲线之间是过冷奥氏体的亚稳定存在区。

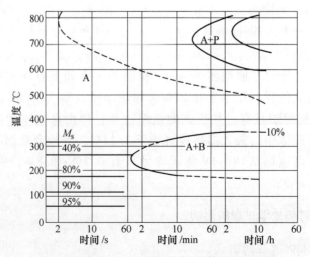

图 6-4　H13 钢 （4Cr5MoSiV1） 的等温转变曲线

2. 合金元素对马氏体转变的影响

图 6-5 和图 6-6 分别表示合金元素对马氏体转变开始温度 M_s 点及残余奥氏体量的影响。除 Co、Al 外，凡溶于奥氏体的合金元素都使马氏体转变开始温度 M_s 点下降，也使钢淬火后残余奥氏体量有所增加。这是由于合金元素溶入奥氏体，提高了奥氏体强度，使马氏体形成所需要的驱动力增加，马氏体更难形成。高合金钢淬火后存在的大量残余奥氏体（30%～40%），对钢的性能产生不利影响，应通过淬火后的深冷处理和回火处理降低残余奥氏体量。

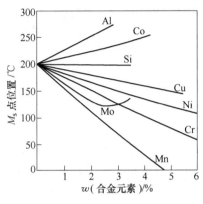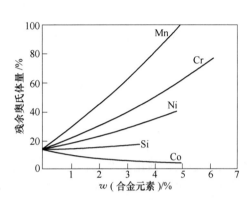

图 6-5 合金元素对马氏体转变 开始温度 M_s 点的影响

图 6-6 合金元素对残余奥氏体量的影响 （含 1.0%C 的钢 1150℃ 淬火）

（三）合金元素对回火转变的影响

1. 提高回火稳定性

淬火钢在回火过程中抵抗硬度下降的能力称为钢的**回火稳定性**。固溶于淬火马氏体中的合金元素在回火过程中，减缓碳原子的扩散速率，从而推迟马氏体的分解和残余奥氏体的转变，提高铁素体的再结晶温度，使碳化物难以聚集长大而保持较高的弥散度，淬火钢的硬度下降因此变得缓慢，钢的回火稳定性得到提高。与同等含碳量的碳钢相比，在同一温度回火，合金钢具有更高的强度和硬度。提高回火稳定性作用较强的合金元素有 Si、Cr、W、Mo、V、Ti、Zr 等**碳化物形成元素**。

2. 产生二次硬化

当钢中 W、Mo、V 等碳化物形成元素含量较高时，淬火钢中的残余奥氏体十分稳定，在回火加热到 500～600℃ 时仍不分解，但在冷却过程中部分转变为马氏体，使合金钢的硬度不降低反而升高，这种现象惯称"**二次硬化**"或"**二次淬火**"。例如，当钢中 Mo 的质量分数达到 5% 时，淬火后经 500～600℃ 回火，其硬度值反而显著上升（图 6-7（a））。此外，由于 W、Mo、V 等强碳化物元素存在，淬火钢在 500～600℃ 温度范围内回火时，将会在马氏体内沉淀析出 W_2C、MoC_2、VC 等碳化物（图 6-7（b）），使其硬度再次升高，产生所谓沉淀型的"二次硬化"现象。

三、合金元素对钢的力学性能的影响

合金元素 Ni、Si、Al、Co、Mn、Cr、W、Mo 等固溶于铁素体、奥氏体、马氏体中引

182

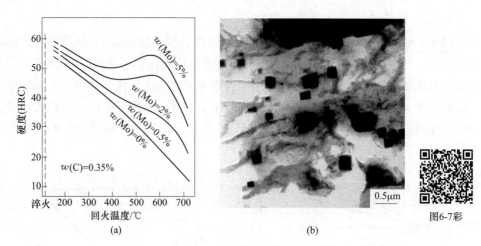

图 6-7　碳质量分数为 0.35% 钼钢的回火温度与硬度曲线（a）和
透射电子显微照片显示合金钢中规则形状的碳化物（b）

起晶格畸变，增加位错运动阻力，从而产生固溶强化作用。合金元素与铁的原子半径和晶体结构相差愈大，强化效果愈显著，但会引起韧性下降。图 6-8（a）为合金元素对铁素体硬度的影响，可见 Si、Mn、Ni 等元素对铁素体的强化作用比 Mo、V、W、Cr 要大。为了不影响钢的韧性，合金元素的添加有一定的限度，如图 6-8（b）所示，当 Si 含量在 0.6% 以下，Mn 含量在 1.50% 以下时，其冲击韧性值不会降低或稍有提高，但当质量分数超过此值时则有下降趋势。Cr、Ni 在适当的含量范围内还能提高铁素体的冲击韧性，因此，Cr、Ni 是合金钢中常加的元素。

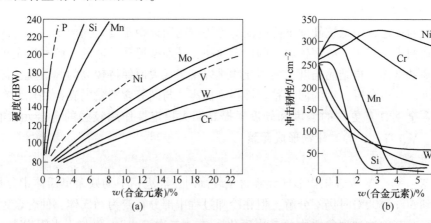

图 6-8　合金元素对铁素体力学性能的影响
（a）对硬度的影响；（b）对冲击韧性的影响

合金元素如 Mn、Cr、W、Mo 等可以溶入渗碳体，形成合金渗碳体，如 $(Fe, Cr)_3C$。合金渗碳体的稳定性较 Fe_3C 要高，在奥氏体化过程中，较难溶于奥氏体，也不易聚集长大，冷却后保留在钢中，成为位错运动的障碍，提高钢的强度和硬度。

当钢中的合金元素超过一定量后，将形成稳定性更高的**合金碳化物**，如 Mn_3C、Cr_7C_6、$Cr_{23}C_6$、Fe_4W_2C、WC、MoC、W_2C、V_4C_3、VC、TiC 等。合金元素与碳的亲和力

强弱排序为：Fe<Mn<Cr<Mo<W<V<Nb<Ti<Zr，亲和力越强，所形成的碳化物的稳定性越高，越难溶于奥氏体，越难聚集长大，而且其熔点和硬度也越高。随着这些碳化物数量的增多，钢的强度、硬度增大，耐磨性增加，但其塑性和韧性会有所下降。因此，合金碳化物是合金钢中的重要组成相之一，其类型、数量、大小、形态与分布对合金钢的性能有重要影响。

第二节 合金钢的分类与编号

一、合金钢的分类

合金钢的种类繁多，普遍按照使用特性分类，可分为合金结构钢、轴承钢、合金工具钢、特殊性能钢等。**合金结构钢**是工业应用最广、用量最多的钢种，包括**工程结构钢**和**机械结构钢**，前者又细分为工程低合金高强度结构钢和高锰钢，用于建筑构件、工程结构件，后者用于制造机器结构零件。轴承钢主要用于制造滚动轴承，**合金工具钢**主要用于制造各种类型的刃具、模具、量具，分别有合金刃具钢、模具钢和量具钢。特殊性能钢主要包括不锈钢和耐热钢，用于制造耐腐蚀、耐热等构件或零件。此外，合金钢按合金元素总量分为低合金钢、中合金钢、高合金钢，它们的合金元素总量分别为：≤5%、5%～10%、≥10%。

二、合金钢的编号

合金钢的**牌号**通常由大写汉语拼音字母、化学元素符号和阿拉伯数字组成，汉语拼音字母表示产品名称、用途、特性和工艺方法，元素符号和数字则表示合金钢的化学成分。具体编号原则和方法参见国家标准《钢铁产品牌号表示方法》（GB/T 221—2008）。不同类型合金钢的编号方法略有不同，同一钢种在不同国家也有不同的牌号[4,5]，如我国的40Cr 合金结构钢，依据美国 ASTM、日本 JIS、英国 BS、德国 DIN、法国 NF 规则分别命名为 5140、SCr440、520M40、41Cr4、42C4。

低合金钢与碳素结构钢的编号方法相同，牌号由代表屈服点的汉语拼音字母 Q、屈服点数值、质量等级符号（A、B、C、D、E，质量等级依次增加）3 个部分按顺序排列。例如，Q390A 即表示该牌号钢的屈服强度为 390MPa，质量等级为 A 级。

其他合金钢的编号多采用数字 1+元素符号+数字 2+…的方法表示。

（1）数字 1 代表钢的平均含碳量，即平均碳质量分数。对合金结构钢，用万分数表示。例如，60Si2Mn 弹簧钢的 60 表示钢的平均含碳量为 0.60%。对合金工具钢及不锈钢，则用千分数表示，例如，9SiCr 工具钢的 9 则表示该钢的平均含碳量为0.90%。但当合金工具钢中的平均含碳量大于或等于 1.0% 时，不标数字，例如Cr12MoV 钢。应当注意某些合金工具钢是例外的，如高速工具钢 W18Cr4V，其碳质量分数小于 1.0%，但钢号前面无数字。当不锈钢的含碳量上限低于 0.1%，用"0"表示，如 0Cr18Ni9 的含碳量上限为 0.08%，而 03Cr19Ni10 表示含碳量上限为0.03%，01Cr19Ni11 表示含碳量上限为 0.01%。

（2）元素符号及后面的数字 2 表示这种合金元素的平均质量分数的百分数。当元素质量分数小于 1.50% 时，编号中只标明元素符号而不标出表示质量分数的数字；当元素质量分数大于或等于 1.50%、2.50%、3.50%、…便相应地以 2、3、4、…表示。例如 40Cr，Cr 的平均质量分数小于 1.50%；1Cr13，Cr 的平均质量分数为 13%。

铬轴承钢及低铬工具钢则属特殊，轴承钢的钢号前冠以专业用钢代号 "G"，Cr 的质量分数以千分数表示。例如，GCr15 表示该钢 Cr 的质量分数为 1.5%。低铬工具钢的 Cr 的质量分数也以千分数表示，如，Cr 的质量分数为 0.6% 的低铬工具钢写成 Cr06。

第三节　工程结构钢

工程结构钢包括**低合金高强度结构钢**（high strength low alloy steel，HSLA）及用于制造工程机械结构零件的高锰钢。低合金高强度结构钢具有自重轻、足够的塑性和韧性、良好的焊接性能及压力加工性能、较好的抗腐蚀性能及较低的冷脆转变温度等一系列的性能特点，广泛用于桥梁、船舶、车辆及压力容器等各类工程构件的制造。

一、低合金高强度结构钢

这类钢的含碳量一般控制在 0.20% 以下，合金元素总量不超过 3%，以确保在高强度的基础上仍然保持良好的成型性、冲击韧性、焊接性能。合金元素主要有 Mn、Nb、V、Ti、Mo、Cu 及稀土元素（rare earth，RE）等。Mn 是主要强化合金元素，起强化铁素体的作用，还能降低钢的韧脆转变温度，且 Mn 的资源丰富，含 Mn 量一般在 1.8% 以下。Nb、V、Ti、Mo 在钢中形成微细碳化物，起细化晶粒及弥散强化作用，提高钢的强度及低温冲击韧性。Cu、P 可提高钢对大气的抗腐蚀能力。稀土元素可以提高韧性、疲劳极限，降低韧脆转变温度。

这类钢通常在热轧空冷状态下使用，经过焊接、铆接或压力成型后一般不再进行淬火回火处理，有时在焊接后进行一次正火处理后使用，获得铁素体加珠光体组织。近年来通过进一步降低碳含量和合金元素含量，优化轧制工艺，获得铁素体加马氏体，或铁素体加岛状马氏体和奥氏体的组织，可以进一步提高钢的强度和冷成型性能，减轻构件质量。

表 6-1 和表 6-2 列出了国家标准《低合金高强度结构钢》（GB/T 1591—2008）中一部分钢的成分、性能及用途。其中 Q345 碳锰钢是应用最广、用量最人的低合金高强度钢，广泛应用于桥梁、车辆、船舶、压力容器等。以桥梁钢为例，20 世纪 50 年代建造的第一条横跨长江的武汉长江大桥采用 Q235 普通碳素结构钢，桥梁主跨 128m[6]。1968 年建成的南京长江大桥是我国第一座自行设计和建造的公铁两用长江大桥，主体结构采用鞍山钢铁公司研制的 16Mnq 桥梁钢，用于替代苏联进口钢材，又称 "争气钢"，但其焊接性能和韧性指标不理想，只能采用铆接结构，最大跨度为 160m。在此基础上，采用超低碳和微量合金元素成分设计，利用先进的轧制技术，研制了更高性能的桥梁用钢，充分保障了主跨过千米的特大型桥梁建设。1993 年通车的九江长江大桥结构采用屈服强度达到 420MPa 的 Q420（旧牌号 15MnVNq），最大跨度达到 216m，加钒虽然提高强度，但却导致钢板低温性能和焊接性能差。在随后的芜湖长江大桥采用了武汉钢铁公司研制的大跨度铁路桥梁用钢 Q420（旧牌号 14MnNbq），屈服强度达到 370MPa，并具有优异的 -40℃ 低温冲击韧性和焊接性能。桥梁钢的发展如图 6-9 所示。

表 6-1 部分低合金高强度结构钢的牌号及化学成分（GB/T 1591—2008）

钢号	质量等级	C	Si	Mn	P	S	Nb	V	Ti	Cr	Ni	Cu	N	Mo	B	Al
Q345	A	≤0.20			≤0.035	≤0.035										—
	B	≤0.20			≤0.035	≤0.035										—
	C	≤0.20	≤0.50	≤1.70	≤0.030	≤0.030	≤0.07	≤0.15	≤0.20	≤0.30	≤0.50	≤0.30	≤0.012	≤0.10	—	≥0.015
	D	≤0.18			≤0.030	≤0.025										≥0.015
	E	≤0.18			≤0.025	≤0.020										≥0.015
Q390	A				≤0.035	≤0.035										—
	B				≤0.035	≤0.035										—
	C	≤0.20	≤0.50	≤1.70	≤0.030	≤0.030	≤0.07	≤0.20	≤0.20	≤0.30	≤0.50	≤0.30	≤0.015	≤0.10	—	≥0.015
	D				≤0.030	≤0.025										≥0.015
	E				≤0.025	≤0.020										≥0.015
Q420	A				≤0.035	≤0.035										—
	B				≤0.035	≤0.035										—
	C	≤0.20	≤0.50	≤1.70	≤0.030	≤0.030	≤0.07	≤0.20	≤0.20	≤0.30	≤0.80	≤0.30	≤0.015	≤0.20	—	≥0.015
	D				≤0.030	≤0.025										≥0.015
	E				≤0.025	≤0.020										≥0.015
Q460	C				≤0.030	≤0.030										≥0.015
	D	≤0.20	≤0.60	≤1.80	≤0.030	≤0.025	≤0.11	≤0.20	≤0.20	≤0.30	≤0.80	≤0.55	≤0.015	≤0.20	≤0.004	≥0.015
	E				≤0.025	≤0.020										≥0.015
Q500	C				≤0.030	≤0.030										≥0.015
	D	≤0.18	≤0.60	≤1.80	≤0.030	≤0.025	≤0.11	≤0.20	≤0.20	≤0.60	≤0.80	≤0.55	≤0.015	≤0.20	≤0.004	≥0.015
	E				≤0.025	≤0.020										≥0.015

表6-2　部分低合金高强度结构钢的力学性能及用途（GB/T 1591—2008）

钢号	质量等级	下屈服强度 R_{eL}/MPa（在下列厚度或直径 mm 时）				抗拉强度 R_m /MPa	断后伸长率 A/%	冲击吸收功（纵向，V型，12~150mm）		180°弯曲试验[①]（在下列厚度或直径(mm)时）		旧牌号（GB/T 1591—1988）	用途举例
		≤16	16~40	40~63	63~80	≤40mm	≤40mm	温度/℃	KV/J	≤16	>16~100		
Q345	A	≥345	≥335	≥325	≥315	470~630	≥20	—	—	$d=2a$	$d=3a$	12MnV	桥梁、车辆、船舶、压力容器、建筑结构
	B						≥20	20	≥34	$d=2a$	$d=3a$	14MnNb	
	C						≥21	0	≥34	$d=2a$	$d=3a$	16Mn	
	D						≥21	−20	≥34	$d=2a$	$d=3a$	16MnRE	
	E						≥21	−40	≥34	$d=2a$	$d=3a$	18Nb	
Q390	A	≥390	≥370	≥350	≥330	490~650	≥20	—	—	$d=2a$	$d=3a$	15MnV	桥梁、船舶起重设备、压力容器、建筑结构等
	B							20	34	$d=2a$	$d=3a$	15MnTi	
	C							0	34	$d=2a$	$d=3a$	16MnNb	
	D							−20	34	$d=2a$	$d=3a$		
	E							−40	34	$d=2a$	$d=3a$		
Q420	A	≥420	≥400	≥380	≥360	520~680	≥19	—	—	$d=2a$	$d=3a$	15MnVN	桥梁、高压容器、电站设备、大型船舶
	B							20	34	$d=2a$	$d=3a$	14MnVTiRE	
	C							0	34	$d=2a$	$d=3a$		
	D							−20	34	$d=2a$	$d=3a$		
	E							−40	34	$d=2a$	$d=3a$		
Q460	C	≥460	≥440	≥420	≥400	550~720	≥17	0	34	$d=2a$	$d=3a$	14MnMoV	中温高压容器（<120℃）锅炉、化工、石油高压、厚壁容器（<100℃）
	D							−20	34	$d=2a$	$d=3a$	18MnMoNb	
	E							−40	34	$d=2a$	$d=3a$		
Q500	C	≥500	≥480	≥470	≥450	610~770	≥17	0	55	—	—	—	起重和运输设备，制作各种塑料模具，石油化工和电站的锅炉等
	D							−20	47				
	E							−40	31				

① d—弯心直径；a—试样厚度或直径。

(a)　　　　　　　　　　　　　　　　　　(b)

(c)

图 6-9 彩

图 6-9 桥梁钢的发展支撑了长江大桥的建设

（a）武汉长江大桥，1957 年；（b）南京长江大桥，1968 年；（c）九江长江大桥，1993 年

Q390 钢含有 V、Ti、Nb 等合金元素，也用于制造高压容器等。Q460 钢则含有 Mo 和 B，在正火、正火加回火或淬火加回火状态有很高的综合力学性能，全部用铝补充脱氧，质量等级为 C、D、E 级，用于制造石化工业中的中温高压容器、各种大型工程结构及要求强度高、载荷大的轻型构件等。

二、超级钢

超级钢是指利用普通低碳钢或低合金结构钢，在不改变材料成分的前提下，通过严格控制轧制工艺，改善钢的洁净度、晶粒度和均匀性，从而大幅度提高钢的强度和综合性能。当铁素体晶粒从工业生产的 $20\mu m$ 细化到 $5\mu m$ 左右，碳素结构钢的屈服强度可以从 200MPa 级提高到 400MPa 级；微合金钢的晶粒从十几微米细化到 $2\mu m$ 左右，屈服强度可从 400MPa 级提高到 700MPa 级（感兴趣的读者可进一步阅读本章延伸阅读 6-1 的内容）。20 世纪末低温强力轧制技术的出现，为实现钢的**超细晶组织**创造了条件[7,8]。图 6-10 是低碳钢通过严格控制轧制和冷却工艺获得的超细晶显微组织。

延伸阅读 6-1

日本学者在 20 世纪 90 年代最早提出微晶超级钢的概念，但我国是目前世界上唯一实现超级钢的工业化生产的国家。我国翁宇庆院士、王国栋院士等科学家致力于超级钢的研究开发与我国钢铁企业共同努力，发展了不同的组织细化思路和手段，如利用"变形诱导铁素体相变"机制[9]，通过低温高速精轧阶段的动态再结晶，细化奥氏体晶粒，并结合特殊分布的微合金沉淀，获得超级细化的铁素体晶粒；或在压轧时把压力增加到通常的 5 倍，并且提高冷却速度和严格控制温度，得到的钢材晶粒尺寸仅有 1μm。攀钢、武钢、包钢、宝钢在普通碳素结构的基础上，利

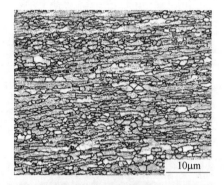

图 6-10 控轧控冷工艺获得超细铁素体晶粒

用控制轧制、道次间加速冷却和轧后控冷等技术，获得了铁素体晶粒尺寸为 4~5μm 的铁素体-珠光体双相钢，钢板的屈服强度达到 500MPa，钢板成形性能优异，大幅度减轻车身自重，已批量应用于卡车纵梁和汽车车身。所开发的 6mm 超级钢钢管已替代 8mm 低合金钢管用于大跨度大桥，屈服强度达 500MPa 的超级钢棒线材已用于混凝土结构主导受力钢筋。超级钢已在我国的深海钻井平台、大型电站、新一代舰船等重点工程中发挥了重要作用。

三、高锰钢

高锰钢又称**耐磨钢**，主要用于工程机械中受冲击磨损的部件。1882 年，英国人哈德菲尔德（R. A. Hadfield）首次获得奥氏体组织的高锰钢[10]，其表层在冲击载荷作用下发生冲击硬化，同时心部奥氏体组织具有良好的冲击韧性。高锰钢多采用铸造成形，其钢号前加上符号"ZG"表示"铸钢"，如 ZGMn13。表 6-3 列出了奥氏体高锰钢的 5 个旧牌号，其最新牌号参见国家标准《奥氏体锰钢铸件》（GB/T 5680—2010）。

表 6-3 部分高锰钢的化学成分、力学性能及用途（GB/T 5680—1998）

钢号	化学成分 w/%					力学性能		硬度（HBW）	用途范围
	C	Si	Mn	P	S	σ_b/MPa	δ_5/%		
ZGMn13-1	1.00~1.45	0.30~1.00	11.0~14.0	≤0.090	≤0.040	≥635	≥20	≤300	低冲击铸钢件
ZGMn13-2	0.90~1.35	0.30~1.00	11.0~14.0	≤0.070	≤0.040	≥685	≥25	≤300	普通铸钢件
ZGMn13-3	0.95~1.35	0.30~0.80	11.0~14.0	≤0.070	≤0.035	≥735	≥30	≤300	复杂铸钢件
ZGMn13-4	0.90~1.30	0.30~0.80	11.0~14.0	≤0.070	≤0.040	≥735	≥20	≤300	高冲击铸钢件
ZGMn13-5	0.75~1.30	0.30~0.80	11.0~14.0	≤0.070	≤0.040	—			特殊耐磨件

高锰钢的含碳量为 0.75%~1.45%，高碳含量才能保证高的耐磨性。锰的含量高达 11%~14%，确保形成具有良好韧性的室温单相奥氏体组织。高锰钢的铸态组织中存在较多的碳化物，其性能硬而脆，耐磨性能也不好，所以铸件不能直接应用。通常对铸件进行

"水韧处理"，即将铸件加热至临界点温度以上（1000~1100℃），使碳化物全部溶解到奥氏体当中，然后迅速浸淬于水中冷却。由于冷却速度快，碳化物来不及从奥氏体中析出，铸件便获得单相奥氏体组织，具有较好的韧性。高锰钢铸件经水韧处理后，无需再进行回火处理，否则碳化物沿晶界析出使钢变脆。

经水韧处理后的铸件，硬度值只有 HBW180~220，但塑性和韧性很好。当表层奥氏体组织受到剧烈冲击或较大的压力作用时，因为塑性变形而迅速产生加工硬化，并伴随马氏体及碳化物形成，致使表层硬度提高到 HBW450~550，从而获得高耐磨性，而铸件心部仍然维持奥氏体组织。高锰钢制件在使用中必须伴随外来的巨大压力和冲击作用，否则高锰钢是不耐磨的。因此，高锰钢的抗磨损原理不同于高硬度的工具钢。

高锰钢广泛应用于既需耐磨损、又需耐冲击的机件，其常见应用实例如图 6-11 所示。在铁路交通方面，高锰钢用于制造铁道上的辙岔、辙尖、转辙器及小半径转弯处的轨条等；在工程机械方面，高锰钢用于制造挖掘机之类的铲斗、抓斗，各式碎石机的颚板、衬板，显示出非常优越的耐磨性；高锰钢在承受撞击力作用变形时，发生马氏体转变，能吸收大量的冲击能量，受到弹丸射击时，也不易被穿透，因此也用于制造防弹板及保险箱壳体等；高锰钢也可用来制造既需要耐磨损又要求抗磁化的零件，如起重机吸料器的磁铁罩。

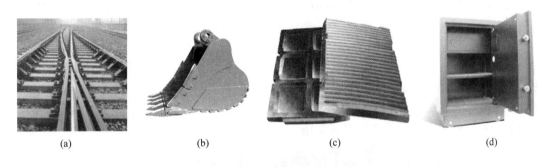

(a)　　　　　　　(b)　　　　　　　(c)　　　　　　　(d)

图 6-11　高锰钢的应用实例
（a）铁道辙岔；（b）铲斗；（c）颚板；（d）保险箱壳体

第四节　机械结构钢

机械结构钢属特殊质量合金钢，根据其用途可分为渗碳钢、调质钢及弹簧钢。

一、渗碳钢

渗碳钢是指经过渗碳热处理后使用的钢种，广泛用于制造汽车、机车及工程机械等动力机械的传动齿轮、凸轮轴、活塞销，图 6-12 给出了一些实例。这些机械零件要求表面高硬度高耐磨，而心部具有良好的强韧性，这样可以同时满足工件耐磨和抗冲击的要求。

渗碳钢的成分特点是低碳低合金，含碳量控制在 0.10%~0.25% 之间，低的含碳量是

图 6-12 渗碳零件
(a) 齿轮；(b) 活塞销；(c) 链条

为了保证渗碳零件的心部具有足够的塑性及韧性，并有利于表面以渗碳方法获得高的含碳量和耐磨性能。主加合金元素 Cr、Ni、Mn 和 B 等用于提高渗碳钢的淬透性，改善渗碳件心部的强韧性，Ni 对提高渗层的强度与韧性的效果尤为显著。辅加合金元素有 V、W、Mo、Ti，形成合金碳化物抑制奥氏体晶粒长大，起到降低钢的过热敏感性和细化晶粒的作用，并提高渗层的耐磨性。

常用渗碳钢的牌号、成分、热处理温度、性能及应用见表 6-4。其中 20CrMnTi 是典型的常用渗碳钢，常用于中型载荷汽车齿轮。采用快速高温渗碳和真空渗碳可使齿轮钢晶粒超细化，大幅度提高力学性能；同时充分利用微合金元素 Nb、V、Zr 等的作用，对原钢种进行微合金化处理，开发出含有高 Ni、高 Mo 微合金元素成分的高强度渗碳钢，用于重载汽车齿轮。

二、调质钢

调质钢是采用调质处理作为最终热处理的钢种。所谓调质处理是指通过淬火后高温回火获得回火索氏体组织的热处理工艺。调质钢用于制造各种受力复杂、需要良好综合力学性能的重要零件，如图 6-13 所示的轴类件、连杆、螺栓、齿轮等。表 6-5 是常用调质钢的牌号、成分、热处理、力学性能及其应用。

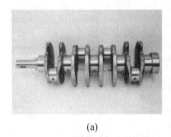 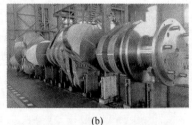 

图 6-13 调质钢的应用实例
(a) 小型曲轴；(b) 大型船舶曲轴；(c) 连杆

调质钢的化学成分特点是中碳低合金，含碳量介于 0.30% ~ 0.50% 之间，含碳量过低则强度不够，过高则韧性不足。加入的合金元素有 Cr、Ni、Mn、Si、Mo、V、Al 等，主要作用是提高淬透性，强化回火索氏体组织。V 还可以细化晶粒，Mo 用于抑制第二类回火脆性的出现，Al 可以加速调质钢的表面渗氮过程，提高渗氮层的硬度及耐磨性。这些合金元素都可以提高合金的耐回火性。典型的调质钢有 40Cr、35CrMo 等。

表6-4 常用渗碳钢的牌号、主要化学成分、热处理温度、力学性能及应用（GB/T 699—2015，GB/T 3077—2015）

类别	牌号	主要化学成分 w/%							热处理温度①/℃			力学性能					毛坯尺寸/mm	应用举例
		C	Mn	Si	Cr	Ni	V	其他	第一次淬火	第二次淬火	回火	R_m/MPa	R_{eL}/MPa	A/%	Z/%	KU/J		
低淬透性	15	0.12~0.18	0.35~0.65	0.17~0.37	≤0.25	≤0.30	—	—	—	—	—	≥375	≥225	≥27	≥55	—	25	小轴、小齿轮、活塞销等
	20	0.17~0.23	0.35~0.65	0.17~0.37	≤0.25	≤0.30	—	—	—	—	—	≥410	≥245	≥25	≥55	—	25	小轴、小齿轮、活塞销等
	20Mn2	0.17~0.24	1.40~1.80	0.17~0.37	—	—	—	—	850 水、油	—	200	≥785	≥590	≥10	≥40	≥47	15	齿轮、小轴、顶杆、活塞销、耐热垫圈
	20Cr	0.18~0.24	0.50~0.80	0.17~0.37	0.70~1.00	—	—	—	880 水、油	780~820 水、油	200	≥835	≥540	≥10	≥40	≥47	15	机床变速箱齿轮、齿轮轴
	20MnV	0.17~0.24	1.30~1.60	0.17~0.37	—	—	0.07~0.12	—	880 水、油	—	200	≥785	≥590	≥10	≥40	≥55	15	齿轮变速箱齿轮、也用作锅炉、高压容器管道等
	20CrMn	0.17~0.23	0.90~1.20	0.17~0.37	0.90~1.20	—	—	—	—	850 油	200	≥930	≥735	≥10	≥45	≥47	15	齿轮、轴、蜗杆、活塞销、摩擦轮
中淬透性	20CrMnTi	0.17~0.23	0.80~1.10	0.17~0.37	1.00~1.30	—	—	Ti: 0.04~0.10	880 油	870 油	200	≥1080	≥850	≥10	≥45	≥55	15	汽车、拖拉机上的变速箱齿轮、齿轮轴
	20MnTiB	0.17~0.23	1.30~1.60	0.17~0.37	—	—	—	Ti: 0.04~0.10 B: 0.0008~0.0035	860 油	—	200	≥1130	≥930	≥10	≥45	≥55	15	替代20CrMnTi
	20MnVB	0.17~0.23	1.30~1.60	0.17~0.37	—	—	0.07~0.12	B: 0.0008~0.0035	860 油	—	200	≥1080	≥885	≥10	≥45	≥55	15	替代20CrMnTi
高淬透性	18Cr2Ni4W	0.13~0.19	0.30~0.60	0.17~0.37	1.35~1.65	4.00~4.50	—	W: 0.80~1.20	950 空	850 空	200	≥1180	≥835	≥10	≥45	≥78	15	大型渗碳齿轮和轴类件
	20Cr2Ni4	0.17~0.23	0.30~0.60	0.17~0.37	1.25~1.75	3.25~3.75	—	—	880 油	780 油	200	≥1180	≥1080	≥10	≥45	≥63	15	大型渗碳齿轮和轴类件
	18CrMnNiMo	0.15~0.21	1.10~1.40	0.17~0.37	1.00~1.30	1.00~1.30	—	Mo: 0.2~0.30	830 油	—	200	≥1180	≥885	≥10	≥45	≥71	15	大型渗碳齿轮和轴类件

① 表中所列热处理温度允许调整范围：淬火±15℃，低温回火±20℃，高温回火±50℃。

表6-5　常用调质钢的牌号、成分、热处理、力学性能及其应用（GB/T 699—2015，GB/T 3077—2015）

类别	牌号	主要化学成分 w/%							热处理温度①/℃		毛坯尺寸/mm	力学性能						应用举例
		C	Mn	Si	Cr	Ni	Mo	其他	淬火	回火		R_m/MPa	R_{eL}/MPa	A/%	Z/%	KU/J	退火状态 HBW	
低淬透性钢	45	0.42~0.50	0.50~0.80	0.17~0.37					840 水	600 空	25	≥600	≥355	≥16	≥40	≥39	≤197	主轴、曲轴、齿轮、柱塞等
	40MnB	0.37~0.44	1.10~1.40	0.17~0.37				B: 0.0008~0.0035	850 油	500 水、油	25	≥980	≥785	≥10	≥45	≥47	≤207	主轴、曲轴、齿轮、柱塞等
	40Cr	0.37~0.44	0.50~0.80	0.17~0.37	0.80~1.10				850 油	520 水、油	25	≥980	≥785	≥9	≥45	≥47	≤207	作重要调质件，如轴类件、连杆螺栓、进气阀和重要齿轮等
	42CrMo	0.38~0.45	0.50~0.80	0.17~0.37	0.90~1.20		0.15~0.25		850 油	560 水、油	25	≥1080	≥930	≥12	≥45	≥63	≤217	载荷荷大的轴类件及汽车钢上的重要调质件
中淬透性钢	30CrMnSi	0.28~0.34	0.80~1.10	0.90~1.20	0.80~1.10				880 油	520 水、油	25	≥1080	≥885	≥10	≥45	≥39	≤229	高强度钢，作高速载荷砂轮轴、车钢上内外摩擦片等
	35CrMo	0.32~0.40	0.40~0.70	0.17~0.37	0.80~1.10		0.15~0.25		850 油	550 水、油	25	≥980	≥835	≥12	≥45	≥63	≤229	重要调质件，如曲轴、连杆及替代40CrNi作大截面轴类件
	38CrMoAl	0.35~0.42	0.30~0.60	0.20~0.45	1.35~1.65		0.15~0.25	Al: 0.70~1.10	940 水、油	640 水、油	30	≥980	≥835	≥14	≥50	≥71	≤229	作渗氮零件，如高压阀门、缸套等
高淬透性钢	37CrNi3	0.34~0.41	0.30~0.60	0.17~0.37	1.20~1.60	3.00~3.50			820 油	500 水、油	25	≥1130	≥980	≥10	≥50	≥47	≤269	作大截面并要求高强度、高韧性的零件
	40CrNiMo	0.37~0.44	0.50~0.80	0.17~0.37	0.60~0.90	1.25~1.65	0.15~0.25		850 油	600 水、油	25	≥980	≥835	≥12	≥55	≥78	≤269	作高强度发动机轴，如航空发动机轴，在小于500℃工作的喷气发动机承载零件

① 表中所列热处理温度允许调整范围：淬火±15℃，低温回火±20℃，高温回火±50℃。

合金调质钢的淬火温度为 $Ac_3+(30\sim50)\,℃$，回火温度应视零件的硬度要求而定，一般为 $500\sim600\,℃$。所得回火索氏体组织是铁素体基体内分布着碳化物（包括渗碳体）球粒的复合组织。图 6-14 是 40Cr 钢经调质处理后获得的回火索氏体组织，调质钢的这种组织使之具有较高强度与良好的塑性及韧性的配合，综合力学性能优异。

图 6-14 彩

图 6-14　40Cr 钢经调质处理后获得的回火索氏体组织

部分调质件还要求局部（如轴颈、齿轮齿廓）或整体表层具有高硬度及高耐磨性，为此，在经调质处理后，还需进行局部表面淬火及低温回火处理或整体渗氮处理。例如，精密机床主轴用 38CrMoAlA 制造，调质后还需进行表面渗氮处理。

近年来，为了节约能源和降低成本，不采用调质工序的非调质结构钢得到了快速发展。在汽车行业，许多轴杆类零件目前已采用非调质钢制造，如用 15MnVB 代替 40Cr 钢制造连杆螺栓，其热处理工序是淬火加低温回火处理，不仅获得强韧性好的低碳马氏体，也减少了高温回火的能耗。非调质钢的强韧化手段种类较多，包括合理利用强化合金元素如 Mn、Cr、V、Nb、Ti、N 等，以细晶强化和沉淀强化方式同时提高材料强度和韧性；控制冶金工艺，利用晶内铁素体组织强韧化；控轧（锻）控冷技术提高强韧性。

三、弹簧钢

弹簧钢用于制造弹簧和其他弹性零件，因此必须具有高的抗拉强度、疲劳强度、弹性极限、高的屈强比（σ_s/σ_b），以防止在交变载荷作用下发生疲劳断裂；同时还要求有较好的淬透性。弹簧表面承受应力最大，很容易发生各种破坏，因此弹簧的表面质量和性能非常重要，应注意加工过程中弹簧钢的表面脱碳情况。

弹簧钢的成分特点是中碳或高碳、低合金，含碳量为 0.50%~0.75%，增加含碳量可以提高钢的强度，但过高的含碳量将会显著降低其韧性。主加合金元素有 Si、Mn、Cr、V，作用是提高淬透性和回火稳定性，强化铁素体。Si 能有效提高弹性极限及屈强比，Cr、V 起细化晶粒的作用，并降低脱碳敏感性。

按加工成型方法的不同，弹簧钢分为热成型弹簧钢和冷成型弹簧钢。常用弹簧钢的牌号见表 6-6。热成型弹簧钢的热处理常为淬火及中温回火。实际生产中通常一次加热将轧制、弹簧绕制及淬火工序连续进行，然后回火。回火温度一般为 350~520℃，获得回火托氏体组织。为防止弹簧因表面缺陷导致疲劳强度降低和早期失效，应严格控制热处理工艺参数，防止表面氧化、脱碳，通常最后一道工序还应对弹簧进行喷丸处理，增加表层压应力，提高疲劳强度。

表6-6　常用弹簧钢的牌号、化学成分、热处理温度、力学性能及用途（GB/T 1222—2016）

种类	牌号	C	Si	Mn	Cr	V	其他	淬火	回火	R_m/MPa	R_{eL}/MPa	A/%	$A_{11.3}$/%	Z/%	用途举例
碳钢	65	0.62~0.70	0.17~0.37	0.50~0.80	≤0.25	—	—	840油	500	≥980	≥785		≥9.0	≥35	小于φ12mm的一般机器上的弹簧，或拉成钢丝作小型机械弹簧
	70	0.62~0.75	0.17~0.37	0.50~0.80	≤0.25	—	—	830油	480	≥1030	≥835		≥8.0	≥30	小于φ12mm的一般机器上的弹簧，或拉成钢丝作小型机械弹簧
	80	0.77~0.85	0.17~0.37	0.50~0.80	≤0.25		—	820油	480	≥1080	≥930		≥6.0	≥30	小于φ12mm的一般机器上的弹簧，或拉成钢丝作小型机械弹簧
	85	0.82~0.90	0.17~0.37	0.50~0.80	≤0.25	—	—	820油	480	≥1130	≥980		≥6.0	≥30	小于φ12mm的一般机器上的弹簧，或拉成钢丝作小型机械弹簧
	65Mn	0.62~0.70	0.17~0.37	0.90~1.20	≤0.25	—	—	830油	540	≥980	≥785		≥8.0	≥30	小于φ12mm的一般机器上的弹簧，或拉成钢丝作小型机械弹簧
合金弹簧钢	55MnSiVB	0.52~0.60	0.70~1.00	1.00~1.30	≤0.35	0.08~0.16	B：0.0005~0.0035	860水、油	460	≥1375	≥1225		≥5.0	≥30	φ20~25mm弹簧，工作温度低于250℃
	60Si2Mn	0.56~0.64	1.60~2.00	0.70~1.00	≤0.35	—	—	870油	480	≥1275	≥1180		≥5.0	≥25	φ30~50mm弹簧，工作温度低于230℃
	51CrMnV	0.47~0.55	0.17~0.37	0.70~1.10	0.90~1.20	0.10~0.20	—	850油	450	≥1350	≥1200	≥6.0		≥30	φ30~50mm弹簧，工作温度低于230℃
	50CrV	0.46~0.54	0.17~0.37	0.50~0.80	0.80~1.10	0.10~0.20	—	850油	500	≥1275	≥1130	≥10.0		≥40	φ30~50mm弹簧，工作温度低于210℃的气阀弹簧
	55SiCrV	0.51~0.59	1.20~1.60	0.50~0.80	0.50~0.80	0.10~0.20	—	860油	400	≥1650	≥1600	≥5.0		≥35	φ30~50mm弹簧，工作温度低于210℃的气阀弹簧
	60Si2Cr	0.56~0.64	1.40~1.80	0.40~0.70	0.70~1.10	0.10~0.20	—	870油	420	≥1765	≥1570			≥25	φ30~50mm弹簧，工作温度低于210℃的气阀弹簧
	60Si2CrV	0.56~0.64	1.40~1.80	0.40~0.70	0.90~1.20	0.10~0.20	—	850油	410	≥1860	≥1650	≥6.0		≥20	小于φ50mm弹簧，工作温度低于250℃
	52CrMnMoV	0.52~0.60	0.90~1.20	1.00~1.30	—	0.08~0.15	Mo：0.20~0.30	860油	450	≥1450	≥1300	≥6.0		≥35	小于φ75mm弹簧，重型汽车、越野车大截面板簧

① 表中所列热处理温度允许调整范围：淬火±20℃，回火±50℃。

冷成型弹簧常为钢丝或薄钢带，成型前钢丝或钢带先经冷拉（或冷轧）或热处理（淬火加中温回火），再通过冷拔（或冷拉）、冷卷成型。冷卷后的弹簧不必进行淬火处理，只需进行一次消除内应力和稳定尺寸的定型处理，即加热到250~300℃进行去应力退火。冷成型弹簧用于制造钟表和仪表中的螺旋弹簧、发条、弹簧片、压缩机直流阀阀片及阀弹簧等。

具有代表性的一类弹簧钢是 Si、Mn 弹簧钢，典型钢种有 65Mn、60Si2Mn，价格较低，用于制造较大截面弹簧，如汽车板簧、螺旋弹簧等。另一类是 Cr、V 弹簧钢，如 50CrVA，淬透性高，用于制造大面积、大载荷、耐热的弹簧，如高速柴油机的气阀弹簧等。

第五节 轴 承 钢

轴承是许多机械设备中不可或缺的重要零件。轴承分为**滚动轴承**和滑动轴承两大类。本节介绍的**轴承钢**主要用于制造各种类型的滚动轴承，包括滚珠、滚柱和套圈等，如图 6-15 所示。滚动轴承钢按成分及使用特性可分为铬轴承钢、渗碳轴承钢、不锈轴承钢、高温轴承钢、无磁轴承钢等。

图 6-15 轴承钢制造的各类滚动轴承

滚动轴承在工作时，各组成部分（内外圈、滚子、滚珠）均受到周期性交变载荷的作用，接触应力可达 1500~5000MPa，应力交变次数每分钟达几万次，同时还承受摩擦力。轴承的损坏形式经常是接触疲劳破坏形成麻点和过度磨损导致精度降低而失效，图 6-16 是滚动轴承表面形成的麻点的实例。因此，要求轴承钢需具有高的接触疲劳强度及弹性极限、良好的淬硬性及淬透性、足够的韧性及耐磨性，同时对润滑剂应具有较好的抗蚀能力[11]。

图 6-16 彩

图 6-16 接触疲劳导致滚珠表面麻点

用量最大的铬轴承钢的含碳量通常为 $0.95\% \sim 1.15\%$，高含碳量保证了轴承钢具有高的硬度及良好的耐磨性。Cr 含量一般在 $0.40\% \sim 1.65\%$，一方面提高钢的淬透性、改善耐蚀性，同时部分 Cr 形成合金渗碳体 $(Fe, Cr)_3C$，此碳化物淬火后呈细小颗粒状均匀分布在隐针马氏体的基体上，如图 6-17 所示。这样的成分和组织设计使轴承钢获得高而均匀的硬度及耐磨性。对于大型滚动轴承（如钢球直径 $30 \sim 50mm$ 的轴承），轴承钢中还加入适量的 Si、Mn、Mo、V，以进一步提高淬透性和强度而不降低其韧性。此外，非金属夹杂物（氧化物、硫化物、硅酸盐等）的数量、大小、形状及分布情况对轴承的使用寿命都有很大的影响，因此，这些对轴承钢化学成分的均匀性、非金属夹杂物的含量和分布、碳化物的分布等要求都十分严格。

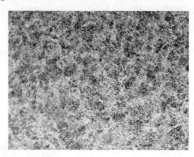

图 6-17 彩

图 6-17　轴承钢 GCr15 的淬火组织

典型的 GCr15 轴承零件的一般加工工艺路线为：锻轧→球化退火→机械加工→淬火→低温回火→磨加工→成品。

轴承零件的热处理包括球化退火、淬火及低温回火，其热处理工艺曲线如图 6-18 所示。

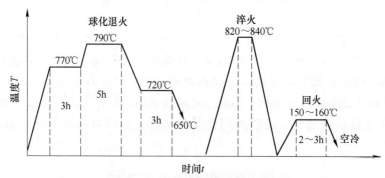

图 6-18　GCr15 轴承钢的热处理工艺曲线

球化退火的目的是获得球状珠光体，降低硬度，便于切削加工，同时为淬火作组织准备。退火后组织为铁素体基体上均匀分布细小粒状碳化物，硬度值一般低于 HBW210。淬火加低温回火后的组织是隐针状回火马氏体+细粒状碳化物+少量残余奥氏体，硬度值为 HRC 61~65。一些对尺寸精密度较高的轴承，为保证精密轴承零件的尺寸稳定性，淬火后随即进行一次 -70℃以下的深冷处理，降低残余奥氏体的含量。并在精磨后进行一次 $120 \sim 130$℃、$5 \sim 10h$ 的低温时效处理以便消除应力，稳定尺寸。

表 6-7 列出了最常用的铬轴承钢的成分、退火硬度和用途，应用最广的是 GCr15 钢，

大量用于制造中小型滚动轴承，其他牌号的淬透性高，用于制造大型滚动轴承。高碳高铬滚动轴承钢与工具钢中的低合金刃具钢性能相近，因此也用于制造冷冲模具、机床丝杆、轧辊、精密量具及油泵油嘴精密偶件等。

表 6-7　高碳铬滚动轴承钢的成分、退火硬度和用途（GB/T 18254—2016）

牌号	主要化学成分 w/%					球化退火硬度(HBW)	软化退火硬度(HBW)	用　途
	C	Cr	Si	Mn	Mo			
G8Cr15	0.75~0.85	1.30~1.65	0.15~0.35	0.25~0.45	≤0.10	179~207		载荷不大的滚珠和滚柱
GCr15	0.95~1.05	1.40~1.65	0.15~0.35	0.25~0.45	≤0.10	179~207	≤245	壁厚不大于 12mm、外径不大于 250mm 的轴承套；25~50mm 的钢珠；直径 25mm 左右滚柱等
GCr15SiMn	0.95~1.05	1.40~1.65	0.45~0.75	0.95~1.25	≤0.10	179~217		壁厚不小于 14mm、外径 250mm 的套圈，直径 20~200mm 的钢珠，其他同 GCr15
GCr15SiMo	0.95~1.05	1.40~1.70	0.65~0.85	0.20~0.40	0.30~0.40	179~217		壁厚不小于 14mm、外径 250mm 的套圈，直径 20~200mm 的钢珠，其他同 GCr15
GCr18Mo	0.95~1.05	1.65~1.95	0.65~0.85	0.20~0.40	0.15~0.25	179~207		壁厚不小于 14mm、外径 250mm 的套圈，直径 20~200mm 的钢珠，其他同 GCr15

第六节　合金工具钢

工具钢用于制造刀具、模具和量具等各种工具。碳素工具钢由于淬透性低、耐回火性差，只限于制造手动或低速运动的工具，对于高速运动、截面尺寸大、形状复杂和要求热稳定性好的工具，则普遍采用合金工具钢制造。合金工具钢主要包含两大类：刃具钢和模具钢。

一、刃具钢

刃具钢主要用于制造车刀、铣刀、铰刀、刨刀、钻头、丝锥、板牙等各种刀具，图 6-19 所示是一些工具的实例。刀具在对各种金属或非金属材料的切削过程中，刃部与切屑及工件之间发生强烈的摩擦，造成严重磨损，同时产生热量，使刀刃的温度升高，高速切削时刀刃的温度可达 500~600℃。此外，刀具在切削过程中常受弯曲、扭转、振动、冲击等复杂的载荷作用，可能导致刃具发生崩刃及断裂。因此，刃具钢应具有如下性能：（1）高的硬度和耐磨性，刀具的硬度必须大大高于被切削加工材料的硬度，金属材料切削刀具的硬度值要求在 HRC60 以上；（2）高的热硬性，热硬性又称红硬性，是指钢受热升温时，能维持高硬度的一种特性；（3）足够的韧性。

（一）低合金刃具钢

低合金刃具钢的碳含量在 0.90%~1.10% 范围，以确保淬火马氏体具有足够高的硬度。合金元素 Cr、Si、Mn、W、V 等的总量少于 5%，主要作用是提高钢的淬透性及回火稳

图 6-19　刃具钢在各类切削刀具中的应用

定性，同时，形成 WC、VC 等碳化物呈细颗粒状均匀分布在马氏体的基体上，使钢具有良好的耐磨性。此外，这些碳化物基本上不溶于奥氏体中，起到细化晶粒和提高韧性的作用。

低合金刃具钢的热处理包括加工前的预先热处理和加工成型后的最终热处理两道工序。预先热处理采用球化退火，获得在铁素体基体上均匀分布小颗粒状碳化物的组织，目的是降低硬度，便于切削加工，并为淬火作组织准备。最终热处理一般采用淬火+低温回火。低合金刃具钢属于过共析钢，应采用不完全淬火，加热温度为 $Ac_1 + (30 \sim 50)$℃，可以保留部分未溶碳化物，淬火后获得马氏体、碳化物及少量残余奥氏体组织。采用低温回火的目的是部分消除淬火过程造成的组织应力及热应力，并使过饱和马氏体中的碳原子少量脱溶，降低内应力，在保持高硬度的同时提高韧性。使用状态下的组织为回火马氏体加颗粒状碳化物及少量残余奥氏体。低合金刃具钢的工作温度一般不超过200℃。

低合金刃具钢的常见牌号、化学成分、热处理及用途举例见表 6-8，代表性钢种是 9SiCr、CrWMn，用于制造如形状复杂、变形小的板牙、丝锥、铰刀、搓丝板及拉刀等低速切削刀具。

表 6-8　常用低合金刃具钢的化学成分、热处理及用途 （GB/T 1299—2000）

牌号	主要化学成分 w/%					淬火		用途举例
	C	Si	Mn	Cr	其他	温度/℃	硬度(HRC)	
9SiCr	0.85~0.95	1.20~1.60	0.30~0.60	0.95~1.25	—	820~860 油	≥62	板牙、丝锥、铰刀、搓丝板、冷冲模等
CrWMn	0.90~1.05	≤0.40	0.80~1.10	0.90~1.20	W: 1.20~1.60	800~830 油	≥62	长丝锥、长铰刀、板牙、拉刀、量具、冷冲模等
9Mn2V	0.85~0.95	≤0.40	1.70~2.00	—	V: 0.10~0.25	780~820 油	≥62	丝锥、板牙、样板量规、中小型模具、磨床主轴、精密丝杆等

续表 6-8

牌号	主要化学成分 w/%					淬火		用途举例
	C	Si	Mn	Cr	其他	温度/℃	硬度(HRC)	
Cr2	0.95~1.10	≤0.40	≤0.40	1.30~1.65	—	830~860 油	≥62	插刀、铰刀、偏心轮、冷轧辊
Cr06	1.30~1.45	≤0.40	≤0.40	0.50~0.70	—	780~810 油	≥64	剃刀、刀片、刮刀、刻刀
W	1.05~1.25	≤0.40	≤0.40	0.10~0.30	W: 0.80~1.20	800~830 油	≥62	麻花钻、车刀

（二）高速钢

高速钢用于制造车刀、铣刀、刨刀、拉刀及钻头等高速切削刃具。高速钢的主要性能特点是热硬性高，当工作温度达到 600℃ 左右时，其硬度值仍保持在 HRC55~60。常用高速钢分为钨系的 W18Cr4V 和钨-钼系的 W6Mo5Cr4V2 两类，其化学成分、热处理温度、性能及用途见表 6-9。以最常用的 W18Cr4V 钢为例，来说明高速钢的化学组成、热处理工艺和组织特点。

表 6-9 常用高速钢的化学成分、热处理温度、特性及用途（GB/T 9943—2008）

钢号	主要化学成分 w/%								热处理温度/℃		硬度		用 途
	C	Mn	Si	W	Mo	Cr	V	Al 或 Co	淬火	回火	退火(HBW)	回火[①](HRC)	
W3Mo3-Cr4V2	0.95~1.05	≤0.40	≤0.45	2.70~3.00	2.50~2.90	3.80~4.50	2.20~2.50	—	1180~1120	540~560	≤255	≥63	麻花钻、铣刀、拉刀、刨刀
W18Cr4V (18-4-1)	0.73~0.83	0.10~0.40	0.20~0.40	17.20~18.70	—	3.80~4.50	1.00~1.40	—	1250~1280	550~570	≤255	≥63	制造一般高速切削用车刀、刨刀、钻头、铣刀等
W2Mo-8Cr4V	0.77~0.87	≤0.40	≤0.70	1.40~2.00	8.00~9.00	3.50~4.50	1.00~1.40	—	1180~1120	550~570	≤255	≥63	麻花钻、铣刀、拉刀、刨刀
W6Mo5-Cr4V2 (6-5-4-2)	0.80~0.90	0.15~0.40	0.20~0.45	5.50~6.75	4.50~5.50	3.80~4.40	1.75~2.20	—	1200~1230	550~570	≤255	≥63	制造要求耐磨性和韧性很好配合的高速切削刀具，如丝锥、钻头等；并适于采用轧制、扭制热变形加工成型新工艺来制造钻头等刀具
W9Mo3-Cr4V	0.77~0.87	0.20~0.40	0.20~0.40	8.50~9.50	2.70~3.30	3.80~4.40	1.30~1.70	—	1200~1240	540~560	≤255	≥64	各种切削刀具

续表 6-9

钢号	主要化学成分 w/%								热处理温度/℃		硬度		用　途
	C	Mn	Si	W	Mo	Cr	V	Al 或 Co	淬火	回火	退火(HBW)	回火①(HRC)	
W6Mo5-Cr4V2Al	1.05~1.15	0.15~0.40	0.20~0.60	5.50~6.75	4.50~5.50	3.80~4.40	1.75~2.20	Al：0.80~1.20	1220~1240	550~570	≤255	≥65	在加工一般材料时，刀具使用寿命为 18-4-1 的两倍，在切削难加工的超高强度钢和耐热合金钢时，其使用寿命接近钴高速钢
W12Cr4-V5Co5	1.50~1.60	0.15~0.40	0.15~0.40	11.75~13.00	—	3.75~5.00	4.50~5.25	Co：4.75~5.25	1220~1250	540~560	≤255	≥65	特殊耐磨切削刀具
W2Mo9-Cr4VCo8	1.05~1.15	0.15~0.40	0.15~0.65	1.15~1.85	9.00~10.00	3.50~4.25	0.95~1.35	Co：7.75~8.75	1220~1240	550~570	≤255	≥66	高精度复杂刀具

① 回火温度为 550~570℃时，回火 2 次，每次 1h；回火温度为 540~560℃时，回火 2 次，每次 2h。

1. 化学组成及其作用

W18Cr4V 有较高的含碳量，为 0.7%~0.8%，高的含碳量是为了保证形成足够数量的碳化物，各种钢号的含碳量都必须与合金元素的含量相匹配。

钨是使高速钢具有高热硬性的主要元素。退火状态下，W 主要以碳化物（Fe_2W_2C，WC）的形式存在。淬火后，W 固溶在马氏体内，提高回火稳定性及钢的热硬性。回火过程部分 W 以 W_2C 的形式弥散沉淀析出，产生"二次硬化"。W18Cr4V 的含铬量为 4% 左右，其主要作用是提高淬透性。高速钢由于合金元素含量很高，它有极高的淬透性，即使在空冷条件下能够实现完全淬火，因此又称"风钢"。Cr 还能提高钢的耐回火性和抗氧化性。此外，钒的碳化物（V_4C_3、VC）非常稳定，在淬火加热温度超过 1200℃ 才开始溶解，而未溶的碳化物能显著阻碍奥氏体晶粒的长大，起细化晶粒的作用。同时，回火过程中弥散析出高硬度的 VC 颗粒，改善高速钢的硬度、耐磨性及韧性。

欧美国家由于 W 资源的稀缺性，发展了以 Mo 部分替代 W 的钨-钼系高速钢。Mo 在高速钢中的作用与 W 相似，1% 的 Mo 可替代 2%W。目前使用最广的是 W6Mo5Cr4V2 高速钢，其韧性和热塑性优于 W18Cr4V 钢，但其脱碳敏感性不如 W18Cr4V 钢。

2. 加工及热处理

高速钢的加工工艺路线为：下料→锻造→球化退火→机加工→淬火→回火→喷砂→磨削加工。其热处理工艺较为复杂，W18Cr4V 钢的球化退火、淬火、回火处理工艺曲线如图 6-20 所示。

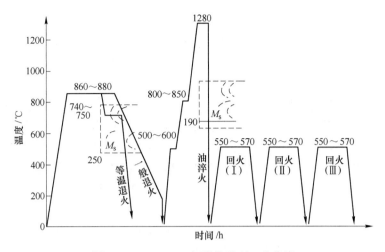

图 6-20　W18Cr4V 钢的热处理工艺曲线

高速钢的铸态组织主要由鱼骨状（或网状）共晶碳化物、黑色 δ 共析体组织和白色 M+A′ 组织组成，是典型的莱氏体组织，如图 6-21 所示。这种组织脆性大，且不能通过热处理予以改变，只能通过反复锻打来击碎粗大的莱氏体。因此，高速钢的锻造不仅是为了成型，更是为了改善碳化物的分布。锻造后为消除组织和变形应力、降低硬度，以便于后续切削加工，同时也为随后的淬火处理作组织准备，需进行球化退火，退火组织为索氏体和均匀分布的粒状或小块碳化物。

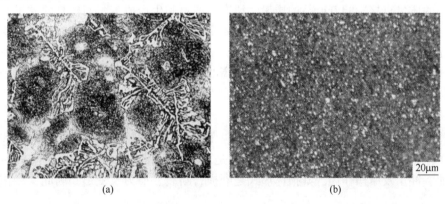

图 6-21　高速钢的铸态莱氏体组织（a）及淬火加回火组织（b）

淬火的目的是获得马氏体组织。但是高速钢中含有大量的合金元素及碳化物，导热性及塑性较差。因此，在淬火加热过程中首先进行预热处理，以防止工件变形和开裂，并缩短工件在淬火温度的停留时间，减少氧化和脱碳。对大型及形状复杂的刀具，预热工序尤为重要。W18Cr4V 的淬火加热温度高达 1270~1280℃，这是为了使 W、V 的部分碳化物充分溶解并固溶于奥氏体，确保了高速钢的耐磨性和热硬性，但过高的淬火温度会使奥氏体晶粒迅速长大，降低高速钢的韧性。因此，高速钢刀具性能对淬火温度十分敏感。淬火冷却一般采用分级淬火法，在 580~620℃ 进行分级冷却使刀具表面与心部的温度趋于一致，马氏体转变在较缓慢的空冷过程中完成，以显著减少热应力及组织应力。高速钢的淬火组织为马氏体、粒状碳化物及大量的残余奥氏体（20%~25%）。传统高速钢淬火采用盐浴等温冷却，对环境污染大。目前已普遍采用更环保的真空气体或真空油浴淬火工艺，获得的高速钢工件具有无氧化、无脱碳、畸变小等优点。

回火的目的是使淬火后的高速钢达到最终性能要求，高速钢淬火后一般都要进行 3 次 550~570℃回火处理。回火过程中，从淬火马氏体中弥散析出 WC、VC 等高硬度的碳化物，产生"弥散硬化"的效果，同时残余奥氏体在随冷过程中转变为马氏体，获得"二次淬火"的效果。采用多次回火的目的是降低残余奥氏体的含量，3 次回火后残余奥氏体的含量可降至 1%~2%。因此，回火使得高速钢的硬度获得进一步提高，亦称二次硬化。高速钢的回火组织由回火马氏体、碳化物及少量残余奥氏体组成，其典型金相组织如图 6-21 所示（粉末冶金高速钢部分请参考相关参考文献[12]及本章延伸阅读 6-2 的内容）。

延伸阅读 6-2

除传统的铸造技术生产高速钢外，工业上还采用粉末冶金技术生产高性能高速钢。内层可选用强韧的低合金锻钢等材料，外层采用典型的粉末冶金工艺，即将高碳高合金化的粉末进行压制+烧结成型。粉末冶金高速钢具有晶粒细小、组织和性能均匀的特点，其强度和韧性是铸造高速钢的 2 倍以上。此外，还可以采用离子镀、磁控溅射等表面处理工艺在高速钢表面涂敷耐磨性、减磨性及化学防护性俱佳的 TiN、TiC 或金刚石涂层，改善高速钢刀具的切削性能和使用寿命。

二、模具钢

模具是使金属材料或非金属材料通过冲压、锻造、压铸、注射、挤压等方式成型的工具。模具的质量直接影响着产品的质量、精度、产量和生产成本，而模具的质量与使用寿命除了靠合理的结构设计和加工精度外，主要受模具材料和热处理的影响。**模具钢**大体可分为冷作模具钢、热作模具钢和塑料模具钢。由于模具工作条件复杂，模具钢一般应具有高的硬度、强度、耐磨性和足够的韧性，而高的淬透性、淬硬性和其他工艺性能是保证获得上述优良性能进行加工的前提，但由于用途不同，对不同模具用钢的性能要求也不同。

（一）冷作模具钢

冷作模具包括冷冲模、拉丝模、拉延模、压印模、搓丝模、滚丝板、冷镦模和冷挤压模，其工作温度一般不超过 300℃，图 6-22 是两种冷作模具的实例。冷作模具主要受挤压、弯曲、冲击及摩擦作用，其损坏形式是磨损、断裂、崩刃及变形。因此，冷作模具钢

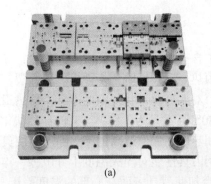
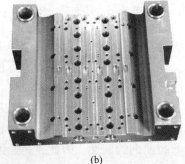

(a)　　　　　　　　　　　　(b)　　　　　　　　图 6-22 彩

图 6-22　两种冷作模具

（a）五金冲压模；（b）医疗器械模

应具有高硬度、高耐磨性和足够的强度及韧性。根据工作条件及性能要求，冷作模具可选择不同的钢种制造，一般有以下几种情况：

（1）对于载荷较轻、形状简单、尺寸较小的冷作模具，可选用碳素工具钢，如 T8A、T10A、T12A。

（2）对于载荷较轻，但形状复杂或尺寸较大的冷作模具，可选用低合金刃具钢，如 9SiCr、9Mn2V、CrWMn。

（3）对于重载荷，要求高耐磨性、高淬透性、变形量小的形状复杂的冷作模具选用 Cr12 型钢。

常用**冷作模具钢**的成分、热处理及用途见表 6-10。其中最具代表性的钢种是 Cr12 及 Cr12MoV（对应日本牌号 SKD-11），其化学成分特点是含 C 及含 Cr 量高，确保高淬透性、高硬度和高耐磨性。此外，辅加元素 W、Mo、V 等与 Cr 一起形成高硬度的碳化物，起提高耐磨性和细化晶粒的作用。

表 6-10 常用冷作模具钢的牌号、化学成分、热处理及用途

牌号	化学成分 $w/\%$						
	C	Si	Mn	Cr	Mo	W	V
Cr12Mo1V1	1.40~1.60	≤0.60	≤0.60	11.00~13.00	0.70~1.20	0.50~0.80	≤1.10
9CrWMn	0.85~0.95	≤0.40	0.90~1.20	0.50~0.80	0.40~0.60	—	—
Cr12	2.00~2.30	≤0.40	≤0.40	11.50~13.50	—	—	—
Cr12MoV	1.45~1.70	≤0.40	≤0.40	11.00~12.50	0.80~1.20	1.10~1.50	0.15~0.30
Cr6WV	1.00~1.15	≤0.40	≤0.40	5.50~6.50	0.50~0.80	1.90~2.60	0.50~0.70
Cr4W2MoV	1.12~1.25	0.40~0.70	≤0.40	3.5~4.00	1.50~5.50	0.70~1.10	0.80~1.10
Cr2Mn2SiWMoV	0.96~1.05	0.60~0.90	1.80~2.30	2.30~2.60	—	6.00~7.00	0.10~0.25
6W6Mo5Cr4V	0.55~0.65	≤0.40	≤0.60	3.70~4.30	—	—	0.70~1.10
4CrW2Si	0.35~0.45	0.80~1.10	≤0.40	1.00~1.30	—	2.00~2.50	—
6CrW2Si	0.55~0.65	0.50~0.80	≤0.40	1.00~1.30	—	2.20~2.70	—

牌号	退火		淬火		回火		用 途 举 例
	温度/℃	硬度（HBW）	温度/℃	淬火介质	温度/℃	硬度（HRC）	
Cr12Mo1V1	850~870	≤255	1010~1040	油	150~200	60~62	冷镦模、冷冲模、冷压模、拉延模
9CrWMn	760~790	190~230	790~820	油	150~260	57~62	冷冲模、塑料模
Cr12	870~900	207~255	950~1000	油	200~450	58~64	冷冲模、拉延模、压印模、滚丝模
Cr12MoV	850~870	207~255	1020~1040	油	150~425	55~63	冷冲模、拉延模、冷镦模、冷挤压软铝
			1115~1130	硝盐	510~520	60~62	零件模、拉延模

牌号	退火		淬火		回火		用途举例
	温度/℃	硬度（HBW）	温度/℃	淬火介质	温度/℃	硬度（HRC）	
Cr6WV	830~850	229	950~970	油	150~210	59~62	替代 Cr12MoV 钢
Cr4W2MoV	850~870	240~255	980~1000	油	260~300	>60	替代 Cr12MoV 钢
			1020~1040	油盐	500~540	60~62	
Cr2Mn2SiWMoV	840~870	≤269	840~860	油	180~200	62~64	替代 Cr12MoV 钢
6W6Mo5Cr4V	850~870	179~229	1180~1200	油或硝盐	560~580	60~63	冷挤压模（钢件、硬铝件）
4CrW2Si	710~740	179~217	860~900	油	200~250	53~56	剪刀、切片冲头
					430~470	44~45	
6CrW2Si	700~730	229~285	860~900	油	200~250	53~56	剪刀、切片冲头
					430~470	40~45	

Cr12 型冷作模具钢为莱氏体钢，其粗大的共晶碳化物需要在工件锻造成型过程中经反复锻打改善形态和分布，并在机加工之前采用球化退火处理，使碳化物尽可能形成颗粒状均匀分布，消除应力，降低硬度。球化退火组织是索氏体+碳化物。

冷作模具钢的最终热处理为淬火加回火，对 Cr12 型钢常采用淬火后低温回火的一次硬化法：960~980℃淬火，根据模具的硬度要求选择 160~400℃回火两次，钢的硬度 HRC 可达 61~64。对在温升较高（400~450℃）的工况下服役的模具也可选择二次硬化法：1100~1120℃淬火，500~520℃回火三次，回火硬度 HRC 为 60~62，热硬性较高。热处理后的组织是回火马氏体、颗粒状碳化物及少量残余奥氏体，图 6-23 所示为 Cr12MoV 冷作模具钢淬火加回火的组织。

100μm

图 6-23 彩

图 6-23　Cr12MoV 钢的淬火加回火组织

（二）热作模具钢

使加热金属或液态金属在一定压力下成型的模具称为热作模具，包括热锻模、热压模、热挤压模和压铸模，图 6-24 是两种热作模具钢的压铸模实例图。热作模具尺寸一般较大，工作温度在 500~600℃之间。热作模具的设计常常采用必要的冷却措施，以控制模具的温升。

因此，热作模具在工作时除受机械力作用外，还受循环热应力的作用，热疲劳也是热作模具的一种常见失效形式。热疲劳使得模具的工作面上出现微裂纹，当裂纹数量增多时，呈网状，类似龟裂。热疲劳裂纹会加速模具的磨损，并常常成为模具脆性破断及机械疲劳断裂的裂纹源。为此，**热作模具钢**应具有高的强度、良好的热硬性、高的热疲劳抗力、良好的淬透性和极高的抗氧化性。热作模具钢按不同用途可分为以下 3 种类型，见表 6-11 和图 6-24。

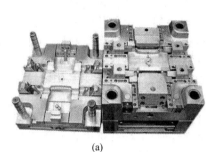
(a)

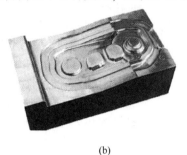
(b)

图 6-24 彩

图 6-24 两种热作模具

（a）压铸模；（b）热锻模

表 6-11 热作模具选材举例

名称	类 型	选 材 举 例	硬度（HRC）
锻模	高度小于 250mm 小型热锻模	5CrMnMo，5Cr2MnMo[①]	39~47
	高度 250~400mm 中型热锻模		
	高度大于 400mm 大型热锻模	5CrMnMo，5Cr2MnMo[①]	35~39
	寿命要求高的热锻模	3Cr2W8V，4Cr5MoSiV，4Cr5W2SiV	40~54
	热镦模	4Cr3W4Mo2VTiNb，4Cr5MoSiV，4Cr5W2SiV，3Cr3Mo3V，基体钢	39~54
	精密锻造或高速锻模	3Cr2W8V 或 4Cr5MoSiV，4Cr5W2SiV，4Cr5MoSiVTiNb	45~54
压铸模	压铸锌、铝、镁合金	4Cr5MoSiV，4Cr5W2SiV，3Cr2W8V	43~50
	压铸铜和黄铜	4Cr5MoSiV，4Cr5W2SiV，3Cr2W8V，钨基粉末冶金材料、钼、钛、锆等难熔金属	—
	压铸钢铁	钨基粉末冶金材料、钼、钛、锆等难熔金属	—
挤压模	温挤压和温镦锻（300~800℃）	8Cr8Mo2SiV，基本钢	—
	热挤压[②]	挤压钢、钛或镍合金用 4Cr5MoSiV，3Cr2W8V（>1000℃）	43~47
		挤压铜或铜合金用 3Cr2W8V（<1000℃）	36~45
		挤压铝、镁合金用 4Cr5MoSiV，4Cr5W2SiV（<500℃）	46~50
		挤压铝用 45 号钢（<100℃）	16~20

① 5Cr2MnMo 为堆焊锻模的堆焊金属牌号，其化学成分为 0.430%~0.53%C，1.80%~2.2%Cr，0.06%~0.90% Mn，0.80%~1.20%Mo。

② 所列热挤压温度均为被挤压材料的加热温度。

（1）热锻模钢。热锻模本身的截面尺寸大、工作时冲击载荷大，因此，热锻模钢应当具有高淬透性，使淬火、回火后整体具有高的强韧性。用于制造热锻模的典型钢号是 5CrNiMo 及 5CrMnMo。热锻模钢由于所含合金元素量较少，所以其耐热性较低，其工作温度一般应控制在 500℃ 以下为宜。

（2）热挤压及压铸模钢。此类模具的工作温度常高于 600℃，所以制造此类模具的钢材，其合金元素含量达到中合金或高合金范围。常用钢号有 3Cr2W8V、4Cr5MoSiV1。

4Cr5MoSiV1 钢的韧性及疲劳抗力均优于 3Cr2W8V 钢。

（3）热冲裁模具钢。这类钢主要用于制造切边模具及平锻模具，损坏形式以磨损为主，要求模具经热处理后具有较高的硬度及良好的耐磨性，制造这类模具常选用含碳量较高的钢，如 8Cr3 钢。

常用热作模具钢的分类见表 6-12。其中应用最为广泛的热作模具钢是 4Cr5MoSiV1（美国牌号为 H13）和 4Cr5MoSiV（美国牌号为 H11）。H13 钢具有较高的热强性、热硬性和抗热疲劳性能，是一种强韧兼备的质优价廉钢种，既可用作热锻模材料，也可用作模腔温度低于 600℃ 的压铸模材料，已广泛用于制造铝合金型材热挤压和压铸模、铜合金的热镦模。H13 钢与高韧性热作模具钢 5CrNiMo、5CrMnMo 相比具有更高的热强性、耐热性和淬透性，与 3Cr2W8V 相比具有高的韧性和抗热震性。

热作模具钢必须经过适当的热处理后才能充分发挥各种合金元素的作用，使之满足性能要求。常用热作模具钢的热处理规范见表 6-12。H13（4Cr5MoSiV1）钢的含碳量尽管较低，但还是有亚稳共晶碳化物存在。因此，对原材料应进行合理锻造，锻后进行球化退火处理，其工艺为：880℃ 加热，保温后降温至 750℃ 再等温 4h 左右，炉冷至 500℃ 出炉。常规退火工艺为：840~880℃ 加热，保温后缓冷至 500℃ 出炉。球化退火后其组织为点状和小球状珠光体。H13 钢的淬火加热温度常用 1020~1050℃，冷却可采用空冷、油冷或分级冷却。回火温度根据模具的工作条件及性能要求而定，常用 500~650℃，回火次数为 2 次，530℃ 的回火组织为回火马氏体+回火托氏体，仍保持针状形态，其显微组织如图 6-25 所示；630℃ 回火后的组织为回火托氏体+回火索氏体，针状形态基本消失。H13 钢在 500℃ 左右回火后有二次硬化现象出现，这是在回火过程有 M_7C_3 型碳化物弥散析出和残留奥氏体转变成马氏体造成的。在 500℃ 左右回火虽然可使钢达到最高硬度值，但此时其韧性最差，故回火或随后进行的低温化学热处理（如渗氮或氮碳共渗）都应避开 500℃ 左右的温度，以免因钢的韧性降低而损害模具的使用寿命。

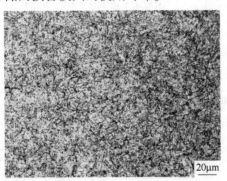

20μm

图 6-25 彩

图 6-25 4Cr5MoSiV1 钢的淬火加回火显微组织

（三）塑料模具钢

大多数的塑料制品均以模具成型。根据塑料制品的成型方法，塑料成型模具可分为 6 种类型：压塑模具、挤塑模具、注射模具、挤出成型模具、泡沫塑料模具及吹塑模具。图 6-26 是制造家电外壳的两种塑胶模具的实例。不同的塑料原料和成型方法对模具的硬度、抛光性能、耐磨耐蚀性能、使用温度的要求都不相同。**塑料模具**（又称塑胶模具）在工作过程主要受温度、压力及摩擦作用，其失效形式大多以摩擦磨损为主。为此，塑料模具钢应具有良好的冷热加工工艺性能，热处理变形小，尺寸稳定性要好，淬透性高，热处理后应具有高的强韧性、高的硬度和耐磨性；此外，应具有良好的耐氟氯腐蚀性和一定的耐热性。

表 6-12 常用热作模具钢的牌号、化学成分、热处理及用途

牌号	化学成分 w/%								退火		淬火		回火		用途举例
	C	Si	Mn	Cr	Mo	W	V	其他	温度/℃	硬度(HBW)	温度/℃	淬火介质	温度/℃	硬度(HRC)	
5CrMnMo	0.50~0.60	0.25~0.60	1.20~1.60	0.60~0.90	0.15~0.30	—	—	—	780~800	197~241	830~850	油	490~640	30~47	中型锻模（模高275~400mm）
5CrNiMo	0.50~0.60	≤0.40	0.50~0.80	0.50~0.80	0.15~0.30	—	—	Ni: 1.40~1.80	780~800	197~241	840~860	油	490~660	30~47	大型锻模（模高>400mm）
3Cr2W8V	0.30~0.40	≤0.40	≤0.40	2.20~2.70	—	7.50~9.00	0.20~0.50	—	830~850	207~255	1050~1150	油	600~620	50~54	压铸模、挤压模、热挤压模
4Cr5MoSiV1	0.32~0.45	0.80~1.20	0.20~0.50	4.75~5.50	1.10~1.75	—	0.80~1.20	—	845~880	192~229	1020~1050	油	500~650	40~54	热挤压模、压铸模、热锻模
4Cr5MoSiV	0.32~0.42	0.80~1.20	≤0.40	4.50~5.50	1.00~1.50	—	0.30~0.50	—	840~900	190~229	1000~1025	油	540~650	40~54	热锻模、压铸模、热挤压模、精锻模
4Cr5W2VSi	0.32~0.42	0.80~1.20	≤0.40	4.50~5.50	—	1.60~2.40	0.60~1.00	—	850~900	190~229	1030~1050	油	540~650	40~54	热挤压模、压铸模、热锻模
3Cr3Mo3W2V	0.25~0.35	≤0.50	≤0.50	2.50~3.50	2.50~3.50	1.20~1.80	0.30~0.60	—	845~900	207~255	1010~1040	油或空气	550~600	40~54	热锻模
4Cr3W4Mo2VTiNb	0.37~0.47	≤0.50	≤0.50	2.50~3.50	2.00~3.00	3.50~4.50	1.00~1.40	Ti: 0.1~0.2	850~870	180~240	1160~1220	空气	580~630	48~56	热锻模
8Cr3	0.75~0.85	≤0.40	≤0.40	3.20~3.80	—	—	—	—	780~800	207~255	850~880	油或硝盐	500~600	50~56	热冲裁模
5Cr4W5Mo2V	0.40~0.50	≤0.50	0.20~0.60	3.80~4.50	1.70~2.30	4.50~5.30	0.80~1.20	Nb: 0.1~0.2	850~870	200~230	1130~1140	油	600~630	50~56	热锻模、温挤压模

208

图 6-26　制造家电外壳的塑胶模具

对于一些形状简单、尺寸精度要求不高、表面粗糙度要求一般的中、低档次塑料制品用的成型模具，可选择渗碳钢 20Cr、调质钢 40Cr、热作模具钢 5CrMnMo、不锈钢 4Cr13、1Cr18Ni9Ti 等传统材料。但这些材料难以满足复杂形状和高档塑料制品成型的要求，近年来已逐渐被性能优越的 3Cr2Mo（P20）、3Cr2NiMnMo、3Cr2NiMo 等预硬型塑料模具钢所取代。塑料模具专用钢的化学成分、热处理及用途见表 6-13。这些钢含有一定量的 Cr、Ni、Mo 等合金元素、淬透性好，特别适合制造大尺寸模具。且使用寿命可达 50 万～100 万次。预硬型模具钢在产品出厂前一般都将钢块坯料进行锻造及退火处理，然后加工成一定尺寸规格进行淬火、回火预硬处理，其供应状态通常控制在 HRC30～50。用户购料后经加工成型便可使用。这些预硬型模具钢也具有良好的切削加工性、镜面抛光及花纹图案蚀刻性。对某些性能要求较高的模具，加工成型后亦可采用渗氮、氮碳共渗或镀铬等方法进行表面处理，以提高表面质量及使用寿命。

表 6-13　国内外常用塑料模具钢的牌号、化学成分、热处理及用途

牌　号	化学成分 $w/\%$									
	C	Si	Mn	Cr	Mo	Ni	V	S	P	其他
JB-3Cr2Mo	0.28～0.40	0.20～0.80	0.61～1.00	1.40～2.00	0.30～0.55	—	—	≤0.030	≤0.030	—
JB-3CrNiMnMo	0.28～0.40	0.20～0.80	0.60～1.00	1.40～2.00	0.30～0.55	0.80～1.20	—	≤0.015	≤0.020	—
JB-5CrNiMnMoVSCa	0.50～0.60	0.20～0.80	0.85～1.15	1.00～1.30	0.30～0.60	0.85～1.15	0.10～0.30	0.06～0.15	≤0.030	Ca：0.002～0.008
JB-8Cr2MnWMoVS	0.75～0.85	≤0.40	1.30～1.70	2.30～2.60	0.50～0.80	—	0.10～0.25	0.08～0.15	≤0.030	W：0.70～1.10
YB-SM1CrNi3	0.05～0.15	0.10～0.40	0.35～0.75	1.25～1.75	—	3.25～3.75	—	≤0.030	≤0.030	—
YB-SM3Cr2NiMo	0.32～0.42	0.20～0.80	1.00～1.50	1.40～2.00	0.30～0.55	0.80～1.20	—	≤0.030	≤0.030	—
YB-SM2CrNi3MoAlS	0.20～0.30	0.20～0.50	0.50～0.80	1.20～1.80	0.20～0.50	3.0～4.0	—	≤0.100	≤0.030	Al：1.0～1.60
AISI-P20	0.35	0.20～0.40	0.20～0.40	1.70		—		≤0.030	≤0.030	—
ASSAB-718	0.33	0.30	0.80	1.80	0.20	0.90		0.008	—	—
BS-BP30	0.26～0.34	≤0.40	0.45～0.70	1.10～1.40	0.20～0.35					Cu：≤0.20

牌 号	退火		淬火		回火		用 途 举 例
	温度/℃	硬度（HBW）	温度/℃	淬火介质	温度/℃	硬度（HRC）	
JB-3Cr2Mo	710~740	≤235	840~870	油	300~600	36~48	抛光性能极好，可制造注射模、压缩模等
JB-3CrNiMnMo	750	≤255	850~870	油	400~650	35~47	大型塑料模或型腔复杂、要求镜面抛光模具
JB-5CrNiMnMoVSCa	780	≤255	880	油或空气	300~650	36~54	型腔复杂、变形极小的大型塑料成型模
JB-8Cr2MnWMoVS	800	≤255	880~920	油	500~650	36~54	要求耐磨性好，镜面抛光的注射、压注模
YB-SM1CrNi3	730	≤212	渗 C900~950	油	—	—	制造复压成型的塑料模具，要渗碳、淬火、回火
YB-SM3Cr2NiMo	760	≤250	850~880	油	550~650	≥32	用于制造大型精密塑料模具
YB-SM2CrNi3MoAlS	780	≤235	850~900	油	510~530	≥40	制造型腔复杂的精密塑料模具
AISI-P20	760~790	≤150~180	820~870	油	150~260	48~50	可制造各种大型塑料制品射出模
ASSAB-718	700	≤235	850	油	300~650	29~48	适于制造所有使用 PVC 原料的注塑模
BS-BP30	640~660	≤255	810~830	油或空气	180~650	≥30	可制造各种高要求的大小塑料模

第七节 不 锈 钢

不锈钢是指在大气和弱腐蚀介质中有一定抗腐蚀能力的钢，能耐强化学腐蚀介质（酸、碱、盐）腐蚀的钢则称为耐酸钢。不锈钢的发明颇具传奇，1912 年，英国工程师布雷尔利（H. Brearley）在研制枪膛合金钢材的过程中，偶然在废弃的钢材中发现一批闪闪发亮的没有生锈的钢件，并发现了其优异的耐蚀性能源自钢中极高的铬含量。目前，不锈钢在化工机械设备、刀具、建材甚至结构件等领域都得到了广泛的应用，是应用量最大的特殊钢种。图 6-27 给出了不锈钢在生活和工业生产中的应用实例。

普通钢铁材料生锈的一个重要原因是钢的两相组织在弱腐蚀介质中发生电化学腐

(a)　　　　　　　　(b)　　　　　　　　(c)

图 6-27　不锈钢的各种应用
(a) 刀具；(b) 化工设备；(c) 真空腔体

蚀[13~15]。所谓**电化学腐蚀**是指材料在环境作用下，其内部形成原电池，发生电化学反应，并导致腐蚀。根据原电池原理，产生电化学腐蚀的条件是：(1) 必须有两个电位不同的电极；(2) 有电解质溶液与两电极接触；(3) 两个电极构成通路。碳钢的平衡组织中，铁素体和渗碳体具有不同的电极电位，当与水、弱酸等电解质接触时，形成无数的原电池发生电化学反应，使低电位的铁素体被腐蚀，其过程如图 6-28 所示。制备钢的金相试样也利用了这一电化学腐蚀原理，通过腐蚀剂的作用使原来抛光成镜面的钢材表面变得凹凸不平。

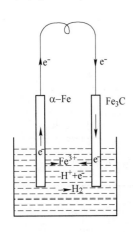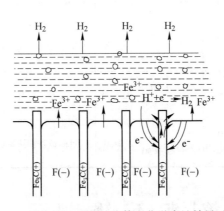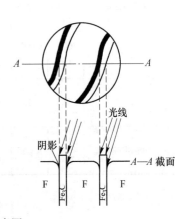

图 6-28　片状珠光体电化学腐蚀结果示意图

　　不锈钢的优良耐蚀性能主要依靠其含有的大量 Cr 元素。一方面，Cr 可与氧形成致密的 Cr_2O_3 钝化膜，阻止腐蚀向内发展；另一方面，Cr 能有效提高铁–铬固溶体（铁素体或奥氏体）的电极电位，即合金的电极电位随 Cr 的原子数与合金的总原子数比例（$n/8$，$n-1$，2，3，…）呈阶梯式跃升。如图 6-29 所示，当铁素体的 Cr 质量分数达到

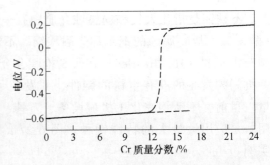

图 6-29　铁铬合金的电极电位（大气条件）

11.7%时，电极电位将由 $-0.56V$ 突然升高到 $0.2V$。此外，Cr 是缩小奥氏体相区的元素，当 Cr 含量较高时，钢可能呈单一的铁素体组织。单一相组织避免了原电池的形成，在腐蚀环境下也不容易发生电化学腐蚀。

不锈钢的"不锈"是相对而言的，在某些条件下不锈钢也可能会腐蚀，腐蚀的现象有点蚀、缝隙腐蚀、应力腐蚀、晶间腐蚀等。**点蚀**通常发生在含有氯离子的溶液中，表现为不锈钢表面钝化膜的局部破坏。**应力腐蚀**是由腐蚀性介质和拉应力的共同作用所致，如在含有氯离子的溶液环境中，氯离子首先破坏不锈钢表面钝化膜，在拉应力作用下进入不锈钢内部微小裂纹，在其尖端产生盐酸，加速腐蚀过程，同时析出氢离子沿裂纹尖端扩散，使金属脆化。裂纹在腐蚀和脆断的反复作用下迅速扩展，直至断裂。当不锈钢在腐蚀性介质和高温共同条件下，则可能产生**晶间腐蚀**，这主要是由于不锈钢的少量碳向晶界扩散并与铬形成 $Cr_{23}C_6$ 析出，导致晶界合金元素铬的贫化。应力腐蚀和晶间腐蚀这两种腐蚀形式隐蔽性强、危害大，往往造成重大工程事故。因此，对不锈钢的成分控制和热处理工艺都有严格的要求。

不锈钢常按组织状态分为：马氏体不锈钢、铁素体不锈钢、奥氏体不锈钢、奥氏体-铁素体（双相）不锈钢、沉淀硬化不锈钢，前 3 种不锈钢的化学成分、性能及用途见表 6-14～表 6-16，其典型金相组织如图 6-30 所示。

表 6-14　常用马氏体不锈钢的化学成分、热处理规范、性能及用途

| 钢号 | 化学成分 w/% | | | | | | | | | 热处理温度及冷却/℃ | | |
	C	Si	Mn	Cr	Mo	Ni	P	S	其他元素	退火	淬火	回火
0Cr13	≤0.08	≤1.00	≤1.00	11.50~13.50	—	(≤0.60)	≤0.035	≤0.030	—	800~900 缓冷	950~1000 油冷	700~750 快冷
1Cr13	≤0.15	≤1.00	≤1.00	11.50~13.50	—	(≤0.60)	≤0.035	≤0.030	—	800~900 缓冷	950~1000 油冷	700~750 快冷
2Cr13	0.16~0.25	≤1.00	≤1.00	12.00~14.00	—	(≤0.60)	≤0.035	≤0.030	—	800~900 缓冷	920~980 油冷	600~750 快冷
3Cr13	0.26~0.35	≤1.00	≤1.00	12.00~14.00	—	(≤0.60)	≤0.035	≤0.030	—	800~900 缓冷	920~980 油冷	600~750 快冷
3Cr13Mo	0.28~0.35	≤0.80	≤1.00	12.00~14.00	0.50~1.00	(≤0.60)	≤0.035	≤0.030	—	800~900 缓冷	1025~1075 油冷	200~300 油、空冷
4Cr13	0.36~0.45	≤0.60	≤0.80	12.00~14.00	—	(≤0.60)	≤0.035	≤0.030	—	800~900 缓冷	1050~1100 油冷	200~300 空冷
8Cr17	0.75~0.95	≤1.00	≤1.00	16.00~18.00	(≤0.75)	(≤0.60)	≤0.035	≤0.030	—	800~920 缓冷	1010~1070 油冷	100~800 快冷
9Cr18	0.90~1.00	≤0.80	≤0.80	17.00~19.00	(≤0.75)	(≤0.60)	≤0.035	≤0.030	—	800~920 缓冷	1000~1050 油冷	200~300 油、空冷
9Cr18MoV	0.85~0.95	≤0.80	≤0.80	17.00~19.00	1.00~1.30	(≤0.60)	≤0.035	≤0.03	V: 0.07~0.12	800~920 缓冷	1050~1075 油冷	100~200 空冷

续表 6-14

钢号	退火后硬度(HBS)	淬火回火后的力学性能							用途举例
		$R_{p0.2}$/MPa	R_m/MPa	A/%	Z/%	KV/J	HBW	HRC	
0Cr13	≤183	≥345	≥490	≥24	≥60	—	—	—	石油热裂设备配件，常温下耐弱腐蚀介质的容器等
1Cr13	≤200	≥345	≥540	≥25	≥55	≥78	≥159	—	汽轮机叶片、水压机阀、螺栓螺母等
2Cr13	≤223	≥440	≥635	≥20	≥50	≥63	≥192	—	汽轮机叶片、水压机阀、螺栓螺母等及医疗工具、注射针等
3Cr13	≤235	≥540	≥735	≥12	≥40	≥24	≥217	—	耐轻腐蚀及耐磨的机器、仪器零件、医疗器械、刀具等
3Cr13Mo	≤207	—	—	—	—	—	—	≥50	热油油泵、阀片、阀门轴承、医疗器械弹簧等零件
4Cr13	≤201	—	—	—	—	—	—	≥50	热油油泵、阀片、阀门轴承、医疗器械弹簧等零件
8Cr17	≤255	—	—	—	—	—	—	≥56	不锈钢切片机械刀具、手术刀片、耐蚀轴承等
9Cr18	≤255	—	—	—	—	—	—	≥55	不锈钢切片机械刀具、手术刀片、耐蚀轴承等
9Cr18MoV	≤269	—	—	—	—	—	—	≥55	不锈钢切片机械刀具、手术刀片、耐蚀轴承等，但韧性更良好

表 6-15 奥氏体不锈钢主要钢种的化学成分及用途举例

钢号	化学成分 w/%								用途举例
	C	Si	Mn	Cr	Ni	S	P	其他元素	
00Cr19Ni10	≤0.03	≤0.08	1~2	18~20	9~11	≤0.030	≤0.035		化工设备，腐蚀介质中使用的焊接件、焊丝
0Cr18Ni9	≤0.06	≤0.08	≤2	17~19	8~11	≤0.030	≤0.035		深冲的不锈钢件，18-8型钢焊接用的焊丝
1Cr18Ni9	≤0.14	≤0.08	≤2	17~19	8~11	≤0.030	≤0.035		冷轧材料制造的不锈钢结构件、无磁性零件
2Cr18Ni9	0.15~0.24	≤0.08	≤2	17~19	8~11	≤0.030	≤0.035		高强度冷轧带（板），制造构件和零件，无磁性零件
0Cr18Ni10Ti	≤0.08	≤0.08	1~2	17~19	9~11				强腐蚀介质中的焊接件
1Cr18Ni9Ti	≤0.12	≤0.08	≤2	17~19	8~11	≤0.030	≤0.035	Ti：(C-0.02)~0.80	化学工业焊接件
0Cr18Ni11Nb	≤0.08	≤1.00	≤2	17~20	9~13	≤0.030	≤0.035	Nb：8C~1.5	化学工业焊接件
1Cr18Ni12Mo2Ti	≤0.12	≤0.08	≤2	17~19	11~14	≤0.030	≤0.035	2~3Mo 0.3~0.6Ti	用于硫酸、磷酸、蚁酸等介质条件下的焊接件
1Cr18Ni12Mo3Ti	≤0.12	≤0.08	≤2	16~19	11~14	≤0.030	≤0.035	2~4Mo 0.3~0.6Ti	用于硫酸、磷酸、蚁酸等介质条件下的焊接件

钢号	化学成分 w/%								用途举例
	C	Si	Mn	Cr	Ni	S	P	其他元素	
00Cr17Ni14Mo2	≤0.03	≤1.0	≤2	16~19	12~15			2~3Mo	主要用作耐点蚀材料,耐晶间腐蚀性能良好
00Cr17Ni14Mo3	≤0.03	≤1.0	≤2	16~18	11~15			3~4Mo	主要用作耐点蚀材料,耐晶间腐蚀性能良好
0Cr18Ni9Cu3	≤0.08	≤1.0	≤2	17~19	8.5~10.5			3~4Cu	用于制造耐腐蚀标准件
0Cr18Ni12Mo2Cu2	≤0.07	≤0.08	≤0.08	17~19	10~14	≤0.020	≤0.035	1.80~2.2Mo 1.80~2.2Cu	用于制造硫酸、磷酸、蚁酸等介质条件下的焊接件
1Cr18Mn8Ni5N	≤0.15	≤1.0	7.5~10	17~19	4~6	≤0.030	≤0.006	N：≤0.25	节镍钢种,替代 1Cr18Ni9

表 6-16 铁素体不锈钢的化学成分、热处理规范、性能及用途

钢号	化学成分 w/%								热处理规范
	C	Si	Mn	Cr	Ni	S	P	其他	
1Cr17	≤0.12	≤0.75	≤1.00	16~18	(≤0.60)	≤0.030	≤0.035	—	780~850℃退火或缓冷
1Cr17Mo	≤0.12	≤1.00	≤1.00	16~18	(≤0.60)	≤0.030	≤0.035	0.75~1.25Mo	780~850℃退火或缓冷
00Cr18Mo2	≤0.025	≤1.00	≤1.00	17~20	(≤0.60)	≤0.030	≤0.035	1.75~2.5Mo	780~850℃退火或缓冷
00Cr27Mo	≤0.010	≤0.40	≤0.40	25~27.5	(≤0.60)	≤0.030	≤0.035	—	900~1050℃退火快冷
00Cr30Mo2	≤0.010	≤0.40	≤0.40	28.5~32	(≤0.60)	≤0.030	≤0.035	—	900~1050℃退火快冷
0Cr13Al	≤0.08	≤1.00	≤1.00	11.5~14.5	(≤0.60)	≤0.030	≤0.035	0.10~0.30Al	780~830℃退火空冷或缓冷

钢号	HBS	R_m/MPa	$R_{p0.2}$/MPa	A/%	Z/%	用 途 举 例
1Cr17	≤183	≥205	≥450	≥22	≥56	生产硝酸的设备(吸收塔、热硝酸热交换器、酸槽、管路等)
1Cr17Mo	≤183	≥205	≥450	≥22	≥60	生产硝酸的设备(吸收塔、热硝酸热交换器、酸槽、管路等),但晶间腐蚀倾向小
00Cr18Mo2	≤183	≥205	≥450	≥22	≥50	制盐及有机酸、人造纤维设备等
00Cr27Mo	≤219	≥245	≥410	≥20	≥45	盛不同浓度硝酸及磷酸的容器、硝酸浓缩设备等
00Cr30Mo2	≤228	≥295	≥450	≥20	≥45	硝酸浓缩设备等
0Cr13Al	≤183	≥177	≥410	≥20	≥60	适于制造复合钢材、在高温条件下服役的汽轮机零件

  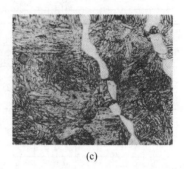

(a)　　　　　　　　　　　　(b)　　　　　　　　　　　　(c)

图 6-30　几种不锈钢的典型显微组织

（a）铁素体不锈钢；（b）奥氏体不锈钢；（c）马氏体不锈钢

一、马氏体型不锈钢

典型的**马氏体型不锈钢**有 Cr13 型不锈钢及 9Cr18 不锈钢。Cr13 型不锈钢中含碳量较低的 0Cr13、1Cr13、2Cr13 具有良好的塑性和焊接性能，可进行深弯曲、圈边及焊接成型，但其切削性能较差。而 3Cr13 及 4Cr13 钢含碳量较高，其强度、硬度均高于 2Cr13，但变形及焊接性能相对较差，主要用于制造要求高硬度的医疗工具、餐具及不锈钢轴承等工件。9Cr18 是一种高碳不锈钢，经淬火及低温回火处理后，其硬度值通常大于 HRC55，适于制造优质刀具、外科手术刀及耐腐蚀轴承。随着钢中含碳量的增加，含 Cr 不锈钢的耐蚀性能将会有所下降，主要原因是铬碳化物 $(Cr，Fe)_{23}C_6$ 增多，基体的含 Cr 量减少。此类钢的最终热处理采用淬火+低温回火处理，使之获得马氏体组织。

马氏体不锈钢在氧化性介质中，如大气、水蒸气、淡水、海水、低于 30℃ 的硝酸、食品介质及浓度不高的有机酸中有良好的耐蚀性能，但在硫酸、盐酸、热磷酸、热硝酸溶液及熔融碱中，其耐蚀性能都很低。

二、奥氏体型不锈钢

奥氏体型不锈钢主要是 18Cr-8Ni 型不锈钢，含碳量低，大多在 0.10% 以下，含有大量 Cr、Ni 合金元素，又称铬镍不锈钢。Ni 元素的作用是扩大奥氏体相区，使钢在常温下呈单相奥氏体组织，起到提高抗电化学腐蚀能力的作用。奥氏体不锈钢的强度、硬度较低，无磁性，塑性、韧性及耐腐蚀性均优于马氏体型不锈钢，也具有较好的冷成型和焊接性能，一般可采用变形强化措施来提高强度及硬度；但与马氏体型不锈钢相比，其切削加工性能较差，当碳化物在晶界析出时，还会产生晶间腐蚀现象，应力腐蚀倾向也较大。

奥氏体不锈钢的热处理方法有固溶处理、稳定化处理及消除应力处理 3 种。

固溶处理是将钢加热至 1050~1150℃，让所有碳化物溶于奥氏体中，然后快速冷却获得单相奥氏体组织，避免了缓冷过程中析出碳化物等第二相组织的存在，同时对于经冷塑性变形产生加工硬化的材料或工件，也是软化钢材、降低硬度、提高塑性和韧性的有效方法。

稳定化处理是针对含 Ti 的奥氏体不锈钢进行的。当奥氏体不锈钢在使用过程中受热至 550~800℃ 较长时间，碳化物 $(Cr，Fe)_{23}C_6$ 容易在晶界析出，使晶界处呈贫 Cr 状态，极易发生晶间腐蚀。Ti 正是为消除晶间腐蚀而特意加入的合金元素。稳定化处理的加热温度通常为 850~880℃，保温后空冷或炉冷，这一加热温度高于 $(Cr，Fe)_{23}C_6$ 溶解的温度，但低于 TiC 完全溶解的温度，从而使 $(Cr，Fe)_{23}C_6$ 完全溶解在奥氏体中，而 TiC 部分保留，防止晶界贫 Cr 现象的出现，从而消除晶间腐蚀的倾向。

消除应力处理是为了消除冷塑性变形或焊接而引起的残余应力，避免出现应力腐蚀而导致的性能下降和早期断裂。常用的方法是将冷加工的工件加热到 300~350℃ 保温后空冷，对于焊接件，则加热至 850℃ 以上，保温后慢冷，这样可同时起到减轻晶间腐蚀倾向的作用。

三、铁素体型不锈钢

铁素体型不锈钢的典型钢号是 1Cr17，成分特点是低碳高铬，组织主要为铁素体。因含 Cr 量高，铁素体型不锈钢在氧化性酸如硝酸中有良好的耐蚀性，广泛用于硝酸和氮肥工业的耐蚀件，但由于在加热冷却过程中不发生相变，不能进行热处理强化。

铁素体型不锈钢在 450~500℃ 之间长时间停留，出现强度升高，而塑性、韧性急剧降低的脆化现象，在 475℃ 发展最快，因而称"475℃脆性"。产生这种脆化现象的原因是在此温度下，铁素体将析出富 Cr 化合物（σ′相），使钢的脆性剧增，所以，铁素体不锈钢应避免在此温度范围使用。如出现脆性的钢件，可将其加热到 760~800℃，保温 0.5~1h，使σ′相溶解，脆性便可消除。

在这 3 类基本相组织的不锈钢的基础上，为满足特定需求和应用，又发展了奥氏体-铁素体双相、沉淀硬化型高强度不锈钢。双相不锈钢兼有奥氏体和铁素体不锈钢的优点，既有奥氏体不锈钢的优良韧性和焊接性，又具有铁素体不锈钢的较高强度和耐氯化物应力腐蚀性能，屈服强度可达 400~550MPa，是普通奥氏体不锈钢的 2 倍。沉淀硬化型不锈钢的基体为奥氏体或马氏体组织，可通过沉淀硬化处理获得很高的强度，即合金的过饱和固溶体在室温下放置或者将它加热到一定温度，溶质原子会在固溶点阵的一定区域内聚集或组成第二相，从而导致合金的硬度大幅度升高。双相和沉淀硬化型不锈钢因具有优异的强韧性匹配及耐蚀性，已广泛应用于航空航天、海洋工程及能源装备中。如港珠澳大桥的承台、塔座及墩身等部位使用了高质量的双相不锈钢，沉淀硬化型马氏体不锈钢 17-4PH（0Cr17Ni4Cu4Nb）用于飞机起落架构件。

第八节　耐热钢及高温合金

耐热钢不仅在高温下具有良好的抗氧化性能，即在高温条件下长期工作时，不会因氧化介质腐蚀导致破坏，同时在高温条件下仍具有足够的强度，在载荷的作用下不产生大量的变形或破断。根据工作环境及性能要求，耐热钢包括**抗氧化钢**及**热强钢**两大类。高温合金的工作温度普遍高于耐热钢，且不局限于铁基材料。

一、抗氧化钢

碳钢在 300℃ 以上就会发生明显氧化，超过 570℃ 氧化程度特别剧烈[16]。而抗氧化钢在高温下具有良好的抗氧化性能，并有一定的强度，这类钢又称耐热不起皮钢。这类钢主要用于制造炉用零件和热交换器，如燃气轮机的燃烧室、加热炉炉内结构零部件等。常用抗氧化钢的化学成分、性能及用途见表 6-17。

表 6-17　常用抗氧化钢的化学成分、热处理、性能及用途

| 钢号 | 化学成分 w/% | | | | | | 热处理 | 室温力学性能 | | | | 用途举例 |
	C	Si	Mn	Cr	Ni	N		R_m /MPa	R_{eL} /MPa	A /%	Z /%	
3Cr18Mn12 Si2N	0.22~ 0.30	1.40~ 2.20	10.50~ 12.50	17.00~ 19.00	—	0.20~ 0.30	1100~1150℃油、水或空冷（固溶处理）	685	390	35	45	锅炉吊钩，渗碳炉构件，最高使用温度约为1000℃
2Cr20Mn9 Ni2Si2N	0.17~ 0.26	1.80~ 2.70	8.50~ 11.00	18.0~ 21.0	2.0~ 3.0	0.20~ 0.30	1100~1150℃油、水或空冷（固溶处理）	635	390	35	45	
0Cr25Ni20	≤0.08	≤1.50	≤2.00	24.00~ 26.00	19.00~ 22.00		1030~1180℃快冷	520	205	40	50	各种热处理炉、坩埚炉构件和耐热铸件，使用温度1000~1100℃
1Cr25 Ni20Si2	≤0.20	1.50~ 2.50	≤1.50	24.00~ 27.00	18.00~ 21.00		1080~1130℃快冷	590	295	35	50	

抗氧化钢中主要加入了 Cr、Al、Si 等合金元素，在高温氧化性气氛下工作时，钢的表面能形成非常致密且与基体牢固结合的氧化膜（Cr_2O_3、Al_2O_3、SiO_2），这些氧化膜阻隔了氧与基体的接触，减慢甚至完全隔绝进一步的氧化过程。因此，氧化膜的性质对金属的抗氧化性能起着决定性的作用。Cr 是最重要的抗氧化的合金元素，在较高温度下使用的耐热钢，其 Cr 含量普遍大于 20%，Cr 含量为 25% 时的 1Cr25Ni20Si2 钢的工作温度达 1100℃以上，用于制造高温加热炉内结构件。Si 也是良好的抗氧化元素，但 Si 的质量分数一般小于 3%，过高的 Si 含量会恶化钢的热加工工艺性能，同时降低其塑性及韧性。

二、热强钢

热强钢不仅有一定的高温抗氧化能力，在高温下还具有较高的强度，即所谓的**热强性**，表现为在高温和载荷的作用下抵抗塑性变形和断裂的能力。材料在高温下的力学性能与常温有所不同，随着温度的升高，钢的强度逐渐下降，塑性逐渐增加。同时，由于长期在高温下受力，材料的组织结构会随时间的推移而变化，如在高温条件下，材料的强度将随时间的延长而不断下降。这是由于材料在高温、应力的长期作用下，材料的内部组织结构将向更加稳定的状态转化，主要表现为组织粗化、第二相长大、石墨化，从而引起材料强度的缓慢下降。图 6-31 是电站锅炉用 T92 钢（对应国内牌号 1Cr9W2MoVB）在长期服役条件下的蠕变组织演变过程，可见板条马氏体发生回复，材料中呈弥散分布的第二相发生偏聚、聚集和粗化。

当金属材料在高温条件承受的外加应力低于屈服极限时，也会随时间的延长发生缓慢的塑性变形，直至断裂，这就是金属的**蠕变**现象。蠕变是金属材料在高温服役环境下的一种主要失效形式。蠕变变形的临界温度是金属的再结晶温度，临界应力是金属的弹性极限。当金属的工作温度超过再结晶温度，所承受的应力超过材料的弹性极限，随着时间的

图 6-31 电站锅炉用 T92 钢的蠕变过程中的组织演变，700℃

（a）蠕变前；（b）523h，73MPa；（c）8232h，46MPa

延长便会产生蠕变。对于汽轮机涡轮盘和叶片等尺寸精度要求高的零件，应严格限制其在使用期间的蠕变变形量，如汽轮机的叶片，由于蠕变而使叶片末端与汽缸之间的间隙渐渐消失，最终会导致叶片及汽缸碰坏，造成大事故。因此对这类零件用热强钢规定了蠕变极限指标，如蠕变极限值 $R_{0.2/1000}^{700}$ 表示试样在 700℃ 下经过 1000h 产生 0.2% 伸长率的应力值。

对于在使用中不考虑变形量大小，而只要求一定应力下具有一定使用寿命的零部件，如锅炉钢管，则使用另一个热强性指标：持久强度。**持久强度**为试样在一定温度下，经过一定时间发生断裂的应力值。例如，$R_{10^5}^{500}$ 值表示试样在 500℃ 下，经过 100000h 发生断裂的应力值。所以，材料的蠕变极限和持久强度愈高，材料的热强性也愈好。

提高耐热钢热强性的方法是加入合金元素 Cr、Mo、W、V、Nb 等。这些元素溶入固溶体中能产生固溶强化作用，同时可提高钢的再结晶温度。此外，耐热钢中加入强碳化物形成元素，如 Mo、V、W 能形成稳定性很高的 Mo_2C 和 V_4C_3 等稳定碳化物，能起到弥散强化的作用。

常用的热强钢按组织类型分类，可分为珠光体型、马氏体型、奥氏体型等几种。常用热强钢的化学成分、热处理、性能及用途见表 6-18 和表 6-19。图 6-32 是两类热强钢的应用实例。

表 6-18　常用珠光体型热强钢的化学成分、热处理、力学性能及用途

钢号	化学成分 w/%				热处理	室温力学性能				高温力学性能 /MPa	用途举例
	C	Cr	Mo	V		R_{eL} /MPa	R_m /MPa	A /%	KV /J		
15CrMo	0.12~ 0.18	0.80~ 1.10	0.40~ 0.55	—	930~960℃ 正火 680~730℃ 回火	240	450	21	48	500℃： $\sigma_{10^4}=110\sim140$, $\sigma_{1/10^4}=80$; 550℃： $\sigma_{10^4}=50\sim70$, $\sigma_{1/10^4}=45$	壁温 ≤ 550℃ 的过热器，≤ 510℃ 的高中压蒸汽导管和锻件，亦用于炼油工业
12Cr1MoV	0.08~ 0.15	0.90~ 1.20	0.25~ 0.35	0.15~ 0.30	980~1020℃ 正火 720~760℃ 回火	260	490	21	48	520℃： $\sigma_{10^4}=160$, $\sigma_{1/10^4}=130$; 580℃： $\sigma_{10^4}=80$, $\sigma_{1/10^4}=60$	壁温 ≤ 580℃ 的过热器，≤ 540℃ 的导管

表 6-19　1Cr11MoV 和 1Cr12WMoV 马氏体型热强钢的化学成分、热处理及力学性能

钢号	化学成分 w/%					热处理	室温力学性能					高温力学性能 /MPa
	C	Cr	Mo	W	V		R_{eL} /MPa	R_m /MPa	A /%	Z /%	KV /J	
1Cr11MoV	0.11~ 0.18	10.0~ 11.5	0.50~ 0.70	—	0.25~ 0.40	1050℃油淬、720~740℃空冷或油冷	490	685	16	55	48	550℃：$\sigma_{10^4}=125\sim170$，$\sigma_{1/10^4}=63$
1Cr12W MoV	0.12~ 0.18	11.0~ 13.0	0.50~ 0.70	0.70~ 1.10	0.15~ 0.35	1000℃油淬、680~700℃空冷或油冷	585	735	15	45	48	580℃：$\sigma_{10^4}=120$，$\sigma_{1/10^4}=55$

 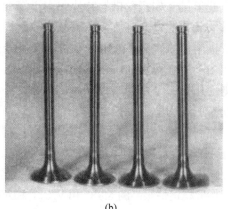

(a)　　　　　　　　　　　　(b)

图 6-32　马氏体型和奥氏体型热强钢的典型应用

（a）汽轮机叶片；（b）内燃机排气阀

1. 珠光体型热强钢

这类钢的含碳量较低，合金元素含量也较少，主要有 Cr、Mo、W、V、Mn 等。合金元素 Mo 可显著提高钢的再结晶温度，并强化铁素体，但会促进石墨化。在含 Mo 的热强钢中加入 0.5%~1.0%的 Cr，能有效地抑制石墨化过程的进行，W、V 等强碳化物形成元素的效果更好。

珠光体型热强钢的工作温度一般在 600℃以下，广泛用于动力、石油化工等工业部门作为锅炉炉体及管道用钢。锅炉的使用寿命通常可达 10~20 年，用于制造锅炉管道的珠光体型耐热钢长期服役会发生片状珠光体球化、碳化物聚集、碳化物分解而产生石墨化以及合金元素在铁素体及碳化物间重分布等变化。其中石墨化是珠光体型耐热钢最危险的组织变化之一，因为石墨具有极低的强度，塑性几乎等于零，可把它视为孔洞，容易引起应力集中而导致锅炉爆炸。

常用的珠光体型热强钢除用于制造锅炉管道零件的 15CrMo、12Cr1MoV 外，还有用于制造汽轮机叶片、转子、紧固件等重要零件的 24CrMoV、25Cr2MoVA、35CrMoV、34CrNi3MoV 等。珠光体热强钢一般需经正火后以高于使用温度 100℃的温度回火处理，使

其获得铁素体+索氏体组织，以增加组织稳定性，并提高其蠕变抗力。

2. 马氏体型热强钢

对于强度要求较高的汽轮机叶片等零件，珠光体型热强钢满足不了强度要求，应采用马氏体型热强钢。Cr13 型马氏体不锈钢除具有较高的抗蚀性能外，还具一定的热强性，1Cr13、2Cr13 钢亦用于制造汽轮机叶片。1Cr13 的工作温度为 450~475℃，2Cr13 的工作温度为 400~450℃。当工作温度更高时则采用 1Cr11MoV 和 1Cr12WMoV 马氏体型热强钢。由于加入了强碳化物形成元素 Mo、W、V，这类马氏体型热强钢有更好的热强性、组织稳定性及加工工艺性能。1Cr11MoV 钢适宜于制造540℃以下的汽轮机叶片、增压器叶片，1Cr12WMoV 钢适宜制造580℃以下的汽轮机及燃气轮机叶片。

4Cr9Si2 和 4Cr10Si2Mo 是另一类马氏体型热强钢，它们属于中碳高合金钢，经热处理后可获得高的硬度及耐磨性。加入 Cr、Si 是为了提高钢的抗氧化性及抗腐蚀性能。4Cr9Si2 主要用来制造工作温度在 650℃以下的内燃机排气阀，4Cr10Si2Mo 常用来制造航空发动机的排气阀。

3. 奥氏体型热强钢

奥氏体型热强钢含有大量的合金元素，特别是 Cr、Ni 含量高，其抗氧化性及热强性比珠光体及马氏体型热强钢更好，工作温度可达 750~800℃。如 1Cr18Ni9Ti 钢中 Cr 的质量分数为 18%，确保钢具有高的抗氧化性及热强性；Ni 的质量分数为 9%，主要作用是形成稳定的奥氏体组织；Ti 是强碳化物形成元素，能形成细小弥散分布的碳化物来提高钢的高温强度。含 Cr、Ni 的奥氏体型热强钢的组织稳定性好，高温长时间使用也不会脆化，用于制造在 600℃左右工作的动力机械零件，如汽轮机的叶片等。

由于多种合金元素的综合作用，4Cr14Ni14W2Mo 奥氏体型热强钢的抗氧化性、热强性及组织稳定性比 4Cr10Si2Mo 马氏体型热强钢更好，其主要用途是制造工作温度≥650℃的航空、船舶、载重汽车的内燃机的排气阀，是一种高热强性的阀门钢。

奥氏体型热强钢一般要进行固溶及时效处理，以提高其高温力学性能。时效温度应高于零件的工作温度 60~100℃，使组织进一步稳定，从而提高热强性。

三、高温合金

高温合金是十分重要的高技术材料[17]。高温合金能在 600℃以上温度及氧化气氛、燃气腐蚀和一定应力条件下长期工作，具有优异的热强性、抗氧化、抗热腐蚀和抗疲劳等综合性能，是军民用燃气涡轮发动机热端部件不可替代的关键材料，还用于制造航天飞行器、火箭发动机、核反应堆、石油化工设备以及煤的转化等能源转换装置，如燃气轮机的涡轮叶片、导向叶片、涡轮盘、高压压气机盘和燃烧室等高温部件。在先进的航空发动机中，高温合金用量占发动机总量的 60%以上。对于航空发动机而言，叶片工作温度每提高10℃，发动机的推重比可提高 1%。因此，发展能在更高温度工作的高温合金具有重要的战略意义。

高温合金按基体分为铁基、镍基、钴基和铬基 4 类，按制备工艺分为变形高温合金、铸造高温合金（包含普通精密铸造合金、定向凝固合金、单晶合金等）、粉末冶金高温合金（包含普通粉末冶金高温合金和氧化物弥散强化高温合金）。变形高温合金可以进行热、冷变形加工，具有良好的力学性能和综合强度、韧性指标。高温合金为单一奥氏体组织，在各种温度下具有良好的稳定性。

高温合金的优异高温性能源于其含有的大量合金元素，其组成非常复杂，化学元素种类多达十几种。最早应用的铁基高温合金是从奥氏体不锈钢发展而来，如固溶强化型铁基高温合金 GH140 中，镍既是形成和稳定奥氏体的主要元素，在时效处理过程中还形成 $Ni_3(Ti、Al)$ 沉淀强化相，铬用于提高抗氧化性和抗燃气腐蚀性，钼、钨则用来强化固溶体，碳、硼、锆等元素则用于强化晶界，该合金的工作温度为 600~800℃。在常用的镍基高温合金 GH4033 中，镍–铬为基体，添加的铝、钛形成 $Ti_3Al-\gamma$ 相起弥散强化作用，采用固溶+时效强化处理，固溶状态为单相奥氏体组织，有微量的 TiC、TiN、Ti(C，N) 相。该合金在 700~750℃ 具有足够的高温强度，低于 900℃ 具有良好的抗氧化性，用于在 800~900℃ 下工作的受力零件，如涡轮叶片。

需要指出的是，对于航空发动机叶片，仅靠高温合金的本身承温性能难以达到使用要求，必须采取其他措施来提高使用温度，例如，在叶片燃气流道表面喷涂热障涂层，利用陶瓷涂层的低热传导特性，在其内外表面形成温降，提高叶片的承温能力；或在叶片中设计复杂的冷却系统，如图 6-33 所示。目前最先进的航空发动机叶片的极限工作温度可达 1700℃。

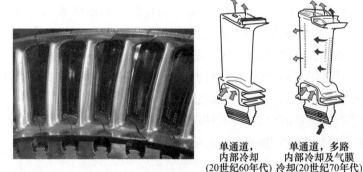
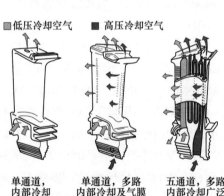

图 6-33　航空发动机涡轮叶片及其结构示意图

参 考 文 献

[1] 孙珍宝. 合金钢手册 [M]. 北京：冶金工业出版社，1984.

[2] 赵振业. 合金钢设计 [M]. 北京：国防工业出版社，1999.

[3] ASM international handbook committee. ASM handbook, volume 01：properties and selection：irons, steels, and high performance alloys [M]. Almere：ASM International, 1992.

[4] 林慧国，林钢，张凤. 世界钢铁牌号对照与速查手册 [M]. 北京：化学工业出版社，2010.

[5] Davis J R. Classifications and designations of carbon and alloy steels [M]. Almere：ASM International, 1998.

[6] 王磊，高彩茹，王彦锋，等. 我国桥梁钢的发展历程及展望 [J]. 机械工程材料，2008，32

（5）：1~3.

［7］ 赵洪运，王国栋，刘相华，等．新一代钢铁材料——超级钢［J］．汽车工艺与材料，2003，10：4~6.

［8］ Wen Y Q. Ultra-fine grained steels［M］. Berlin：Springer，2009.

［9］ 宋立秋．800MPa 级超细晶粒钢研究现状和发展趋势［J］．特殊钢，2005，26（5）：1~6.

［10］ 哈德菲尔德．高锰钢［M］．北京：国防工业出版社，1964.

［11］ Beswick J M. Bearing steel technologies：10th volume：advances in steel technologies for rolling bearings
［M］. Philadelphia：American Society for Testing & Materials，2015.

［12］ 王丽仙，葛昌纯，郭双全，等．粉末冶金高速钢的发展［J］．材料导报，2010，24：459~462.

［13］ 肖纪美．不锈钢的金属学问题［M］．北京：冶金工业出版社，2006.

［14］ 杨德均．沈卓身．金属腐蚀学［M］．北京：冶金工业出版社，1999.

［15］ Mcguire M F. Stainless steels for design engineers［M］. Almere：ASM International，2008.

［16］ Laig Y. High-temperature corrosion and materials applications［M］. Almere：ASM International，2007.

［17］ Betz W. High temperature alloys for gas turbines and other applications［M］. Berlin：Springer，1986.

名 词 索 引

习 题

6-1 合金钢中经常加入哪些合金元素，如何分类？

6-2 合金元素形成合金奥氏体，对钢的过冷奥氏体转变、回火转变有什么影响？

6-3 判断下列描述是否正确，并解释。

(1) 在含碳量相同的情况下，合金钢的热处理加热温度都比碳钢高；

(2) 在含碳量相同的情况下，合金钢比碳钢具有较高的回火稳定性；

(3) 高速钢属于莱氏体钢；

(4) 高速钢在热锻或热轧后，经空冷获得马氏体组织。

6-4 渗碳钢的含碳量有什么特点？合金渗碳钢中加入合金元素的目的？

6-5 制造大截面的轴类零件常采用何种钢，其合金元素起什么作用？

6-6 试分析滚动轴承钢的成分特点及经淬火及低温回火后的性能特点。

6-7 以碳素工具钢制造的工具，经淬火及低温回火后硬度可达 HRC60 以上，但此类工具只能在低温（小于 200℃）或常温下使用，为什么？

6-8 W18Cr4V 钢的主要性能特点是什么？该钢中合金元素的主要作用是什么？其最终热处理为何要采用 1280℃+560℃ 三次回火？能否用一次长时间回火代替三次回火？高速钢淬火后 560℃ 回火是否为调质处理？为什么？

6-9 耐磨钢的水韧处理、奥氏体不锈钢的固溶处理和一般钢的淬火，它们的目的有何不同？耐磨钢的耐磨原理是什么？耐磨钢适合应用于什么场合？

6-10 为什么量具在保存和使用过程中尺寸会发生变化？采取什么措施可使量具尺寸得到长期稳定？

6-11 写出下列零件的加工工艺路线、各热处理工序的作用及所获组织。（设均用锻坯、具有足够淬透性）

(1) 45 钢机床主轴，要求整体综合力学性能良好，轴颈耐磨；

(2) 20CrMnTi 钢制汽车变速箱齿轮；

(3) 38CrMoAlA 钢制镗床镗杆；

(4) T12 钢制丝锥。

6-12 为什么不锈钢中含铬量都超过 12%？含铬量为 12% 的 Cr12MoV 钢是否也具有不锈钢的抗腐蚀性能，为什么？

6-13 耐热钢中的合金元素有哪些，主要起什么作用？高温合金中的合金元素有哪些，主要起什么作用？

本章自我练习题

（填空题、选择题、判断题）

扫码答题 6

第七章　有色金属及合金

课堂视频 7

虽然有色金属的用量远不如**黑色金属**多，但由于其具有许多优良特性，如高的**比强度**（强度与密度之比）、优良的铸造性能和加工性能等，使之成为重要的结构材料。同时，有色金属也展现众多特殊的电、磁、热性能，也是现代社会生产生活中重要的功能材料，诸如利用纯铜的优良导电性制成的电导线，利用钛合金的优良生物相容性制成的骨植入器件等。随着现代科学技术的突飞猛进，有色金属的地位越来越重要，是世界上重要的战略物资和生产资料。有色金属及合金种类繁多，可粗分为**重金属**、**轻金属**、**贵金属**、**半金属**和**稀有金属**等几大类。本章主要从工程材料的角度介绍铝及其合金、镁及其合金和钛及其合金这 3 种常用的轻金属，以及铜及其铜合金、轴承合金等。至于其他**有色金属**材料，有兴趣的读者可以参考其他相关文献[1,2]及本章延伸阅读 7-1 的内容。

延伸阅读 7-1

第一节　铝及其合金

一、铝

铝（Aluminum，Al）是地壳中分布最为广泛的元素之一，丰度达到 8.8%，是所有金属元素中丰度最高的元素。纯铝具有银白色金属光泽，密度小，仅为 $2.72g/cm^3$，约为铁的 1/3，因而其比强度高，可与合金钢相比。铝的熔点低，约 660℃，具有面心立方结构，无同素异构转变，无磁性。纯铝在空气中易氧化，在其表面易形成一层致密的氧化膜，因而具有良好的抗大气和耐酸腐蚀性能。铝具有极好的塑性和低的强度（拉伸断裂强度为 80~120MPa，延伸率为 11%~40%），易于加工成型，而且，还具有良好的低温塑性，直到−253℃其塑性和韧性也不降低。

纯铝主要是对铝土矿（主要化学成分为 Al_2O_3、SiO_2、Fe_2O_3 等）进行冶炼而获得。铝冶金最初采用的方法是化学冶炼铝，主要是利用金属钾或钠与无水氯化铝反应制得铝，但因为钾和钠太贵，使得制备铝的成本十分昂贵，可与黄金相当，无法大规模生产。1886 年美国人霍尔和法国人埃鲁不约而同地提出利用冰晶石−氧化铝熔融盐电解铝法，铝的制造成本大大降低，从而开创大规模生产铝的阶段。最初电解铝采用小型预焙电解槽，其容量小（只有 4~8kA），电流效率低（70%），电能消耗高。20 世纪 50 年代以后，大型预焙电解槽的出现，使电解炼铝技术迈向大型化、现代化发展的新阶段，其容量可达 280kA 以上，电流效率高达 94%~95%。目前，工业大规模制备纯铝的方法还是采用冰晶石−氧化铝电解法。其工艺分为两大组成部分：原料（包括氧化铝和电解所需的其他原料氟化盐及碳素材料）的生产和金属铝的电解生产。现代电解炼铝的工艺流程如图 7-1 所示[3]。

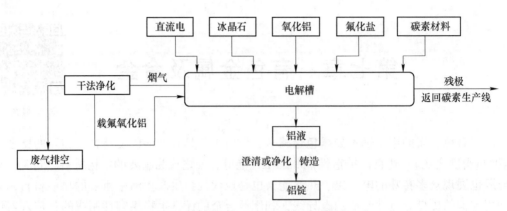

图 7-1　现代电解炼铝的工艺流程[3]

通过电解法制得铝锭为原铝（纯度 98%～99.7%），其余主要杂质为 Fe、Si、Cu 等。电解原铝常用于化学、食品、工业用桶槽、装饰品、铭牌和反射板等。有些应用场合需要更高质量的纯铝，如用于石油化工机械（储装浓硝酸和双氧水的容器等）的精铝（纯度99.93%～99.996%），甚至超高纯铝（99.9999%以上），这则需要通过原铝精炼获得。精炼方法有很多，主要有三层液精炼法、凝固提纯法、区域熔炼法以及有机溶液电解精炼法等[4]。

工业纯铝一般指铝含量高于99%的铝材料。工业纯铝具有优良的导电（电导率：3.5×10^7 S/m）和导热（导热系数：237W/(m·K)）性能，其导电性仅次于银和铜。因此，纯铝在工业中主要是替代铜用来制造导线、电机中作为转子的导条、电子设备中的散热片及耐蚀器具等，如图 7-2 所示，采用工业纯铝制成的电缆和散热器，但其强度较低不适合用作受力的机械零件。

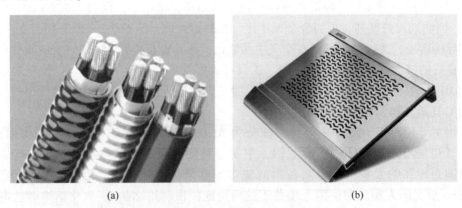

（a）　　　　　　　　　　　　　　　　　（b）

图 7-2　工业纯铝的应用示例
（a）电缆；（b）散热片

二、铝合金的合金化原理及分类

纯铝的强度和硬度都偏低，不适合制作受力的结构件和机械零件。向铝中加入适量的合金元素可制成各种**铝合金**，通过改变纯铝的组织结构，提高其物理、力学、化学性能，以满足更高的使用要求，使得铝合金可用于制造承受较大载荷的机械零件或构件，成为航空航天、交通运输、轻工建材、通讯和电子等领域广泛应用的有色金属材料之一，图 7-3 为铝合金制造的战斗机机翼和汽车轮毂。

(a)   (b)

图 7-3　铝合金的应用例子

（a）战斗机机翼；（b）汽车轮毂

铝中常加入的元素主要有铜、镁、锌、锰、硅等，此外还有铬、镍、钛、锆等辅加元素。通过相图可以说明加入合金元素来改变铝合金组织结构和性能的原理。添加的合金元素在固态铝中的溶解度一般是有限的，而且随温度变化而变化。铝中加入元素后一般会形成图 7-4 所示的有限固溶型的**共晶相图**。根据相图，D 点成分左边的部分，元素溶在铝中形成铝基固溶体（α相），其固溶度一般随着温度升高而增加，形成固溶体合金时，塑性好，有利于压力加工和锻造；D 点成分右边的部分，合金元素或化合物与铝形成共晶体，可以使合金流动性变好，有利于

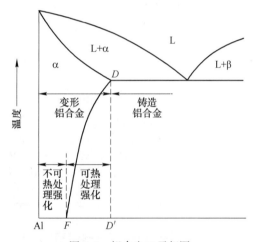

图 7-4　铝合金二元相图

铸造。据此，将铝合金分为**变形铝合金**（D 点以左的合金）和**铸造铝合金**（D 点以右的合金）两大类。

就提高力学性能而言，加入合金元素可以在铝合金中产生固溶强化、析出强化、弥散强化和细晶强化等作用，另外，还可通过形变来强化铝合金。下面分别简要介绍铝合金的这些强化方法和机制。

固溶强化是通过合金元素的置换固溶来实现的。其机制是：固溶在 Al 晶格中的溶质原子（合金元素）导致铝晶格发生畸变，阻止位错的滑移，从而提高铝合金的强度，这就是常说的固溶强化。如果通过高温固溶后快淬处理，可使合金元素过饱和固溶在 Al 晶格中，形成单一固溶体组织，会进一步显著增强固溶强化的效果。无论是对于变形铝合金还是铸造铝合金，固溶强化方法都可适用。

析出强化是通过从过饱和固溶体中析出第二相来实现的。其机制是：第二相的存在会

阻碍位错的滑移，从而进一步提高铝合金的强度。对于能够获得过饱和固溶的变形铝合金（成分位于图 7-4 中 F 到 D 点之间），固溶处理后在某一较低的温度进行热（时效）处理，由于温度下降溶解度减少，造成较多的第二相共格析出，阻碍位错的运动，实现强化，这也时常被称为**时效强化**（或热处理强化）。不同的铝合金析出的第二相结构及顺序大不相同，以 Al-Cu 系合金为例，即随着时效时间的延长，其析出过程为：过饱和固溶体→GP 区→θ″(亚稳相)→θ′(亚稳相)→θ(稳定相，Al_2Cu)，不同析出相的形貌如图 7-5 所示[5]。GP 区是 1938 年由 A. Guinier 和 G. D. Perston 各自独立发现的，故称为 GP 区（guinier-perston 区，也称偏聚区）。GP 区是溶质原子聚集区域，呈碟形薄片状，厚度为 0.3~0.6nm，直径为 4~8nm。随着时效的进行，GP 区转变成与 Al 基体保持完全共格关系的 θ″亚稳相，因而产生较大的共格应变，导致更大的强化效应，如图 7-6 所示。随着时效时间的进一步延长，θ″相过渡到与基体保持部分共格关系的 θ′亚稳相，θ′对合金的硬度和强度也有一定的贡献（如图 7-6 所示），但硬度最大值发生在 θ″相处于最大值时。继续时效，θ′数量增加、长大并转变成与基体保持非共格关系的稳定 θ 相，合金的硬度和强度大大降低。大多数铝合金在室温下就可以发生第二相析出，这种现象称为**自然时效**。不同合金自然时效的速度有很大区别，有的合金仅需数天，而有的合金则需数月甚至数年才能达到稳定态。因此，如果将过饱和固溶体在高于室温下加热，则析出过程加速，这称之为**人工时效**。显然，对于铸造铝合金而言，其基体依然是固溶体，因此析出强化也同样适用。

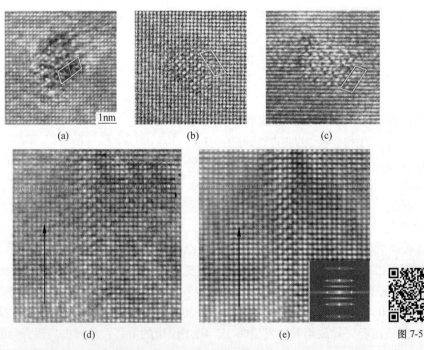

图 7-5 Al-Cu 系合金中不同析出相的高分辨透射电镜（HRTEM）照片[5]

(a) 溶质原子偏聚区；(b) GP 区，(c) θ″；(d) θ′；(e) θ

形变强化（加工硬化）是通过对铝合金加工形变来实现的。其机制是：通过变形

使铝合金内部位错密度增大，直至相互
缠结并形成胞状结构，阻碍位错运动，
进一步提高其强度和硬度。一般利用冷
变形加工，如锻造、压延、拉拔、拉伸
等实现。铸造铝合金的形变能力较差，
一般不能采用形变强化的方法进行强化
处理。

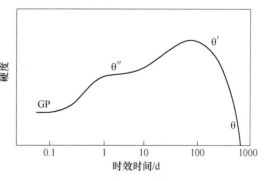

图 7-6　Al-Cu 系合金的硬度随时效时间的变化曲线

细晶强化是将铝合金的晶粒细化来
实现的。其机制是：晶粒细化使得晶界
数量大大增加，能够更有效地阻碍位错
运动。晶粒细化还有利于改善金属材料的塑性，是同时提高其强度和塑性的强化铝合
金的方法。铝合金的晶粒细化一般是在熔炼铸造过程中加入微量元素作变质处理来实
现。变质处理对不能热处理强化或强化效果不大的铸造铝合金和变形铝合金具有特别
重要的意义。

弥散强化的机理是通过人为地向基体材料中加入一些坚硬的细质点，弥散分布于基体
中，这些细质点可以阻碍位错的运动，从而提高铝合金基体的强度。弥散强化是铸造铝合
金的重要强化手段。

对铝合金的分类有不同的方法。习惯上，对变形铝合金常按 3 种方法分类：其一，按
照其热处理特点来划分为可热处理型铝合金及不可热处理型铝合金，如图 7-4 所示；其
二，按照合金性能和用途可分为工业纯铝、切削铝合金、低强度铝合金、中强度铝合金、
高强度铝合金（硬铝）、超高强度铝合金（超硬铝）、锻造铝合金、光辉铝合金、耐热铝
合金以及特殊铝合金等；其三，按照合金中添加主要元素可分为工业纯铝、Al-Cu 合金、
Al-Mn 合金等。对铸造铝合金主要有两种分类方法：其一，按照热处理特点来划分为可热
处理型及不可热处理型铸造铝合金；其二，按照合金中添加主要元素可分为 Al-Si 合金、
Al-Cu 合金、Al-Mg 合金及 Al-Zn 合金。为规范起见，国家制定了标准来统一规定铝合金的
型号、成分和质量要求等。下面我们依此标准来介绍常用铝合金的牌号、成分、组织和性
能特点。

三、常用铝合金及其组织和性能

（一）常用铝合金的类型与牌号

根据国家标准《变形铝及铝合金牌号表示方法》（GB/T 16474—2011），变形铝及铝合
金牌号表示方法如下：凡是化学成分与国际铝合金牌号相同的铝合金，可以直接采用国际四
位数字体系牌号，未命名的国际牌号的变形铝及铝合金，则采用四位字符牌号命名，国际铝
合金和我国牌号命名标准如表 7-1 所示。同时根据《变形铝及铝合金化学成分》（GB/T
3190—2008）的说明，《变形铝及铝合金化学成分》（GB/T 3190—1996）中的旧牌号仍可以
继续使用，其牌号用 LF（防锈铝合金）、LY（硬铝合金）、LC（超硬铝合金）、LD（锻铝合
金）加顺序号表示。

表 7-1 变形铝及铝合金牌号命名标准

位数	国际四位数字体系牌号		四位字符牌号		举例
	纯铝	铝合金	纯铝	铝合金	
第一位	为阿拉伯数字，表示铝及铝合金的组别。1 表示铝含量不小于 99.00%纯铝；2~9 表示铝合金，组别按下列主要合金元素划分：2—Cu，3—Mn，4—Si，5—Mg，6—Mg+Si，7—Zn，8—其他元素，9—备用组				
第二位	为阿拉伯数字，表示合金或杂质极限含量控制情况。0 表示其杂质极限含量无特殊控制；2~9 表示对一项或一项以上的单个杂质或合金元素极限含量有特殊控制	为阿拉伯数字，表示改型情况。0 表示原始合金；2~9 表示为改型合金	为英文大写字母，表示原始纯铝的改型情况。A 表示元素纯铝；B~Y（C、I、L、N、O、P、Q、Z 除外）表示原始纯铝的改型，其元素含量略有变化	为英文大写字母，表示原始合金的改型情况。A 表示原始合金；B~Y（C、I、L、N、O、P、Q、Z 除外）表示原始合金的改型，其元素含量略有变化	
最后两位	为阿拉伯数字，表示最低铝百分含量中小数点后面的两位	为阿拉伯数字，无特殊意义，仅用来识别同一组中的不同合金	为阿拉伯数字，表示最低铝百分含量中小数点后面的两位	为阿拉伯数字，无特殊意义，仅用来识别同一组中的不同合金	

另外，根据国家标准《铸造有色金属及其合金牌号表示方法》（GB/T 8063—1994），铸造铝合金牌号采用化学元素及数字表示，数字表示该元素的平均含量。在牌号的最前面加"Z"表示铸造，例如 ZAlSi12 表示铸造铝合金，平均硅含量为 12%。铸造铝合金还可以用代号来表示，国标规定分别用 ZL1××、ZL2××、ZL3××、ZL4××来表示（ZL 代表铸铝，××代表顺序号）Al-Si 系、Al-Cu 系、Al-Mg 系和 Al-Zn 系 4 种铝合金。如为铸造合金锭时，则在 ZL 后加 D；如为优质，则在代号后加 A，诸如 ZLD101A 表示铝硅系 ZL101 优质合金锭。

需要指出的是，不同国家对于铝及铝合金的牌号命名规则是不一样的。为了便于了解不同国家的铝及铝合金，表 7-2 给出一些我国常用铝及铝合金牌号与国外牌号的对照。

表 7-2 各国变形和铸造铝合金牌号及代号对照表

变形铝合金	中国（GB）	国际牌号	ISO 牌号	日本（JIS）	欧洲 EN 牌号（ENAW）		俄罗斯（ГОСТ）
					数字型	化学元素符号型	
工业纯铝	1A99	1199	—	1N99	1199	Al99.99R	AB000
	1A50	1050	Al99.5	A1050	1050A	Al99.5	1011
硬铝	2011	2011	AlCu6BiPb	A2011	2011	AlCu6BiPb	—
	2A12	2124	AlCuMg1	2024	2024	AlCuMg2	Д16/1160
锻铝	2618	2618	AlCu2MgNi	A2618	2618A	AlCu2Mg1.5Ni	AK4
	2A14	2014	AlCu4SiMg	A2014	2014	AlCu4SiMg	AK8
防锈铝	5050	5050	AlMg1.5	—	5050	AlMg1.5	—
	5A02	5052	AlMg2.5	A5052	5052	AlMg2.5	—

变形铝合金	中国（GB）	国际牌号	ISO 牌号	日本（JIS）	欧洲 EN 牌号（ENAW）		俄罗斯（ГОСТ）
					数字型	化学元素符号型	
超硬铝	7A09	7075	AlZn6CuMgZr	7075	7075	AlZnMgCu1.5	V95P
	7020	7020	AlZn4.5Mg1	—	7020	AlZn4.5Mg1	1925C

铸造铝合金	中国牌号	合金代号	美国（ASTM）	日本（JIS）	德国（DIN）	欧洲（EN）	俄罗斯（OCT）
	ZAlSi7Mg	ZL101	A03560	AC4C	G-AlSi7Mg	AC-42100	AЛ19
	ZAlSi7Cu4	ZL107	A03190	AC2B	G-AlSi6Cu4	AC-45000	—
	ZAlCu4	ZL203	A02950	AC1A	G-AlCu4Ti	AC-21100	AЛ7
	ZAlMg10	ZL301	G10A	AC7B	G-AlMg10	—	AЛ27
	ZAlZn6Mg	ZL402	D612	—	—	AC-71000	

（二）变形铝和变形铝合金

变形铝及变形铝合金的各种制品是由铸锭经过塑性变形及随后的热处理而获得的。生产变形铝及铝合金所需的坯料必须通过熔炼和铸造获得，而塑性变形的方法主要包括轧制、挤压和锻造等，对于可热处理型铝合金其热处理工艺主要为均匀化退火、再结晶退火、固溶及时效处理。变形铝及铝合金有时也需要改进表面质量、增加抗氧化能力和表面着色等，因此有时生产工艺中也会增加表面处理的环节。

变形铝及铝合金铸锭的组织和性能对于最终产品的组织性能具有重要的影响，因此一般在熔炼过程中须对铝合金熔体进行熔体净化和变质处理。**熔体净化**处理就是利用物理化学原理和相应的工艺措施，除掉液态金属中的气体、杂质和有害元素，以便获得纯净金属熔体的工艺方法。通过净化处理的熔体还需要进一步进行**变质处理**达到细化晶粒、改善组织形态和力学性能的目的。变质处理通常通过添加 Ti-Al 中间合金来细化 α-Al 晶粒。一般加入 0.01%~0.05%Ti 就有明显细化效果，加入 0.1%~0.3%Ti 效果更明显，如果同时加入 B，则少量的 Ti 就有明显的效果。常用的变形铝及铝合金根据不同的合金系，还可能采用 Al-Zr、Al-Mn、Fe 合金以及 NaF、LiF 等盐类作为变质剂。

变形铝和变形铝合金一般利用其塑性变形性能好的特性加工成一定形状的制品。铝合金板带材通常采用热轧和冷轧的方式加工以改变其形状、尺寸和性能。铝合金带材按厚度可分为厚板、中厚板、薄板及铝箔，其中厚度大于等于 8mm 的称为厚板，厚度为 5~8mm 的称为中厚板，厚度为 0.2~5mm 的称为薄板，厚度小于 0.2mm 称为铝箔。铝及铝合金型材和棒材则大部分采用挤压的方式加工。采用挤压可以生产出各种断面形状复杂的实心和空心型材，但这种方法的缺点就是产量低、成品率低和成本高。锻造也是变形铝合金成型的重要方法之一，一般形状简单和偏差要求不严的变形铝合金锻件可以采用锻造方法来制备，常用方法有自由锻、模锻、顶锻和扩孔。

铝合金的热处理主要作用有两个：其一改善工艺性能，保证各工序顺利进行，如均匀化退火和再结晶退火；其二提高最终使用性能，如固溶和时效处理。一般而言，按第七章第一节二、铝合金的合金化原理及分类所述的沉淀相析出的一般顺序，铝合金淬火后时效的过程一般发生先强化后软化的现象。显然，铝合金中沉淀相的析出过程受时效处理的温度和时间控制，因此，可通过控制时效工艺来控制铝合金的性能。这可用图 7-7 所示的不同温度下的等温时效曲线来说明。由图可见，提高时效温度会增大强化速率及强化峰值后的软化速度，且强度峰值随时效温度增高而降低，但温度过低时效强化效应受到抑制。另外，铝合金的成分对沉淀相析出也有很大的影响，成分不同，沉淀相析出的顺序会不同。表 7-3 给出主要变形铝合金的沉淀析出顺序[6]。图 7-8 给出了 6063 和 2024 两种铝合金时效处理后的显微组织。

铝合金的性能不仅随固溶处理和时效处理而变化，也与其成分、合金原始组织及淬火状态组织特征、淬火条件、预先热处理等一系列因素有关，不同铝合金在不同处理状态的性能大不相同。例如，一些变形铝合金（如 2A12）淬火后，强度提高，塑性降低，而另外一些变形铝合金

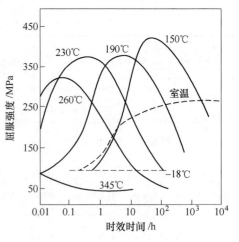

图 7-7　Al-4. 5Cu-0. 5Mg-0. 8Mn
合金等温时效曲线[4]

（如 6061）则相反，强度降低，塑性提高，还有一些铝合金（如 5050）强度与塑性均提高。

表 7-3　主要铝合金系的沉淀相的析出顺序

合金系	沉淀相析出顺序及平衡相
Al-Cu	GP 区（盘状）→θ″→θ′→θ(Al_2Cu)
Al-Mg	GP 区（球状）→γ′→γ($AlAg_2$)
Al-Zn-Mg	GP 区（球状）→η′→η($MgZn_2$)，GP 区（球状）→T′→T($Al_2Mg_3Zn_3$)
Al-Mg-Si	GP 区（杆状）→β′→β(Mg_2Si)
Al-Cu-Mg	GP 区（杆或球状）→S′→S(Al_2CuMg)

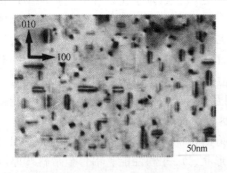

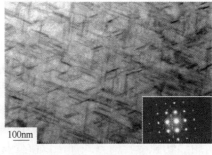

图7-8彩

(a) (b)

图 7-8　不同铝合金中的析出相的显微组织
(a) 6063 铝合金 β′相[6]；(b) 2024 合金中的 S 相[7]

1. 变形铝

变形铝主要为 1××× 系铝合金，这类合金元素含量低，一般不通过热处理强化，只能通过加工硬化提高强度。这类材料不但要控制杂质含量，还可能添加少量 Fe、Si 合金元素，改变 Fe、Si、Fe/Si 比率或 Al-Fe 及 Al-Fe-Si 的析出状态，可改变强度、加工性及耐腐蚀性，以满足不同工艺和应用要求。随着合金元素的减少，其耐腐蚀性能提高，因此常作为化学业、酿造业、装饰品和反射板等用材；该系材料的导电性、导热性优良，也经常用作配电及散热用材料。常用变形铝及铝合金的牌号、化学成分、力学性能和用途见表 7-4。

例如，1050 合金为普通工业纯铝，含铝量小于 99.50%，Fe 和 Si 为主要杂质，组织为单相 α-Al 固溶体，可能的杂质相为 Fe_3Al、α-(Fe_2SiAl_8)、β-($FeSiAl_5$)。该合金强度低、塑性高，有良好的大气和海水耐腐蚀性，导电性优良，达到 62% IACS（国际退火铜标准导电率，$5.8\times10^7 S/m$），它可加工成不同规格的管、棒、线、板和带材等，主要用作食品、化学和酿造工业挤压盘和管、各种软管、电导体、化工设备和小五金等。1350 合金其组织基本与 1050 合金相同，但其强度更高，主要用作电线、导电绞线、汇流排和变压器带材等。变形铝及铝合金的加工状态代号可以参考国家标准 GB/T 16475—1996。

表 7-4　常用变形铝合金的牌号、化学成分、力学性能和用途

（GB/T 3190—2008，GB 3191—2010）

类别	牌号（旧牌号）	化学成分 w/%								试样状态	力学性能		用途举例
		Si	Fe	Cu	Mn	Mg	Zn	Ti	其他		R_m /MPa	A /%	
工业纯铝	1100 (L5)	Si+Fe 0.95		0.05 ~ 0.2	≤ 0.05	—	≤ 0.1	—	—		≥95	≥9	主要生产板材、带材，适于制作各种深冲压制品
	1A30 (L4-1)	0.1~ 0.2	0.15~ 0.3	≤ 0.05	≤ 0.01	≤ 0.01	≤ 0.02	≤ 0.02			≥115	≥11	主要用作航天工业和兵器工业纯铝膜片等处的板材
防锈铝合金	5A03 (LF3)	0.5~ 0.8	≤0.5	≤0.1	0.3~ 0.6	3.2~ 3.8	≤0.2	≤0.15	—	退火	≥175	≥13	液体介质中工作的中等负荷的零件、焊件、冷冲件
	5A06 (LF6)	≤0.4	≤0.4	≤0.1	0.5~ 0.8	5.8~ 6.8	≤0.2	0.02~ 0.1	Be 0.0001~ 0.005		≥315	≥15	焊接容器，受力零件，航空工业的骨架及零件，飞机蒙皮
	5A12 (LF12)	≤0.3	≤0.3	≤0.05	0.4~ 0.8	8.3~ 9.6	≤0.2	0.05~ 0.15	Ni≤0.1 Be≤ 0.005		≥370	≥15	多用航天工业及无线电工业用各种板材、棒材及型材
硬铝	2A02 (LY2)	≤0.3	≤0.3	2.6~ 3.2	0.45~ 0.7	2.0~ 2.4	≤0.1	≤0.15	—	固溶+时效	≥430	≥10	是一种主要承载结构材料，用作高温（200~300℃）工作条件下的叶轮及锻件
	2A12 (LY12)	≤0.5	≤0.5	3.8~ 4.9	0.3~ 0.9	1.2~ 1.8	≤0.3	≤0.15	Ni≤0.1 Fe+ Ni≤0.5		≥440	≥8	制造高负荷零件，工作在150℃以下的飞机骨架、框隔、翼梁、翼肋、蒙皮等
	2A14 (LD10)	0.6~ 1.2	0.7	3.9~ 4.8	0.4~ 1.0	0.4~ 0.8	≤0.3	≤0.15			≥440	≥10	形状复杂的自由锻件和模锻件
	2A16 (LY16)	≤0.3	≤0.3	6.0~ 7.0	0.4~ 0.8	≤ 0.05	≤0.1	0.1~ 0.2	Zr≤0.2		≥355	≥8	在高温下（250~350℃）工作的零件，如压缩机叶片、圆盘及焊接件，如容器等

类别	牌号(旧牌号)	化学成分 w/%								试样状态	力学性能		用途举例
		Si	Fe	Cu	Mn	Mg	Zn	Ti	其他		R_m/MPa	A/%	
超硬铝	7A04 (LC4)	≤0.5	≤0.5	1.4~2.0	0.2~0.6	1.8~2.8	5.0~7.0	≤0.1	Cr0.1~0.25	固溶+时效	≥550	≥6	用于制造主要承力结构件,如飞机上的大梁、桁条、加强框、蒙皮、翼肋、接头、起落架等
	7A09 (LC9)	≤0.5	≤0.5	1.2~2.0	≤0.15	2.0~3.0	5.1~6.1	≤0.1	Cr0.16~0.30		≥550	≥6	制造飞机蒙皮等结构件和主要受力零件
	7075	≤0.4	≤0.5	1.2~2.0	≤0.3	2.1~2.9	5.1~6.1	≤0.2	—		≥560	≥6	主要用来制作型材、生产自行车的车圈
锻铝	6A02 (LD2)	0.5~1.2	≤0.5	0.2~0.6	—	0.45~0.9	≤0.2	≤0.15	Cr 0.15~0.35	固溶+时效	≥305	≥8	要求耐蚀且形状复杂的中等载荷锻件和模锻件,如发动机曲轴箱、直升机桨叶
	2A70 (LD7)	≤0.35	0.9~1.5	1.9~2.5	≤0.2	1.4~1.8	≤0.3	0.02~0.1	Ni 0.9~1.5		≥355	≥8	高温下工作的锻件,如内燃机活塞机复杂件,如叶轮,板材可作高温焊接冲压件
	6061 (LD30)	0.4~0.8	≤0.7	0.15~0.4	≤0.15	0.8~1.2	≤0.25	≤0.15	Cr 0.04~0.35	固溶+时效	≥310	≥17	主要用作建筑型材,需要良好耐蚀性能的大型结构件,卡车、船舶、铁道车辆结构件,导管,家具等

2. 常用变形铝合金

过去称之为硬铝和锻铝等变形铝合金都属于 2××× 系合金,是铝合金中应用最广泛、用量最大、产品种类最多的合金系,如大家所熟知的强度可与钢相抗衡的杜拉铝(2017)和超杜拉铝(2024)。Cu 和 Mg 是 2××× 系铝合金中主要合金元素,Mn、Cr、Zr 等是常添加的少量元素,Fe 和 Si 则是其常见的杂质元素。合金的 Cu 含量一般为 2%~10%,含 4%~6%Cu 时具有最高的强度。Al-Cu 合金具有明显的时效特性,Al-Cu 合金中添加 Mg 能进一步提高其性能。Al-Cu-Mg 系三元合金中的沉淀相主要有 θ 相(CuAl$_2$)和 β 相(Mg$_2$Al$_3$),此外还有 S 相(Al$_2$CuMg)和 T 相(Al$_6$CuMg$_4$),其中 S 相的强化效果最大,θ 相次之,β 和 T 相的强化效果较弱。工业用的 2××× 系合金中,$w(Cu)/w(Mg)≥8$ 时,主要强化相是 θ;$w(Cu)/w(Mg)=8~4$ 时,主要强化相是 θ+S;$w(Cu)/w(Mg)=4~1.5$ 时,主要强化相是 S 相。

Mn 也是在 2××× 系合金中常添加的合金元素。Al-Cu-Mn 合金主要相组成为 α(Al)+θ+T,合金中 Cu 含量大于 6%,已超过 Cu 在 Al 中的溶解度极限(5.7%),导致时效时 θ 相析出。θ 相弥散质点能提高合金的耐热性。加 Mn 的作用是形成 T 相,T 相在时效过程中形核长大极为缓慢,使合金在高温下长时间加热,组织性能保持稳定,进一步提高合金的耐热性,得到耐热铝合金。加 Mn 还可消除杂质元素 Fe 的有害作用,并抑制挤压和固溶处理时的再结晶过程。

当 Mg 含量较低时，Fe 和 Si 的含量一定要合适，否则会降低热处理强化效果，这是因为这时 Fe 容易与 Cu 和 Al 形成 Cu_2FeAl_7 相，而不是形成 α-AlFeSi 强化相。当 Mg 小于 1%，Si 大于 0.5% 时，能提高人工时效的速度和强度，这主要是由于形成 Mg_2Si 强化相。当 Fe 增加时，形成不溶解的化合物，会损害时效效果，强度和韧性较低。然而，此时添加 Ni 形成 $FeNiAl_9$ 化合物，则会提高其高温性能，例如 2A70、2A80 等耐热铝合金，2A70 合金中 Fe 和 Ni 的含量相当，其主要相组成为 α(Al)+S+$FeNiAl_9$。

硬铝中的典型合金为 2A12，其综合性能也比较好，在硬铝中用量最大。其主要成分为：Cu(3.8%~4.9%)，Mg(1.2%~1.8%)，Mn(0.3%~0.9%)，详细成分见表 7-4。其主要相组成物为 α(Al)、S、θ、$MnAl_6$，其可能的杂质相为 Mg_2Si、AlMnFeSi 或 AlSiMnCuFe。该合金的特点是：热状态、退火和新淬火状态下成型性能较好，热处理强化效果显著、强度高，有一定的耐热性。该合金虽抗腐蚀性较差，但可用纯铝包覆进行有效保护，可以加工成板、带、管、型材和锻件，主要用作飞机蒙皮、骨架、隔框等高强度结构件和 150℃ 以下工作的工件。

锻铝合金的典型牌号是 2A14 和 6061 等。2A14 合金属于 Al-Mg-Si-Cu 合金，除 Mn 和 Si 含量稍高以外，其余成分与 2A11 合金相同，也称为高强度硬铝。该合金的主要成分为：Cu(3.9%~4.8%)，Mg(0.4%~0.8%)，Si(0.6%~1.2%)，Mn(0.4%~1.0%)，详细的成分见表 7-4。其主要相组成物为 α(Al)、Mg_2Si、θ、S、W($Cu_4Mg_5Si_4Al_4$)，杂质相为 (FeMnSi)Al_6 等。这种合金的强度高，主要用作各种高载荷的结构件。6061 合金为 Al-Mg-Si 系可热处理强化铝合金，其主要成分为 Mg(0.8%~1.2%)、Si(0.4%~0.8%) 等，具体见表 7-4。合金主要强化相为 Mg_2Si，该合金在时效后可获得高强度，但其淬火敏感性高，必须在挤压后固溶处理和时效。

二元变形铝合金中，以 Al-Cu 系合金的耐热性能最好，经进一步合金化，又以 Al-Cu-Mn 系合金的耐热性能最好，如 2A16、2A20 和 2219 合金。其典型牌号为 2A16，主要成分为：Cu(6.0%~7.0%)，Mn(0.4%~0.8%)，Ti(0.1%~0.2%)，其详细成分见表 7-4。主要相组成物为 α(Al)、θ、T 和 $TiAl_3$，可能的杂质相为 α-Fe_2SiAl_3 和 AlMnFeSi 等。2A16 合金有高的室温强度和高温（300℃ 以下）持久强度，热状态塑性好，由于含铜量高，耐腐蚀性差。该合金主要半成品为板、棒和型材，用作 315℃ 以下的高温结构件和高强度焊接件，可作为发动机的导轮、压气机叶片、超音速飞机的结构件，以及 0℃ 以下工作的焊接件等。

3. 特殊变形铝合金

（1）**超高强度铝合金**是变形铝合金中强度最高的一类合金，是在 Al-Zn-Mg-Cu 系合金（主要为 7075 合金）基础上发展起来的，具有轻质、高强、高韧和低成本等一系列优点，广泛应用于航空、舰艇、兵器、交通运输及其他高载荷的结构件等领域。Al-Zn-Mg-Cu 系超高强度铝合金的性能受化学成分、制备技术和热处理工艺影响很大。Zn、Mg 和 Cu 是 7075 铝合金的主合金元素，其中 Zn 和 Mg 元素对超高强度铝合金的强度起决定性作用，Cu 有一定的强化作用，但主要作用是提高铝合金的抗腐蚀性能。加入微量合金元素，如 Zr、Li、Cr、Ni、Sc、Ag 等，与铝形成复合强化相，使得超高强度铝合金能够获得优良的综合性能。例如，通过降低 7075 合金中的 Fe 和 Si 等杂质含量，调整合金元素并添加 Zr 替代 Cr，开发出 7050 合金；接着对成分又进行微调，开发出 7150 合金。

超高强度铝合金的性能与制备工艺密切相关，快速凝固、粉末冶金和喷射成形等先进制备技术已广泛用于高强铝合金的制备，使得合金的性能得到显著提高。例如，美国利用喷射成形技术开发出含锌量在9.5%的新一代超高强度7093铝合金，其室温抗拉强度（σ_b）达760~810MPa，伸长率δ为8%~13%[8]。热处理是调整超高强度铝合金性能的基本方法，超高强度铝合金在固溶强化、多级时效和形变热处理等处理过程中析出各种强化相，如θ相、S相，还有$\eta(Al_2Mg_3Zn_3)$相和T相，另外还可能出现（FeMn）Al_6和Al（FeMn）Si等杂质相。通过适当的热处理工艺可以十分有效地提高超高强度铝合金的综合性能。此外，这些合金热态塑性好，但耐蚀性较差。下面介绍几个典型的超高强度铝合金。

7A04为Al-Zn-Mg-Cu系超高强度铝合金，是使用较久和较广的一个铝合金，其主要成分为Zn（5.0%~7.0%），Mg（1.8%~2.8%），Cu（1.4%~2.0%），以及少量的Mn（0.2%~0.6%）和Cr（0.1%~0.25%），详细成分见表7-4。该合金的主要强化相为η、T、S相，其杂质相有Mg_2Si、（FeMn）Al_6和Al（FeMn）Si等，7A04合金的强度高、热处理强化效果好，退火和新淬火状态下塑性中等，主要在人工时效状态下使用。其缺点是组织稳定性不高，低频疲劳强度低，有应力腐蚀开裂倾向，主要用于航空工业，飞机结构中受力元件，如大梁、蒙皮和起落架等。

7075同样也是Al-Zn-Mg-Cu系超高强度铝合金，其成分为Zn（5.1%~6.1%），Mg（2.0%~3.0%），Cu（1.2%~2.0%）及Cr（0.16%~0.30%），主要强化相为η、T和S相。其特点是固溶处理后塑性好，热处理强化非常明显；在150℃以下有高的强度，还有良好的低温强度；有应力腐蚀开裂倾向，需经包铝或其他保护处理后使用，采用双级时效可提高抗应力腐蚀开裂能力。因此，主要用作飞机结构件和其他高强度抗腐蚀结构件。

（2）**轻质航空铝合金**：减轻航空器的质量能显著提高其性能，因此，在保持材料性能的同时，减轻其质量，具有重要意义。Al-Li和Al-Sc等轻质航空铝合金就是在这样的背景下发展起来的。Li在Al中最大溶解度为4.2%，Al与Li形成$AlLi_4$化合物，$AlLi_4$化合物在固态下的溶解度随温度而改变。Al-Li合金的强化也是通过固溶及时效处理获得。因为Li的密度只有0.54g/cm^3，向铝中每添加1%Li，可使铝合金密度下降3%，而弹性模量上升5%，这是制造航空航天飞行器的理想材料，已发展出牌号如8090和2090合金等。2090合金的抗拉强度与7075合金相当，但其密度低8%，弹性模量高10%。2090主要用于生产高强度与中强度的板材和挤压材料，它有着优良的可焊性与低温力学性能，有很强的抗疲劳裂纹扩展能力，可用于航空航天器的结构零件。

向铝合金添加微量的Sc（钪），一般为0.07%~0.35%，能够极大地影响铝合金的组织和性能，可大幅度地提高铝合金的强度，还能保持合金的塑性，且其耐腐蚀性和焊接性能优异，是Al-Li合金之后的新一代航天、航空用轻质结构材料。Sc既是稀土元素又是过渡族元素，因此它在铝及铝合金中既有稀土元素的净化和改善铸锭组织的作用，又有过渡族元素的再结晶抑制剂作用，但前者的作用要远比后者强烈。同时，Sc在铝及铝合金中形成的Al_3Sc共格沉淀相具有极强的时效硬化作用[8]。Al-Sc合金主要包括：Al-Mg-Sc、Al-Zn-Mg-Sc、Al-Zn-Mg-Cu-Sc、Al-Mg-Li-Sc和Al-Cu-Li-Sc等，这类合金主要用在航空航天、舰船的焊接承重结构件以及碱性腐蚀介质环境用铝合金管材、铁路油罐、高速列车关键结构件等。俄罗斯在Al-Mg-Sc系合金的开发和研究已经相当成熟，已发展出01570、01571、

01545 和 01535 等一系列牌号。

（3）**耐热铝合金**：耐热铝合金是为了替代在 150~350℃ 温度范围使用的价格高昂的钛合金而开发出来的，与钛合金相比它具有低密度、低价格的优势，是近 20 年来备受关注的铝合金之一。为了提高铝合金的耐热性能，必须在合金中形成大量弥散分布且具有热稳定性的析出相。因此，加入的合金元素必须在液态具有较高固溶度，但在固态时几乎不固溶并具有较低的扩散系数，满足这个条件的元素为过渡族金属 Fe、Cr 和镧系元素等。因此，这类合金大部分是以 Al-Fe 和 Al-Cr 为基体。采用快速凝固技术可进一步提高这些元素在铝中的极限固溶度，在合金中形成足够数量的弥散相。典型的耐热铝合金为 Al-8Fe-4Ce，Al-（4%~4.5%）Cr-（1.5%~2.5%）Zr，以及 Al-Fe-V-Si（8009）等，这类合金主要应用在航空、航天及汽车零件上。

Al-8Fe-4Ce 耐热铝合金是 Al-Fe 基体中加入稀土 Ce 元素，形成高体积分数的二元和三元金属间化合物弥散相，造成较高的弥散强化作用。其主要的二元相有 Al_3Fe_4、Al_6Fe 和 Al_4Ce，三元相有 $Al_{13}Fe_3Ce_6$、$Al_{10}Fe_3Ce$ 和 $Al_{20}Fe_5Ce$ 等，这其中 Al_6Fe、$Al_{10}Fe_3Ce$ 和 $Al_{20}Fe_5Ce$ 为亚稳相，在约 300℃ 开始分解，在 400℃ 下长时间受热亚稳相基本转变为相应的平衡相，其中 Al_6Fe 转变为 Al_3Fe_4，$Al_{10}Fe_3Ce$ 和 $Al_{20}Fe_5Ce$ 转变为 $Al_{13}Fe_3Ce_6$。该合金常温拉伸和屈服强度高达 500MPa 以上，在 300℃ 以下，其强度基本不变；高于 300℃ 时，强度开始下降，但仍保持较高水平。

8009（Al-Fe-V-Si）合金是美国 Allied Signals 公司开发出一种性能优异的快速凝固耐热铝合金，由于 Si 的加入，形成了 $Al_{13}(Fe,V)_3Si$ 析出相，该相与基体之间具有特定的位向关系和很好的晶格匹配，故界面能较低。因此，该析出相具有很好的热稳定性，高温粗化速度很慢。该合金在 100℃ 和 300℃ 下的拉伸强度分别高达 470MPa 和 320MPa，屈服强度也在 370MPa 和 300MPa 以上。而且，采用快速凝固法制备的 Al-Fe-V-Si 耐热铝合金具有较高的耐腐蚀性、疲劳强度和抗疲劳裂纹生长能力。主要产品有挤压管、棒、型材、大型锻件和旋压封头等，用于制造飞机机翼、机身等结构件、大型轮毂、导弹壳体与尾翼、航空发动机气缸以及汽车的活塞、连杆等耐热零部件。

4. 铝合金表面处理

铝是十分活泼的金属，在自然条件下，很容易在表面形成一层致密的厚度仅为 **4~5nm 氧化铝钝化膜**，这种钝化膜保护层使得纯铝和铝合金在大气和海水中具有较好的耐腐蚀性。但这层氧化铝保护层较薄且不均匀，同时铝合金硬度低、耐磨性差，使得其常发生磨蚀破损。因此，铝合金在恶劣环境下的耐腐蚀性不足，常需进行表面处理获得较厚且致密的氧化膜，提高铝合金的耐腐蚀性，以满足其对环境的适应性和安全性，延长使用寿命。

铝合金的表面处理主要包括**化学氧化处理**、**阳极氧化处理**和**着色处理**等工艺。表面处理前都要对其进行表面预处理，其目的是为了清洗掉铝合金表面的污垢和缺陷，如油污、灰尘和轻微的划伤等，一般工艺是：脱脂→水洗→碱蚀洗→一次水洗→二次水洗→中和→水洗。其中最重要的步骤为脱脂和碱蚀洗，脱脂也称为除油，主要目的是除去铝合金表面的润滑油、防锈油和其他污物，以保证在碱洗工序中铝合金表面均匀腐蚀和槽液清洁，具体使用的溶液成分可以参考文献 [2]。碱洗腐蚀一般采用 35~100g/L 的 NaOH 为处理液，其目的是除掉铝合金表面的污物和自然生成的氧化铝膜层，以利于下一步表面处理。

预处理后可进一步进行化学氧化或阳极氧化处理。化学氧化是指铝合金在弱酸性或弱碱性溶液中，在表面生成较自然氧化膜更厚的氧化铝钝化膜的过程，常用化学氧化方法有磷酸盐-铬酸盐法、铬酸盐法、碱性铬酸盐法和磷酸锌成膜法。铬酸膜和磷酸膜硬度较低，抗腐蚀性较差，且不易着色，一般只用作有机涂层的底层或暂时性的防腐保护层。化学氧化的机理主要是铝作为阳极发生反应：$Al \rightarrow Al^{3+} + 3e$；阴极：$3H_2O + 3e \rightarrow 3OH^- + 3/2H_2$，从而形成氢氧化物。铝合金的阳极氧化处理是在电解液中将铝作为阳极，铅等化学稳定性高的材料作为阴极，通电后在铝合金表面生产氧化铝保护膜的过程。阳极氧化的电解液可分为酸性液、碱性液和非水性溶液等。以酸性溶液为主，主要包括硫酸、铬酸、草酸和硼酸。诸如，采用硫酸为电解液，阳极氧化可获得厚度较厚（$5 \sim 20 \mu m$）、硬度高、抗腐蚀性和绝缘性好、耐高温的多孔氧化膜，同时它具有较高的化学稳定性、吸附性，可作为涂装底层或进行着色处理，以增强表面装饰性。氧化膜的结构与性能受电解液、温度、电流密度、氧化时间、搅拌、添加剂和铝合金成分等影响。阳极氧化方法已经广泛应用于建筑铝材、要求染有特殊颜色且外观光亮并有一定耐腐蚀的零部件或含铜量较高的铝合金。

为使铝合金零部件具有较好看的外观，有时还需对其表面进行着色处理，主要方法有化学着色、电解着色、自然着色和粉末喷涂着色等。化学着色法是最早用于铝阳极氧化膜着色的方法，基于多孔膜层吸附有色染料的原理，往往用于装饰、日常用小型铝制品的着色处理。电解着色法基于的原理是阳极氧化后的铝合金置于无机盐电解液中进行电解，溶液中的金属离子渗到膜孔底部还原沉积而使膜层着色。自然着色法是指铝合金在特定电解条件下阳极氧化的同时进行着色的方法。粉末着色法则是铝合金经磷酸盐溶液化学氧化处理后，清洗干燥，通过压力喷枪将带负电荷的环氧树脂和聚醚树脂粉末均匀地喷涂在零件表面，这种方法已经广泛应用在建筑、运输、装饰等行业的铝材上。

（三）铸造铝合金

铸造铝合金是指可用金属铸造成型工艺直接获得零件的铝合金或铝合金铸件。除了形变强化，铸造铝合金具有与变形铝合金相同的强化机理，同样分为可热处理型和非热处理型两大类。与变形铝合金相比，铸造铝合金的力学性能不如变形铝合金，但其添加较多的合金元素，利用土加元素与 Al 的共晶反应改善合金的流动性，使得合金具有良好的铸造性能，降低热裂倾向性，减少了疏松，可以浇注成形状复杂的零件。铸造铝合金的生产工艺主要包括合金的精炼、变质处理、铸造成型、热处理和表面处理等。出于铸造铝合金中共晶硅易于呈粗大针状，如图 7-9（a）所示，会显著降低合金的强度和塑性，所以在铸造成型前向合金溶液中加入变质剂（含 Na 的盐），增加结晶核心、抑制晶粒长大，以达到改变共晶硅形貌（细小均匀的共晶体和一次 α 固溶体，如图 7-9（b）所示）和提高合金强度。

铸造铝合金的生产过程简易，并具有节约金属、降低成本、减少工时等优点，因此获得广泛的应用。铸造铝合金主要有 Al-Si、Al-Cu、Al-Mg 和 Al-Zn 合金系。常用铸造铝合金的牌号、化学成分、力学性能和用途见表 7-5。不同的合金元素、组织结构和状态对铝合金的铸造性能影响很大，下面对这 4 类铸造铝合金分别进行介绍。

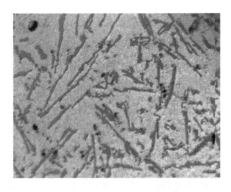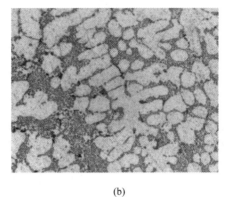

（a）　　　　　　　　　　　　　　　　　　（b）

图 7-9　Al-Si 铸造合金的变质前后的微观组织

（a）变质前；（b）变质后

表 7-5　常用铸造铝合金的牌号、化学成分、力学性能和用途

（GB/T 1173—2013）

类别	代号/牌号	化学成分 w/%				铸造方法[①]	合金状态[②]	力学性能			用途举例
		Si	Cu	Mg	其他			R_m/MPa	A/%	布氏硬度 HBW（5/250/30）	
铝硅合金	ZL102/ZAlSi12	10.0~13.0	—	—	—	③ J ③ J	F F T2 T2	≥145 ≥155 ≥135 ≥145	≥4 ≥2 ≥4 ≥3	≥50 ≥50 ≥50 ≥50	适于铸造形状复杂、低载荷的薄壁零件及耐腐蚀和气密性高、工作温度不超过200℃的零件，如船舶零件、仪表壳体、机器罩、盖子
	ZL104/ZAlSi9Mg	8.0~10.5	—	0.17~0.35	Mn 0.2~0.5	S/J/R/K J ④ J/JB	F T1 T6 T6	≥145 ≥195 ≥225 ≥235	≥2 ≥1.5 ≥2 ≥2	≥50 ≥65 ≥70 ≥70	适于铸造形状复杂、薄壁、耐蚀及承受较高静载荷和冲击载荷、工作温度小于200℃的零件，如水冷式发动机的曲轴箱、滑块和气缸盖、气缸体
	ZL105/ZAlSi5Cu1Mg	4.5~5.5	1.0~1.5	0.4~0.6	—	S/J/R/K S/R/K J S/R/K S/J/R/K	T1 T5 T5 T6 T7	≥155 ≥195 ≥235 ≥225 ≥175	≥0.5 ≥1 ≥0.5 ≥0.5 ≥1	≥65 ≥70 ≥70 ≥70 ≥65	适于铸造形状复杂、承受较高静载荷及要求焊接性好、气密性高或工作温度在225℃以下的零件，如水冷发动机的汽缸体、气缸头、汽缸盖、空冷发动机和发动机曲轴箱等。在航空工业中应用相当广泛

续表 7-5

类别	代号/牌号	化学成分 w/%				铸造方法[①]	合金状态[②]	力学性能			用途举例
		Si	Cu	Mg	其他			R_m/MPa	A/%	布氏硬度 HBW (5/250/30)	
铝硅合金	ZL107/ZAlSi7Cu4	6.5~7.5	3.5~4.5	—	—	SB	F	≥165	≥2	≥65	用于铸造形状复杂、壁厚不均、承受较高负荷的零件,如机架、柴油发动机的附件、汽化器零件及电气设备的外壳等
						SB	T6	≥245	≥2	≥90	
						J	F	≥195	≥2	≥70	
						J	T6	≥275	≥2.5	≥100	
	ZL109/ZAlSi12Cu1Mg1Ni1	11~13	0.5~1.5	0.8~1.3	Ni 0.8~1.5	J	T1	≥195	≥0.5	≥90	主要用于铸造汽车、拖拉机的发动机活塞和其他在250℃以下高温中工作的零件,当要求热胀系数小、强度高、耐磨性高时,也可采用这种合金
						J	T6	≥245	—	≥100	
	ZL115/ZAlSi5Zn1Mg	4.8~6.2	—	0.4~0.65	Zn 1.2~1.8 Sb 0.1~0.25	S	T4	≥225	≥4	≥70	主要用于铸造形状复杂、高强度铝合金铸件及耐腐蚀性的零件,这种合金的熔炼中不需再经变质处理
						J	T4	≥275	≥6	≥80	
						S	T5	≥275	≥3.5	≥90	
						J	T5	≥315	≥5	≥100	
铝铜合金	ZL201/ZAlCu5Mn	—	4.5~5.3	—	Mn0.6~1 Ti0.15~0.35	S/J/R/K	T4	≥295	≥8	≥70	适于铸造工作温度为175~300℃或室温承受高负荷、形状不太复杂的零件,也可用于低温下(-70℃)承受负荷的零件,如支架等,是用途较广的一种铝合金
						S/J/R/K	T5	≥335	≥4	≥90	
						S	T7	≥315	≥2	≥80	
	ZL203/ZAlCu4	—	4~5	—	—	S/R/K	T4	≥195	≥6	≥60	适用于需要切削加工、形状简单、中等负荷或冲击负荷、工作温度不超过200℃的零件,如支架、曲轴箱、飞轮盖等
						J	T5	≥205	≥6	≥60	
						S/R/K	T4	≥215	≥3	≥70	
						J	T5	≥225	≥3	≥70	
	ZL204A/ZAlCu5MnCdA	—	4.6~5.3	—	Mn0.6~0.9 Ti0.15~0.35	S	T5	≥440	≥4	≥100	作为受力结构件,广泛应用于航空、航大工业中

续表 7-5

类别	代号/牌号	化学成分 w/%				铸造方法[①]	合金状态[②]	力学性能			用途举例
		Si	Cu	Mg	其他			R_m /MPa	A /%	布氏硬度 HBW（5/250/30）	
铝镁合金	ZL301/ ZAlMg10	—	—	9.5~ 11	—	S/J/R	T4	≥280	≥10	≥60	不超过 200℃ 的形状简单铸件，如雷达座、起落架等
	ZL303/ ZAlMg5Si1	0.8~ 1.3	—	4.5~ 5.5	Mn0.1~ 0.4	S/J/R/K	F	≥145	≥1	≥55	不超过 220℃ 的承受中等载荷的船舶、航空及内燃机零件
	ZL305/ ZAlMg8Zn1	—	—	7.5~ 9.0	Zn1~ 1.5 Ti 0.1~ 0.2 Be 0.03~ 0.1	S	T4	≥290	≥8	≥90	适用于工作温度低于 100℃ 的工作环境，其他用途与 ZL301 相似
铝锌合金	ZL401/ ZAlZn11Si7	6.0~ 8.0	—	0.1~ 0.3	Zn 9.0~ 13	S/J/R/K	T1 T1	≥195 ≥245	≥2 ≥1.5	≥80 ≥90	不超过 200℃ 的汽车零件、医疗器械、仪器零件等
	ZL402/ ZAlZn6Mg	—	—	0.5~ 0.65	Cr0.4~ 0.6 Zn5.0~ 6.5 Ti0.15~ 0.25	J S	T1 T1	≥235 ≥215	≥4 ≥4	≥70 ≥65	承受高载且不便热处理件及耐蚀、高尺寸稳定件，如高速整铸叶轮、空压机活塞、仪表零件等

① 合金铸造方法、变质处理代号：J—金属模；S—砂模；R—熔模铸造；K—壳型铸造；B—变质处理。

② 合金状态代号：F—铸态；T1—人工时效；T2—退火；T4—固溶处理+自然时效；T5—固溶处理+不完全人工时效；T6—固溶处理+完全人工时效；T7—固溶处理+稳定化处理。

③ SB/JB/RB/KB。

④ SB/RB/KB。

1. Al-Si 系铸造铝合金

Al-Si 系铸造铝合金又称硅铝明，其合金元素主要包括 Si、Mg 和 Cu 等，其中 Si 是主加入元素，Mg 和 Cu 则是比较重要的强化合金元素。不同的 Si 含量对合金力学性能有巨大影响。如图 7-10 所示，随着硅含量增加，Al-Si 系铸造合金硬度和强度逐渐增加，而塑性则是先降低后上升，当 Si 含量在 12%~13% 时，其强度最大，此时塑性也较好。因此，常用铸造铝合金，如 ZL102，其 Si 含量约为 12%，此

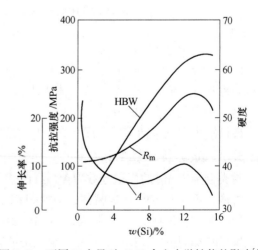

图 7-10　不同 Si 含量对 Al-Si 合金力学性能的影响[4]

时其组织全部为共晶体（主要为细小均匀的共晶体和一次 α 固溶体组织，如图 7-9（b）所示）。经变质处理和热处理后的 Al-Si 系铸造铝合金，其铸造性能好，具有优良的耐腐蚀性、耐热性和焊接性。Al-Si 系铸造合金常用的代号有 ZL104、ZL105 和 ZL109 等，是铸造铝合金中应用最广泛的一类合金，主要用于中低强度、形状复杂的铸件，如汽缸体和发动机活塞等。图 7-11（a）是采用 ZL109 制造的汽车活塞。

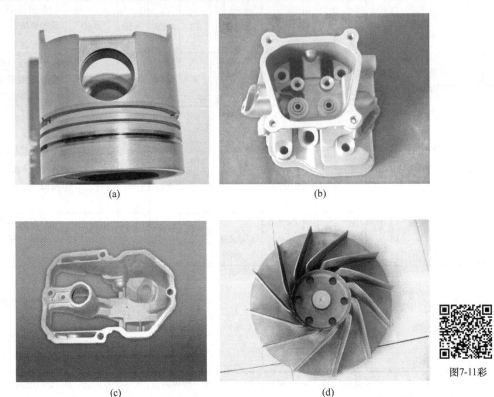

(a)　　　　　　　　　　　　　　(b)

(c)　　　　　　　　　　　　　　(d)

图7-11彩

图 7-11　采用不同铸造铝合金制造的零部件
（a）ZL109 制造的汽车活塞；（b）ZL201 制造的内燃机缸头；
（c）ZL303 制造的船用气门室体；（d）ZL401 制造的风机叶轮

2. Al-Cu 系铸造铝合金

此类合金 Cu 的质量分数为 3%～11%，其耐热性能好、强度较高，且切削加工性和焊接性能也较好；但由于合金中共晶体组织含量少，其铸造性能差，且耐腐蚀性低于 Al-Si 系合金。常用代号有 ZL201、ZL203 等，一般用于制造在较高温度下工作的高强度零件，如内燃机缸头和汽车活塞等。图 7-11（b）是采用 ZL201 制造的内燃机缸头。

3. Al-Mg 系铸造铝合金

这类合金中 Mg 的质量分数为 4%～11%。由于 Mg 在 Al 中固溶度高，可形成单一的 α 相固溶体，不易发生电化学腐蚀，即使组织中存在 Mg_2Al_3 时，其电极电位比 α-Al 更低，在腐蚀介质中，形成 α-Al 为阴极，Mg_2Al_3 为阳极的微电池，Mg_2Al_3 被腐蚀掉，逐渐在表面形成单一的 α 固溶体。因此，该系列合金是铸造铝合金中耐腐蚀性最高的一类合金，尤其是抗电化学腐蚀能力。同时，其强度高、密度小，但由于其共晶体组织含量较少，铸造性能不好，耐热性低。常用代号还有 ZL303 和 ZL305 等，主要用于形状简单、高强度、在腐蚀性介质下工作的零件，如船用零件等。图 7-11（c）是采用 ZL303 制造的船舶用的气门室体。

4. Al-Zn 系铸造铝合金

Al-Zn 系铸造铝合金中 Zn 含量一般为 5%～13%。由于 Zn 在 Al 中的溶解度大，这类合金属于固溶体型合金，共晶组织较少，其铸造性能较差。当 Zn 含量大于 10% 时，能显著提高合金的强度，通过自然时效就能得到较高的强度。同时，由于 Zn 与 α 相固溶体的电位差较大（0.09V），此类合金的耐腐蚀性较差。常用代号为 ZL401、ZL402 等，主要用于制造形状复杂、高载的汽车零部件等。图 7-11（d）是采用 ZL401 制造的风机叶轮。

第二节　铜及其合金

一、铜

铜（Copper，Cu）是人类最早认识和使用的金属之一，纯铜为紫红色，因此也称为**紫铜**或红铜。铜的密度为 8.92g/cm³，熔点为 1083.4℃；具有面心立方结构，无同素异构转变，无磁性；具有优良的导电性（电导率：$5.9 \times 10^7 S/m$）和导热性（导热系数：398W/(m·K)），其导电和导热性仅次于银，但价格比银便宜许多，因此铜广泛用于导电体和导热体。纯铜在大气、淡水和冷凝水中具有良好的耐腐蚀性。其强度不高，硬度较低，但塑性好，易于热压和冷压加工，可制成管、棒、线、板、箔等各种型材，且具有良好的铸造和焊接性能。**工业纯铜**含铜量一般不少于 99.3%，根据其制备方法可分为普通纯铜、韧铜、脱氧铜、无氧铜等。工业纯铜主要用在化工、船舶和机械领域，制作导电、导热材料及耐蚀器件等。图 7-12 所示是采用纯铜制造的导线和散热器。

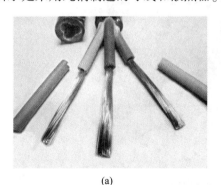

(a)　　　　　　　　　　　　　　　　(b)

图 7-12　纯铜的应用

(a) 铜导线；(b) 纯铜散热器

铜能够以游离态存在于自然界中，它们往往藏在地表岩石的缝隙中，只要加热岩石然后迅速用水冷却使其裂开，就可以获得纯铜。但是，这些铜矿大多数被开采完毕，因此，人类便开始采用冶炼方法获取纯铜。从最初的水炼法到近代的火炼法，铜冶炼技术的发展经历了一个漫长的过程。水炼法的原理是采用铁置换获得纯铜，基本反应式为 $Fe+Cu^{2+} \rightarrow Fe^{2+}+Cu$。火炼法的原理是采用氧和碳还原获得纯铜，其基本反应式为 $2CuS+3O_2 \rightarrow 2CuO+$

$2SO_2$ 和 $2CuO+C \rightarrow Cu+CO_2$。但至今为止，铜冶炼仍以火法冶炼为主，其产量占世界铜总产量的85%以上。随着科学技术的发展，特别是电气工业的发展，对铜的纯度要求越来越高，铜的冶炼也越来越复杂，为了获得高纯度的铜，还必须经过电解精炼。

二、铜合金的合金化原理及分类、制备工艺

向纯铜中加入不同的合金元素制成**铜合金**，既能提高强度，又能保持纯铜的诸多优良特性。因此，铜合金在国民经济中的各个领域得到了广泛的应用，诸如电气电子、交通运输、建筑、石化和海洋工业。图7-13所示就是铜合金应用的两个典型例子，一个为铜合金制造的阀门，另一个则是铜合金制造的铜辊。铜合金中常添加的合金元素有锌、锡、铝、锰、镍、铁、铍、钛、锆、铬等，不同的合金元素的强化机理不同。铜合金的强化机制主要有固溶强化、析出（时效）强化、弥散强化、细晶强化和形变强化等，其基本原理与前面铝合金的相同，这里不再赘述。能与Cu形成固溶体的合金元素，诸如Zn、Sn、Ni、Al和Mn等，都能通过固溶强化方式提高铜合金的强度。通过固溶强化方式获得的单相铜合金，其加工成型性也很好，所以还可通过冷轧和冷拔等冷加工方式，使得其强度达到更大。然而，利用时效强化能有效提高强度的铜合金较少，这与铝合金有所不同，时效强化需要合金元素在Cu中的溶解度随温度降低而急剧减少，在Cu中有此特点的元素主要有Be、Cr和Zr等。铜合金时效处理的方法与铝合金时效处理类似，在高温快速淬火，获得亚稳的过饱和单相固溶体，接着在低温进行时效处理，利用固溶度的变化，在固溶体基体中获得弥散分布的第二相。铜合金还可以通过添加一些微量元素，诸如Co、La等，在熔炼过程中可以反应形成金属间化合物弥散颗粒，既可以达到细化晶粒的目的，又可以起到弥散分布的作用，从而实现强化的目的。

(a)   (b)

图7-13 铜合金的应用例子
(a) 阀门；(b) 轧辊

铜合金的种类繁多，其分类方法也很多，主要的分类方法有3种：（1）根据主要添加合金元素Sn、Zn和Ni等，可分为**青铜**、**黄铜**和**白铜**等；（2）按其成型方式分为**铸造铜合金**和**加工铜合金**；（3）按其功能可分为**导电导热铜合金**、**结构用铜合金**、**耐腐蚀铜合金**、**耐磨铜合金**、**形状记忆铜合金**和**艺术用铜合金**等。

铜合金是既适合于铸造也适合于塑性加工的有色金属，因此，铜合金的生产工艺主要分为两大类：铸造生产和变形生产。

三、常用的铜合金及其组织和性能

（一）常用铜及铜合金的牌号

根据国家标准（GB/T 29091—2012），铜及铜合金牌号的表示方法为代号+数字，详见表7-6。另外，不同的国家对于铜及铜合金牌号命名的规则也是不一样的，这里主要介绍两类常用表示法。第一类为直观式，以国际标准（ISO）和德国国家标准（DIN）为代表，ISO 命名规则为：纯铜以 Cu-铜类型的大写字母表示，如 Cu-FRHC 表示火法精炼韧铜；铜合金以 Cu+添加元素符号及其含量（含量小于1%时，不标注）表示，如 CuZn7Pb1 和 CuCr1Zr。第二类为数字代号式，以美国 ASTM 和日本 JIS 标准为代表，其中 JIS 命名规则为 C+××××（4位数字），其中第一位数字为合金系列，用 1~9 表示，各数字的含义如下：1—纯铜和高铜系合金；2—铜锌系合金；3—铜锌铅系合金；4—铜锌锡系合金；5—铜锡系、铜锡铅系合金；6—铜铝系、铜硅系、特殊铜锌系合金；7—铜镍系、铜镍锌系合金；8、9—尚未使用。后三位数字为顺序号。对于其他国家牌号的具体命名规则可参考相关文献[10]。表7-7 列出一系列我国常用加工铜及铜合金的牌号以及国外的类似牌号。

表 7-6 中国的铜及铜合金牌号命名标准

分 类	牌 号 组 成	示 例
纯铜	T+顺序号①	T1、T3
纯铜（添加其他元素）	T+添加元素化学符号+循序号或添加元素含量	TP2、TAg0.1
无氧铜	TU+顺序号	TU1、TU2
普通黄铜（二元）	H+铜含量	H90、H65
复杂黄铜（三元）	H+第二主添加元素化学符号+除 Zn 以外的元素含量（数字间"–"隔开）	HPb89-2、HFe58-1-1
青铜	Q+第一主添加元素化学符号+除 Cu 以外的元素含量（数字间"–"隔开）	QAl5、QSn6.5-0.1、QAl10-4-4
普通白铜（二元）	B+镍（钴）含量	B5、B30
复杂白铜（三元）	B+第二主添加元素化学符号+除 Cu 以外的元素含量（数字间"–"隔开）	BZn15-20、BAl-6-1

① 铜含量随顺序号的增加而降低。

表 7-7 各国铜及铜合金牌号和代号对照表

类 别		牌 号					
		GB	JIS	ASTM	ISO	DIN	ГОСТ
工业纯铜	纯铜	T2	C1100	C11000	Cu-FEHC	E-Cu58	M1
	无氧铜	TU0	C1011	C10100	—		M00b
		TU2	C1020	C10200	Cu-OF	OF-Cu	M1b
	磷脱氧铜	TP2	C1220	C12200	Cu-DLP	SW-Cu	M1p
	银铜	TAg0.1	—	—	CuAg0.1	CuAg0.1	MC0.1

续表 7-7

类　别		牌　号					
		GB	JIS	ASTM	ISO	DIN	ГОСТ
铜合金	黄铜 普通黄铜	H90	C2200	C22000	CuZn10	CuZn10	Л90
		H63	C2700	C27000	CuZn37	CuZn37	Л63
	铅黄铜	HPb61-1	C3710	C37100	CuZn39Pb1	CuZn39Pb0.5	ЛС60-1
	铝黄铜	HAl77-2	C6870	C68700	CuZn20Al2	CuZn20Al2	ЛАМ$_Ц$77-2-0.05
	锡黄铜	HSn62-1	C4621	C46400	CuZn38Sn1	CuZn38Sn	ЛО62-1
	青铜 锡青铜	QSn4-0.3	C5101	C51100	CuSn4	CuSn4	БрОФ4-0.25
		QSn4-4-4	C5441	C54400	CuSn4Pb4Zn4	—	БрОЦС4-4-4
	铝青铜	QAl10-5-5	C6301	C63280	CuAl10Ni5Fe5	CuAl10Ni5Fe5	БрАЖНМ$_Ц$9-4-4-1
	白铜 普通白铜	B25	—	C71300	CuNi25	CuNi25	МН25
	铁白铜	BFe10-1-1	C7060	C70600	CuNi10Fe1Mn	CuNi10Fe1Mn	МНЖМ$_Ц$10-1-1

铸造铜合金的牌号命名规则为 ZCu（铸铜）+主加入元素符号+主加入元素平均百分含量，如 ZCuZn40Mn2，表示含锌 40%，含锰 2%的铸造黄铜。

工业纯铜按其所含杂质和微量元素的不同，可分为 4 类：（1）纯铜，主要牌号有 T1、T2 和 T3 等，特点是氧含量较高，良好的导电、导热、耐腐蚀和加工性能。T1 和 T2 主要用作电线、电缆、化工用蒸发器及各种管道，T3 主要用作一般铜材，如电器开关、铆钉和油嘴等。（2）无氧铜，主要牌号有 TU1 和 TU2 等，它们的氧含量较低，导电、导热性极好，主要用作真空仪表器件。（3）磷脱氧铜，主要牌号有 TP1 和 TP2 等，也是氧含量较低，与无氧铜的区别是还掺了少量的脱氧剂元素磷。它们的焊接和冷弯性能较好，主要用作管材，如汽油或气体输入管道、冷凝管和热交换器等。（4）特种铜，主要有银铜、砷铜和碲铜等，特点是分别加入银、砷和碲等不同的微量元素，典型牌号有 TAg0.1，表示银含量为 0.1%的纯铜。铜中加入少量银，可以显著提高软化温度和蠕变强度，但其导电、导热和塑性几乎不变，主要用作耐热和导电器材，如电机整流子片等。

（二）黄铜

以锌为主添加合金元素的铜合金称之为黄铜。黄铜可分为普通黄铜和特殊黄铜。根据图 7-14 所示的 Cu-Zn 二元相图，Zn 在 Cu 中室温固溶度最大为 39%，低于该固溶度时，组织为单相 α 固溶体（称为 α 黄铜），铸造黄铜的典型显微组织为等轴 α 相晶粒，如图 7-15（a）所示。当含量为 39%~45%时，合金组织为 α+β 两相（β 相：CuZn，体心立方结构），此时称之为两相黄铜，典型铸态组织如图 7-15（b）所示，针状 α 相呈亮色，β 相呈黑色。当 Zn 含量为 46.5%~50%时，合金组织为单相 β 相，此时塑性非常低，只能做焊料使用，故标准中没有 β 单相黄铜的牌号。

α 黄铜的塑性好，可冷、热和深冲加工，其室温伸长率随含锌量的增加而增大，当锌含量达到 30%~32%时，室温伸长率达到最大值。在相同的冷加工速率下，α 黄铜的再结晶温度随含锌量的增加而降低，一般完全再结晶温度在 350~450℃。在生产过程中，常采用 500~700℃退火，可获得等轴 α 相晶粒，且可通过控制再结晶调控晶粒，晶粒越细，材料硬度越高。常用牌号有 H70 和 H80 等，H70 俗称弹壳黄铜或七三黄铜，适用于冷变形零件，如弹壳和冷凝管等。典型 α 黄铜的牌号、化学成分、力学性能及用途见表7-8。

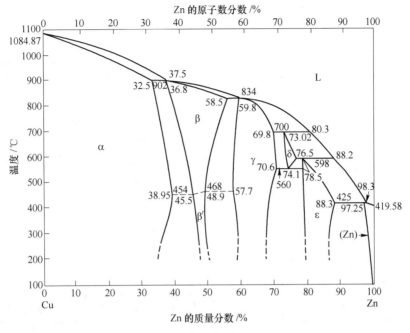

图 7-14　Cu-Zn 二元相图

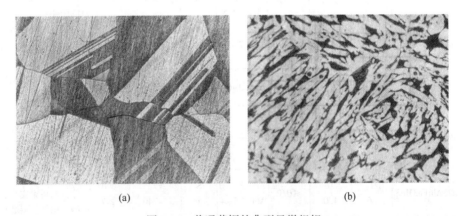

(a)　　　　　　　　　　　　(b)

图 7-15　普通黄铜的典型显微组织

（a）单相 α 黄铜；（b）两相黄铜

表 7-8　常用黄铜的牌号、化学成分、力学性能和用途

（GB/T 5231—2012，GB/T 1176—2013，GB/T 2040—2008）

类别	牌 号	化学成分 w/%				合金状态[①]	力学性能		用途举例
		Cu	Fe	Pb	其他		R_m/MPa	A/%	
加工普通黄铜	H95	94.0~96.0	≤0.05	≤0.05	—	M	≥215	≥30	一般用途的导管、冷凝管、散热管及导电片等
						Y	≥320	≥3	
	H80	78.5~81.5	≤0.05	≤0.05	—	M	≥265	≥50	薄壁管、造纸网及房屋建筑用品等
						Y	≥390	≥3	

续表 7-8

类别	牌号	化学成分 $w/\%$				合金状态[①]	力学性能		用途举例
		Cu	Fe	Pb	其他		R_m/MPa	$A/\%$	
加工普通黄铜	H70	68.5~71.5	≤0.1	≤0.03	—	M Y₂	≥290 355~440	≥40 ≥25	热交换器、造纸用管，机械、电子用零件
	H68	67.0~70.0	≤0.1	≤0.03	—	M T	410~540 520~620	≥10 ≥3	复杂的冷冲件和深冲件，如波纹管、弹壳
	H62	60.5~63.5	≤0.15	≤0.08	—	M Y	≥290 410~630	≥35 ≥10	各种受拉受弯件，如销钉、螺帽、散热器、气压表弹簧
	H59	57~60	≤0.30	≤0.50	—	M Y	≥290 ≥410	≥10 ≥5	用于一般机制零件、焊接件及热加工件
加工特殊黄铜	HPb59-1	57~60	≤0.50	0.8~1.9	—	M Y	≥340 ≥440	≥25 ≥5	适用于切削加工及冲压加工的零件，如垫片、衬套等
	HMn57-3-1	55~58.5	≤1.0	≤0.2	Al 0.5~1.5 Mn 2.5~3.5	R	≥440	≥10	耐蚀的结构零件
	HSn62-1	61~63	≤0.1	≤0.1	Sn 0.7~1.1	M Y	≥295 ≥390	≥35 ≥5	与海水接触的船舶零件或其他零件
	HAl66-6-3-2	64~68	2.0~4.0	≤0.5	Al 6.0~7.0 Mn 1.5~2.5	R	≥685	≥3	大型蜗杆及重载工作条件下的螺母，可代替 QA10-4-4
	HAl60-1-1	58~61	0.7~1.5	≤0.4	Al 0.7~1.5	R	≥440	≥15	用作各种耐腐蚀结构零件，如齿轮、轴、料套等
	HNi6-5	64~67	≤0.15	≤0.03	Ni 5.0~6.5	R	≥290	≥35	压力表管、造纸网、船用冷暖管
铸造黄铜	ZCuZn38	60~63	≤0.8	—	—	S J	≥295 ≥295	≥30 ≥30	一般结构件及耐腐蚀件，如法兰、阀座、螺杆、螺母、支杆、手柄等
	ZCuZn25Al6Fe3Mn3	60~66	2.0~4.0	≤0.2	Al 4.5~7.0 Mn 1.5~4	S J	≥725 ≥740	≥10 ≥7	适用于高强耐磨零件，如桥梁支撑板、螺母、螺杆、耐磨板等
	ZCuZn38Mn2Pb2	57~60	≤0.8	1.5~2.5	Mn 1.5~2.5	S J	≥245 ≥345	≥10 ≥18	一般用途结构件，船舶、仪表上外形简单的铸件，如套筒、衬套
	ZCuZn40Mn3Fe1	53~58	0.5~1.5	≤0.5	Mn 3~4	S J	≥440 ≥490	≥18 ≥15	耐海水腐蚀的零件，以及 300℃ 以下工作的管配件，船舶螺旋桨等
	ZCuZn16Si4	79~81	≤0.6	≤0.5	Si 2.5~4.5	S J	≥345 ≥390	≥15 ≥20	接触海水工作的管配件，水泵、叶轮和在空气、海水、油、燃料及低于 4.5MPa、250℃蒸汽中工作的铸件

① 合金状态代号：M—退火；Y—冷作硬化；Y₂—1/2 硬；T—特硬；R—热加工。铸造方法代号：S—砂型；J—金属型。

两相黄铜在室温下含有硬脆 β 相，故强度高、塑性低，因此两相黄铜只适用于热加工。其 α 相在约 300℃ 就开始再结晶，而 β 相则需要在更高温度下（约 500℃）才开始再结晶。两相黄铜的退火温度与单相基本相同，但由于两相黄铜塑性低，必须快速冷却以保证得到细小晶粒，从而保证其强度的同时，还具备良好的塑性和疲劳极限。典型牌号有 H59 和 H62 等，主要用作受力件，如弹簧和垫圈等。

普通黄铜的耐腐蚀性与纯铜接近，为了进一步提高黄铜的耐腐蚀性，一般在对冷变形后的工件进行 270~350℃ 的退火处理，以消除内应力，防止应力腐蚀的发生。

为了改善普通黄铜的耐腐蚀性、强度、硬度和加工性能，在黄铜的基础上加入 Al、Fe、Si、Pb、Mn、Sn 和 Ni 等得到特殊黄铜，特殊黄铜的牌号有 HPb59-1、HSi80-3 和 HSn62-1 等。特殊黄铜的组织与普通黄铜类似，主要由 α+β 相组成。加入不同的合金元素，可改变黄铜中 α 相和 β 相的相对含量。可用"锌当量"表示添加元素相当于添加 Zn 的效果，例如，加入 1%Si 后，可极大地减少 α 相，增加 β 相，相当于添加 10% 的 Zn，所以 Si 的"锌当量"为 10；但是加入 Ni 后，却可使 α 相增加。但"锌当量"相当，多元固溶体与简单固溶体的性质并不相同。普通黄铜中的 α 和 β 相是简单的固溶体，其强化效果较低。而特殊黄铜中的 α 和 β 相是多元复杂固溶体，其强化效果较大。因此，少量多元强化是提高铜合金性能的一种有效途径。

另外，一些合金元素的加入有特别用途。如 Al 能在铜合金表面形成坚固的氧化膜，且 Al 的"锌当量"较大，形成 β 相的趋势大，从而提高黄铜的强度、硬度和耐腐蚀性，但塑性变低，这类合金适合用作海轮冷凝管及其他耐腐蚀零件。又如，Pb 不溶于黄铜中，呈游离态分布在晶界上，因此，添加 Pb 可以改善黄铜的切削加工性能。但游离态分布在晶界的 Pb 熔点低（327.5℃），使得 α 铅黄铜的高温塑性很低，只能进行冷变形或热挤压。而（α+β）铅黄铜中硬而脆的 β′相在高温下转变成塑性更好的 β 相，从而具有较好的高温塑性，可进行锻造。铅的一般含量不超过 3%，主要用作钟表零件。另外，Sn 能够溶入铜基固溶体中，起到固溶强化作用，可以抑制黄铜的脱锌腐蚀，提高耐腐蚀性以及耐热性能，故锡黄铜在海水和淡水中都具有良好耐腐蚀性，一般用作船舶热工设备和螺旋桨等，也被称为"海军黄铜"。Sn 含量增加时会出现 γ 相（$Cu_{31}Sn_8$ 化合物为基的固溶体，复杂立方结构），不利于塑性变形，因此 Sn 含量一般低于 1.5%；Si 可以改善普通黄铜的铸造性能和耐腐蚀性，同时还能提高其力学性能。表 7-8 总结了常用特殊黄铜的牌号、成分、性能和具体应用场合等。

（三）青铜

青铜是最常用的有色金属之一，也是历史上使用最早的一种有色金属，是以 Sn、Al、Si、Pb、Mn、Cr 和 Be 等为主加入合金元素的一类铜合金。按其主加入元素又可分为锡青铜、铝青铜、铅青铜和硅青铜等。表 7-9 和表 7-10 列出常用的加工青铜和铸造青铜的牌号、化学成分、力学性能和常见用途。

（1）锡青铜。锡青铜是以 Sn 为主加元素的铜合金。由图 7-16 所示 Cu-Sn 二元合金相图可知，其有两个包晶反应和三个共析反应。β 和 γ 相为高温相，随温度降低而分解，一般退火后不会出现。γ 相在 520℃ 时发生共析分解得到（α+δ）共析产物；δ 相在 350℃ 又分解成 α+ε 相，然而硬而脆 δ 相（$Cu_{41}Sn_{11}$ 化合物为基的固溶体，面心立方结构）的分解

表 7-9 常用加工青铜的牌号、化学成分、力学性能和用途
（GB/T 5231—2012）

类别	牌号	化学成分 w/%			合金状态代号[①]	力学性能		用途举例
		Sn	Al	其他		R_m /MPa	A /%	
锡青铜	QSn4-3	3.5~4.5	—	P ≤0.03 Zn 2.7~3.3	M Y T	≥290 540~690	≥40 ≥3 ≥2	化工设备的耐腐蚀件、耐磨件、弹簧及各种弹性元件、抗磁零件
	QSn4-4-4	3.0~5.0	≤0.002	Zn 3.0~5.0 Pb 3.5~4.5	M Y_3 Y_2 Y	≥290 390~490 420~510 ≥490	≥35 ≥10 ≥9 ≥5	主要用于制造摩擦条件下工作的轴承、轴套、衬套及圆盘等，热强性很好
	QSn6.5-0.1	6.0~7.0	≤0.002	P 0.1~0.25	M Y	≥315 590~690	≥40 ≥8	制作精密仪器中的耐磨件和抗磁件、弹簧机需要导电性良好的弹性接触片
	QSn6.5-0.4	6.0~7.0	≤0.002	P 0.26~0.4	M Y T	≥295 540~690 ≥665	≥40 ≥8 ≥2	除用作弹簧及耐磨件外，主要用于制作造纸工业用的耐磨铜网
	QSn7-0.2	6.0~8.0	≤0.001	P 0.1~0.25	M Y T	≥295 540~690 ≥665	≥40 ≥8 ≥2	制作中载中速承受摩擦的零件，如轴承、轴套、涡轮、抗磨垫圈及簧片
铝青铜	QAl5	≤0.1	4.0~6.0	—	M Y	≥275 ≥585	≥33 ≥2.5	制作弹簧机其他耐腐蚀元件，如涡轮等
	QAl9-2	≤0.1	8.0~10.0		M Y	≥440 ≥585	≥18 ≥5	高强度耐腐蚀零件，以及250℃下蒸汽中工作的管件及零件
	QAl10-3-1.5	≤0.1	8.5~10.0	Mn 1~2 Fe 2~4	R	≥540	≥13	制作高温条件下的耐磨件和标准件，如齿轮，轴承、飞轮等
	QAl10-4-4	≤0.1	9.5~11	Fe 3.5~5.5 Ni 3.5~5.5	R	≥635	≥5	高温高强耐磨件，如轴衬、轴套、法兰盘、齿轮及其他重要耐磨件
铍青铜	QBe2	—	≤0.15	Be 1.8~2.1 Ni 0.2~0.5	M R D Y_2 Y	≥400 ≥400 500~600 500~600 590~830	≥30 ≥20 ≥8 ≥8 ≥2	制作各种精密弹性元件、耐磨件及苛刻条件下工作的轴套、衬套
	QBe1.7	—	≤0.15	Be 1.6~1.85 Ti 0.1~0.25				用于航空、航天、电子等工业
	QBe1.9-0.1	—	≤0.15	Be 1.85~2.1 Ti 0.1~0.25 Mg 0.07~0.13				用于航空、航天、电子等工业
硅青铜	QSi3-1	≤0.25	—	Si 2.7~3.5 Mn 1.0~1.5	M Y	≥370 635~785	≥45 ≥5	用于制造腐蚀介质中工作的弹性元件，以及涡轮、蜗杆、轴套和焊接构件

① 合金状态代号：M—退火；Y—冷作硬化；Y_2—1/2 硬；Y_3—1/3 硬；T—特硬；R—热加工；D—锻造。

表 7-10　常用铸造青铜的牌号、化学成分、力学性能和用途

（GB/T 1176—2013）

牌　号	化学成分 w/%			铸造方法代号①	力学性能			用途举例
	Sn	Al	其他		R_m/MPa	A/%	HBW	
ZCuSn3Zn11Pb4	2.0～4.0	—	Zn9.0～13.0 Pb3.0～6.0	S J	≥175 ≥215	≥8 ≥10	≥590 ≥590	海水、淡水、蒸汽中、压力不大于 2.5MPa 的管配件
ZCuSn10Zn2	9.0～11.0	—	Zn1.0～3.0	S J	≥240 ≥245	≥12 ≥6	≥685 ≥785	在中等及较高负荷和小滑动速度下工作的重要管配件，以及阀、泵体、齿轮、叶轮等
ZCuPb17Sn4Zn4	3.5～5.0	—	Zn2.0～6.0 Pb4.0～20.0	S J	≥150 ≥175	≥5 ≥7	≥540 ≥590	一般耐磨件、高滑动速度的轴承等
ZCuAl8Mn13Fe3	—	7.0～9.0	Fe2.0～4.0 Mn12.0～14.5	S J	≥600 ≥650	≥15 ≥10	≥1570 ≥1665	重型机械用轴套，以及要求强度高、耐磨、耐压零件，如衬套、法兰等
ZCuAl8Mn13Fe3Ni2	—	7.0～8.5	Ni1.8～2.5 Fe2.5～4.0 Mn11.5～14.0	S J	≥645 ≥670	≥20 ≥18	≥1570 ≥1665	要求高强度、耐腐蚀的重要铸件，如船舶螺旋桨、高压阀体、泵体，以及耐压、耐磨零件，如涡轮、齿轮、法兰、衬套等
ZCuAl9Mn2	—	8.0～10.0	Mn1.5～2.5	S J	≥390 ≥440	≥20 ≥20	≥835 ≥930	耐磨、耐蚀件，形状简单的大型铸件，如衬套等，250℃ 以下的管配件及要求气密性好的铸件
ZCuAl9Fe4Ni4Mn2	—	8.5～10.0	Ni4.0～5.0 Fe4.0～5.0 Mn0.8～2.5	S	≥630	≥16	≥1570	是制造船舶螺旋桨的主要材料之一，也可用作耐磨、400℃ 以下工作的零件，如轴承、法兰、齿轮等
ZCuAl10Fe3Mn2	—	9.0～11.0	Fe2.0～4.0 Mn1.0～2.0	S J	≥490 ≥540	≥15 ≥20	≥1080 ≥1175	要求强度高、耐磨、耐蚀的零件，如齿轮、轴承、衬套、管嘴，以及耐热管配件等

① 铸造方法代号：S—砂型；J—金属型。

速度非常慢，即使在很高的 Sn 含量时也不会观察到 ε 相。因此，低锡合金锡青铜的实际组织为 α 相固溶体，而高锡合金则为 α 相和（α+δ）共析物组成。

由相图可见，锡青铜凝固温度范围大，因此，铸造流动性差，铸造时易形成分散气

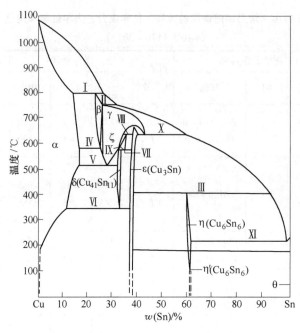

图 7-16　Cu-Sn 的二元相图

孔，铸件致密性较差，不适合铸造气密性要求
高的零件。然而，锡青铜凝固过程体积收缩率
很小，热裂倾向小，适于一些尺寸精度高、形
状复杂的应用场合。此外，锡青铜凝固后枝晶
偏析严重。图 7-17 为铸造锡青铜的组织，图中
枝晶间富铜相呈黑色，基体富锡呈亮色。当 Sn
含量小于 10%时，锡青铜的塑性较好。当 Sn 为
5%时其塑性达到最高，适合冷加工成型；含 Sn
较高（5%~7%）时，一般采用热加工成型。当
含 Sn 超过 10%时，其强度明显增加，不适宜塑
性加工成型。锡青铜在塑性加工前一般都要进
行均匀化退火，以消除偏析现象。锡青铜无磁

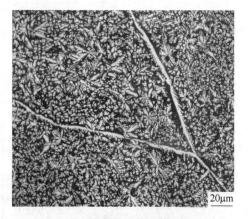

图 7-17　铸造锡青铜的微观组织

性且具有很好的低温性能、耐磨和焊接性能。而且，它在大气、海水以及稀硫酸中具有很
高的化学稳定性，尤其在海水中的耐腐蚀性比紫铜和黄铜还要高，但是在氨溶液、碱溶液
和强硫酸中腐蚀较快。锡青铜常用牌号有 QSn6.5-0.1、QSn7-0.2 和 ZCuSn10Zn2 等，主要
用作耐磨、中等载荷下的零部件，如轴承、弹簧、齿轮和垫圈等，以及形状复杂的青
铜像。

（2）铝青铜。铝青铜是以铝为主加元素的铜合金。一般 Al 的含量为 5%~11%之间。
其液固线温度间隔仅为 10~80℃，流动性较好、偏析倾向小，因此铸造性能好，但易生成
集中缩孔，易形成粗大柱状晶，使压力加工变得困难。为了防止晶粒粗大，可添加复合变
质剂（如 Ti、V 和 B 等）细化晶粒。含 Al 小于 7%的合金在固相均为单相 α 固溶体组织。

然而，高于 7% 的合金的高温组织为 α 和 β 相，缓慢冷却时 β 相在 565℃ 发生共析转变，生成与钢中的珠光体相似的具有明显的片层状特征的（α+γ₂）共析体组织，由于 γ₂ 是硬脆相（Al_4Cu_9 化合物为基的固溶体，复杂立方结构），硬度高达 HV520，它的出现使得硬度和强度升高，塑性下降。一般而言，铝青铜的强度和塑性随铝含量的增加而升高，塑性在铝含量 4% 时达到最大值，其后下降，而强度在 10% 左右达到最大值。铝青铜具有良好的力学性能和低温性能，高的耐腐蚀性和耐磨性。一般 α 单相合金塑性好，能进行冷热加工，但是，铝青铜的焊接性能较差。铝青铜在机械制备工业中应用较为广泛，常用牌号有 QAl5、QAl9-4 和 QAl10-4-4 等，用于制造齿轮、轴承、螺帽等重要用途的零件。

（3）铍青铜。铍青铜是以铍为主加元素的铜合金，铍的含量一般为 1.5% ~ 2.5%。Be 固溶在 Cu 中形成 Cu-Be 固溶体（α 相），且 Be 在 α 相中固溶度随着温度的下降而急剧减小，因此将铍青铜加热到稍低于固相线温度，保温一段时间，然后淬火至室温，形成过饱和 α 固溶体。淬火后的铍青铜塑性较好，容易进行冷加工成型，随后进行时效处理，获得较高的强度和硬度。但铍青铜存在过时效软化现象，含 Be 越高，其软化现象越严重，其强度和硬度下降明显，这主要是由于析出 γ″ 相。为了抑制铍青铜的过时效软化，通常还添加微量的 Co、Ni 和 Ti 等，Ni 可以稳定 α 相，阻止加热时的晶粒长大；Ti 可以抑制 α 相分解，并能细化晶粒和降低晶界上 Be 的含量，使得合金中 γ″ 相减少。铍青铜具有较高的强度和硬度，耐疲劳、耐磨、耐腐蚀、耐低温，无磁性，导电性和导热性优良，特别是其弹性性能极佳，弹性极限高且弹性滞后小、弹性稳定性好，是制造工业中具有良好综合性能的材料之一。常用的铍青铜的牌号有 QBe1.7、QBe1.9 和 QBe1.9-0.1 等，主要用于制作重要的弹性件和耐磨件等，如精密弹簧、精密轴承和航海罗盘等。然而，铍在熔炼、铸造、热处理、焊接、切削等高温加工处理时，会形成细微的氧化铍颗粒悬浮于空气中，若吸入过量，会导致"铍肺"职业病。为此，一方面要严防铍青铜生产过程的污染，另一方面开发替代合金。我国和日本近年来开发出钛青铜、铜镍锡等合金，这些合金除导电率略低外，强度和弹性都与铍青铜相接近。

（4）硅青铜。硅青铜是以硅为主加元素的铜合金。Si 在 Cu 中的最大溶解度达 5.3%，并随温度降低而下降，但时效硬化效应不强，所以一般不进行热处理强化。当 Si 含量超过 3.5%，就会有脆性相出现，使合金的伸长率和冲击韧性降低，在硅青铜中加入适量的 Mn 可改善力学性能、耐腐蚀性和工艺性能。常用的 QSi3-1 合金在高温时为单相固溶体组织，冷却到 450℃ 以下时，有少量的 Mn_2Si 或 MnSi 析出，但强化效果极弱。QSi3-1 硅青铜具有高的强度、弹性和耐磨性，塑性好，有较好的冷热塑性加工性能，在大气、淡水、海水和稀酸中的耐腐蚀性较好、无磁性、冲击不产生火花。硅青铜主要用作腐蚀介质中的各种零件，在机械、化工、石油等工业广泛应用，如受压容器、弹簧、涡轮、蜗杆、杆类零件等。

（四）白铜

以镍为主加合金元素的铜合金，呈银白色故称为**白铜**。白铜分为普通白铜和特殊白铜。特殊白铜是在普通白铜的基础上添加 Zn、Mn、Al、Fe 等元素形成的，分别称为锌白铜、锰白铜、铝白铜和铁白铜等。按成形方式白铜可分为加工白铜和铸造白铜。表 7-11 给出了常用白铜和特殊白铜的牌号、化学成分、力学性能和用途。

Cu 与 Ni 能无限互溶形成单一 α 固溶体，由于是单相组织，白铜具有优良的耐腐蚀性

表 7-11　常用加工白铜的牌号、化学成分、力学性能和用途

（GB/T 5231—2012，GB/T 2059—2017）

类别	牌号	化学成分 w/%			合金状态代号[①]	力学性能		用途举例
		Ni+Co	其他	Cu		R_m/MPa	A/%	
普通白铜	B5	4.4~5.0	—	余量	M	≥215	≥32	制造船舶用耐腐蚀零件
					Y	≥370	≥10	
	B19	18.0~20.0	—	余量	M	≥290	≥25	制造在腐蚀性环境中工作的精密仪表零件、金属网、化工机械零件
					Y	≥390	≥3	
铁白铜	BFe10-1-1	9.0~11.0	Fe 1.0~1.5 Mn 0.5~1.0	余量	M	≥275	≥28	用于船舶、电力等工业制造热交换器及冷凝器
					Y	≥370	≥3	
	BFe30-1-1	29.0~32.0	Fe 0.5~1.0 Mn 0.5~1.2	余量	M	≥370	≥23	造船业中在高温、高压、高速条件下工作的冷凝器和恒温器
					Y	≥540	≥3	
锰白铜	BMn3-12	2.0~3.5	Mn 11.5~13.5	余量	M	≥350	≥25	广泛用于制造工作温度在100℃以下的电阻仪器及精密电工测量仪器
	BMn40-1.5	39.0~41.0	Mn 1.0~2.0	余量	M	390~590	实测	制造工作温度在900℃以下的热电偶及500℃以下的加热器和变阻器
					Y	≥635	实测	
锌白铜	BZn15-20	13.5~16.5	余量	62~65	M	≥340	≥35	用于潮湿、腐蚀环境中工作的零件及仪表零件、医疗器具、电讯零件、艺术品、弹簧管等
					Y	540~690	≥1.5	

① 合金状态代号：M—退火；Y—冷作硬化。

和冷热加工性能。加镍还能显著提高铜的强度、耐腐性、硬度、电阻和热电性，并降低电阻率温度系数。因此，与其他铜合金相比，白铜的力学性能和物理性能都异常优良，延展性好、硬度高、耐腐蚀、富有深冲性能，并且还是重要的电阻和热电偶合金。白铜的缺点就是主添加元素 Ni 为稀缺战略物资，价格比较昂贵。常用白铜牌号如 B5 和 B19 等，广泛用于海轮、医疗器械、化工等领域用来制备蒸汽和海水环境下使用的零部件，如冷凝器和蒸馏器等。特殊白铜比普通白铜的耐腐蚀性、强度和塑性都有所提高。普通白铜中加入少量铁，成为铁白铜。铁能显著细化晶粒，提高强度和耐腐蚀性，尤其是提高抗海水冲击腐蚀性，同时具有优良的焊接性和压力加工性能。铁白铜中的 Fe 含量一般不超过 2%，否则会引起腐蚀开裂。常用牌号 BFe10-1-1，主要是造船、化工及石油部门等用于制造冷凝管、热交换器和各种耐腐蚀件等。锌白铜为白铜中添加一定量的 Zn，又称为"镍银"和"德国银"。Zn 能大量溶于 Cu-Ni 基体中，形成单相 α 固溶体，起到固溶强化作用，提高强度及抗大气腐蚀能力。锌白铜具有优良的综合力学性能、耐腐蚀性、冷热加工性，易切削，故主要用于制造仪器仪表、医疗器械、日用品和通信等领域的精密零件，其常用牌号为 BZn15-20。其他特殊白铜常用牌号有 BMn40-1.5（康铜）、BMn43-0.5（考铜）等，一般用于制造精密仪器仪表零部件、精密电阻、热电偶和热电偶补偿导线等。

四、新型铜合金及其性能

随着科学技术和现代工业的快速发展，近年来，一些新型铜合金相继涌现，诸如铜基形状记忆合金、钼铜合金和高强高导铜合金等。这里对它们做简要介绍。

（一）铜基形状记忆合金

形状记忆合金是一类在一定温度下因外力作用发生变形，当外力去除后，加热到一定温度（A_f，马氏体逆相变结束温度），又能恢复原来形状的合金。形状记忆源于合金在热（或应力）作用下合金内部热弹性马氏体形成、变化、消失的相变过程。如图 7-18 所示，将一定形状的记忆合金弹簧冷却到 M_f 点（马氏体相变结束温度）以下，此时高温稳定的母相完全转变成孪晶结构的马氏体（多个马氏体变体），对之进行一定限度的变形，卸去载荷，弹簧的变形被保留下来，此时多个马氏体变体变成单一马氏体。接着，将拉长的弹簧加热到 A_s 点（马氏体逆相变开始温度）以上，试样开始恢复变形前的形状，加热到 A_f 点以上，试样恢复变形前的形状，马氏体完全转变回原来的母相。

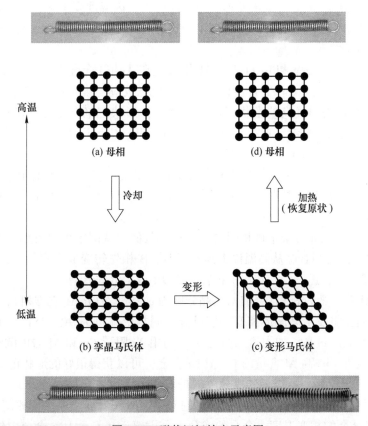

图 7-18　形状记忆效应示意图

（a）奥氏体状态，记忆合金弹簧原始形状；（b）孪晶马氏体状态，弹簧形状与高温状态保持一致；

（c）变形马氏体状态，弹簧被人为拉长；（d）回复到奥氏体状态，弹簧自动回复到原始形状

形状记忆由以下机理产生：合金由较高温冷却时，其高温稳定相（一般称母相）变得不稳定，会发生马氏体相变转变为马氏体相。当母相中形成马氏体时，产生一定的应变。

不同取向的马氏体（称为马氏体变体）的应变在母相中的方向是不同的。当某一变体在母相中形成时，产生某一方向的应变场，随变体的长大，应变能不断增加，变体的长大越来越困难。为了降低应变能，在已形成的变体周围会形成其他取向的变体，新变体的应变方向与已形成的变体的应变场互相抵消或部分抵消。母相按照这种自适应方式完全转变为马氏体后，总的应变能最低，合金的宏观形状亦无明显的变化。对组织为自适应马氏体的样品施加外力时，在较小的应力作用下，马氏体变体发生再取向过程，马氏体变体以其应变方向与外加应力相适应，即变体的应变方向与外加应力方向最接近的变体通过吞并其他应变方向与外加应力不相适应的变体而长大，直至整个样品内的各个不同取向的变体最终转变为一个变体。这时，由母相转变为马氏体所产生的相变应变不再相互抵消，而是沿外加应力方向累积起来，合金显示出宏观形状的变化。卸去应力后，变形保持下来。对再取向的马氏体加热，马氏体逆转变回母相，而逆转变只能沿这一变体由母相中形成时的取向关系进行。因此，逆转变完成后，母相晶体学上完全回复原来的状态，形状也随之回复（参阅文献 [12]）。如果变形温度在 A_f 以上时，马氏体在应力诱发下形成，而且马氏体的形成与外加应力自适应，故而贡献出变形，当卸除应力，因温度高于 A_f，马氏体逆转变回母相，变形随之消除，表现出完全的弹性。由于这种可回复变形远大于一般弹性变形，将之称为伪弹性或超弹性。

形状记忆效应是 Chang 和 Read 于 1951 年首先在 Au-Cd 合金中发现，而 Hornbogen 和 Wassermann 则首先发现了 Cu-Zn 合金也具有形状记忆效应。然而直到 1963 年，Buehler 等人发现 Ti-Ni 合金展现出优良的形状记忆效应之后，形状记忆合金才逐渐被人们所重视。铜基形状记忆合金主要包括 Cu-Zn、Cu-Zn-Al、Cu-Sn、Cu-Al、Cu-Al-Ni 等几类，其中最广泛使用的是 Cu-Zn-Al 和 Cu-Al-Ni 合金。

含 40%Zn 的两元 Cu-Zn 合金的马氏体相变起始温度（M_s）远远低于室温。通过加入 Al、Ga、Si 和 Sn 等第三元素来减少 Zn 含量，提高 M_s 温度和稳定母相。考虑到韧性和晶界断裂强度，Cu-Zn-Al 合金是在这些三元合金中性能最好的。图 7-19（a）给出了 Al 含量为 6% 时，Cu-Zn-Al 三元合金平衡相图的一个垂直截面。从图中可以看出，高温 β 相是无序的 BCC 结构，但是当合金从高温淬火到室温时，β 相先转变成有序的 B2 或者 DO_3 类结构（β′相，即母相），进一步冷却，β′相转变成 9R 或 18R 马氏体。

二元 Cu-Al 系合金的 β 相在 565℃ 共晶分解为 α 和 $γ_2$（Cu_9Al_4 立方相），但是如果从 β 相区淬火至室温，将发生马氏体相变，依成分不同马氏体可为 9R、18R、2H 等结构。但 Cu-Al 二元系 M_s 温度过高。加入第三组元 Ni，利用 Ni 阻碍 Cu 和 Al 的扩散有效地抑制 $γ_2$ 相沉淀，获得接近 14% 高 Al 含量的 Cu-Al-Ni 合金，可以获得很好的形状记忆效应。然而，Ni 含量增加使合金变脆，所以最佳成分范围是 Cu-(14~14.5)Al-(3~4.5)Ni（质量分数）。图 7-19（b）为 Ni 含量（质量分数）为 3% 的 Cu-Al-Ni 三元合金系平衡相图纵截面。

Cu 基记忆合金的相变温度对合金的成分十分敏感，在 Cu-Al-Ni 合金中随着 Ni、Al 含量的增加，相变温度显著降低；同样，Cu-Zn-Al 合金中随 Zn、Al 含量的增加，相变点也显著降低。通过改变成分可以使合金的相变温度在 -100~200℃ 温度范围内调整。尽管合金成分是控制转变温度的主要因素，但是转变温度也受其他因素影响，诸如热处理、冷却速率，晶粒尺寸等。

Cu 基记忆合金的晶粒粗大，弹性各向异性较高，且晶界有杂质偏聚，每一个晶粒所

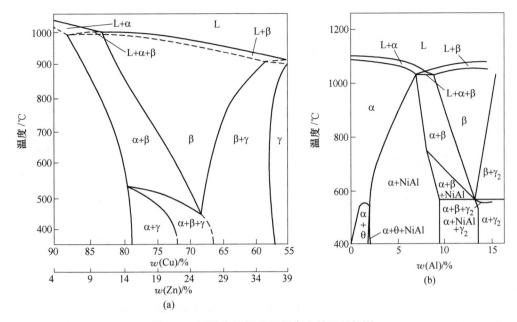

图 7-19　两种常用铜基记忆合金的三元相图

（a）Cu-Zn-Al 合金相图的垂直面图（Al 的质量分数为 6%）；（b）Cu-Al-Ni 合金相图的垂直面图（Ni 重量分数为 3%）

产生的转变应变都不一样，因此晶界裂纹就容易发生，而且在应力诱发马氏体转变之前就可能发生了晶界断裂。因此，该合金力学性能较差，可恢复应变大大减少，只有 1%～2%，断裂强度只有 280MPa。晶粒细化是改善 Cu 基记忆合金延展性和抗疲劳性能，提高形状记忆稳定性的最好办法。晶粒细化的主要办法有添加合金元素、快速凝固、微晶粉末热压和热处理。合金元素诸如 B、V、Zr、Ti、Re、Be 等都可以在不同程度上起到细化晶粒的作用。铜基形状记忆合金由于它价格便宜、转变温度宽、热滞小、导热性好，因此在管接头、温控阀门、温控电路等场合有着广泛的应用[12]。

（二）钼铜合金

钼铜合金是另一种新发展出来的新型铜合金，它是一种互不溶合金体系，同时兼具钼和铜的特性，有着良好综合性能，诸如高导电导热性、特殊高温性能、低气体含量、良好的真空性能和良好的机加工性能。钼铜合金在常温和中温时，既有较好的强度又有一定的塑性，当温度超过铜的熔点时，材料中的铜可以液化蒸发吸热，起到冷却作用。同时，由于钼和铜的氧化物极易还原，且它们的 N、H、C 等杂质也易去除，从而能在真空下保持极低的放气而具有很好的真空使用性能。因此，钼铜也是一种新型的功能材料，在真空触头、导电散热、高温部件、电加工电极等方面有着广泛的应用[9]。

（三）高强高导铜合金

现代工业的发展，对导电铜及铜合金的性能提出了更高的要求。大规模集成电路的引线框架（图 7-20），各种电焊机、滚焊机的电极，大型高速涡轮发电机的转子导线、触头材料，电动工具的换向器，大型电动机车的架空导线、高压开关簧片、微波管以及宇航飞行器的元器件等都要求材料在保持优异导电性能的同时，具有足够高的高温强度。虽然紫铜的导电导热性很优异，但其强度很低，很难满足这些领域的要求。**高强高导铜合金**应运而生，它是在紫铜的基础上添加适量的 Fe、P、Ni、Si 和 Zr 等元素而形成的合金，这是铜合金的一个重要发展领域。由于篇幅所限，本节只对高强高导铜合金进行简要介绍。

高强高导铜合金要求在不显著降低紫铜导电性的前提下，利用固溶强化、析出强化、细晶强化和形变强化等手段尽可能地提高其强度。它在国外已形成固定的牌号，而我国目前还未制定牌号标准。高强高导铜合金可分为 3 类：第一类是以 Cu-P 和 Cu-Fe 系为主，主要代表牌号为 C12200 和 KFC 等，这类合金的导电率不低于 80%IACS（国际退火铜标准导电率，5.8×10^7S/m），强度为

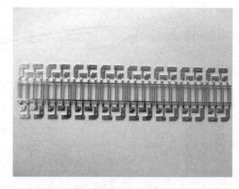

图 7-20 采用高强高导铜合金制备的引线框架

（材料为 KFC 铜合金）

400MPa 左右；第二类是以 Cu-Fe-P 系合金为主，代表牌号是 C19400，其电导率为 60%~79%IACS，抗拉强度则能达到 450~600MPa；第三类是 Cu-Ni-Si 系、Cu-Zr 系、Cu-Cr 系以及 Cu-Cr-Zr 系等，这类合金的导电率不低于 80%IACS，抗拉强度能达到 600MPa 以上，主要应用在大规模和超大规模集成电路的引线框架和高速接触线上。图 7-21 给出了大部分铜合金的导电率、抗拉强度及硬度的关系图[13]，同时，表 7-12 列出一些典型高强高导铜合金的牌号、力学性能和导电率[13]。

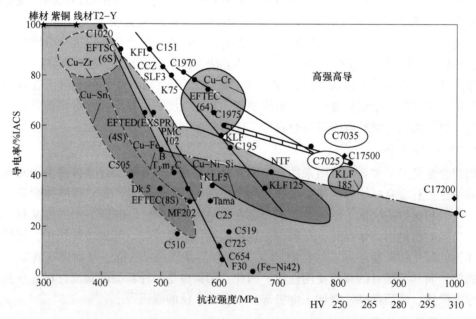

图 7-21 不同铜合金的导电率、抗拉强度及硬度关系图[14]

一般而言，上述强化方法引起的晶格扭曲、缺陷和第二相的存在，会增加电子的散射，导致导电率下降，因此，铜合金的导电率与强度往往成反比。图 7-22 给出各种合金元素及添加量对铜合金导电率的影响[13]，由图看见，所有元素的添加都会使得导电率单调降低，只是程度不同。目前，各国研究人员的研究焦点集中在如何选择所添加的合金元

素和加入量，以达到不大幅度降低导电率，却可以大幅度提高其抗拉强度的目的。

表 7-12　一些典型高强高导铜合金的牌号、力学性能和导电率

牌号	国别	成分 w/%	抗拉强度 /MPa	伸长率 /%	导电率 /%IACS
OMCL	日本	0.3Cr-0.1Zr-0.05Mg-0.02Si-Cu	592~608	4.1~7.0	82.7
KLF201	日本	0.15Fe-0.05P-0.1Sn-0.1Ag-Cu	588	5.1	80.3
KFC-SH	日本	0.1Fe-0.03P-Cu	500	7.5	87
EFTEC-64T	日本	0.3Cr-0.025Sn-0.2Zn-Cu	550~650	7.5	75
ML21	日本	0.69Fe-0.36Ti-0.06Mg-Cu	660~670	4.0	71
C15450	美国	0.18Ag-0.1Mg-0.06P-Cu	450	4.0	86

　　就固溶强化而言，随着溶质原子含量的增加，其强度可以得到明显的增加，但其晶格畸变程度也增加了，加剧对运动电子的散射作用，从而使得导电率降低。因此，高强高导铜合金的固溶强化一般选择对导电性影响较小的 Ag、Cr 和 Zr 等作为添加元素，且含量要严格控制；析出强化选择的元素一般应能在铜基体中析出足够多的强化相，且在室温时，在铜基体的固溶度极小，不影响基体的导电率，典型体系是 Cu-Cr-Zr 系合金，经固溶时效处理析出 Cr 相和 Cu_3Zr 相颗粒。

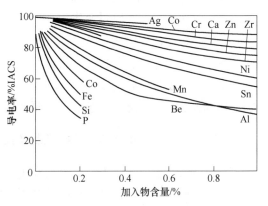

图 7-22　各种合金元素对铜导电性能的影响[13]

细晶强化是通过一些制备工艺或者添加微量元素使得铜基体的晶粒细化，利用晶界对位错的阻挡作用大而对电子散射影响较小的特点，以提高材料的强度，而较小降低导电率。形变强化则是通过冷变形带来的大量位错提高铜基体的强度，同时较小降低导电性。

　　为了获得细晶粒或弥散分布的第二相，一般通过快速凝固、复合材料等方法制备高强高导铜合金。快速凝固可使得铜基体的晶粒细化，且使得合金元素的固溶度增加。经过时效处理后，过饱和的合金元素从铜基体中大量弥散析出，从而极大提高合金的强度。该方法因工艺不同又可分为旋铸法、超声气体雾化法和喷射成型法等，分别用于制备条带、粉末和块体材料。复合材料法可以制备出具有优良高温性能和高导高强 Cu 基复合材料，因此越来越受到重视。复合材料法可细分为机械合金法、原位反应合成、自生塑性变形法等。日本已成功生产出氧化物弥散强化铜基复合材料，其高温软化温度超过 900℃，导电率大于 90%IACS[13]。另外，美国麻省理工学院制备出的含 5%TiB_2 颗粒的 Cu 基复合材料的导电率可达到为 76 % IACS，且具有超高的抗拉强度[14]。

第三节　镁及其合金

一、镁

　　镁（Magnesium，Mg）属于轻金属之一，原子序数为 12，相对原子质量为 24.3。镁在

地壳中的储量较为丰富，丰度达到 2.77%，在地壳表层储量居第 6 位，而我国镁资源的储量又居世界首位。纯镁的密度为 1.736g/cm³，约为铝密度的 2/3，钢密度的 1/4，熔点为 650℃，具有密排六方（HCP）结构。纯镁的强度（160~200MPa）和室温塑性较低（延伸率2%~10%），镁的化学活性很强，极易与氧生成 MgO，但 MgO 不致密，很难阻挡金属进一步氧化，因此其耐腐蚀性很差。镁在空气中极易氧化，镁（特别是镁粉）遇水或潮气时会发生猛烈化学反应，同时产生大量氢气并急剧放热，从而引起自燃或爆炸。纯镁不能用于结构材料，主要用作镁合金原料和脱氧剂。

镁资源主要以菱镁矿（$MgCO_3$）、光卤石（$KCl \cdot MgCl_2 \cdot 6H_2O$）的形式存在，纯镁可通过镁冶金方法而获得。镁冶金的方法主要有两种：一是熔盐电解法；二是硅热还原法[15]。电解法炼镁可分为电解熔融氯化镁和氧化镁，主要原料为盐湖中的卤水和菱镁矿等。其基本原理是将这些原料变成 $MgCl_2$，再进行电解获得纯镁，其原理方程为：$MgCl_2$＝$Mg+Cl_2$。硅热还原法[15]即用硅铁、硅铝、硅钙等合金从氧化镁中将镁还原出来，它分为内热法和外热法。外热法所需温度较低即所谓皮江法（Pidgeon），主要原料为白云石，还原剂为硅铁，研成粉体后制成球团，在 1150~1200℃ 的还原罐中进行还原反应，镁蒸汽在还原罐中的结晶器中冷凝成固态镁，其原理为：$2(CaO \cdot MgO) + Si ＝ 2CaO \cdot SiO_2 + 2Mg$。

二、镁合金的合金化原理、分类及制备技术

纯镁的强度低，很少作为结构材料在工业上应用。在纯镁中加入铝、锰、锌、锆和稀土等合金元素形成的**镁合金**具有较高的强度。镁合金的主要特点有：密度小，根据合金成分通常为 1.75~1.9g/cm³，约为铝的 64%，钢的 23%，是目前工程用金属材料中密度最小的；比强度和比刚度高，与铝合金具有相同刚度的镁合金，其质量减轻 25%；阻尼性能好，可承受较大冲击载荷；切削加工性能良好；电磁屏蔽能力强。镁合金的缺点是化学稳定性和铸造性能较差，冶炼工艺复杂。镁合金作为重要的结构材料广泛使用在航空航天、石油化工、现代汽车和通信等领域，图 7-23 所示为采用镁合金制备的华为 5G 基站结构件和汽车轮毂。

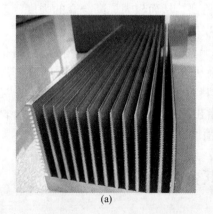
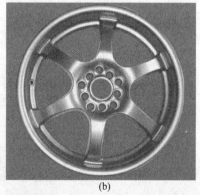

(a)　　　　　　　　　　　　　　　(b)

图7-23彩

图 7-23　镁合金产品

（a）华为 5G 基站结构件；（b）镁合金轮毂

与前述的铝合金、铜合金类似，镁合金的强化通常有固溶强化、析出强化、细晶强化和形变强化等。添加合金元素对镁有显著的强化作用，凡是在镁中大量固溶以及固溶度随温度变化有明显变化的元素都是强化镁合金的有效合金化元素。合金元素对镁合金力学性能的影响可以分为 3 类[16]：（1）能同时提高合金强度与塑性的元素，以提高强度为主（效果由高至低）的元素为 Al、Zn、Ca、Ag、Ce、Ni、Cu、Th；以提高塑性为主（效果由高至低）的元素为 Th、Ga、Zn、Ag、Ca、Al、Ni、Cu 等。（2）主要提高塑性而对强度影响很小，包括 Cd、Ti、Li。（3）提高强度而降低塑性的元素，包括 Sn、Pb、Bi、Sb 等。大多数上述添加的合金元素都能与镁形成置换固溶体，产生固溶强化。添加元素原子固溶度越大，原子半径和弹性模量与 Mg 差别越大，所得到的屈服强度也越高。表 7-13 列出不同合金元素对镁固溶强化影响的结果。

表 7-13　不同合金元素对镁固溶强化效果的结果

添加合金元素	与镁原子尺寸差/% $(d_{Mg}-d_M)/d_{Mg}$	合金元素每增加 1%强化效果增加	
		屈服强度/MPa	硬度（HV）
Al	+10	25	8
Zn	+16	45	7
Ag	+9	23	7
Ca	−24	110	—
Ce	−14	148	—
Th	−13	212	—
Li	+5	—	3
Cd	+7	10	1
Bi	+2	—	5
In	+2	—	1
Sn	+5	26	3
Cu	+20	35	—

析出强化也是镁合金强化的一个重要手段，镁合金和铝合金一样，也可以通过固溶和时效处理提高强度，但其强化效果由合金在固态加热和冷却过程中组织结构变化所决定。镁合金的过饱和固溶体的分解是镁合金热处理强化的基础，不同镁合金固溶体的分解有不同的特点，比较复杂，有许多问题还需进一步研究。表 7-14 总结了目前已基本掌握的几种镁合金的过饱和固溶体分解过程。

表 7-14　镁合金中可能的沉淀析出过程[16]

合金系	过饱和固溶体（SSSS）分解过程
Mg-Al	SSSS→在（0001）$_{Mg}$ 上形核的 $Mg_{17}Al_{12}$ 平衡沉淀物（非共格）
Mg-Cu	SSSS→GP 区（盘状，共格，//{0001}$_{Mg}$）→$MgZn_2$（杆状，共格，⊥{0001}$_{Mg}$）→$MgZn_2$（盘状，半共格，//{0001}$_{Mg}$）→Mg_2Zn_3（非共格）
Mg-RE（Nd）	SSSS→GP 区（片状，共格，//{0001}$_{Mg}$）→β″Mg_3Nd（超点阵结构，共格）→β′Mg_3Nd（半共格）→β Mg_3Nd（非共格）
Mg-Y-Nd	SSSS→β′（DO19 超结构）→β′$Mg_{12}NdY$? →β′$Mg_{11}NdY_2$?
Mg-Th	SSSS→β″Mg_3Th?（共格）→β$Mg_{23}Th_6$（非共格）
Mg-Ag-RE（Nd）	SSSS→GP 区（杆状，共格）→γ→ $Mg_{12}Nd_2Ag$（非共格）
	SSSS→GP 区（椭球状，共格）→β→ $Mg_{12}Nd_2Ag$（非共格）

细化晶粒也是提高镁合金力学性能的主要手段，而且细晶强化是提高镁合金室温加工性能的唯一手段。对于镁合金而言，由于其晶体对称性低，滑移系少，它的 Hall-Petch 常数 k 值很大（$k_{Mg} \approx 280 \sim 320 \mathrm{MPa} \cdot \mu\mathrm{m}^{1/2}$），比铝合金高 4 倍[17]。因此镁合金晶粒细化产生的强化效果极为显著。镁合金晶粒细化主要途径有两种：一种是在镁合金中添加变质剂，通常加入 Re、Zr、Ca、Sr、B 等变质剂或加入 $CaCl_2$ 对铸锭组织进行细化；另外一种就是通过塑性变形进行晶粒细化。

镁合金也可通过凝固过程中产生的高熔点、不溶于基体的细小金属间化合物颗粒实现弥散强化。与析出相相比，这种高熔点弥散相一般具有良好的热力学稳定性。在高温下，析出相逐渐粗化和软化，从而失去强化效果，但弥散颗粒却能继续阻止位错滑移，保持镁合金较高的高温强度。

镁合金的分类主要有 3 种方式：（1）根据添加合金元素及化学成分，常见的镁合金一般都不止一种合金元素，以 Al、Zn、Mn、Th 和稀土等元素为基础组成合金系，可将镁合金分为 Mg-Al、Mg-Mn、Mg-Zn、Mg-Re、Mn-Th 和 Mg-Li 合金等，其中又可根据合金中是否含有镁的晶粒细化元素 Zr，划分为不含 Zr 和含 Zr 镁合金；（2）按性能特点，可分为高强镁合金和耐热镁合金，高强镁合金主要以 Mg-Al-Zn 系和 Mg-Zn-Zr 系为主，耐热镁合金主要以 Mg-Re-Zr 系为主；（3）按照成型工艺可分为变形镁合金和铸造镁合金。

变形镁合金的制备工艺与变形铝合金基本相同，常用成形的工艺有挤压、锻造、轧制以及超塑性成形。由于镁具有密排六方结构，在室温下的滑移系只有 3 个，因此镁合金的塑性很差，冷态下变形十分困难，必须升高温度（180~240℃）才能实现成形。铸造镁合金的制备工艺包括重力铸造、压力铸造、熔模铸造、挤压铸造、低压铸造和高压铸造。对于具体材料，应根据其化学成分、工艺要求来选择合金的铸造方法。当镁合金在大气中熔炼时，镁液遇见空气中的氧即发生激烈的氧化而燃烧，产生大量的热量，导致相当多的蒸气，镁蒸气的燃烧更加剧烈，引起镁液大量气化，并最终发生爆炸。为了防止镁液表面氧化燃烧，常常在镁合金熔炼时采用阻燃保护，一般采用添加熔融盐切断镁液与空气的接触。

三、常用镁合金及其组织和性能

（一）镁及镁合金的牌号

与铝合金相比，镁合金的牌号较少，主要有 Mg-Al 系、Mg Zn 系、Mg-Re 系合金等。其牌号的命名规则为：（1）纯镁的牌号以 Mg 和数字表示，其中数字代表 Mg 质量百分数，如 Mg 99.9，表示 Mg 的纯度为 99.9%；（2）变形镁合金的牌号由其主要合金组成元素的代号（英文字母见表 7-15）+这些元素的大致含量（数字）+表示代号（英文字母）组成，如 AZ61M，表示该合金元素为 Al 和 Zn，其含量分别为约6%和1%的镁合金；（3）铸造镁合金的牌号由字母 Z（铸的拼音首字母）+Mg+合金元素符号+平均百分含量+（合金元素符号+平均百分含量+…）组成，如 ZMgZn5Zr，其含 Zn 约为 5%、Zr 小于 1% 的铸造镁合金。表 7-16 列出了常用的镁合金的牌号。我国镁合金新牌号与美国 ASTM 标准的牌号相近，故表 7-16 也列出一些我国镁合金牌号与美国及其他国家常用合金牌号对照表。

表 7-15 镁合金牌号元素代号

元素代号	元素名称	元素代号	元素名称
A	铝	M	锰
B	铋	N	镍
C	铜	P	铅
D	镉	Q	银
E	稀土	R	铬
F	铁	S	硅
G	钙	T	锡
H	钛	W	钇
K	锆	Y	锑
L	锂	Z	锌

表 7-16 各国镁合金牌号的对照表

中国（GB）	美国（ASTM）	英国（BS）	德国（DIN）	日本（JIS）	俄罗斯（ГОСТ）
变形镁合金					
M2M	M1A	MAG101	MgMn2	—	MA1
AZ31B	AZ31B	—	MgAl3Zn1-B	MP1	—
AZ40M	—	MAG111	MgAl3Zn	—	MA2
AZ41M	—	—	—	—	MA2-1
AZ61M	AZ61A	MAG121	MgAl6Zn	MB2	MA3
AZ62M	—	—	MgAl6Zn3	—	MA4
AZ80M	AZ80A	—	MgAl8Zn	MB3	MA5
ME20M	—	—	—	—	MA8
ZK61M	ZK60A	MAG161	MgZn6Zr	MB6	BM65-1
铸造镁合金					
ZMgAl8Zn	AZ81A	MAG1	G-MgAl8Zn1	—	MJI5
—	AZ91C	3L122	G-MgAl9Zn1	—	—
ZMgAl10Zn	AM100A	MAG3	G-MgAl9Zn1	—	MJI6
		3L125	—	—	—

（二）常用的铸造镁合金

铸造镁合金主要有不含 Zr 的 Mg-Al 系合金，以及含 Zr 的 Mg-Zn-Zr 系和 Mg-Re-Zn-Zr 系镁合金。铸造镁合金的拉伸强度一般在 135~285MPa，延伸率为 2%~10%。常用铸造镁合金的牌号、化学成分、力学性能和用途见表 7-17。

1. Mg-Al 系合金

Mg-Al 系合金是典型的不含 Zr 的镁合金，包括以 Mg-Al 为基础发展出的 Mg-Al-Zn、Mg-Al-Mn、Mg-Al-Si 和 Mg-Al-Re 等多种多元镁合金系列，既有铸造镁合金，也有大量的变形镁合金，是目前应用最广泛、种类最多的合金系。

表7-17 常用镁合金的牌号、化学成分、力学性能和用途（GB/T 5153—2016，GB/T 5155—2013，GB/T 1177—1991）

类别	合金组别	牌号①	旧牌号	化学成分 w/%					状态	力学性能			用途举例
				Al	Zn	Mn	Zr	RE		R_m/MPa	$R_{p0.2}$/MPa	A/%	
变形镁合金	MgAlZn	AZ41M	MB3	3.7~4.7	0.8~1.4	0.3~0.60	—	—	5~10mm退火板	≥240	≥140	≥10	主要以板材供应，用作飞机内部组件、壁板等
		AZ61M	MB5	5.5~7.0	0.5~1.5	0.15~0.5	—	—	锻件	≥260	≥170	≥15	主要用于制造承受大载荷的零件
		AZ80M	MB7	7.3~9.2	0.2~0.8	0.15~0.5	—	—	锻件	≥330	≥230	≥11	可代替 MB6 使用，用作承受高载荷的各种结构件
	MgMn	M2M	MB1	≤0.2	≤0.3	1.3~2.5	—	—	5~10mm退火板	≥170	≥90	≥5	承受外力不大，但要求焊接性及耐腐蚀性好的零件，如汽油系统附件
	MgZnZr	ZK61M	MB15	≤0.05	5.0~6.0	≤0.1	0.3~0.9	—	时效棒	≥305	≥235	≥6	应用最广镁合金之一，用于高载荷和高屈服零件，如机翼长桁、翼助
	MgMn	ME20M	MB8	≤0.2	≤0.3	1.3~2.2	—	0.15~0.35Ce	时效棒	≥195	—	≥2	制造强度要求精高的部件，如机翼蒙皮、壁板、汽油系统耐腐蚀零件
铸造镁合金	MgAlZn	ZMgAl8Zn	ZM5	7.5~9.0	0.2~0.8	0.15~0.5	—	—	固溶+时效	≥230	≥100	≥2	中受负荷零件，如飞机翼助、号弹副油箱挂架、支臂、支座等
		ZMgAl10Zn	ZM10	7.5~10.2	0.6~1.2	0.1~0.50	—	—	固溶+时效	≥230	≥130	≥1	无较高要求的普通零件
	MgZnZr	ZMgZn5Zr	ZM1	—	3.5~5.5	—	0.5~1	—	人工时效	≥235	≥140	≥5	形状简单的受力零件及抗冲击负荷的零件，如机轮毂
		ZMgZn4RE1Zr	ZM2	—	3.5~5.0	—	0.5~1	0.75~1.75	人工时效	≥200	≥135	≥2	200℃以下工作且要求强度高的零件，如发动机的机匣、电机壳等
		ZMgZn8AgZr	ZM7	—	7.5~9.0	—	0.5~1	0.6~1.2Ag	固溶+时效	≥275	—	≥4	用于飞机轮毂及形状简单要求高强度的零件
	MgREZnZr	ZMgRE3Zn2Zr	ZM3	—	0.2~0.7	—	0.4~1	2.5~4	铸态退火	≥120	≥85	≥1.5	150~250℃下工作的发动机部件、仪表机匣，室温下要求气密性铸件
		ZMgRE3Zn2Zr	ZM4	—	2.0~3.0	—	0.5~1	2.5~4	人工时效	≥140	≥95	≥2	150~250℃下工作的发动机附件、仪表壳体

① 变形镁合金元素代号：A—铝，Z—锌，M—锰，K—锆，E—稀土。

如图 7-24 所示，Mg-Al 系二元合金在富镁一侧是共晶型相图，在 437℃时发生共晶反应：L→α(Mg)+β(Mg$_{17}$Al$_{12}$)。铝在镁中的最大溶解度为 12.7%，且溶解度随温度下降而显著减少，因此 Mg-Al 合金可以时效强化。铸态下 Mg-Al 合金主要是由 α(Mg) 固溶体和枝间 Mg$_{17}$Al$_{12}$相组成。在实际凝固条件下，即使 Al 含量低于极限固溶度，Mg-Al 合金的相组成也是由 α+β(Mg$_{17}$Al$_{12}$) 组成，这主要是由凝固过程中 Al 在 α(Mg) 固溶体中扩散速度缓慢造成。随着 Al 含量的增加，结晶温度区间逐渐减小，α+β(Mg$_{17}$Al$_{12}$) 共晶体逐渐增多，合金的铸造性能得到改善，Al 含量大于 8%时，合金的铸造性能较好。

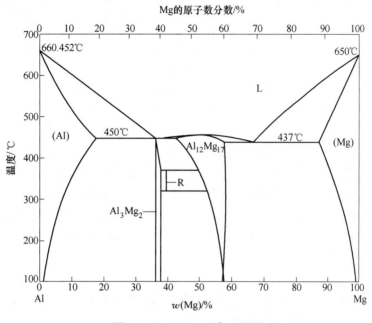

图 7-24　Mg-Al 二元合金相图

　　根据固溶强化原理，Mg-Al 系合金的力学性能在铝含量低于极限固溶度时，随铝含量的增加而增加。当铝含量大于 9%时，α 相中开始析出 β 相。但铝原子在 α(Mg) 中的固溶和扩散主要通过空位进行，且 Al 含量高时大量消耗空位，使得扩散变得十分缓慢。β 相倾向于沿晶界析出，β 相分布在晶界使得力学性能急剧下降。同时，β 相和 α(Mg) 相的电极电位相差较大。因此，Mg-Al 合金中铝含量过高时，易引起应力腐蚀。故此，兼顾力学性能和铸造性能的铝含量一般为 8%~9%。

　　在 Mg-Al 系合金加入一些其他元素以进一步提高其铸造性能和力学性能。添加 Zn 可以极大提高室温下 Al 在 Mg 中固溶度，从而提高固溶强化效果，同时也提高合金的抗腐蚀性和力学性能，但含 Zn 量过大时，也显著增加了合金液固线温度区间，增加合金的热裂和缩松倾向，铸造性能变差，因此 Zn 的含量一般控制在 1%以内。添加少量的 Mn 可明显提高耐腐蚀性，这主要是因为 Mn 能与镁液中的 Fe 形成高熔点的 Mg-Fe 化合物从镁液中沉淀，但 Mn 含量太高容易引起锰的偏析而形成脆性相，降低塑性和冲击性能。最典型和常用的 Mg-Al-Zn 系合金是 ZMgAl8Zn(美国牌号 AZ91C)，其铸态组织是由 α 相和沿起晶界析出的网状 β(Mg$_{17}$Al$_{12}$) 相组成，如图 7-25 所示。这类镁合金强度较高、耐腐蚀性好、流动性高、热裂倾向小等，一般使用砂型、金属型、压铸等铸造方法制备。通过对 AZ91 系合金成分和组织进行改进，诸如对合金成分的纯净化和均质化可进一步提高力学性能和耐腐蚀性，依次开发的合金系列有 AZ91D、AZ91E 和 AZ91F 等。

在 Mg-Al 系合金加入 Si 可生成具有高熔点（1085℃）、高硬度（460HV）、低密度（1.9g/cm³）和低线膨胀系数的 Mg_2Si 相，使得合金在 150℃ 下具有良好的高温抗蠕变性能。通过提高冷却速度和添加对 Mg_2Si 相有很好的变质作用的 Ca，可使强化相 Mg_2Si 细小弥散分布，进一步提高其力学性能。Mg-Al-Si系合金比 Mg-Al-Zn 合金有更好的高温性能，适宜在汽车发动机匣等较高温度工作温度下使用。

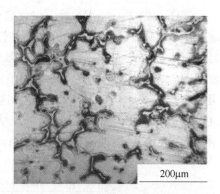

图 7-25 ZMgAl8Zn 镁合金的铸态微观组织图

Mg-Al-RE 合金是 20 世纪 70 年代开发出来的。添加 1% 的混合稀土可明显提高镁合金的高温抗蠕变性能，其蠕变性能甚至超过 Mg-Al-Si 合金。Mg-Al-RE 合金的主要第二相有 Al_4RE 和 β（$Mg_{17}Al_{12}$）相，其中 Al_4RE 相熔点达到 1200℃，耐热性能很高，是主要的强化相。这类合金典型的牌号有 AE41 和 AE42 等，但由于添加了稀土，这类合金的价格较贵，为此，在 Mg-Al-RE 合金中添加 0.25%~5.5% 的钙以减少稀土添加量，不仅降低了成本，而且提高了合金的高温性能，特别是抗蠕变性能可以超过 AE42 合金。典型牌号有 ACM522（Mg-5%Al-2%Ca-2%RE）合金，该合金具有良好的室温和高温综合性能、耐腐蚀性能和抗蠕变性能，可以在高温和高应力的载荷条件下长时间工作，已经应用在轿车齿轮箱壳体等相关零部件上。

2. 含 Zr 镁合金

早在 20 世纪 30 年代就发现 Zr 有很好的细化 Mg 合金晶粒的作用。Mg-Zr 系凝固为包晶反应，Zr 在镁中的溶解度只有 0.6%，因此 Zr 主要以单质形式存在。Zr 的晶体结构与镁相同，同为密排六方结构，且晶格常数与 Mg 很接近，这满足异质形核的"尺寸结构匹配"原则，因此 Zr 可以成为 α（Mg）的结晶核心。然而，由于 Zr 会与 Al、Mn 等元素形成 Al_3Zr 等高熔点化合物沉淀出来，从而造成 Zr 的损失。因此，对于 Mg-Mn 和 Mg-Al 系合金，不能使用 Zr 作为晶粒细化剂，而在 Mg-Zn 和 Mg-RE 系合金基础上发展出 Mg-Zn-Zr 和 Mg-RE-Zr 等含 Zr 的镁合金。同时，因为 Zr 非常容易与 Fe、Si 等杂质形成高熔点化合物而沉淀，造成 Zr 的损失，这类合金中要严格控制合金中 Fe、Si 等元素含量。含 Zr 镁合金的强度高，特别是屈服强度较高，同时还可通过添加稀土和 Ag 等其他合金元素提高合金的耐热性能，是具有优良抗蠕变性能和持久高温强度的耐热镁合金，在航空航天等需要高性能轻质的场合具有很好的应用前景。

添加 Zr 不仅使 Mg-Zn-Zr 系镁合金力学性能好，还改善了其铸造性能。该合金的典型铸造组织为具有明显成分偏析的 α（Mg）和晶界上断续分布的少量 γ（MgZn）相。均匀化退火后，除少量 γ（MgZn）相保留在晶界上之外，在晶内弥散分布二次析出 γ（MgZn）相质点。Mg-Zn-Zr 系镁合金的常用牌号为 ZMgZn5Zr（美国牌号 ZK51 和 ZK61 合金），以及含稀土金属的 ZMgZn4RE1Zr 和含银的 ZMgZn8AgZr。ZMgZn5Zr 镁合金虽然具有较高的室温力学性能，但有显微疏松和热裂倾向，且不易焊接，只能用于铸造形状较为简单的零部件。ZMgZn4RE1Zr 镁合金添加了一定量的稀土，提高了高温蠕变、瞬时强度和疲劳性能，可以用于170~200℃下长期工作的零部件。ZMgZn8AgZr合金因含有一定的Ag而改善了合金的时效强化效应，因此力学性能得到进一步的提高，充型性较好，但有较大显微疏松倾向且难以焊接，适用于制造承受较大载荷的零件。

Mg-RE-Zr系合金主要添加元素是Ce、La、Nd和Pr等稀土元素。Mg与大部分稀土元素形成固溶体，除Nd、Y外，它们在α(Mg)固溶体中的固溶度都极小且在400℃以下几乎无变化，相应的二元系的富镁一侧是简单共晶，且共晶温度较高。大多数稀土元素与Mg形成Mg_9Ce、$Mg_{12}Nd$等金属间化合物，它们在高温下比较稳定，不易长大，且它们又都有很高的热硬性。这些化合物部分分布在晶间，可以减弱晶界滑动，使镁-稀土合金具有优秀的蠕变性能，并展现出良好的热强性。此外，Mg-RE系合金的凝固结晶的温度范围小，使其铸造性能良好，疏松、热裂倾向较Mg-Al和Mg-Zn系合金小得多，充型能力也较小，可用于铸造形状复杂和气密性高的铸件。Mg-RE-Zn-Zr系合金中典型牌号有ZMgRE3ZnZr和ZMgRE2ZnZr等，与美国牌号EK41(Mg-(3%~4%)Ce-0.6%Zr)相近。其组织为α(Mg)基体晶界上分布着共晶体的Mg_9Ce等化合物，退火后少量化合物以小质点自晶内析出。此合金中存在较多的脆性共晶体，故其室温力学性能不高，但共晶体稀土化合物有较高的热硬性，其高温性能较好，在250℃下有良好的抗蠕变性能，是耐热镁合金，一般用来制造250℃以下承受较高载荷的零件。

(三) 常用变形镁合金

变形镁合金可以通过变形加工生产出尺寸多样的板、棒、管、型材等半成品供使用，并且通过材料组织结构调控、热处理，以及经过挤压、轧制和锻造等工艺处理。为提高形变加工能力，这些合金的合金元素含量低于铸造合金，从第二章可知，镁的晶体结构为密排六方（HCP）结构，其室温下塑性变形滑移系仅限于 $\{0001\}<11\bar{2}0>$或$\{10\bar{1}2\}<10\bar{1}1>$孪生，其滑移系少是造成多晶Mg及Mg合金塑性变形性能不好的原因。$\{10\bar{1}2\}<10\bar{1}1>$孪生不容易启动，只有在较高温度下（一般高于225℃）才可以激活，这个滑移系的开动使得Mg的塑性得到较大的提高，延伸率比室温提高一个数量级。因此，工业上变形镁合金压力加工都是在较高温度下进行热加工，其加工温度一般在300~500℃下进行的。

与铸造Mg合金相比，变形Mg合金具有更高延展性以及良好综合力学性能等优点，具有更广泛的应用前景。其拉伸强度为180~440MPa之间，延伸率为7%~40%，但工作温度一般不超过150℃。变形镁合金主要有Mg-Al-Zn系、Mg-Mn系、Mg-Zn-Zr系合金等。

1. Mg-Al-Zn系合金

Mg-Al-Zn系合金属于中等强度、塑性较高的变形镁合金。该类合金主要加入Al和Zn元素，铝含量一般不超过8%，锌的含量一般不超过2%。Al、Zn主要与镁形成金属间化合物$Mg_{17}Al_{12}$相和$MgZn_2$相，同时还形成三元金属间化合物$Mg_{17}(Al,Zn)_{12}$相。当Al含量超过3%时，其显微组织主要由α(Mg)固溶体的晶粒组成，这些晶粒被$Mg_{17}Al_{12}$（或$Mg_{17}(Al,Zn)_{12}$）相所包围，如图7-26所示。Mg-Al合金中Zn含量小于3%时，大部分的锌会溶于固溶体中，产生固溶强化效应，同时提高镁合金的伸长率，是镁合金中的有益元素，但随着锌含量的增加，合金的压力加工性能会恶化。典型合金为AZ31、AZ41M、AZ61M和AZ80M合金。

2. Mg-Mn 系合金

Mn 在镁中的溶解度变化很大，在共晶温度（650℃）达到最大固溶度 2.46%，在室温接近零，但第二相 β 为纯 Mn，对合金的强化效果不大，因此该系合金不能采用热处理手段来强化，但该合金可以通过加工硬化来提高其强度。合金中添加 Mn 的目的不在于强化合金，而是提高合金的耐腐蚀性，其原理是 Mn 在熔炼过程中能与 Fe 生成尺寸比较大的 Fe-Mn 化合物而沉积于熔体底

100μm

图 7-26　AZ61M 镁合金微观组织

部，减轻杂质 Fe 对腐蚀性的有害影响。这类合金的抗腐蚀性是所有铸锭生产镁合金中最高的。Mg-Mn 系镁合金中的含锰量在 1.2%~1.5%范围内，在 Mg-Mn 系合金中通常还加入少量的 Ce（0.15%~0.35%），Ce 一部分溶解与固溶体中，另一部分与镁形成化合物 Mg_9Ce，细小弥散分布在 α(Mg) 基体中，起到强化合金和细化晶粒的作用。一般加入 Ce 后其强度可提高 50MPa 以上，伸长率提高 10%以上。该类合金可加工成板材、棒材和各种锻件，其典型牌号为 M1A 和 M2M 等。

3. Mg-Zn-Zr 系合金

该类合金成分与铸造 Mg-Zn-Zr 合金相似，其铸态下的组织形貌与相同成分的铸造镁合金相似，其典型牌号为 ZK21、ZK40 和 ZK60，尤其是 ZK60 合金经过时效后，其室温强度是常规商用变形镁合金中最高的，而且具有拉伸屈服强度和压缩屈服强度非常接近的优点。该合金没有应力腐蚀倾向，室温下的加工性能较好。为了提高其力学性能，可通过淬火和时效进行强化。合金在 420℃固溶处理，接着在低于和高于 GP 区的温度进行双重时效（即在 90℃、24h 和 180℃、16h 双重时效处理），获得的比强度可与一些高强度的铝合金相当。

（四）镁合金的防腐及表面处理

镁的化学性质非常活泼，同时也很容易钝化，其钝化性能仅次于铝，但镁的氧化膜比较疏松。所以，镁及其合金的耐腐蚀极差。镁的腐蚀主要包括化学腐蚀（高温氧化）和电化学腐蚀（电偶腐蚀、点腐蚀、应力腐蚀和腐蚀疲劳等）两大类。在中性或弱碱性溶液中，镁合金表面易形成 Mg(OH)₂钝化层，但这层钝化层由于热力学不稳定且结构内应力很容易发生破裂，从而暴露新的表面，因而引起更深层的钝化。室温下，镁能与空气中的氧直接反应形成疏松的氧化膜，与空气的氮气或氨气反应形成（Mg_3N_2），也很容易与其他气体发生反应。但在含硫的气氛中，镁合金表面的氧化膜具有较好的保护性，因此在镁合金的高温熔炼、铸造过程中，常常使用 SO_2 或 SF_6 气体作为镁合金的保护性气体，防止镁合金的氧化。

电化学腐蚀是镁和镁合金最容易发生的腐蚀，造成镁合金电化学腐蚀的原因主要有两个：其一，镁合金中通常含有重金属元素，尤其是 Fe、Cu、Ni、Co 等杂质元素，这些电极电位很正的阴极杂质，与镁基体阳极形成微电池，产生电偶腐蚀；其二，镁与电极电位很正的其他金属接触，构成宏观原电池，产生宏观的电偶腐蚀。此外，晶粒大小对于腐蚀

性的影响主要通过晶界中有害杂质元素分布来影响，细晶粒可以起到均匀分布杂质元素分布的作用，减少局部腐蚀的倾向。因此，镁合金的耐腐蚀性与其合金元素种类、热处理工艺、晶粒大小和冷加工有密切的关系。热处理对于镁合金耐腐蚀性的影响主要是通过析出相和晶粒大小来影响，凡是导致析出金属间化合物和晶粒粗化的热处理工艺，都会降低镁合金耐腐蚀性。一般而言，固溶态镁合金要比铸态的耐腐蚀性好，时效处理后其耐腐蚀反而比铸态还要低。镁合金的冷加工，如拉伸和弯曲，对腐蚀性并没有太明显影响，喷丸处理的表面耐腐蚀性能往往较差，这并非冷加工效应的结果，而是因为嵌入铁杂质所导致，可以通过酸洗来消除影响。

镁合金耐腐防护技术主要从 5 个方面入手[18,19]：（1）提高镁合金的纯度，特别是降低镁合金中 Fe、Ni、Cu、Co 等杂质相或夹杂物的含量至临界值以下，这主要是阻止第二相阴极过程的进行；（2）添加特殊的合金化元素，形成优良的钝化膜，阻止电化学腐蚀过程进一步进行，诸如添加 Mn、Ti、Zr 等；（3）采用适当的热处理工艺，尽量采用增加金属间化合物固溶度和细化晶粒的热处理工艺；（4）采用快速凝固处理工艺，以增加有害杂质的固溶度，并改善材料的微观组织和细化晶粒；（5）采用表面处理技术。

目前，表面处理是提高镁合金耐腐蚀性能、改善外观的最有效手段。一般需根据使用要求、合金成分和组织以及外观要求，选择不同的表面处理方法。表面的处理方法包括：涂油和涂蜡、化学转化膜、阳极氧化膜、粉末涂层和金属覆盖层等。

第四节　钛及其合金

一、钛

钛（Titanium，Ti）原子序数为 22，相对原子质量为 47.90。Ti 在自然界存在 5 种同位素，^{46}Ti~^{50}Ti，其中 ^{48}Ti 在自然界中的含量最高（约 73.8%）。纯钛的密度低，为 4.50g/cm³，也属于轻金属之一。钛呈现强烈的银白色金属光泽，兼具优良的耐腐蚀性（包括在海水和王水中），具有较高的熔点（1650℃）。钛有两种同素异构体，即 α-Ti 和 β-Ti。纯钛无磁性，即使在很强的磁场下也很难磁化，其导电性（电导率：2.4×10^6S/m）和热传导性（导热系数：15.24W/(m·K)）较差，钛的热导率只有铜的 1/7。金属钛是一种很好的结构材料和功能材料，被认为是一种"全能金属"，除了适合用在航空航天领域，在石油、能源、交通、医疗等行业也有较广泛的应用。

自 1791 年钛被发现以来，提取金属钛的工艺一直比较复杂，这主要是由于钛与氧、氮、碳、氢等元素有极强的化学亲和力，从而导致其制备工艺复杂，生产成本高，产品价格高。钛冶金经历了几次重要的发展[20]：1875 年克里洛夫发明钠还原法，1887 年奥尔森等人发明钠还原 TiCl₄ 法，1901 年亨特（Hunter）发明在钢瓶内用钠还原 TiCl₄ 的方法。目前，工业界广泛使用的是镁热还原法，其工艺流程是将原料 TiCl₄ 和 Mg 在惰性气体保护下在 800~900℃反应，用 Mg 还原出纯 Ti，但这种方法未能实现连续生产，生产成本很高。通过镁热还原法获得的产物是海绵纯钛，需将其进一步通过熔炼和塑性加工成各种纯钛锭或各种型材。

工业纯钛（纯度大于 99.2%，主要杂质为 Fe、C、N、O 等）的拉伸强度为 434MPa，与普通合金钢的强度相近，但其质量比钢轻45%。纯钛虽比铝重60%，但其强度却是最常用的6061铝合金的2倍。高纯钛具有良好的塑性，但杂质含量超过一定时，变得硬而脆。随着温度的升高，纯钛强度逐渐降低，但其比强度可保持到550~600℃。同时，钛的低温性能优异，在低温时能保持较高的强度、良好的塑性和韧性。纯钛成型性能优异，并且易于熔焊和钎焊，可以制备成各种板、棒材、丝材、管材和各种铸件等，主要用于制造各种非承力耐蚀件，长期工作温度可达300℃。图7-27所示为采用纯钛制造的眼镜框架和低温蒸发器。

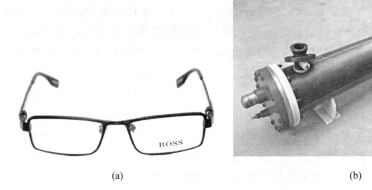

(a)   (b)

图7-27   纯钛的应用例子

（a）眼镜框架；（b）低温蒸发器

二、钛合金的合金化原理、分类及制备技术

钛中加入合金元素可改善纯钛的性能，得到不同类型的**钛合金**。钛合金中常添加的合金元素有铝、锡、锆、钒、钼、锰、铁、铬、铜、硅等，钛合金重量轻，展现出极高的拉伸强度和韧性，具有非常优良的耐腐蚀性和耐高温性能。但由于其价格昂贵，钛合金大多应用在军事、航空航天、医疗器械、赛车的连接杆以及一些高端运动装备等场合，例如，图7-28所示的钛合金制备的我国万米深海载人球舱和医用植入器件。

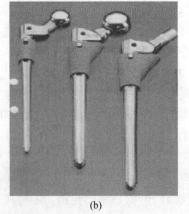

图7-28彩

(a)   (b)

图7-28   钛合金的应用

（a）宝钛造我国万米深海载人球舱；（b）医用肱骨植入器件

钛在室温和常压下为密排六方结构（其 c/a 的值约为 1.587）的 α 相（α-Ti），α 相在882.5℃发生同素异构转变，变成具有体心立方结构的高温 β 相（β-Ti），并一直稳定地保持到熔点。合金元素与 Ti 相互作用主要取决于原子的电子结构、原子半径大小、晶格类型、电负性及电子浓度等因素，用合金元素与钛的二元相图可以较好地分析合金元素的作用。一般可将钛的二元相图分为 4 类，如图 7-29 所示。（1）与 α 和 β 钛均形成无限互溶的相图，如图 7-29（a）所示，例如，Ti-Zr 和 Ti-Hf 系。Ti、Zr 和 Hf 在周期表中是同族元素，其原子外层电子构造一样，点阵类型相同，原子半径相近，故对 α 相和 β 相的稳定性能影响不大。Zr 是相当弱的强化剂，但温度高时，Zr 的强化作用较强，因此 Zr 常作为热强钛合金的组元。（2）与 α 有限溶解，与 β 形成无限互溶，并且有包析反应的相图，如图 7-29（b）所示。Ti-V、Ti-Nb、Ti-Ta 和 Ti-Mo 都是这样的二元系，由于 V、Nb、Ta、Mo 4 种金属都是体心立方点阵，所以它们可与具有相同晶型的 β-Ti 形成无限互溶固溶体，而与 α-Ti 只能形成有限固溶体。随着这类元素浓度的提高，钛的 α/β 转变温度急剧降低，通过淬火可获得全 β 相组织，特别是添加含量较低的 V，通过在不同温度淬火，可在 Ti 合金组织中得到不同比例的 α 相和 β 相。这有非常重要的意义，因为这样可以综合 α 相合金的优点（良好的可焊性）和两相合金的优点（能热处理强化，比 α 相合金的工艺塑性好）。（3）与 α 和 β 钛均形成有限溶解，并且有包析反应的相图，如图 7-29（c）所示，Ti-Al、Ti-Sn、Ti-Ca、Ti-B、Ti-C、Ti-Ni、Ti-O 等都属这类。Sn 是相当弱的强化剂，但能显著提高热强性。微量 B 可细化晶粒，Ca 可以与钛进行良好的溶合，并显著提高钛合金的热强性。与其他二元系不太一样，氧在大多数情况下为有害的杂质，会引起钛的脆性，但在允许的范围内，氧是较弱的强化剂，不仅可以保证所需的强度水平，而且还可以保证足够高的塑性。（4）与 α 和 β 钛均形成有限溶解的相图，并且有共析分解的相图，如图 7-29（d）所示，这类体系主要有 Ti-Cr、Ti-Mn、Ti-Fe、Ti-Co、Ti-Ni 等。

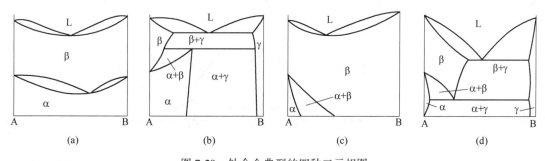

图 7-29　钛合金典型的四种二元相图

(a) 完全固溶型；(b) α 相稳定型；(c) β 相稳定型；(d) β 相共析型

根据各种元素与钛形成相图的特点和 α/β 相转变温度的影响，可将 Ti 中添加的合金元素分为 3 类[20]：（1）α 稳定元素，即能提高 α/β 转变温度的元素，包括 Al、O、N、C、Ga 和 Ge 等；（2）β 稳定元素，即能降低 α/β 转变温度的元素，主要包括 V、Mo、Nb、Ta、Mn、Fe、Cr、Si、Cu 等；（3）中性元素，即对 α/β 转变温度影响不大的元素，如Zr、Hf、Sn、Ce、Mg 等。钛合金中主要强化途径是固溶强化和弥散强化，前者是通过提高 α 相或 β 相的固溶度而提高钛合金的性能，后者通过高度弥散分布的第二相来达到强化目的。通过适当的强化处理，钛合金的抗拉强度可达 1200MPa，甚至 1500MPa。

Al 是唯一有效的 α 稳定元素，钛中加入 Al 可提高 α/β 转变温度，在室温和高温下都起到强化作用。含 Al 量达到 6%~7% 的钛合金具有较高的热稳定性和良好的焊接性。添加 Al 提高 β 转变温度的同时，也使 β 稳定元素在 α 相中的溶解度增大。因此，铝在钛合金中的作用类似碳钢中的碳，几乎所有的钛合金中均含有铝。但铝含量超过 7% 时，组织中会出现脆性 Ti_3Al 相，使塑性下降。Nb、Ta 和 Mo 等 β 稳定元素，以置换的方式大量溶入 β 钛中，并产生较小的晶格畸变，因此这些元素在强化合金的同时，可保持其较高的塑性，而被广泛应用于钛合金中。中性元素主要为 Sn 和 Zr，它们在提高 α 相强度的同时，也提高其热强性。

钛合金主要按其室温下的组织分类，可分为 α 钛合金、α+β 钛合金和 β 钛合金。近年来，随着钛合金研究的迅速发展，特别是具有非平衡态组织的热处理强化钛合金的出现，因此按照亚稳定状态的相组织，可将钛合金细分成 α 钛合金、近 α 钛合金、α+β 钛合金、亚稳 β 钛合金和稳定 β 钛合金等，如图 7-30 所示；还可按其性能特点分为低强度钛合金、中强度钛合金、高强度钛合金、低温钛合金、铸造钛合金及粉末冶金钛合金等；按其成型方式可分为变形钛合金和铸造钛合金。

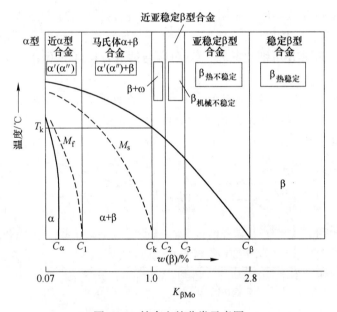

图 7-30　钛合金的分类示意图

制备变形钛合金的一般流程为：先通过海绵钛熔炼出钛合金铸锭，然后通过锻造、轧制、挤压、冲压等塑形加工成各种形状的钛合金。但钛的熔点高，且活性很高，几乎能与各种气体和耐火材料起反应，所以铸造钛合金的熔化和浇注必须在惰性气体保护下或真空下进行。熔炼的设备一般采用真空自耗电弧熔炼炉，此外，还有冷炉床熔炼法和电渣熔炼法等。坩埚则采用强制冷却的铜坩埚，铸型则采用捣实的石墨模，大部分的变形钛合金都可以用于铸造。由于变形钛合金零件生产成本高，有些复杂形状的零件很难制造，因此，采用铸造方法或 3D 打印方法来制备钛合金零件也越来越广泛。

三、常用钛合金及其组织与性能

（一）常用工业纯钛及钛合金的牌号

工业纯钛的牌号命名规则为：TA（α型钛合金）+顺序号，序号越大，纯度越低，抗拉强度越高，塑性越低，如 TA0、TA1、TA2 和 TA3。表 7-18 列出主要工业纯钛的牌号、具体成分、性能和用途。工业上常用的纯钛是 TA2，它的耐腐蚀性和综合力学性能较好。对强度要求更高的话，则采用 TA3。对成型性能要求较高时，则采用 TA1 或者 TA0。工业纯钛主要用作化学化工和船舶工业的零部件，以及电镀行业的容器、反应釜和蒸发器等。

钛合金的牌号为 T+大写字母 A、B 或 C（A 代表 α 钛合金，B 代表 β 钛合金，C 代表 α+β 钛合金）+数字（顺序号）。如常用 α+β 钛合金的牌号 TC4，其成分为 Ti-6Al-4V；而牌号 TA6，代表成分为 Ti-5Al-2.5Sn 的 α 钛合金。当前应用最多的是 α+β 钛合金，其次是 α 钛合金，β 钛合金应用相对最少。一些常用的钛合金的牌号、化学成分、性能及用途列于表 7-18。世界各国结合各自研制和生产钛合金的实际情况，都制定各自的国家标准及钛合金牌号。表 7-19 列出部分我国钛合金牌号与其他国家相似牌号的钛合金对照。

表 7-18　常用工业纯钛及钛合金的牌号、名义化学成分、力学性能和用途

（GB/T 3620.1—2016，GB/T 2965—2007）

合金牌号	名义化学成分	室温力学性能[①]				高温力学性能[②]			用途举例
		R_m /MPa	$R_{p0.2}$ /MPa	A /%	Z /%	温度 /℃	R_m /MPa	σ_{100h}^1 /MPa	
TA1	工业纯钛	≥240	≥140	≥24	≥30	—	—	—	工作温度在 350℃ 以下，受力不大，但要求高塑性的冲压件和耐腐蚀件，如飞机骨架、飞机蒙皮、船用阀门、管道、海水淡化装置等，化工上的泵、冷却器、搅拌器、蒸馏塔、叶轮等，压气机气阀、柴油机活塞等，TA2 还可以做 −253℃ 以下低温结构材料
TA2	工业纯钛	≥400	≥275	≥20	≥30	—	—	—	
TA4	工业纯钛	≥580	≥485	≥15	≥25	—	—	—	
TA6	Ti-5Al	≥685	≥585	≥10	≥27	≥350	≥420	≥390	400℃ 以下腐蚀性介质中工作的零件及焊接件，如飞机蒙皮、骨架零件、压气机叶片等
TA7	Ti-5Al-2.5Sn	≥785	≥680	≥10	≥25	≥350	≥490	≥44	500℃ 以下长期工作的结构件及模锻件，也是优良的超低温材料
TA9	Ti-0.2Pd	≥370	≥250	≥20	≥25	—	—	—	用于化工和防腐工程
TA10	Ti-0.3Mo-0.8Ni	≥485	≥345	≥18	≥25	—	—	—	用于化工和防腐工程
TA13	Ti-2.5Cu	≥540	≥400	≥16	≥35	—	—	—	航空发动机的引射机匣、后锥体等
TA15	Ti-6.5Al-1Mo-1V-2Zr	≥885	≥825	≥8	≥20	≥500	≥570	—	500℃ 以下长期工作的飞机发动机零件

合金牌号	名义化学成分		室温力学性能[①]				高温力学性能[②]			用途举例
			R_m /MPa	$R_{p0.2}$ /MPa	A /%	Z /%	温度 /℃	R_m /MPa	σ_{100h}^1 /MPa	
TA19	Ti-6Al-2Sn-4Zr-2Mo-0.08Si		≥895	≥825	≥8	≥20	≥500	≥570	—	500℃ 以下长期工作的航空发动机机匣、蒙皮等
TB2	Ti-5Mo-5V-8Cr-3Al	淬火	≤980	≥820	≥18	≥40				350℃ 以下工作的压气机叶片、轮盘及飞机构件等
		时效	≥1370	≥1100	≥7	≥10				
TC1	Ti-2Al-1.5Mn		≥585	≥460	≥15	≥30	≥350	≥345	≥325	400℃ 以下工作的冲压件、焊接件及模锻件，也可以用作低温材料
TC4	Ti-6Al-4V		≥895	≥825	≥10	≥25	≥400	≥620	≥570	400℃ 以下长期工作的零件、结构锻件、各种容器、泵、低温部件、坦克履带、舰船耐压壳体，是 α+β 型钛合金中产量最多、应用最广的一种牌号
TC6	Ti-6Al-1.5Cr-2.5Mo-0.5Fe-0.3Si		≥980	≥840	≥10	≥25	≥400	≥735	≥665	450℃ 以下使用，可用作飞机发动机结构材料
TC9	Ti-6.5Al-3.5Mo-2.5Sn-0.3Si		≥1060	≥910	≥9	≥25	≥500	≥785	≥590	500℃ 以下长期使用的飞机发动机叶片等
TC11	Ti-6.5Al-3.5Mo-1.5Zr-0.3Si		≥1030	≥90	≥10	≥30	≥500	≥685	≥590	航空发动机的压气机盘、叶片、鼓筒等
TC12	Ti-5Al-4Mo-4Cr-2Zr-2Sn-1Nb		≥1150	≥1000	≥10	≥25	≥500	≥700	≥590	高温强度高，可在 400～502℃ 下长期工作

①② 指棒材横截面积不大于 64.5cm² 且矩形棒的截面厚度不大于 76mm 时的纵向力学性能；性能试样除注明外均经退火处理，热处理制度详见 GB/T 2965—2007 附录 A。

表 7-19 我国钛合金牌号与其他国家牌号对照表

合金类型	中国（GB）	美国（ASTM）	德国（BWB）	日本（JIS）	俄罗斯（ГОСТ）
工业纯钛	TA1	Ti-35A	LW3.7024	KS50	BT1-0
	TA2	Ti-50A	LW3.7034	KS60	BT1-1
	TA3	Ti-65A	—	KS85	BT1-2
α 钛合金	TA4	—	—	—	48-T2
	TA7	Ti-5Al-2.5Sn	—	KS115AS	BT 5-1
	TA8	—	—	—	BT10
β 钛合金	TB1	—	—	—	BT15
α+β 钛合金	TC1	—	—	ST-A90	OT4-1
	TC4	Ti-6Al-4V	LW3.7164	—	BT6

（二）α 钛合金

室温组织以 α-Ti 为基体的单相固溶体合金称为 **α 钛合金**，其中所加入的合金元素以 α 稳定元素和中性元素为主，包括 Al、Sn 和 Zr 等元素。α 钛合金的微观组织非常稳定，但其组织与塑性加工和热处理条件有关。在 α 相区塑性加工和退火，可以得到细小的等轴晶粒组织，如果从 β 相区缓冷，α 相则转变成片状魏氏组织；如果是高纯合金，可以出现锯齿状 α 相；当有 β 相稳定元素或杂质氢元素出现时，片状 α 相还会形成网篮状组织；如果自 β 相区淬火，可以形成针状六方马氏体组织 α′。α 钛合金的力学性能对显微组织很不敏感，但自 β 相区冷却的合金抗拉强度、室温疲劳强度和塑性要比等轴晶粒组织低。α 钛合金一般具有优异的高温性能和焊接加工性能，但在常温下强度较低，塑性不好。α 钛合金主要用在高温环境下，是耐热高温钛合金的主要合金种类，典型牌号为 TA4~TA8。

牌号 TA4~TA6 都是常用的 Ti-Al 二元钛合金，添加 Al 能够显著提高钛合金的耐热性能，因此高温钛合金一般都添加少量的 Al，但使用温度不能超过 500℃。TA4 合金只含有 2%~3.3% 的 Al，强度不高，只用作焊丝材料；而 TA6 的 Al 含量约为 5%，已接近 Al 含量极限，更高 Al 含量容易使钛合金变脆，此时钛合金的强度中等，塑性较差，只能热加工成型。在 TA6 基础添加少量 Sn 制成强度更高的 TA7（Ti-5Al-2.5Sn），这是因为添加 Sn 可以在不降低塑性的前提下，进一步固溶强化 α 相而提高合金的高温和低温强度。所以在工业中，多采用 TA7 合金，用来制备飞机蒙皮和各种模锻件，以及各种超低温容器。

（三）α+β 钛合金

室温组织为 α+β 相的钛合金称为 **α+β 钛合金**，其中加入一定量的 α 稳定元素（主要为 Al）和 β 稳定元素（Mo 和 V 等），使 α 和 β 相同时得到强化。β 相稳定元素加入量为 4%~6%，主要是为了获得足够数量的 β 相，以改善合金的成形性和赋予合金以热处理强化能力。α+β 钛合金的性能主要由 β 相稳定元素决定，元素对 β 相的固溶强化和稳定能力越大，对性能改善作用越明显。α+β 钛合金的显微组织较复杂，主要有 3 种[21]：第一种是在 β 相锻造或加热后缓冷获得的魏氏组织，如图 7-31（b）所示；第二种是在两相区锻造或退火获得的等轴晶粒的两相组织，如图 7-31（a）所示；第三种是在 (α+β)/α 转变温度附近锻造和退火后获得的网篮组织，如图 7-31(c) 所示。与 α 钛合金相比，这类合金的微观组织相对不够稳定，弹性模量更低。工业用的 α+β 钛合金多以 α 相为主相，可以通过热处理强化，具有较好的综合力学性能，且在常温和中等温度下的强度较高，焊接性能和热加工性能也较好。

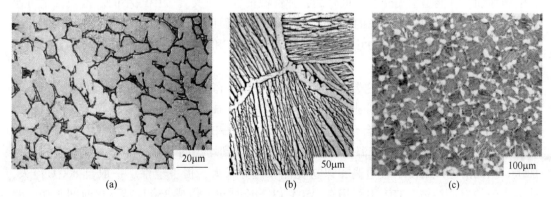

（a） （b） （c）

图 7-31　α+β 钛合金的 3 种典型的显微组织[21]
（a）等轴组织；（b）魏氏组织；（c）网篮组织

α+β 钛合金中最常用的牌号是 TC4(Ti-6Al-4V)，该合金也是钛合金中用量最大的一种合金。Ti-6Al-4V 合金在 α+β 相区锻造和退火得到等轴晶粒组织，塑性和韧性较高；而在 β 相区锻造后空冷，或在 700℃左右退火空冷后，都得到魏氏组织，α 相为片层状结构，此时合金具有高的断裂韧性和疲劳强度。Ti-6Al-4V 合金具有优良的综合力学性能和工艺加工性（如焊接性、切削性和热变形性等），当合金中的氧、氮等杂质控制到非常低的含量时，还能在低温（-196℃）保持良好的塑性。因此，该合金可加工成各种棒材、型材、板材和锻件等各种半成品，主要用来制造飞机压气机叶片、耐压壳体和低温高压容器等。

（四）近 α 钛合金

α+β 钛合金的高温蠕变性能较低，这是因为 β 相中原子扩散快的缘故。为了提高蠕变抗力，在 α+β 钛合金基础上进一步降低 β 相的含量，发展出近 α 高温钛合金。这类合金添加的 β 稳定元素一般少于 2%，平衡组织为 α 相加少量的 β 相，这些 β 相稳定元素还有抑制 α 相脆化的作用。常用的牌号有 TC9、来自国外的牌号 Ti53311S（Ti-5.5Al-3.5Sn-3Zr-1Mo-1Nb-0.3Si）、T679（Ti-2.25Al-11Sn-5Zr-1Mo-0.25Si）和 T6242S（Ti-6Al-2Sn-4Zr-2Mo-0.1Si）等。这些钛合金具有最好的耐热性，主要用在航空发动机领域，如高压压气机叶片和盘。

我们以 Ti679 合金为例来说明这类合金的合金元素作用和组织性能特点。该合金采用低铝高锡，并添加锆、钼、硅等合金元素。铝的强化作用大，引起的塑性下降也大，Mo 可以部分溶入 α 相，提高 α 相的耐热性，但 Mo 含量不高，避免了形成过多的 β 相，使蠕变强度下降。锆的作用则是补充强化 α 相。Ti679 合金的 (α+β)/β 相变点为 950～970℃，常用的热处理工艺为 900℃+1h+空冷，随着 500℃+24h+空冷，组织为初生 α+β 转变组织以及复杂硅化物。在高温长时间暴露时将从 β 转变中的残余 β 中析出 α，伴有硅化物的进一步沉淀和聚集，因此热稳定性下降。用低铝高锡配合辅以其他合金元素，该合金具有较好的综合性能，以及较好的室温强度、塑性以及 400℃的蠕变强度。

（五）β 钛合金

室温组织大部或全部为 β 相的钛合金称之为 **β 钛合金**，其添加的 β 稳定元素含量超过17%。一般是通过在 α/β 转变温度以上进行固溶处理，然后快速冷却获得全部 β 相组织。它的塑性加工性能是三类合金中最好的，弹性模量也是三类合金中最小的。这类合金可通过时效热处理强化，获得较高的常温力学性能，但高温的微观组织不够稳定，焊接性能也不好，工作温度不能超过 300℃。常用的牌号有 TB1 和 TB2 等，主要用作低温工作的零部件。

我们以 TB1 为例来说明这类合金的合金元素作用和组织性能特点。该合金中添加 Mo 和 Cr 来稳定 β 相，添加 Al 则是为了提高耐热性以及强度。因 Cr 含量较高，充分退火的组织还会出现 $TiCr_2$，所以该合金室温的平衡组织是 α+β+$TiCr_2$。TB1 合金的 (α+β)/β 转变温度为 750℃，自 β 相转变温度以上空冷，即能得到均匀的 β 组织，极易进行塑性成型加工。但固溶处理温度不宜过高，以避免晶粒过分长大，损害塑性。一般自 800℃淬火，获得均匀的 β 固溶体。TB1 主要用在 250℃以下长时间工作或 350℃以下短时间工作、要求成型性好的飞机结构件或紧固件。类似地，TB2 合金是一种亚稳 β 型钛合金，含有 β 稳定元素 Mo、V 和 Cr 等，以及 α 稳定元素 Al。该合金在固溶处理状态下具有优异的冷成型性能和良好的焊接性能，时效后具有较高的强度，但弹性模量和抗高温蠕变能力较低，主要用于300℃以下工作的航空结构件和紧固件。

（六）铸造钛合金

变形钛合金零件的生产成本高，形状复杂的零件也难以制造。近几年，为了降低形状复杂的钛合金零部件制造费用，世界各国都大力研制铸造钛合金。然而，钛合金难熔而且化学活性高，这是影响其铸造工艺和铸件质量的主要问题。液态钛非常活泼，能与气体和几乎所有的耐火材料起反应，因此其熔化和浇注都必须在惰性气体或真空下进行，而且熔炼设备必须采用真空自耗电弧凝壳炉和强制冷却的铜坩埚。

目前，所研发的铸造钛合金并无特殊系列，这主要是由于常用钛合金的铸造性能都比较好，其结晶温度间隔小（40~80℃），线和体积收缩率比较小（1.5%~3%），而且高温下强度较高，不易产生热裂。铸造钛合金的性能与β相区锻造状态的性能相近，具有较好的抗拉强度和断裂韧性，其持久强度和蠕变强度与变形合金相近，只是由于组织粗大，塑性比变形钛合金低40%~45%，同时疲劳强度也较低。

四、医用超弹性β钛合金

β钛合金比α钛合金和α+β钛合金具有更好的生物相容性和更低的弹性模量，且比医用不锈钢和CoCr合金具有更好的耐腐蚀性，因此，β钛合金具有十分优良的生物医学性能，在医学领域具有重要的应用价值。特别是近十几年来，我国和日本先后开发出一系列具有超弹性的纯β相钛合金，这些Ti合金含有高含量的β稳定元素（主要为Mo、Nb、Ta、Zr、Sn等无毒害元素）[22]。由于它完全不含有Ni、V等对人体有害元素，非常适合用作医用植入材料，而且，其独特的**超弹性**与人体骨头等一些生物硬组织的力学行为很相似。这类新型超弹性钛合金引起学术界和工业界的广泛关注和高度重视。目前，已开发出的具有超弹性的二元钛合金有Ti-Nb和Ti-Mo合金等[22,23]。在这些二元合金中添加其他合金元素能够有效地提高其力学性能，并获得更为稳定的形状记忆效应或超弹性。由此，发展出一些多元钛基记忆合金，诸如Ti-Nb-Zr、Ti-Nb-Sn、Ti-Nb-Zr-Sn和Ti-Mo-Sn合金等。

超弹性钛合金中一般存在高温的β相和低温的α相，亚稳相是α′、α″和ω析出相（HCP结构）。这些合金从高温下淬火可能发生β转变为α′马氏体相（HCP结构），或者α″马氏体相（正方结构）的相变，但只有α″相和β相之间的可逆马氏体相变才能导致形状记忆效应和超弹性。同时，在高温淬火或者中低温的时效处理过程中容易析出非等温或等温的ω相，这会对合金的相变、超弹性和力学性能造成很大影响。有研究认为，随β相中析出细小的ω相颗粒，导致更大的可恢复应变以及稳定的超弹性[24,25]，据此原理，可进一步提高超弹性。例如，冷轧合金经过600℃短时退火和300℃时效处理，析出细小的ω相和α相，而且还在基体中有高密度的位错，这使得超弹性十分优良[26]。

在多元钛基记忆合金中，添加Zr有助于稳定Ti-35Nb合金中的β相，并抑制α相和ω相析出。随着Zr含量的增加ω相逐渐减少，β相转变为马氏体的温度降低。根据实验规律，Zr含量每增加1%，马氏体转变温度下降38℃[27]。由于不同的Zr含量，Ti-35Nb-(3~5)Zr能展现出稳定形状记忆效应，而Ti-35Nb-7Zr展现出稳定的超弹性，其超弹性应变可高达4.3%，Ti-35Nb-9Zr既不展现出记忆效应也不展现出超弹性。显然，钛基超弹性合金只有在特定的合金成分和热处理条件下，才能展现出稳定的超弹性或形状记忆效应。我国自主研发的Ti2448（Ti-24Nb-4Zr-8Sn）超弹性合金，展现出非线性超弹性和最大3.3%的可恢复应变[28]，高温的固溶处理对其超弹性的影响很小，只是稍微增加抗拉强度和初始杨氏模量。然而，在（α+β）两相区的短时热处理会析出细小的α相，这可以提高合金的强度，降低弹性模量，又不影响到非线性超弹性。

第五节　轴承合金

　　滑动轴承是汽车和轮船（特别是发动机）中对旋转轴起支持作用的重要部件，与滚动轴承相比，滑动轴承具有承载面积大、工作平稳、无噪声及拆装方便等优点。滑动轴承的结构一般有轴承体和轴瓦构成，轴瓦直接支撑转动的轴。制造滑动轴承的轴瓦（图 7-32(a)）及其内衬的耐磨合金即为**轴承合金**。轴承合金材料的性能在一定程度上决定汽车、舰船发动机的寿命和可靠性等指标。随着使用性能不断提高，轴承合金的发展十分迅速。

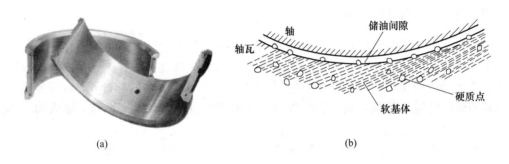

(a)　　　　　　　　　　　　　　　　(b)

图 7-32　轴瓦及轴承合金组织示意图
(a) 轴瓦；(b) 轴承合金组织

一、轴承合金的分类及制备技术

　　轴瓦不但与轴发生强烈的摩擦，还要承受震动所带来的交变和冲击载荷，因此轴承合金应具有如下性能：(1) 良好的减摩性能。由轴承合金制成的轴瓦与轴之间的摩擦系数要小，并有良好的可润滑性能。(2) 适宜的强度和硬度。有一定的抗压强度和硬度能承受转动着的轴施于的压力，但硬度不宜过高，以免磨损轴颈。(3) 塑性和冲击韧性良好，以便能承受振动和冲击载荷，使轴和轴承配合良好。(4) 表面性能好，即有良好的抗咬合性、顺应性和嵌藏性。(5) 有良好的导热性、耐腐蚀性和小的热膨胀系数。(6) 制造容易，价格低廉。

　　为了满足上述性能要求，轴承合金的组织应是在软相基体上均匀分布着硬相质点，或硬相基体上均匀分布着软相质点。当轴旋转时，软的基体（或质点）被磨损而凹陷，减少了轴与轴瓦的接触面积，有利于储存润滑油，而硬的质点（或基体）则支撑起轴，起着负载和耐磨的作用。软基体抗冲击、抗震动还有较好的磨合能力，其微观组织示意图如图7-32(b) 所示。

　　轴承合金按其基体材料可分为锡基、铅基、铜基和铝基轴承合金等，其中锡基和铅基轴承合金又称为**巴氏合金**，是目前应用最为广泛的轴承合金；按用途可分为轴瓦用和衬套用轴承合金；按其使用温度可分为低温、中温和高温轴承合金。

轴承合金的制备方法有很多[29]，主要包括铸造法、压延法、粉末冶金法、电镀法、喷涂法等，其中在工业上使用最多的是带形连续浇铸法、带形连续烧结法和带形连续轧制法。这些方法不仅可以连续生产、便于轴承的加工和装配，还可以降低生产成本，提高轴承的可靠性和寿命。

需要指出的是，Pb 是有毒性的重金属，人体摄入过多 Pb 会导致铅中毒。因此，国际上已制定了淘汰 Pb 的公约（RoHS 标准，《电气、电子设备中限制使用某些有害物质指令》）。研究人员和工业界都在积极开发无 Pb 的轴承合金。

二、常用轴承合金及组织和性能

（一）常用轴承合金的牌号

我国轴承合金牌号命名规则：Z(铸造)+基体元素符号（Sn、Pb、Cu、Al 等）+添加元素以及平均百分含量+…，如牌号 ZSnSb11Cu6 代表铸造锡基轴承合金，含 Sn 11% 以及 Cu 6% 左右。常用的轴承合金的牌号、化学成分、力学性能和用途见表 7-20。世界各国对轴承合金都有各自的系列，为了方便对比其性能，表 7-21 给出国内外相似牌号的对照表。

表 7-20　铸造轴承合金的牌号、化学成分、力学性能和用途

（GB/T 1174—1992）

种类	牌号	化学成分 w/%				铸造方法	力学性能			用途举例
		Sn	Sb	Cu	其他		R_m/MPa	A/%	HB	
锡基	ZSnSb12Pb10Cu4	余	11.0~13.0	2.5~5.0	Pb 9.0~11.0	J	—	—	≥29	适用于一般中载、中速发动机轴承，但不适用于高温部分
	ZSnSb12Cu6Cd1	余	10.0~13.0	4.5~6.8	Cd 1.1~1.6 Ni 0.3~0.6	J	—	—	≥34	内燃机核汽车轴承、轴衬、动力减速箱轴承、汽轮发电机轴瓦等
	ZSnSb11Cu6	余	10.0~12.0	5.5~6.5	—	J	—	—	≥27	汽轮机、涡轮机、内燃机、透平压缩机及高速机床轴承和轴瓦等
	ZSnSb4Cu4	余	4.0~5.0	4.0~5.0		J	—	—	≥20	重载高速的内燃机、涡轮机，航空和汽车发动机的轴承及轴衬
铅基	ZPbSb16Sn16Cu2	15.0~17.0	15.0~17.0	1.5~2.0	Pb 余量	J	—	—	≥30	汽车、拖拉机曲柄轴承和涡轮机、电动机、压缩机、轧钢机轴承
	ZPbSb15Sn5Cu3Cd2	5.0~6.0	14.0~16.0	2.5~3.0	Pb 余量 Cd 1.75~2.25 As 0.6~1	J	—	—	≥32	汽车拖拉机发电机轴承、船舶机械、电动机、抽水机、球磨机和金属切削机床齿轮箱轴承

续表 7-20

种类	牌号	化学成分 w/%				铸造方法	力学性能			用途举例
		Sn	Sb	Cu	其他		R_m/MPa	A/%	HB	
铅基	ZPbSb15Sn10	9.0~11.0	14.0~16.0	≤0.7	Pb 余量	J	—	—	≥24	中载中速的汽车、拖拉机曲轴、连杆轴承，也适用于高温轴承
	ZPbSb10Sn6	5.0~7.0	9.0~11.0	≤0.7	Pb 余量	J	—	—	≥18	高温低载的汽车发动机、制冷剂、高压油泵、切削机床等轴承
铜基	ZCuSn5Pb5Zn5	4.0~6.0	≤0.25	余	Pb 4~6 Zn 4~6	S/J Li	≥200 ≥250	≥13 ≥13	≥590 ≥635	高载中速的耐磨、耐腐蚀件，如轴瓦、衬套、缸套、泵件压盖等
	ZCuSn10P1	9.0~11.5	≤0.05	余	P 0.5~1.0	S J	≥220 ≥310	≥3 ≥2	≥785 ≥885	高载高速的耐磨件，如连杆、轴瓦、衬套、齿轮、涡轮等
	ZCuPb10Sn10	9.0~11.0	≤0.5	余	Pb 8~11	S J Li	≥180 ≥220 ≥220	≥7 ≥5 ≥6	≥65 ≥70 ≥70	表面高压且有侧压的轴承，如轧辊、车辆轴承，内燃机双金属轴瓦、活塞销套、摩擦片
	ZCuPb20Sn5	4.0~6.0	≤0.75	余	Pb 18~23	S J	≥150 ≥150	≥5 ≥6	≥45 ≥55	高速轴承及破碎机、水泵、冷冻机轴承、双金属轴承活塞销套等
	ZCuPb30	≤0.1	≤0.2	余	Pb 27~33	J	—	—	≥245	要求高滑动速度的双金属轴瓦、减磨零件等
	ZCuAl10Fe3	≤0.3	—	余	Al 8.5~11 Fe 2~4	S J	≥490 ≥540	≥13 ≥15	≥980 ≥1080	高强、耐磨、耐腐蚀的重型铸件，如轴套、涡轮机管配件等
铝基	ZAlSn6Cu1Ni1	5.5~7.0	—	0.7~1.3	Al 余量 Ni 0.7~1.3	S J	≥110 ≥130	≥10 ≥15	≥35 ≥40	高速、高载荷机械轴承，如汽车、拖拉机、内燃机轴承

表 7-21　轴承合金国内外牌号对照表

中国（GB）	相近牌号				
	国际标准（ISO）	俄罗斯（ГОСТ）	美国（UNS）	日本（JIS）	德国（DIN）
ZPbSb16Sn16Cu2	—	B16	—	—	—
ZPbSb15Sn10	PbSb15Sn10	—	UNS-53581	WJ7	WM10
ZPbSb15Sn5	—	—	UNS-53565	—	WM5
ZPbSb10Sn6	PbSb15Sn6	—	UNS-53546	WJ9	—
ZSnSb12Pb10Cu4	—	—	—	WJ4	—
ZSnSb8Cu4	SnSb8Cu4	B89	UNS-53193	WJ1	LgSn89
ZSnSb4Cu4	—	B91	UNS-53191	—	—

（二）常用的轴承合金

1. 巴氏合金

巴氏合金具有在软相基体中均匀分布硬相质点的组织。典型锡基巴氏合金为锡基体中加入少量的锑、铜等合金元素，软相基体为 α 相（Sn 基固溶体），硬相质点是锡锑金属间化合物（SnSb，β′相），如图 7-33 所示。合金元素铜和锡形成星状和条状的金属间化合物（Cu_6Sn_5），可防止凝固过程中因最先结晶的硬相 β′上浮而造成的比重偏析。随着 Sb 含量的增加，β′相的数量相应增多，合金强度有所提高但塑性下降。因此，Sb 含量不宜过高，一般控制在 4% ~ 12%。

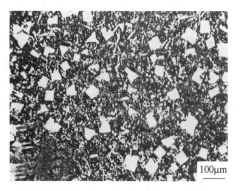

图 7-33 ZSnSb11Cu6 巴氏合金的显微组织

Cu 的加入使得基体得到强化，但 Cu 含量过高也会使得合金发生脆性开裂，因此 Cu 含量一般控制在 2.5% ~ 6%。

锡基巴氏合金具有较好的减摩性能，这是因为在机器最初的运转阶段，旋转的主轴磨去轴承内极薄的一层软相基体以后，未被磨损的硬相质点仍起着支承轴的作用。继续运转时，轴与轴承之间形成连通的微缝隙。同时，它也具有较好的导热性、耐腐蚀性、摩擦系数和热膨胀系数小等优点，但其疲劳强度较低，且工作温度不能超过 150℃，价格较高。常用的牌号如 ZSnSb11Cu6 合金，主要用在大型重载机械上，如内燃机、涡轮机和汽车发动机上。

典型铅基巴氏合金为铅基体中加入少量的锑、锡、铜等合金元素，软相基体为 α+β 共晶体（α 相为锑溶入铅的固溶体，β 相为铅溶入锑的固溶体），硬相质点是锡锑金属间化合物（SnSb），合金元素铜和锡形成较多针状的金属间化合物（Cu_6Sn_5 和 Cu_2Sb 等），不仅可以克服比重偏析，还可以增加合金的耐磨性。向铅基巴氏合金加入少量的 Ni、Te、As、Cd 或 Ca 等元素，能进一步提高合金的性能。铅基巴氏合金的强度、硬度、冲击韧性、导热性和耐腐蚀性远不如锡基巴氏合金，但其价格便宜、滑动性能和高温性能好。常用牌号如 ZPbSb16Sn16Cu2 和 ZPbSb10Sn6，用于中、低载和中速工况下的机械设备中，如汽车发动机曲轴轴承等。

无论是锡基还是铅基巴氏合金的强度都比较低（$\sigma_b = 60 ~ 90MPa$），不能承受大的压力，一般须将其镶铸在钢的轴瓦上，形成一层薄而均匀的内衬，才能更好地工作。这种工艺被称为"挂衬"，挂衬后形成了所谓的双金属轴承。其生产流程为：清洗钢壳与镀锡、轴承合金熔炼、浇注双金属轴瓦[30]。轴承合金层越薄承载能力越大。镀锡是为了使轴承合金与钢壳结合牢固，为了镀锡必须先把钢壳清晰干净。利用浸入法或涂抹法进行镀锡，使锡与铁形成 $FeSn_2$ 和 FeSn 金属间化合物过渡层。锡基用纯锡，铅基巴氏合金用 Sn-40Pb 焊料做镀锡层。

2. 铜基轴承合金

铜基轴承合金有锡青铜、铅青铜和铝青铜等几类，都是以铜锡、铜铅或者铜铝为基体（软基体或硬基体），并添加少量 Sn、Fe 等其他合金元素而形成的轴承合金。

锡青铜轴承合金的典型牌号如 ZCuSn10P1 等，典型组织是由软相基体 α 固溶体和硬相质点（β 相 $Cu_{13}Sn_3$、化合物 Cu_2P）所组成。这种组织中存在较多的分散缩孔，有利于储存润滑油，提高耐磨性。其强度要比巴氏合金更高，能够直接制成轴瓦使用，无须挂衬。它能够承受更高的载荷，广泛应用于中速、重载的场合，如电动机和机床上的轴承。

铅青铜轴承合金的典型牌号有 ZCuPb30，由于铜和铅互不溶解，其典型组织为由硬相基体（纯铜）上分布大量的软相质点（铅）。其强度和承载能力比巴氏合金更高，同时导热能力更好，摩擦系统更小，而且能够在更高温度（350℃以下）工作。因此，它主要用在高速、重载的场合，如航空发动机和高速柴油机上。

3. 铝-锡基轴承合金

铝基轴承合金是以铝为主要组元，加入 Sn、Pb、Sb、Cu、Mg 等合金元素组成的合金系。由于其密度小、导热性和抗黏着性好、疲劳强度高、价格低廉，逐渐取代巴氏合金和铜基轴承合金，广泛用于高速、重载场合的轴承，如重型汽车、拖拉机的轴承。铝基轴承合金可分为 Al-Pb 系、Al-Sb-Mg 系和 Al-Sn 系合金等 3 类。特别要指出的是，由于 Al-Sn 系合金不含有害铅元素，可以用它来替代其他含铅的轴承合金。提升 Al-Sn 基轴承合金的性能使其能适应更多的应用要求很有意义[29]。这里我们着重介绍 Al-Sn 基轴承合金。

Al-Sn 系轴承合金的组织特征为软的 Sn 相弥散分布在硬的 Al 基体上，其中 Al 基体起承载作用，软的 Sn 相则起减摩和抗咬合作用。通常将含锡量小于6%（质量分数）的合金称为低锡铝合金，其典型牌号为 ZAlSn6CuNi1；含锡量在 6%~20%（质量分数）时称为中锡铝合金，其典型牌号为 ZAlSn10Ni2Mn1Cu0.6（美国牌号 G-272）；含锡量大于 20%（质量分数）的称作高锡铝合金，典型牌号有 ZAlSn20Cu1。低锡铝合金早在 20 世纪 30 年代末期就得到了应用，由英国 Rolls-Royce 公司、美国铝业公司（Alcoa）首先铸造单金属轴承，用于汽车、拖拉机以及飞机发动机上。低锡铝合金通常具有较高的强度，良好的耐腐蚀性能和抗穴蚀能力，较好的抗咬黏性和减磨性。低锡铝合金材料常用于铸造整体轴承，并浸渍锡涂层后使用，但由于整体轴承机械强度不够，过早地出现疲劳等缺陷，不能用于高速发动机轴承。高锡铝合金开始应用于 20 世纪 50 年代初。由于含锡20%以上的铝合金制造工艺上较困难，机械强度低，且锡较贵，因此，在工业上所应用的高锡铝合金通常是指含锡量为 20% 左右的铝合金。高锡铝合金的承载能力为巴氏合金的 2~3 倍，与二元铜铅合金相近，却比铜铅合金有更良好的耐腐蚀性、嵌藏性、顺应性，且易于加工、成本较低、不电镀第三层合金就可与软轴（HB≥170）匹配。因此，目前在世界各国它已经被广泛应用于中高速汽车、拖拉机的柴油机轴承上，并在许多场合取代了巴氏合金和其他轴承材料。

一般而言，随着 Sn 含量的增加，Al-Sn 合金的硬度逐渐下降，摩擦系数减小，耐磨性减弱。当锡含量过高时，虽然摩擦系数急剧下降，但合金软化，承载能力下降，其耐磨性不佳；锡含量过低，合金硬度增大，减摩性能不佳。因此，中锡量的 Al-Sn 合金减摩耐磨性能优良，具有综合的摩擦磨损性能[30]。另外，Sn 的分布十分重要。若 Sn 分布均匀弥散，则轴瓦的整个接触面可以得到有效的润滑；若 Sn 分布不均匀，则在贫 Sn 处，会造成 Al 基体的迅速磨损，导致轴瓦报废。因为 Al 和 Sn 两种金属的密度和熔点的差别较大，合金熔体在凝固时会因 Sn 下沉而引起严重的比重偏析，用传统的铸造方法生产 Al-Sn 系合金，不易在 Al 基体中获得均匀分布的 Sn 相。此外，在 Al-Sn 合金的铸态组织中 Sn 通常呈连续片状分布在 Al 晶界上，使合金变脆，导致其机械强度很低。为此，研究人员和工业界发展了连续铸造法、快速凝固法、表面沉积法、强烈塑性变形法和粉末冶金法等制备方法，避免 Sn 的比重偏析，并使软相 Sn 相细小均匀且弥散分布在 Al 基体中。表 7-22 给出了不同方法制备的 Al-20Sn 合金的力学性能和摩擦学性能。

表 7-22　不同方法制备的 Al-20Sn 合金的力学性能和摩擦学性能

Al-20Sn 合金制备方法	力学性能	摩擦学性能
铸造法	硬度：HV 25~40 抗压强度：30~80MPa	磨损率：$(8~10.1) \times 10^{-5} mm^3/(N \cdot m)$
常规粉末冶金法	硬度：HV 36~48 抗压强度：60~100MPa	摩擦系数：0.55~0.8（滑动磨损） 磨损率：$(5~10) \times 10^{-5} mm^3/(N \cdot m)$
机械合金化及粉末冶金法	硬度：HV 82~150 抗压强度：260~370MPa	摩擦系数：0.25~0.6（滑动磨损） 磨损率：$(4~8) \times 10^{-5} mm^3/(N \cdot m)$

连续铸造法通过控制熔体冷却过程中富 Sn 相的沉降，沿带材断面形成锡的浓度梯度分布为：上表面为贫 Sn 层，下表面为富 Sn 层，经后续加工获得预定的 Sn 分布。该方法能够获得化学成分和晶粒尺寸更均匀的铸态金属，在凝固过程中能够获得更高的强度。由于连续铸造法生产效率高，因此已经被用于工业上的大规模生产。采用此方法制备出 Al-20Sn-1Cu 合金在铸态条件下，三维网状的 Sn 相沿 Al 基体呈枝晶分布；经过轧制和 350℃ 退火之后，孤立的网状 Sn 被连续的三维网状 Al 基体所包围，与铸态组织相比较，Sn 相的分布更加均匀且尺寸更小（约为 7μm）[31,32]。

粉末冶金法是另一种有效的制备方法，采用 Al 粉和 Sn 粉作原料，通过压制—烧结工艺制造 Al-Sn 合金材料。利用粉末冶金的方法制备 Al-Sn 合金，能够有效地消除 Al-Sn 合金的比重偏析问题，使 Sn 相细小（2~3μm）且弥散分布在 Al 基体上[33,34]。特别值得指出的是，可以将机械合金化方法与之结合。首先用机械合金化方法制备纳米复合 Al-Sn 合金粉末，然后用粉末冶金方法制备 Al-Sn 轴承合金。其典型组织为纳米级 Sn 颗粒均匀弥散分布于纳米晶 Al 基体中的纳米相 Al-Sn 合金。通过控制机械合金化和烧结工艺，可以较好地调整 Al-Sn 合金的组织，控制 Sn 相的网状分布形态及网状结构的尺寸，进而改善纳米相 Al-Sn 合金烧结后的显微组织，如图 7-34 所示[35]。Al-Sn 系合金组织的细化通常能够提高合金的硬度以及强度等性能。因此，利用粉末冶金法制备 Al-Sn 粉末冶金合金比相同成分

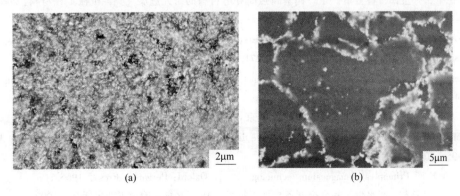

(a)　　　　　　　　　　　　　(b)

图 7-34　高能球磨和粉末烧结制备的 Al-20Sn 合金的微观组织

(a) 球磨 40h 微观组织（SEM 背散射像图）；(b) 300℃ 烧结后的网状结构

的铸态合金拥有更好的拉伸、压缩和疲劳性能，但同时也变得更加硬脆。通过对其退火可使硬度减少到合适的范围，并使拉伸、压缩和疲劳性能仍然优于 Al-Sn 铸态合金。

除 Al-Sn 基合金外，Al-Pb 和 Al-Sb-Mg 轴承合金也仍在不少场合使用。由于 Al-Pb 与 Al-Sn 一样是互不溶体系，且两种元素密度相差悬殊，Al-Sn 体系中的那些改善性能的方法也适用于 Al-Pb 轴承合金[36]。类似地，还有 Al-Sb-Mg 轴承合金，其含锑量为 3.5%～5%、含镁量为 0.3%～0.7%，其典型显微组织为软相基体 Al 以及硬相质点 β 相（AlSb 化合物）组成，加入 Mg 的作用可使针状 AlSb 相变成片状，从而使得合金的疲劳强度和韧性更好。该合金一般与低碳钢轧制成双金属轴瓦使用，常用在高速、重载的柴油机轴承上。

参 考 文 献

[1] 方昆凡. 工程材料手册——有色金属材料卷 [M]. 北京：北京出版社，2002 年.

[2] 黄伯云，李成功，石力开，等. 中国材料工程大典——有色金属材料工程 [M]. 北京：化学工业出版社，2006.

[3] 王克勤. 铝冶炼工艺 [M]. 北京：化学工业出版社，2004.

[4] 潘复生，张丁非. 铝合金及应用 [M]. 北京：化学工业出版社，2006.

[5] Yoshida H. Some aspects on the structure of Guinier-Preston zones in Al-Cu alloys based on high resolution electron microscope observations [J]. Scripta Metallurgica, 1988, 22: 947～951.

[6] Edwards G A, Stiller K, Dunlop G L, et al. Preciptation sequence in Al-Mg-Si alloys [J]. Acta Mater., 1998, 46 (11): 3893～3904.

[7] Lin Y C, Xia Y C, Jiang Y Q, et al. Precipitation hardening of 2024-T3 aluminum alloy during creep aging [J]. Materials Science & Engineering A, 2013, 565: 420～429.

[8] 赵立华. 超高强度铝合金研究现状及发展趋势 [J]. 四川兵工学报，2011，32：147～150.

[9] 许并社，李明照. 铜冶炼工业 [M]. 北京：化学工业出版社，2007.

[10] 李赋屏，周永省，黄斌，等. 铜伦 [M]. 北京：科学出版社，2012.

[11] Delaey L, Deruyttere A, Aernoud T, et al. Shape memory effect, superelasticity and damping in Cu-Zn-Al alloys [R]. Katholieke: Katholieke University Leuven, 1978: 7.

[12] 李周，汪明朴，许根应. 铜形状记忆合金材料 [M]. 长沙：中南大学出版社，2010.

[13] 陆德平，孙宝德，曾卫军，等. 铜基高强高导电材料的研究进展 [J]. 机械工程材料，2004，28：1～4.

[14] Briyles S E, Anderson K R, Groza J R. Creep deformation of dispersion strengthening copper [J]. Metal. Trans. A, 1996, (27A): 12172～12271.

[15] Merzhnovma G. Self properties of reactively cast aluminium TiB$_2$ alloys materials [J]. Science and Technology, 1993 (10): 833～840.

[16] 丁文江，等. 镁合金科学与技术 [M]. 北京：科学出版社，2007.

[17] Polmear I J. Light metals: metallurgy of the light metals [M]. 3rd edition. London: Edward Arnold, 1995: 204.

[18] Emely E F. Principles of magnesium technology [M]. Oxford: Pergamon Press, 1966.

[19] 徐河，刘静安，谢水生. 镁合金制备与加工技术 [M]. 北京：冶金工业出版社，2007.

[20] 张喜燕，赵永庆，白晨光. 钛合金及应用 [M]. 北京：化学工业出版社，2005.

[21] Gerd L, James C W. Titanium [M]. 2nd edition. New York: Springer Berlin Heidelbergy, 2007.

［22］ Miyazaki S, Kim H Y, Hosoda H. Development and characterization of Ni-free Ti-base shape memory and superlastic alloys ［J］. Mater Sci & Eng A, 2006, 438～440：18～24.

［23］ Chai Y W, Kim H Y, Hosoda H, et al. Self-accommodation in Ti-Nb shape memory alloys ［J］. Acta Mater, 2008, 56：3088～3097.

［24］ Baker C. The shape-memory effect in a titianium-35 wt.% niobium alloy ［J］. Metal Sci J. 1971, 5：92～100.

［25］ Kim H Y, Ikehara Y, Kim J I, et al. Martensitic tranforamtion, shape memory effect and superelasticity of Ti-Nb ［J］. Acta Mater., 2006, 54：2419～2429.

［26］ Tahar M, Kim H Y, Hosoda H, et al. Cyclic deformation behavior fo a Ti-26at.% Nb alloy ［J］. Acta Mater, 2009, 57：2461～2469.

［27］ Kim J I, Kim H Y, Inamura T, et al. Shape memory behavior of Ti-22Nb-(0.5-2.0)O(at.%) bomedical alloys ［J］. Mater Sci Eng A, 2005, 403：334～339.

［28］ 杨锐，郝玉林. 高强度低模量医用 Ti2448 的研制与应用 ［J］. 新材料产业, 2009, 6：10～13.

［29］ 张文毓. 轴瓦材料工业化生产技术综合分析 ［J］. 新材料产业, 2008, 4：47～50.

［30］ 蒋玉琴. 国内外汽车滑动轴承材料发展现状及趋势 ［J］. 汽车工艺与材料, 2009, 3：10～13.

［31］ Zhu M, Gao Y, Chung C Y, et al. Improvement of the wear behaviour of Al-Pb alloys by mechanical alloying ［J］. Wear, 2000, 242（1）：47～53.

［32］ Abis S, Barucca G, Mengucci P. Electron microscopy characterization of Al-Sn metal-metal matrix composites ［J］. Journal of Alloys and Compounds, 1994, 215：309～313.

［33］ Dixon C F, Skelly H M. Properties of aliminium-tin alloys produced by powder metallurgy ［J］. Powder Metallurgy, 1973, 16（32）：366～373.

［34］ Kaneko J, Sugamata M, Blaz L, et al. Aluminum-low melting metal alloys prepared by mechanical alloying with addition oxide ［J］. Key Engineering Materials, 2000, 188：73～82.

［35］ Liu X, Zeng M Q, Ma Y, Zhu M. Wear behavior of Al-Sn alloys with different distribution of Sn dispersoids manipulated by mechanical alloying and sintering ［J］. Wear, 2008, 265：1857～1863.

［36］ 高岩，曾建民，司家勇，等. 锡含量对铝锡轴承合金摩擦磨损性能研究 ［J］. 铸造技术, 2005, 26（5）：409～412.

名 词 索 引

习　题

7-1　掌握铝合金的分类、编号方法及性能特点。

7-2　防锈铝合金及硬铝合金可以通过哪些途径达到强化的目的？试分析其强化原理。

7-3　硅铝明如何进行变质处理？试简述变质处理之目的。

7-4　为什么硅铝明具有良好的铸造性能？

7-5　下列零件需用铝或铝合金制造，试选择适用的材料牌号，并作简要说明。

　　（1）形状较复杂的仪表壳体；

　　（2）建筑门窗；

　　（3）内燃机气缸体；

　　（4）飞机蒙皮。

7-6　什么样的合金才能时效强化？钢的强化方法和有色金属的强化方法有何不同？

7-7　简述黄铜中含锌量对性能的影响，为什么其含锌量一般可达 40%？

7-8　为什么含锌量较多的黄铜，经冷加工后不适宜于在潮湿的大气、海水及在含有氨的情况下使用？用什么方法改善其抗蚀性？

7-9　锡青铜属于什么合金？为什么工业用锡青铜的含锡量大多不超过 11%？

7-10　纯铜能否通过热处理方法加以强化，为什么？要提高其强度应采取什么手段？

7-11　轴瓦材料必须具有什么特征？对轴承合金的组织有什么要求？何谓巴氏合金？巴氏合金有哪几类？举例说明常用巴氏合金的成分、性能及用途。

7-12　指出下列合金的类别、成分、主要特征及用途：

（1）ZL109；

（2）LY12、LD7、LC6、LF5；

（3）H62、H70；

（4）ZQSn6-6-3、ZQAl9-4；

（5）ZChSnSb11-6 、ZChPbSb16-16-2。

本章自我练习题

（填空题、选择题、判断题）

扫码答题 7

第三篇

无机非金属材料

无机非金属材料是材料家族的三大成员之一，无机非金属材料是指除金属和有机材料之外的材料，一般以离子键、共价键、离子键和共价键混合为原子结合方式。它主要包括陶瓷、玻璃、水泥、耐火材料、碳材料等。无机非金属材料种类繁多、应用广泛，是十分重要的工程材料。限于篇幅，本篇仅简要介绍陶瓷与玻璃材料。

第八章 陶瓷材料

课堂视频 8

陶瓷是最古老的人工制造材料。随着社会的发展、科学技术的进步和生产水平的提高，人们开始追求具有更好品质和性能的陶瓷材料，以满足不断提高的应用要求。为与传统陶瓷材料区别，这类陶瓷被称为**先进陶瓷**，也被称为高技术陶瓷、高性能陶瓷、精细陶瓷、特种陶瓷等。先进陶瓷材料的性能远超过传统陶瓷。先进陶瓷由于具有优异的性能或特殊的功能，为技术和工业的发展提供了关键性的材料，在机械、电子、航空航天、能源、化工、医疗、军工等工业和高技术领域得到了越来越广泛的应用。

第一节 陶瓷材料的基本组成与分类

一、基本组成与组织结构

陶瓷材料的组成包括化学组成和物相组成，基本化学组成为氧化物或非氧化物（碳化物、氮化物、硼化物等）以及它们的复合体。

陶瓷材料是多晶体材料，结构层次涉及原子结构、分子结构、晶体结构和显微结构。晶相是陶瓷的主相，晶相的性质决定于它的化学成分和晶体结构。晶相的化学键性质、结构类型、数量决定了陶瓷材料的主要物理和化学性能及应用。陶瓷材料的结合键为离子键和共价键以及离子键和共价键的混合键。由于结合能高，故陶瓷材料通常具有高熔点、高硬度、高弹性模量、高绝缘性、高化学稳定性、耐高温、耐磨、耐腐蚀、耐氧化等特性。在有些情况下陶瓷是唯一能选用的材料，例如内燃机的火花塞，瞬时引爆温度达 2500℃，并要求有良好的绝缘性和耐化学腐蚀性。

陶瓷材料中的晶相又可分为主晶相、次晶相、析出相和夹杂相。

（1）主晶相：是材料的主要组成部分，是含量最高的晶相，材料的性能主要取决于主晶相的性质。化学组成相同但晶体结构不同（同质异构体），材料的性能也不相同。

（2）次晶相：是材料的次要组成部分。例如，氮化硅陶瓷有 $\alpha-Si_3N_4$ 和 $\beta-Si_3N_4$ 两种晶型，均为六方晶系，等轴粒状的 $\alpha-Si_3N_4$ 为主晶相，而针状或棒状的 $\beta-Si_3N_4$ 为次晶相，含量较少，起增强作用；氧化锆增韧氧化铝陶瓷中 $\alpha-Al_2O_3$ 是主晶相，四方氧化锆是次晶相。

（3）析出相：由黏土、长石、石英等矿物原料制备的陶瓷材料，在烧结过程中常常会析出莫来石（$3Al_2O_3 \cdot 2SiO_2$），这种莫来石称为二次莫来石，与通过原料煅烧合成的颗粒状一次莫来石不同，二次莫来石为针状，可提高陶瓷材料的强度。

（4）夹杂相：陶瓷材料中往往含有一些杂质，通常来自原料或制备过程，形成的相称为夹杂相。先进陶瓷材料中夹杂相的含量虽然很少，但其存在可能会对材料的性能产生一定的影响。

陶瓷材料的性能除取决于晶相自身的性质外，晶粒的尺寸、形貌、取向、分布均匀性以及晶界等**显微结构**特征也是影响陶瓷材料性能的重要因素。陶瓷材料的晶粒尺寸的范围为从纳米到毫米，一般细晶粒可提高陶瓷材料的力学性能和导热性能，同时使陶瓷材料的绝缘性能下降。晶粒形状包括等轴粒状、针状、棒状、片状、纤维状、不规则形状等，不同的形状对材料性能的影响不同，如针状、棒状、片状、纤维状的晶粒可能起到增强增韧的作用。陶瓷材料的晶粒通常是随机取向的，晶粒随机取向的陶瓷材料的性能是各向同性，但是由于原料颗粒形状、成型工艺、晶种、添加剂等原因，有可能产生不同程度的取向，高度取向称为织构化，晶粒产生取向会导致陶瓷材料的性能各向异性。晶界的数量、应力分布以及晶界上夹杂物的析出等情况对材料的性能也会产生较大的影响。

陶瓷材料主要是晶相，但往往也存在一定量的玻璃相和气相（气孔）。玻璃相是指陶瓷材料中的非晶态物相，由高温熔体凝固形成，无熔点且熔融温度较低，玻璃的性质呈各向同性。玻璃相对陶瓷材料性能的影响取决于玻璃相的性质、含量及分布。玻璃相一般存在于晶界（图8-1），玻璃相的存在会降低陶瓷的力学性能和热稳定性，含量越高，力学性能越低，尤其是高温力学性能变得越差。由于玻璃中质点结合较弱，结构疏松，导致材料的介电损耗增大，介电性能下降。

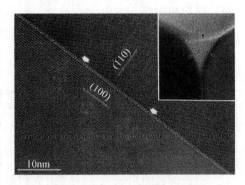

图 8-1　Si_3N_4 陶瓷晶界玻璃相

陶瓷材料中是否会形成玻璃相及玻璃相的含量取决于材料的配方、组成和烧结工艺制度。采用高纯原料、通过固相烧结的陶瓷材料一般不存在玻璃相。有时为了通过液相烧结降低烧结温度、促进致密化或改善某种性能（如导电性），在先进陶瓷中人为加入某些添加剂，在高温烧结过程中通过发生一系列物理化学变化形成熔体（熔融相），冷却到一定温度时如果熔体不发生结晶就会固化成玻璃相。特定组成的玻璃相在一定条件下通过适当的热处理可转化为结晶相（重结晶），从而改善材料的力学性能和介电性能，尤其是高温力学性能。

气相是陶瓷材料内部由气体形成的孔洞，即气孔。陶瓷材料中的气孔可分为开口气孔

（也称显气孔）和闭口气孔两种。开口气孔与材料表面联通，闭口气孔则封闭在材料内部，与表面不联通。气孔的主要特征包括气孔的大小和形状。气孔多位于晶界，也可能存在于晶粒内部，晶粒内的气孔呈圆形，晶界上的气孔通常形状不规则，如图 8-2 所示。普通陶瓷含有 5%~10% 的气孔，非多孔的先进陶瓷一般要求气孔率在 5% 以下。陶瓷材料中气孔形成的原因比较复杂，影响因素较多，如材料制备工艺、有机黏结剂的种类、原材料的分解物、坯体的密度和均匀性、晶粒生长速度、烧成工艺参数（烧结温度、保温时间和降温速度）和气氛都影响陶瓷中气孔的存在。通过一些特殊的制备工艺（如热等静压烧结）可以将气孔全部排除，得到不含气相的完全致密的陶瓷材料。

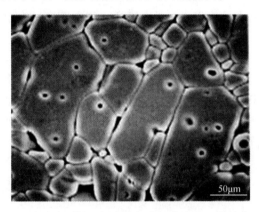

图 8-2　含晶内和晶界气孔的氧化铝陶瓷的显微结构照片

气相对陶瓷材料性能的影响取决于气孔的含量（孔隙率）、大小（孔径）、形状、分布、开口/闭口、连通性等因素。除了多孔陶瓷需要利用孔隙获得一些特殊功能或性能外，气相的存在对陶瓷材料性能是不利的。由于气相的弹性模量、导热系数、热熔极小，气孔的存在会降低材料的密度、减小受力面积，因此陶瓷材料的弹性模量和强度会随着孔隙率的增大产生指数式急剧下降，并显著降低材料的透明度。同时，大量气孔的存在会使材料的绝缘性能降低，介电性能变差。但是多孔陶瓷材料的表面吸附性能、渗透能力以及隔热或保温性能较好，并有利于涂覆涂层等。

二、分类

随着技术的进步和应用需求的不断增大，先进陶瓷材料迅猛发展，陶瓷材料的种类、性能和应用范围不断丰富拓展。为此，逐渐开始对陶瓷材料进行分类，按类建立起相应的理论、技术规范、标准等体系。先进陶瓷材料可以根据化学组成、性能和用途等进行分类。

（一）按化学组成分类

按组成可分为氧化物陶瓷、氮化物陶瓷、碳化物陶瓷、硼化物陶瓷等。氧化物陶瓷的结合键是以离子键为主，常见的**氧化物陶瓷**有 Al_2O_3 陶瓷、ZrO_2 陶瓷、MgO 陶瓷、莫来石（$3Al_2O_3 \cdot 3SiO_2$）陶瓷、尖晶石（$MgAl_2O_4$）陶瓷、堇青石（$2MgO \cdot 2Al_2O_3 \cdot 5SiO_2$）陶瓷、钛酸铝（$Al_2TiO_5$）陶瓷等；氮化物陶瓷主要是以共价键结合为主的 Si_3N_4、TiN、BN、AlN 等氮化物。氮化物陶瓷、碳化物陶瓷、硼化物陶瓷为以共价键结合为主的**非氧化物陶瓷**。碳化物陶瓷主要是 SiC、WC、TiC、B_4C、ZrC 高熔点碳化物为主的陶瓷。硼化物陶瓷

主要是以 TiB_2、ZrB_2 为主，属于超高温陶瓷，它们也作为添加剂使用。上述氧化物陶瓷、氮化物陶瓷、碳化物陶瓷、硼化物陶瓷性质各异，导致它们的性能和应用有明显的差异。

（二）按性能和用途分类

根据性能和用途的不同，陶瓷材料可分为**结构陶瓷**和**功能陶瓷**两大类。结构陶瓷主要是利用陶瓷的力学性能，如强度、硬度、弹性模量、耐磨性、耐高温性能等。结构陶瓷按性能和用途可分为高强度陶瓷、耐磨陶瓷、耐高温陶瓷、机械工程陶瓷、军用陶瓷、航空航天陶瓷等；功能陶瓷主要是利用其电学性能、磁学性能、热学性能、光学性能等。功能陶瓷按性能和用途可分为半导体陶瓷、导电陶瓷、压电陶瓷、介电陶瓷、磁性陶瓷、热释电陶瓷、红外辐射陶瓷、电工陶瓷、透明陶瓷、生物医用陶瓷等[1,2]。工程所用的陶瓷材料多属于结构陶瓷。

此外，陶瓷中还有很大一类是日常生活使用陶瓷，如瓷砖、陶瓷瓦、陶瓷马桶、餐具茶具、文具、灯具、艺术品等。这些一般统称为普通陶瓷，可步细分为建筑陶瓷、日用陶瓷、美术陶瓷等。这些产品所需陶瓷材料的性能相对不高，也不列入工程材料，本书不做进一步讨论，有兴趣的读者可参阅有关著作[3]。

第二节　陶瓷材料的性能

一、力学性能

陶瓷材料的性能取决于其组成（包括化学组成和物相组成）和结构（包括晶体结构和显微结构），组成和晶相一定的陶瓷材料其性能在很大程度上取决于其显微结晶[4,5]。由于陶瓷材料是以离子键和共价键及离子键和共价键的混合键结合，结合力强，使其硬度远高于一般的金属材料和高分子材料。例如，各种陶瓷的维氏硬度（HV）多为 $10\sim50GPa$，淬火钢只有 $5\sim8GPa$，高聚物一般不超过 $0.2GPa$。由于化学键合力较强，属于弹性模量最高的一类材料，多数陶瓷室温下的弹性模量高于金属。陶瓷材料受力会产生一定的弹性变形，工程陶瓷的弹性模量在 $20\sim600GPa$ 之间[6]。常温下陶瓷材料不容易形成位错，而且位错滑移困难，滑移系统没有或很少。另外，多晶体中存在大量的晶界，而且还存在气孔、微裂纹、玻璃相等，位错运动容易受阻，往往在施加的载荷还不足以引起发生位错滑移就已使材料因裂纹扩展而破坏。因此，常温下陶瓷材料在外力作用下几乎不产生塑性变形，是完全脆性的，其破坏形式为脆性断裂，是典型的脆性材料。图 8-3 为几种典型材料的应力-应变曲线。陶瓷材料高硬

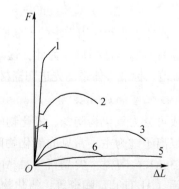

图 8-3　几种典型材料的应力-应变曲线
1—淬火、高温回火后的高碳钢；2—低合金结构钢；
3—黄铜；4—陶瓷；5—橡胶；6—工程塑料

度、高弹性模量、高强度，使其具有优异的耐磨性能。

断裂韧性低是结构陶瓷材料的致命弱点，是限制陶瓷材料在工程领域广泛应用的重要原因。尽管陶瓷材料有着比金属高的弹性模量，但陶瓷材料断裂韧性却比金属材料低得多。这是由于陶瓷材料在裂纹扩展过程中消耗的主要是表面能，断裂能低；而金属材料在裂纹扩展过程中，由于产生塑性形变，消耗的塑性功远大于消耗的表面能，通常具有较高的断裂能。同理，陶瓷材料的断裂强度往往比金属材料低。弹性模量高、断裂能低，使得陶瓷材料具有抗压、抗剪切能力强，但抗拉强度低的特点。铸铁抗拉强度与抗压强度的比值约为 1/3，而陶瓷在 1/10 左右。陶瓷材料的耐高温性能则比金属材料好得多，通常在 800℃ 以下温度对结构陶瓷的强度影响不大[6]。由于陶瓷材料的显微结构存在不均匀性，使得陶瓷材料在相同的加载条件下测试的强度值有较大的分散性，可靠性不如金属材料。鉴于陶瓷材料存在断裂韧性低、可靠性较差等不足，扬长避短，合理使用，对结构陶瓷材料十分重要。在设计部件时，要采用断裂力学的方法，确保安全、合理地使用陶瓷材料，尽量避免部件形状和尺寸的急剧变化和承受过高的张应力和冲击载荷。

为了改善陶瓷材料的力学性能，降低脆性、增强增韧是陶瓷材料的主要研究热点之一。增强增韧的方法主要有**相变增韧**、纤维/晶须复合强化、**颗粒弥散增韧**以及加入金属相增韧（**金属陶瓷**）等，增强增韧的主要机理是通过不同方式提高陶瓷材料的断裂能。

二、化学性能

陶瓷材料的化学性质和组织结构非常稳定。在离子晶体中，阳离子通常位于阴离子配位多面体的内部，阳离子之间距离较远，同号离子相互不接触，离子排列属于能量最低状态，化学结构稳定。一般情况下，氧化物陶瓷材料在室温和高温下均不与环境介质中的氧发生反应；非氧化物陶瓷不但在室温下不会氧化，即使达到 1000℃ 的高温下多数也不会发生明显的氧化。陶瓷对酸、碱、盐、熔体的腐蚀有较强的抵抗能力。

三、热学性能

陶瓷材料有着优越的耐高温性能，是工程上常用的耐高温材料。多数金属在 1000℃ 以上高温时即丧失强度，而一些陶瓷材料此时甚至还能保持其室温下的强度，而且高温抗蠕变能力强。因而陶瓷材料用于高温场合有着明显的优势，常用作燃烧室喷嘴、导弹的雷达保护罩、燃气轮机转子等使用。

陶瓷的热膨胀系数和导热系数一般比金属低。氧离子做最紧密堆积或接近最紧密堆积的氧化物陶瓷，通常具有相对较大的热膨胀系数；而以强共价键结合的非氧化物陶瓷，热膨胀系数较小。氧化物陶瓷的热传导是以声量子和光量子传导为主，故热导率一般较小；而非氧化物陶瓷热传导是以电子传导为主，故热导率较大。气孔对陶瓷材料的热传导有重要的影响。气孔率高、气孔不连通且分布均匀的陶瓷，导热性差，隔热保温性能好。

陶瓷由于抗拉强度较低、弹性模量大、热导率低、热容较大，因此**抗热震性**较差。当经历温度急剧变化时，强度下降，容易破裂，故应尽量避免用于温度急剧变化的场合。

第三节　陶瓷材料制造工艺

陶瓷材料种类繁多，生产工艺各不相同，但一般都要经历以下 3 个阶段：坯料制备、成型和烧成。有时还要对陶瓷烧结体进行冷加工及精加工甚至超精密加工，以获得高精度、高表面质量的制品[7,8]。

一、坯料制备

陶瓷坯料由多种原料组成，配方的设计及工艺制度的确定十分关键，对陶瓷产品的性能和质量有直接的重要影响。在设计配方前必须对所使用原料的化学组成、矿物组成、粒度及粒度分布、物理性能以及工艺性能等进行全面了解。根据陶瓷制品的性能要求确定陶瓷的化学组成和物相组成；选择合适的原料，并计算配方；根据配方精确称量各种原料，并均匀混合。

根据成型工艺的不同，将坯料制成粉料（干法成型）、浆料（注浆成型）或泥团（塑性成型）等。典型的塑性成型坯料制备工艺流程如下：原料预处理→原料称量→配料→球磨混合→出料→过筛→脱水→练泥→陈腐。干法压制成型坯料的制备工艺流程为：原料预处理→原料称量→配料→球磨混合→喷雾干燥（或脱水→干燥→过筛）。注浆成型的基本工艺流程为：粉末→浆料→注浆→脱模→干燥→型坯。

二、成型

通过成型工艺赋予陶瓷一定的形状和尺寸，成型得到的半成品称为生坯或坯体。陶瓷成型方法很多，大体分为干法成型和湿法成型两大类。

干法成型为粉料成型，在模具中采用较高的压力将粉料压制成型，包括钢模压制成型和等静压成型等。

湿法成型大致可分为可塑成型（塑性成型）和浆料成型两类。可塑成型是将具有良好可塑性的泥团，通过手工或机械挤出、滚压的方法成型。可塑成型方法包括挤出成型、轧模成型等。浆料成型是将具有良好流动性的浆料注入模具中成型，浆料成型方法包括注浆成型、热压铸成型、流延成型等。为了适应复杂形状陶瓷部件的成型，又发展出注射成型、原位凝固胶态注模成型等新的陶瓷成型方法，成型尺寸更精确、可靠性更好。近年来，三维打印技术在陶瓷成型中也得到了初步的应用，如熔融沉积成型、液态沉积成型、喷墨打印成型、立体光刻成型等[9,10]。

三、烧结

成型后的陶瓷生坯是由许多固相粒子堆积起来的聚集体，颗粒之间以点接触为主，存在大量孔隙，强度较低，必须经过高温**烧结**才能形成致密瓷体。烧结是影响陶瓷材料结构和性能的重要环节，选择合适的烧结方法、制定正确的烧结工艺制度对于陶瓷制品的性能和质量至关重要。

烧结的驱动力为过剩的表面能。烧结时，随着温度升高，陶瓷坯体中表面能较高的颗粒，力图向降低表面能的方向变化，不断进行物质迁移，晶界随之移动，晶粒生长，气孔逐步排除，产生收缩，最终使坯体成为强度得到显著提高的致密瓷体。

烧结可分为有液相参与的烧结（**液相烧结**）和纯固相的烧结（**固相烧结**）两类。烧结致密化的机理包括：扩散、蒸发-凝聚、熔融-结晶、塑性流动、化学反应等。为降低烧结温度，扩大烧成温度范围，通常加入一些添加物作助熔剂（烧结助剂），在高温下形成少量液相，促进烧结。以共价键结合的非氧化物陶瓷由于扩散系数低，烧结困难。往往需要加入烧结助剂和采用加压烧结方法，以获得致密的烧结体。如氮化硅陶瓷的烧结加入 MgO、Y_2O_3、Al_2O_3 等作为烧结助剂，采用热压烧结、气压烧结等方法有利于促进致密化。

目前陶瓷的主要烧结方法有：常压烧结法、热压烧结法、热等静压烧结法、反应烧结法、气压烧结法、微波烧结法、放电等离子烧结法、高温自蔓延烧结法等。

第四节　工程用陶瓷材料

工程常用陶瓷材料包括氧化物陶瓷、非氧化物陶瓷和陶瓷基复合材料，其中非氧化物陶瓷又包括氮化物陶瓷、碳化物陶瓷、硼化物陶瓷等。以下将对几种工程常用的氧化物陶瓷和非氧化物陶瓷进行阐述。

一、氧化铝陶瓷

（一）氧化铝陶瓷的结构

1. $\alpha\text{-}Al_2O_3$ 的晶体结构

氧化铝陶瓷是以**氧化铝**为主要成分的陶瓷，其主晶相是 $\alpha\text{-}Al_2O_3$。氧化铝的晶体结构有低温型 $\gamma\text{-}Al_2O_3$ 和高温型 $\alpha\text{-}Al_2O_3$（**刚玉**），前者结构较疏松，后者结构紧密，热稳定性和化学稳定性好，是氧化铝陶瓷的主晶相。两者之间还存在一系列过渡晶型。低温晶型在 1000℃ 以上的高温下转变为高温晶型。$\alpha\text{-}Al_2O_3$ 是离子晶体，属三方晶系，每个 O^{2-} 与 4 个 Al^{3+} 形成静电键。$\alpha\text{-}Al_2O_3$ 晶体结构可以看成 O^{2-} 按六方紧密堆积排列（即 ABAB…二层重复型），而 Al^{3+} 填充于由 6 个 O^{2-} 组成的八面体的空隙。由于 Al^{3+} 和 O^{2-} 的比例为 2∶3，Al^{3+} 只填充于 2/3 八面体空隙，其余 1/3 空隙是空着的，因此 Al^{3+} 的分布必须有一定的规律，其原则是从 Pauling 规则出发，在同一层和层与层之间，Al^{3+} 之间的距离应保持最远，宏观上呈现均匀分布，以减少 Al^{3+} 之间的静电斥力，有利于结构的稳定性。否则，由于 Al^{3+} 分布不当，出现过多 Al—O 八面体共面的情况，对结构的稳定性造成不利的影响。图 8-4 给出了 Al^{3+} 分布的 3 种形式，Al^{3+} 在八面体空隙中，只有按照 Al_D、Al_E、Al_F、…的顺序排列，才能满足 Al^{3+} 之

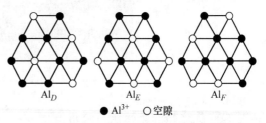

●Al^{3+}　○空隙

图 8-4　$\alpha\text{-}Al_2O_3$ 中 Al^{3+} 的 3 种排列方式

间的距离最远的条件。再考虑 O^{2-} 按六方紧密堆积排列，有 2 种方式：O_A 和 O_B，所以 $\alpha\text{-}Al_2O_3$ 晶体中 O^{2-} 与 Al^{3+} 的排列次序如下：$O_A Al_D O_B Al_E O_A Al_F O_B Al_D O_A Al_E O_B Al_F$，将上述 12 层排列看成一个单元，则其重复就构成了 $\alpha\text{-}Al_2O_3$ 晶体结构，如图 8-5 所示。

刚玉硬度高，为莫氏9级，熔点高达2050℃，理论密度为3.99g/cm³，力学性能也颇佳，这与其结构中 Al—O 键的牢固性有关。α-Al_2O_3是某些耐火材料以及电子装置瓷的主要晶相，因硬度高可用作磨料磨具，很多耐高温瓷件和结构件都用氧化铝来制备，在现代机械工业、化工工业和电子工业中，氧化铝作为先进陶瓷广泛应用。

2. 氧化铝陶瓷的显微结构

氧化铝陶瓷通常以 α-Al_2O_3 的含量来分类，含量为75%、85%、95%的分别称为75氧化铝瓷、85氧化铝瓷和95氧化铝瓷，并统称为**高铝瓷**，而含量达到99%以上时称为**刚玉瓷**。制备高铝瓷通常加入钙长石、氧化硅、高岭土等，制备刚玉瓷也常常会加入少量添加剂促进烧结或抑制晶粒长大，常见的添加剂有 MgO、SiO_2、CaO、TiO_2、Cr_2O_3等。氧化铝陶瓷中玻璃相的含量取决于氧化铝以外其他成分的种类、含量和烧结温度。一般来说，氧化铝含量越低，玻璃相含量就越高。根据配方、原料和烧结工艺参数，氧化铝陶瓷的晶粒尺寸通常在几微米至几十微米不等。典型氧化铝陶瓷的显微结构照片如图8-6所示，含α-Al_2O_3达99%以上，瓷体致密，气孔极少，为单相多晶组织。

由于氧化铝是离子键晶体，离子扩散系数较大，烧结过程中晶粒生长较快，烧结体中晶粒尺寸往往较大。如果原料粉体的粒度不均匀，则容易产生二次再结晶，导致晶粒尺寸差异大，显微结构不均匀。

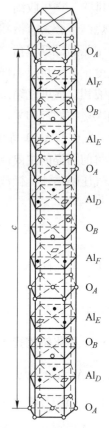

图 8-5　α-Al_2O_3晶体结构

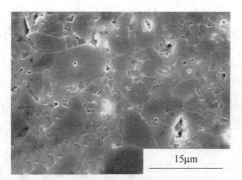

图 8-6 彩

图 8-6　氧化铝陶瓷的显微组织[11]

(二) 氧化铝陶瓷性能与应用

1. 氧化铝陶瓷的性能

由于α-Al_2O_3具有很好的力学性能、热学性能和介电性能，所以随着氧化铝陶瓷中刚玉晶体含量的增大，材料的力学性能、热学性能和介电性能提高，介质损耗下降。刚玉瓷的高强度可维持到900℃，随着α-Al_2O_3含量的降低，氧化铝陶瓷的使用温度下降。氧化铝陶瓷耐高温、抗氧化，纯氧化铝陶瓷能耐大多数金属熔体和玻璃熔体的侵蚀，常温下耐强酸、强碱腐蚀。断裂韧性低是氧化铝陶瓷的主要缺点，通过 ZrO_2 相变增韧、碳化物颗粒弥散增韧、晶须增韧等方法可显著提高氧化铝陶瓷的断裂韧性[6]。典型氧化铝陶瓷的性能如表 8-1 和表 8-2 所示。

表 8-1　刚玉瓷的典型性能

Al_2O_3质量分数/%	>99.9	>99.7①	>99.7②	99~99.7
密度/$g \cdot cm^{-3}$	3.97~3.99	3.6~3.85	3.65~3.85	3.89~3.96
维氏硬度 HV/GPa	19.3	16.3	15~16	15~16
断裂韧性 K_{IC}/MPa·$m^{1/2}$	2.8~4.5	—	—	—
杨氏模量/GPa	366~410	300~380	300~380	330~400
弯曲强度/MPa	550~600	160~300	245~412	550
线膨胀系数（200~1200℃）/$℃^{-1}$	$(6.5~8.9) \times 10^{-6}$	$(5.4~8.4) \times 10^{-6}$	$(5.4~8.4) \times 10^{-6}$	$(6.4~8.2) \times 10^{-6}$
室温热传导率/W·$(m \cdot K)^{-1}$	38.9	28~30	30	30.4

① 不含 MgO，二次再结晶。

② 含 MgO。

表 8-2　不同含量氧化铝陶瓷的典型性能

Al_2O_3质量分数/%	85	92	96	99.5
密度/$g \cdot cm^{-3}$	3.42	3.60	3.81	3.90
平均晶粒尺寸/μm	6.0	4.0	6.0	6.0
室温抗弯强度/MPa	290	340	380	380
室温弹性模量/GPa	220	276	354	370
室温抗压强度/MPa	1930	2400	2400	2600
洛氏硬度 HRA	73	75	81	83
断裂韧性/MPa·$m^{1/2}$	3~4	3~4	3~4	4~5

2. 氧化铝陶瓷的增韧

为了提高氧化铝陶瓷的强度和断裂韧性，拓宽其应用范围，可以采用 ZrO_2 相变增韧、碳化物颗粒弥散增韧、晶须增韧等强韧化方法，改善材料的断裂韧性。下面对这几种强韧化方法做简单的介绍。

（1）相变增韧：通过加入 ZrO_2，利用相变增韧能显著提高氧化铝陶瓷的断裂韧性。这种陶瓷材料被称为**氧化锆增韧氧化铝陶瓷**（zirconia-toughened alumina，ZTA）。增韧的效果取决于 ZrO_2 粉体的粒径和加入量、稳定剂的种类和含量。ZrO_2 粉体粒径分布范围要窄，在氧化铝基体中分散要均匀，以便充分发挥氧化锆的应力诱导相变增韧作用。表 8-3 列出了热压烧结 ZTA 的力学性能。相变增韧机理详见第八章第四节二、氧化锆相变增韧部分。

表 8-3　热压烧结 ZTA 的抗弯强度和断裂韧性随 t-ZrO_2含量的变化

ZTA 中 t-ZrO_2 含量（体积分数）/%	15	25	50	75
抗弯强度/MPa	950	960	1000	1590
断裂韧性/MPa·$m^{1/2}$	5.6	6.6	11.1	14.4

（2）颗粒弥散增韧：主要是通过在氧化铝陶瓷基体中弥散分布高弹性模量的碳化物颗

296

粒来有效提高其断裂韧性。常用的碳化物颗粒包括 TiC、SiC、WC 等。颗粒弥散增韧机理包括：提高材料的弹性模量；当材料受到拉伸应力时，高弹性模量的碳化物第二相刚性颗粒会阻止基体横向的弹性收缩，为了达到横向收缩协调，需增大外加张力，从而消耗更多的能量；界面上的残余热应力引导裂纹偏转；裂纹"钉扎"效应等。通过这些能量消耗机制来提高材料的断裂能，改善氧化铝陶瓷的断裂韧性。表 8-4 列出了热压烧结 TiC 弥散增强 Al_2O_3 陶瓷的抗弯强度。影响颗粒弥散增韧的因素有：弥散相的力学性能、颗粒大小及含量、分散均匀性、弥散相与基体的物理相容性及化学相容性等。氧化铝陶瓷用于制备刀具时，常常采用刚性颗粒弥散增韧的方法提高材料的强度和断裂韧性。

表 8-4　热压烧结 TiC 弥散增强 Al_2O_3 陶瓷的抗弯强度

化学成分组成（体积分数）/%			抗弯强度
Al_2O_3	碳化物	添加元素	/MPa
60	30TiC	10(WC，Cr，ZrO_2，硼酸)	800
70	25TiC	5(50Ni-50Mo)	900
50	45TiC	5(68Ni-32Mo)	1000
50	40TiC	10(78Ni-22Mo)	1100
60	35TiC	5(68W-32Co)	900
70	25TiC	5(53Mo-48Ni)	950
70	25TiC	5(WC，ZrO_2)	900

弥散碳化物颗粒除了能够提高氧化铝陶瓷的强度和断裂韧性之外，由于碳化物通常有良好的导热性能，故还可降低材料内部的热应力，有利于改善抗热震性。

（3）**晶须增韧**：与晶须复合能较显著地提高氧化铝陶瓷的断裂韧性，常用的晶须是 SiC 晶须，一般是直径小于 0.6μm、长度为 10～80μm 的单晶体，其抗拉强度为 7GPa，弹性模量超过 700GPa。晶须强韧化的机理包括以下几个方面：提高材料的弹性模量；裂纹桥联，阻碍裂纹张开；裂纹偏转和弯曲，扩展方向偏转使裂纹前端的应力场强度因子下降，裂纹弯曲使裂纹表面积增大，提高了裂纹扩展的阻力；晶须与基体解离并从基体中拔出，消耗了解离能和拔出功；晶须断裂。图 8-7 为晶须增韧

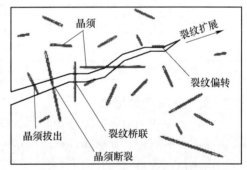

图 8-7　晶须增强陶瓷基复合材料的几种增韧机理

韧机理的示意图。影响**晶须增韧**的因素包括：晶须的弹性模量、晶须的直径和长径比、晶须在基体中的含量和分散均匀性、晶须和基体热膨胀系数之差以及两者的化学相容性。表 8-5 列出了 SiC 晶须增韧 Al_2O_3 陶瓷的抗弯强度和断裂韧性。

表 8-5　SiC 晶须增韧 Al_2O_3 陶瓷的抗弯强度和断裂韧性

材料	工艺	抗弯强度/MPa	断裂韧性/MPa·$m^{1/2}$
Al_2O_3/20%SiC_w	热压	800	8.7
Al_2O_3/30%SiC_w	热压	700	9.5
Al_2O_3/40%SiC_w	热压（1850℃）	1110	6.0
Al_2O_3/SiC_w	常压烧结	414	4.3

3. 氧化铝陶瓷在机械工程中的应用

早在1911~1913年，德国和英国就采用氧化铝基陶瓷制作切削刀具。经过不断改进和提高，已开发出多种性能优良的氧化铝基陶瓷，广泛地应用于机械、电子、化工、电工、国防等领域。在机械工程中可用于切削刀具、密封件、轴承、阀件、拉丝模、柱塞、纺织机械导纱器等。图8-8所示为一些典型的机械工程领域氧化铝陶瓷制品。下面着重介绍在刀具方面的应用。

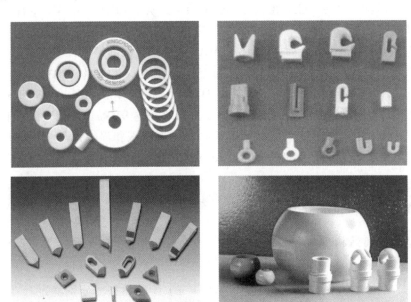

图8-8彩

图 8-8　几种典型的氧化铝陶瓷制品

陶瓷刀具按其主要成分有氧化铝基和氮化硅基两大类，陶瓷刀具具有硬度高、耐磨性能及高温力学性能优良、化学稳定性好、不易与金属发生黏结等优点，广泛应用于难加工材料的切削、超高速切削、高速干切削和硬切削等。陶瓷刀具的最佳切削速度比硬质合金刀具高 3~10 倍，可大幅度提高切削加工效率。随着新型陶瓷刀具不断出现，陶瓷刀具材料被认为是 21 世纪最有希望、最有竞争力的刀具材料。目前世界上生产的 95% 的陶瓷刀具均属于氧化铝基陶瓷刀具。由于在氧化铝陶瓷刀具制造中实现了对原料纯度和晶粒尺寸的有效控制，并开发了多种增韧补强技术，使氧化铝陶瓷刀具的强度、韧性、抗冲击性能都有了较大提高。氧化铝陶瓷刀具主要有以下几类。

（1）纯氧化铝陶瓷刀具。这是第一代陶瓷刀具，该陶瓷中 Al_2O_3 的成分大于99%，属于刚玉瓷，多呈白色或米黄色。纯 Al_2O_3 陶瓷抗弯强度较低，抗冲击能力差，切削刃容易微崩，但高温性能很好，适用于小进给量半精加工铸铁和钢材。我国成都工具研究所生产的 Pl 牌号属于此类。

（2）氧化铝-碳化物系复合陶瓷刀具。它是在 Al_2O_3 基体中加入 TiC、WC、Mo_2C、TaC、NbC、Cr_3C_2 等成分经热压烧结而成，其中使用最多的是 Al_2O_3-TiC 复合陶瓷。随着 TiC 含量（30%~50%）的不同，其切削性能也有差异，主要用于切削淬硬钢和各种耐磨铸铁。我国生产的牌号有 M16 、SG3 、SG4 和 AG2 等，后两种牌号中还含有 WC 的成分。

（3）氧化铝–碳化钛–金属系复合陶瓷刀具。该陶瓷因在 Al_2O_3-TiC 陶瓷中加入了少量的黏结金属如 Ni 和 Mo 等，从而提高了 Al_2O_3 与 TiC 的结合强度和材料的使用性能，故可用于粗加工。这类陶瓷又称金属陶瓷。我国生产的牌号有 AT6、LT35、LT55、M4、M5、M6、LD-1 等，用其切削调质合金钢时的切削速度可达一般硬质合金刀具的 1~3 倍，刀具寿命为硬质合金刀具的 6~10 倍。由于其含有金属成分，所以能用电加工切割成任意形状。同时，用金刚石砂轮刃磨时，能获得较好的表面质量。其中 LD-1 是在 Al_2O_3-TiC 系陶瓷的基础上，通过添加少量特殊微粉，利用多种增韧机制的协同作用使材料的断裂韧性得到较大提高，可达 $6.0 \sim 6.6 MPa \cdot m^{1/2}$，而普通热压 Al_2O_3-TiC 陶瓷的断裂韧性为 $4MPa \cdot m^{1/2}$ 左右，用其端铣淬硬钢时刀片的抗破损性能要比同类 LT55 牌号高出 30%~110%。

（4）Al_2O_3-SiC 晶须增韧陶瓷刀具。它是在 Al_2O_3 陶瓷基体中添加 20%~30% 的 SiC 晶须制备的。SiC 晶须的增韧机制使陶瓷的韧性大幅度提高（可达 $9MPa \cdot m^{1/2}$），适用于断续切削及粗车、铣削和钻孔等加工，以及镍基合金、高硬度铸铁和淬硬钢等材料的加工。我国生产的 JX-1、AW9、SG5，美国的 WG300、Kyon250 和瑞典 Sandvik 公司的 CC670 等牌号均属于此类。

二、氧化锆陶瓷

（一）氧化锆陶瓷的结构

1. 氧化锆的晶体结构

氧化锆（ZrO_2）有立方（c）、四方（t）和单斜（m）3 种晶型，分别稳定存在于不同的温度范围，并可相互转化：

$$m\text{-}ZrO_2 \underset{950℃}{\overset{1150℃}{\rightleftharpoons}} t\text{-}ZrO_2 \overset{2370℃}{\rightleftharpoons} c\text{-}ZrO_2$$

3 种晶型的结构如图 8-9 所示。氧化锆的晶型转变是可逆性的，其中四方向单斜相变过程伴有 3%~5% 的体积变化及 7%~8% 的剪切应变，这使得纯的氧化锆制品在烧成后冷却时会由于经历相变产生体积膨胀而导致制品开裂，因此，无法制造纯氧化锆陶瓷。

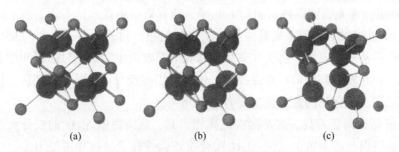

（a）　　　　　　　（b）　　　　　　　（c）

图 8-9　氧化锆 3 种晶型的结构图
（a）立方；（b）四方；（c）单斜

2. 氧化锆晶型的稳定化

要制备氧化锆陶瓷，可行的方法是加入稳定剂并使之与氧化锆形成固溶体，将氧化锆的四方晶型或立方晶型稳定至室温，阻止不稳定的四方相向单斜相的转变，使立方相或四方相氧化锆在室温下能够以亚稳态存在，这种处理过程称为氧化锆的稳定化。常用的稳定剂有 CaO、MgO、Y_2O_3、CeO_2 等。氧化锆的稳定程度与稳定剂的种类、用量、稳定化温度、氧化锆自身杂质等因素相关。依稳定程度的不同，在室温下完全为立方氧化锆的陶瓷称之为"**全稳定氧化锆**"（fully stabilized zirconia，FSZ），立方或四方与单斜共存的氧化锆陶瓷称为"**部分稳定氧化锆**"（partially stabilized zirconia，PSZ），完全为四方相的氧化锆陶瓷称为"**四方氧化锆多晶体**"（tetragonal zirconia polycrystals，TZP）。其中，四方氧化锆陶瓷具有较高的断裂韧性，机械工程中最为常用的是 Y_2O_3 稳定四方氧化锆陶瓷（Y-TZP），大部分市售 Y-TZP 含 3%（摩尔分数）的 Y_2O_3。

（二）氧化锆相变增韧

氧化锆陶瓷之所以具有较高的强度和断裂韧性是由于四方氧化锆的相变增韧作用，这是利用亚稳四方 ZrO_2 向单斜相转变来实现的，这个现象是由澳大利亚的 R. G. Garvie 在 1975 年首先发现的[12]。其基本原理如下。

常温下亚稳 $t\text{-}ZrO_2$ 晶粒受到基体的弹性约束（受压）而处于亚稳状态，如图 8-10（a）所示。当材料受到外加拉伸应力作用时，裂纹尖端产生应力集中，部分或全部抵消基体对 $t\text{-}ZrO_2$ 晶粒的束缚，这时裂纹尖端附近的张应力场可诱发 t→m 相变，并产生体积膨胀，如图 8-10（b）所示。然而，由于受到周围基体的约束，相变晶粒不能自由膨胀，变成产生压缩形变，从而储存弹性应变能，吸收能量，显著提高了断裂能。同时，在主裂纹作用区产生压应力，阻止裂纹进一步张开，增大裂纹扩展阻力，使材料的断裂韧性和强度都得到大幅度提高，从而达到提高材料断裂韧性和强度的目的。这种增韧方法称为应力诱导相变增韧。

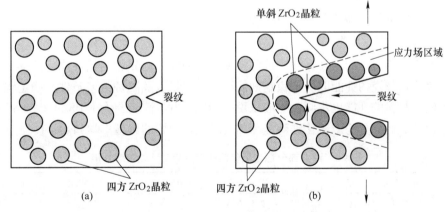

图 8-10　应力诱导相变机理示意图

（a）裂纹扩展前；（b）应力诱导相变阻碍裂纹扩展

影响应力诱导相变的因素有：（1）稳定剂的种类和含量；（2）ZrO_2 的晶粒大小、含量和分布状态；（3）材料的使用温度。当使用环境温度提高到某一临界值时，外加张应力亦不能诱导四方相氧化锆转变为单斜相，从而失去相变增韧的作用。另外，Y-TZP 在 100~400℃ 的环境下，尤其是潮湿环境下，由于产生老化现象，在无应力诱导的情况下四方相氧化锆自发相变为单斜相，使力学性能严重下降。

（三）氧化锆陶瓷的显微结构

氧化锆陶瓷的显微结构与其组成和制备工艺密切相关。图 8-11 是一种 Y-TZP 陶瓷的扫描电镜照片[13]，烧结体晶粒呈等轴粒状，晶粒大小约为 $0.3\mu m$（图 8-11（a）），随着热处理时间的延长，晶粒明显长大（图 8-11（b）和（c）），且结构均匀性下降。

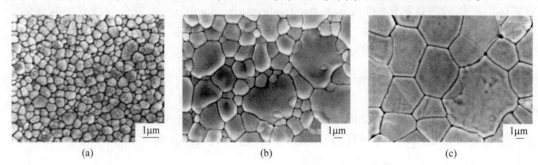

图 8-11　Y-TZP 陶瓷的显微结构[13]

（a）未作热处理；（b）1650℃热处理 2h；（c）1650℃热处理 10h

氧化锆陶瓷的显微结构显著影响其性能，掺杂方式不同，材料的显微结构有着明显的差异；而对于相同的掺杂方式和掺杂量，晶粒大小不同，材料的性能也有明显的差异。Ce-TZP 与 Y-TZP 相比，在达到相同断裂韧性时，Ce-TZP 中的晶粒尺寸更大。例如，K_{IC} 同样为 $12MPa\cdot m^{1/2}$，Y-TZP 陶瓷的晶粒尺寸为 $2\mu m$，而 Ce-TZP 陶瓷中的晶粒尺寸 $8\mu m$；又如 Ca-PSZ 陶瓷中，立方相基体中均匀分布着四方相晶粒，当四方相尺寸为 $0.1\mu m$ 时，陶瓷具有最佳的力学性能。

（四）氧化锆陶瓷的性能与应用

1. 氧化锆陶瓷的性能

氧化锆陶瓷具有高的断裂韧性、抗弯强度和耐磨性，优异的隔热性能，热膨胀系数较大。增韧氧化锆陶瓷的性能取决于稳定剂的种类、含量以及制备工艺条件，稳定程度和晶粒大小不同，材料的性能也不同。一般来说，TZP 的力学性能要优于 PSZ。表 8-6 和表 8-7 列出了报道的商业部分稳定氧化锆陶瓷和四方氧化锆陶瓷的典型力学和热学性能。

表 8-6　商业部分稳定氧化锆陶瓷（PSZ）的物理性能

稳定剂含量及性能	Mg-PSZ	Ca-PSZ	Y-PSZ	Ca/Mg PSZ
稳定剂质量分数/%	2.5~3.5	3~4.5	5~12.5	3
硬度 HV/GPa	14.4①	17.1②	13.6③	15
室温断裂韧性 K_{IC}/MPa·m$^{1/2}$	7~15	6~9	6	4.6
杨氏模量/GPa	200①	200~217	210~238	—
室温弯曲强度/MPa	430~720	400~690	650~1400	350
1000℃线膨胀系数/℃$^{-1}$	9.2×10^{-6}①	9.2×10^{-6}②	10.2×10^{-6}③	—

① 2.8%MgO。

② 4%CaO。

③ 5%Y$_2$O$_3$。

表 8-7　商业四方氧化锆多晶陶瓷（TZP）的物理性能

性　　能	Y-TZP	Ce-TZP
稳定剂摩尔分数/%	2~3	12~15
硬度 HV/GPa	10~12	7~10
抗弯强度/MPa	800~1300	500~800
弹性模量/GPa	140~200	140~200
断裂韧性（20℃）/MPa·m$^{1/2}$	6~15	6~30
热导率（20℃）/W·(m·K)$^{-1}$	2.0~3.3	—
线膨胀系数（1000℃）/℃$^{-1}$	9.6×10^{-6}~10.4×10^{-6}	—

2. 氧化锆陶瓷在工程中的应用

由于增韧氧化锆陶瓷力学性能优秀，耐磨，耐腐蚀，热膨胀系数接近于钢，因此被广泛应用于工程材料领域。图 8-12 所示为几种商业氧化锆陶瓷制品。

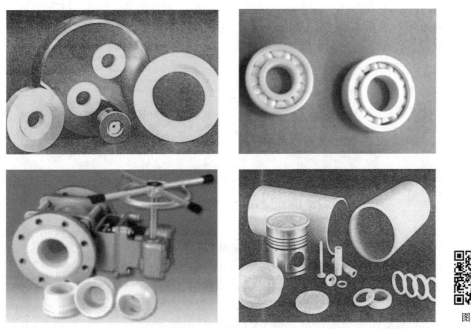

图8-12彩

图 8-12　几种典型的氧化锆陶瓷零部件

与目前广泛使用的模具钢、硬质合金等模具材料相比，工程陶瓷的突出优点是其室温和高温硬度均很高，耐磨性好，是一种比较理想的模具材料。加上 ZrO_2 陶瓷具有良好的韧性，使其在模具材料领域具有很好的应用前景。在日本、美国、法国等国家已有不少陶瓷材料应用于模具的专利。改善陶瓷材料的断裂韧性，提高其在实际应用中的可靠性，是其能否获得广泛应用的关键。利用氧化锆陶瓷的耐磨损性能，还可将其应用于发动机部件，包括气门机构中的凸轮、凸轮随动件、挺柱和排气门等。

氧化锆全陶瓷轴承具有抗磁、电绝缘、摩擦系数小、耐磨、耐腐蚀、耐高温、耐高寒、高转速、噪音低、寿命长等特点，可用于恶劣环境及特殊工况。目前氧化锆陶瓷轴承已被微型冷却风扇采用，如富士康公司率先在电脑散热风扇上采用了氧化锆陶瓷轴承，其产品寿命、降噪、稳定性均优于传统的滚珠及滑动轴承系统。

全稳定的氧化锆陶瓷工作温度最高可达 2500℃，氧化锆有低的导热性和优良的化学稳定性，以及高强度、高硬度，可用作火箭和喷气发动机的耐腐蚀部件。

三、氮化硅陶瓷

（一）氮化硅陶瓷的结构

1. 氮化硅晶体结构

氮化硅的分子式为 Si_3N_4，是一种典型的共价键化合物，它有两种晶型：α 型和 β 型，α 型在高氧分压时形成，β 型在低氧分压时形成。氮化硅密度较低，$\alpha\text{-}Si_3N_4$ 和 $\beta\text{-}Si_3N_4$ 的密度分别为 3.184g/cm^3 和 3.187g/cm^3。两种晶型均为六方晶系，两者在 a 轴方向晶胞尺寸相近，但 c 轴方向 α 型大约是 β 型的两倍。Si—N 键形成 ［SiN_4］ 四面体（略有扭曲）的框架，α 型和 β 型 Si_3N_4 均可看作 ［SiN_4］ 四面体共顶角连接而成。β 型结构可以看作是由 Si 和 N 交替连成的环经堆积而成，形成层状结构，堆积次序为 ABAB，并在 c 轴方向形成连续通道。α 型则是在 c 轴方向以 ABCDABCD 堆积，CD 层与 AB 层十分相似，只不过围绕 c 轴转动 180°，β 型结构中的连续通道被封闭成两个大孔洞。氮化硅晶体结构如图 8-13 所示。

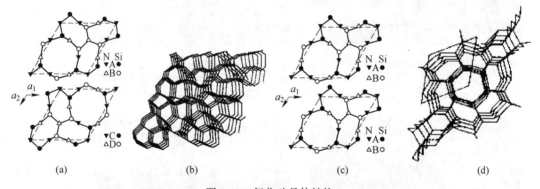

(a)　　　　　　　(b)　　　　　　　(c)　　　　　　　(d)

图 8-13　氮化硅晶体结构

（a）$\alpha\text{-}Si_3N_4$ 晶体结构中的 AB、CD 层；（b）$\alpha\text{-}Si_3N_4$ 结构中的封闭孔洞；

（c）$\beta\text{-}Si_3N_4$ 晶体结构中的 AB、AB 层；（d）$\beta\text{-}Si_3N_4$ 结构中的连续通道

通常认为 $\alpha\text{-}Si_3N_4$ 是低温稳定晶型，而 $\beta\text{-}Si_3N_4$ 为高温稳定晶型。$\alpha\text{-}Si_3N_4$ 到 $\beta\text{-}Si_3N_4$ 的相变为结构重建型，大约在 1420℃发生 α 相向 β 相的转变。这类相变通常是在与高温液相接触时发生，不稳定的 α 相溶解，析出较稳定的 β 相。由于 $\beta\text{-}Si_3N_4$ 特有的 ABAB 堆积的通孔结构，β 相晶粒具有长柱状或针状形貌。α 相向 β 相的转变是单向和不可逆的。

在研究 Si_3N_4 材料的过程中，人们又发现了一系列新的重要的陶瓷材料，其中最为重要的是**赛隆**（Sialon）陶瓷，它是 $Si_3N_4\text{-}Al_2O_3\text{-}AlN\text{-}SiO_2$ 系列化合物的总称[14,15]。它是单相固溶体，保留着 Si_3N_4 的六方结构，只不过晶胞尺寸增大了，形成了由 Si-Al-O-N 元素组成的一系列相同结构的物质。将组成元素依次排列起来组成一个单词 Sialon，中文译为赛隆。Sialon 有 α-Sialon 和 β-Sialon 两种晶型。

2. 氮化硅陶瓷的显微结构

与其他陶瓷材料一样，组成和制备工艺会显著影响氮化硅陶瓷的显微结构，并进一步

影响其性能。影响性能的显微结构包括 β-Si$_3$N$_4$柱状晶的长径比、尺寸及在材料中所占比例、材料的气孔率、气孔大小及分布，以及 α 相晶粒的大小等。材料的室温强度和断裂韧性等力学性与 β-Si$_3$N$_4$柱状晶的长径比和颗粒尺寸有密切的关系。高长径比柱状晶能使力学性能改善的原因在于其相互搭接，造成裂纹桥接、晶粒拔出、裂纹偏转等效应，阻碍裂纹扩展，提高材料的强度和韧性。图 8-14 是经 1750℃不同保温时间烧结获得氮化硅陶瓷的显微结构，可见明显的 β-Si$_3$N$_4$柱状晶组织。

(a)   (b)

图 8-14　1750℃烧结氮化硅陶瓷的显微结构

（a）保温 0h；（b）保温 6h

（二）氮化硅陶瓷的性能与应用

1. 氮化硅陶瓷的性能

氮化硅陶瓷具有优异的力学性能、热学性能、化学稳定性和介电性能。氮化硅陶瓷有较高的室温强度和断裂韧性，热压烧结致密氮化硅的室温抗弯强度通常在 800~1050MPa，断裂韧性为 6~7MPa·m$^{1/2}$，无压烧结和气压烧结的氮化硅陶瓷的力学性能稍低一些。通过 SiC 晶须增韧可以提高氮化硅陶瓷的断裂韧性和强度。热压烧结氮化硅室温强度可保持到 800℃以上，但存在晶界玻璃相的氮化硅陶瓷在 1000℃以上力学性能明显下降。氮化硅具有高的硬度，HV = 18~21GPa，HRA = 91~93，摩擦系数小（在 0.02~0.35 之间），有优良的自润滑能力。

氮化硅热膨胀系数小，致密氮化硅陶瓷的线膨胀系数大约为 3.3 ×10^{-6}/℃，导热性能好，有很好的抗热震性，从室温至 1000℃的热冲击不会开裂。氮化硅化学性质稳定，能耐除氢氟酸外的所有无机酸腐蚀，耐弱碱腐蚀，耐非铁金属熔体腐蚀。氮化硅陶瓷在室温和高温下均有优良的绝缘性能，室温下干燥介质中的电阻率为 10^{15}~10^{16}Ω·m。氮化硅陶瓷经抛光后具有金属光泽。

烧成工艺对 Si$_3$N$_4$陶瓷的性能有重要的影响。Si$_3$N$_4$作为非氧化物陶瓷，是以共价键结合的化合物，扩散系数低，烧结困难。通常通过加入烧结助剂，如 MgO、Y$_2$O$_3$、Al$_2$O$_3$、AlN 等，在高温下形成液相、加压（热压、气氛加压或热等静压）或者发生化学反应等方法来促进烧结。反应烧结方法简单，烧结收缩小，成本较低，适于制作形状复杂、尺寸精度高、耐高温、抗腐蚀、电绝缘的制品，但力学性能较差。通过重烧结可以提高反应烧结 Si$_3$N$_4$陶瓷的性能。

不同工艺制备的氮化硅陶瓷性能差异颇大，表 8-8 列出了不同氮化硅陶瓷的典型性能。

表 8-8　不同氮化硅陶瓷的典型性能

性　　能	反应烧结氮化硅	热压氮化硅	无压烧结氮化硅	重烧结氮化硅
体积密度/$g \cdot cm^{-3}$	2.55~2.73	3.17~3.40	3.20	3.20~3.26
显气孔率/%	10~20	<0.1	0.01	<0.2
抗弯强度/MPa	250~340	750~1200	828	600~670
抗拉强度/MPa	120	—	400	225
抗压强度/MPa	1200	3600	>3500	2400
洛氏硬度 HRA	80~85	91~93	—	90~92
杨氏模量/GPa	160	300	300	271~286
断裂韧性/$MPa \cdot m^{1/2}$	2.85	5.5~6.0	5	7.4
韦伯系数	12~16	13	15	28
线膨胀系数/$℃^{-1}$	2.7×10^{-6}(0~1400℃)	2.95×10^{-6}(0~1400℃)	3.2×10^{-6}(0~1000℃)	3.55×10^{-6}(0~1400℃)
导热系数/$cal \cdot (s \cdot cm \cdot ℃)^{-1}$	0.0298（700℃）	0.0656（710℃）	—	0.0423（703℃）

2. 氮化硅陶瓷的应用

氮化硅陶瓷具备力学性能好、耐磨损、耐腐蚀等优异性能，使其在冶金、机械、能源、半导体、化工、航天、国防等许多工业领域获得了广泛的应用。

在机械工程上，氮化硅陶瓷可用于制造轴承、切削刀具、高温螺栓、拉丝模、球阀、柱塞、密封材料、喷嘴等。热压烧结氮化硅陶瓷刀具与硬质合金刀具相比，耐用度提高 5~15 倍，切削速度提高 3~10 倍。通过复合 TiC、ZrC 等进行弥散强化，可以进一步提高氮化硅刀具的性能和寿命。氮化硅陶瓷力学性能优良，既耐磨，又具有自润滑性，是优秀的轴承材料，比其他陶瓷轴承有更长的寿命，而且耐高温，耐腐蚀，能在恶劣环境下工作。氮化硅陶瓷轴承有混合式轴承和全陶瓷轴承两种，前者的滚动体用氮化硅陶瓷做成，而内外圈用轴承钢，后者整体用陶瓷制作。由于氮化硅陶瓷轴承性能优越，在精密机床、航天发动机、汽车涡轮增压器、化工设备、超导装置、半导体制造设备、医疗手术器械等方面得到了广泛的应用。氮化硅陶瓷轴承与高碳铬轴承的特性比较如表 8-9 所示。

表 8-9　氮化硅陶瓷轴承与高碳铬轴承的特性比较

性　　能	氮化硅陶瓷	GCr15 轴承钢	陶瓷的优势
耐热性/℃	800	180	高温下具有高负荷能力
密度/$g \cdot cm^{-3}$	3.2	7.8	减小滚动体离心力，提高寿命
线膨胀系数/$℃^{-1}$	3.2×10^{-6}	12.5×10^{-6}	由温升引起的内部间隙变化小
维氏硬度 HV/GPa	14~17	7~8	滚动接触处变形小
杨氏模量/GPa	314	206	刚性高
耐蚀性	好	较差	可在特殊酸碱环境下使用
磁性	非磁性体	强磁性休	可在强磁场中使用
导电性	绝缘体	导体	防止电蚀（电动机等）

在发动机方面，氮化硅陶瓷在汽车发动机中可用于制作增压器涡轮转子、预燃室、活塞顶、气门导管、电热塞等，还可用作柴油发动机的火花塞、活塞顶、汽缸套、副燃烧室、摇臂镶块等，以及用作燃气轮机的转子、定子和涡形管等。用氮化硅制备涡轮转子，转动惯量可减小40%，增压响应时间可加快30%，并明显提高低速时的加速度。

此外，在化工耐腐蚀耐磨应用方面，可用于化工泵、泥浆泵旋转轴与泵壳间的机械密封件，相比用铸铁、不锈钢、锡青铜、石墨、聚四氟乙烯等传统材料，寿命大大提高；还可用作球阀、泵体、油压无隔膜柱塞泵的柱塞、其他密封件、喷嘴、过滤器等。在航空航天领域，氮化硅陶瓷可用作火箭喷嘴、喉衬和其他高温结构部件以及雷达天线罩材料等。图 8-15 所示为一些典型的氮化硅陶瓷零部件。

另外，赛隆陶瓷热膨胀系数低，抗热震性好，高温强度优异；硬度高，耐磨；耐腐蚀性和抗氧化性能好。由于具有优良的性能，Sialon 陶瓷应用范围广，主要用于切削刀具、发动机部件、高温保护管、轴承、密封件等方面。

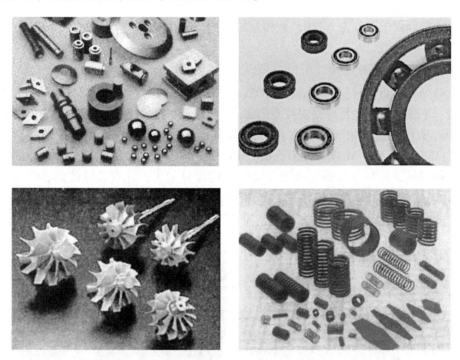

图 8-15　典型的氮化硅陶瓷零部件

四、碳化硅陶瓷

（一）碳化硅陶瓷的结构

1. 碳化硅晶体结构

SiC 晶格的基本结构单元是 $[SiC_4]$ 和 $[CSi_4]$ 四面体，这些四面体构筑成具有共边的平面层，各种结构的**碳化硅**是以相同的 Si-C 层但以不同次序堆积而成。碳化硅主要有 α-SiC 和 β-SiC 两种晶型，α-SiC 是铅锌矿结构和菱形结构多型体的统称，是高温稳定相；面心立方闪锌矿结构碳化硅称为 β-SiC，是低温稳定相。α-SiC 晶体呈长柱状，β-SiC 晶体

306

为等轴粒状。α-SiC 多型体主要有 4H、6H、15R 等，H 代表六方晶系，R 代表斜方晶系，数字代表沿 c 轴重复周期的层数。α-SiC 和 β-SiC 基本结构如图 8-16 所示。

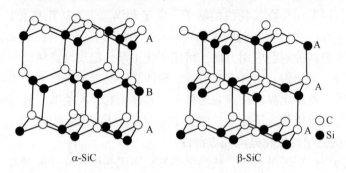

图 8-16　α-SiC 和 β-SiC 的结构示意图

尽管 α-SiC 有很多种多型体，但它们的密度基本相同，为 3.217g/cm³。β-SiC 在 2100℃以上的高温下转变为 α-SiC，该相变是单向的，不可逆。加入晶种和添加 B 能够促进高温下 β→α 相变。

2. 碳化硅陶瓷显微结构

碳化硅是强共价键材料，烧结过程扩散系数很低，采用常规的烧结方法纯碳化硅不能烧结致密，必须采取一些特殊措施或专门加入烧结添加剂或用第二相结合的方式才能实现碳化硅的致密化。在固相烧结时常用的添加剂有 B、B+C，液相烧结常用的添加剂有 Y_2O_3、$Y_3Al_5O_{12}$、AlN、Al_2O_3、MgO、BN、B_4C 以及稀土氧化物等。不同的添加剂及用量、不同的烧结工艺制备的碳化硅陶瓷显微结构差异很大，并直接导致其各项性能的差异。图 8-17 是添加 Y_2O_3 和 Al_2O_3 通过液相烧结获得的碳化硅陶瓷的显微结构照片[16]，图 8-18 是真空烧结碳化硅陶瓷的断口显微照片[17]。

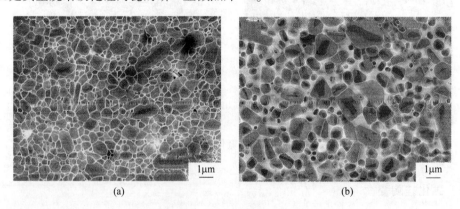

(a)　　　　　　　　　　　　　　　(b)

图 8-17　液相烧结碳化硅陶瓷的扫描电镜照片[16]

（a）添加剂用量 3.6%（体积分数）的碳化硅陶瓷；（b）添加剂用量 23.2%（体积分数）的碳化硅陶瓷

（二）碳化硅陶瓷的性能与应用

1. 碳化硅陶瓷的性能

SiC 陶瓷的优异性能与其独特的强共价键化合物结构密切相关。SiC 陶瓷具有密度低、

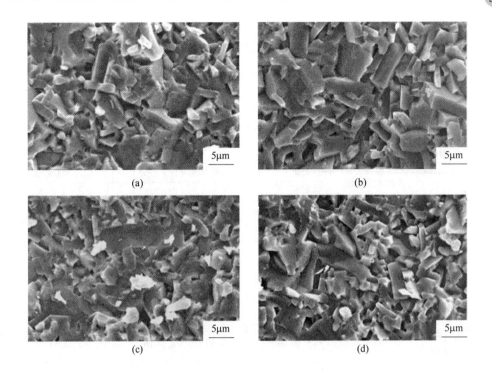

样品名称	成分（质量分数）	$Al_2O_3：AlN：Y_2O_3$ 摩尔比
SC4A	95.109%β-SiC+0.961% α-SiC+2.530%Al_2O_3+1.400%Y_2O_3	4：0：1
SC3AlN	95.145%β-SiC+0.962%α-SiC+2.079%Al_2O_3+0.279%AlN+1.535%Y_2O_3	3：1：1
SC2A2N	95.190%β-SiC+0.962%α-SiC+1.534%Al_2O_3+0.617%AlN+1.697%Y_2O_3	2：2：1
SC1A3N	95.244%β-SiC+0.963%α-SiC+0.858%Al_2O_3+1.035%AlN+1.900%Y_2O_3	1：3：1

图 8-18 真空烧结碳化硅陶瓷的断口形貌和成分[17]

(a) SC4A；(b) SC3AlN；(c) SC2A2N；(d) SC1A3N

硬度高、耐磨、弹性模量大、抗弯强度较高、导热性良好、热膨胀系数较低、抗热震性好、耐腐蚀等特点。热压烧结碳化硅陶瓷的维氏硬度达 25GPa，仅次于金刚石、立方 BN 和 B_4C 等几种材料。SiC 陶瓷不仅具有优良的常温力学性能，而且具有优异的高温力学性能（强度、抗蠕变性等），其室温强度可一直维持到 1400℃，是陶瓷材料中高温强度下降最少的材料，在 1200℃之前常压烧结和反应烧结碳化硅的强度甚至还会随着温度的提高有所增大。烧结方法和条件以及添加剂对 SiC 陶瓷的力学性能有很大影响，热压烧结、热等静压烧结的碳化硅陶瓷有更好的力学性能。SiC 具有优良的导热性，热膨胀系数较小，这赋予其很好的抗热冲击性能。SiC 陶瓷的缺点是断裂韧性较低，目前主要是通过晶须增韧增强、第二相颗粒弥散增韧增强等方法改善 SiC 陶瓷的断裂韧性和强度。

碳化硅在 1000℃左右开始氧化，氧化生成一层致密的 SiO_2 表面保护膜，并可维持到 1750℃，阻止氧化进一步发生，使其具有非常好的抗氧化性能，是所有非氧化物陶瓷中最好的。碳化硅化学稳定性好，除硝酸和氢氟酸的混合酸外，纯的 SiC 陶瓷不会被其他酸及混合酸溶液腐蚀，耐 NaOH 等碱溶液侵蚀，但高温下会被熔融的碱分解。

在电性能方面，纯的 SiC 是绝缘体，但少量杂质的引入会使其表现出导电性，电阻率随着杂质种类和含量不同在很大的范围内变化，而且其具有负电阻温度系数的特性，电阻率会随着温度的升高而下降，使 SiC 在高温下具有半导体性，可用作为发热元件。

典型碳化硅陶瓷的力学性能和抗酸碱腐蚀性能如表 8-10 及表 8-11 所示。

表 8-10　典型碳化硅陶瓷的力学性能

项　目		制　备　工　艺		
		反应烧结	无压烧结	热压烧结
理论密度/g·cm⁻³		—	3.20	3.15~3.20
烧结体相对密度/%		—	>95	>98
室温抗弯强度/MPa		150~450	400~600（固相烧结）	600~1000
断裂韧性/MPa·m^{1/2}		2.5~4.5	3.5~4.5（固相烧结）	4.1~5.2
韦伯系数		12	15	12~18
杨氏模量/GPa		300~393	410~420	420~450
泊松比		0.14~0.21		
硬度	HV/GPa	—	26	25~27
	HRA	90~93	92~95	92~95
摩擦因数			1150~1250	1100~1200
线膨胀系数/℃⁻¹（室温~1000℃）		4.5×10⁻⁵~5.0×10⁻⁵	4.2×10⁻⁵~4.5×10⁻⁵	4.5×10⁻⁵
热导率/W·(m·K)⁻¹		70~125	100~150	110~180

表 8-11　碳化硅陶瓷及 WC、氧化铝陶瓷在各种酸碱介质中的抗腐蚀特性[①]

介质成分[②]（质量分数）	腐蚀温度/℃	失重/mg·(cm²·a)⁻¹			
		无压烧结 SiC	反应烧结 SiC（含 12%Si）	WC（含 6%Co）	Al₂O₃（相对密度 99%）
98%H₂SO₄	100	1.8	55.0	>1000	65.0
50%NaOH	100	2.5	>1000	5.0	75.0
53%HF	25	<0.2	7.9	8.0	20.0
85%H₃PO₄	100	<0.2	8.8	55.0	>1000
70%HNO₃	100	<0.2	0.5	>1000	7.0
45%KOH	100	<0.2	>1000	3.0	60.0
25%HCl	70	<0.2	0.9	85.0	72.0
10%HF+57%HNO₃	25	<0.2	>1000	>1000	16.0

① 失重（mg/(cm²·a)）说明：>1000，几天内损坏；100~999，寿命 1 个月；50~99，寿命 1 年；10~49，长期使用，特殊工况慎用；0.3~9.9，长期使用；<0.2，长期使用，制品表面无腐蚀。

② 测试时间：125~300h，样品浸没，连续搅拌。

2. 碳化硅陶瓷的应用

长期以来，SiC 主要用作为磨料和耐磨材料。直到 20 世纪 50 年代才成功制备出具有性能优异的致密 SiC 陶瓷，并成为重要的结构陶瓷材料。SiC 陶瓷在石油、化工、冶金、机械、航空航天、汽车、能源、环保、矿业、半导体及原子能等工业领域获得了广泛的应用。目前，碳化硅陶瓷在工程领域的主要应用如表 8-12 所示。图 8-19 所示为一些典型的碳化硅陶瓷的制品。

表 8-12　碳化硅陶瓷在机械工程领域的应用

应用领域	使用环境	用　途	主要优点
石油工业	高温、高液压、研磨	喷嘴、轴承、密封环、阀片	耐磨
化学工业	强酸、强碱	密封环、轴承、热交换器、泵零件	耐磨、耐腐蚀、气密性
	高温氧化	气化管道、热电偶保护管	耐高温腐蚀
汽车、飞机、火箭	发动机燃烧	燃烧室部件、火箭喷嘴、涡轮增压器转子、燃气轮机叶片、阀件、密封	低摩擦、耐磨、耐高温、耐热震、低惯性负荷
机械、矿业	研磨	喷砂嘴、轴承、内衬、密封件、泵零件、拉丝模、砂轮	耐磨
核工业	高温含硼水	密封件、轴套	耐辐射
其他	加工成形	拉丝、成形模、纺织导向	耐磨

图 8-19　几种碳化硅陶瓷零部件

五、碳化硼陶瓷

(一) 碳化硼陶瓷的结构

1. 碳化硼晶体结构

碳化硼陶瓷是以 B_4C 为主相的材料，B_4C 的晶体结构为斜方六面体，菱形结构，如

图 8-20 所示。每个晶胞中含有 12 个硼原子和 3 个碳原子。晶胞中碳原子构成的链按立体对角线配置，在斜方六面体的角上分布着硼的正十二面体，在最长的对角线上有 3 个硼原子，碳原子很容易全部或部分取代这 3 个硼原子，形成一系列不同化学计量比的化合物。当碳原子取代了 3 个硼原子时，形成严格化学计量比的 B_4C，当碳原子取代 2 个硼原子时，形成 $B_{12}C_2$ 等。因此，B_4C 是由相互间以共价键相连的 12 个原子（$B_{11}C$）组成的二十面体群以及二十面体之间的 C—B—C 原子链构成的（图 8-20），而 $B_{13}C_2$ 是由 $B_{11}C$ 组成的二十面体和 B—B—C 链组成的。由于 B、C 原子在二十面体及其之间的原子链内的相互取代，使得 B_4C 的含碳量可以在一个范围（8.82% ~ 20%，质量分数）内变化[18,19]。

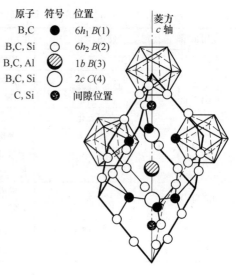

原子	符号	位置
B,C	●	$6h_1\ B(1)$
B,C,Si	○	$6h_2\ B(2)$
B,C,Al	�	$1b\ B(3)$
B,C,Si	○	$2c\ C(4)$
C,Si	⊕	间隙位置

图 8-20　沿菱方六面体三重轴排列的
碳化硼晶体结构

2. 碳化硼陶瓷显微结构

纯化学计量的 B_4C 极难烧结，烧结温度在 2000℃ 以上。纯的 B_4C 在常压下在 2200℃ 左右的温度下烧结只能获得 75% ~ 80% 的相对密度。可以通过提高点缺陷或位错的密度（如进行高能研磨）来提高晶界扩散和体扩散的活化作用，促进烧结；加入熔点相对较低的且对 B_4C 产生较好润湿的添加剂（如 B、C、酚醛树脂、Al、Al_2O_3 等），高温下形成液相，能有效促进 B_4C 的烧结。通过热压或热等静压烧结，可获得高的致密度。B_4C 陶瓷晶粒大小通常在数微米至数十微米，烧结体内含有气孔，气孔分布在晶界上。图 8-21 为热压烧结纯 B_4C 陶瓷和添加 5%（体积分数）Al_2O_3 的 B_4C 陶瓷的显微结构[20]，图 8-22 为无压烧结和等静压处理后 B_4C 陶瓷的显微结构[21]。

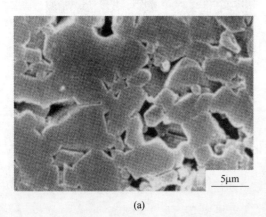

(a)

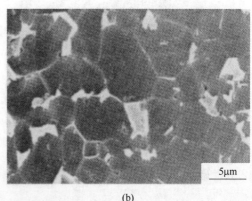

(b)

图 8-21　热压 B_4C 陶瓷的显微结构[20]

(a) 纯 B_4C 陶瓷；(b) 添加 5%（体积分数）Al_2O_3 的 B_4C 陶瓷

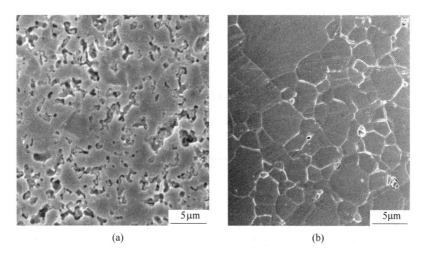

图 8-22　无压烧结（a）和等静压处理后（b）B$_4$C 陶瓷的显微结构[21]

（二）碳化硼陶瓷的性能与应用

1. 碳化硼陶瓷的性能

碳化硼密度低、弹性模量大、硬度高、耐磨，化学性质稳定，常温下不与酸、碱和绝大多数无机化合物发生反应，仅在氢氟酸-硫酸、氢氟酸-硝酸混合酸中有缓慢腐蚀，但高温下易氧化，使用温度范围限定在 980℃ 以下。热压 B$_4$C 陶瓷的抗弯强度为 400～600 MPa，断裂韧性为 6.0MPa·m$^{1/2}$。碳化硼的硬度仅次于金刚石和立方 BN，所以 B$_4$C 粉有非常高的研磨能力，其研磨能力比 SiC 高 50%，比刚玉粉高 1～2 倍。碳化硼还具有很强的吸收中子能力。表 8-13 列出了碳化硼的主要物理性能和力学性能。

表 8-13　碳化硼的主要性质

性　能	数值（描述）	性　能	数值（描述）
组成	（B$_{11}$C）CBC	泊松比 ν	0.18
密度/g·cm^{-3}	2.52	摩尔质量/g·mol^{-1}	55.26
熔点/℃	2400	热导率/W·(m·K)$^{-1}$	30
硬度 HV/GPa	27.4～34.3	线膨胀系数/℃$^{-1}$	4.43×10^{-6}
抗弯强度/MPa	323～430	电阻率/Ω·m	0.1～10
抗压强度/MPa	2750	生成焓（$-\Delta H$）（298.15K）/kJ·(mol·K)$^{-1}$	57.8±13
弹性模量/GPa	290～450	热电系数/μV·K^{-1}	1250℃下为 200～300
剪切模量/GPa	165～200	颜色	黑色（纯晶体为无色透明）
体积模量/GPa	190～250	抗氧化性，耐腐蚀性	在空气中到 600℃，缓慢氧化形成三氧化硼薄膜

2. 碳化硼陶瓷的应用

碳化硼陶瓷可用于切削刀具、气动滑阀、热挤压模、原子能发电厂冷却系统的轴颈轴承、汽轮机中的耐腐蚀和耐摩擦器件、喷砂嘴、高压喷水切割用喷嘴等，碳化硼陶瓷还是长寿命陀螺仪中优异的气体轴承材料。由于碳化硼对铁水稳定、导热性好，可以用作工业连续铸模。由于碳化硼材料能够抗强酸腐蚀和抗磨损，可以用作火箭液体发动机燃料的流量变送器轴尖。另外，碳化硼陶瓷还可用于制造坦克、装甲车和武装直升机的轻量装甲板、轻质防弹衣，是一种重要的战略物资材料。加入 SiC 的 B_4C-SiC 复合陶瓷材料在工业喷嘴、泵密封件、热挤压模等方面也有很好的应用前景。

第五节　金属陶瓷

一、金属陶瓷的特性

金属陶瓷是一种由金属相与陶瓷相组成的非均质复合材料，英文名称为 cermet，由 ceramics（陶瓷）和 metal（金属）组合而成。与其他复合材料设计的出发点是通过取长补短获得更好的综合性能一样，金属陶瓷的出发点就是希望能够结合陶瓷和金属的优点。通过与韧性好的金属复合，克服陶瓷材料的脆性。金属陶瓷既有陶瓷的高强度、高硬度、耐磨损、耐高温、抗高温蠕变、良好的抗氧化和化学稳定性等特性，同时又具有金属较好的韧性、导热性和可塑性，是一类重要的工具材料和结构材料，有着广泛的应用。金属陶瓷虽较陶瓷基体相有更高的断裂韧性、耐磨性和耐热冲击能力，但其抗氧化、耐腐蚀和耐高温性能则不如陶瓷基体。

金属陶瓷中常见的陶瓷相包括：氧化物（如 Al_2O_3、ZrO_2）、碳化物（如 WC、TiC、SiC、B_4C）、氮化物或碳氮化物（如 Ti(C，N)）以及硼化物（如 TiB_2）；金属相主要起黏结剂的作用，常见的有 Ni、Co、Cr、Fe、Mo、W、Al、Cu 等。金属陶瓷的性能取决于金属相和陶瓷相的性能、含量以及两者的结合性能。WC-Co 作为研究最早的金属陶瓷，由于具有很高的硬度（HRA 81~93）和良好的韧性，故被称为硬质合金，已经被应用于许多领域。但是由于 W 和 Co 资源相对短缺，这促进了无钨金属陶瓷的研制与开发。

二、金属陶瓷的设计和制备

为了使金属陶瓷同时具有金属和陶瓷的优良特性，首先必须有比较理想的组织结构。在金属陶瓷中，最理想的显微结构是金属相形成连续的薄膜，将均匀分散的细小陶瓷颗粒包裹。在这种结构中，脆性的陶瓷相所承受的机械应力与热应力可通过连续的金属相来分散；通过连续金属相实现整体的塑性形变，从而获得较高的断裂韧性；而金属相则由于成薄膜状包裹均匀分布的陶瓷颗粒而获得强化。这种结构有利于充分发挥金属相和陶瓷相的性能，使金属陶瓷同时具有金属和陶瓷的特性。显然，在实际生产中很难得到这种完全理想的组织。图 8-23 是 Al_2O_3-Cr 金属陶瓷的微观组织[22]。要达到比较理想的组织结构，在金属陶瓷设计选择陶瓷相和金属相时，需要注意以下几个主要原则：

（1）金属相熔体对陶瓷相要有良好的润湿性。高温金属熔体在陶瓷颗粒表面要能充分铺展，有利于金属成为连续相，形成金属包裹陶瓷颗粒的结构，两者形成良好的界面结合，充分发挥金属相和陶瓷相的作用，提高材料的性能。改善两者润湿性的方法有：1）加入点阵类型与金属相相同的其他金属，如在 Al_2O_3Cr 中加入 Mo；2）加入少量其他氧化物，如 V_2O_5、Mo_2O_3、WO_3 等，其熔点应比金属陶瓷的烧结温度低，又能被还原成金属。

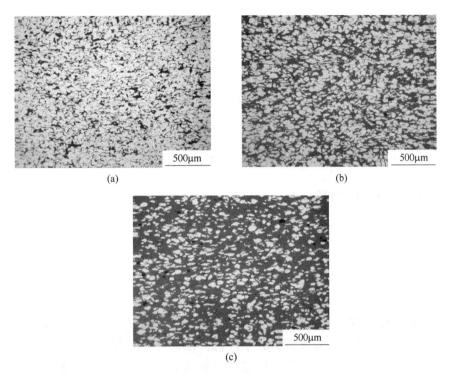

图 8-23 热压烧结（1400℃，30MPa，1h）制备的 Al_2O_3-Cr 复合材料

（a）25%Al_2O_3-75%Cr；（b）50%Al_2O_3-50%Cr；（c）75%Al_2O_3-25%Cr

（2）金属相与陶瓷相有一定的溶解度但无剧烈的化学反应。金属陶瓷烧结时有可能在两相界面上发生反应生成少量的新的陶瓷相，能改善金属与陶瓷基体之间的相容性，有利于改善两者之间的结合，而且往往能促进烧结。例如，氧化物金属陶瓷在两相之间生成一层中间型氧化物或固溶体，如 Cr-Al_2O_3 生成 Cr_2O_3-Al_2O_3 固溶体；TiC-Ni 系金属陶瓷的固相 TiC 在 Ni 熔体中具有一定的溶解度，在共晶温度下为 11%（体积分数），一般在 1270℃ 开始生成共晶液相，其主要成分是 Ni，同时溶有 Ti、C 等元素。但是，金属相与陶瓷相两者之间又需要保持良好的化学相容性，若发生剧烈的化学反应，金属相全部或大部分变成非金属化合物，就会丧失或大大削弱金属相的作用。例如，陶瓷相硼化铬（CrB_2）与金属相 Ni 在高温下发生化学反应形成化合物，结果烧结体中根本就没有金属 Ni 存在了：

$$2CrB_2 + Ni \longrightarrow Cr_2NiB_4 \qquad (8-1)$$

（3）金属相与陶瓷相的线膨胀系数要相近。金属陶瓷组成相之间热膨胀系数相差要足够小，即金属相与陶瓷相要有良好的物理相容性。如果相差太大，会使材料在急冷急热过程中产生过大的热应力而导致产生裂纹，甚至发生破坏，即使在一般温差条件下也可能产生相当大的内应力，从而使在承受机械振动时有可能产生新裂纹。金属的热膨胀系数一般大于陶瓷，如果金属相和陶瓷相的线膨胀系数之差达 10×10^{-6}℃$^{-1}$ 时，就会造成较大的内应力，使制品发生破坏；通常相差 5×10^{-6}℃$^{-1}$ 时尚能承受。

（4）金属增韧相的选择要适当。如果金属相的强度远高于陶瓷基体，容易出现金属增韧相发生塑性变形断裂之前，基体在相界面附近发生断裂的情况，从而限制增韧相的塑相变形并降低增韧效果。研究表明，增韧相具有较低的屈服强度，有利于增韧作用的充分发挥。

（5）金属相和陶瓷相的含量要适当。金属相含量对金属陶瓷性能有较大的影响，适当的含量有利于获得最佳的综合性能。

金属陶瓷的成形方法有干压成型、挤压成型、轧膜成型、等静压成型、热压成型、热压铸成型、胶态成型等，还可采用多孔陶瓷浸渍法制备。一般在氢气、保护性气氛或真空中烧结，可以采用热压烧结、热等静压烧结、气氛压力烧结、反应烧结、自蔓延高温烧结等工艺烧结。

三、金属陶瓷材料及应用

（一）氧化物基金属陶瓷

氧化物基金属陶瓷通常是以 Al_2O_3、ZrO_2、ZnO、Cu_2O、MgO 等高熔点氧化物为基体，与 W、Cr、Co、Ni、Fe、Al 等金属复合，具有耐高温、导热性好、力学强度高等特点。

1. Al_2O_3 基金属陶瓷

Al_2O_3 陶瓷具有高熔点、高弹性模量、高硬度、化学稳定性好、耐高温、力学强度较高、电绝缘等特点，而且来源丰富，成本较低，在很多领域得到了广泛的应用。然而，Al_2O_3 陶瓷断裂韧性低、抗热冲击能力较差、可靠性不好的缺点限制了更广泛的应用。与金属复合制成金属陶瓷是改善其性能的重要手段之一。Al_2O_3 基金属陶瓷使用的金属相成分主要有 Cr、Fe、Al、W、Co 等，组成 Al_2O_3-Cr、Al_2O_3-Fe、Al_2O_3-Al、Al_2O_3-W、Al_2O_3-Co 等不同体系的氧化铝金属陶瓷。一般来说，采用高熔点金属的体系强度较高，断裂韧性相对较差；采用低熔点金属的体系则高温性能差；采用中等熔点金属的体系，通过调节工艺参数，则可以获得相对比较理想的强度和断裂韧性。

Al_2O_3-Cr 金属陶瓷的强度比 Al_2O_3 陶瓷高，其抗弯强度和抗拉强度随着 Cr 含量的增大而有所提高，具有优良的高温抗氧化性和耐腐蚀性，可在许多高温场合下使用，如用于轴承，能耐磨损、耐腐蚀；用于密封环，不但有优良的耐磨性能，而且可在酸性介质中使用，如用于浓硫酸运送泵；用于喷气火焰控制器和导弹喷管的衬套，能抗氧化、抗冲刷、耐腐蚀；用于热电偶保护管，可在 SO_2、SO_3、HF 等腐蚀性气氛中使用。Al_2O_3-Cr 金属陶瓷的制备方法一般是将 Al_2O_3 粉和 Cr 粉研磨充分混合，成型后在氢气氛中烧结，烧结温度在 1550~1700℃ 之间。但 Al_2O_3 陶瓷相与金属 Cr 之间的润湿性并不好，可用以下方法解决：其一，金属 Cr 粉表面极易生成一层致密的 Cr_2O_3 膜。在制备 Al_2O_3-Cr 金属陶瓷时，可以通过控制气氛和加入氢氧化铝等使 Cr 表面形成 Cr_2O_3，在两相界面形成 Al_2O_3-Cr_2O_3 固溶体，以降低它们表面之间的界面能来改善润湿性。其二，在 Cr 中加入少量 Mo 等也有利于陶瓷和金属两相之间产生良好的结合。

Al_2O_3-Fe 金属陶瓷硬度高、耐磨、耐腐蚀、热稳定性高，广泛用于机械密封环、潜水泵机械密封件，可在要求耐高温、导热、导电场合下使用，而且不会因临时启动产生大的热量而破碎。此外，Al_2O_3-Fe 金属陶瓷还可用于火箭发动机的涡轮叶片。由于 Fe 容易氧化，Al_2O_3-Fe 金属陶瓷一般在还原性气氛下烧成。Fe-Al 合金与 Al_2O_3 有良好的润湿性，不产生化学反应，在 1700℃ 左右无压烧结或者 1400℃ 左右热压烧结。Al_2O_3/Fe-Al 金属陶瓷硬度高、耐磨、热稳定性好，断裂韧性可达 $8MPa \cdot m^{1/2}$，且成本较低。可用于制备陶瓷刀具，能进行高速、间隙切削。

Al_2O_3-金属·碳化物金属陶瓷刀具是将粒度小于 $0.5\mu m$ 的 α-Al_2O_3 粉与 TiC 或 ZrC、黏结金属 Ni、Co 等复合后经热压烧结制备，其结构是由两个相互穿插的骨架组成，一个骨架是 Al_2O_3 相，另一个骨架是由碳化物与黏结金属构成。这种陶瓷刀具有较高的抗弯强度和断裂韧性，其抗弯强度可达 800MPa，断裂韧性达 $5.2MPa \cdot m^{1/2}$，有较好的切削性能，适用于合金钢、锰钢、铸钢、淬火钢等的加工。Al_2O_3-金属·氮化物/碳氮化物金属陶瓷刀具的用途与此差不多的，其中的氮化物包括 Ti、Zr、Hf、Ta、Nb 的氮化物或混合氮化物，主要是 TiN，碳氮化物是 Ti(N, C)；金属组元可以是 Ni、Mo、W 等。Al_2O_3-金属·碳氮化物金属陶瓷刀具具有更好的性能，适合切削加工高硬度降火钢、高强度优质钢、不锈钢以及各种合金钢和碳钢等。

2. ZrO_2 基金属陶瓷

ZrO_2 基金属陶瓷包括 ZrO_2-W、ZrO_2-Mo、ZrO_2-Ni、ZrO_2-Ti 这几种，一般是将 ZrO_2 粉与金属粉混合，通过适当的方法成型和烧结后制成。以 ZrO_2-W 金属陶瓷为例，它是用粒度为 $2\sim3\mu m$ 的稳定化 ZrO_2 粉与金属 W 粉混合，通过适当的方法成型，在 1000℃ 的真空中预烧，最后在氢气保护下 1780℃ 烧结。

稳定 ZrO_2-W 金属陶瓷具有耐磨、耐高温、抗氧化和耐冲击性能良好的特点，是一种很好的火箭喷嘴材料。ZrO_2-Mo 金属陶瓷具有很高的化学稳定性和高温力学性能，因此可以用于制造热电偶保护管、铸造工艺中的型芯、连续铸造金属时熔融金属的流量调节器或铜及铜合金的输送管子等。ZrO_2-Ni 金属陶瓷通常使用 Y_2O_3 稳定化的 ZrO_2（YSZ）制备，通过物理混合法、溶胶–凝胶法等方法制得混合粉末。YSZ-Ni 金属陶瓷主要用于固体燃料电池阳极。此外，ZrO_2-Ti 金属陶瓷常用于金属熔炼坩埚。

（二）碳化物基金属陶瓷

WC-Co 金属陶瓷是研究最多、应用最广的一种金属陶瓷，常称为硬质合金，并享有"工业的牙齿"之美称。1923 年德国的 Karl Schröter 首次采用粉末冶金方法制备了 WC-Co 硬质合金，获得了硬质合金的发明专利[23]。之后，德国 Krupp 公司以"WIDIA-N"（WC-6%Co）的商标将硬质合金推向市场。迄今为止，能保证具有高的综合力学性能的最好结构组合和晶体结构匹配度的 WC 基金属陶瓷仍然是 WC-Co，因为在常温下它们具有相近的结构参数。高温下 Co 由面心立方晶格转变为六方晶格，且具有高的屈服极限。WC 的晶体结构为六方晶型，密度为 $15.63g/cm^3$，熔点为 2870℃，具有很高的硬度（HRA = 94）。它能很好地被 Co、Ni、Fe 等金属熔体润湿，其中 Co 熔体对 WC 的润湿性最好。WC 具有良好的热强性、红硬性和耐磨性，但是抗氧化性能差，在 $500\sim800$℃ 的空气中会严重氧化，在氧化性气氛中受强热易分解为 W_2C 和 C，即所谓的失碳。WC 在 Ar 气氛中加热至 2850℃ 仍然稳定，在高温氮气中亦不受影响，不溶于酸，耐腐蚀性优良，但易溶于氟化物。

WC-Co 硬质合金的常规制备包括 WC-Co 复合粉末的制备和合金的烧结致密化两个阶段。工业上一般是对氧化钨在高温下还原并碳化得到碳化物，然后进行球磨得到一定的粒度，再与 Co 球磨混合得到复合粉体，然后成型，最后烧结得到制品。由于碳化和烧结都需经历约 1400℃ 的高温，WC 和 Co 相晶粒都发生显著的长大，难以获得超细的组织结构。典型的 WC-Co 硬质合金的显微组织如图 8-24（a）所示，一般是由棱柱晶状的 WC 相和金属黏结相 Co 构成，为改善性能、降低成本，有时会添加 Ni、Fe 等，形成合金黏接相。Co 含量和组织结构对硬质合金的性能有显著的影响，随 Co 含量的减少，硬质合金的硬度提高，韧性降低，一般硬质合金的 Co 含量一般在 3%~25%（质量分数），如图 8-24（b）所示[24]。细化硬质合金的组织，特别是 WC 相的尺寸，不仅可以提高其硬度，也能提高其韧性。自 20 世纪 90 年代开始，纳米硬质合金的研究与开发得到了高度重视，通过将 WC 尺寸减小到纳米尺度，可以得到兼具高硬度和高韧性的所谓"双高"纳米硬质合金，图 8-25 分别为纳米硬质的组织及其硬度和韧性的关系图[26]。

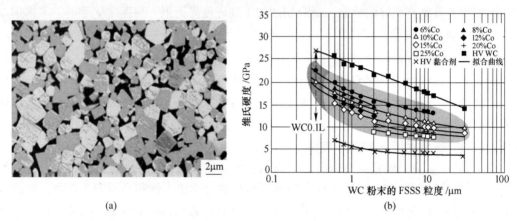

(a)　　　　　　　　　　　　　　　(b)

图 8-24　典型的 WC-Co 硬质合金的显微组织（a）及不同 Co 含量的晶粒大小与
WC 硬质合金硬度之间的关系（b）

由于普通硬质合金的制备方法无法获得纳米结构，开发纳米硬质合金的重点是发展新的制备方法。目前在纳米 WC-Co 复合粉末制备方面主要有高能球磨法、喷雾转化法、气相碳化法、氧化物直接碳化法、原位碳化还原法等；在烧结致密化方面常用的方法有低压烧结、热等静压烧结、微波烧结、放电等离子体烧结、高频感应加热烧结等[25~27]。需要指出的是，WC 的形态和分布对硬质合金的性能也有重要的影响，WC 呈板状并按一定取向分布能改善性能。使硬质合金的 WC 相含量在空间上呈现某种规律变化形成梯度结构，从而在性能调控上更为方便灵活，这种硬质合金称为功能梯度硬质合金。例如，可通过使 WC 含量从表面到心部逐渐降低，获得表面的硬度和耐磨性较高，而心部同时有很好的强度和韧性的"表硬心韧"的结构[28~30]。近来，有研究者采用一种等离子球磨技术制备硬质合金，实现了碳化和烧结一步完成，不仅简化了硬质合金的制备工艺，减少了能耗，而且获得的 WC 相十分细小，且呈片状，这种方法制备的硬质合金兼具较高的硬度和抗弯强度[31,32]。

WC-Co 硬质合金主要是用于切削刀具、拉丝模、微型钻头、喷嘴以及其他耐磨零件的制造，其中以刀具应用为主。由于该类刀具材料具有较高的强度、韧性以及抗冲击性能，在制造尺寸较小的整体复杂硬质合金刀具方面得到了广泛应用，可大幅提高切削速度和切削加工效率。该类刀具材料主要用来加工钢，铸铁及其合金，铁基、镍基、钴基合金以及不锈钢等难加工材料。特别是新近发展起来的超细和纳米硬质合金刀具材料，抗弯强度达

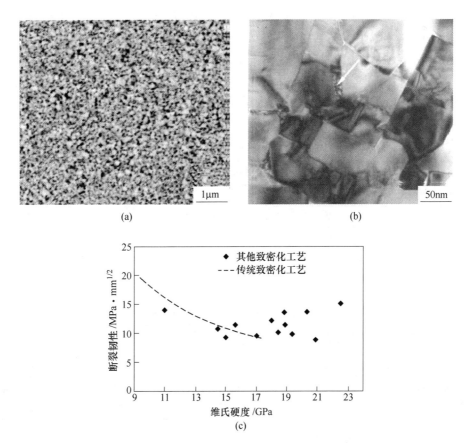

图 8-25　纳米尺寸 WC-Co 硬质合金的显微组织（a）和（b）以及硬度和韧性的关系图（c）[24]

到 2000~4000MPa，硬度可达 HRA 92，并且具有良好的导热性和化学稳定性，满足了集成电路板（PCB）加工用的微型钻头、打印机打印针头、切削工具、精密工模具的要求，在日益发展的 IT 产业、电子技术、航天军工等领域发挥了重要作用。硬质合金用于制造耐磨性高、抛光性好、黏附性小、摩擦系数小、抗蚀性高等特性的模具，其高硬度、耐磨性和耐蚀性使其在耐蚀零件和结构部件、军工武器以及凿岩、钻探工具等方面得到广泛的应用。

　　除 WC 外，在碳化物基金属陶瓷中，发展最成熟的是 TiC 基的金属陶瓷。TiC 是典型的过渡金属碳化物，其键合是离子键、共价键和金属键的混合，这使其具有耐高温、高硬度、高强度、高熔点、耐磨损、耐腐蚀以及导热导电等特性。TiC 的晶体结构为 NaCl 型结构，由较小的 C 原子填入到 Ti 密堆积配位八面体的中心而形成。TiC 的实际组成常常为非化学计量的，用通式 TiC_x 表示，其中 $x=0.47~1.0$。晶胞参数 a_0 随着 x 的增大而增大，但晶体结构类型不变。TiC 的密度为 $4.91g/cm^3$；熔点在 1645~2937℃，最高熔点对应于 $x \approx 1.0$；维氏硬度 HV 为 28~35GPa。由于 Ti 原子与 O 之间的亲和力大于 C 原子对 O 的亲和力，Ti 原子在高温氧化性气氛中能生成致密的结合牢固的 TiO_2 薄膜，因而 TiC 有很好的抗高温氧化能力。

　　TiC 基金属陶瓷以 TiC 为陶瓷相，以 Ni、Ni-Mo、Ni-Mo-Al、Ni-Cr、Ni-Co-Cr 等为金属

相（金属相占 20%~30%），其中以 Ni-Mo 合金最为常用，Mo 的加入能显著改善 Ni 对 TiC 的润湿性。TiC-Ni-Mo、TiC-Co、TiC-Cr 等体系金属陶瓷具有硬度高、耐磨、耐热等一系列优点，可做成高温轴承、切削刀具等。TiC-Cu 金属陶瓷具有较高的硬度和耐磨性，优良的导热性能和耐烧蚀性能，是一种很有希望的航空航天用轻质耐高温烧蚀材料，可用于火箭喉衬材料。另外，Cr_3C_2 基金属陶瓷具有高的抗氧化性和良好的抗化学腐蚀性，可制作气阀、轴套、轴承、密封件等部件。

一些碳化物基金属陶瓷的特点和应用见表 8-14。

表 8-14　一些碳化物基金属陶瓷特点和应用

基体类型	材料体系	特 点	应 用
WC	WC-Co	机械性能高	研究最多，应用最广
TiC	TiC-Co	代替 WC-Co，耐磨性好，抗氧化性好，密度低	高温轴承、切削工具、量具、规块
	TiC-Ni-Mo		
	TiC-Cr		
	$TiC-Mo_2C$		
Cr_3C_2	Cr_3C_2-Ni	密度低，耐磨，耐腐蚀性好，热膨胀系数低，高温抗氧化性好	工具方面和化学工业中得到应用
	Cr_3C_2-Ni-Cr		
	Cr_3C_2-Ni-W		
ZrC、HfC、TaC、NbC、B_4C		耐高温、氧化性都不好，脆	B_4C-不锈钢、B_4C 基金属陶瓷可做成原子反应堆控制棒

（三）碳氮化物基金属陶瓷

Ti(C，N) 基金属陶瓷是在 TiC 基金属陶瓷的基础上发展起来的一种金属陶瓷。20 世纪 70 年代初，奥地利维也纳工业大学 Kieffer 发现了 TiN 在 TiC-Ni 系材料中的显著作用。TiN 的加入可起到细化晶粒的作用，故 Ti(C，N) 基金属陶瓷可表现出比 WC 基或 TiC 基硬质合金更为优越的综合性能。1973 年，美国的 Rudy 博士公布了细晶粒 (Ti，Mo)(C，N)-Ni-Mo 金属陶瓷在钢材切削中的优越耐磨性。这类材料随即引起了广泛的重视[33~35]。

TiC 和 TiN 均具有面心立方点阵 NaCl 型结构，两者可形成连续固溶体，同时也可与 TaC、NbC 等多种过渡金属碳化物形成连续固溶体。图 8-26 是典型的金属陶瓷 Ti(C，N)-Mo-Ni 的显微组织[36]，Ti(C，N) 基金属陶瓷具有高的硬度、低的摩擦系数、优良的耐高温和耐磨性能、较高的断裂韧性和强度、较高的化学稳定性和抗氧化能力、高的热导率。Ti(C，N) 基金属陶瓷的主要成分是 TiC-TiN，以 Co-Ni 为黏结剂，以其他碳化物为添加剂，如 WC、MoC、TaC、NbC、Cr_2C_3、VC 等，以改善其性能，由此制备出各种不同系列、具有不同性能的 Ti(C，N) 基金属陶瓷。

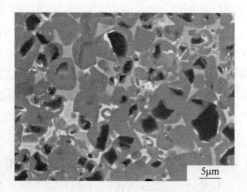

图 8-26　Ti(C，N)-Mo-Ni 金属陶瓷经 1480℃烧结后的显微组织照片

Ti(C，N) 基金属陶瓷的高温强度比 WC-Co 硬质合金高，而韧性又比 Al_2O_3 陶瓷材料好，因此已成为金属陶瓷领域中的重点研究和开发对象。Ti(C，N) 基金属陶瓷用于制备精加工刀具，如微型可转位刀片，用于精镗孔和精孔加工以及"以车代磨"等精加工领域，性能优于 WC 基金属陶瓷刀具；用于制备发动机的高温部件，如小轴瓦、叶轮根部法兰、阀门、阀座、推杆、摇臂、偏心轮轴、热喷嘴以及活塞环等；还可用于石化工业中各种密封环和阀门密封环等。然而，与 WC-Co 硬质合金相比，Ti(C，N) 基金属陶瓷在韧性和切削刃抗塑性变形能力等方面还存在一些不足，这使得 Ti(C，N) 基金属陶瓷作为刀具材料使用时，主要适合正火和调质钢的半精加工和精加工，而不适合粗加工，也不适用于淬硬钢和冷硬铸铁等硬脆材料的加工。因此，提高 Ti(C，N) 基金属陶瓷的强韧性，是扩展 Ti(C，N) 基金属陶瓷应用范围的关键。

参 考 文 献

[1] 王零森. 特种陶瓷 [M]. 长沙：中南工业大学出版社，1994.

[2] 金格瑞（美），鲍恩（美），乌尔曼（美）. 陶瓷导论 [M]. 北京：高等教育出版社，2010.

[3] 李雨苍，李兵. 日用陶瓷造型设计 [M]. 北京：中国轻工业出版社，2000.

[4] 张金升，张银燕，王美婷，等. 陶瓷材料显微结构与性能 [M]. 北京：化学工业出版社，2007.

[5] 周玉. 陶瓷材料学 [M]. 北京：科学出版社，2004.

[6] 谢志鹏. 结构陶瓷 [M]. 北京：清华大学出版社，2011.

[7] 李世普. 特种陶瓷工艺学 [M]. 武汉：武汉工业大学出版社，2007.

[8] 刘维良. 先进陶瓷工艺学 [M]. 武汉：武汉理工大学出版社，2004.

[9] 李伶，高勇，王重海，等. 陶瓷部件 3D 打印技术的研究进展 [J]. 硅酸盐通报，2016，35（9）：2892~2897.

[10] 贲玥，张乐，魏帅，等. 3D 打印陶瓷材料研究进展 [J]. 材料导报，2016，30：21.

[11] Shinohara N, Okumiya M, Hotta T, et al. Variation of the microstructure and fracture strength of cold isostatically pressed alumina ceramics with the alteration of dewaxing procedures [J]. Journal of the European Ceramic Society, 2000, 20（7）：843~849.

[12] Garvie R C, Hannink R H, Pascoe R T. Ceramic steel [J]. Nature, 1975, 258：703~704.

[13] Basu B, Vleugels J, Biest O V D. Microstructure-toughness-wear relationship of tetragonal zirconia ceramics [J]. Journal of the European Ceramic Society, 2004, 24（7）：2031~2040.

[14] Oyama Y, Kamigaito O. Solid solubility of some oxides in Si_3N_4 [J]. Japanese Journal of Applied Physics, 1971, 10（10）：1637.

[15] Jack K H, Wilson W I. Ceramics based on the Si-Al-O-N and Related Systems [J]. Nature, 1972, 238：28~29.

[16] Xie R J, Mitomo M, Kim W, et al. Phase transformation and texture in hot-forged or annealed liquid-phase-sintered silicon carbide ceramics [J]. Journal of the American Ceramic Society, 2010, 85（2）：459~465.

[17] Eom J H, Seo Y K, Kim Y W, et al. Effect of additive composition on mechanical properties of pressureless sintered silicon carbide ceramics sintered with alumina, aluminum nitride and yttria [J]. Metals and Materials International, 2015, 21（3）：525~530.

[18] 汪建锋，丁华东. 碳化硼基微观结构复合材料在轻装甲防护领域的研究与应用前景 [C] // 第十三届全国复合材料学术会议. 2004.

[19] 刘立强, 陈蕴博. B_4C 晶体的结构与 C 原子占位研究 [J]. 功能材料, 2008, 39 (10): 1628~1631.

[20] Kim H W, Koh Y H, Kim H E. Densification and mechanical properties of B_4C with Al_2O_3 as a sintering aid [J]. Journal of the American Ceramic Society, 2000, 83 (11): 2863~2865.

[21] Cho N, Silver K G, Berta Y, et al. Densification of carbon-rich boron carbide nanopowder compacts [J]. Journal of Materials Research, 2007, 22 (5): 1354~1359.

[22] Chmielewski M, Pietrzak K. Processing, microstructure and mechanical properties of Al_2O_3-Cr nanocomposites [J]. Journal of the European Ceramic Society, 2007, 27 (2~3): 1273~1279.

[23] Spriggs G E. A history of fine grained hardmetal [J]. International Journal of Refractory Metals and Hard Materials, 1995, 13 (5): 241~255.

[24] Gille G, Szesny B, Dreyer K, et al. Submicron and ultrafine grained hardmetals for microdrills and metal cutting inserts [J]. International Journal of Refractory Metals and Hard Materials, 2002, 20 (1): 3~22.

[25] 张凤林, 朱敏, 王成勇. 纳米硬质合金进展 [J]. 稀有金属, 2002, 26 (1): 54~58.

[26] Fang Z Z, Wang X, Ryu T, et al. Synthesis, sintering, and mechanical properties of nanocrystalline cemented tungsten carbide-a review [J]. International Journal of Refractory Metals and Hard Materials, 2009, 27 (2): 288~299.

[27] Ren X, Miao H, Peng Z. A review of cemented carbides for rock drilling: an old but still tough challenge in geo-engineering [J]. International Journal of Refractory Metals and Hard Materials, 2013, 39: 61~77.

[28] Guo J, Fan P, Wang X, et al. A novel approach for manufacturing functionally graded cemented tungsten carbide composites [J]. Int J Powder Metall, 2011, 47 (3): 55.

[29] Gille G, Bredthauer J, Gries B, et al. Advanced and new grades of WC and binder powder-their properties and application [J]. International Journal of Refractory Metals and Hard Materials, 2000, 18 (2): 87~102.

[30] Lengauera W, Dreyer K. Functionally graded hardmetals [J]. Journal of Alloys and Compounds, 2002, 338 (1~2): 194~212.

[31] Zhu M, Bao X Y, Yang X P, et al. A novel method for direct synthesis of WC-Co nanocomposite powder [J]. Metall Mater Trans A, 2011, 42A: 2930.

[32] Wang W, Lu Z C, Chen Z H, et al. Properties of WC-8Co hardmetals with plate-like WC grains prepared by plasma-assisted milling [J]. Rare Metals, 2016, 35 (10): 1~8.

[33] 邱小林. Ti(C, N) 基金属陶瓷的研究进展 [J]. 材料导报, 2006, 20 (s1): 420~423.

[34] 刘峰晓, 贺跃辉, 黄伯云, 等. Ti(C, N) 基金属陶瓷的发展现状及趋势 [J]. 粉末冶金技术, 2004, 22 (4): 236~240.

[35] Ettmayer P, Kolaska H, Lengauer W, et al. Ti(C, N) cermets—metallurgy and properties [J]. International Journal of Refractory Metals & Hard Materials, 1995, 13 (6): 343~351.

[36] 鲍贤勇, 曾美琴, 鲁忠臣, 等. 烧结温度对 Ti(C, N) 基金属陶瓷组织及力学性能的影响 [J]. 材料热处理学报, 2017, 38 (5): 61~66.

名 词 索 引

习　题

8-1　陶瓷材料的显微组织中通常有哪几种相？它们对材料的性能有何影响？

8-2　常用工业陶瓷有哪几种？简述各种陶瓷的主要成分、性能及用途。

8-3　陶瓷有哪些优缺点？用陶瓷作刀具材料有何利弊？

8-4　简述金属陶瓷的种类、性能特点及应用。

8-5　常温下陶瓷材料为什么是脆性材料？增韧的方法有哪些？

8-6　氧化铝陶瓷有哪些优缺点？添加碳化物颗粒进行弥散增韧可提高氧化铝陶瓷的力学性能，弥散增韧的机理是什么？

8-7　纯氧化锆陶瓷为什么难以制备？通常采用什么方法稳定氧化锆的晶型？氧化锆相变增韧的机理是什么？

8-8　非氧化物陶瓷往往需要添加烧结助剂，为什么？非氧化物陶瓷的结构和性能与氧化物陶瓷有何差别？

本章自我练习题

（填空题、选择题、判断题）

扫码答题 8

第九章 功 能 玻 璃

课堂视频 9

玻璃是一种无机非金属材料，一般具有非晶态结构。由于玻璃具有优良的透明性、化学稳定性及可塑性，玻璃被制成各种日用品和装饰品，广泛地应用在人们的日常生活和工程技术当中[1]。随着电子、通信、航天航空、能源、生命科学等新技术的迅猛发展，功能玻璃应运而生。功能玻璃是具有光、热、电、磁、力、生物等功能的玻璃，本章重点对功能玻璃进行介绍。

第一节 功能玻璃概述

功能玻璃是通过改变玻璃化学成分或采取合适的工艺和加工方法，将一定的物理性质、化学性质、生物学性质等赋予玻璃材料，使其获得所需的特定功能。与普通玻璃相比，功能玻璃具有不同或更好的性质和功能。本章将根据功能玻璃的分类、组成与结构，概述功能玻璃的相关内容。

一、功能玻璃的分类

玻璃材料的形态有块状、板状、纤维、膜、涂层、微孔体及粉末等。按照其功能分类，功能玻璃可分为光功能玻璃、热功能玻璃、电功能玻璃、磁功能玻璃、机械功能玻璃、生物功能玻璃以及其他功能玻璃等。

光功能玻璃主要包括**玻璃光纤**、**激光玻璃**、**非线性光学玻璃**和调光玻璃等。光功能玻璃具有高度均匀性、高透明度、易于加工等优点，在光电子信息等领域有着广泛的应用[2]。光功能玻璃是光电技术产业的基础和重要组成部分，特别是在 20 世纪 90 年代以后，随着光学与电子信息科学、新材料科学的不断融合，作为光电子基础材料的光功能玻璃在光传输、光储存和光电显示三大领域的应用更是突飞猛进，成为社会信息化发展的基础条件之一。

热功能玻璃主要包括**低熔点玻璃**、**热膨胀玻璃**和**隔热玻璃**等。低熔点玻璃常用于封接真空电子器件，为了降低玻璃的熔点，多采用低熔点的**硼酸盐玻璃**和**磷酸盐玻璃**体系，并且加入大量极化率大的阳离子（如 Pb^{2+}、Bi^{3+}）以及重金属氧化物。根据玻璃热膨胀的程度，热膨胀玻璃可分为低热膨胀和高热膨胀玻璃。低热膨胀玻璃用于制备高温下使用的理化器皿和精密的测量仪器；而高热膨胀玻璃，由于其热膨胀系数与金属相匹配，与金属可牢固结合，所以常常用于金属器件的封接。隔热玻璃是将玻璃内部结构做成真空结构，以此降低玻璃的导热系数，从而用于建筑节能等领域。

电功能玻璃包括**电致变色玻璃**和**快离子导体玻璃**等。电致变色玻璃是利用不同电场使电致变色层中的材料从褪色态的绝缘体变为致色态的导体。快离子导体玻璃是指离子电导率接近甚至超过熔盐和电解质溶液的一类玻璃材料。

磁功能玻璃是在基质玻璃中加入**过渡金属离子**或**稀土金属离子**，从而产生磁功能。通过加入不同的离子可以改变玻璃的磁性，从而制备出不同用途的磁功能玻璃。

此外，生物功能玻璃在生物医疗、环境净化等其他领域还具有广泛的应用。例如，生物功能玻璃就被广泛用于人造骨骼。将生物玻璃放入人体骨骼损伤部位后，玻璃与体液作用形成与人体骨骼成分相类似的磷酸钙，从而修复骨骼。高硬度、高强度、高韧性玻璃等均属于机械功能玻璃。

二、功能玻璃的组成与结构

不同于晶体具有周期性排列的原子结构，玻璃是结构上长程无序短程有序的，具有玻璃态转变特性的非晶态固体。高温熔体急剧冷却过程中，由于黏度过大，原子难以移动，不能形成晶体的规则周期排列结构，而保持熔体状态时的无规则结构。玻璃没有固定的熔点，但是在冷却过程中会经过一段从液体状态逐渐变为具有固体性能非晶体的温度区，这一温度区称为玻璃化转变区，而玻璃化转变区下限温度称为玻璃化转变温度（T_g），一般为黏度等于 $10^{12.4}$Pa·s 时的温度。

至今为止，人们仍然未能明确地揭示玻璃结构的本质。**晶子学说和无规则网络学说**是目前最为主流的两大学说。这两大学说从不同角度解释了玻璃的近程有序性和远程无序性，但两大学说均有不足。

晶子学说是由列别捷夫于 1921 年提出的。他认为玻璃中有无数"晶子"，这些排列有序并具有晶格变形的晶子均匀分散在无定型介质中，晶子与无定型介质之间没有明显界限。晶子学说强调了玻璃的微观不均匀性及近程有序性，但是未能解决玻璃中晶子尺寸、含量、化学组成以及相互关系等问题。

无规则网络学说是由查哈里阿森于 1932 年提出。他认为玻璃与其相应组成的晶体（如石英玻璃对应石英晶体）具有相同的基本结构单元。玻璃是由多面体结构单元通过顶角的桥氧相连形成无规则网络，多面体的排列无序。无规则网络学说强调了玻璃结构的连续性、均匀性和无序性，但是无法解释玻璃的微观不均匀性和分相等现象。

玻璃的组成包括了氧化物、卤化物以及硫化物等，通过调节传统玻璃的化学组成，可以实现玻璃的功能化。在玻璃的组成体系中，一般将氧化物分为**网络形成体**氧化物、**网络外体**氧化物以及**网络中间体**氧化物。网络形成体氧化物是指能单体生成玻璃的氧化物，如 SiO_2、B_2O_3、P_2O_5、GeO_2、V_2O_5 等均能形成玻璃，它们均以多面体结构存在于玻璃中，相互连接形成了玻璃的三维空间网络结构。网络外体氧化物不能单独形成玻璃，不参加玻璃网络结构的组成，如碱金属和碱土金属氧化物等。中间体氧化物一般不能单独形成玻璃，其作用是介于网络形成体氧化物和网络外体氧化物，有着"断网"或"补网"的作用。

硅酸盐玻璃的基本结构单元是硅氧四面体 $[SiO_4]$，Si—O 键较强（106kcal❶/mol），整个硅氧四面体的正负电荷中心重合，不带极性，且硅氧四面体之间以顶角相连，形成稳定的架状结构，如图 9-1（a）所示。所以硅酸盐玻璃的熔融温度和强度较高，热膨胀系数

---

❶ 1kcal＝4.1868kJ。

较小，耐热以及化学稳定性好。

硼酸盐玻璃由硼氧三角体［BO_3］组成，B—O 键强（119kcal/mol）比 Si—O 大，硼酸盐玻璃的网络结构是层状的，且层与层之间是由较弱的范德华力连接，如图 9-1（b）所示。这一薄弱点使硼酸盐玻璃的性能比硅酸盐玻璃差，而且由于硼氧三角体的相对数量较大，富集后易形成互不相容的富硅氧相和富碱硼酸盐相。如果将富碱硼酸盐相溶解，剩下高强度的硅氧骨架，以此便可制备成多孔玻璃。

磷酸盐玻璃的结构单元是磷氧四面体［PO_4］。与硅氧四面体不同的是，由于 P 的电子构型是 $1s^2 2s^2 2p^6 3s^2 3p^3$，其在玻璃中是 +5 价的，导致磷氧四面体有一个键形成双键，并且键长较短，使得其中一个顶角断裂而变形，故磷酸盐玻璃可看作无序二维层状结构。如图 9-1（c）所示。磷酸盐玻璃常用于制造光学玻璃、透紫外线玻璃与吸热玻璃等。

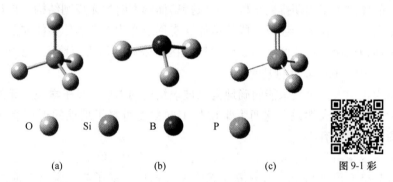

O　　　Si　　　　B　　　　P

(a)　　　　　　　　(b)　　　　　　　　(c)　　　　　图 9-1 彩

图 9-1　硅氧四面体示意图（a），硼氧三角体示意图（b）和
磷氧四面体示意图（c）

卤化物玻璃是由金属卤化物（包括氟化物、氯化物、溴化物和碘化物）构成。卤化物玻璃的结构特点是通过ⅦA族元素连接形成架状、层状或链状结构。氯化物、溴化物、碘化物一般形成层状或链状结构，而氟化物则形成三维架状结构。卤化物玻璃的折射率低，色散低，多用作光学玻璃。

硫属化合物玻璃，亦称**硫系玻璃**，以ⅥA族的硫、硒、碲元素为主要成分。硫属化合物玻璃可截止短波长光线而透过黄、红光，以及近、中、远红外光，而且它电阻低，具有开关与记忆特性，常用于中远红外光电功能玻璃。

微晶玻璃，亦称玻璃陶瓷，是将特定组成的基础玻璃，通过加热等方式控制其晶化，从而获得同时含有晶相和玻璃相的复合固体材料。微晶玻璃的光学性能好、热膨胀系数小、机械性能强，可应用于日常生活、光学器件、电子工业、军事国防、航天航空等多个领域。

第二节　光功能玻璃

一、玻璃的光学现象

玻璃的光学现象是指玻璃的折射、反射、透过和吸收等光学现象。通过一系列的物理和化学方法，如改变玻璃的成分、着色、光照、热处理、光化学反应以及镀膜等，可以对其主要的光学性能进行调控，以满足光学材料的研究与应用等要求。

（一）玻璃的光吸收

当一束光透过厚度为 l 的玻璃后，玻璃吸收一部分光的能量，光强 I 由兰别尔定律可得：

$$I = I_0^{-\alpha l}$$

式中　I_0——开始进入玻璃时的光强（已除去反射损失，即 $I_0 = 1-R$）；

　　　α——玻璃的吸收系数；

　　　l——光程长度。

由于玻璃中存在结合水，光学玻璃在 2700nm 处会产生一段吸收带。除此之外，在可见光区（390~770nm）以及近红外波段几乎没有吸收，仅有小部分散射损失。然而，当红外（大于 3μm）及紫外（小于 0.35μm）波段的光照射时，玻璃会产生强烈的吸收。因为玻璃内部的分子振动与电子跃迁的频率分别处于红外波段与紫外波段，二者发生了共振从而引起玻璃在红外区和紫外区的吸收。因此，光学玻璃的红外吸收光谱带可以为确定分子的化学环境、化学键特征及其相互作用提供依据，是一种研究玻璃结构的有效方式。

（二）玻璃的光折射

玻璃的**折射率**是指光在真空中的传播速率与光在玻璃中的传播速率的比值，它主要与玻璃的组成有关。此外，玻璃的密度、内部离子极化率、温度对折射率也有一定影响：玻璃的密度越大，折射率则越大；玻璃内部各离子的极化率越大，光通过玻璃后被吸收的能量也越大，传播速率减小，折射率增大。

玻璃的折射率随温度的变化受到两个作用相反的因素影响：（1）温度升高时，玻璃受热膨胀，密度减小，导致折射率减小；（2）温度升高，阳离子对 O^{2-} 的作用会减小，因而极化率增加，导致折射率的增大。升温过程会使电子获得的能量增加、与光子的相互作用增强，从而引起分子折射度的增加，促使其折射率增大。

此外，入射光波长对玻璃的折射率也会产生影响，这种玻璃折射率随波长变化而变化的现象称为**色散**。

（三）玻璃的光反射

当一束光通过玻璃时，光的能量一部分被玻璃反射，一部分被玻璃吸收，剩下一部分则透过玻璃。玻璃的**反射率**取决于玻璃表面的光滑程度、光的入射角、玻璃的折射率和入射光的频率等因素。玻璃表面的光反射，大多都是漫反射，这主要与玻璃表面的粗糙程度及其内部缺陷有关。

二、光学纤维

光子的传播速率比电子快得多，且光的频率比无线电波的频率高得多，光子受电磁场的影响小，所以光子取代电子作为信息传递的载体是必然的发展趋势。1977 年，第一代光纤通信系统在美国芝加哥试验成功，从此光纤的研究迅速发展。

按传输模式，光纤可分为只传输一种模式的单模光纤和能同时传输多种模式的多模光纤。根据光纤的结构可分为**阶跃式光纤**和**渐变式光纤**两类，如图9-2所示。阶跃式光纤是由纤芯和包裹纤芯的包层组成，纤芯的折射率比包层略高，所以光可以在纤芯中传输，在纤芯与包层之间发生界面全反射。渐变式光纤主要的特点在于纤芯的折射率不是固定值，而是从中心到四周，折射率逐渐减小，使光在纤芯中以抛物线的形式传输。

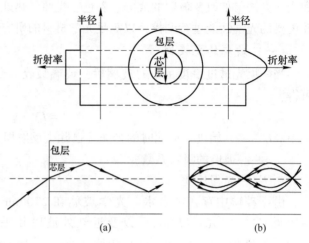

图9-2 阶跃式光纤（a）和渐变式光纤（b）传输光示意图

（一）光纤的主要特性

1. 光纤的损耗

光在光纤中的传输过程中，光的能量会随着传输距离的增大而呈指数型衰减，光纤的损耗可由以下公式计算得出：

$$\alpha = (10/L)\lg(P_0/P_L)$$

式中，α 为光纤的损耗，dB/km；L 为光纤长度；P_0 为 $L=0$ 时的光功率；P_L 为光纤长度为 L 时的光功率。

引起光纤损耗的原因主要有3种：光散射、光吸收以及弯曲。

（1）光散射损耗。光散射损耗主要由瑞利散射、布里渊散射、拉曼散射及光纤结构缺陷引起。纤芯材料密度与折射率不均匀导致光损耗，并且这种损耗与光波长的四次方成反比，称为瑞利散射。而当光纤系统中光功率较大时，会诱发受激布里渊散射和受激拉曼散射引起非线性损耗。如果光纤中混入结晶、气泡、杂质等或结构不整齐，也会增大光散射损耗。

（2）光吸收损耗。光纤的吸收损耗的主要原因之一是材料本征吸收损耗。材料中的分子振动会产生红外吸收损耗，而材料中的电子跃迁与激子跃迁会产生紫外吸收损耗。另外，杂质所引起的吸收损耗也不容忽视。金属离子如 Fe、Cu、Mn、Ni 等离子的电子跃迁会吸收能量，所以必须将其含量降到 10^{-9} 以下才能消除其影响。OH^- 离子的振动处于 $2.7\mu m$ 附近，它的次高谐波波长约为 $1.39\mu m$，正好处于通信窗口内，故在光纤制备过程中必须除去 OH^-。

（3）弯曲损耗。当光纤因放置而导致弯曲，光就不能在传输过程中保持全反射，使部分能量变成高阶模或者光进入了包层，从而引起损耗。

2. 光纤的色散

由于光纤中所传信号频率的不同，或者信号能量的模式不同，在传输过程中，因群速度不同而互相散开，引起传输信号波形失真、脉冲展宽，这种物理现象称为色散。色散决定了光纤的传输容量。

（二）光纤的制备方法

光纤的制备过程一般分为两步，即预制棒的制备和光纤拉丝。

预制棒的制备可用化学气相法、多组分玻璃熔融法等。前者是在石英玻璃管中通入用

于合成纤芯的 $SiCl_4$、BCl_3、O_2 等混合气体原料,沿玻璃管的轴向加热使气体沉积形成熔融玻璃,冷却后形成相应组分的预制棒。后者是用熔融法将纤芯玻璃熔融成棒状,然后进行表面抛光。最后,将纤芯插入中空的包层玻璃管中,制备成预制棒。

光纤拉丝工艺就是将制备好的光纤预制棒,利用加热设备加热熔融后拉制成直径符合使用要求的细小光纤。拉丝工艺主要的设备是拉丝塔,拉丝的环境一般要求无尘干净的环境。

由于光纤很细,其力学性能比较差,经不起弯曲和摩擦,所以在实际应用中通常在其表面涂覆一层树脂,这不仅可以提高光纤的机械强度,还可以减少光纤传输过程的损耗。涂覆过的光纤组合起来,即可制成各种光缆,如海底光缆等。

三、激光玻璃

1961 年美国的 Snitzer 博士[3]首次发现在掺 Nd^{3+} 玻璃中可以获得激光振荡输出。图 9-3 为中国科学院上海光学精密机械研究所制备的掺 Nd^{3+} 激光玻璃的实例。此后,各种稀土离子掺杂的激光玻璃相继出现,并在国防、医疗、通信等方面发挥着特殊的应用价值,如在激光雷达、激光测距、大气通信、激光制导、卫星遥感测控等领域均有重要的应用。

激光玻璃由激光离子和基质玻璃组成。激光离子主要包括 Pr^{3+}、Nd^{3+}、Sm^{3+}、Tb^{3+}、Ho^{3+}、Er^{3+}、Tm^{3+} 及 Yb^{3+} 等稀土离子。不同稀土离子的

图 9-3 中国科学院上海光学精密机械研究所制备的掺 Nd^{3+} 激光玻璃

能级结构不同,具有的光谱特征也不同,因此,相应的激光玻璃也具有不同的用途。基质玻璃的成分主要为硅酸盐、硼酸盐、磷酸盐和氟磷酸盐 4 大类。表 9-1 列出了各种激光玻璃系统的优缺点。

表 9-1 激光玻璃基质体系的优缺点

体 系	优 点	缺 点
硅酸盐	制备工艺简单、化学稳定性好	增益系数小、易产生色心吸收、效率低
硼酸盐	阈值低、热膨胀系数小	荧光猝灭、量子效率低
磷酸盐	受激发射截面大、非线性折射率低、应力热光系数小	化学稳定性差、热-机械稳定性差、易产生条纹
氟磷酸盐	非线性折射率低、阿贝系数高、增益系数高	制备工艺困难、易析晶

激光玻璃的制备主要采用熔体冷却成型法,其中包括以铂金坩埚、陶瓷坩埚为容器的间隙式熔体冷却成型法以及以铂金池炉为装置的连续熔融法。不同玻璃熔融方法的优缺点如表 9-2 所示。

表 9-2　不同玻璃熔融方法的优缺点

容器及工艺	优　点	缺　点
陶瓷坩埚（间隙式）	较经济的生产方法	引入的杂质多
铂金坩埚（间隙式）	侵蚀引起的杂质小、玻璃的光学均匀性好	玻璃中有铂金颗粒
铂金池炉（连续式）	可大量生产固定配方的激光玻璃	质量不易保证

目前为止，高能激光器都是使用激光玻璃取代激光晶体作为增益介质。尽管激光晶体的受激发射截面和热导率均比玻璃高一个数量级，但是玻璃具有晶体无法比拟的优势：

（1）玻璃的制备工艺成熟简便。玻璃可根据实际应用设计出任意尺寸、任意形状且高度光学均匀性的产品，而不易加工对于晶体来说是最致命的弱点。

（2）玻璃的成分可以在相当宽的范围内进行调控。

（3）玻璃的价格比晶体便宜。从原料要求、成品率、工艺成熟程度 3 方面比较，尤其当产品体积较大时，两者价格可相差几十至几百倍不等。

结合激光单色性强、相干性能好、不易发散以及玻璃容易制成大尺寸器件的特点，研究激光玻璃以发展激光武器也成为各国研究的热点。早在 20 世纪 70 年代，大尺寸激光玻璃已经能够实现超过 $3 \times 10^5 J$ 的能量输出。随着研究的逐步深入，虽然理论上激光玻璃输出能量可以增加几个数量级，但仍面临着激光亮度无法提高、自身内部破坏、光学动态畸变等一系列问题，并且这些问题伴随着激光能量的升高显得尤为突出。

激光玻璃的另一个重要用途是激光约束核聚变。它是利用多束高能激光同时聚焦在装有重氢的球靶上，当球靶内重氢的核同时受到多束高能激光辐射时，加热产生的等离子体会向中心压缩，使其中心温度达到上亿摄氏度且具有超高密度，从而引发核聚变反应。

除了上述的两个应用外，激光玻璃还可以用作激光光纤以及相应的光纤激光器。光纤激光器与以块体材料作为增益介质的激光器相比，具有以下优点：（1）光纤具有巨大的比表面积，体积小且质量轻，非常利于制作集成器件；（2）具有良好的波导结构，利于输出质量高、功率大的激光。因此光纤激光器已成为光电子领域的重要方向之一。目前，光纤激光器的主要研究目标是提高激光输出功率和品质，基质光纤以硅酸盐玻璃光纤为主，并掺杂不同稀土离子，如 Er^{3+}、Nd^{3+}、Tm^{3+}、Yb^{3+} 以及 Ho^{3+} 等，以获得在 $1.0\mu m$、$1.5\mu m$ 和 $2.0\mu m$ 等波段的激光输出。

四、非线性光学玻璃

在激光出现之前，光通过透明介质时发生吸收、透过、反射、折射、散射等光学现象后，其频率不会被改变。激光出现后，由于激光的强度比普通光源要大几个数量级，激光所产生的强电场使材料中引起的电极化强度 P 和电场强度 E 之间发生如下关系：

$$P = \varepsilon_0 [\chi^{(1)} E + \chi^{(2)} E^2 + \chi^{(3)} E^3 + \cdots]$$

式中，ε_0 为真空中的介电常数；$\chi^{(1)}$ 为线性光学极化率；$\chi^{(2)}$、$\chi^{(3)}$ 分别为二阶和三阶非线性极化率。

在光强较弱时仅需考虑 $\chi^{(1)}$ 项，此时 P 和 E 呈线性关系，称为线性光学；而当采用激光时，$\chi^{(2)}$ 和 $\chi^{(3)}$ 则不能忽略。当频率为 ω 的激光通过介质时，它的一部分能量会转化为频率为 2ω 的光波，称之为光倍频现象。非线性光学就是对以上现象的产生原因和过程规律进行研究，以进一步探索它在光纤、光波导、倍频器、光开关等科学技术上的应用（具体见本章延伸阅读9-1的内容）。

延伸阅读9-1

（一）玻璃的二阶非线性光学效应

20世纪80年代以前，玻璃由于其各向同性的特性而被认为不能产生二阶非线性光学效应。但是在1986年，Österberg和Margulis[4]在钕激光照射下的掺Ge和P的石英单模光纤中首次发现了异乎寻常的倍频现象。1991年，Myers[5]在300℃下对石英玻璃片施加直流高压进行极化，发现其产生了二次谐波SHG（second harmonic generation）。以上实验都证明了玻璃能够产生二阶非线性效应，可是其二阶非线性极化率$\chi^{(2)}$比LiNbO$_3$等晶体材料小了一个数量级，因而大大限制了其在非线性光学领域中的应用。尽管如此，玻璃具有近程有序、远程无序的内部构造，具备光学上各向同性、易于制作和加工、透光性好、良好的化学稳定性和热稳定性、易于掺杂、可产生远距离的相互作用等一系列优点，仍是一种引人注目的非线性光学材料。科学家们为了在玻璃中获得较高的二阶非线性极化率做了大量研究。Fujiwara等人提出了紫外光极化方法，利用激光发生器产生的紫外光以及高压电场同时对掺锗石英光纤做极化处理，获得了与LiNbO$_3$相当的SHG，这是因为在强烈的紫外光照射下光纤的缺陷数量明显增加，这项成果对二阶非线性光学玻璃的实用化具有较为重要的意义。

从上述实验可知，原本被认为不能产生非线性光学效应的玻璃在激光辐照、高压电极化或者热极化等条件下也能产生SHG效应，这是因为上述外场诱导能使玻璃产生缺陷，使玻璃在微小区域内产生相当强的定向极化，从而打破玻璃的反演对称性，使玻璃具有SHG效应。

（二）玻璃的三阶非线性光学效应

对于大部分玻璃而言，其二阶非线性光学系数$\chi^{(2)}=0$，即不发生二次非线性极化，但其三阶非线性光学系数$\chi^{(3)}$不为零，所以玻璃材料主要表现为三阶非线性光学效应。依据米勒法则：

$$\chi^{(3)} = [\chi^{(1)}]^4 \times 10^{-10}$$

可看出$\chi^{(1)}$越大，$\chi^{(3)}$也越大，而$\chi^{(1)}$随玻璃折射率n_0增大而增大，所以折射率较大的玻璃其三阶非线性光学效应通常更强。现今，玻璃的三阶非线性光学效应的研究对象主要分为两类：均质玻璃和纳米粒子掺杂玻璃。纳米粒子掺杂玻璃是指尺寸为数纳米至数十纳米的粒子均匀分散在玻璃中，而这种纳米粒子又可以分为金属和半导体粒子两类。在此，我们将分别介绍均质玻璃、金属纳米粒子掺杂玻璃和半导体纳米粒子掺杂玻璃。

1. 均质玻璃的三阶非线性光学效应

玻璃由于其长程无序的特性而在光学上具有各向同性，具体表现为它们是高度透明的。均质玻璃产生的三阶光学非线性与其折射率有关，主要取决于构成玻璃的原子或离子产生的电子极化。三阶非线性光学极化率$\chi^{(3)}$与各种玻璃组成之间的关系如下：对于无过渡金属阳离子玻璃而言，$\chi^{(3)}$随着非桥氧键的形成而增加；而在用过渡金属阳离子调节的硅酸盐玻璃中，$\chi^{(3)}$主要由金属阳离子的浓度，即由过渡金属和桥氧之间的键的极化来决定的，而不是由非桥氧键的数目来决定的。因此，可通过添加具有高折射率的重金属氧化物如氧化铋（Bi$_2$O$_3$）、氧化碲（TeO$_2$）、氧化铅（PbO）以及R$_2$O$_3$（R = Pr、La、Nd、

Sm）等或金属卤化物如氯化钾（KCl）、溴化钾（KBr）、碘化钾（KI）等来提高玻璃材料整体的折射率，从而提高其三阶非线性光学极化率。

2. 金属纳米粒子掺杂玻璃的三阶非线性光学效应

金属纳米粒子掺杂玻璃中均匀分散着数纳米至数十纳米粒径的 Au、Ag、Cu 等金属粒子，光照会对金属纳米粒子中的电子产生等离子体共振效应。其中，金属纳米粒子的 $\chi^{(3)}$ 与粒子半径的三次方成反比，而与玻璃中金属纳米粒子的体积百分比成正比。为了获得较强三阶非线性光学效应的玻璃，玻璃中的金属纳米粒子应该尺寸较小且尺寸分布均匀，并且具有较高的浓度。换言之，得益于金属纳米粒子的共振特性以及玻璃的可塑性，将金属纳米粒子与玻璃材料复合在一起可以实现强非线性光学效应并拓宽了其应用范围，如利用熔融法或者溶胶-凝胶法等手段将金属纳米粒子掺入玻璃后拉制成的光纤，能使原本以毫米为尺寸量级的器件缩小至微米级甚至纳米级，这无疑在光电子器件的大规模集成以及实现全光网络方面具有巨大的应用前景。

3. 半导体纳米粒子掺杂玻璃的三阶非线性光学效应

当半导体的尺寸小于或接近于激子波尔半径时，就会存在量子尺寸效应。因此，半导体材料和分子之间的性质强烈依赖于他们的尺寸。纳米颗粒内部电荷载流子的量子限域，导致光学带隙的蓝移和激子分立能级的出现，这吸引了大量有关光学线性和非线性性质的基础研究。将半导体纳米粒子掺入到玻璃基质中可形成半导体纳米粒子掺杂玻璃复合材料，当半导体晶体的尺寸小于入射光波长时，由于量子尺寸效应，玻璃的三阶非线性光学效应将显著增强。

五、调光玻璃

（一）光致变色玻璃

在光的照射下，普通玻璃的透光率和颜色不会发生明显的变化，但是当掺入了光色材料（如卤化银等光敏剂）后，玻璃在可见区的透过率会降低，并且在光照停止后玻璃又会恢复原来透明的状态，这种玻璃称为**光致变色玻璃**。

以含有卤化银光敏剂的变色玻璃为例，该系列变色玻璃主要由基础玻璃和卤化银光敏剂组成，其可通过熔融法或离子交换决获得。其中，熔融法是将卤化物以离子的形式均匀分散于玻璃中并通过热处理使玻璃均匀析出卤化物晶体的制备方法。玻璃中的卤化物晶体在太阳光照射下会分解形成金属胶粒原子和卤素原子，从而使玻璃变色并降低透光率。将玻璃置于黑暗处时，金属胶粒原子和卤素原子则会重新形成卤化物晶体，玻璃褪色且透光率恢复。由于此过程是可逆的，故光致变色玻璃可以用作太阳眼镜、相机镜头、光开关、建筑幕墙装饰等。图 9-4 是一种光致变色玻璃工作原理的示意图。

（二）滤光玻璃

滤光玻璃的作用是吸收某段波长的紫外、可见或者红外光并选择性地过滤某些波段的光，其适用于激光系统、光学仪器、医疗设备与环境保护等领域。

滤光玻璃通过在玻璃中掺杂过渡金属离子、稀土离子或半导体量子点等进行着色。不同着色剂对不同波长的光吸收程度不一样，这是由于光作用在着色剂（如过渡金属离子）上，基态的电子吸收光能跃迁至激发态，导致部分波长的光被吸收，从而呈现颜色。故可

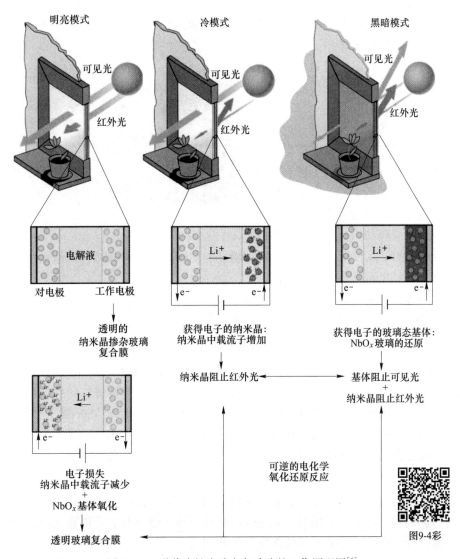

图 9-4　一种代表性光致变色玻璃的工作原理图[6]

通过控制着色剂的种类和掺杂量调控玻璃的颜色、过滤波长以及着色程度。

第三节　热功能玻璃

一、低熔点玻璃

低熔点玻璃主要指软化温度低于 600℃ 的玻璃。作为玻璃体系的一个分支，这种玻璃广泛应用于军用领域和民用领域。根据其作用分类，主要分为如下 3 种：（1）起封装作用，可用于电真空和半导体器件的保护外壳、电子器件的封装、特种器件的涂层、核废料的固化、钝化半导体器件的隔离膜等；（2）起封接作用，用于将陶瓷与陶瓷、陶瓷与金属、金属与金属、金属与玻璃、玻璃与玻璃、玻璃与陶瓷之间形成真空密封，如图9-5所示；（3）起添加剂作用，用于改善电子材料的特性，扩大电子材料的应用范围。其中，用作封装功能的低熔点玻璃的需求量最大。

低熔点玻璃的熔制温度很低，这是因为电子或阴离子对核电荷形成了屏蔽。离子极化率越高，则对核电荷的屏蔽程度也越高，玻璃的熔点越低。另外，增大阴离子与阳离子的比例也能改善阳离子的屏蔽程度，从而降低玻璃的熔化温度。一般而

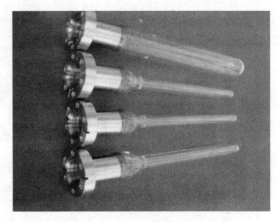

图 9-5　玻璃与金属封接器件

言，硅酸盐玻璃的熔点较高，所以低熔点玻璃多采用硼酸盐、磷酸盐和钒酸盐等体系，并引入大量碱金属氧化物或重金属氧化物。

（一）含铅低熔点玻璃

1. 非晶型低熔点玻璃

非晶型低熔点玻璃多以 B_2O_3-PbO-ZnO 体系和 B_2O_3-PbO-SiO_2 体系作为基础玻璃，并适当引入 Al_2O_3、ZrO_2、TiO_2 等组成提高其力学性能，或者掺入 ZnO、CaO、BaO 等碱土金属氧化物提高其化学稳定性。采用非晶型玻璃封接的优点为：气密性好，封接过程中玻璃不会析晶，有良好的流动性和润滑性，能够充满所封接的空间，结合处外观平整等。此外，其封接工艺简单易行，在封接过程中不存在明显的体积变化并且产生的封接压力相对稳定，但是封接界面层的力学性能较差，容易开裂，抗热振能力不高。

2. 结晶型低熔点粉末玻璃

与通常所说的微晶玻璃相比，结晶型低熔点粉末玻璃焊料所用的玻璃系统、化学成分以及析晶的热处理制度也不尽相同。常见的微晶玻璃是在玻璃形成后再通过特定的热处理制度析出晶体所形成的，为了不改变玻璃的形状和尺寸，其形核与晶体长大的温度一般低于玻璃的软化温度，以保证晶化过程在黏度较大的状态下进行；而结晶型低熔点粉末玻璃的析晶在熔融封接过程中进行，此时玻璃的黏度较小，流动性较好，更有利于气密封接。常用的玻璃体系有 ZnO-B_2O_3-SiO_2 和 PbO-ZnO-B_2O_3 系统。玻璃中存在的 ZnO，有利于玻璃体系的析晶。另外，若原料中混入杂质，也会提高析晶速度。

与非晶型玻璃相比，结晶型玻璃焊料的强度和软化变形温度明显增大，化学稳定性也得到很大的增强。然而，由于其晶化过程与熔封工艺是一次完成，当析晶速度过快时玻璃液的流动性会变差，不能充分润湿被封接器件从而影响气密性，为此，对结晶型玻璃的工艺要求更高，所需时间更长。

（二）无铅低熔点玻璃

传统含铅玻璃虽然具有加工温度低、加工范围大、加工形状易于调节等优点，但其在生产过程中会产生铅尘并且熔制时含铅挥发物随烟气排放，造成环境污染并危害人身健康。采用无铅低熔点玻璃不仅可以减少对配料和熔制过程造成的污染，同时可以减轻对操

作人员的伤害。在含铅低熔点玻璃中，铅与邻近的 4 个氧原子连接构成四面体，而四面体的顶点相互连接构成玻璃网络，这种独特的结构赋予了含铅低熔点玻璃优良的温度和膨胀特性，使玻璃在受热膨胀时不容易变形，这也给铅的替代带来很大的困难。实验表明，软化温度低于 600℃ 的 Bi_2O_3-B_2O_3-SiO_2 体系可以实现对 PbO-B_2O_3-SiO_2 体系玻璃的替代，因此，目前国际上的研究与应用的焦点主要集中在以 Bi_2O_3 替代玻璃中高毒性的 PbO。此外，钒酸盐体系玻璃和磷酸盐体系玻璃在低温熔融、低成本方面具有较大的优势，也成为低熔点玻璃无铅化研究的方向之一，但由于这两类玻璃熔制工艺复杂、实用性差，因此改善其实用性成为了其走向工业化应用的前提。

二、热膨胀玻璃

（一）低热膨胀微晶玻璃

低膨胀透明微晶玻璃在耐热性上具有显著优势，其低膨胀特性对于提高热几何稳定性具有重要意义，尤其在航空航天器件和电子设备等方面。这是因为卫星天线和电子器件等工作环境复杂、不均匀的温度分布和较大的温度变化可以通过引起较大的热变形而造成信号的失真，同时，较大的温度变化往往引起较大的温度应力，造成结构破坏。研究开发低热膨胀材料甚至零膨胀材料可以大大增强材料的抗热冲击性能、提高材料的使用寿命，并且扩大材料的使用范围。

目前，可用作实际应用的低热膨胀微晶玻璃大都是铝硅酸盐体系微晶玻璃。这类微晶玻璃主要析出碱金属或碱土金属铝硅酸盐晶体，具有优良的化学稳定性和抗热冲击性。其中，Li_2O-Al_2O_3-SiO_2 体系（简称 LAS 体系）微晶玻璃的热膨胀系数调整幅度很大，甚至可调节至零膨胀。LAS 微晶玻璃的热膨胀性能和透光性能主要取决于其晶相种类、晶相含量以及晶相的微观分布。通常 LAS 在热处理过程中析出的晶相有 β-石英固溶体、β-锂辉石固溶体、β-锂霞石固溶体以及热液石英固溶体，它们的热膨胀系数、折射率以及晶粒尺寸差别较大，故对微晶玻璃整体性能的影响也不尽相同。通过特定的热处理后，LAS 微晶玻璃就能析出 β-石英固溶体，通过调节 β-石英固溶体晶相和残余玻璃相的比例可以获得零膨胀系数的微晶玻璃。

（二）高膨胀玻璃

在电真空器件的制造中，用于封接金属件的玻璃要求具有较好的浸润性，并且它的膨胀系数必须较大，方可与金属相匹配，否则难以保证电真空器件的真空密封，从而影响电真空器件的质量。此外，还要求其软化点不宜过高，否则会导致封接温度提高。在 Li_2O-ZnO-SiO_2 体系中，以 P_2O_5 为晶核剂，研制出的微晶玻璃析出的主晶相有方石英和硅酸锂锌（$Li_3Zn_{0.5}SiO_4$），它们不仅有与钢材相近的热膨胀系数，而且具有优良的力学和化学稳定性，同时玻璃的软化点低于 500℃，因而可满足钢材的封接或作为抗腐蚀涂层的要求。

三、隔热玻璃

（一）泡沫玻璃

泡沫玻璃是一种人工制造的内部充满无数微小均匀连通或封闭气孔的多孔玻璃材料。它具有强度高、导热系数小、热工性能稳定、热膨胀系数低、不燃烧、不变形、使用寿命长、工作温度范围宽、耐腐蚀性能强、不具有放射性、不吸水、不透湿、不受虫害、易加工可锯切、施工极其方便等优点，不仅是一种具有良好的保温隔热和吸声性能的节能环保材料，也是一种轻质的高强度建筑材料和装饰材料。图9-6所示的是康宁公司生产的 FOAMGLAS 系列泡沫玻璃。

泡沫玻璃有多种制作方式，其中用得最多的一种方法是：在磨细的玻璃粉中加入碳酸钙、碳粉等发泡剂以及发泡稳定剂

图9-6　康宁公司生产的 FOAMGLAS 系列泡沫玻璃

并使其均匀混合，将混合粉末放入模具中，在炉子中加热至850℃，使原料熔化膨胀，最后放入退火炉中退火。

泡沫玻璃的传热主要通过玻璃的孔壁和气孔中的气体。孔壁是以热传导为主的固相，而气孔中的气体，除了热传导以外，主要是对流和辐射。泡沫玻璃一般分为闭孔和开孔两种。闭孔泡沫玻璃是一种硬质多孔材料，闭孔泡沫玻璃中气孔率为 70%~90%，但是其气孔相互之间是独立的，即气体不能随意流动，因此独立气泡可以将空气分子封闭在微小空间内使分子处于一种相对的静止状态，从而阻绝热量的传递，导热系数小于 $0.06W/(m \cdot K)$。闭孔泡沫玻璃中气孔均为独立的特性使其除了保温性能好之外还具有很高的气密性，所以，除了制品外表面吸附的微量水分以外，闭孔泡沫玻璃的吸水率很小（一般小于 0.2%）。加上无机玻璃的物化性质，其具有不吸水、不吸潮、抗水防冻且化学性质稳定、不易腐蚀等优良性质，使其成为在低温或超低温条件下隔热性能良好且持久的隔热保温防潮材料。

开孔泡沫玻璃的孔相互连通且与外界贯通，主要用于吸声。当声波进入到开孔泡沫玻璃表面时，声波会引起孔内空气振动并且与孔壁摩擦，使声能转化为热能，从而达到吸声的效果。

与泡沫玻璃相关的还有一类载体用多孔玻璃，见本章第六节。

（二）气凝胶玻璃

气凝胶玻璃是指在普通双层玻璃中空部分填充进透明氧化硅气凝胶，其一般为板状或颗粒状。由于气凝胶玻璃具有普通双层玻璃4倍以上的隔热性能以及良好的透光性，除了隔热之外，其还能隔声减振，因此受到了广泛关注。其中，SiO_2 气凝胶是直径只有数十纳米的微球，其气孔率在90%以上，因此其质量极轻、透明度高，几乎不会发生对流情况，故 SiO_2 气凝胶是与静止空气热导率相当的透明多孔材料。填充的 SiO_2 气凝胶是获得上述优异性能的主要因素。制备 SiO_2 气凝胶首先需要制成凝胶，然后利用超临界冷冻干燥法将凝胶转换成气凝胶。具体工艺如图9-7所示，其载荷测试如图9-8所示。

图9-7　透明氧化硅气凝胶制造工艺

图9-8 彩

图9-8　气凝胶荷载测试[7]

第四节　电、磁功能玻璃

一、玻璃的电学和磁学性能

（一）玻璃的导电性

材料的导电能力取决于载流子的浓度及其迁移速率，包括电子、空穴与离子等，整体电导率是各种载流子导电的综合。对于无机非金属材料，其电子不能自由移动，同时处于固态下的电子迁移速率很慢，因此无机非金属材料的电导率很低，通常是良好的绝缘体。对于玻璃，根据导电方式的不同，玻璃的导电可分为电子导电和离子导电两种。

一般情况下，玻璃是以离子导电为主，只有极少数的玻璃是通过电子导电，例如，某些过渡金属氧化物玻璃和硫属半导体玻璃。玻璃的离子导电是通过外加电场的作用使半径较小且能动度最高的碱金属离子（如 Li^+、Na^+、K^+ 等）长程迁移贯穿玻璃体，形成定向运动而产生电流。如果玻璃中不含碱金属离子仅含碱土金属离子，玻璃也会有一定的导电能力，但是相对于碱金属离子的导电能力，碱土金属离子的导电作用可以忽略不计。固体状态下，玻璃硅氧骨架或硼氧骨架中的阴离子在外电场中不能发生移动，但随着温度升高至玻璃的软化点以上，这些阴离子也能作为载流子实现玻璃的导电能力。综上，玻璃电导率的大小主要由玻璃的化学组成和温度决定。当玻璃中碱金属离子的浓度相同时，玻璃的电导率与碱金属离子的键强和半径有关。玻璃的电导率随温度的升高而增大，这一点恰恰与金属相反。

（二）玻璃的介电性

玻璃的介电性一般用介电常数、介电损耗和介电强度等来表征。玻璃的介电常数 ε 一般在 4~20 之间，它主要与玻璃的化学组成、温度和电场频率有关。组成对于玻璃介电常数的影响主要取决于网络骨架强度、离子极化率和键强。网络形成体的电子极化率小，而网络外体的极化率大，因此当网络外体的比例增加时，玻璃的 ε 增大。一般来说，玻璃的 ε 随温度的升高而增大，随电场频率升高而减小。

玻璃的介电损耗按性质可分为电导损耗、松弛损耗、结构损耗和共振损耗 4 种。电导损耗由网络外体离子沿电场方向移动而产生，电场频率越低，离子位移越大，电导损耗越大；松弛损耗是由网络外体离子在一定势垒间移动而产生的；结构损耗是由于玻璃网络松弛变形而造成的；共振损耗是由网络外体离子或网络形成体离子的本征振动吸收能量而导致的。

介电强度是电介质发生电击穿时的电压。玻璃的击穿机理分为热击穿、电子击穿和电弧击穿 3 种。热击穿是指在电压作用下，玻璃电介质内部产生的热量来不及传导出去，导致玻璃局部温度过高使玻璃的网络结构断裂，因而玻璃材料局部遭到破坏。电子击穿是由于电压直接加速了物质内部电子对其他原子的冲击，从而激发更多的电子从价带跃迁到导带，最终引起电子雪崩而击穿。电弧击穿是由于某些玻璃材料在高电场作用下会引起电弧通过，从而引起击穿。玻璃的介电强度受其组分影响很大，通常引入提高玻璃电阻率的氧化物可使玻璃的介电强度增大。此外，玻璃的介电强度还与温度、电压升高速率等有关，一般而言，随着温度升高或者电压升高速率增大，玻璃的介电强度降低。

（三）玻璃的磁学性能

玻璃的磁性是由玻璃中的过渡金属离子和稀土金属离子所提供，例如，Ti^{3+}、V^{4+}、Fe^{3+}、Co^{3+} 等离子的氧化物可使玻璃具有磁性。网络形成体为酸性氧化物的酸性玻璃以及含有不成对电子的稀土离子（如 La^{3+}、Gd^{3+}）的玻璃是具有反磁性的玻璃。反磁性玻璃的磁化率与所含的极化离子的原子数成正比。当玻璃中顺磁离子（稀土离子和过渡金属离子）的浓度超过定值时，玻璃的反磁性会转变为顺磁性。强磁性的玻璃是指含有铁磁性晶体的微晶玻璃。

二、电致变色玻璃

电致变色玻璃是指在不同电场的作用下，颜色连续可调且这种变色可逆的玻璃[8]。电致变色玻璃中的电致变色材料在电场作用下具有光吸收透过可调性，可选择性地吸收或反射外界热辐射以及阻止内部热扩散，进而减少办公大楼和民用住宅等建筑物在保持适宜温度时所必须耗费的大量能源。同时，电致变色玻璃也具有改善自然光照程度、防窥、防眩光等作用，实际应用中可有效减少室内外遮光设施。鉴于这些优势，此种玻璃广泛地应用于建筑物、汽车、飞机以及宇宙飞船等方面。

多数电致变色系统都是由电源、两个透明导电层、一个电致变色层、一个离子导体（电解质）层和一个离子贮存层组成，如图 9-9 所示。在外加电压的作用下，导电层形成稳定的电场并提供自由电子，同时离子贮存层提供离子，离子导体层经过电解以快离子方式将阳离子输入电致变色层，使电致变色层发生氧化还原反应而变色。当施加反向电压时，产生与上述相反的过程，电致变色层的离子重新回到离子贮存层中，电致变色层脱色。

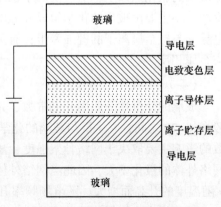

图 9-9　电致变色系统示意图

透明导电层对玻璃能否获得最高透过率起到非常重要的作用，因为在不考虑其他膜层影响的情况下，仅仅通过两层镀在玻璃基片上的透明导电膜就可使透过率降至 72%~56%。此外，透明导电层的电导特性还决定了电致变色玻璃的"着色—漂白"转换速度。因此，要求该涂层具有极高的电导率，同时，要求其具有良好的可见光透过性和化学稳定性。常用的透明导电膜为 $In_2O_3:Sn(ITO)$ 薄膜[9] 或 $SnO_2:F(FTO)$ 薄膜[10]，其中 ITO 膜被认为是目前最好的一种导电材料，其电阻值约为 $10\Omega/m^2$。

电致变色玻璃的关键技术在于电致变色层。在外场作用下（一般为 1~5V），同时注入电子和离子，使电致变色层中的离子发生氧化还原反应，着色离子得失电子，使其吸光的峰位和吸光度发生变化，使电致变色层由褪色态的绝缘体变为致色态的导体。WO_3 和 NiO 膜的着色效率高、可逆性好、响应时间短、寿命长、成本低，是目前最具有发展前途的电致变色材料。除了单独使用外，还可以将两种不同的电致变色材料以合适的配比相混合，例如在 WO_3 中加入 50% 的 MoO_3 形成混合膜后，可以改变 WO_3 的最大吸收峰位置，提高它的着色效率。

常用的电解质可以分为液态、固态和凝胶态。电解质作为电致变色器件全固态化的关键材料，它必须具备以下条件：室温下具有高离子电导率、高电子电阻率，在所要求的光谱区域内具有高透射率或反射率，此外，它还必须具备优异的化学和机械稳定性。

离子存储层是电致变色玻璃实用化的一个重点，它也是电子和离子的混合导体。通常情况下，要求离子存储层具有离子插入反应的可逆性、透明性、较快的反应速率和较高的存储能力，并且能够提供离子。

三、快离子导体玻璃

快离子导体玻璃是指离子电导率接近甚至超过熔盐和电解质溶液的一类玻璃材料。相较于晶态快离子导体，快离子导体玻璃具有离子电导率高、电子电导率低、电导率各向同性以及易成型加工等优点，而它最大的优势在于玻璃的成分可在较大的范围内进行调控，能够轻易地引入多种物质来调节其电性能。

目前，锂离子实现导电的硼酸盐玻璃、硫化物玻璃以及硫硼酸盐玻璃体系都已被用于快离子导体玻璃。同时，一些新技术的出现，如快速冷却技术与高能球磨等，使离子电导率偏低的晶态快离子导电体被制成非晶态快离子导体也成为可能。快离子导体玻璃是一种固体电解质，因此可用于固体电池。固体电解质电池与液体电解质电池相比，除了有较高的能量之外，还具有无泄漏、贮存寿命长、易于小型化等优点。

四、电磁屏蔽玻璃

电磁屏蔽是指用金属屏蔽材料将电磁干扰源封闭起来，使其外部电磁场强度低于允许值的一种措施；或是指用金属屏蔽材料将电磁敏感电路封闭起来，使其内部电磁场强度低于允许值的一种措施。它是电磁兼容技术的主要措施之一。

电磁屏蔽玻璃是通过在玻璃表面镀覆金属或金属氧化物薄膜来实现电磁屏蔽保护，通过对膜层材料的选择和膜层厚度的控制能够调整电磁波屏蔽的波长范围和衰减效果。从用途上电磁屏蔽玻璃主要分为平面屏蔽玻璃、曲面屏蔽玻璃、电加温屏蔽玻璃、防爆屏蔽玻璃和中空屏蔽玻璃等。电磁屏蔽玻璃的生产方法主要有 3 种：一是将含金、银、铜、铁、钴、锡等的金属、无机盐类和有机化合物，通过物理（真空蒸发、阴极溅射）或化学（化学气相沉积、化学热分解、溶胶–凝胶）的方法，在玻璃表面形成金属膜层；二是在夹层玻璃中加入金属丝网；三是上述两种方法同时采用，以增大屏蔽效能。

第五节 机械功能玻璃

一、玻璃的力学性能

（一）玻璃的强度

块状玻璃的理论强度可以达到 $1.0 \times 10^{10} \sim 1.5 \times 10^{10}$ Pa，但玻璃的脆性会使其实际强度下降 2~3 个数量级。玻璃中存在微裂纹（尤其是表面微裂纹）和内部不均匀区及缺陷，当玻璃受到应力作用时，原子不能移动，导致化学键断裂，表面上的微裂纹便急剧扩展，并且应力集中，最终导致玻璃断裂。

对此，格里菲斯（A. A. Griffith）[11]提出了著名的格里菲斯裂纹理论用于解释脆性材料的断裂强度问题，并得出断裂应力和裂纹尺寸的关系：

$$\sigma_f = \left(\frac{\gamma_z E}{\pi c} \right)^{\frac{1}{2}}$$

式中，c 为裂纹长度；γ_z 为表面能；E 为弹性模量。

当 γ_z 为形成新裂纹时所需的表面能时，σ_f 为相对应的临界应力。当外力超过 σ_f 时，裂纹会自动扩展而导致断裂。当裂纹扩展后，裂纹长度 c 不断增大，导致临界断裂应力 σ_f 不断减小，所以玻璃会无终止地断裂。

影响玻璃强度的主要因素有化学组成、表面微裂纹、微观不均匀性、玻璃中的宏观和微观缺陷以及外界条件，如活性介质、温度、应力、疲劳等。

（1）化学组成。玻璃中各质点的键强以及单位体积内化学键的数目决定玻璃的强度。增加网络形成体（SiO_2 和 B_2O_3）的含量，增加桥氧的数量，使网络结构更加紧密，玻璃的强度会增大。反之，增加碱金属氧化物等网络外体的含量会使网络结构变松散，从而降低玻璃的强度。

（2）表面微裂纹。玻璃破坏是从表面微裂纹开始，随着裂纹逐渐扩展，最终导致整个玻璃的破裂。因此，为了提高玻璃的强度，可采取两个途径：一是减少和消除玻璃的表面缺陷；二是在玻璃表面形成压应力，克服表面微裂纹的扩展。

（3）微观不均匀性。从宏观上看，玻璃是较为均匀的，但从微观上看玻璃中还是存在许多微相和微不均匀结构。不同的相之间易产生裂纹，且彼此间的结合力薄弱，同时热膨胀系数不同，冷却过程中会产生巨大应力，使裂纹扩展，最终造成玻璃破裂。

（4）玻璃中的宏观和微观缺陷。宏观结构如固体杂质、气泡、裂纹等与玻璃的成分不一样，热膨胀系数不同而造成应力。同时由于宏观缺陷提供了界面，从而使微观缺陷集中在宏观缺陷附近，造成玻璃强度的下降。

（5）活性介质。活性介质（如水、酸、碱及某些盐等）对玻璃表面具有两种作用：一种是渗入裂纹像楔子一样使微裂纹快速扩展；另一种是与玻璃起化学作用直接破坏其结构。

（二）玻璃的弹性

玻璃的弹性模量主要取决于内部质点间化学键的强度，同时也与结构有关。质点间化学键的强度越大，变形越小，弹性模量就越大；玻璃结构越牢固，弹性模量也越大。对于硅酸盐玻璃而言，温度升高，玻璃中离子间的距离增大，相互作用力降低，质点的热运动增强，玻璃的弹性模量降低。当温度升高至软化温度以上时，玻璃逐渐失去弹性。常温下，普通玻璃的弹性模量为 $40\sim90GPa$，与铝相近，约为钢材的三分之一。

（三）玻璃的硬度与脆性

玻璃的硬度主要取决于化学成分及结构，一般为 $5\sim7$（莫氏硬度）。一般来说，网络形成体使玻璃硬度增加，网络外体使玻璃硬度降低，随着网络外体离子半径的减小和原子价态的上升玻璃硬度增加。各种氧化物对玻璃硬度提高的作用顺序如下：$SiO_2>B_2O_3>$（MgO，ZnO，BaO）$>Al_2O_3>Fe_2O_3>K_2O>Na_2O>PbO$。玻璃的硬度还与温度、热历史等有关。升高温度会降低分子间的结合强度，导致硬度下降。淬火玻璃由于保持着高温时的疏松结构，硬度也会下降。

玻璃是一种脆性材料，在玻璃的无规则网络结构中，没有能形成滑移面的长程有序结构（如晶体），从而导致受力时产生尖锐的凹槽或裂缝使强度严重减弱。为了获得硬度大、脆性小的玻璃，应当在玻璃中引入离子半径小的氧化物，如 Li_2O、BeO、MgO、B_2O_3 等。

二、高弹性模量玻璃

玻璃中的部分氧原子被氮原子所取代的硅酸盐玻璃称为氮氧化物玻璃，例如用 Si_3N_4 置换一部分 SiO_2 或用 AlN 置换一部分 Al_2O_3。与传统氧化物玻璃相比，氮氧化物玻璃具有优异的弹性模量、硬度、断裂韧性等力学性能[12]。随着氮含量的增加，玻璃的硬度、弹性模量、维氏硬度均会提高。氮氧化物玻璃常被制成玻璃纤维与其他材料复合，如采用氮氧化物玻璃纤维增强塑料，可获得高级树脂基复合材料，提高树脂基复合材料的刚性、强度及耐老化强度；若在陶瓷中加入氮氧化物玻璃纤维，可改善陶瓷材料的脆性和强度。

氮氧化物玻璃的制备和普通氧化物玻璃的制备方法类似，其制备工艺的关键在于氮元素的引入方式，常用的方法有以下几种。

（1）气体输入法。直接将 N_2 或者 NH_3 引入到熔融玻璃中，这是最早的氮氧化物玻璃制备方法之一。但是这种方法氮的引入量很低，对玻璃性能的改善并不明显。

（2）熔融法。在原料中加入含氮化合物，同时在熔制过程中通入 Ar 或 N_2。常压下通入 N_2，很难控制氮含量；而在加压状态下通入 N_2，则可以得到含氮量高的玻璃。

（3）溶胶-凝胶法及高温 NH_3 处理。以金属醇盐为原料加水分解可制备各种组成不同的玻璃。分解过程中形成的多孔凝胶在高温下的通氨气处理后再烧结至无孔，即可得到氮氧化物玻璃。

三、退火玻璃和钢化玻璃

玻璃在生产过程中，如果温度变化不均匀，会产生热应力，影响玻璃的强度、热稳定性和光学均匀性。为减少上述不规则热应力带来的影响可采取退火或钢化两种热处理方式。其中，**退火玻璃**是通过加热、保温、慢冷、快冷 4 个阶段的热处理，尽可能消除或减小玻璃的热应力。一般玻璃制品都需进行低温退火处理。而钢化玻璃则是经过物理或化学方法处理，使玻璃表面层形成均匀规律分布的压应力。

退火玻璃内应力的消除与玻璃的黏度有关，为更快消除内应力，应在玻璃黏度小的温度下（退火温度）进行保温均热，使各部分温度均匀，此时玻璃内质点能够微小移动，使应力松弛以达到消除不均匀应力的目的。其中，退火温度应为低于玻璃化转变温度 T_g 的某一温度。选择降低玻璃黏度的成分均能降低退火温度，如碱金属氧化物、PbO 和 BaO 等组分。可见，确定退火温度和退火温度范围等工艺制度决定了退火玻璃的质量，且对于光学玻璃和某些特种玻璃应使用更为严格精密的退火制度。

钢化玻璃是一种预应力玻璃，通过表面形成均匀的压应力抵消承受的外力，从而显著提高了玻璃的抗冲击性、抗弯强度和热稳定性等。形成玻璃表面压应力的方式有两种：（1）物理淬火法，将玻璃加热至接近软化温度时迅速冷却使其内部产生均匀分布的永久应力；（2）化学钢化法，通过改变玻璃表面的组成来提高玻璃的强度，如碱金属离子交换法等。前者生产效率高、成本低，但不适用于小件、薄壁制品，后者则恰好相反。与退火玻璃破碎后形成细长、边部锋利的碎片相比，钢化玻璃破碎后在内部应力的作用下形成钝角碎小颗粒，安全性更高，如图 9-10 所示，故其广泛应用于高层建筑门窗、玻璃幕墙等方面。

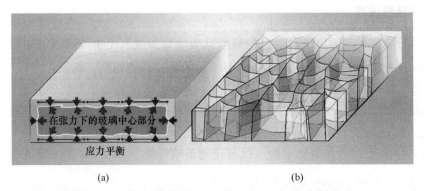

在张力下的玻璃中心部分

应力平衡

(a)   (b) 图 9-10 彩

图 9-10 钢化玻璃内部受力示意图（a）及破碎示意图（b）

四、可机械加工微晶玻璃

微晶玻璃具有强度高、抗热震性好、介电损耗低、耐化学腐蚀、热膨胀系数可调、电绝缘性好等综合性能，比同组分的原始玻璃和传统陶瓷材料拥有更优异的性能，因而获得了广泛关注。

大部分微晶玻璃都不能使用常规加工方法加工，而通过合理的组成设计和工艺控制，制得含有云母晶相的微晶玻璃，便可以通过常规加工方法对其进行加工[13]，满足精确的公差、形状和表面光洁度的要求，这是其他无机非金属材料难以替代的。在可机械加工的微晶玻璃体系中，可机械加工的关键在于云母相。云母微晶玻璃具有易解理的特性，并且云母晶体呈交错排列。因此，当锯齿接触到微晶玻璃时，由于云母晶体解理而使所接触的部分产生裂纹。但云母晶体呈交错排列，所产生的裂纹不会像普通陶瓷或玻璃那样无止境地扩展，只是发生局部性的剥离，致使云母微晶玻璃可以实现精准控制加工。云母微晶玻璃加工性能随晶化率和交错度的增大而增大，其中交错度又随云母晶体的直径与厚度之比的增大而增大。

云母微晶玻璃可以用作生物医学材料等，美国康宁玻璃公司所制造的云母微晶玻璃已用于牙科的齿冠。析出磷灰石的云母微晶玻璃是一种优秀的人工骨材料，它能与人体自身的骨头牢固结合，而且抗弯强度大，易于加工。此外，云母微晶玻璃具有优异的电绝缘性能和耐急冷急热特性，可用作特种绝缘零件。

第六节 其他功能玻璃

一、生物功能玻璃

1971 年，美国 Hench 教授发现 Na_2O-CaO-SiO_2-P_2O_5 体系玻璃放入骨骼的损伤部位后，体内骨骼能与之形成紧密的化学结合，不产生软组织膜，这种玻璃被称为**生物玻璃**[14]。生物玻璃中 Na_2O 和 CaO 的含量较高，进入人体后，Na^+ 离子和 Ca^{2+} 离子溶解在体液中，同时体液中的 H_3O^+ 进入玻璃表面，形成大量的 Si—OH 基团。Si—OH 基团与体液中的 Ca^{2+} 离子及 HPO_4^{2-} 结合形成非晶态的磷酸钙，随之转变为与骨骼类似的磷灰石。由玻璃中溶出的 Na^+ 离子及 Ca^{2+} 离子使周围体液中的磷灰石成分增加，促进了磷灰石的晶核形成。但这种玻璃在与新生骨接合过程中不断溶出 Na^+ 离子及 Ca^{2+} 离子，使玻璃表面形成一层富含二氧化硅的凝胶层，玻璃与骨的结合强度降低，因而不能用于承受较大外力的骨骼部位。

随后，研究人员发现了一种能与骨结合的微晶玻璃（Na_2O-K_2O-MgO-CaO-SiO_2-P_2O_5），称为 Ceravital，避免了较多 Na^+ 离子及 Ca^{2+} 离子长期溶出后形成强度低的 SiO_2 凝胶层。这种玻璃的 Na_2O 含量较低，但通过热处理后可在玻璃中形成较多的磷灰石晶体，既使玻璃强度提高，又具有生物活性。Ceravital 玻璃的抗弯、抗压强度对比生物玻璃有很大改善，但只能应用在不承受或少承受弯曲应力的牙根、颚骨等部位。

1982 年，日本 Kokubo 等人开发出了 MgO-CaO-SiO_2-P_2O_5 体系微晶玻璃[15]。他们将制备好的玻璃粉碎，压制成所需形状，再经烧结生成氧-氟磷灰石以及 β-硅灰石结晶，使之成为气孔率仅为 0.7% 的致密微晶玻璃（A-W 微晶玻璃）。A-W 微晶玻璃具备生物活性，能与骨组织结合，且力学性能优良。

表 9-3 给出了部分具有生物活性的玻璃（微晶玻璃）的应用情况。

表 9-3 生物玻璃的应用情况

材 料	应 用 例 子
生物玻璃	人工耳小骨、颚骨填充材料
Ceravital	人工耳小骨、人工牙根
A-W 微晶玻璃	人工椎体、人工椎间板、人工肋骨、骨填充材料、人工牙根
Ilmaplant	颚骨、头盖骨修复材料
A-W-M 微晶玻璃	人工牙根
生物玻璃涂覆 Fe-Co-Cr-Ni 合金	人工牙根

续表 9-3

材 料	应 用 例 子
TiO_2增强微晶玻璃	人工牙根
SiC 晶须增强微晶玻璃	人工牙根
ZrO_2粒子增强微晶玻璃	人工牙根

二、化学功能玻璃

（一）自洁净玻璃

自洁净的研究始于 20 世纪 70 年代，Fujishima 和 Honda 发现了 TiO_2 的光催化性能，并应用于降解污染物、处理水质、抗菌杀菌和环境保护等多个方面，这是多相光催化时代开始的标志[16]。

自洁净玻璃就是在玻璃表面形成纳米级微粒和纳米级微孔结构的光催化薄膜，在太阳光的作用下，光催化剂产生具有强氧化能力的电子-空穴对，将玻璃表面几乎所有的有机污染物完全氧化并降解为 CO_2 和 H_2O 等无害化合物，从而减轻对环境造成的二次污染。这层薄膜还可以使玻璃表面变得超亲水，从而达到自洁、防雾和不易再污染的目的。目前自洁净玻璃的制备方法主要是在普通玻璃表面覆盖一层 TiO_2 掺杂的薄膜或直接在表面生长纳米级的 TiO_2。实现的方法主要有以下几种：

（1）溶胶-凝胶法。该方法技术容易掌握，可通过掺杂改性前驱体溶液，以获得多种氧化物膜层，容易获得纳米级粒子尺寸的膜层，并可制备有机-无机复合膜层。然而，这种方法较难实现大规模工业化生产，且对于大尺寸玻璃来说膜层均匀性不易控制，而且后续热处理的能源消耗也较高。

（2）磁控溅射法。该方法制备的膜层均匀、硬度高、透明性好，能连续化生产大面积的镀膜玻璃，环境污染小。但其生产设备复杂，投资较大，也制约了这种工艺的全面普及。

（3）化学气相沉积法。该方法制备的膜层颗粒纯度高、粒径分布窄、化学稳定性好，能够直接在生产线上连续镀膜，且膜层材料消耗少，成本低廉，是目前最有发展前景的镀膜方法之一。但该方法设备复杂，仪器设备投资大，反应气体温度、流量以及沉积温度均需要精密控制，制备过程中产生的挥发性气体容易造成污染，不容易制备多组分复合膜。

（二）载体用多孔玻璃

多孔玻璃是具有数纳米到数百纳米微孔的玻璃，一般是选择适当的组分并利用分相现象经过酸浸析制备而得的[17,18]。康宁公司在 1934 年利用 $Na_2O-B_2O_3-SiO_2$ 体系玻璃的分相而制得含 SiO_2 在 96% 以上的多孔高硅氧玻璃。多孔玻璃的耐热性、耐腐蚀性、光学性质等与石英玻璃相当，它具有比表面积大、微孔径可控制、化学性质稳定、不易变形等优点，因而具有很好的发展前景。图 9-11 所示为典型的多孔玻璃的 SEM 图。自发现以来，多孔玻璃被广泛应用于固定化酶、病毒过滤、色谱分析、光纤

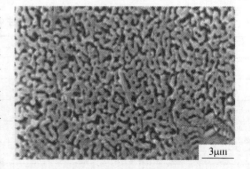

图 9-11 典型的多孔玻璃的 SEM 图[17]

通信等领域。随着生物技术和基因工程的快速发展，多孔玻璃的研究也越来越受到重视。多孔玻璃的制备方法与应用见本章延伸阅读9-2的内容。

延伸阅读9-2

参 考 文 献

［1］卢安贤. 新型功能玻璃材料［M］. 长沙：中南大学出版社，2005.

［2］姜中宏. 新型光功能玻璃［M］. 北京：化学工业出版社，2008.

［3］Snitzer E. Optical maser action of Nd^{3+} in a barium crown glass［J］. Phys. Rev. Lett., 1961, 7：444.

［4］Österberg U, Margulis W. Dye laser pumped by Nd: YAG laser pulses frequency doubled in a glass optical fiber［J］. Opt. Lett., 1986, 11：516~518.

［5］Myers R A, Mukherjee N, Brueck S R J. Large second-order nonlinearity in poled fused silica［J］. Opt. Lett., 1991, 16：1732~1734.

［6］Llordés A, Garcia G, Gazquez J, et al. Tunable near-infrared and visible-light transmittance in nanocrystal-in-glass composites［J］. Nature, 2013, 500：323~326.

［7］Leventis N, Sotiriou-Leventis C, Zhang G H, et al. Nanoengineering strong silica aerogels［J］. Nano Lett., 2002, 2：957~960.

［8］Grätzel M. Materials science：ultrafast colour displays［J］. Nature, 2001, 409：575~576.

［9］Hamberg I, Granqvist C G. Evaporated Sn-doped In_2O_3 films：basic optical properties and applications to energy efficient windows［J］. J. Appl. Phys, 1986, 60：R123~R159.

［10］Moulki H, Park D H, Min B K, et al. Improved electrochromic performances of NiO based thin films by lithium addition：from single layers to devices［J］. Electrochim. Acta, 2012, 74：46~52.

［11］Griffith A A. The phenomena of rupture and flow in solids［J］. Philos. Trans. R Soc. Lond. Ser. A, 1921, 221：163~198.

［12］Jack K H. Sialons and related nitrogen ceramics［J］. J. Mater. Sci., 1976, 11：1135~1158.

［13］Baik D S, No K S, Chun J S S. Mechanical properties of mica glass-ceramics［J］. J. Am. Ceram. Soc., 1995, 78：1217~1222.

［14］Hench L L, Splinter R J, Allen W C. Bonding mechanisms at the interface of ceramic prosthetic materials［J］. J. Biomed. Mater. Res., 1971, 5：117~141.

［15］Kokubo T, Kushitani H, Sakka S, et al. Solutions able to reproduce in vivo surface-structure changes in bioactive glass-ceramic A-W^3［J］. J. Biomed. Mater. Res., 1990, 24：721~734.

［16］Fujishima A, Honda K. Electrochemical photolysis of water at a semiconductor electrode［J］. Nature, 1972, 238：37~38.

［17］Kluijtmans S G J M, Dhont J K G, Philipse A P. A light-scattering contrast-variation study ofbicontinuous porous glass media［J］. Langmuir, 1997, 13：4976~4981.

［18］Weetall H H. Trypsin and papain covalently coupled to porous glass：preparation and characterization［J］. Science, 1969, 166：615~617.

名 词 索 引

习　题

9-1　以某种体系玻璃为例，简述功能玻璃的组成、结构与性能的关系。

9-2　玻璃的光学性质主要有哪些？影响这些光学性质的主要因素有哪些？

9-3　热膨胀玻璃的种类及相关应用领域。

9-4　导电玻璃的导电机理有哪些？影响玻璃电导率的主要因素有哪些？

9-5　磁功能玻璃除了用作电磁屏蔽还有哪些其他用途？

9-6　影响玻璃机械强度的主要因素有哪些？如何提高玻璃的机械强度？

9-7　自洁净玻璃的工作原理是什么，目前主要有哪些制备方法及各自的优缺点？

本章自我练习题

（填空题、选择题、判断题）

扫码答题 9

第四篇

高分子材料

长期以来，金属材料特别是黑色金属由于具有优良的热稳定性、导电性、导热性和力学性能，成为了工程领域应用的主要材料。但是随着现代工业的飞速发展，在要求低密度、耐腐蚀、电绝缘等特点的一些应用领域，传统的金属材料已经不能满足或适应工程的需要[1, 2]。包括塑料、橡胶、胶黏剂、涂料等在内的高分子材料以其丰富的资源和优良的力学性能、耐高低温性、防腐蚀性、轻便性、绝缘性、耐磨性等在工程领域起到了越来越重要的作用。塑料被广泛用于机械、电气、机车、仪表、船舶、轻工、军工、航天等领域。例如，每辆汽车上有300~400个零件是由塑料制造的，包括气化器、燃料箱、蓄电池壳、充电盘、驾驶盘、齿轮、衬套、球座、垫片及仪表部件等；而每架大型超声速飞机上所装配的工程塑料零件更是多达约2500个。这样不仅大大减轻了自身的质量，提高了承载能力和运输速度，而且也有效节省了能源。

橡胶具有高弹性，可用来生产各种轮胎以及胶管、运输带、传动带、密封装置、减震元件等工业用品；胶黏剂具有工艺简单、黏接强度高、成本低等特点，在汽车、机械等领域得到了广泛应用，如汽车中发动机罩内外挡板的黏接和挡风玻璃的黏接、拖拉机制动器摩擦盘的黏接、微电子元器件的黏接以及农具等机械设备的维修；涂料在机械工程中可以起到防腐蚀作用，如用于机械设备、汽车、管道、船舶等表面的防护，可明显延长其使用寿命。此外，涂料还可以起到色标和警示作用，便于操作者识别和操作，避免事故的发生。

第十章 高分子材料

课堂视频10

高分子材料是材料家族中一大类重要的材料。与金属材料和无机非金属材料相比，高分子材料具有密度小、弹性高、电绝缘性能好、耐摩擦、防腐蚀等独特的优点，在工程领域发挥着十分重要的作用。高分子材料种类繁多，因篇幅所限，本章主要介绍高分子材料的基础知识以及与工程密切相关的塑料、橡胶、胶黏剂和涂料。

第一节 高分子材料的基础知识

一、高分子材料的基本概念

高分子材料是以高分子化合物为主要组分，与各种添加剂（或配合剂）配合，在适当的条件下加工而成的。而高分子化合物是由一种或多种低分子化合物经聚合反应成为高相对分子质量的化合物，也称为高聚物或**聚合物**。

（一）高分子化合物的含义

低分子化合物的相对分子质量在 $10 \sim 10^3$ 范围内，分子中只含有几个、几十个至多几百个原子。而高分子化合物的相对分子质量一般在 10^4 以上，有的高达几十万甚至数百万，是由成千上万个原子以共价键的方式连接起来的化合物。一般地，低分子化合物没有强度和弹性，而高分子化合物则具有较好的强度和弹性。因此，只有当化合物的相对分子质量达到一定数值，其物理或力学性能与低分子化合物相比出现较大差异时，才能称为高分子化合物[3]。

（二）高分子化合物的分类与命名

1. 高分子化合物的分类

高分子化合物的种类繁多，可按照不同的原则进行分类，如表 10-1 所示。其中，按照化学结构分类是目前应用最多的分类方法。

表 10-1　高分子化合物常见的分类方法

分类原则	类　别	举 例 与 特 性
来源	天然高聚物	如天然橡胶、纤维素、蛋白质等
	人造及合成高聚物	如聚氯乙烯、聚酰胺、聚乙烯等
聚合反应类型	加聚物	如聚烯烃
	缩聚物	如环氧树脂、酚醛树脂等
工艺性质	塑料	有固定形状、一定的热稳定性及机械强度
	橡胶	具有高弹性，可作为弹性材料及密封材料
	纤维	单丝强度高，多用作纺织材料
	涂料	涂布于物体表面，可以形成保护膜
	胶黏剂	能将两个物质或多个物质黏接在一起
几何结构	线型高聚物	分子结构为线型或支链型
	体型高聚物	分子结构为交联网状或体型
热行为	热塑性高聚物	线型或支链型分子结构，可熔可溶
	热固性高聚物	线型或支链型分子结构，加热后变为体型或网状结构，不熔不溶
化学结构	碳链高聚物	一般为加聚物，主链全部为碳原子
	杂链高聚物	一般为缩聚物，主链除碳原子外，还有 O、N、S 等其他原子，如—C—C—N—
	元素有机高聚物	一般为缩聚物，主链中主要由 Si、Al、Ti、B 等元素与 O 元素构成，如—O—Si—O—Si—O—

2. 高分子化合物的命名

高分子化合物的名称现仍处于习惯命名阶段。天然高分子一般按照其来源和性质而冠以俗名，如纤维素、蛋白质、虫胶、木质素等。合成高分子中加聚物的命名是在用于聚合的单体名称前加"聚"字，如聚乙烯、聚丙烯、聚氯乙烯等。缩聚物由于聚合单体为两种甚至多种，常在其重复单元前加"聚"字来命名，如聚对苯二甲酸乙二醇酯。如果缩聚物的结构复杂，则以原料名称命名，并在名称后加"**树脂**"二字，如环氧树脂、酚醛树脂、脲醛树脂等[4]。

此外，有些高分子还采用商品名称，如聚酰胺称为尼龙，聚甲基丙烯酸甲酯称为有机玻璃，聚丙烯腈在国外称为奥伦，而在我国则称为腈纶。有些常用的高分子还可用英文名称的缩写字母来表示，如聚丙烯、聚氯乙烯和聚甲基丙烯酸甲酯可分别表示为 PP、PVC 和 PMMA。

（三）高分子材料的特点

与金属材料和陶瓷材料相比，高分子材料具有自身独特的优点：（1）密度小，比钢铁、铜等要小得多，甚至比铝和镁还小。这对于机电产品的轻量化十分有利。（2）高强度和高模量。能够代替部分金属材料制造机械零部件。（3）优良的电绝缘性能。对于电机、电器、仪器仪表和电线电缆中的绝缘起到极为重要的作用。（4）优良的减摩、耐磨和自润滑性能。许多高分子材料可以在液体介质中或少油、无油的干摩擦条件下运行。（5）优异的耐腐蚀性能。对酸、碱或其他化学药品具有良好的抗腐蚀能力。（6）高黏接强度。高分子胶黏剂能将不同材料和不同形状的零部件牢固地连接在一起，并具有密封和堵漏的作用，工艺简单，成本低。（7）高弹性，可起到良好的抗振、减振和密封作用。（8）优良的透光性。有机玻璃、聚苯乙烯等的透光率可达 90% 以上，用于建筑材料，不仅利于采光，而且具备隔热和吸声功能。（9）优良的耐低温性能。有些种类的高分子材料可在 -100℃ 的温度下长期使用，如聚砜、聚苯醚、超高相对分子质量聚乙烯等。

高分子材料的缺点是：（1）耐热性差。多数高分子材料的长期使用温度在 200℃ 以下。（2）易于燃烧，通常需要加入阻燃剂以降低其可燃性。（3）易老化。在热、光、氧等长期作用下，高分子材料易发生降解，导致其物理力学性能下降。因此，需要加入抗氧剂或防老剂以延长其使用寿命。

二、高聚物的结构与组成

（一）高聚物的化学结构及构型

按照几何形状的不同，高聚物的化学结构可分为线型和体型两种。线型结构的分子链是由主链和侧基构成的，主链可以全部或部分由碳原子构成，也可以不完全或完全没有碳原子，与主链相连的侧基，一般为有机取代基，如—H、—Cl、—OH、—CH_3、—C_6H_5、—O—CH_3 等[5]。

线型结构分子链的直径与长度之比一般在 1∶1000 以上，这样长而细的结构，通常呈不规则的蜷曲线团，如图 10-1（a）所示，在有些高聚物分子链上会带有一些小的支链，如图 10-1（b）所示。线型结构的高聚物具有弹性和塑性，在溶剂中会溶胀或溶解，在高温下则会软化，具有流动性，可塑化成型。如果线型结构分子链之间通过化学键或分子间作用力相互连接起来，则会变成体型结构或网状结构，如图 10-1（c）所示。体型结构的高聚物具有硬度高、脆性大和弹性低的特点，且不溶不熔，无可塑性，其热分解温度低于熔化温度。

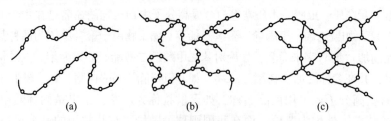

图 10-1　高聚物的结构示意图
（a）线型结构；（b）支链型结构；（c）体型结构

如果高聚物分子链的化学结构相同，但取代基的位置不同，则其分子链呈现不同的立体构型，如乙烯类高分子链存在以下三种构型：（1）全同立构——取代基 X 全部处于主链的同一侧；（2）间同立构——取代基 X 相间地分布在主链两侧；（3）无规立构——取代基 X 在主链两侧呈无规则分布，如图 10-2 所示。

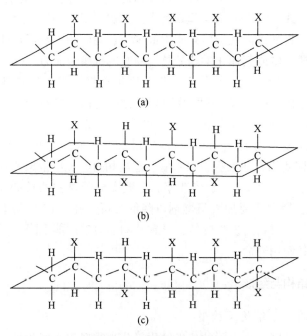

图 10-2　高聚物的立体构型
（a）全同立构；（b）间同立构；（c）无规立构

（二）高分子链分子内和分子间的作用力

高分子链分子内的作用力主要是由化学键构成的。化学键主要有三种类型：（1）共价键。在绝大多数的高分子链中，其原子都是由共价键连接而成的，具有饱和性和方向性。电子云分布在成键方向上呈轴对称的 σ 键是形成链状大分子的最基本的键，若在主链上引入双键，则分子链的电子云分布除轴对称外，还有 π 键的对称面。（2）离子键。在高聚物聚电解质和离子型聚合物中，都存在这种作用力，如聚丙烯酸可形成聚丙烯酸阴离子和

H$^+$离子的作用。（3）金属键。存在于金属螯合高聚物中。

高分子链分子间的作用力主要包括范德华力（van der Waals' force）和氢键（hydrogen bond）。**范德华力**是永久存在于分子间或分子内的非键结合力，包括静电力、诱导力和色散力。其中，静电力是极性分子间的作用力，是由极性分子的永久偶极之间的静电作用所引起的；诱导力是指当极性分子与非极性分子相互作用时，非极性分子中产生的诱导偶极与极性分子固有偶极之间的作用力；色散力存在于一切分子中，对于非极性分子更为重要。在一般的非极性高聚物中，色散力可占分子间相互作用力总值的80%~100%。色散力产生的原因是由于分子中某些电子的运动与原子核间发生了瞬时的相对位移，使分子具有瞬时偶极距，从而导致分子间引力的产生。

氢键不同于范德华力，它是与电负性较强的原子相结合的氢原子（如X—H）同时与另一个电负性较强的原子（如Y）之间的相互作用，即：X—H⋯Y，这些电负性较强的原子一般是氮、氧和卤素原子，图10-3所示的是聚酰胺分子间形成的氢键。

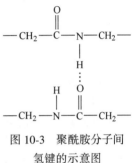

图10-3　聚酰胺分子间氢键的示意图

表10-2中所示的是共价键与分子间力的能量比较。可以看出，分子间力一般比化学键小1~2个数量级。因此，通常将化学键力称为主价力，分子间力称为次价力。

表 10-2　常规共价键与分子间力的能量对比　　（kJ/mol）

共价键能量				氢键 O—H	色散力	诱导力	取向力
C—C	C—O	C—H	Si—O				
345.6	357.8	413.0	451.9	21~42	0.84~8.4	6.3~12.6	12.6~21

次价力虽然小，但却具有加和性，即每个结构单元在分子中所产生的次价力等于一个单体分子的次价力，这样10~100个结构单元连成的大分子，其全部次价力就等于其主键的主价力。因此，几千、几万甚至几十万个结构单元所具有的次价力要远远大于高聚物分子链的主价力。当高聚物被拉伸时，常常是先发生分子链的断裂，而不是分子链之间的滑脱。

分子间力对高聚物的物理和化学性能有较大的影响。例如：对于极性较小的碳氢化合物，由于其分子间力小，会表现出良好的柔性；如果在分子链上没有大的侧基，链段运动就比较自由，则显示较好的弹性；如果分子链上带有极性基团和较大的侧基，那么分子链段的运动会受到限制，高聚物就具有较高的硬度和强度；如果分子链上带有强极性基团，则分子间力更大（如氢键），再加上分子结构比较规整，高聚物会展现出优良的力学性能。

（三）高分子链的内旋转及柔顺性

1. 高分子链的内旋转

高分子主链是由成千上万个原子经过共价键连接而成，总是在保持共价键键长和键角不变的前提下进行旋转运动，称为内旋转，如图10-4所示。当碳链上不带任何其他原子或基团时，C—C键的内旋转是完全自由的，b_2键按109°28′的角度绕b_1键旋转，C_3可在以C_2为顶点的圆锥形底边的任何位置出现，同样C_4可在以C_3为顶点的圆锥形底边的任何位

置出现。以此类推，对于有着众多 C—C 键的高分子
链而言，各个单键均可做出与上述情况相同的内旋转，
造成分子链的形状时而卷曲时而伸展，而呈现卷曲的
概率要大得多。

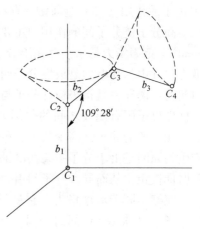

2. 高分子链的柔顺性及其影响因素

因内旋转而使高分子链呈现的各种异构体，称之
为内旋转异构体，也称为构象。把高分子链能够改变
其构象的这种性质称为柔顺性，这是高聚物许多性能
不同于低分子物质的主要原因。柔顺性主要由高分子
链的化学结构决定。

图 10-4　高分子链内旋转示意图

（1）主链。

1）主链越长，柔顺性越好。当主链全部由单键组
成时，由于其每条单键都可以内旋转，所以柔顺性较好。如果主链中除了由 C—C 键组成
外，还有 Si—O、C—O 等，则 Si—O 键的内旋转比 C—O 键容易，C—O 键的内旋转又比
C—C 键容易。这是因为氧原子周围没有其他的原子和基团，C—O 键的存在使非邻近原子
之间的距离比 C—C 键上非邻近原子间的距离大，内旋转容易；而与 C—O 键相比，Si—O
键的键长较大，Si—O—Si 键角比 C—O—C 键角也要大，内旋转更为容易，柔顺性更好。
例如，聚二甲基硅氧烷是一种柔顺性很好的高分子材料。

2）当主链中含有一定数量的芳杂环时，由于芳杂环不能内旋转，导致分子链的柔顺
性很低，在温度较高的情况下链段也不能运动，如聚苯醚，其结构式为：

3）当主链中含有孤立双键（即两个相邻双键之间至少被两个以上的单键所隔开）
时，由于双键不能内旋转，且连在双键上的原子或基团数目较单键少，使得这些原子或基
团的排斥力减弱，致使双键邻近的单键的内旋转更为容易，所以具有更好的柔顺性。例如
聚丁二烯、聚异戊二烯等。但共轭双键的 π 电子云没有轴对称性，因此带有共轭双键的高
分子链不能发生内旋转，如聚苯、聚乙炔等。

（2）侧基。

1）侧基的极性越强，使得分子链之间的作用力越大，内旋转受到阻碍，柔顺性下降。
如聚乙炔、聚氯乙烯和聚丙烯腈，它们的侧基极性依次递增，而柔顺性依次递减。

2）侧基体积越大，则空间位阻越大，不利于内旋转，导致柔顺性下降。如聚苯乙烯
的柔顺性要比聚乙烯的差。

3）侧基的对称性也会影响分子链的柔顺性。如聚异丁烯的每个链节上都含有两个对
称的侧甲基，使得分子主链间的距离增大，链间相互作用力减弱，因而柔顺性提高，高于
聚丙烯和聚乙烯的柔顺性。

三、高聚物的聚集态结构

高聚物的聚集态结构是指其内部大分子链的几何排列和堆砌结构。按照分子链的排列

是否有序，可将高聚物分为结晶型和无定形两类。前者的分子排列规整有序，而后者的分子排列则是杂乱无章的。

（一）结晶型高聚物的结构

结晶型高聚物一般由"晶区"和"非晶区"组成。在晶区中，大分子链（通常是链段）按折叠、伸直或螺旋等方式进行排列；而在非晶区中，分子链段则处于无序状态，如图 10-5 所示。也就是说，在高聚物中的每条分子链上既包含着规整排列的部分（晶区），又包含着无序排列的部分（非晶区）。晶区部分所占的质量分数称为结晶度。例如，低压聚乙烯在室温时的结晶度为 85%～95%。聚乙烯的晶型有单晶、球晶、片晶、串晶等[6,7]，其中以单晶和球晶较为常见，如图 10-6 所示。

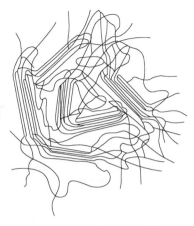

图 10-5　高聚物晶区与非晶区的示意图

一般地，高聚物自身的化学结构是影响其结晶性的重要因素：（1）化学结构越简单，越容易结晶，如聚乙烯；（2）主链上若带有侧基，则侧基体积越小，对称性越好，越容易结晶，如聚四氟乙烯；（3）分子链上带有极性基团，使分子间作用力变大，则容易结晶，如聚酰胺。

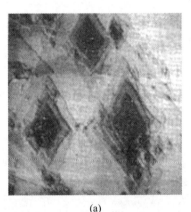

(a)

(b)

图10-6彩

图 10-6　聚乙烯的单晶和球晶

（a）聚乙烯单晶；（b）聚乙烯球晶

（二）无定形高聚物的结构

无定形高聚物的结构目前尚未确定，争论主要在 1949 年 Flory 提出的无规线团模型[8] 和 1972 年 Yeh 提出的两相球粒模型[9] 之间展开。前者认为大分子的排列是杂乱无章、相互穿插交缠，呈无规线团状；后者认为无定形高聚物存在着一定程度的局部有序，其在大距离范围内是无序的，而在小距离范围内是有序的，即远程无序，近程有序。

（三）结晶对高聚物性能的影响

结晶使得高分子链呈规整有序的排列。结晶度越大，则晶区范围越大，分子间作用力越大，分子链运动变得困难，因而高聚物的强度、刚度、密度、硬度、熔点等都随结晶度的增大而提高，而与分子链运动有关的性能如弹性、韧性、伸长率、冲击强度等则随结晶度的增大而下降。表 10-3 为聚乙烯的结晶度对其性能及用途的影响。

表 10-3　聚乙烯的结晶度对其性能及用途的影响

性能及用途	品　种		
	低密度聚乙烯	高密度聚乙烯	交联聚乙烯
结晶度/%	40~53	60~80	—
密度/g·cm⁻³	0.91~0.93	0.94~0.97	0.97~1.40
抗张强度/MPa	6.86~14.70	20.58~36.26	9.80~20.58
断裂伸长率/%	90~800	15~100	180~600
熔点/℃	105	135	—
最高使用温度/℃	80~100	120	135
用　途	软塑料制品、薄膜等	硬塑料制品、管材、棒材、工程塑料配件	海底电缆、电工器材

四、高聚物的力学状态

高聚物在不同温度下会呈现出不同的力学状态，这对于高分子材料的成型加工及使用具有重要意义。

（一）线型无定形高聚物的力学状态

对于线型无定形高聚物而言，由于其分子链微观运动的多重性，随着温度的升高，在不同温度范围内会出现三种不同的力学状态：玻璃态、高弹态和黏流态，可以表示这些特征的曲线称为温度-形变曲线，如图 10-7 所示。玻璃态和高弹态之间的转变，称为玻璃化转变，对应的转变温度称为**玻璃化转变温度**（glass transition temperature），

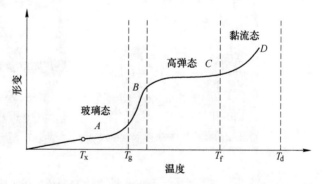

图 10-7　线型无定形高聚物的温度-形变曲线

简称为玻璃化温度，用 T_g 表示；而高弹态和黏流态之间的转变温度称为**黏流温度**（viscous flow temperature），用 T_f 表示。

1. 玻璃态

在足够低的温度下，高聚物所有分子链之间的运动和链段的运动被"冻结"，此时只有那些较小的运动单元如侧基、支链和小链节能够进行微小的运动，高分子链不能实现从一种构象到另外一种构象的转变。在外力作用下，由于链段运动被冻结，只能使主链的键长和键角发生微小的改变（如果改变太大会使共价键破坏），高聚物的形变很小，形变与受力的大小成正比。当外力解除后，形变能够立即恢复，这种力学性质称为虎克型弹性，又称普弹性。无定形高聚物所处的这种具有普弹性的状态，称为**玻璃态**。

当处于玻璃态时，高聚物具有较好的力学性能。因此，T_g 高于室温的高聚物都可以用作结构材料来使用，特别是对于塑料来说，T_g 越高，其力学性能越好。如果低于 T_g 以下的某一温度，则分子的振动都被冻结，此时高聚物呈脆性状态，这个温度称为脆化温度 T_x。在 T_x 及其以下温度，高聚物失去使用价值。

2. 高弹态

随着温度的升高，分子动能逐渐增加。当温度超过 T_g 后，分子链内旋转运动加剧，此时链段可以通过主链中单键的内旋转不断改变构象。在外力作用下，高聚物产生缓慢的形变，除去外力后又缓慢恢复原状，这种状态称为**高弹态**。在高弹态范围内，高分子链间并没有发生相对的滑动。

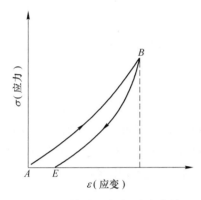

图 10-8　橡胶的应力-应变曲线

需要注意的是，如果在交变应力作用下，处于高弹态的高分子链的形变速度跟不上应力的变化速度，就会出现滞后现象。图 10-8 所示的是橡胶在一次拉伸和回缩过程中应力与应变的关系。当拉伸时，应力与应变沿 AB 线增长；当回缩时，则沿 BEA 线进行，而没有沿原来的路线。由于拉伸与回缩不是沿着同一曲线，物体在一次循环中的能量收支不能抵消。物体在被拉伸时，外力对其做功，能量等于 AB 曲线下包围的面积；当回缩时，物体对外界做功，能量等于 BEA 曲线下包围的面积。两者之差，称为"滞后圈"，它代表在一次循环中，高聚物所接受的净能量。这一能量消耗于分子链段运动所引起的内摩擦，而内摩擦会转变为热能，称为"内耗"。内耗对于轮胎等橡胶制品是不利的，因为内耗会导致温度升高，加速高聚物的老化，缩短使用寿命。但有时又可以利用内耗来吸收振动波，制备减振制品。

3. 黏流态

当温度继续上升，达到一定温度时，分子动能可以使链段和整个高分子链发生移动，呈黏性流动，这种状态称为**黏流态**。此时，在外力作用下，高分子链间会相互滑动而产生形变，外力除去后，不能恢复原状，这种形变称为塑性形变或黏性流动形变。

黏流态不是高聚物的使用状态，而是其在加工过程中的状态。由单体聚合而成的高聚物在常温下通常是以粉末状、粒状、块状等形式存在的，将其加热至黏流态后，通过注塑、吹塑、模压、挤出等成型方法，可以加工成各种形状的制品。

（二）线型结晶型高聚物的力学状态

结晶型高聚物的温度-形变曲线不同于无定形高聚物，如图 10-9 所示。图中曲线 1 代表一般相对分子质量的结晶型高聚物，曲线 2 代表极大相对分子质量的结晶型高聚物，曲线 3 为无定形高聚物。可以看出，结晶型高聚物没有玻璃态和高弹态，只是

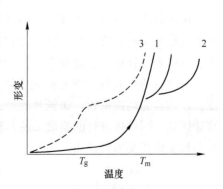

图 10-9　结晶型高聚物与无定形高聚物的温度-形变曲线

在熔点以上出现了黏流态。

结晶型高聚物的分子链由于受分子间作用力而紧密地排列在一起，阻碍了链段的运动。随着温度的升高，完全结晶的高聚物链段一直没有运动，直至晶体熔融。但实际上所有的结晶型高聚物都是部分结晶的，仍有部分非晶区的存在。因此，在 $T_g \sim T_m$ 范围内，非晶区的链段已能运动，形成部分高弹区，此时高聚物既有柔性又有刚性，尤其当相对分子质量较大时，会表现出很好的韧性，称为皮革态。当用作塑料使用时，表现为韧性塑料，如常温下的聚乙烯，T_m 为其使用温度的上限。当温度低于 T_g 时，非晶区链段也不能运动，高聚物表现为刚性，称为硬性塑料，如-70℃以下的聚乙烯，T_g 为其使用温度的上限。

（三）体型高聚物的力学状态

体型高聚物的分子呈空间立体构型，大分子链由于相互交联而不能发生相互滑动，链段运动也受到很大束缚，所以没有黏流态出现。体型高聚物受热后仍保持固态，当进一步加热至分解温度时，会发生分子链的断裂，分解为小分子。体型高聚物不溶不熔，其弹性与交联密度有关，交联密度越大，弹性越小。

五、高分子材料的化学反应

高分子材料可由单体通过**聚合反应**（加聚反应或缩聚反应）制得，而一些体型结构的高分子可通过线型分子之间的交联反应得到。当高分子材料受到光、热、氧、机械等外界条件作用时，会发生裂解反应；在长期使用过程中，高分子材料会发生老化。

（一）聚合反应

1. 加聚反应

用于**加聚反应**的单体是指含有不饱和 $C = C$ 双键的小分子，如烯烃、二烯烃等。它们在光、热或引发剂的作用下，打开双键并以共价键的方式相互连接起来，构成大分子链，这种反应称为加聚反应。例如：乙烯在引发剂的作用下生成聚乙烯的反应，即为加聚反应。

由一种单体经过加聚反应生成的聚合物称为**均聚物**，如聚乙烯；由两种或两种以上的单体经过加聚反应生成的聚合物称为共聚物，如 ABS 树脂即是由丙烯腈（A）、丁二烯（B）和苯乙烯（S）三种单体参与反应而成的。

2. 缩聚反应

缩聚反应是指具有活泼官能团（如—OH、—COOH、—NH$_2$等）的相同的或不同的低分子物质的相互反应，在生成聚合物的同时也有小分子物质（如 H_2O、HCl、NH_3等）产生，所得聚合物称为缩聚物[10]。

当含有两种或两种以上相同或不同官能团的一种单体进行缩聚反应，称为**均缩聚反应**，产物称为**均缩聚物**，如氨基酸经过均缩聚制得聚酰胺；当含有两种或两种以上的不同官能团的不同单体进行的缩聚反应，称为**共缩聚反应**，产物为**共缩聚物**，如苯酚和甲醛经共缩聚生成线型酚醛树脂。

（二）交联反应

高分子链之间通过化学键键合从线型结构转变为体型结构的这种变化称为**交联反应**，可使材料的力学性能和化学稳定性得到提高。例如，环氧树脂大分子的交联反应，常采用多元酸（酐）、多元胺等小分子物质参加反应，使大分子从线型结构转变为体型结构。对于没有可参与反应的官能团的聚合物，当其受到光子、中子、质子或电子束等高能辐照时，也会发生交联反应，但有时也会引起某些高聚物分子链的断裂，称为降解反应。

（三）裂解反应

高分子链的**裂解反应**，是指高分子链在各种化学因素或物理因素的作用（如光、热、氧、机械作用、生物作用、超声波等）下发生断裂，导致其相对分子质量降低的一种化学反应。

以热裂解为例进行说明，在热的作用下，高分子链的裂解反应有两种方式：（1）氢原子转移，生成活性大分子链而裂解，如图10-10所示的聚苯乙烯的裂解反应式；（2）共价键直接被破坏，使大分子链发生裂解。

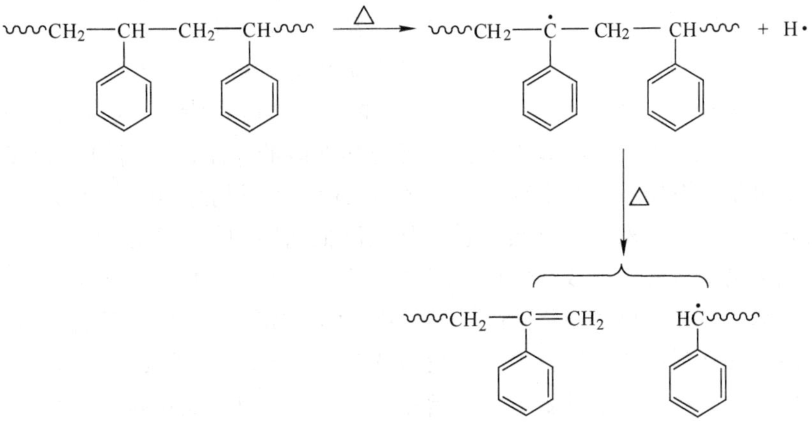

图10-10 聚苯乙烯的热裂解反应示意图

一般地，裂解程度随着温度的升高而增大，聚合物的相对分子质量越大，裂解温度就越低。当裂解反应得到的产物是制备高聚物的单体时，这属于主链断裂的极端情况，称为解聚作用。例如，聚乙烯在高温下可解聚为 $CH_2 = CH_2$。

（四）高分子材料的老化及防老化

高分子材料在长期使用过程中，由于受到热、氧、紫外线、机械力、水蒸气、微生物等外界因素的影响，其结构或组成会逐渐发生变化，出现龟裂、变硬变脆或发黏软化、失去光泽或变色、力学性能变差等现象，称为高分子材料的**老化**[11,12]。

为了防止高分子材料的老化，目前主要采用三种措施：

（1）改变高分子链的结构。例如，聚氯乙烯的热稳定性较差，在其悬浮液中通入氯气并用紫外线照射，可制得稳定性较高的氯化聚氯乙烯。

（2）添加防老剂、紫外线吸收剂、热稳定剂等，一般用量占聚合物总量的 0.1%～1%。常用的防老剂或抗氧剂有：二芳基仲胺类（如 N-苯基-α-苯胺，商品名：防老剂 A；N-苯基-β-萘胺，商品名：防老剂 D，由于致癌，该类防老剂目前已被淘汰）、对苯二胺类（如 N-苯基-N′-环己基对苯二胺，商品名：防老剂 4010 或 CPPD）、二苯胺类（如 4,4-双（2,2-二甲基苄基）二苯胺，商品名：防老剂 264）；紫外线吸收剂有：水杨酸酯类（如邻羟基苯甲酸苯酯）、苯酮类（如 2,4-二羟基二苯甲酮，商品名：UV-0）、苯并三唑类（如

2-(2′-羟基-3′,5′-二叔苯基),商品名:UVP-327)等。

(3)表面处理。在高分子材料的表面镀上金属层或喷涂耐老化的涂料作为防护层,使其与空气、水分、光线、腐蚀介质等隔绝,从而防止老化。

第二节 塑 料

塑料(plastics)具有良好的力学性能以及质轻、绝缘、耐腐蚀、耐磨、价廉、美观等优点,在工业、农业、交通运输、国防以及日常生活中得到了十分广泛的应用。

一、塑料的组成

塑料是以合成树脂为基本组分,配合填料、增塑剂、润滑剂、着色剂、固化剂、稳定剂等,在一定的温度和压力下塑化成型,并在常温下可保持其形状不变的材料。

合成树脂是塑料的主要组分,一般占塑料全部组成的40%~100%,可使塑料具有成型性能,常用的有聚乙烯、聚丙烯、聚碳酸酯、聚酰胺、酚醛树脂等。填充剂又叫填料,占塑料的20%~60%,能够起到降低成本、改善力学性能的作用,常用的有碳酸钙、黏土、玻璃纤维、云母粉、石墨、蒙脱土等。增塑剂的用量一般不超过20%,主要通过减小高分子链之间的相互作用力,来改善其柔顺性,从而降低树脂的软化温度和硬度,提高塑性。常用的增塑剂为高沸点的液体或低熔点的固体有机化合物,要求与树脂的相容性好,挥发性小,无色无味,对光、热的稳定性高,如氧化石蜡、邻苯二甲酸二丁酯、邻苯二甲酸二辛酯等。润滑剂在塑料中的用量较少,一般为0.5%~1.5%,主要是为了防止塑料在成型过程中黏模而加入的物质,如硬脂酸和硬脂酸盐类。着色剂,也称颜料,可赋予塑料各种颜色,常用的有铁红、铬黄、氧化铬绿、士林蓝、锌白、钛白、炭黑等。固化剂是热固性塑料必须添加的助剂,其作用是使线型高分子通过交联转变为体型结构,力学性能可得到进一步的提高。常用的固化剂有脂肪族多胺、芳香族多胺、双氰胺、酸酐等。稳定剂也称防老剂、抗氧剂,用量一般为0.1%~0.5%,用以提高塑料对光、热和氧的稳定性,延长使用寿命,常用的有胺类、酚类和亚磷酸酯类化合物。

二、塑料的分类

按照塑料受热时的行为分类,可将其分为**热塑性**和**热固性**两大类。热塑性塑料为线型或支链型结构的高分子,具有加热软化、冷却硬化的特性,如聚乙烯、聚丙烯、聚氯乙烯、聚苯乙烯、聚甲醛、聚苯醚等都是热塑性塑料;热固性塑料是指在受热或其他条件下由线型结构转化为交联网状结构的高分子,不溶不熔,且这种转化不可逆转,如酚醛树脂、脲醛树脂、环氧树脂、不饱和聚酯等都属于热固性塑料。

按照塑料的用途分类,可以将其分为通用塑料和工程塑料两大类。通用塑料产量占整个塑料产量的90%以上,具有价格低、应用广、成型加工容易等特点,但其耐热性、力学强度和刚性较低,一般作为非结构材料使用,如聚乙烯、聚丙烯、聚氯乙烯和聚苯乙烯。而同样属于通用塑料的丙烯酸-丁二烯-苯乙烯共聚物(ABS树脂)由于具有良好的耐热性、抗冲击性、耐化学药品性以及电气性能,也常被用作工程塑料来使用。工程塑料主要是指能够用作工程结构材料的热塑性塑料,这类塑料具有良好的综合性能,不仅刚性大、蠕变小、力学强度高，而且耐热性和电绝缘性好，能够在比较苛刻的环境中长期使用。但工程塑料的价格较高，产量较小。按照使用温度的不同，工程塑料又分为通用工程塑料和特种工程塑料，前者的使用温度一般在 150℃ 以下，主要品种有聚酰胺、聚甲醛、聚碳酸酯、聚苯醚等；后者的使用温度在 150℃ 以上，主要品种有聚酰亚胺、聚四氟乙烯、聚砜、超高相对分子质量聚乙烯（UHMWPE）、ABS 树脂等。

由于本书主要介绍工程材料，因此本节以下内容将围绕工程塑料的性能特点、主要品种及其在工程领域中的应用展开阐述，并对性能优良的塑料增强材料的发展及应用情况进行介绍。而对于通用塑料，将不再介绍。

三、工程塑料的性能特点

与金属材料相比，工程塑料主要有以下几个优点：密度小，通常在 $1.02 \sim 2.40 \mathrm{g/cm^3}$，只有钢铁材料的 $1/8 \sim 1/4$；较高的比强度（强度对重量之比），聚芳酯的比强度已超过钢铁；良好的电绝缘性；化学稳定性高，如聚四氟乙烯，可耐任何化学物质的腐蚀；优良的耐磨、减磨和自润滑性，如聚酰胺、聚碳酸酯、聚四氟乙烯等制作的耐摩擦零件，可在流体摩擦、边界摩擦以及干摩擦条件下工作；良好的异物埋没性和就范性，如工程塑料齿轮遇到坚硬杂质时，会因为它的这个特点将杂质埋没在齿轮内或发生适当形变后继续运转，不会像钢齿轮发生咬死或刮伤现象；优良的吸振性、抗冲击性、抗疲劳强度及消声性。

此外，工程塑料还具有可塑性和熔融流动性，可以采用热压、挤出、注射、吹塑、压延等成型方法成批生产。与金属制品的加工相比，其工艺简单，能耗和成本低，生产效率高。

但是工程塑料的力学强度、硬度和耐热性不如金属材料，拉伸强度约为钢的 $1/10$；一般只能在 $100 \sim 150℃$ 工作，少数可达 200℃；尺寸稳定性较差，膨胀和收缩变形较金属的大，线膨胀系数约为钢的 5 倍；耐久性差，长期受外力作用易产生疲劳，导致性能下降。

四、工程塑料的主要品种

目前，常用的工程塑料品种主要包括聚酰胺、聚甲醛、聚碳酸酯、聚苯醚、聚酰亚胺、聚四氟乙烯、聚砜、超高相对分子质量聚乙烯、ABS 树脂等。

（一）聚酰胺

聚酰胺（polyamide，PA，俗称尼龙）是以内酰胺、脂肪羧酸、脂肪胺或者芳香族二元酸和芳香族二元胺为原料合成的主链上含有酰胺基团（—NHCO—）的高分子化合物。聚酰胺为韧性角状半透明或乳白色的结晶性树脂，作为工程塑料使用的聚酰胺的相对分子质量一般为 $1.5 \times 10^4 \sim 3.0 \times 10^4$。聚酰胺具有优良的力学性能和高软化点，耐热性、电绝缘性及耐候性好，摩擦系数低，自润滑、吸振性和消声性优良，耐油、耐弱酸、耐碱和一般溶剂，无毒无臭。聚酰胺的缺点是吸水性较大，从而会影响其尺寸稳定性和电性能，而通过纤维增强改性可在一定程度上降低其吸水率。有研究表明，采用石墨烯对聚酰胺改性，可明显提高材料的热稳定性、热传导性、阻燃性能以及力学性能[13]。

目前 PA 的品种有 PA6、PA66、PA11、PA12、PA610、PA612、PA1010 以及半芳香族聚酰胺 PA6T 和特种聚酰胺。其中，PA6 和 PA66 的产量最大，占聚酰胺总量的 90% 以上。表 10-4 所示的是聚酰胺主要品种的使用性能。

358

表 10-4　聚酰胺主要品种的使用性能

使用性能		PA6	PA66	PA11	PA12	PA610	PA612	PA1010
密度/g·cm⁻³		1.14	1.14	1.04	1.02	1.08	1.07	1.04
熔点/℃		220	260	187	178	215	210	200~210
成型收缩率/%		0.6~1.6	0.8~1.5	—	—	—	—	1.0~1.5
拉伸强度/MPa		74	80	55	50	57	62	50~60
伸长率/%		200	60	300	350	200	200	200
弯曲强度/MPa		111	127	68	73	93	89	80~89
弯曲弹性模量/GPa		2.5	3.0	1.0	1.1	1.96	2.0	1.3
缺口冲击强度/J·m⁻¹		56	40	39	50	56	54	40~50
洛氏硬度（R）		114	118	108	106	116	114	—
热变形温度/℃	1.82MPa	63	70	55	55	60	60	
	0.45MPa	150	180	155	150	150		
线膨胀系数/℃⁻¹		8.0×10⁻⁵	9.0×10⁻⁵	11.0×10⁻⁵	11.2×10⁻⁵	10.0×10⁻⁵		
热导率/W·(m·℃)⁻¹		0.19	0.34	0.29	0.23	0.22		
阻燃性（UL94）		V-2	V-2	—	—	—		
24h 吸水率/%		1.80	1.30	0.30	0.25	0.50	0.40	0.39

聚酰胺可广泛用于制造齿轮、轴承、轴瓦、滑轮、涡轮、泵叶轮、风扇叶片、活塞、阀门、螺栓、螺母等机械零件，化工设备中的管道、贮槽、过滤器等，汽车中的散热器箱、散热器叶片、加热器箱、燃料过滤器、吸附罐、输油管、转向盘、制动把手、后桥变速箱横梁、车轮罩、尾灯罩等，电子电器中的开关、电动工具罩、继电器、集成电路板、高压安全开关罩壳、电动机罩、传感器框架、线圈绕线管、接线柱、微波炉壳体等以及建筑领域中的窗框缓冲撑挡、门滑轮、窗帘导轨滑轮、自动扶梯栏杆、升降机零部件、隔热窗框架等。图 10-11 所示的是常见的工程用聚酰胺零部件。

（二）聚甲醛

聚甲醛（polyoxymethylenes，POM）是继尼龙之后发展起来的又一优良品种，于 1959 年开始工业化生产。它是一种没有侧链且分子主链中含有—CH_2—O—链节的线型聚合物，具有高熔点、高密度和结晶性，外观呈乳白色或淡黄色。聚甲醛的综合性能优良，如很高的刚性和硬度、优良的耐疲劳性和耐磨耗性、较小的蠕变性和吸水性以及较好的化学稳定性和电绝缘性；其缺点是密度较大，耐强酸性、耐候性和阻燃性较差。

在机械工程领域中，聚甲醛被大量用于制造齿轮、凸轮、轴承、螺栓、螺母以及各种泵体、叶轮等，如用聚甲醛代替锡青铜制造的阀杆螺母，能够完全符合使用要求，不但节约金属铜，而且使用寿命可提高 4 倍；用 5%聚四氟乙烯粉末或纤维填充的聚甲醛，在无润滑条件下的摩擦系数可降低一半以上。聚甲醛在汽车行业中主要用于制造散热器箱盖、燃料油箱盖、加料口、排气控制阀门、水阀体、洗涤泵、遮光板托架、刮水器齿轮等零部件。聚甲醛也可以用于生产电子电器的外壳、开关手柄等以及建筑领域中的窗框、水箱、门窗滑轮等。图 10-12 所示的是常见的工程用聚甲醛零部件。

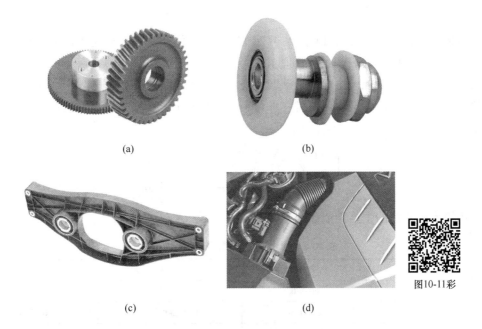

图10-11彩

图 10-11　常见的工程用聚酰胺零部件

（a）齿轮；（b）滑轮；（c）汽车后桥变速箱横梁；（d）汽车进气管和涡轮增压器软管

图10-12彩

图 10-12　常见的工程用聚甲醛零部件

（a）螺栓；（b）软管接头；（c）汽车洗涤泵；（d）叶轮

（三）聚碳酸酯

聚碳酸酯（polycarbonate，PC）是于 20 世纪 60 年代初实现工业化生产的一种新型热塑性塑料，其分子中的碳酸基团与其他基团交替排列，这些基团可以是芳香族、脂肪族或者两者皆有。目前，大规模生产的聚碳酸酯是双酚 A 型聚碳酸酯，虽然其分子主链上的苯环会使得分子链柔顺性降低，但醚键（—O—）却有助于分子链柔顺性的提高，其化学结构如下所示：

通用级聚碳酸酯的主要性能如表 10-5 所示。

表 10-5 通用级聚碳酸酯的主要性能

性 能		数 据	性 能	数 据
拉伸强度/MPa		60~70	玻璃化转变温度/℃	150
伸长率/%		60~130	熔融温度/℃	220~230
弯曲强度/MPa		100~120	比热容/$J \cdot (g \cdot ℃)^{-1}$	1.17
弯曲弹性模量/GPa		2.0~2.5	热导率/$W \cdot (m \cdot ℃)^{-1}$	0.24
压缩强度/MPa		80~90	线膨胀系数/$℃^{-1}$	$(5~7) \times 10^5$
简支梁缺口冲击强度/$kJ \cdot m^{-2}$		50~70	热变形温度(1.82MPa)/℃	130~140
布氏硬度		150~160	热分解温度/℃	≥340
疲劳强度	10^6周期	10.5	脆化温度/℃	-100
	10^7周期	7.5		

聚碳酸酯这种新型热塑性工程塑料发展的时间虽不长，但在工业上的应用领域正在迅速扩大，目前已在机械、仪表、电信、交通、航空、光学照明、医疗器械等方面得到了广泛应用。在机械工业方面，由于聚碳酸酯的强度高、刚性好、耐冲击、耐磨、尺寸稳定性好等特点，可用于制作轴承、齿轮、涡轮、蜗杆等传动零件；在电气方面，聚碳酸酯因其较高的击穿电压强度而被用于制作耐高压击穿的绝缘零件，如垫圈、垫片、套管、电容器等。此外，聚碳酸酯还具有较好的自熄性和高透光率，在光学照明和航空航天中也有较多应用，如大型灯罩、防爆灯、防护玻璃、飞机驾驶室外窗等。

（四）聚苯醚

聚苯醚又称聚二甲苯醚（polyphenylene oxide，PPO），是一种线型非结晶性工程塑料，于 1964 年试制成功，并在 1965 年开始工业化生产。聚苯醚是以 2,6-二甲基苯酚为原料，以铜胺配合物为催化剂在空气或纯氧中氧化缩聚而成，其分子结构如下所示：

聚苯醚具有较高的拉伸强度和优良的抗蠕变松弛性能。在 23℃和 21MPa 的条件下对其作用300h，其蠕变值仅为0.75%。聚苯醚可长期在-127~121℃的温度范围内使用，无载荷情况下可在204℃间断工作，达到热固性塑料的水平。由于聚苯醚的分子结构中无极性较大的基团，因此在较宽的温度及频率范围内的电性能稳定，介电常数和介质损耗变化很小，耐化学腐蚀性能优异。

聚苯醚十分适宜用于潮湿环境和负有载荷且对电绝缘性、力学性能和尺寸稳定性有较高要求的工作场合。例如，在机电工业中，可用作在较高温度下工作的齿轮、轴承、凸轮、运输机械零件、泵叶轮、鼓风机叶片、水泵零件、阀门等；由于聚苯醚的抗蠕变及应力松弛性好、强度高，适用于制作螺钉、紧固件及连接件；聚苯醚具有优异的电性能，可用于制备电机绕线芯子、转子、机壳等以及电子设备零件和高频印刷电路板；电气级的聚苯醚还可用于制作电视机调谐片、微波绝缘、线圈芯、变压器屏蔽套、电视偏转系统等超高频元器件；对聚苯醚进行高温消毒后，还可代替不锈钢用于外科手术器械。

（五）聚酰亚胺

聚酰亚胺（polyimide，PI）是20世纪60年代发展起来的耐高温工程塑料，是迄今为止耐热性最好的高分子材料之一。按照是否可以熔融，分为不熔性聚酰亚胺和可熔性聚酰亚胺两种。前者是由四酸二酐（均苯四甲酸二酐）与芳香族二元胺经缩聚反应制得，分子结构为：

聚酰亚胺的主链由杂环、苯环和氧构成，所以其耐热性和机械强度很高。聚酰亚胺制品可在260℃的高温下长期使用，在惰性气体保护下可在300℃长期使用，间歇使用温度高达480℃。由于不熔性聚酰亚胺不熔不溶，因此成型加工性差。为了克服此缺点，发展了可熔性聚酰亚胺，其结构如下：

可熔性聚酰亚胺的耐热性比不熔性聚酰亚胺低20~30℃，但柔韧性、耐碱性等优于不熔性聚酰亚胺。其玻璃化温度为270~288℃，分解温度为570~598℃，耐低温达-193℃，在-110℃时的强度和电性能保持不变。

聚酰亚胺的机械强度高，耐磨损性能好，在高温和高真空条件下性能稳定，挥发物少，是一种很有价值的耐高温高真空的自润滑耐磨材料。此外，聚酰亚胺的电性能和耐辐射性能以及耐燃性优良，并具有一定的化学稳定性，不溶于一般有机溶剂，不受酸的作用，但在强碱及沸水、蒸汽的持续作用下会被破坏。表10-6列出了聚酰亚胺模压塑料的主要性能指标。

表 10-6　聚酰亚胺模压塑料的主要性能指标

性　能	数　据	性　能	数　据
相对密度	1.4~1.6	压缩强度/MPa	>170
24h 吸水率(20℃)/%	0.2~0.3	剪切强度/MPa	83.6
导热系数/kJ·(m·h·℃)$^{-1}$	1.16	弯曲强度/MPa	>100
热变形温度(1.86MPa)/℃	360	弯曲弹性模量/MPa	3200
维卡耐热/℃	>300	缺口冲击强度/J·cm^{-3}	50.38
拉伸强度/MPa	94.5	介电常数/10^{6}Hz	3.4
断裂伸长率/%	6~8	体积电阻/Ω·cm	10^{17}

　　聚酰亚胺可用于制造压缩机叶片、活塞环、密封垫圈、轴承、轴衬、齿轮、制动片等机械零部件。在电子电器领域，聚酰亚胺可以用于制作微型继电器外壳、电路板、线圈、反射镜、高精密度光纤元件等。由于聚酰亚胺具有优异的耐热性、良好的力学性能和耐化学药品性，因此也被较多地用于汽车领域，如高温连接件、高功率车灯和指示灯、控制汽车外部温度的传感器和控制空气及燃料混合物温度的传感器等。

（六）聚四氟乙烯

　　聚四氟乙烯（polytetrafluoroethylene，PTFE）的密度较大，为 2.14~2.20g/cm^3，能在 -250~260℃的范围内长期使用，不溶解或溶胀于任何溶剂，甚至高温下的王水也不能对它起破坏作用，有"塑料王"之称。

　　聚四氟乙烯具有优异的润滑性，即使在高速高载荷的条件下，其摩擦系数也小于 0.01，而且随着温度的降低或升高，摩擦系数均保持不变，只有在表面温度高于其熔点时，才会急剧增大。此外，聚四氟乙烯还具有极其优异的介电性能，在 0℃以上时，其介电性能不会随着频率和温度的变化而变化，其体积电阻率大于 10^{17}Ω·cm，表面电阻率大于 10^{16}Ω，在所有工程塑料中是最高的。表 10-7 所示的是聚四氟乙烯的主要性能指标。

表 10-7　聚四氟乙烯的主要性能指标

性　能	数　据	性　能		数　据
密度/g·cm^{-3}	2.14~2.20	热变形温度	0.45MPa	121
24h 吸水率/%	<0.01	/℃	1.82MPa	55
拉伸强度/MPa	22~35	最高连续使用温度/℃		260
伸长率/%	200~400	阻燃性 UL94		V-0
拉伸弹性模量/MPa	400	体积电阻率/Ω·cm		10^{17}~10^{18}
弯曲弹性模量/MPa	420	介电常数（60Hz）		<2.1
压缩弹性模量/MPa	500	介质损耗角正切（60Hz）		<2×10^{-4}
缺口冲击强度/J·m^{-1}	163	介电强度/kV·mm^{-1}		>17
线膨胀系数/℃$^{-1}$	10×10^5	耐电弧性/s		>300

　　聚四氟乙烯在机械、化工设备等领域中有着广泛的应用，比如利用其低摩擦系数和自润滑性能，可被大量用于制造轴承、活塞环、机床导轨和密封材料。用聚四氟乙烯制造轴承时，加入玻璃纤维、青铜粉、石墨或二硫化钼等进行填充，可以克服蠕变和磨损。用聚

四氟乙烯制造的转动轴油封，可在 260℃的高温下长期使用，能耐各种化学介质，并能在缺油或无油的情况下持续工作。图 10-13 所示的是常见的聚四氟乙烯密封件。聚四氟乙烯在化工设备方面主要是用于制作衬里、传输管道、阀门、泵、热交换器等。

图 10-13　常见的聚四氟乙烯密封件

（七）聚砜

聚砜（polysulfone，PSF）是一种在分子主链上含有砜基和芳基的高分子化合物。由于在其分子结构中含有砜基，所以称为聚砜，又因为其分子主链是以芳香族苯环为主要组成部分，结构中又带有醚键，因此也可以称为聚苯醚砜，其分子结构如下所示：

$$\left[\begin{matrix} \overset{CH_3}{\underset{CH_3}{\,C\,}} \end{matrix} - \left\langle \begin{matrix} \\ \end{matrix} \right\rangle - O - \left\langle \begin{matrix} \\ \end{matrix} \right\rangle - \overset{O}{\underset{O}{\,S\,}} - \left\langle \begin{matrix} \\ \end{matrix} \right\rangle - O \right]_n$$

聚砜的分子主链上存在大量的处于高度共轭状态的芳香族苯环，同时又有异丙基、醚键和砜基，赋予了聚砜优良的综合性能。如砜基的硫原子处于最高氧化状态，使聚砜具有抗氧化特点；二苯砜基的高度共轭使它的化学键比非共轭键的结构坚强有力，并能吸收大量的热辐射能，而不会使主链和支链断裂，赋予聚砜良好的热稳定性，并在高温条件下保持较高的硬度。表 10-8 所示的是聚砜的主要性能指标。

表 10-8　聚砜的主要性能指标

性　能		数　据	性　能		数　据
相对密度		1.24	弯曲强度/MPa		108~127
拉伸强度/MPa		85.6	弯曲弹性模量 /MPa	室温	2800
拉伸弹性模量/MPa		2500~2800		150℃	2300
相对伸长率/%	屈服	5~6	冲击强度 /J·cm⁻²	无缺口	23~37
	破裂	50~100		缺口	0.7~0.81
压缩强度/MPa		89~97	洛氏硬度	M	69
剪切强度/MPa		49.5		R	120

聚砜由于具有优良的力学性能，因此在机械工业中可用于制造精密齿轮、凸轮、真空泵叶片、洗衣机以及其他各种机器的零配件；在电气和电子工业方面，聚砜因为在高温下仍可保持优良的介电性能，因此被广泛用于制造电视机、收音机、电子计算机的集成电路板、印刷电路底板、蓄电池箱、电容薄膜、电镀槽、断电器等。此外，聚砜的耐油性、耐

热性和力学性能优良，在汽车工业中用于制造护板、分速器盖、仪表盘、风扇罩等，还可以通过镀铬、镀铝后用来制备汽车车灯反射镜等。

（八）超高相对分子质量聚乙烯

超高相对分子质量聚乙烯（ultra-high molecular weight polyethylene，UHMWPE）一般是指相对分子质量在 $150×10^4$ 以上的聚乙烯，是一种新型的工程塑料，其中平均相对分子质量为 $200×10^4$ 的 UHMWPE 的密度仅为 $0.935g/cm^3$，比其他所有工程塑料都低，比 PTFE 和聚甲醛分别低 50% 和 30% 以上。

UHMWPE 不仅力学性能优良，而且具有耐磨损、耐腐蚀、耐冲击、耐低温、可自润滑、摩擦因数小、吸水率低等优点[14]。其中，UHMWPE 的耐磨损性能在所有塑料中居于首位，比碳钢、黄铜等还耐磨数倍，其优异的自润滑性可与聚四氟乙烯相媲美。此外，UHMWPE 不易黏附异物，卫生无毒，可回收利用。但 UHMWPE 的不足之处是耐高温性差、硬度低、拉伸强度低且阻燃性能差。

目前，超高相对分子质量聚乙烯已被用于生产齿轮、轴承、轴套、滚轮、导轨、滑块、衬块等零部件，在机械、电器、包装容器、化工设备、交通运输、材料储运、输送管道、医疗及体育器械等领域得到了广泛应用。

（九）ABS 树脂

ABS 树脂是指由丙烯腈（A）、丁二烯（B）和苯乙烯（S）组成的三元共聚物及其改性树脂。通常情况下，ABS 树脂为浅黄色或象牙色的不透明粒状固体，无毒无味，质轻，密度为 $1.04～1.07g/cm^3$。由于 ABS 是由丙烯腈、丁二烯和苯乙烯共聚而成，因此不仅具有聚丙烯腈的刚性、耐化学药品性和耐热性以及聚丁二烯的抗冲击性和耐寒性，还兼具聚苯乙烯良好的成型加工性。ABS 的主要性能指标如表 10-9 所示。

表 10-9　ABS 的主要性能指标

性　能	通用型	中抗冲型	高抗冲型	耐热型	电镀型
密度/g·cm^{-3}	1.02～1.06	1.04～1.05	1.02～1.04	1.04～1.06	1.04～1.06
拉伸强度/MPa	33～52	41～47	33～44	41～52	38～44
伸长率/%	10～20	15～50	15～70	5～20	10～30
弯曲强度/MPa	68～87	68～80	55～68	68～90	69～80
弯曲弹性模量/GPa	2.0～2.6	2.2～2.5	1.6～2.2	2.1～2.8	2.3～2.7
悬臂梁缺口冲击强度/J·m^{-1}	105～215	215～375	375～440	120～320	265～375
洛氏硬度（R）	100～110	95～105	88～100	100～112	103～110
热变形温度(1.82MPa)/℃	87～96	89～96	91～100	105～121	95～100
线膨胀系数/℃$^{-1}$	$(7.0～8.8)×10^{-5}$	$(7.8～8.8)×10^{-5}$	$(9.5～11.0)×10^{-5}$	$(6.4～9.3)×10^{-5}$	$(6.5～7.0)×10^{-5}$

ABS 树脂在机械工业方面主要用来制造齿轮、泵叶轮、轴承、把手、管道等；在电子电器方面，主要是利用其良好的电绝缘性能，用于制造收音机、半导体、电视机、录音机等的外壳以及电冰箱、冷冻机、冷藏库等上的门、壁板、衬里等部件；在汽车工业方面，可用于制造方向盘、手柄、仪表盘等。

五、塑料增强复合材料

通过对塑料进行增强改性所制备的复合材料，在模量、耐冲击性、耐腐蚀性、隔热性等方面可得到较大的提升。目前，用于增强塑料的材料主要以玻璃纤维、芳纶纤维、碳纤维等纤维为主[15]。

（一）玻璃纤维增强塑料

玻璃纤维是一种由二氧化硅、氧化铝、氧化钙、氧化硼、氧化钠等成分组成的一种无机非金属材料，其单丝直径相当于一根头发的 $1/20 \sim 1/5$，每束纤维原丝都包含至少数百根单丝。采用玻璃纤维对不饱和聚酯、环氧树脂、酚醛树脂等热固性塑料或尼龙、聚乙烯、聚苯乙烯、聚碳酸酯等热塑性塑料进行增强所制备的复合材料，俗称玻璃钢。热固性玻璃钢中玻璃纤维体积分数为 $60\% \sim 70\%$，具有密度小、强度高、耐腐蚀性好、绝缘性好、吸水性低、易加工等优点，但其弹性模量较低[16]，只有结构钢的 $1/10 \sim 1/5$。热塑性玻璃钢中玻璃纤维的体积分数为 $20\% \sim 40\%$，其强度低于热固性玻璃钢，但具有较好的韧性和低温性能以及较低的线膨胀系数。玻璃钢主要用于生产要求自重轻的受力构件和要求无磁性、绝缘以及耐腐蚀的零件，如航空航天领域的雷达罩、飞机螺旋桨、发动机叶轮和燃料箱，船舶工业领域的各种船舰配件以及深水潜艇外壳，汽车领域的车身、发动机罩、仪表盘等，电机电器领域的大型变压器线圈筒、电器外壳以及各种绝缘零件，石油化工领域的耐酸、碱、油的容器和管道。

（二）芳纶纤维增强塑料

芳纶（kevlar）是芳香族聚酰胺纤维的简称，具有强度高、模量高、耐酸碱、密度小、耐热性好等优点，其强度是钢丝的 $5 \sim 6$ 倍，模量是钢丝或玻璃纤维的 $2 \sim 3$ 倍，质量仅约为钢丝的 $1/5$，在 560℃温度下不会分解和融化。用于塑料增强的芳纶纤维约占芳纶总产量的 $1/3$。采用芳纶纤维增强的塑料主要有环氧树脂、聚乙烯、聚碳酸酯、聚酯树脂等[17]。最常用的是芳纶纤维增强环氧树脂，它具有较高的抗拉强度、断裂伸长率和比模量以及优良的抗疲劳和减振性能，但抗压强度和层间抗剪切强度较低[18]。芳纶纤维增强塑料主要用于飞机机身、机翼、发动机整流罩、火箭发动机外壳、运动器械等。例如，美国洛克希德飞机公司生产的 L-1011 型运输机采用了芳纶纤维增强塑料制造的高架仪表板、侧壁板和高跨货架等部件，使飞机质量减轻 365kg。

（三）碳纤维增强塑料

碳纤维是有机纤维在惰性气氛中经高温碳化而成的含碳量在 95% 以上的新型纤维材料，具有高强度和高模量，其抗拉强度分别是钢材和铝的 2 倍和 6 倍，模量则分别达到钢材和铝的 7 倍和 8 倍。在 2000℃ 以上的高温惰性气体环境中，碳纤维是唯一一种强度不会下降的材料。此外，碳纤维还具有低密度、耐腐蚀、耐摩擦、抗疲劳、高振动衰减性、热膨胀系数低等优点。将碳纤维用于增强高分子材料特别是塑料，可以显著提高材料的综合使用性能[19]。目前，碳纤维主要用于增强聚酰胺、聚碳酸酯、聚砜、聚醚砜、聚酰亚胺、聚醚醚酮等。例如，张其等人[20]采用双螺杆挤出熔融共混法制备了不同含量的碳纤维与尼龙共聚物（PA6T/66）复合材料，当碳纤维质量分数为 40% 时，复合材料的拉伸强度、弯曲强度和冲击强度分别达到 226.1MPa、354.7MPa 和 54.1kJ/m^2。碳纤维增强塑料已在飞机及汽车结构件、高性能轴承、风力发电机大型叶片、固体火箭发动机、通信卫星天线、空间飞行器等许多尖端领域中得到了应用。

（四）其他

除了用玻璃纤维、芳纶纤维和碳纤维增强塑料外，其他还可用于增强塑料的有硼纤维、石棉纤维、碳化硅纤维、复合纤维等以及二氧化硅、碳酸钙、氧化铝、蒙脱土、滑石粉、黏土等无机颗粒[21,22]。值得一提的是，碳纳米管（CNTs）由于具有优良的力学性能以及导电、导热等功能，在近些年也被用于增强和改性塑料。例如周洪福等人[23]采用熔融共混法将聚苯胺接枝的酸化碳纳米管加入 ABS 基体中，制得了体积电阻率达$10^6\Omega\cdot$cm数量级的抗静电 ABS/碳纳米管复合材料。Kang 等人[24]采用原位界面聚合法制备了PA610/多壁碳纳米管复合材料，拉伸强度和断裂伸长率分别提高 40%和 25%，杨氏模量则大幅提高了 170%。

六、塑料的成型加工

塑料制品的成型是指将各种形态（粉末状、颗粒状、棒状等）的塑料原材料配合适量的添加剂，在特定的温度和压力下制成所需形状及尺寸的制品的工艺过程。塑料制品的加工则是指将成型后的塑料制品再经过后续加工以达到某些要求的工艺过程，通常是采用机械加工的方法（车、铣、刨、磨等）以获得更高精度和表面光洁度或更为复杂的形状，也可以采用喷涂、浸渍、镀金属等方法改变塑料制品的表面性质[25]。

（一）成型方法

目前，工程塑料的成型方法主要有注射成型、挤出成型、浇铸成型、压制成型、吹塑成型、真空成型等。

1. 注射成型

注射成型（injection molding）是在注射成型机的料筒内先将塑料颗粒加热熔化至流动性的状态，然后以很高的压力和较快的速度将其注入闭合的模具内，经过一定时间的保压后，冷却，打开模具，即可得到成型制品。该工艺主要用于热塑性塑料或流动性较大的热固性塑料制品的成型。

按照塑料在料筒中熔融塑化的方式不同，可分为柱塞式和螺杆式。柱塞式注射机虽然使用方便，但如果塑料层太厚，则由于塑料导热性差，易造成靠近料筒内壁的塑料因受热时间过长而发生分解；螺杆式注射机采用螺杆代替柱塞，螺杆不仅能够往复运动，还能够旋转运动。这样由料斗落入料筒的塑料颗粒，受料筒的传热和螺杆的运动，逐步熔融塑化均匀，并被螺杆不断推向料筒前端，通过喷嘴而注入模具中，如图 10-14所示。

注射成型机的自动化程度高，生产速度

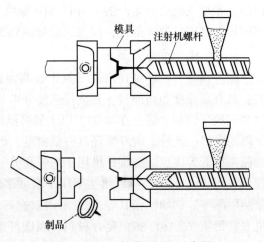

图 10-14　注射成型原理示意图

快，制品尺寸精确，可用于生产形状复杂的中、小型零件，也可用来生产带金属嵌件的塑料制品。

2. 挤出成型

挤出成型（extrusion molding）也称挤塑成型，是指物料通过挤出机料筒和螺杆间的作用，边受热塑化，边被螺杆向前推送，连续通过机头而制成各种截面的制品或半制品的一种加工方法。螺杆挤出机分为单螺杆挤出机和双螺杆挤出机。前者是应用最多的通用型挤出机，只要更换不同结构形式的螺杆，就可以完成各种热塑性塑料的挤出成型，其结构如图 10-15 所示。

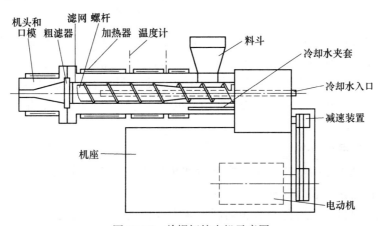

图 10-15　单螺杆挤出机示意图

挤出成型的塑料制品占据所有塑料产品的 50% 以上。根据口模的形状和结构，采用挤出成型生产的产品有管材、型材、棒材、板材、单丝、薄膜以及电线电缆包皮、内胎胎筒等。

3. 压制成型

压制成型（compression molding）主要用于热固性塑料的成型，如酚醛树脂、氨基塑料等，但有些流动性很小的热塑性塑料如聚四氟乙烯也需要采用压制成型方法。根据采用的设备及工艺不同，又分为模压法和层压法两种。

将塑料与添加剂混合料置于金属模具中加热加压，经过一定时间后就可以得到具有特定形状的塑料制品，这种方法称之为模压法。如果以纸张、棉布、丝绸或者玻璃布等片状材料，浸上树脂，层层叠放，然后加热加压，经过一定时间后树脂固化，相互交联而成为塑料层压板，这种方法称为层压法，如图 10-16 所示。

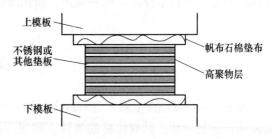

图 10-16　层压制品示意图

4. 吹塑成型

吹塑成型（blow molding）是先采用挤出机将原料熔融成胚型塑料，然后将挤出的适当大小的胚料置于分开的模具中，闭合模具并通入压缩空气，这时胚料被吹胀而紧贴着模具内壁，冷却后打开模具，即可得中空制品。吹塑成型仅限于热塑性塑料的成型加工，常用于生产中空、薄壁、小口径的制品，如瓶、罐、管状零部件。

5. 真空成型

真空成型（vacuum molding）是热塑性塑料最简单的成型方法之一。将热塑性塑料片置于模具中压紧，借助加热器将其加热至软化温度，然后将模具型腔抽真空，通过大气压力将软化的塑料片压入模内并使之紧贴模具，冷却后即得所需塑料制品。真空成型法主要用于生产杯、盘、箱壳、盒、罩、盖等薄壁敞口的制品。该方法对于模具材料要求较低，小批量生产时可采用硬木、高强度石膏和塑料模具，大量生产时常用有色合金或刚模具。

6. 浇铸成型

浇铸成型（casting molding）与金属铸造类似，这种方法可用于热固性和热塑性塑料的成型加工。工艺过程为：在液体状态（自身为液体或加热熔融后呈液体）的树脂中加入适量的固化剂或催化剂，浇入模具型腔中，在常温或加热条件下，使其固化成型，从而获得具有特定形状的塑料制品。该方法主要用于生产较大尺寸的零部件，生产效率不高，但设备简单。

（二）塑料制品的加工

塑料制品的加工是指塑料制品在成型后的再加工，也称二次加工，主要包括机械加工、塑料零件的连接和表面处理。

塑料制品的机械加工工艺与金属切削工艺大致相同，可以进行车、铣、刨、钻、铰、镗、锯、锉、攻丝等。塑料零件的连接是指将小而简单的构件组合成大而复杂的零件。常用的连接方法，除了机械连接外，还有热熔黏接、溶剂黏接和胶黏剂黏接等。

塑料零件的表面处理主要包括涂漆和镀金属。塑料零件涂漆的主要目的是防止塑料制品老化。将塑料制品涂漆后，不仅可使其与光、热、氧、水等隔开，延长使用寿命，而且提高了制品的耐化学药品和溶剂的能力。

通过镀金属，可使零件具有导电性，提高表面硬度和耐磨性以及防潮、抗老化、防溶剂侵蚀等能力，并赋予塑料零件金属光泽。目前，电镀是塑料镀金属的主要手段，但由于塑料是非导体，不能直接电镀，必须设法在塑料制品表面加上一层导电薄膜。常见的加导电薄膜的方法有化学浸镀金属铜或银，或在塑料制品表面掺入一层薄的石墨或金属粉形成导电层。

第三节 橡 胶

橡胶（rubber）在室温下受到较小的外力作用，即能产生很大的形变，当外力解除后又能很快恢复原状，具有优良的弹性、伸缩性和积蓄能量的作用。橡胶的应用十分广泛，在机械、电子电器、化工、汽车、火车、航空航天等领域中都发挥着重要的作用。

一、橡胶的组成

橡胶是以生胶为主，同时加入适量的辅助材料如硫化剂、硫化促进剂、填料、增塑剂、防老剂等组分制备而成的[26]。

（一）生胶

按照原料来源，可将生胶分为天然橡胶和合成橡胶。天然橡胶主要来源于热带的三叶橡胶树，当其表皮被割开时，就会流出乳白色的汁液，称为胶乳，经凝聚、洗涤、成型和干燥，即得天然橡胶。合成橡胶是由人工方法制备的，主要品种有丁苯橡胶、顺丁橡胶、氯丁橡胶、乙丙橡胶、丁腈橡胶、硅橡胶、氟橡胶等。

（二）辅助材料

硫化剂：相当于热固性塑料的固化剂，它可以使橡胶分子相互交联而成为网状结构，橡胶的交联过程称为"硫化"。天然橡胶常采用硫黄为硫化剂，合成橡胶除用硫黄外，还采用过氧化物以及醌、醚类有机化合物。

硫化促进剂：其作用是缩短硫化时间，降低硫化温度，减少硫化剂用量。常用的硫化促进剂有噻唑类、胺类、胍类、秋兰姆类、氨基甲基酸盐类、硫脲类等化合物。

防老剂：是一种在橡胶生产过程中加入的能够延缓橡胶老化、延长橡胶制品使用寿命的配合剂，主要为芳胺类、受阻酚类、亚磷酸酯类等化合物。其中，芳胺类防老剂由于具有毒性，其应用受到一定的限制。

增塑剂：也称软化剂，其作用是改善橡胶在成型加工中的熔融流动性，并促进生胶与其他组分之间的混合，对于降低橡胶的硬度和提高橡胶的耐寒性也有一定的作用。常用的增塑剂有凡士林、石蜡、硬脂酸等。

补强剂：主要是为了提高硫化橡胶的强度、硬度、耐磨性等，如炭黑和白炭黑。

填料：又称填充剂，其目的是为了提高橡胶的机械强度，减小线膨胀系数和收缩率，降低生产成本。常用的有高岭土、硅藻土、炭黑、陶土、硅酸钙、碳酸钙、碳酸镁、硫酸钡、氧化锌、氧化镁、滑石粉、碳纤维等。

着色剂：赋予橡胶不同的颜色，如钛白、锑红、铁丹、铬钡黄、铬绿、群青等。

二、常用橡胶品种

（一）天然橡胶

天然橡胶（natural rubber，NR）是以聚异戊二烯为主要成分的天然高分子化合物，实际上是多种不同相对分子质量的聚异戊二烯的混合物。天然橡胶的弹性模量为 3~6MPa，约为钢铁的 1/30000，但伸长率为钢铁的 300 倍。在 0~100℃的范围内，天然橡胶的回弹率可达 85%。经过硫化处理后的天然橡胶的拉伸强度为 17~29MPa，经炭黑补强后，可进一步提高到 25~35MPa。

天然橡胶分子结构中含有 C═C 双键，因此其耐油性、耐溶剂性、耐臭氧老化性等较差，也不耐高温，使用温度在 -70~110℃ 范围内，但可利用 C═C 双键这个活性反应点对其进行改性，如加成、取代、环化、接枝等，提高其使用性能。

天然橡胶主要用于制造轮胎、胶带、胶管及胶鞋等。

（二）合成橡胶

1. 丁苯橡胶（SBR）

丁苯橡胶自 1937 年开始工业化生产，是以丁二烯和苯乙烯为单体，在乳液或溶液中采用催化剂进行催化共聚而成的浅黄褐色弹性体。丁苯橡胶是整个合成橡胶工业中产量最大、应用最广的通用合成橡胶，约占合成橡胶的80%。根据丁二烯和苯乙烯在聚合时的配比不同，可分为丁苯-10、丁苯-30、丁苯-50等品种，其中数字代表苯乙烯的百分含量。

丁苯橡胶具有较好的耐磨性、耐热性和耐老化性能，其缺点是生胶强度差、黏接性能不好、成型困难、硫化速度慢，由丁苯橡胶制造的轮胎在使用时发热量大、弹性较低。但丁苯橡胶价格便宜，可与天然橡胶以任意比共混使用，取长补短。目前，丁苯橡胶普遍用于制造汽车轮胎、胶带、胶管等，在大多数领域都可代替天然橡胶使用。

2. 顺丁橡胶（BR）

顺丁橡胶是由丁二烯聚合而成的，其来源丰富，生产成本低。顺丁橡胶的弹性是合成橡胶中最好的，比天然橡胶都要高，此外还具有优良的耐寒性和耐磨性，其耐磨性比天然橡胶高出30%左右。顺丁橡胶的缺点是加工性能不好，抗撕裂性较差。但是顺丁橡胶的硫化速度快，可与其他橡胶混合使用。顺丁橡胶产量的80%~90%都用于制造轮胎，使用寿命是天然橡胶轮胎的两倍。除了轮胎，顺丁橡胶还可用于制造耐热胶管、三角皮带、减震器、刹车皮碗、胶辊等。

3. 丁基橡胶（IIR）

丁基橡胶是由异丁烯和少量异戊二烯共聚而成的，其最大特点是透气性小，透气系数分别为天然橡胶、顺丁橡胶和乙丙橡胶的1/20、1/30和1/13。此外，丁基橡胶还具有优良的耐热性、耐老化性、抗臭氧性以及良好的抗酸、碱腐蚀性和绝缘性。其中，其抗臭氧性优于天然橡胶10倍以上，而体积电阻比一般橡胶高10~100倍。在-30~50℃范围内，丁基橡胶均有良好的减震效果。这种橡胶的主要缺点是硫化速度慢，比天然橡胶慢近3倍，不能与天然橡胶及其他橡胶混用，只可与少量乙丙橡胶并用。丁基橡胶主要用于制造轮胎内胎、缓冲器材、防辐射手套、电线电缆、耐热耐老化垫片等。

4. 氯丁橡胶（CR）

氯丁橡胶是以氯丁二烯为单体经聚合而成的。在氯丁橡胶的分子链上含有极性侧基Cl，可以增强分子间作用力，因此氯丁橡胶具有优良的耐油性、耐溶剂性、耐氧化性、耐老化性、耐酸耐碱性、阻燃性等，故有"万能橡胶"之称。但氯丁橡胶在低温下易结晶、耐寒性较差，而且密度较大，比最轻的乙丙橡胶大50%，因此在制造相同体积的制品时，氯丁橡胶的用量大、成本高。

氯丁橡胶主要用来制造电线电缆用包皮、输送油和腐蚀性物质的管道、高速运转的三角皮带、地下矿井的运输带等。此外，氯丁橡胶还可以用于制造各种减震器、垫圈、油罐衬里、轮胎胎侧、黏结剂、织物涂层等。图10-17所示的是氯丁橡胶在减震器、输送带及输油管中的应用。

5. 乙丙橡胶

乙丙橡胶是乙烯和丙烯的共聚物，与顺丁橡胶、天然橡胶、氯丁橡胶等的结构不同，其分子结构中不含C＝C双键，属于饱和聚合物。与其他橡胶品种相比，乙丙橡胶的耐臭氧性能十分突出。此外，乙丙橡胶具有优良的耐老化性、电绝缘性和耐化学介质性，使用温度范围宽，在-68~150℃的范围内均可使用，其回弹性、耐磨性和耐油性等接近于丁苯橡胶。但乙丙橡胶由于不含C＝C双键而致使其硫化速度缓慢，且黏结性较差，可加入少量的二烯烃组分制成三元乙丙橡胶（EPDM）。目前，乙丙橡胶除了用于生产车辆配件之

(a)　　　　　　　　　　　　(b)

(c)

图10-17彩

图 10-17　氯丁橡胶在减震器（a）、输送带（b）及输油管（c）中的应用

外，还用来制造耐热运输带、密封圈、散热软管、高低压电线绝缘包皮等。

6. 丁腈橡胶（NBR）

丁腈橡胶是丁二烯与丙烯腈的共聚物，既具有橡胶的弹性，又有优异的耐油性，可抵抗汽油、润滑油、动植物油等介质的侵蚀，常作为耐油橡胶使用。丁腈橡胶还具有良好的耐磨性、耐热性、耐水性、气密性和抗老化性，但其电绝缘性、耐寒性和耐酸性较差。这些性能主要由丙烯腈的含量决定，一般地，随着丙烯腈含量的增加，丁腈橡胶的耐油性、耐腐蚀性、耐热性、耐磨性、导电性以及强度和硬度提高，但耐寒性和弹性降低。丙烯腈的含量一般在 15%～50% 的范围内。

丙烯腈含量高的丁腈橡胶，可用于制造直接接触油类的密封垫圈、输油管、化工衬里、耐油运输带等；中等丙烯腈含量的丁腈橡胶，用于制造各种油管、储油箱、印刷胶辊等；低丙烯腈含量的丁腈橡胶则用于制造低温耐油制品及耐油减震制品。

7. 硅橡胶

硅橡胶是二甲基硅氧烷与其他有机硅单体的共聚物，属于特种橡胶，其分子主链由硅元素和氧元素构成，耐高温和耐低温性能优良，可在 -100～350℃ 范围内保持良好的弹性。硅橡胶还具有优异的抗老化性能，对臭氧、光、热、氧和气候的老化抵抗力强，在户外放置数年后，其性能基本不变。此外，硅橡胶的透气性很好，透气率比一般橡胶大几十倍到数百倍，且抗震性和电绝缘性良好。硅橡胶的缺点是强度、耐磨性及耐酸碱性较差，价格较高。硅橡胶主要用于飞机和航天飞船中的密封件、薄膜、胶管等，也用于高温电线电、电子设备以及汽车、仪表等的防护、减震和密封。图 10-18 所示的是采用硅橡胶制造的高温电线电缆及高压输变电用绝缘子。

(a)　　　　　　　　　　　　　(b)

图 10-18　采用硅橡胶制造的高温电线电缆（a）及高压输变电用绝缘子（b）

8. 氟橡胶

氟橡胶是指在主链或侧链上含有氟原子的聚合物。氟是负电性最大的元素，与碳原子结合时，能够生成键能很高的碳氟共价键，使得氟橡胶具有很好的耐热、耐老化和耐化学药品性。其中，氟橡胶对耐酸、碱、强氧化剂的抵抗能力位居各类橡胶之首，可在 250～300℃ 的温度范围内长期使用，在 350℃ 的温度下可短期使用。Dupont 公司开发的 VitonA 氟橡胶在户外存放 10 年后的综合性能仍然令人满意，在臭氧浓度为 0.01% 的空气中经 45 天作用无明显龟裂现象。氟橡胶的缺点是耐寒性和加工性较差，价格较高。目前，氟橡胶主要用于制造火箭、导弹等国防工业用的高级密封件。

（三）橡胶增强复合材料

为了提高橡胶的使用性能，通常采用纤维或者粒子对其进行增强，制备橡胶增强复合材料。

用于增强橡胶的纤维主要有天然纤维、合成纤维、玻璃纤维、金属纤维等。纤维增强橡胶复合材料主要用于生产轮胎、皮带、橡胶管、橡胶布等。这些制品除了要具有低密度和高强度，还需要有较好的柔韧性和弹性。汽车轮胎制品的增强层通常由缓冲层和胎体帘布层构成，如图 10-19 所示，前者由玻璃纤维帘子线或合成纤维帘子线构成，后者由尼龙纤维、聚酯纤维或棉纤维纺成的帘子线或钢丝增强橡胶构成。纤维增强橡胶三角传动带的

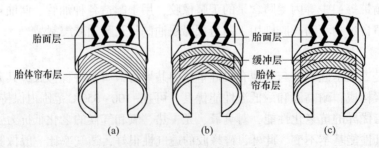

胎面层　　　　　　　　　　　　　　　　　胎面层
　　　　　　　　　　　　　　　　　　　　缓冲层
胎体帘布层　　　　　　　　　　　　　　　胎体
　　　　　　　　　　　　　　　　　　　　帘布层

(a)　　　　　　　(b)　　　　　　　(c)

图 10-19　汽车轮胎的结构示意图

(a) 斜交结构；(b) 束带斜交结构；(c) 径向结构

增强层位于皮带中上部，增强层由帘布、线绳和钢丝组成，主要承受传动时的牵引力。对于压力较低的橡胶管增强层通常采用各种合成材料制成，而压力较高的橡胶管增强层则采用金属纤维进行增强。

用于增强橡胶的粒子主要是橡胶用补强剂和填料，如二氧化硅、氧化锌、碳酸钙、碳酸镁、陶土等，可使橡胶的拉伸强度、撕裂强度、韧性和耐磨性得到明显提高。

三、橡胶制品的成型加工

橡胶制品的成型加工过程包括生胶塑炼、胶料混炼、压延与压出、成型、硫化等环节。

（一）生胶塑炼

生胶塑炼是指采用机械或化学的方法，降低生胶的相对分子质量和黏度以提高其可塑性，并获得适当的流动性，从而满足混炼和成型以及进一步加工的需要。在生胶塑炼过程中，导致大分子链断裂的因素主要有两个：一是机械破坏作用；二是热氧化降解作用。

目前，塑炼主要是在开炼机或密炼机上进行的。前者依靠两个旋转辊筒相对速度不同所产生的剪切力使生胶大分子断裂，达到增塑的目的。这种方法存在机械自动化程度低、劳动强度高、操作危险性大、工作环境差、炼胶质量不稳定等缺点，但其机台易清洗，调整配方灵活方便，适合于小批量橡胶制品的生产。后者是在密炼室中进行的，内装两个带突棱的旋转转子，橡胶在密炼室中受到转子之间及转子与室壁之间的剧烈机械作用而降解，从而达到增塑的目的。开炼机和密炼机的工作原理分别见图 10-20 和图 10-21。

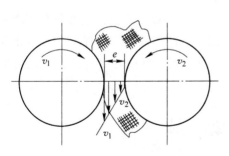

图 10-20　开炼机工作原理示意图

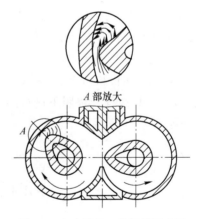

A 部放大

图 10-21　密炼机工作原理示意图

（二）胶料混炼

胶料混炼是将各种辅助材料与塑炼胶在机械作用下混合均匀、制成混炼胶的过程。为了使橡胶与各组分均匀混合，要严格控制辊距的大小、混炼温度和混炼时间。对于开炼机而言，辊距在 4~8mm 为宜。当塑炼胶是天然橡胶时，前辊温度 55~60℃，后辊温度 50~55℃；当塑炼胶是合成橡胶时，前辊温度 40~55℃，后辊温度比前辊温度高 5~10℃为宜。混炼时间取决于胶料配方及工艺条件，时间过短则会降低胶料混合均匀程度，时间过长会使胶料发生焦烧现象。一般情况下，加料顺序依次为：塑炼胶、防老剂、填充剂、增塑剂，最后加入硫化剂和硫化促进剂。

（三）压延与压出

压延是指利用压延机辊筒的挤压力作用使混炼胶发生塑性流动变形，将胶料制成具有一定断面规格尺寸和几何形状的胶片，或者将胶料附着于纤维纺织物或金属织物表面制成胶布的加工过程。对于形状比较复杂的半成品，需采用压出法（也称挤出法）生产，即通过挤出机机筒和螺杆间的作用，将胶料制成各种不同形状的半成品，广泛用于制造轮胎胎面、内胎、胶管以及断面形状复杂或空心、实心的半成品。

（四）成型

橡胶制品的成型是指根据制品的形状将压延或压出的各种胶片、胶布等，裁剪成为不同规格的部件，然后进行贴合制成半成品。成型工艺一般是用来制造形状复杂的橡胶制品，如胶鞋、轮胎等。

（五）硫化

"硫化" 由最初的天然橡胶制品用硫黄作交联剂进行交联而得名。随着橡胶工业的发展，现在可采用多种非硫黄交联剂进行交联。硫化的目的是使橡胶具有足够的强度、耐久性以及抗剪切和其他形变能力，减少橡胶的可塑性。

按照硫化条件，可分为室温硫化、热硫化和辐射硫化三类。室温硫化是在室温和常压下进行，如使用室温硫化胶浆（混炼胶溶液）进行自行车内胎接头、修补等。热硫化是橡胶制品硫化的主要方法，又可分为直接硫化、间接硫化和混气硫化三种方法：（1）直接硫化，将制品直接置入热水或蒸汽介质中硫化；（2）间接硫化，制品置于热空气中硫化，此法一般用于某些外观要求严格的制品，如胶鞋等；（3）混气硫化，先采用空气硫化，而后再改用蒸汽硫化，此法既可以克服蒸汽硫化影响制品外观的缺点，也可以克服由于热空气传热慢、硫化时间长和易老化的缺点。辐射硫化是一种新的硫化方法，是橡胶在高能射线（如电子束、γ 射线等）辐照下进行的硫化，该方法无须使用硫化剂、促进剂、活化剂等硫化助剂，具有环境污染小、硫化速度快、产品质量稳定、性能好等优点，但设备价格较高。

第四节　胶　黏　剂

能够把两个固体材料的表面通过界面作用（化学力或物理力）连接在一起的物质，统称为**胶黏剂**，也称为胶接剂或黏合剂（adhesive）。通过胶黏剂的这种黏接力使固体材料表面连接的方法称为黏接、黏合或胶接，被黏合的固体材料称为被黏物（adherend）。与常用的焊接、铆接、螺栓连接等方法制备的装配件相比，黏接技术所制备的结构件不仅具有成本低、质量轻、外观美观等优点，而且其应力传递更为均匀，密封性和防腐蚀性可得到显著改善。此外，黏接设备及工艺简单，操作方便易行，生产效率高[27,28]。目前，胶黏剂已广泛应用于木材加工、机械、建筑、轻纺、汽车、电子电器、医疗卫生、航空航天、宇航技术等各个领域。

一、胶黏剂的组成与分类

（一）胶黏剂的组成

一般情况下，单一组分的胶黏剂在很多场合下均难以实现使用要求，因此通常将多个组分配合在一起，制备出满足黏接要求的胶黏剂。按照这些组分在胶黏剂中所起的作用不同，可将其分为主体材料和辅助材料两类。

1. 主体材料

主体材料是胶黏剂的主要组分，也称为基体材料、基料或黏料，要求对被黏物具有良好的黏附性和润湿性，在胶黏剂中起到黏接作用并赋予胶层一定的机械强度。在黏接过程中，胶黏剂溶液或熔体被转移到被黏物表面，并逐渐对被黏物形成润湿、渗透或吸附，当其与被黏物表面分子之间的距离小于 1nm 时，两者之间会产生分子间作用力，即范德华力和氢键力，这也是大多数种类的胶黏剂与被黏物之间能够产生黏接力的原因。在某些情况下，带有化学活性基团（如—NCO）的主体材料分子与带有活性基团（如—OH）的被黏物分子之间可能出现共价键连接，形成黏接强度更高的胶层。胶黏剂的主体材料主要包括：聚丙烯酸酯、聚氨酯、聚醋酸乙烯等热塑性树脂，环氧树脂、酚醛树脂、脲醛树脂、不饱和聚酯等热固性树脂，氯丁橡胶、丁腈橡胶、丁基橡胶、聚硫橡胶等合成橡胶，淀粉、蛋白质、松香、天然橡胶等天然高分子以及硅酸盐、磷酸盐等无机化合物等。也可以将合成树脂和合成橡胶相互配合作为基料来使用，可以改善胶黏剂的黏接性能。

2. 辅助材料

辅助材料主要包括固化剂、增塑剂、填料、溶剂、活性稀释剂、防老剂等。这些辅助材料的作用与塑料和塑胶中的类似，这里不再详述，可参阅本章延伸阅读 10-1。

延伸阅读 10-1

（二）胶黏剂的分类

胶黏剂种类繁多，组成各异，目前尚无统一的分类方法。为了便于研究和使用，一般按照胶黏剂的存在状态、固化方式、应用、化学组成等对其进行分类[29]。

（1）按照存在状态分类：主要分为液态（溶液、乳液等）、糊状和固态三种。

（2）按照固化方式分类：可将其分为反应型和非反应型两类。反应固化型胶黏剂一般是由多官能团的单体或者线型分子结构的低聚物，通过催化剂、交联剂的作用或者加热固化交联，如环氧树脂胶黏剂、聚氨酯胶黏剂等。非反应固化型胶黏剂又分为常温干燥型和热熔型两种，如丙烯酸酯胶黏剂和乙烯-醋酸乙烯热熔胶黏剂。

（3）按照应用分类：按照黏接件应用时的受力情况可将胶黏剂分为结构型和非结构型两类。所谓结构型胶黏剂即固化后黏接接头能够承受较高剪切负荷（15MPa 以上）和 T 型剥离负荷（0.6MPa）且具有优良的耐热性、耐油性和耐水性的胶黏剂，主要应用于工程结构受力构件的黏接；非结构型胶黏剂的黏接强度不高，随着温度的升高而迅速下降，主要应用于非主要受力部位的黏接。此外，根据对胶黏剂特殊的性能要求，还有瞬干胶、压敏胶、厌氧胶、点焊胶、应变胶、医用胶、光敏胶、导电胶、导磁胶、吸水胶等。

（4）按照化学组成分类：

胶黏剂
- 无机
  - 硅酸盐：硅酸钠、硅酸盐水泥
  - 磷酸盐：磷酸-氧化铜
  - 硼酸盐：熔接玻璃
  - 硫酸盐：石膏
  - 陶瓷：氧化铝、氧化锆
  - 低熔点金属：锡-铅
- 有机
  - 天然胶黏剂
    - 淀粉类：淀粉、糊精
    - 蛋白质类：大豆蛋白、骨胶、酪素、鱼胶、虫胶
    - 天然树脂类：松香、木质素、树胶、单宁
    - 天然橡胶类：天然胶乳
  - 合成胶黏剂
    - 树脂型
      - 热塑性：聚醋酸乙烯、聚丙烯酸酯、纤维素、聚氨酯等
      - 热固性：酚醛树脂、脲醛树脂、环氧树脂、不饱和聚酯、聚酰亚胺等
    - 橡胶型：丁苯橡胶、丁腈橡胶、丁基橡胶、热塑性橡胶、氯丁橡胶、有机硅橡胶等
    - 复合型：丙烯酸酯-聚氨酯、环氧-丙烯酸酯、聚乙烯醇缩醛、酚醛-丁腈橡胶、环氧-聚酰胺等

二、常用胶黏剂品种

（一）环氧树脂胶黏剂

环氧树脂是在分子结构中含有两个或两个以上的环氧基团的高分子化合物。以环氧树脂为基料的胶黏剂称为环氧树脂胶黏剂。环氧树脂的种类很多，但作为胶黏剂基料应用最广的是双酚 A 型环氧树脂，其分子结构如下：

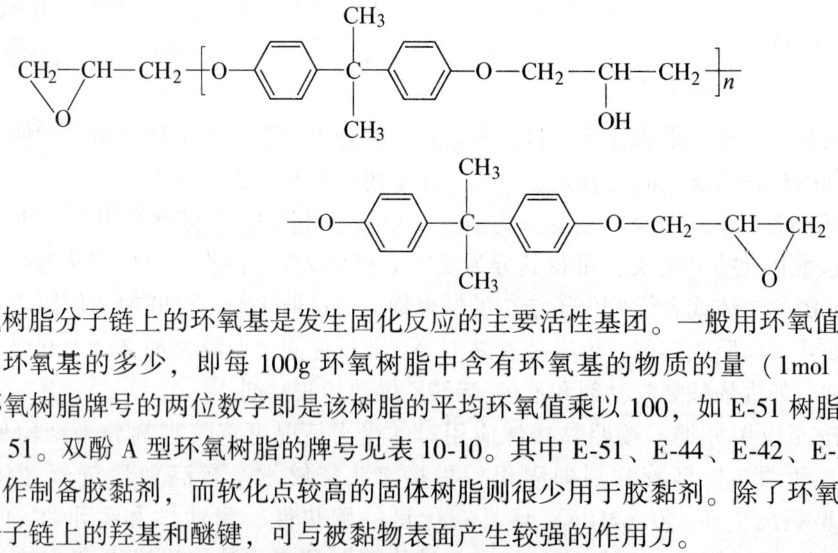

环氧树脂分子链上的环氧基是发生固化反应的主要活性基团。一般用环氧值来表示环氧树脂中环氧基的多少，即每 100g 环氧树脂中含有环氧基的物质的量（1mol 环氧基为 43g）。环氧树脂牌号的两位数字即是该树脂的平均环氧值乘以 100，如 E-51 树脂的平均环氧值为 0.51。双酚 A 型环氧树脂的牌号见表 10-10。其中 E-51、E-44、E-42、E-35 等液态树脂常用作制备胶黏剂，而软化点较高的固体树脂则很少用于胶黏剂。除了环氧基外，环氧树脂分子链上的羟基和醚键，可与被黏物表面产生较强的作用力。

表 10-10 双酚 A 型环氧树脂牌号

牌　　号	软化点/℃	环氧值/mol·100g⁻¹
E 54 (616)	6~8	0.55~0.56
E-51 (618)	10~16	0.48~0.54

续表 10-10

牌　号	软化点/℃	环氧值/mol·100g⁻¹
E-44（6101）	12~20	0.41~0.47
E-42（634）	21~27	0.38~0.42
E-35（637）	20~35	0.28~0.38
E-20（601）	64~76	0.18~0.22
E-12（604）	0.085~0.095	0.09~0.14

$$环氧值/mol·100g^{-1}$$

在环氧树脂胶黏剂中，通常还加入固化剂使其发生交联固化反应，形成体型结构。常用的固化剂有：脂肪族胺类（如乙二胺、二乙烯三胺等）、芳香族胺类（如间苯二胺）、咪唑类（如 2-乙基-4-甲基咪唑）、酸酐类（如顺丁烯二酸酐）等。为了降低环氧树脂胶黏剂的脆性，还需要加入增韧剂，如参与反应的低聚合度聚酰胺、聚硫橡胶、丁腈橡胶等，称为活性增韧剂；不参与反应的邻苯二甲酸二丁酯、邻苯二甲酸二辛酯等，称为非活性增韧剂。

环氧树脂胶黏剂被称为"万能胶"，对金属、陶瓷、玻璃、塑料、木材等都具有较强的黏附力，主要用于砂轮、电子元器件的密封或包封、集成电路、高压开关、汽车、航空航天等领域。图 10-22 所示的是环氧树脂胶黏剂在砂轮及集成电路板中的应用。

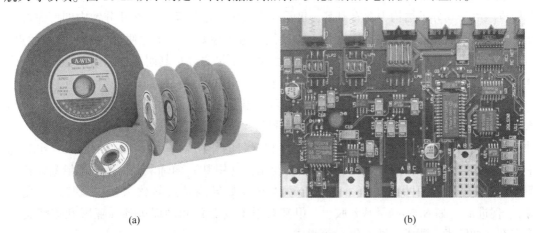

(a)　　　　　　　　　　　　　　　　　(b)

图 10-22　环氧树脂胶黏剂在砂轮（a）及集成电路板（b）中的应用

（二）聚氨酯胶黏剂

聚氨酯胶黏剂是分子链中含有氨基甲酸酯键（—NHCOO—）和（或）异氰酸酯基（—NCO）的一类胶黏剂，是由异氰酸酯与聚酯多元醇或聚醚多元醇反应所制备的。异氰酸酯主要有甲苯二异氰酸酯（TDI）、异佛尔酮二异氰酸酯（IPDI）、二苯基甲烷-4,4'-二异氰酸酯（MDI）、1,6-己二异氰酸酯（HDI）等；聚酯多元醇主要有聚羧酸酯多元醇、聚-ε-己内酯多元醇和聚碳酸酯二醇；聚醚多元醇主要有聚氧化丙烯二醇、聚氧化丙烯三醇、聚四氢呋喃二醇、聚氧化丙烯-蓖麻油多元醇等[30]。

聚氨酯胶黏剂分子结构中的异氰酸酯基具有很高的反应活性，可与表面含活泼氢或吸附水的材料，如金属、橡胶、纤维、木材、塑料等快速反应，形成较高的黏接力；可室温固化，也可加热固化，易于形成交联结构，使胶层的耐热性、耐溶剂性和硬度提高；在碱性玻璃表面上可自行聚合，从而在界面层产生化学键和交联结构，显著提高黏接性能；适用于橡胶弹性体与金属之间的黏接，其黏接接头的物理、力学性能能够适应环境条件变化，具有优良的耐疲劳性能；但该胶黏剂含有游离的异氰酸酯基，对潮气敏感，长期使用易受侵蚀而导致性能下降。

聚氨酯胶黏剂在土木建筑、电子电器、航空航天等方面已获得了广泛的应用。例如，采用蓖麻油和甲苯二异氰酸酯为原料制备的聚氨酯胶黏剂可用于各种管道的黏接、输水工程的防渗、防漏，水利钢闸门的防腐等；以酸酐和芳胺反应生成的芳酰胺为固化剂，以TDI与聚氧化乙烯二醇为原料制备的聚氨酯结构胶黏剂，用于铝-铝（LY12CZ铝合金）黏接时在80℃的剪切强度为19.7MPa，室温时为12.8MPa。该胶黏剂可用于直升机旋翼翼尖罩密封、金属-碳纤维复合材料的黏接和部件的修复。

（三）丙烯酸酯胶黏剂

丙烯酸酯胶黏剂的品种很多，用于工程方面的主要是α-氰基丙烯酸酯胶黏剂和丙烯酸双酯胶黏剂。

α-氰基丙烯酸酯胶黏剂，俗称快干胶，是单组分室温快速固化的胶黏剂，其主要组分为α-氰基丙烯酸酯单体，并配以稳定剂（如二氧化硫等）、酚类增韧剂、黏度调节剂等组分构成。由于其分子结构中含有氰基，极易与空气中的湿气反应，在几分钟内即可完成固化反应。该类胶黏剂具有黏接速度快、黏度低、透明性好、使用方便、气密性好等优点，与金属、陶瓷、玻璃等材料具有较高的黏接强度；不足之处是其耐水性和耐潮性较差，耐久性也有待提高，主要用于临时性黏接（如定位）和非结构黏接，不宜大面积使用。

丙烯酸双酯胶黏剂又称厌氧胶，是一种可常温固化的无溶剂胶黏剂，其特点是：在与氧或空气接触的情况下，存放一两年都不会固化，而在隔绝氧或空气时，几分钟至几十分钟内能将被黏物定位并快速固化，起到黏接和密封的作用[31]。该类胶黏剂的主要组分为甲基丙烯酸酯类单体，如（甲基）丙烯酸羟乙酯、（甲基）丙烯酸羟丙酯、丙烯酸缩乙二醇酯、双酚A环氧丙烯酸酯等，并配合引发剂（如异丙苯过氧化氢、叔丁基过氧化氢等）、促进剂（如N,N-二甲基苯胺、二甲基对甲苯胺等）和助促进剂（亚胺和羧酸类）、稳定剂（如酚类、醌类、胺类等）等组成。

厌氧胶黏剂的主要用途是用于螺纹的紧固密封，防止振动部位螺钉、螺母的松动，可以省去弹簧垫圈、开口销等，增加机械部件的可靠性，图10-23即为厌氧胶黏剂固定螺纹的示意图。厌氧胶黏度范围0.1~500Pa·s，因此低黏度的厌氧胶可用于管线密封、多孔压铸片及粉末冶金制片的浸渗密封。

（四）无机胶黏剂

无机胶黏剂的耐高温性能极为优异，同时又能够耐低温，可在-183~1300℃较宽的温度范围

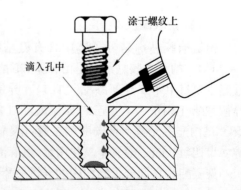

图10-23　厌氧胶黏剂固定螺纹的示意图

内使用。无机胶黏剂的耐油性优良，在套接、槽接时有很高的黏接强度，而且原料易得，价格低廉，使用方便，可以室温固化。无机胶黏剂的缺点是耐酸碱性和耐水性差，脆性较大，不耐冲击，平接时的黏接强度较低，且耐老化性有待提高。采用套接和嵌接接头可以克服无机胶黏剂脆性及平面黏接强度低的缺点。如氧化铜–磷酸无机胶黏剂用于钢质的轴与孔的套接时，压缩剪切强度可达 100MPa。

常见的无机胶黏剂如水泥、石膏、水玻璃、石灰、黏土等已广泛用于建筑、模型、铸造、水利、医疗、设备安装等方面。某些种类的无机胶黏剂是由低分子化合物组成的无机盐如硅酸盐、磷酸盐、氧化物、硫酸盐和硼酸盐等，主要用来黏接金属、玻璃、陶瓷等无机材料，可用于各种刀具（车刀、铣刀、铰刀等）、量具、管轴等零部件的黏接与修复和加热设备的陶瓷与金属部件的装配固定，目前也已成功地用于火箭、导弹以及常用的燃烧器的耐热部件的黏接。

三、黏接工艺

黏接工艺直接关系到黏接质量，是黏接成败的关键。一般情况下，黏接工艺包括黏接件表面处理、胶黏剂的配制、涂胶、固化等环节。其中，表面处理和固化尤为关键。

对黏接件进行表面处理，其目的主要是清除妨碍黏接的污物及疏松质层，提高黏接件的表面能，增加黏接表面积。图 10-24 为金属表面易于吸附的污染物，如果在黏接之前未对其进行处理，则会对黏接质量造成很大影响。黏接件的表面处理方法主要有以下几种：（1）采用汽油、有机溶剂、碱溶液等对金属黏接件表面进行清洗，除去油垢或灰尘等杂质；（2）采用刮削、刨

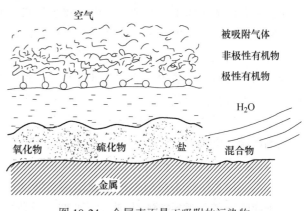

图 10-24 金属表面易于吸附的污染物

削或喷砂、砂布或砂轮打磨、钢丝刷粗锉打等方式进行机械处理，有利于黏接件表面的洁净，并形成一定的粗糙度，提高黏接面积；（3）采用酸腐蚀法对生锈的金属黏接件进行化学处理，除去锈层，形成致密、均匀的黏接表面层；（4）通过高能射线辐照法或钠萘–四氢呋喃溶液侵蚀法对聚乙烯、聚四氟乙烯等非极性材料进行处理，提高其极性和黏接力；（5）利用偶联剂对金属或无机材料表面进行处理，可显著提高其与胶黏剂之间的黏接强度。

固化是黏接工艺的重要环节。在固化过程中，温度、时间和压力是三个重要参数。提高固化温度，有利于分子间的扩散作用以及气体和水分的挥发，提高胶液对被黏物的润湿性，缩短固化时间，但温度过高，会使胶层发生老化。固化时施加压力主要是使黏接表面紧密贴合，形成均匀、致密和厚度适宜的胶层，还有利于增进胶液对金属表面的润湿和其表面微孔的渗透，但压力过大，会把过多的胶液挤出而造成缺胶或贫胶。一般地，压力在 0.02～1.5MPa 的范围内为宜。固化时间与固化温度相互依赖，温度越高，需要时间越短，反之则越长。

第五节 涂 料

涂料（coating）旧称油漆，是指涂布于物体表面并在一定条件下成膜从而起到保护、装饰、指示等作用的一类液体或固体材料。早期的涂料大多以油脂和天然树脂为原料，故称"油漆"。随着科学技术的发展，合成树脂已大部分取代了天然产物，因此通常称之为涂料，如环氧树脂涂料、氨基树脂涂料、酚醛树脂涂料等[32]。

在工程领域，涂料主要起到三个方面的作用：（1）防腐、防污等保护作用，主要用于高速公路护栏、桥梁、船艇、集装箱、管道、火车及铁道设施、汽车、机场设施等领域；（2）绝缘、导电、隔热、阻尼等特殊功能，主要用于电子电器、汽车等领域；（3）装饰及指示作用，用于绝大部分机械设备中，不仅使设备外形美观，而且易于标注和传递危险、前进、停止等信号，便于操作人员识别[33]。

一、涂料的组成和分类

（一）涂料的组成

涂料主要由成膜物质、助剂、颜填料及溶剂或水组成（粉末涂料不含溶剂和水）。

成膜物质是涂料的主要成分，是使涂膜牢固附着于被涂物表面上形成连续涂层的主要物质，其附着的机理与胶黏剂的黏接机理类似，主要是通过范德华力、氢键或化学键形成的。成膜物质在涂料体系中占 20%～50%，对涂膜的物理和化学性能起到决定性的作用。常用种类主要包括油脂及油脂加工产品、天然树脂和合成树脂，如鱼油、豆油、蓖麻油、虫胶、松香、酚醛树脂、氨基树脂、环氧树脂、聚氨酯树脂等。

助剂在涂料中所占的比例较小，为 0.1%～5%，但所起的作用却至为关键，是涂料中不可或缺的组分。例如，树脂在合成中的助剂有催化剂、引发剂、乳化剂等；在涂料的贮存过程中需要用到防霉杀菌剂、冻融稳定剂、增稠剂等；为了改善涂布工艺和涂膜外观，防止出现缺陷，需要用到防流挂剂、流平剂、浮色发花防止剂等；为延长涂膜的使用寿命，通常加入紫外线吸收剂、光稳定剂、抗氧剂等；有时为了使涂膜具备某种特殊功能，需要加入阻燃剂、增光剂、防静电剂等。

颜料主要是赋予涂料不同的颜色，常用的有钛白粉、氧化锌、炭黑、铬黄、铁红、钴蓝等。填料则主要起到降低成本、控制涂料黏稠度、提高涂层耐磨性等作用，常用的有滑石粉、碳酸钙、硫酸钡、石英粉等。

溶剂主要包括水以及各种烃类（如甲苯、二甲苯、矿物油、煤油、汽油等）、醇类、醚类、酮类和酯类物质，其作用主要是使各组分相互分散均匀，利于施工和形成均匀的涂层。由于大多数有机溶剂具有毒性，容易污染环境，因此当前涂料的主要发展方向是水性涂料、紫外光固化涂料、粉末涂料等环境友好型涂料。

（二）涂料的分类

涂料的分类方法有很多。按照成膜物质分类，可分为醇酸树脂涂料、环氧树脂涂料、聚氨酯涂料、丙烯酸酯涂料、酚醛树脂涂料等；按照是否有颜料着色，分为清漆和色漆；按照有无溶剂，可分为水性涂料、溶剂型涂料、粉末涂料、高固体分涂料等；按照功能分类，可分为装饰涂料、防腐涂料、导电涂料、防锈涂料、耐高温涂料、隔热涂料、防火涂料等；按照用途分类，可分为建筑涂料、汽车涂料、纸张涂料、木器涂料、塑料涂料等[34]。目前，较多地按照成膜物质来对涂料进行分类。

二、常用涂料品种

(一) 醇酸树脂涂料

醇酸树脂是由多元醇、邻苯二甲酸酐和脂肪酸或油（甘油三脂肪酸酯）缩聚而成的油改性聚酯树脂。按脂肪酸（或油）分子中双键的数目及结构，可分为干性、半干性和非干性三类。干性醇酸树脂可在空气中固化；非干性醇酸树脂则要与氨基树脂混合，经加热才能固化。另外也可按所用脂肪酸（或油）或邻苯二甲酸酐的含量，分为短、中、长和极长四种油度的醇酸树脂。醇酸树脂涂料在固化成膜后，具有较高的光泽度和良好的柔韧性，附着力强，且耐磨性、耐候性、附着力和绝缘性等较好，可用于桥梁、船舶、无线电发射塔、大型机床、农机、汽车等领域。

(二) 酚醛树脂涂料

酚醛树脂是由苯酚和甲醛在催化剂条件下缩聚并经中和、水洗而制备的树脂。因选用催化剂的不同，可分为热固性和热塑性两类。酚醛树脂作为主要成膜物质，其耐酸性及使用温度均优于环氧树脂，可赋予漆膜一定的硬度和较好的光泽度、快干性、耐水性、耐酸碱性及绝缘性能，不足之处在于其对碱的抗蚀性较差，且性脆、色暗等。但由于酚醛树脂原料易得、价廉，综合性能较好，因此在建筑、机车、船舶、电气及防化学腐蚀、砂轮片制造等领域中仍有广泛的应用。

(三) 氨基树脂涂料

涂料用**氨基树脂**是指含有氨基（—NH_2）官能团的化合物与醛类（主要是甲醛）加成缩合，然后把生成的羟甲基（—CH_2OH）用脂肪醇进行部分或者完全醚化而得。按照氨基化合物的不同，氨基树脂可分为脲醛树脂、三聚氰胺甲醛树脂、苯胺甲醛树脂、共缩聚树脂等。

氨基树脂是一种多官能度的聚合物，在加热时自身可进一步发生缩聚反应而交联固化，但单独作为涂料的成膜物质时，所制备的涂层硬而脆，对底材的附着力也差，所以通常与其他树脂并用，如油改性醇酸树脂、丙烯酸树脂、环氧树脂等。经加热交联形成三维网状结构的涂层不仅强韧，而且具有优良的光泽、保色性、硬度、耐药品性、耐水性、耐候性等，广泛应用于汽车、农业机械、钢制夹具、家用电器和金属预涂等领域。氨基树脂涂料还具有防潮、防湿热性能，可用于湿热带地区的机电、仪表的涂装，能达到 B 级绝缘要求。

(四) 聚氨酯树脂涂料

聚氨酯是聚氨基甲酸酯的简称，其分子链上含有氨基甲酸酯的结构单元，是由多异氰酸酯与多羟基化合物通过逐步加成反应制备的。在聚氨酯树脂涂料中，氨基甲酸酯结构可以在树脂合成中形成，也可以在涂膜固化时形成，或者两种情况皆有。聚氨酯树脂涂料具有优良的耐磨性、电气绝缘性、柔韧性、耐腐蚀性和丰满度，可在室温及低温下固化，多用于汽车、铁路车辆、飞机、航天器及桥梁、塔、罐等大型户外建筑的耐久性保护涂料。

（五）丙烯酸树脂涂料

丙烯酸树脂是由丙烯酸酯、甲基丙烯酸酯以及其他烯类单体经过共聚所得的树脂，作为主要成膜物质所制备的丙烯酸树脂涂料属于高装饰性涂料，其涂层不仅光亮丰满、色泽鲜艳，而且具有优异的保光、保色、耐候、耐热、耐腐蚀等性能，被广泛用于飞机、汽车、仪器设备、建筑、家用电器、道路桥梁、纺织、食品器皿等领域。

（六）环氧树脂涂料

环氧树脂含有活泼的环氧基团，配合固化剂固化后形成交联网状结构，具有良好的尺寸稳定性、介电性能、耐溶剂性、耐碱性以及物理和力学性能。由其制备的环氧树脂涂料在国民经济中发挥着重要的作用，如在汽车领域，主要用于底盘底漆、部件漆及槽车内部涂料；在工厂设备及船舶领域，主要用于设备、管道、海上集装箱等的防腐保护；在土木建筑方面，主要用于桥梁及钢结构防腐涂料、水泥制品的防渗涂料以及地坪涂料等；在电器设备方面，还较多地用于冰箱、洗衣机、太阳能热水器等表面的绝缘涂料。图 10-25 所示的是环氧树脂防腐涂料在输送管道和钢结构中的应用，可用于防止化学介质及海水的腐蚀。

图 10-25　环氧树脂防腐涂料在输送管道和钢结构中的应用

（七）有机硅氟涂料

有机硅树脂是以 Si—O 键为主链的有机硅氧烷聚合物，在 Si 原子上接有烷基或芳基，线型的聚硅氧烷可以表示为：

$$\left[\begin{array}{c} R \\ | \\ -Si-O- \\ | \\ R \end{array}\right]_n \quad (R \text{ 为 } CH_3 \text{、} CH_2CH_3 \text{、} C_6H_5 \text{等})$$

有机硅树脂分子链由于含有 Si—O 键，因此具有优异的热氧化稳定性、耐候性、电绝缘性、憎水性以及防黏脱模性等，因此由其制备的涂料应用广泛。如硅氧烷改性醇酸树脂制备的电绝缘漆达到 F 级；有机硅树脂配合耐热颜填料制成的涂料，可在 250~400℃ 长期使用，并保持较好的色彩和光泽。如加入铝粉、玻璃粉、氧化铬等，可耐 500~600℃ 甚至更高的温度，用于石油化工厂、冶金钢铁厂、发电厂等的高温部位以及锅炉、飞机、汽车发动机外壳、导弹及宇航器的绝热保护。有机硅树脂涂料用作耐磨增硬涂料，在电阻、电容、晶体管的防护方面发挥了重要作用。有机硅树脂涂料还可用在油炒不黏炊具以及塑料、橡胶、金属等成型模具中，起到防黏作用。

含氟树脂是指主链或侧链的碳原子上含有氟原子的树脂，由其制备的涂料称为含氟涂料，而在欧美等西方国家，通常将含氟树脂和含氟涂料分别称为"氟碳树脂"和"氟碳涂料"。由于氟原子的电负性最高（4.0），原子半径较小，与碳原子形成的C—F键极短，键能高达4.87kJ/mol，因此分子结构十分稳定，可赋予含氟树脂优异的耐候性、耐盐雾性、耐腐蚀性、耐化学药品性、耐冲刷性、抗沾污性等，在飞机、汽车、化工设备、建筑、高速公路护栏、桥梁、船艇、海上平台、集装箱等领域发挥着重要的作用。

三、涂料施工方法

涂料施工对涂膜的外观及使用性能有着重要的影响。涂料的施工方法主要分为手工工具涂装、机械设备涂装和电力涂装三类。

手工工具涂装是古老传统的涂漆方法，主要包括刷涂、辊涂、刮涂、丝网涂等。虽然该类方法的涂装效率低、涂装质量不高，但具有方便灵活、成本低的优点，因此仍被用于大规模涂装前的预涂和小批量的涂装。机械设备涂装是当前应用最广的一种方法，主要有喷枪喷涂法、浸涂、淋涂、辊涂、抽涂等。电力涂装是近几年快速发展的方法，包括静电粉末涂装、电沉积涂装、自沉积涂装等。机械设备涂装和电力涂装的工作效率高、涂装效果好，但往往对于复杂结构的被涂物无能为力，而且所需设备投资大。

总之，包括塑料、橡胶、胶黏剂和涂料在内的高分子材料是工程材料必不可少的组成部分，在关系国计民生的各个行业都发挥着十分重要的作用。但是，我们要清醒地认识到，在人工智能等新兴领域以及国防军事领域，我们国家还面临着一些与高分子材料有关的卡脖子关键技术需要去攻克。希望同学们树立远大的理想，认真学习，不断进取，为祖国工程材料领域的发展壮大贡献力量！

参 考 文 献

［1］张云兰，刘建华. 非金属工程材料［M］. 北京：轻工业出版社，1987.

［2］浙江大学，西安交通大学，等. 机械工程非金属材料［M］. 上海：上海科学技术出版社，1984.

［3］何曼君. 高分子物理［M］. 上海：复旦大学出版社，2004.

［4］潘祖仁. 高分子化学［M］. 5版. 北京：化学工业出版社，2011.

［5］马德柱，何平笙，徐种德，等. 高聚物的结构与性能［M］. 2版. 北京：科学出版社，1995.

［6］Gedde U W. Polymer physics［M］. London：Chapman & Hall，1995.

［7］Yin L，Chen J F，Yang X N，et al. Structure image of single crystal of polyethylene［J］. Polymer，2003，44（21）：6489～6493.

［8］Flory P J. The configuration of real polymer chains［J］. Journal of Chemistry and Physics，1949，17（3）：303～310.

［9］Yeh G S Y. A structural model for the amorphous state of polymers：Folded-chain fringed micellar grain model［J］. Journal of Macromolecular Science，Part B：Physics，1972，6（3）：465～478.

［10］Hiemenz P C，Lodge T P. Polymer chemistry［M］. Boca Raton：CRC Press，2nd edition，2007.

［11］李红强，谢湖，吴文剑，等. 大分子抗氧剂的合成及应用进展［J］. 高分子材料科学与工程，2015，31（5）：178～184.

［12］Vinod V S，Varghese S，Kuriakose B. Degradation behavior of natural rubber-aluminium powder composites：effect of heat，ozone andhigh energy radiation［J］. Polymer Degradation and Stability，2002，

75（3）：405~412.

[13] Fu X B, Yao C G, Yang G S. Recent advances in graphene/polyamide 6 composites：a review［J］. RSC Advances, 2015, 76（5）：61688~61702.

[14] Diop M F, Burghardt W R, Torkelson J M. Well-mixed blends of HDPE and ultrahigh molecular weight-polyethylene with major improvements in impact strength achievedvia solid-state shear pulverization［J］. Polymer, 2014, 55（19）：4948~4958.

[15] 陈宇飞，郭艳宏，戴亚杰. 聚合物基复合材料［M］. 北京：化学工业出版社，2010.

[16] Hussain S A, Pandurangadu V, Kumar K P. Machinability of glass fiber reinforced plastic（GFRP）composite materials［J］. International Journal of Engineering, Science and Technology, 2011, 3（4）：103~118.

[17] Thomas S, Kuruvilla J, Malhotra S K, et al. Polymer composites［M］. Weinheim：Wiley-VCH Verlag GmbH & Co. KGaA, 2012.

[18] 赖娘珍，王耀先. 芳纶纤维增强复合材料研究进展［C］//第十八届玻璃钢/复合材料学术年会论文集. 北京：中国硅酸盐学会，2010：164~168.

[19] Xanthos M. Functional fillers for plastics［M］. Weinheim：Wiley-VCH Verlag GmbH & Co. KGaA, 2005.

[20] 张其，王孝军，张刚，等. 碳纤维增强尼龙PA6T/66共聚物复合材料的制备及性能研究［J］. 塑料工业，2015，43（4）：124~127.

[21] Zyl Van W E, García M, Schrauwen B A G, et al. Hybrid polyamide/silica nanocomposites：Synthesis and mechanical testing［J］. Macromolecular Materials and Engineering, 2002, 287（2）：106~110.

[22] Chow W S, Mohd Ishak Z A. Mechanical, morphological and rheological properties of polyamide 6/organo-montmorillonite nanocomposites［J］. eXPRESS Polymer Letters, 2007, 1（2）：77~83.

[23] 周洪福，王向东，刘国胜，等. ABS/碳纳米管抗静电复合材料的制备与表征［J］. 工程塑料应用，2012，40（5）：26~29.

[24] Kang M, Myung S J, Jin H J. Nylon 610 and carbon nanotube composite by in situ interfacial polymerization［J］. Polymer, 2006, 47（11）：3961~3966.

[25] 董祥忠. 现代塑料成型加工技术［M］. 北京：国防工业出版社，2009.

[26] 杨清芝. 实用橡胶工艺学［M］. 北京：化学工业出版社，2005.

[27] Mittal K L. Progress in Adhesion and Adhesives［M］. Beverly：Scrivener Publishing LLC, 2015.

[28] 李红强. 胶粘原理、技术及应用［M］. 广州：华南理工大学出版社，2014.

[29] 李和平. 胶黏剂生产原理与技术［M］. 北京：化学工业出版社，2009.

[30] 程时远. 胶黏剂［M］. 北京：化学工业出版社，2008.

[31] Aronovich D A, Murokh A F, Khamidulova Z S, et al. Curing of acrylic anaerobic adhesives in the presence of activators［J］. Polymer Science, Series D, 2009, 2（2）：82~87.

[32] 倪玉德. 涂料制造技术［M］. 北京：化学工业出版社，2003.

[33] Tracton A A. Coatings Technology Handbook［M］. Third edition, CRC Press, Boca Raton, 2005.

[34] 刘登良. 涂料工艺［M］. 4版. 北京：化学工业出版社，2010.

名 词 索 引

习　题

10-1　与金属材料相比，高分子材料有哪些优缺点？

10-2　影响高分子链柔顺性的因素有哪些？

10-3　什么是高分子材料的老化，如何防止老化？

10-4　塑料的组成及各组分的作用。

10-5　列举工程塑料的主要品种、特点及应用。

10-6　工程塑料有哪些成型方法？其成型特点是什么，各适合什么塑料制品？

10-7　简述橡胶的组成及各组分的作用。

10-8　列举橡胶的主要品种及适用领域。

10-9　试述橡胶制品的成型加工包括哪些环节。

10-10　什么是胶黏剂？与传统的铆接、焊接、螺栓连接等方式相比，黏接技术具有什么优点？

10-11　简述胶黏剂的组成及各组分的作用。

10-12　黏接工艺包括哪些步骤？黏接件表面处理的目的是什么？

10-13　涂料在机械工程领域主要起到什么作用？

10-14　简述涂料的组成及各组分的作用。

10-15　试述有机硅和有机氟涂料的特点及用途。

本章自我练习题
（填空题、选择题、判断题）

扫码答题 10